U0822869

21世纪高职系列教材

SHIJI GAOZHI XILIE JIAOCAI

机械设计基础（四合一）

主编／高世杰　副主编／吴广林　雍丽英　主审／李　敏

哈尔滨工程大学出版社

内容简介

本书将理论力学、材料力学、机械原理与机械零件四门课进行了整合。全书围绕机械设计一条主线进行阐述；力求理论推导从简，突出工程应用；贯彻好用、够用、实用的原则。

全书内容分为五个单元进行编排，即构件的静力分析、构件的承载能力分析、常用机构、机械传动和轴系零件；除绪论外共计二十三章。每章后都附有习题。

本书主要作为高等职业技术教育、高等专科教育及成人高等专科教育机械类及近机类专业“机械设计基础”课程的教材，也可供有关专业工程技术人员参考。

图书在版编目(CIP)数据

机械设计基础/高世杰主编.—哈尔滨：哈尔滨工程大学出版社，2007.8

ISBN 978-7-81133-026-7

Ⅰ.机… Ⅱ.高… Ⅲ.机械设计-高等学校-教材 Ⅳ.TH122

中国版本图书馆 CIP 数据核字(2007)第 131471 号

出版发行 哈尔滨工程大学出版社
社　　址 哈尔滨市南岗区东大直街 124 号
邮政编码 150001
发行电话 0451-82519328
传　　真 0451-82519699
经　　销 新华书店
印　　刷 黑龙江省教育厅印刷厂
开　　本 787mm×1 092mm　1/16
印　　张 21
字　　数 450 千字
版　　次 2007 年 8 月第 1 版
印　　次 2008 年 2 月第 2 次印刷
定　　价 34.00 元
http://press.hrbeu.edu.cn
E-mail:heupress@hrbeu.edu.cn

前 言

本书广泛吸取了各高职院校近年来机械类及近机类专业教学改革的成功经验和好的做法,围绕高职高专培养技术应用型人才的目标,为探索一条符合职业教育特点,强调理论与实践结合,以应用为主的(适合专业基础课的教学)教材编写风格做了尝试。本书以对学生应用能力、创新能力、工程意识的培养为教学目标。

根据职业教育的培养目标和学生的具体情况,有针对性的教学。在教材编写中体现以下特点:全书围绕机械设计一条主线进行阐述。力求理论推导从简,突出工程应用;贯彻好用、够用、实用的原则。

本书将理论力学、材料力学、机械原理与机械零件四门课进行了整合。全书内容分五篇进行阐述。内容包括:构件的静力分析、构件的承载能力分析、常用机构、机械传动和轴系零件;共计二十三章。我们觉得这样的编排体例能更好的贯彻本书的教学目标,而且符合人们认识问题的一般规律;并能做到主题明确、条理清晰。每章后都附有习题。

本书主要作为高等职业技术教育、高等专科教育及成人高等专科教育机械类及近机类专业"机械设计基础"课程的教材,也可供有关专业工程技术人员参考。

本书采用了最新的国家标准,并使用国家标准规定的名词术语和符号。

全书由哈尔滨职业技术学院高世杰担任主编,由吴广林和雍丽英担任副主编。本书由李敏担任主审。

参加本书编写工作的有吴广林(第 1 章、第 2 章),张文杰(第 13 章、第 14 章),雍丽英(第 16 章),其他章节由高世杰负责编写并对全书进行了统稿。

在本书编写过程中,得到了许多兄弟院校老师和各方面人士的大力支持,在此表示衷心的感谢。

由于编者水平有限和时间仓促,书中的缺点和错误在所难免,恳请各位读者批评指正。

编　者

2007 年 5 月

目录

第三编 常用机构

第四编 机械传动

第五编 轴系零件

第0章 绪 论

0.1 机械概述

本课程的研究对象是机械，它是机器和机构的统称。

一、机器与机构

人们在日常生活和工程实际当中接触到的缝纫机、洗衣机、自行车、汽车、内燃机、机床、起重机和机器人等，都是机器。为了加深对机器概念的理解，下面来分析两个机器的实例。

图0－1所示的单缸内燃机，它由机架（气缸体）1、曲柄2、连杆3、活塞4 、进气阀5、排气阀6、推杆7、凸轮8和齿轮9、10组成。当燃烧的气体推动活塞4作往复运动时，通过连杆3使曲柄2作连续转动，从而将燃气的压力能转换为曲柄的机械能。齿轮、凸轮和推杆的作用是按一定的运动规律按时开闭阀门，完成吸气和排气。这种内燃机中有三种机构：(1)曲柄滑块机构，由活塞4、连杆3、曲柄2和机架1构成，作用是将活塞的往复直线运动转换成曲柄的连续转动；(2)齿轮机构，由齿轮9,10和机架1构成，作用是改变转速的大小和方向；(3)凸轮机构，由凸轮8、推杆7和机架1构成，作用是将凸轮的连续转动变为推杆的往复移动，完成有规律地启闭阀门的工作。

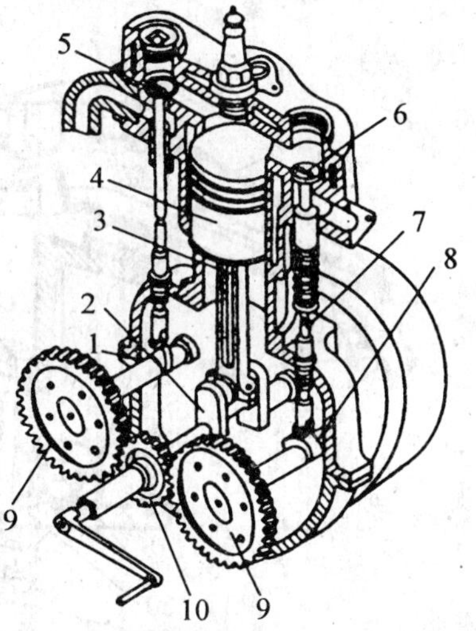

图0－1

图0－2为一机器手，它由手轮1带动轴2及圆柱凸轮3转动，推动（移动杆）带动齿条4作往复运动，带动小齿轮及不完全齿轮6转动，从而带动机械手转盘8及圆柱凸轮作xy平面内的间歇转动，带动机器手臂同时完成转动及上下摆动。而手爪的抓放则通过手轮1带动轴2上的不完全齿轮17与不完全齿轮16的啮合并带动同轴的盘形凸轮19作间歇转动，带动摆杆18摆动从而推动杆9作上下运动，通过杠杆10、连杆11,12、弹簧杆13，完成手的张合动作。由这台机器中，我们可以看到的机构有：(1)圆柱凸轮机构；(2)齿轮齿条机构；(3)不完全齿轮机构；(4)摆动凸轮机构；(5)曲柄滑块机构；(6)滚子凸轮机构。

从上述实例可看出，尽管机器的种类繁多，其结构、用途和功能也各异。但从组成和作用上来分析，机器具有三个共同的特征：(1)都是一种人为的实物组合；(2)各部分形成运动单元，各单元之间具有确定的相对运动；(3)能实现能量转换或完成有用的机械功。

我们把同时具备这三个特征的实物组合称为机器。如果仅具备前两种个特征用来传递运动和动力的，则称之为机构。

机器的主体部分一般是由机构组成的。一部机器可以包含一个或若干个机构；凸轮、推杆和汽缸体组成的凸轮机构；齿轮和汽缸体组成的齿轮机构等。但从结构和运动观点来分析，机器与机构并无区别，所以习惯上把它们统称为机械。

随着近代科学技术的发展，人类综合应用各方面的知识和技术，不断创造出各种新型的机器，因此“机器”也有了新的含义。更广泛意义上的机器定义是：一种用来转换或传递能量、物料和信息的，能执行机械运动的装置。

二、构件与零件

机械中不可拆的最小制造单元称为零件。零件可分为两类，一类是在各种机械中普遍使用的零件称为通用零件，如螺栓、轴、齿轮、键等；另一类则是在特定类型机械中才能使用的零件称为专用零件，如内燃机的活塞、曲轴等。

组成机械的各个相对运动单元称为构件。构件可以是单一的零件，如内燃机的曲轴，也可以是由几个零件组成的刚性结构，如图 0－3 所示的内燃机连杆便是由连杆体 1、螺栓 2、螺母 3、开口销 4、连杆盖 5、轴瓦 6 和轴套 7 等几个零件组成的一个构件。

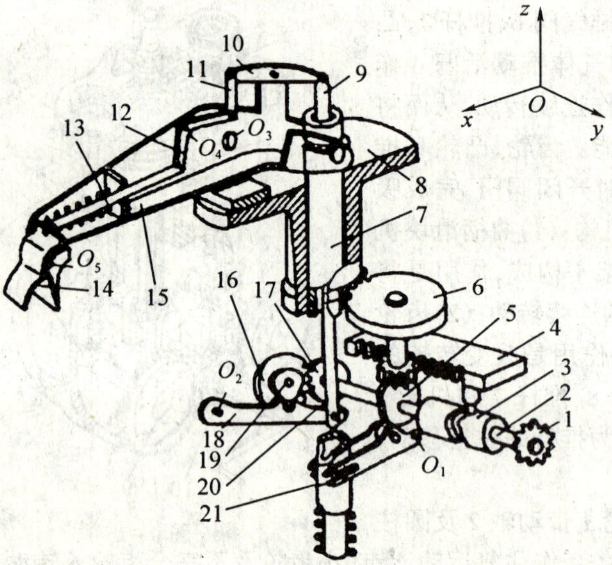

图 0－2

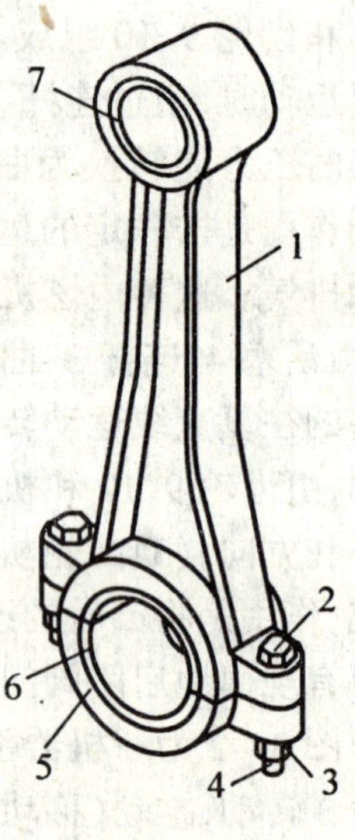

图 0－3

一般来说，机器是由机构组成的，机构是由构件组成的，构件是由零件组成的。

三、机器的组成

就功能而言，机器通常都是由原动部分、传动部分、执行部分和控制部分所组成。

原动部分是机器的动力来源，可以采用人力、风力、水力、热力、磁力和电力等。机械中最常见的原动部分是电动机和内燃机。执行部分是指机器中直接完成任务的部分。而把原动部分的运动和动力传递给执行部分的中间装置就是传动部分。传动部分和执行部分通常是由一些传动或机构组成。常用传动有带传动、链传动、齿轮传动机构等。控制机器的其他部分则为机器的控制部分，使操作者能随时实现或终止机器的各项预定功能。控制部分一般由操纵系统、控制系统和信息处理与信息传递系统等组成，如数控机床等。

四、机械的类型

机械的种类很多，根据用途不同可分为：

1.动力机械。如电动机、内燃机、发电机、液压机等，主要用来实现机械能量转换成其他形式的能量。

2.加工机械。如轧钢机、包装机及各类机床，主要用来改变物体的结构形状、性质及状态。

3.运输机械。如汽车、飞机、轮船、输送机等，主要用来改变人或物料的空间位置。

4.信息机械。如复印机、传真机、摄像机等，主要用来获取或处理各种信息。

0.2 本课程的性质、任务和主要内容

一、性质

本课程是一门综合性较强的技术基础课，它在培养工程技术人员掌握机械的基本知识方面起着非常重要的作用。

二、任务

本课程的任务和要求具体如下：

(1)掌握物体的受力分析与平衡条件，能解决日常生活和工程实际中有关静力分析的具体问题；

(2)掌握构件承载能力的计算方法及提高构件承载能力的具体措施；

(3)掌握常用机构的结构原理、类型、运动特点及应用等基本知识，并具有初步分析和设计常用机构的能力；

(4)掌握通用零件的工作原理、结构特点、选用及简单计算，并具有运用和分析简单传动装置的能力；

(5)具有运用标准、规范、手册、图册等技术资料正确分析、使用和维护一般机械以及设计简单机械的能力。

三、内容

本课程的内容主要有以下几个方面：

(1)平面机构的静力分析；

(2)构件的承载能力分析；

(3)常用机构及传动设计的基本知识；

(4)通用零件设计的基本知识。

第一编　构件的静力分析

引　　言

静力学是研究物体在力系作用下平衡规律的科学。力系是指作用于同一物体上的一组力。物体的平衡一般是指物体相对于地面静止或作匀速直线运动。它主要解决两类问题：一是将作用在物体上的力系进行简化，即用一个简单的力系等效地替换一个复杂的力系；二是建立物体在各种力系下的平衡条件，并借此对物体进行受力分析。

力在物体平衡时所表现出来的基本性质，也同样表现于物体作一般运动的情形中。在静力学里关于力的合成、分解与力系简化的研究结果，可以直接应用于动力学。静力学在工程技术中具有重要的实用意义。

第1章 静力学基础

本章将阐述静力学中的一些基本概念、静力学公理、工程上常见的典型约束和约束反力，以及物体的受力分析。

1.1 静力学的基本概念

1.1.1 力的概念

力的概念产生于人类从事的生产劳动当中。当人们用手握、拉、掷及举起物体时，由于肌肉紧张而感受到力的作用，这种作用广泛存在于人与物及物与物之间。例如，奔腾的水流能推动水轮机旋转，锤子的敲打会使烧红的铁块变形等。

(1)力的定义　力是物体之间相互的机械作用，这种作用将使物体的机械运动状态发生变化，或者使物体产生变形。前者称为力的外效应；后者称为力的内效应。

(2)力的三要素　实践证明，力对物体的作用效应，决定于力的大小、方向(包括方位和指向)和作用点的位置，这三个因素就称为力的三要素。在这三个要素中，如果改变其中任何一个，也就改变了力对物体的作用效应。例如：用扳手拧螺母时，作用在扳手上的力，因大小不同，或方向不同，或作用点不同，它们产生的效果就不同(图1-1(a))。

(3)力是矢量　力是一个既有大小又有方向的量，而且又满足矢量的运算法则，因此力是矢量(或称向量)。

矢量常用一个带箭头的有向线段来表示(图1-1(b))，线段长度AB按一定比例代表力的大小，线段的方位和箭头表示力的方向，其起点或终点表示力的作用点。此线段的延伸称为力的作用线。用黑体字 **F** 代表力矢，并以同一字母的非黑体字 F 代表该矢量的模(大小)。

(4)力的单位　力的国际制单位是牛顿或千牛顿，其符号为N，或kN。

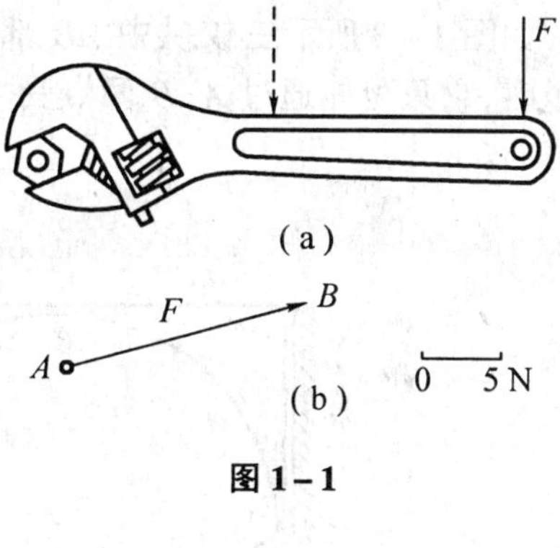

图1-1

1.1.2 力系的有关概念

物体处于平衡状态时，作用于该物体上的力系称为平衡力系。力系平衡所满足的条件称为平衡条件。如果两个力系对同一物体的作用效应完全相同，则称这两个力系互为等效力系。当一个力系与一个力的作用效应完全相同时，把这一个力称为该力系的合力，而该力系中的每一个力称为合力的分力。

必须注意，等效力系只是不改变原力系对于物体作用的外效应，至于内效应显然将随力的作用位置等的改变而有所不同。

1.1.3 刚体的概念

所谓刚体是指在受力状态下保持其几何形状和尺寸不变的物体。显然,这是一个理想化的模型,实际上并不存在这样的物体。但是,工程实际中的机械零件和结构构件,在正常工作情况下所产生的变形,一般都是非常微小的。这样微小的变形对于研究物体的外效应的影响极小,是可以忽略不计的。当然,在研究物体的变形问题时,就不能把物体看作是刚体,否则会导致错误的结果,甚至无法进行研究。

1.2 静力学公理

人们在长期的生活和生产实践中,发现和总结出一些最基本的力学规律,又经过实践的反复检验,证明是符合客观实际的普遍规律,于是就把这些规律作为力学研究的基本出发点。这些规律称为静力学公理。

公理一 二力平衡公理

当一个刚体受两个力作用而处于平衡状态时,其充分与必要的条件是:这两个力大小相等,作用于同一直线上,且方向相反(图1-2)。

这个公理揭示了作用于物体上的最简单的力系在平衡时所必须满足的条件,它是静力学中最基本的平衡条件。

二力体 只受两个力作用而平衡的物体称为二力体。

机械和建筑结构中的二力体常常统称为"二力构件"。它们的受力特点是:两个力的方向必在二力作用点的连线上。

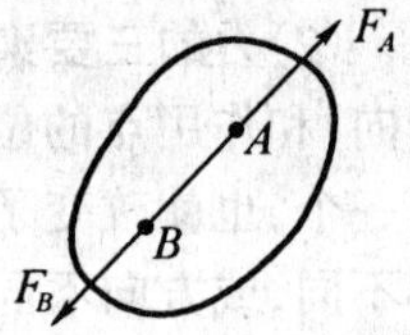

图1-2

应用二力体的概念,可以很方便地判定结构中某些构件的受力方向。如图1-3所示三铰拱中 AB 部分,当车辆不在该部分上且不计自重时,它只可能通过 A,B 两点受力,是一个二力构件,故 A,B 两点的作用力必沿 AB 连线的方向。

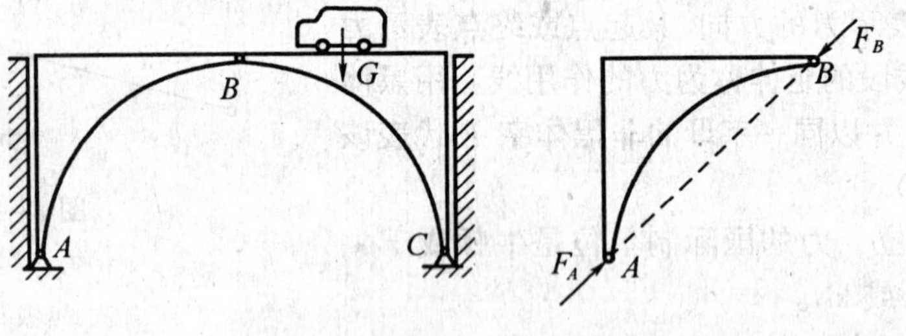

图1-3

公理二 加减平衡力系公理

在刚体的原有力系中,加上或减去任一平衡力系,不会改变原力系对刚体的作用效应。

这一公理的正确性是显而易见的,因为一个平衡力系是不会改变物体的原有状态的。这个公理常被用来简化某一已知力系。依据这一公理,可以得出一个重要推论:

力的可传性原理 作用于刚体上的力可以沿其作用线移至刚体内任一点,而不改变原力对刚体的作用效应。例如,图1-4中在车后 A 点加一水平力推车,与在车前 B 点加一水平力拉车,其效果是一样的。

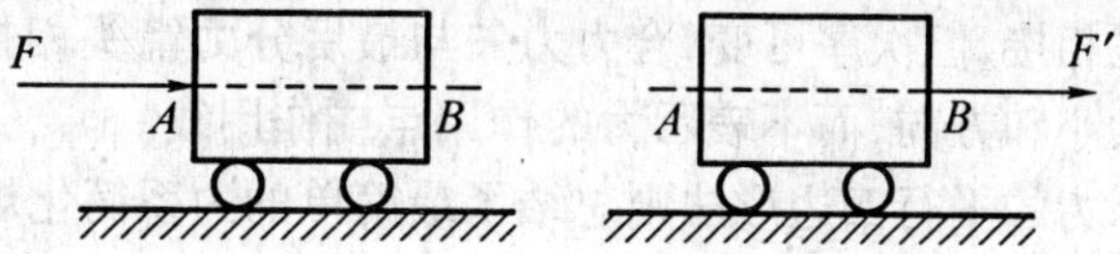

图 1-4

这个原理可以利用上述公理推证如下(图 1-5):

(1)设 $\boldsymbol{F}$ 作用于 A 点(图 1-5(a));

(2)在力的作用线上任取一点 B,并在 B 点加一平衡力系($\boldsymbol{F}_1,\boldsymbol{F}_2$),使 $\boldsymbol{F}_1=-\boldsymbol{F}_2=-\boldsymbol{F}$(图 1-5(b));由加减平衡力系公理知,这并不影响原力 $\boldsymbol{F}$ 对刚体的作用效应;

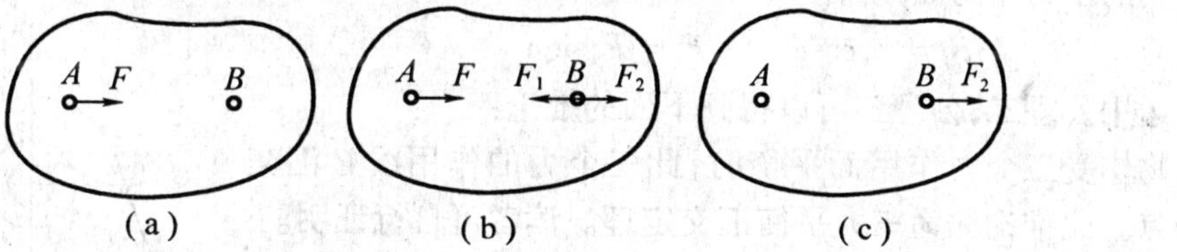

图 1-5

(3)再从该力系中去掉平衡力系($\boldsymbol{F},\boldsymbol{F}_1$),则剩下的 $\boldsymbol{F}_2$(图 1-5(c))与原力 $\boldsymbol{F}$ 等效。

这样就把原来作用在 A 点的力 $\boldsymbol{F}$ 沿其作用线移到了 B 点。

根据力的可传性原理,力在刚体上的作用点已为它的作用线所代替,所以作用于刚体上的力的三要素又可以说是:力的大小、方向和作用线。这样的力矢量称为滑移矢量。

应当指出,力的可传性原理只适用于刚体,对变形体不适用。

公理三　力的平行四边形法则

作用于物体同一点的两个力可以合成为一个合力,合力也作用于该点,其大小和方向由以这两个力为邻边所构成的平行四边形的对角线所确定,即合力矢等于这两个分力矢的矢量和。如图 1-6 所示。其矢量表达式为

$$\boldsymbol{F}_R=\boldsymbol{F}_1+\boldsymbol{F}_2 \tag{1-1}$$

从图 1-7 可以看出,在求合力时,实际上只须作出力的平行四边形的一半,即一个三角形就行了。为了使图形清晰起见,通常把这个三角形画在力所作用的物体之外。如图 1-7 所示,其方法是自任意点 O 先画出一力矢 $\boldsymbol{F}_1$,然后再由 $\boldsymbol{F}_1$ 的终点画一力矢 $\boldsymbol{F}_2$,最后由 O 点至力矢 $\boldsymbol{F}_2$ 的终点作一矢量 $\boldsymbol{F}_R$,它就代表 $\boldsymbol{F}_1,\boldsymbol{F}_2$ 的合力。合力的作用点仍为汇交点 A。

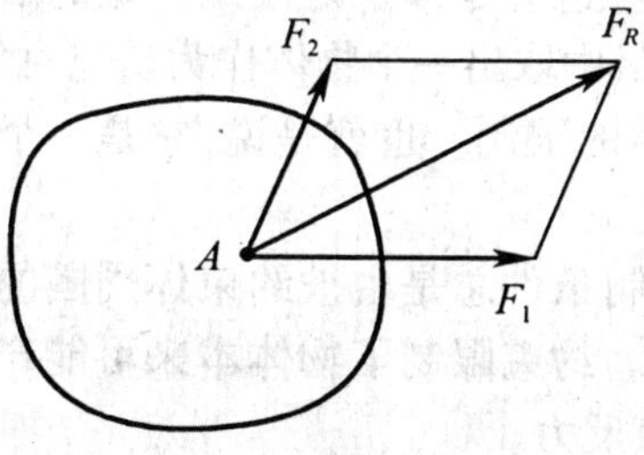

图 1-6

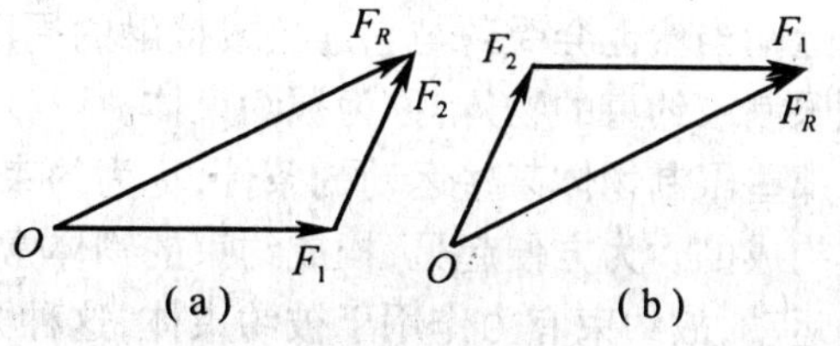

图 1-7

这种作图方法称为力的三角形法则。在作力三角形时,必须遵循这样一个原则,即分力力矢首尾相接,但次序可变,合力力矢与最后分力箭头相接。此外还应注意,力三角形只表示力的大小和方向,而不表示力的作用点或作用线。

力的平行四边形法则总结了最简单的力系简化规律,它是较复杂力系合成的主要依据。

力的分解是力的合成的逆运算,因此也是按平行四边形法则来进行的,但为不定解。在工程实际中,通常是分解为方向互相垂直的两个分力。例如,在进行直齿圆柱齿轮的受力分析时,常将齿面的法向正压力 $\boldsymbol{F}_n$ 分解为推动齿轮旋转的即沿齿轮分度圆圆周切线方向的分力——圆周力 $\boldsymbol{F}_t$,指向轴心的压力——径向力 $\boldsymbol{F}_r$(图 1-8)。若已知 $\boldsymbol{F}_n$ 与分度圆圆周切向所夹的压力角为 α,则有

$$F_t = F_n\cos\alpha \qquad F_r = F_n\sin\alpha$$

运用公理二,公理三可以得到下面的推论:

物体受三个力作用而平衡时,此三个力的作用线必汇交于一点。此推论称为三力平衡汇交定理。读者可自行证明。

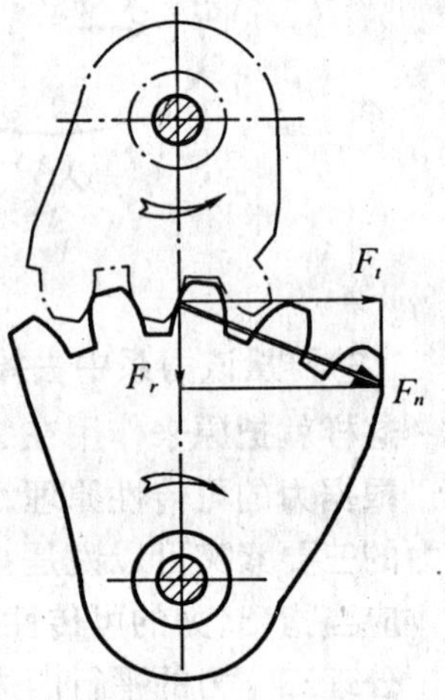

图 1-8

公理四 作用与反作用定律

两个物体间的作用力与反作用力,总是大小相等,方向相反,作用线相同,并分别作用于这两个物体。

这个公理概括了自然界的物体相互作用的关系,表明了作用力和反作用力总是成对出现的。必须强调指出,作用力和反作用力是分别作用于两个不同的物体上的,因此,决不能认为这两个力相互平衡,这与两力平衡公理中的两个力有着本质上的区别。

工程中的机械都是由若干个物体通过一定的形式的约束组合在一起,称为物体系统,简称物系。物系外的物体与物系之间的作用力称为外力,而物系内部物体间的相互作用力称为内力。内力总是成对出现且等值、反向、共线,对物系而言,内力的合力恒为零。故内力不会改变物系的运动状态。但内力与外力的划分又与所取物系的范围有关。随所取对象的范围不同,内力与外力是可以互相转化的。

1.3 约束和约束反力的概念及类型

工程中的机器或者结构,总是由许多零部件组成的。这些零部件是按照一定的形式相互连接。因此,它们的运动必然互相牵连和限制。如果从中取出一个物体作为研究对象,则它的运动当然也会受到与它连接或接触的周围其他物体的限制。也就是说,它是一个运动受到限制或约束的物体,称为被约束体。

那些限制物体某些运动的条件,称为约束。这些限制条件总是由被约束体周围的其他物体构成的。为方便起见,构成约束的物体常称为约束。约束限制了物体本来可能产生的某种运动,故约束有力作用于被约束体,这种力称为约束反力。

限制被约束体运动的周围物体称为约束。约束反力总是作用在被约束体与约束体的接触处,其方向也总是与该约束所能限制的运动或运动趋势的方向相反。据此,即可确定约束反力的位置及方向。

1.3.1 柔索约束

由绳索、胶带、链条等形成的约束称为柔索约束。这类约束只能限制物体沿柔索伸长方向的运动，因此它对物体只有沿柔索方向的拉力，如图1－9，1－10所示，常用符号为 $\boldsymbol{F}_T$。当柔索绕过轮子时，常假想在柔索的直线部分处截开柔索，将与轮接触的柔索和轮子一起作为考察对象。这样处理，就可不考虑柔索与轮子间的内力，这时作用于轮子的柔索拉力即沿轮缘的切线方向(图1－10(b))。

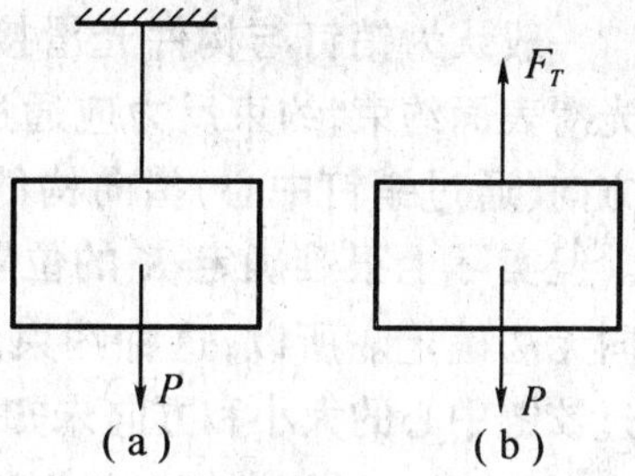

图1－9

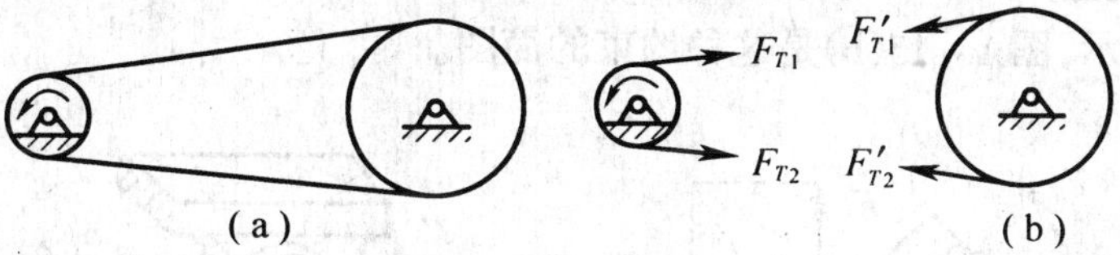

图1－10

1.3.2 光滑面约束

当两物体直接接触，并可忽略接触处的摩擦时，约束只能限制物体在接触点沿接触面的公法线方向约束物体的运动，不能限制物体沿接触面切线方向的运动，故约束反力必过接触点沿接触面法

向并指向被约束体，简称法向压力，通常用 $\boldsymbol{F}_N$ 表示。图1－11中 A 和 B 所示分别为光滑曲面对刚体球的约束和齿轮传动机构中齿轮轮齿的约束。

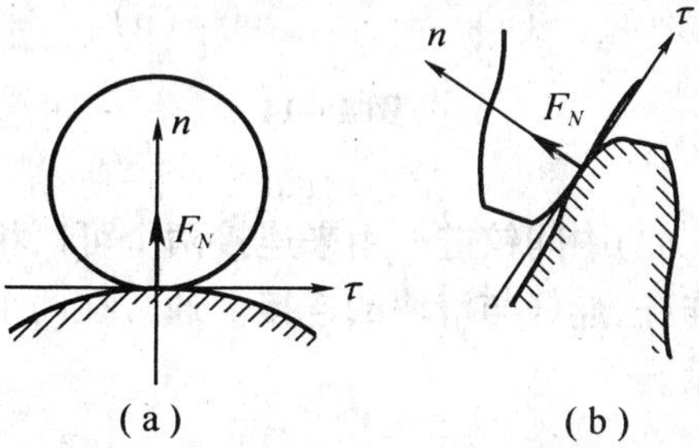

图1－11

图1－12为直杆与方槽在 A,B,C 三点接触，三处的约束反力沿二者接触点的公法线方向作用。

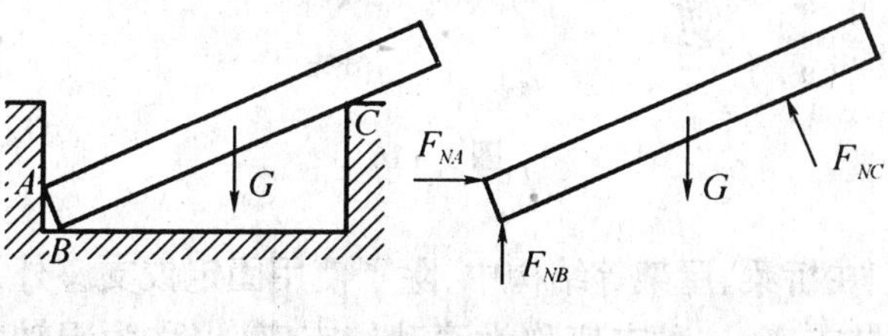

图1－12

1.3.3 光滑铰链约束

铰链是工程上常见的一种约束。它是在两个钻有圆孔的构件之间采用圆柱定位销所

形成的连接，如图 1－13 所示。门所用的活页、铡刀与刀架、起重机的动臂与机座的连接等，都是常见的铰链连接。

一般认为销钉与构件光滑接触，所以这也是一种光滑表面约束，约束反力应通过接触点 K 沿公法线方向（通过销钉中心）指向构件，如图 1－14(a)所示。但实际上很难确定 K 的位置，因此反力 $\boldsymbol{F}_N$ 的方向无法确定。所以，这种约束反力通常是用两个通过铰链中心的大小和方向未知的正交分力 $\boldsymbol{F}_x$，$\boldsymbol{F}_y$ 来表示，两分力的指向可以任意设定，如图 1－14(b)。

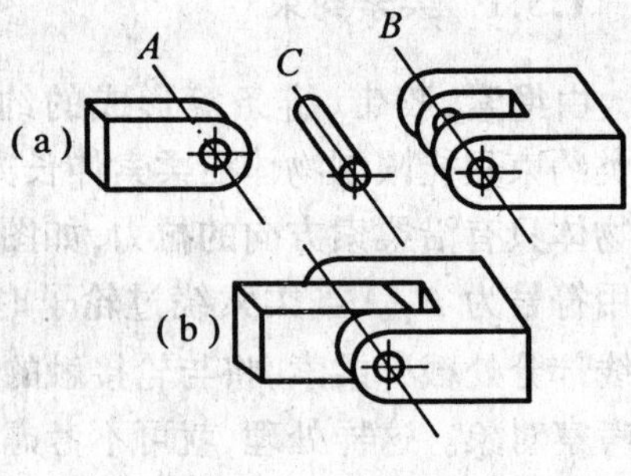

图 1－13

这种约束在工程上应用广泛，可分为三种类型：

(1)固定铰支座　用以将构件和基础连接，如桥梁的一端与桥墩连接时，常用这种约束，如图 1－15(a)所示，图 1－15(b)是这种约束的简图。

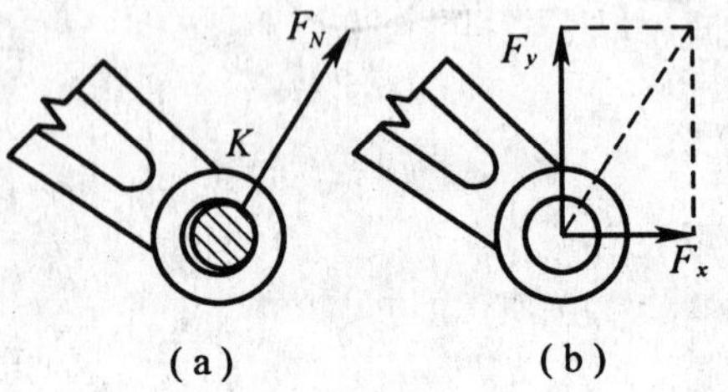

图 1－14

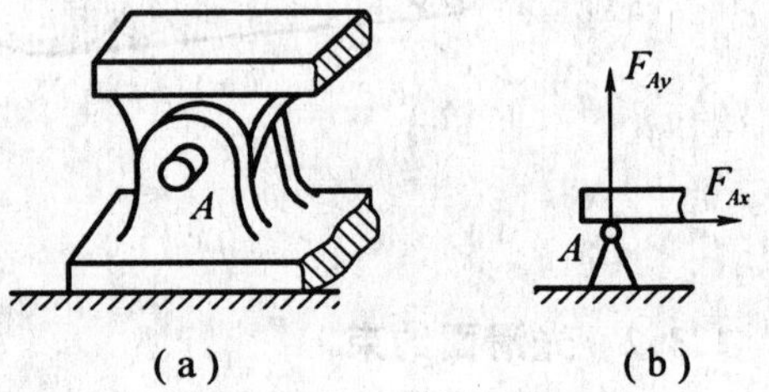

图 1－15

(2)中间铰链　用来连接两个可以相对转动但不能移动的构件，如曲柄连杆机构中曲柄与连杆、连杆与滑块的连接。通常在两个构件连接处用一个小圆圈表示铰链，如图1－16(c)所示。

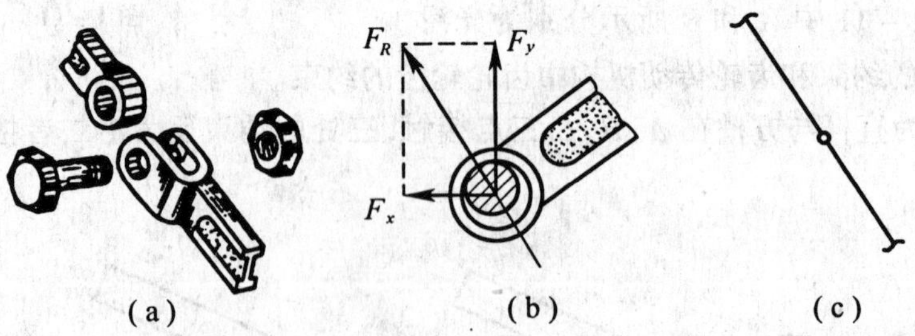

图 1－16

(3)滚动铰支座　在桥梁、屋架等结构中，除了使用固定铰支座外，还常使用一种放在几个圆柱形滚子上的铰链支座，这种支座称为滚动铰支座，也称为辊轴支座，它的构造如图 1－17 所示。由于辊轴的作用，被支承构件可沿支承面的切线方向移动，故其约束反力的方向只能在滚子与地面接触面的公法线方向。

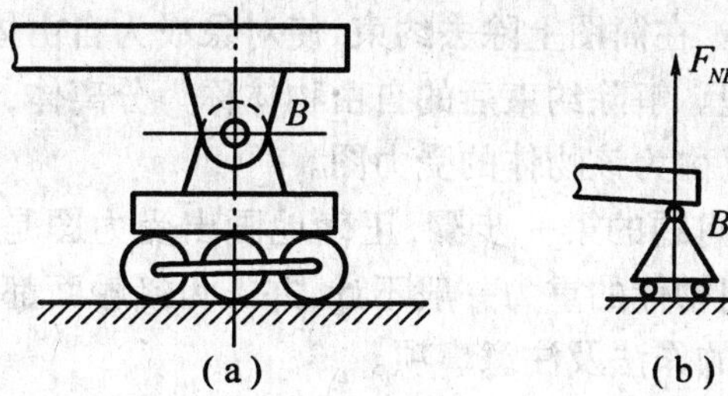

图 1-17

1.3.4 轴承约束

轴承约束是工程中常见的支承形式,它的约束反力的分析方法与铰链约束相同。

(1)支承传动轴的向心轴承(图 1-18(a)),也是一种固定铰支座约束,其力学符号如图 1-18(b)所示。

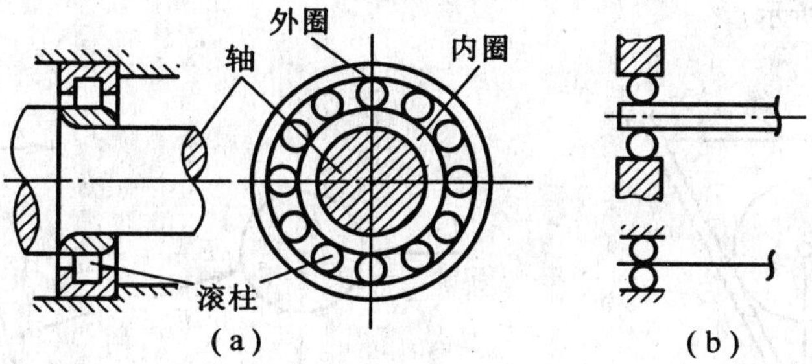

图 1-18

(2)推力轴承(图 1-19(a))除了与向心轴承一样具有作用线不定的径向约束力外,由于限制了轴的轴向运动,因而还有沿轴线方向的约束反力(图 1-19(b))。其力学符号如图 1-19(c)所示。

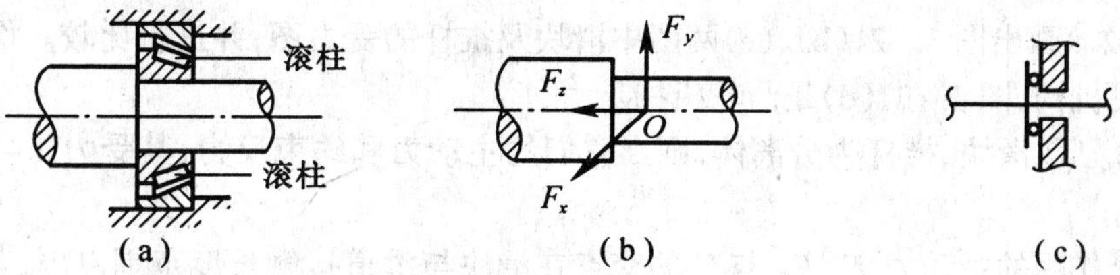

图 1-19

1.4 物体的受力分析和受力图

所谓受力分析,是指分析所要研究的物体(称为研究对象)上受力多少、各力作用点和方向的过程。

工程中物体的受力可分为两类,一类称为主动力,如工作载荷、构件自重、风力等,这类力一般是已知的或可以测量的，另一类就是约束反力。进行受力分析时，研究对象可以用简单线条组成的简图来表示。在简图上除去约束，使对象成为自由体，添上代表约束作用的约束反力，称为解除约束原理。解除约束后的自由物体称为分离体，在分离体上画上它所受的全部主动力和约束反力，就称为该物体的受力图。

画受力图是解决力学问题的第一步骤，正确地画出受力图是分析、解决力学问题的前提。如果没有特别说明，则物体的重力一般不计，并认为接触面都是光滑的。

下面举例说明受力图的作法及注意事项。

例1-1 重力为 $\boldsymbol{P}$ 的圆球放在板 AC 与墙壁 AB 之间，如图1-20(a)所示。设板 AC 重力不计，试作出板与球的受力图。

解 先取球为研究对象，作出简图。球上主动力 $\boldsymbol{P}$，约束反力有 $\boldsymbol{F}_{ND}$ 和 $\boldsymbol{F}_{NE}$，均属光滑面约束的法向反力。受力图如图1-20(b)所示。

再取板作研究对象。由于板的自重不计，故只有 A，C，E 处的约束反力。其中 A 处为固定铰支座，其反力可用一对正交分力 $\boldsymbol{F}_{Ax}$，$\boldsymbol{F}_{By}$ 表示；C 处为柔索约束，其反力为拉力 $\boldsymbol{F}_T$；E 处的反力为法向反力 $\boldsymbol{F}'_{NE}$，要注意该反力与球在处所受反力 $\boldsymbol{F}_{NE}$ 为作用与反作用的关系。受力图如图1-20(c)所示。

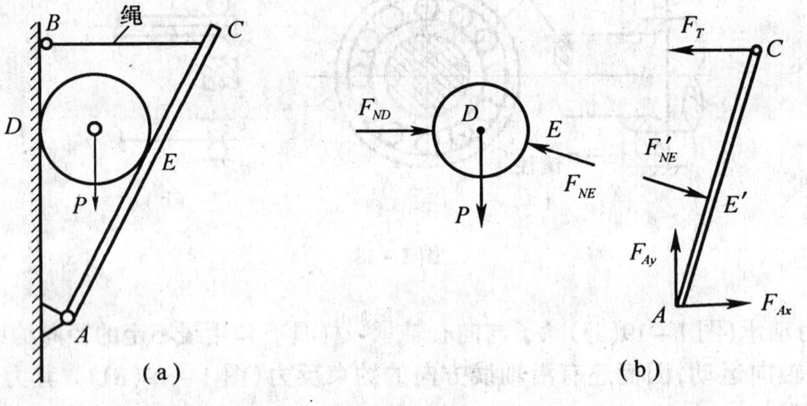

图1-20

例1-2 画出图1-21(b)、(c)两图中滑块及推杆的受力图，并进行比较。图1-21(a)是曲柄滑块机构，图1-21(d)是凸轮机构。

解 分别取滑块、推杆为分离体，画出它们的主动力和约束反力，其受力1-21(b)，1-21(c)所示。

滑块上作用的主动力 $\boldsymbol{F}$，$\boldsymbol{F}_R$ 与 $\boldsymbol{F}$ 的交点在滑块与滑道接触长度范围以内，其合力使滑块单面靠紧滑道，故产生一个与约束面相垂直的反力 $\boldsymbol{F}_N$；$\boldsymbol{F}$，$\boldsymbol{F}_R$，$\boldsymbol{F}_N$ 三力汇交。推杆上的主动力 $\boldsymbol{F}$，$\boldsymbol{F}_R$ 的交点在滑道之外，其合力使推杆倾斜而导致 B、D 两点接触，故有约束反力 $\boldsymbol{F}_{NB}$，$\boldsymbol{F}_{ND}$。

画受力图时，须注意以下几点：

(1)作图时要明确所取的研究对象，把它单独取出来分析，在取整体作为研究对象时，有时为了简便起见，可以在题图上画受力图，但要明确，这时整体所受的约束实际上已被解除。

(2)要注意两个构件连接处的反力的关系。当所取的研究对象是几个构件的结合体时，

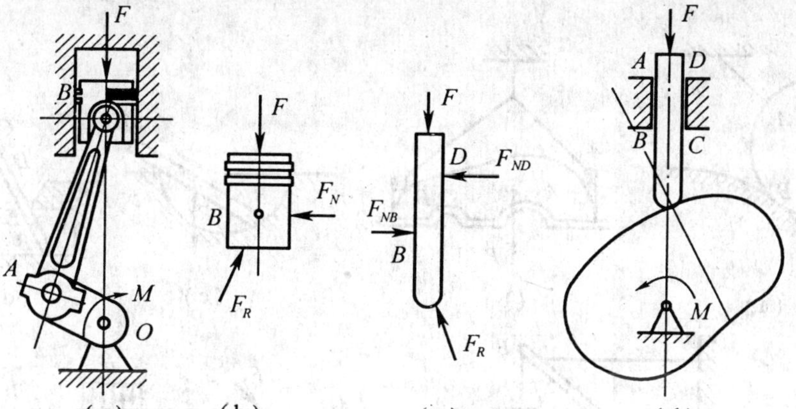

(a)　　(b)　　(c)　　(d)

图 1－21

它们之间结合处的反力是内力不必画出。而当两个相互连接的物体被拆开时,其连接处的约束反力是一对作用力与反作用力,要等值、反向、共线地分别画在两个物体上。

(3)若机构中有二力构件,应先分析二力构件的受力,然后再分析其他作用力。

习　　题

1－1　回答下列问题:

(1)作用力与反作用力是一对平衡力吗?

(2)题 1－1(a)图中所示三铰拱架上的作用力 $\boldsymbol{F}$,可否依据力的可传性原理把它移到 D 点?为什么?

(3)只受两个力作用的构件称为二力构件,这种说法对吗?

(4)确定约束反力方向的基本原则是什么?

(5)题 1－1(b)、(c)图中所画出的两个力三角形各表示什么意思?二者有什么区别?

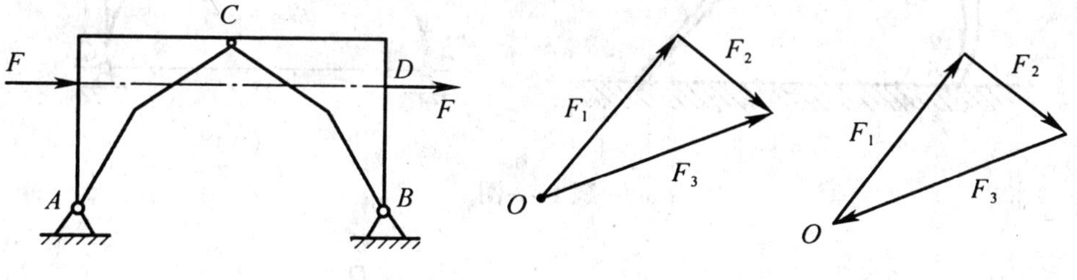

(a)　　(b)　　(c)

题 1－1 图

1－2　作出下列物体系中每个刚体的受力图。设接触面都是光滑的,没有画重力矢的物体都不计重力。

1－3　试分别画出图示结构中 AB 与 BC 的受力图。

1－4　画出图中下列物体即整个系统的受力图(各构件的自重不计,摩擦不计):

(1)图(a)中的杆 DH, BC, AC 及整个系统;

(2)图(b)中的杆 DH, AB, CB 及整个系统。

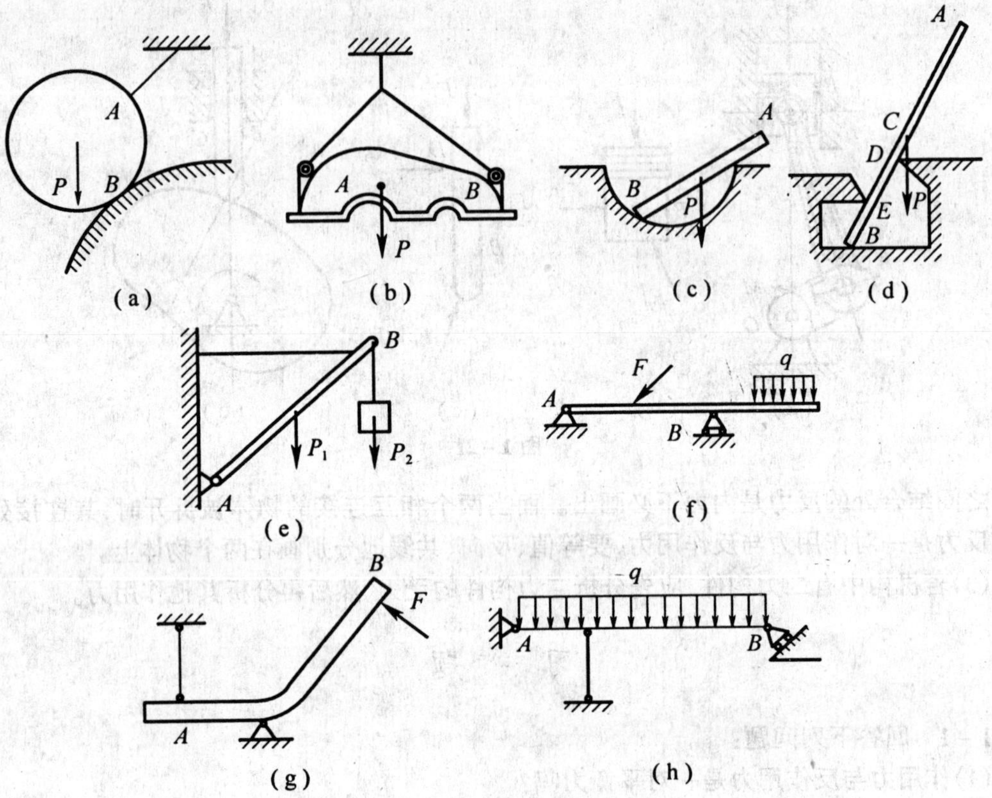

题 1-2 图

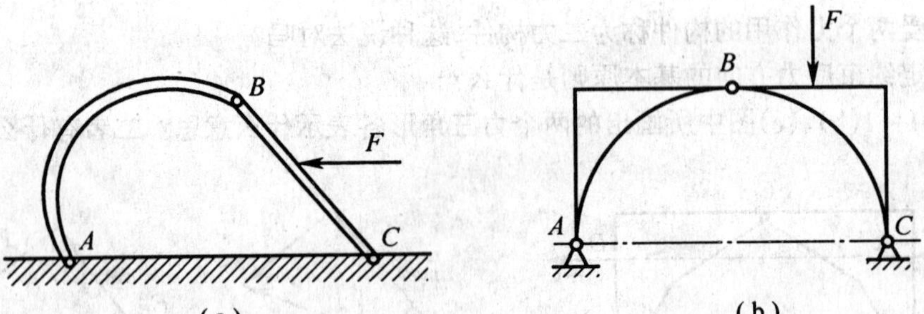

题 1-3 图

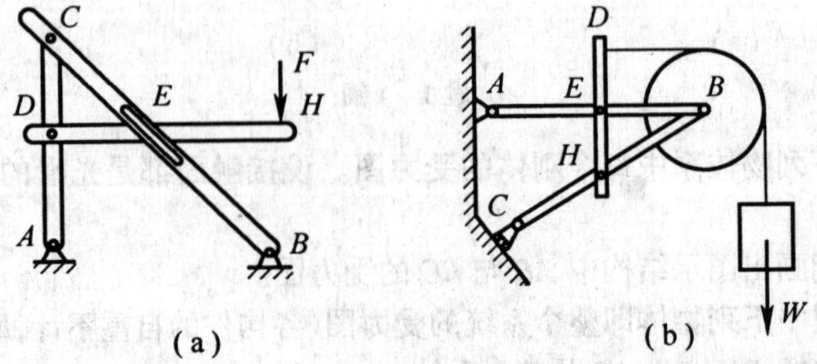

题 1-4 图

第2章 平面力系

按照力系中各力的作用线是否在同一平面内,可将力系分为平面力系和空间力系。若各力作用线都在同一平面内并汇交于一点,则此力系称为平面汇交力系。按照由特殊到一般的认识规律,我们先研究平面汇交力系的简化与平衡规律。

2.1 平面汇交力系的简化与平衡方程

2.1.1 概述

设刚体上作用有一个平面汇交力系 $\boldsymbol{F}_1,\boldsymbol{F}_2,\cdots,\boldsymbol{F}_n$,各力汇交于 A 点(图 2-1(a))。根据力的可传性,可将这些力沿其作用线移到 A 点,从而得到一个平面共点力系(图 2-1(b))。故平面汇交力系可简化为平面共点力系。

连续应用力的平行四边形法则,可将平面共点力系合成为一个力。在图 2-1(b)中,先合成力 $\boldsymbol{F}_1$ 与 $\boldsymbol{F}_2$(图中未画出力平行四边形),可得力 $\boldsymbol{F}_{R1}$,即 $\boldsymbol{F}_{R1}=\boldsymbol{F}_1+\boldsymbol{F}_2$;再将 $\boldsymbol{F}_{R1}$ 与 $\boldsymbol{F}_3$ 合成为力 $\boldsymbol{F}_{R2}$,即 $\boldsymbol{F}_{R2}=\boldsymbol{F}_{R1}+\boldsymbol{F}_3$;依此类推,最后可得

$$\boldsymbol{F}_R=\boldsymbol{F}_1+\boldsymbol{F}_2+\cdots+\boldsymbol{F}_n=\sum \boldsymbol{F}_i \tag{2-1}$$

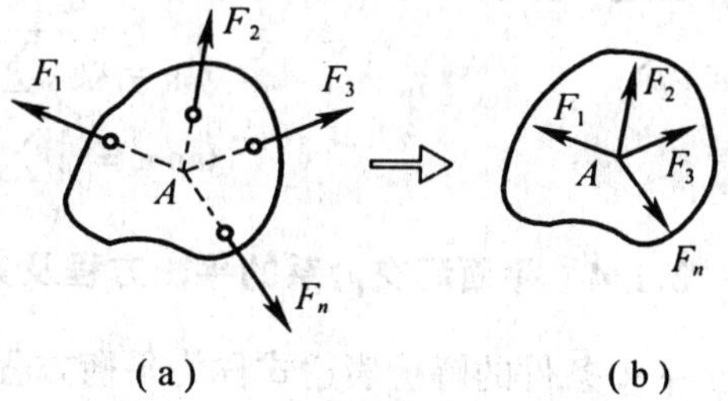

图 2-1

式中 $\boldsymbol{F}_R$ 即是该力系的合力。故平面汇交力系的合成结果是一个合力,合力的作用线通过汇交点,其大小和方向由力系中各力的矢量和确定。

因合力与力系等效,故平面汇交力系的平衡条件是该力系的合力为零。

2.1.2 力在坐标轴上的投影

过 $\boldsymbol{F}$ 两端向坐标轴引垂线(图 2-2)得垂足 a,b,a',b'。线段 ab 和 $a'b'$ 分别为 $\boldsymbol{F}$ 在 x 轴和 y 轴上投影的大小,投影的正负号规定为:从 a 到 b(或从 a' 到 b')的指向与坐标轴正向相同为正,相反为负。$\boldsymbol{F}$ 在 x 轴和 y 轴上的投影分别计作 $\boldsymbol{F}_x,\boldsymbol{F}_y$。

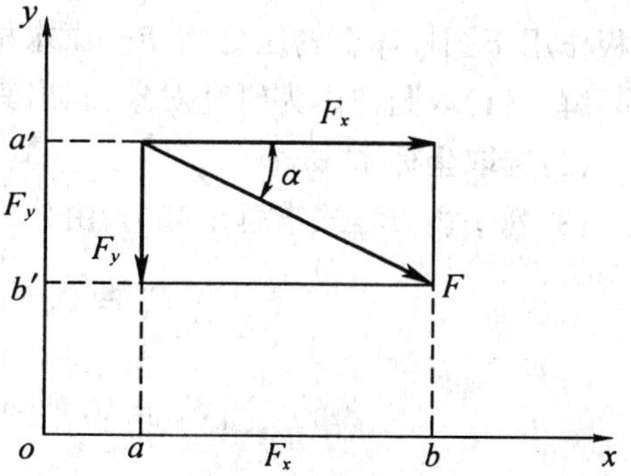

图 2-2

若已知 F 的大小及其与 x 轴所夹的锐角 α,则有

$$\left.\begin{aligned}F_x&=F\cos\alpha\\F_y&=-F\sin\alpha\end{aligned}\right\} \tag{2-2}$$

如将 $\boldsymbol{F}$ 沿坐标轴方向分解，所得分力 $\boldsymbol{F}_x,\boldsymbol{F}_y$ 的值与在同轴上的投影 F_x,F_y 相等。但须注意，力在轴上的投影是代数量，而分力是矢量，不可混为一谈。

若已知 F_x,F_y 值，可求出 $\boldsymbol{F}$ 的大小和方向，即

$$\left.\begin{aligned} F &= \sqrt{F_x^2 + F_y^2} \\ \tan\alpha &= \left| F_y / F_x \right| \end{aligned}\right\} \tag{2-3}$$

2.1.3 平面汇交力系合成的解析法

设刚体上作用有一个平面汇交力系 $\boldsymbol{F}_1$、$\boldsymbol{F}_2$、…、$\boldsymbol{F}_n$，据式(2-1)有

$$\boldsymbol{F}_R = \boldsymbol{F}_1 + \boldsymbol{F}_2 + \cdots + \boldsymbol{F}_n = \sum \boldsymbol{F}$$

将上式两边分别向 x 轴和 y 轴投影，即有

$$\left.\begin{aligned} F_{Rx} &= F_{1x} + F_{2x} + \cdots + F_{nx} = \sum F_x \\ F_{Ry} &= F_{1y} + F_{2y} + \cdots + F_{ny} = \sum F_y \end{aligned}\right\} \tag{2-4}$$

式(2-4)即为合力投影定理：力系的合力在某轴上的投影，等于力系中各力在同一轴上投影的代数和。

若进一步按式(2-3)运算，即可求得合力的大小及方向，即

$$\left.\begin{aligned} F_R &= \sqrt{(\sum F_x)^2 + (\sum F_y)^2} \\ \tan\alpha &= \left| \sum F_y / \sum F_x \right| \end{aligned}\right\} \tag{2-5}$$

2.1.4 平面汇交力系的平衡方程及其应用

平衡条件的解析表达式称为平衡方程。由式(2-4)可知平面汇交力系的平衡条件是

$$\left.\begin{aligned} \sum F_x &= 0 \\ \sum F_y &= 0 \end{aligned}\right\} \tag{2-6}$$

即力系中各力在两个坐标轴上投影的代数和分别等于零，上式称为平面汇交力系的平衡方程。这是两个独立的方程，可求解两个未知量。

例 2-2 图 2-4 所示一圆柱体放置于夹角为 α 的 V 型槽内，并用压板 D 夹紧。已知压板作用于圆柱体上的压力为 F。试求槽面对圆柱体的约束反力。

解 (1)取圆柱体为研究对象，画出其受力图如图 2-4(b)所示；

(2)选取坐标系 xoy；

(3)列平衡方程式求解未知力，由公式(2-6)得：

$$\sum F_x = 0,\ F_{NB}\cos\frac{\alpha}{2} - F_{NC}\cos\frac{\alpha}{2} = 0 \tag{1}$$

$$\sum F_y = 0,\ F_{NB}\sin\frac{\alpha}{2} + F_{NC}\sin\frac{\alpha}{2} - F = 0 \tag{2}$$

由式(1)得

$$F_{NB} = F_{NC}$$

由式(2)得

$$F_{NB}=F_{NC}=\frac{F}{2\sin\frac{\alpha}{2}}$$

(4)讨论　由结果可知 F_{NB} 与 F_{NC} 均随几何角度 α 而变化，角度 α 愈小，则压力 F_{NB} 或 F_{NC} 就愈大，因此，α 角不宜过小。

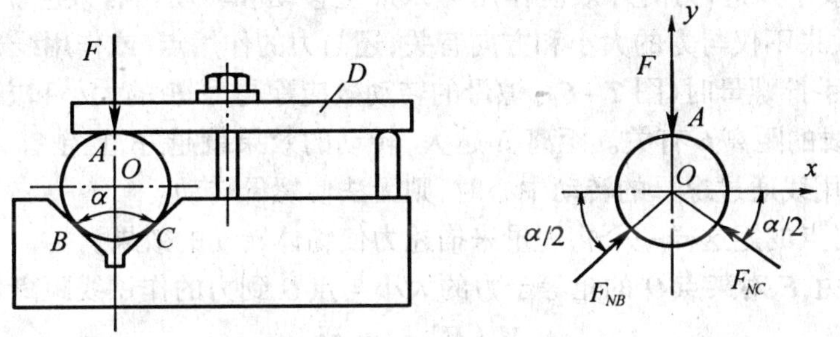

图 2-4

例 2-3　图 2-5 所示为一简易起重机。利用绞车和绕过滑轮的绳索吊起重物，其重力 $G=20$ kN，各杆件与滑轮的重力不计。滑轮 B 的大小可忽略不计，试求杆 AB 与 BC 所受的力。

解　(1)取节点 B 为研究对象，画其受力图，如图 2-5b 所示。由于杆 AB 与 BC 均为两力构件，对 B 的约束反力分别为 $\boldsymbol{F}_1$ 与 $\boldsymbol{F}_2$，滑轮两边绳索的约束反力相等，即 $T=G$。

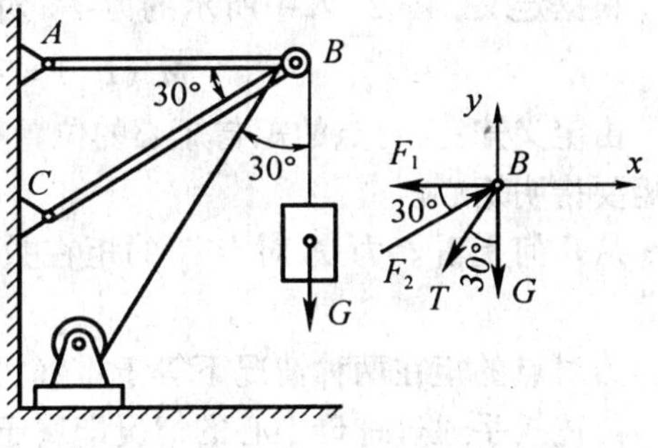

图 2-5

(2)选取坐标系 xBy；

(3)列平衡方程式求解未知力；

$$\sum F_x=0, F_2\cos30°-F_1-T_1\sin30°=0 \quad (1)$$

$$\sum F_y=0, F_2\sin30°-T_1\cos30°-G=0 \quad (2)$$

由式(2)得

$$F_2=74.6\ \text{kN}$$

代入式(1)得

$$F_1=54.6\ \text{kN}$$

由于此两力均为正值，说明 $\boldsymbol{F}_1$ 与 $\boldsymbol{F}_2$ 的方向与图示一致，即 AB 杆受拉力，BC 杆受压力。

2.2 力对点之矩 合力矩定理

2.2.1 力对点之矩

人们从实践中知道,力的外效应作用可以产生移动和转动两种效应。由经验知道,力使物体转动的效果不仅与力的大小和方向有关,还与力的作用点(或作用线)的位置有关。

例如,用扳手拧螺母时(图 2-6),螺母的转动效应除与力 $\boldsymbol{F}$ 的大小和方向有关外,还与点 O 到力作用线的距离 h 有关。距离 h 越大,转动的效果就越好,且越省力,反之则越差。显然,当力的作用线通过螺母的转动中心时,则无法使螺母转动。

可以用力对点的矩这样一个物理量来描述力使物体转动的效果。

其定义为:力 $\boldsymbol{F}$ 对某点 O 的矩等于力的大小与点 O 到力的作用线距离 h 的乘积。记作

$$M_o(\boldsymbol{F}) = \pm Fh \tag{2-7}$$

式中,点 O 称为矩心,h 称为力臂,Fh 表示力使物体绕点 O 转动效果的大小,而正负号则表明:$M_o(\boldsymbol{F})$是一个代数量,可以用它来描述物体的转动方向。通常规定:使物体逆时针方向转动的力矩为正,反之为负。力矩的单位为牛顿·米(N·m)。

根据定义,图 2-6 中所示的力 $\boldsymbol{F}_1$ 对点 O 的矩为

$$M_o(\boldsymbol{F}_1) = -F_1 h_1 = -F_1 h\sin\alpha$$

由定义知:力对点的矩与矩心的位置有关,同一个力对不同点的矩是不同的。因此,对力矩要指明矩心。

从几何上看。力 $\boldsymbol{F}$ 对点 O 的矩在数值上等于三角形 OAB 面积的两倍。如图 2-7 所示。

力对点的矩在两种情况下等于零:(1)力为零;(2)力臂为零,即力的作用线过矩心。

前述扳手通过螺母中心的情况即属于第(2)种情况。

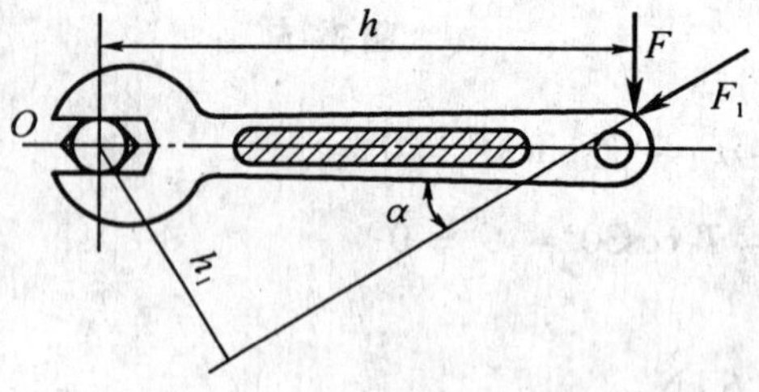

图 2-6

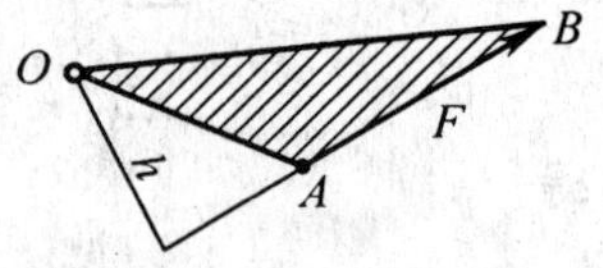

图 2-7

2.2.2 合力矩定理

在计算力系的合力对某点的矩时,除根据力矩的定义计算外,还常用到合力矩定理,即:平面汇交力系的合力对平面上任一点之矩,等于所有各分力对同一点力矩的代数和。

证明:如图 2-8 所示,设力 $\boldsymbol{F}_1$,$\boldsymbol{F}_2$ 作用于刚体上的 A 点,其合力为 $\boldsymbol{F}_R$,任取一点 O 为矩心,过 O 作 OA 之垂线为 x 轴,并过各力矢端 B,C,D 向 x 轴引垂线,得垂足 b,c,d,按投影法则有

$Ob = cd = F_{1x}, Oc = F_{2x}, Od = F_{Rx}$

按合力投影定理,有:

$$Od = Ob + Oc$$

各力对 O 点之矩,可用力与矩心所形成的三角形面积的两倍来表示,故有

$$M_o(\boldsymbol{F}_1) = 2\triangle OAB = OA \times Ob$$

$$M_o(\boldsymbol{F}_2) = 2\triangle OAC = OA \times Oc$$

$$M_o(\boldsymbol{F}_R) = 2\triangle OAD = OA \times Od$$

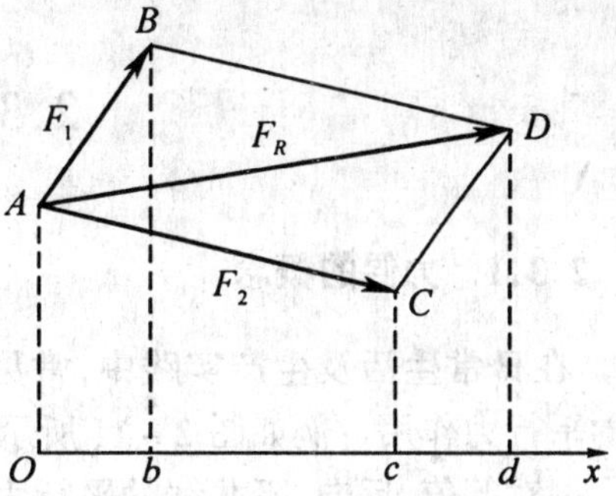

图 2-8

显然

$$M_o(\boldsymbol{F}_R) = M_o(\boldsymbol{F}_1) + M_o(\boldsymbol{F}_2)$$

若在 A 点有一平面汇交力系 $\boldsymbol{F}_1, \boldsymbol{F}_2, \cdots, \boldsymbol{F}_n$ 作用,则多次重复使用上述方法,可得

$$M_o(\boldsymbol{F}_R) = \sum M_o(\boldsymbol{F}) \quad (2-8)$$

上述合力矩定理不仅适用于平面汇交力系,对于其他力系,如平面任意力系、空间力系等,也都同样成立。

在计算力矩时,当力臂较难确定的情况下,用合力矩定理计算更加方便。

例 2-4 图 2-9(a)所示圆柱直齿轮的齿面受一啮合角 $\alpha = 20°$ 的法向压力 $F_n = 1$ kN 的作用,齿面分度圆直径 $d = 60$ mm。试计算力对轴心 O 的力矩。

解 1 按力对点之矩的定义,有

$$M_o(\boldsymbol{F}_n) = F_n h = F_n \frac{d}{2}\cos\alpha$$

$$= 28.2 \text{ N·m}$$

解 2 按合力矩定理

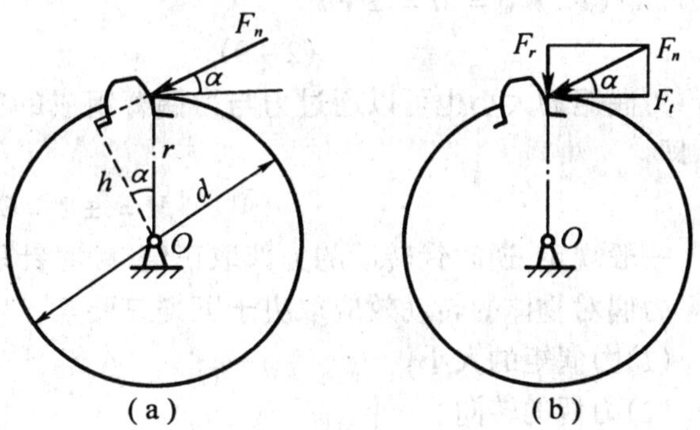

图 2-9

将 $\boldsymbol{F}_n$ 沿半径的方向分解成一组正交的圆周力 $F_t = F_n$ 与 $\cos\alpha$ 与径向力 $F_r = F_n \cos\alpha$。有

$$M_o(\boldsymbol{F}_R) = M_o(\boldsymbol{F}_1) + M_o(\boldsymbol{F}_2) = F_t r + 0 = F_n \cos\alpha r = = 28.2 \text{ N·m}$$

例 2-5 一轮在轮轴 B 处受一切向力 $\boldsymbol{F}$ 的作用,如图 2-10(a)所示。已知 $\boldsymbol{F}, R, r$ 和 α。试求此力对轮与地面接触点 A 的力矩。

解 由于力 $\boldsymbol{F}$ 对矩心 A 的力臂未标明且不易求出,故将 $\boldsymbol{F}$ 在 B 点分解为正交的 $\boldsymbol{F}_x, \boldsymbol{F}_y$,再应用合力矩定理,有

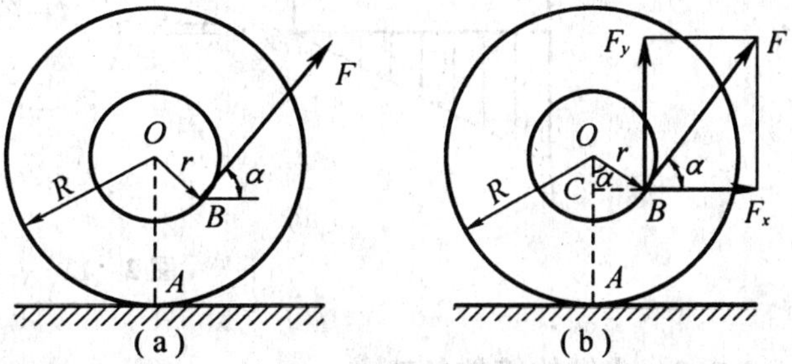

图 2-10

$$M_A(\boldsymbol{F}) = M_A(\boldsymbol{F}_x) + M_A(\boldsymbol{F}_y)$$

$$M_A(\boldsymbol{F}_x) = -F_x CA = -F_x(OA - OC) = -F\cos\alpha(R - r\cos\alpha)$$

$$M_A(\boldsymbol{F}_y) = F_y r\sin\alpha = F\sin\alpha r\sin\alpha = F_r \sin 2\alpha$$

$$M_A(F) = -F\cos\alpha(R - r\cos\alpha) + F_r\sin 2\alpha = F(r - R\cos\alpha)$$

2.3 力偶及其性质

2.3.1 力偶的概念

在日常生活及生产实践中,常见到物体受一对大小相等、方向相反但不在同一作用线上的平行力作用。例如图 2-11 所示的司机转动驾驶盘及钳工对丝锥的操作等。

一对等值、反向、不共线的平行力组成的力系称为力偶,此二力之间的距离称为力偶臂。由以上实例可知,力偶对物体作用的外效应是使物体单纯地产生转动运动的变化。

2.3.2 力偶的三要素

在力学上,以 $\boldsymbol{F}$ 与力偶臂 d 的乘积作为量度力偶在其作用面内对物体转动效应的物理量,称为力偶矩,并记作 $M(\boldsymbol{F},\boldsymbol{F}')$ 或 M。即

$$M(\boldsymbol{F},\boldsymbol{F}') = M = \pm Fd \quad (2-9)$$

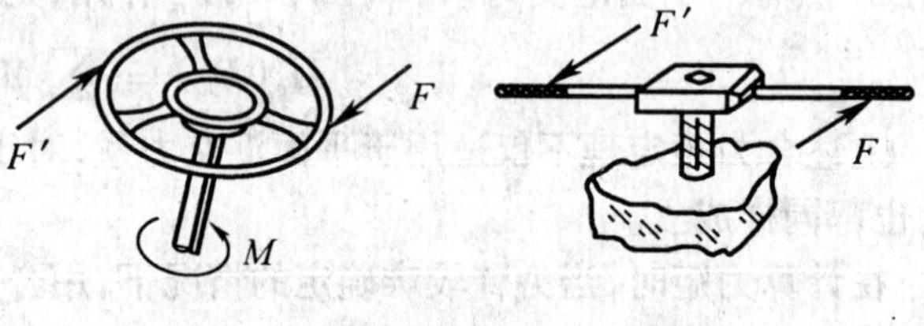

图 2-11

力偶矩的大小也可以通过力与力偶臂组成的三角形面积的二倍来表示,如图 2-12 所示,即

$$M = \pm 2\triangle OAB$$

一般规定,逆时针转动的力偶取正值,顺时针取负值。力偶矩的单位为 N·m 或 N·mm。

力偶对物体的转动效应取决于下列三要素。

(1)力偶矩的大小。

(2)力偶的转向。

(3)力偶作用面的方位。

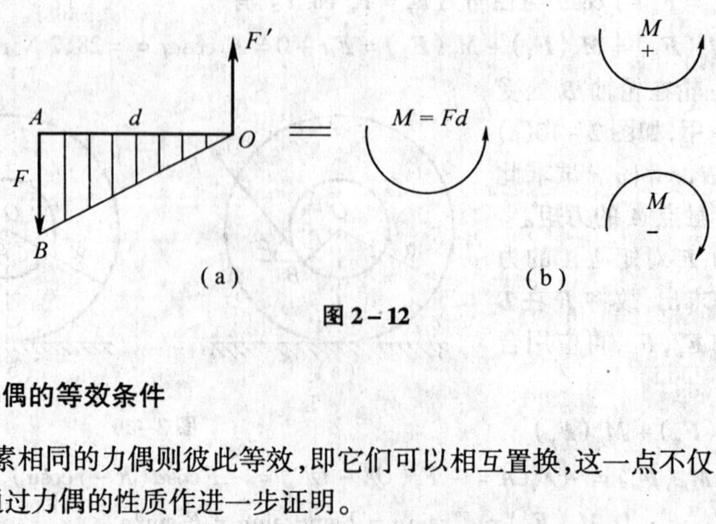

图 2-12

2.3.3 力偶的等效条件

凡是三要素相同的力偶则彼此等效,即它们可以相互置换,这一点不仅由力偶的概念可以说明,还可通过力偶的性质作进一步证明。

2.3.4 力偶的性质

性质 1 力偶对其作用面内任意点的力矩恒等于此力偶的力偶矩，而与矩心的位置无关。

证明：设在刚体某平面上 A，B 两点作用一力偶 $M = Fd$，现求此力偶对任意点 O 的力矩。取 x 表示矩心 O 到 $\boldsymbol{F}'$ 之垂直距离，按力矩定义，$\boldsymbol{F}$ 与 $\boldsymbol{F}'$ 对 O 点的力矩和为

$$M_o(\boldsymbol{F}) + M_o(\boldsymbol{F}') = F(d - x) + Fx = Fd$$

即

$$M_o(\boldsymbol{F}) + M_o(\boldsymbol{F}') = M(\boldsymbol{F}, \boldsymbol{F}')$$

不论 O 点选在何处，力偶对该点的矩永远等于它的力偶矩，而与力偶对矩心的相对位置无关。

性质 2 由图 2－13 可见，力偶在任意坐标轴上的投影之和为零，故力偶无合力，力偶不能与一个力等效，也不能用一个力来平衡。

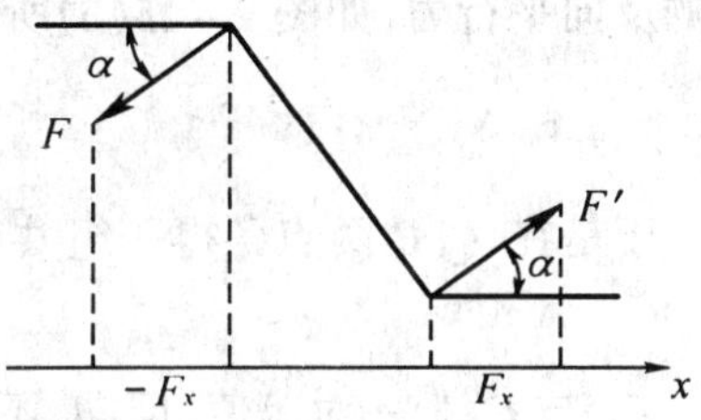

图 2－13

力偶无合力，故力偶对物体的平移运动不会产生任何影响，力与力偶相互不能代替，不能构成平衡。因此，力与力偶是力系的两个基本元素。

由于上述性质，所以对力偶可作如下处理。

(1)力偶在它的作用面内，可以任意转移位置。其作用效应和原力偶相同，即力偶对于刚体上任意点的力偶矩值不因移位而改变。

(2)力偶在不改变力偶矩大小和转向的条件下，可以同时改变力偶中两反向平行力的大小、方向以及力偶臂的大小。而力偶的作用效应保持不变。

图 2－14 各图中力偶的作用效应都相同。力偶的力偶臂、力及其方向既然都可改变，就可简明地以一个带箭头的弧线并标出值来表示力偶，如图 2－14(d)所示。

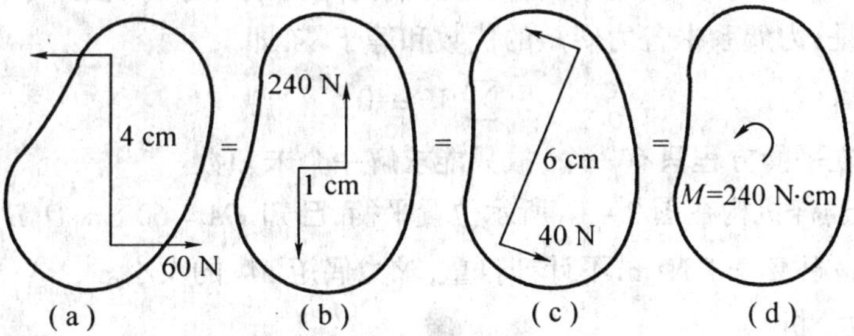

图 2－14

2.4 平面力偶系的合成与平衡方程

作用在物体上同一平面内的若干力偶，总称为平面力偶系。

2.4.1 平面力偶系的合成

设在刚体某平面上有力偶 M_1,M_2 的作用,如图 2-15(a)所示,现求其合成的结果。

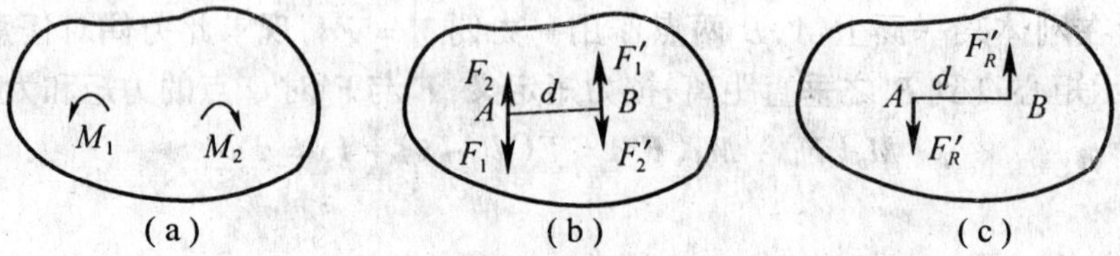

图 2-15

在平面上任取一线段 $AB = d$ 作为公共力偶臂,并把每个力偶化为一组作用在 A,B 两点的反向平行力,如图 2-15(b)所示,根据力系等效条件,有

$$\boldsymbol{F}_1 = \frac{M_1}{d}, \quad \boldsymbol{F}_2 = \frac{M_2}{d}$$

于是在 A,B 两点各得一组共线力系,其合力为 $\boldsymbol{F}_R$ 与 $\boldsymbol{F}'_R$,如图 2-15(c)所示,且有

$$\boldsymbol{F}_R = \boldsymbol{F}'_R = \boldsymbol{F}_1 - \boldsymbol{F}_2$$

$\boldsymbol{F}_R$ 与 $\boldsymbol{F}'_R$为一对等值、反向、不共线的平行力,它们组成的力偶即为合力偶,所以有

$$M = F_R d = (F_1 - F_2) d = M_1 + M_2$$

若在刚体上有若干个力偶作用,采用上述方法叠加,可得合力偶矩为

$$M = M_1 + M_2 + \cdots + M_n = \sum M \tag{2-9}$$

上式表明:平面力偶系合成的结果为一合力偶,合力偶矩为各分力偶矩的代数和。

2.4.2 平面力偶系的平衡条件

由合成结果可知,要使力偶系平衡,则合力偶的矩必须等于零,因此平面力偶系平衡的必要和充分条件是:力偶系中各力偶矩的代数和等于零,即

$$\sum M = 0 \tag{2-10}$$

平面力偶系的独立平衡方程只有一个,故只能求解一个未知数。

例 2-6 四连杆机构在图 2-16 所示位置平衡,已知 $OA = 60$ cm,$O_1B = 40$ cm,作用在摇杆 OA 上的力偶矩 $M_1 = 1$ N·m,不计杆自重,求力偶矩 M_2 的大小。

解 (1)受力分析

先取 OA 杆分析,如图 2-16(b)所示,在杆上作用有主动力偶矩 M_1,根据力偶的性质,力偶只与力偶平衡,所以在杆的两端点 O,A 上必作用有大小相等、方向相反的一对力 $\boldsymbol{F}_o$ 及 $\boldsymbol{F}_A$,而连杆 AB 为二力杆,所以 $\boldsymbol{F}_A$ 的作用方向被确定。再取 O_1B 杆分析,如图 2-16(c)所示,此时杆上作用一个待求力偶 M_2,此力偶与作用在 O_1,B 两端点上的约束反力构成的力偶平衡。

(2)列平衡方程

$$\sum M = 0, \quad M_1 - F_A \times OA = 0 \tag{a}$$

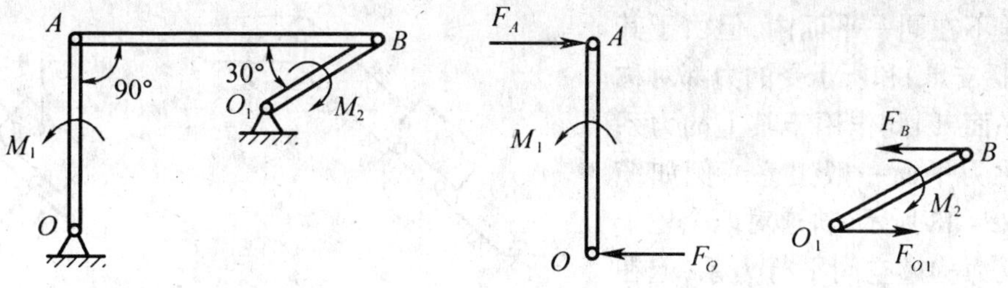

(a) (b) (c)

图 2-16

$$F_A = \frac{M_1}{OA} = 1.67\ \text{N}$$

(3)对受力图 2-16(c)列平衡方程

$$\sum M = 0,\quad F_B \times O_1B\sin 30 - M_2 = 0 \tag{b}$$

因

$$F_B = F_A = 1.67\ \text{N}$$

故由式(b)得

$$M_2 = F_A \times O_1B \times 0.5 = 1.67\ \text{N} \times 0.4\ \text{m} \times 0.5 = 0.33\ \text{N·m}$$

2.5 平面一般力系的简化与平衡方程

所谓平面一般力系是指位于同一平面内的各力的作用线既不汇交于一点,也不互相平行的情况。它是工程实际中最常见的一种力系,工程计算中的许多实际问题都可以简化为平面一般力系问题来进行处理。例如图 2-17 所示的摇臂式起重机及曲柄滑块机构等,其受力都在同一平面内。

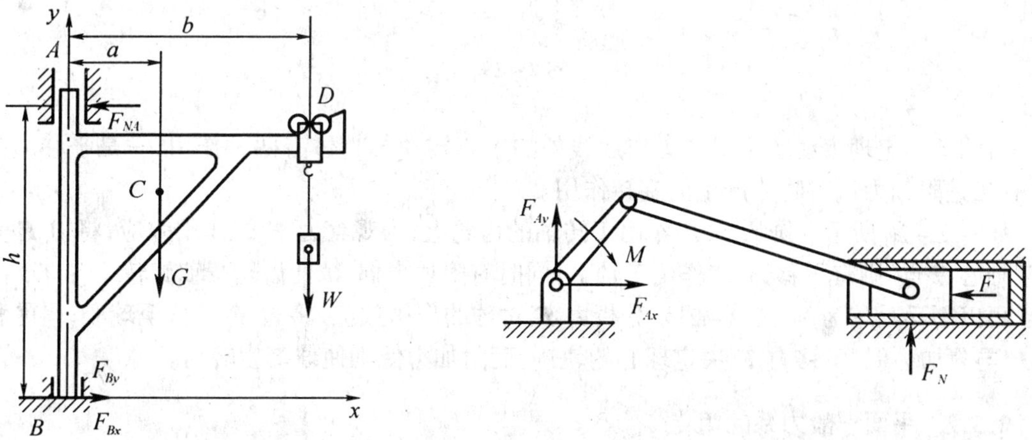

(a) (b)

图 2-17

另外，有些物体实际所受的力虽然明显地不在同一平面内，但由于其结构（包括支承）和所承受的力都对称于某个平面，因此作用于其上的力系仍可简化为平面一般力系。例如缆车，如图 2－18 所示，轨道对四个轮子的约束反力构成空间平行力系，但在它们对于缆车纵向对称面对称分布的情况下，可用位于缆车纵向对称面内的反力替代，如图 2－18(b)所示，从而把作用于缆车上的所有的力作为平面一般力系来处理。

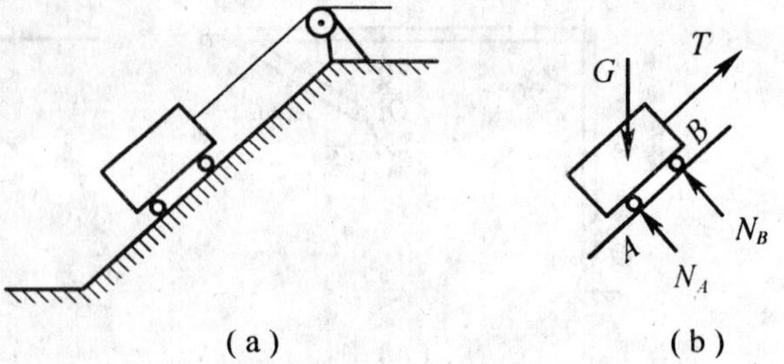

图 2－18

2.5.1 力的平移定理

作用在刚体上 A 点处的力 $\boldsymbol{F}$，可以平移到刚体内任意点 O，但必须同时附加一个力偶，其力偶矩等于原来的力 $\boldsymbol{F}$ 对新作用点 O 的矩。这就是力的平移定理。如图 2－19 所示。

证明如下：根据加减平衡力系公理，在任意点 O 加上一对与 $\boldsymbol{F}$ 等值的平衡力 $\boldsymbol{F}'$，$\boldsymbol{F}''$（图 2－19(b)），则 $\boldsymbol{F}$ 与 $\boldsymbol{F}''$ 为一对等值反向不共线的平行力，组成了一个力偶，其力偶矩等于原力 $\boldsymbol{F}$ 对 O 点的矩，即

$$\boldsymbol{M} = \boldsymbol{M}_o(\boldsymbol{F}) = \boldsymbol{F}d$$

于是作用在 A 点的力 $\boldsymbol{F}$ 就与作用于 O 点的平移力 $\boldsymbol{F}'$ 和附加力偶 $\boldsymbol{M}$ 的联合作用等效，如图 2－19(c)所示。

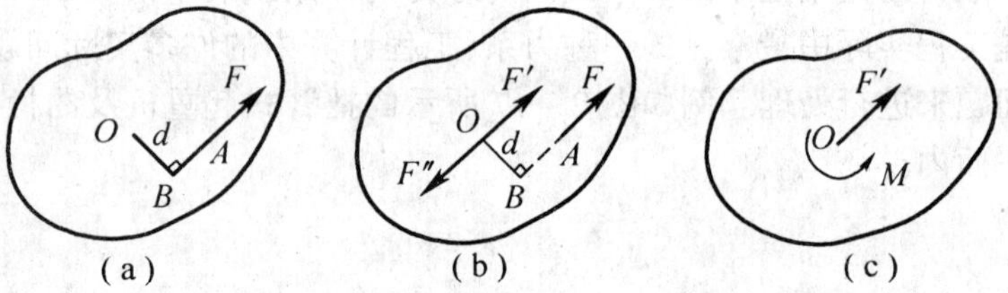

图 2－19

力的平移定理表明了力对绕力作用线外的中心转动的物体有两种作用，一是平移力的作用，二是附加力偶对物体产生的旋转作用。

如图 2－20 所示。圆周力 $\boldsymbol{F}$ 作用于转轴的齿轮上，为观察力 $\boldsymbol{F}$ 的作用效应，将力 $\boldsymbol{F}$ 平移至轴心 O 点，则有平移力 $\boldsymbol{F}'$ 作用于轴上，同时有附加力偶 M 使齿轮绕轴旋转。

再以削乒乓球为例（图 2－21），分析力 $\boldsymbol{F}$ 对球的作用效应，将力 $\boldsymbol{F}$ 平移至球心，得平移力 $\boldsymbol{F}'$ 与附加力偶，平移力 $\boldsymbol{F}'$ 决定球心的轨迹，而附加力偶则使球产生转动。

2.5.2 平面一般力系的简化

1. 平面一般力系向面内任一点简化

设刚体上作用有一平面一般力系 $\boldsymbol{F}_1, \boldsymbol{F}_2, \cdots, \boldsymbol{F}_n$，如图 2－22(a)所示，在平面内任意取

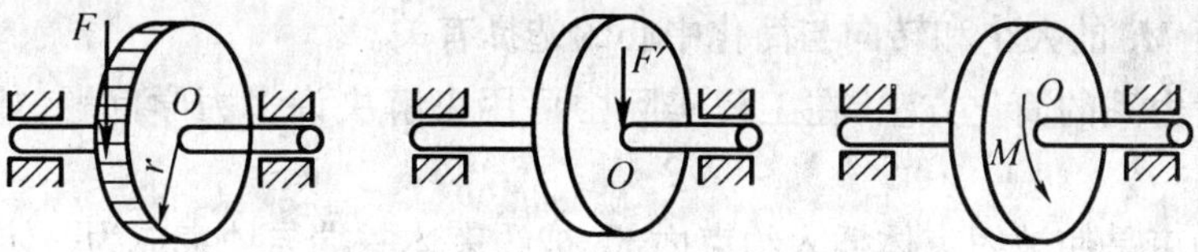

图 2-20

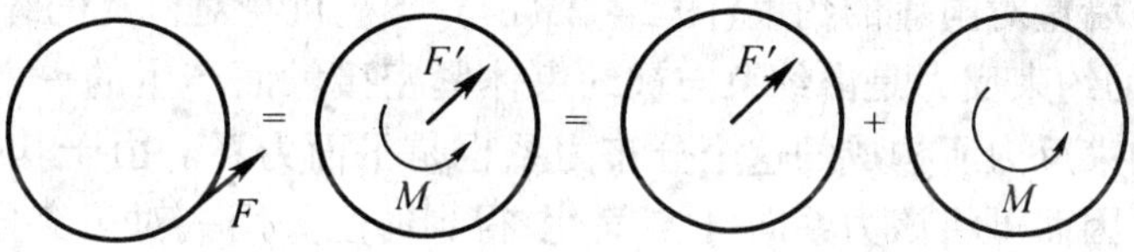

图 2-21

一点 O,称为简化中心。根据力的平移定理,将各力都向 O 点平移,得到一个汇交于 O 点的平面汇交力系 $\boldsymbol{F}_1',\boldsymbol{F}_2',\cdots,\boldsymbol{F}_n'$,以及平面力偶系 $M_1,M_2,\cdots,M_n$,如图 2-22(b)所示。

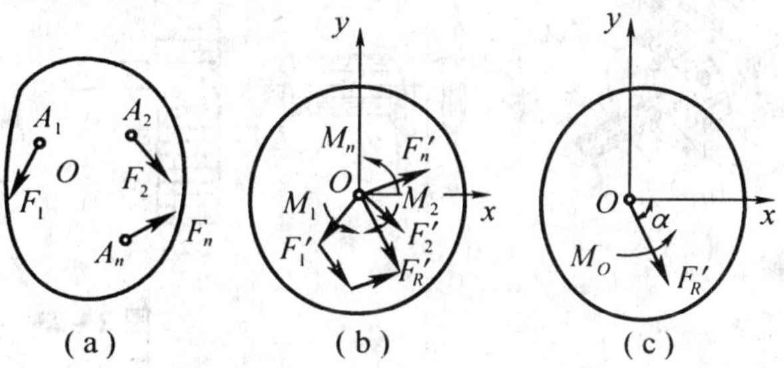

图 2-22

(1)平面汇交力系 $\boldsymbol{F}_1',\boldsymbol{F}_2',\cdots,\boldsymbol{F}_n'$,可以合成为一个作用于 O 点的合矢量 $\boldsymbol{F}_R'$,如图 2-22(c)所示。

$$\boldsymbol{F}_R' = \sum \boldsymbol{F}' = \sum \boldsymbol{F} \tag{2-11}$$

它等于力系中各力的矢量和。显然,单独的 $\boldsymbol{F}_R'$不能和原力系等效,它被称为原力系的主矢。将式(2-11)写成直角坐标系下的投影形式:

$$\left.\begin{aligned} F_{Rx}' &= F_{1x} + F_{2x} + \cdots + F_{nx} = \sum F_x \\ F_{Ry}' &= F_{1y} + F_{2y} + \cdots + F_{ny} = \sum F_y \end{aligned}\right\}$$

因此主矢 $\boldsymbol{F}_R'$的大小及其与 x 轴正向的夹角分别为:

$$\left.\begin{aligned} F_R' &= \sqrt{F_{Rx}^2 + F_{Ry}^2} = \sqrt{(\sum F_x)^2 + (\sum F_y)^2} \\ \theta &= \arctan\left|\frac{F_{Ry}}{F_{Rx}}\right| = \arctan\left|\frac{\sum F_y}{\sum F_x}\right| \end{aligned}\right\} \tag{2-12}$$

(2)附加平面力偶系 $M_1,M_2,\cdots,M_n$ 可以合成为一个合力偶矩 M_o,即

$$M_o = M_1 + M_2 + \cdots + M_n = \sum M_o(\boldsymbol{F}) \tag{2-13}$$

显然,单独的 M_o 也不能与原力系等效,因此它被称为原力系对简化中心 O 的主矩。

综上所述,得到如下结论:平面一般力系向平面内任一点简化可以得到一个力和一个力偶,这个力等于力系中各力的矢量和,作用于简化中心,称为原力系的主矢;这个力偶的矩等于原力系中各力对简化中心之矩的代数和,称为原力系的主矩。

原力系与主矢 $\boldsymbol{F}'_R$ 和主矩 M_o 的联合作用等效。主矢 $\boldsymbol{F}'_R$ 的大小和方向与简化中心的选择无关。主矩 M_o 的大小和转向与简化中心的选择有关。

平面一般力系的简化方法,在工程实际中可用来解决许多力学问题,如固定端约束问题。

固定端约束是使被约束体插入约束内部,被约束体一端与约束成为一体而完全固定,既不能移动也不能转动的一种约束形式。工程中的固定端约束是很常见的,诸如:机床上装卡加工工件的卡盘对工件的约束(图 2-23(a));大型机器中立柱对横梁的约束(图 2-23(b));房屋建筑中墙壁对雨篷的约束(图 2-23(c));飞机机身对机翼的约束(图 2-23(d))。

固定端约束的约束反力是由约束与被约束体紧密接触而产生的一个分布力系,当外力为平面力系时,约束反力所构成的这个分布力系也是平面力系。由于其中各个力的大小与方向均难以确定,因而可将该力系向 A 点简化,得到的主矢用一对正交分力表示,而将主矩用一个反力偶矩来表示,这就是固定端约束的约束反力,如图 2-24 所示。

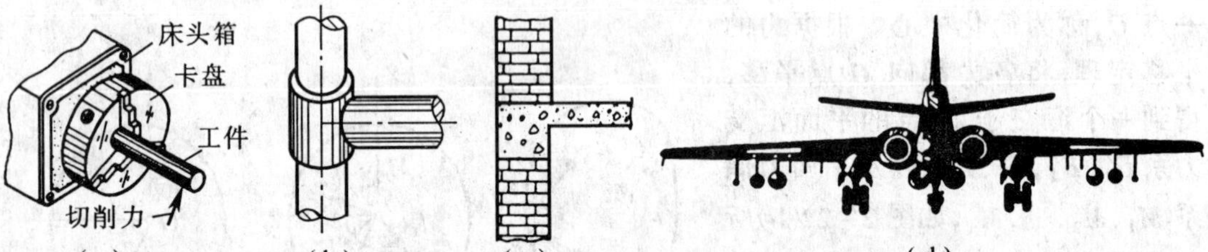

图 2-23

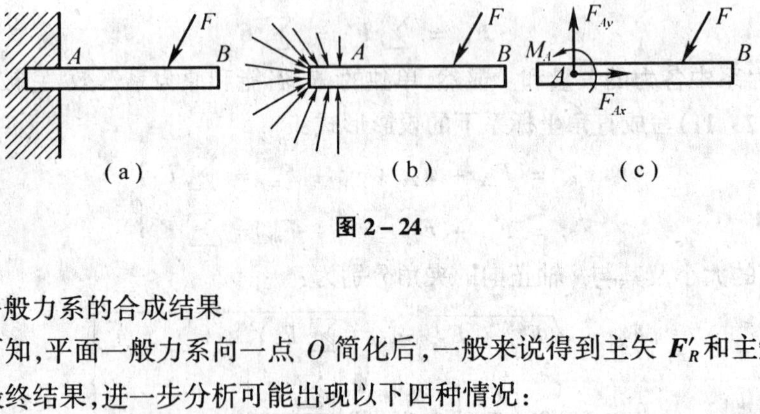

图 2-24

2.平面一般力系的合成结果

由前述可知,平面一般力系向一点 O 简化后,一般来说得到主矢 $\boldsymbol{F}'_R$ 和主矩 M_o,但这并不是简化的最终结果,进一步分析可能出现以下四种情况:

(1) $F'_R=0, M_o\neq0$;说明该力系无主矢,而最终简化为一个力偶,其力偶矩就等于力系的主矩,此时主矩与简化中心无关。

(2) $F'_R\neq0, M_o=0$;说明原力系的简化结果是一个力,而且这个力的作用线恰好通过简化中心,此时 $\boldsymbol{F}'_R$ 就是原力系的合力 $\boldsymbol{F}_R$。

(3) $F'_R\neq0, M_o\neq0$;这种情况还可以进一步简化,根据力的平移定理逆过程,可以把 $\boldsymbol{F}'_R$ 和 M_o 合成一个合力 $\boldsymbol{F}_R$。合成过程如图 2-25 所示,合力 $\boldsymbol{F}_R$ 的作用线到简化中心 O 的距离为

$$d = \left|\frac{M_o}{F_R}\right| = \left|\frac{M_o}{F'_R}\right| \tag{2-14}$$

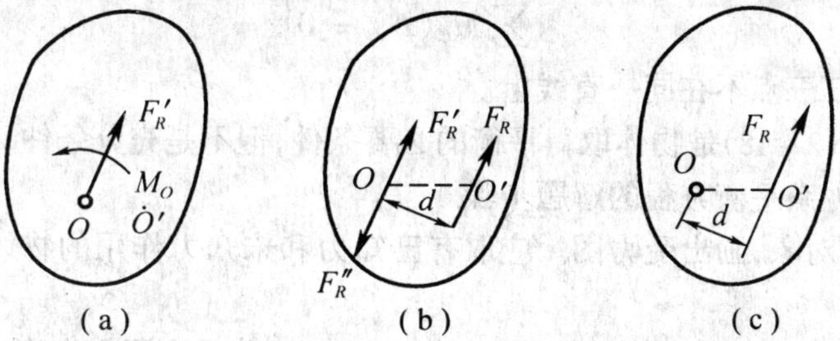

图 2-25

(4) $F'_R=0, M_o=0$;这表明:该力系对刚体总的作用效果为零,即物体处于平衡状态。

2.5.3 平面一般力系的平衡方程及其应用

1.平面一般力系的平衡方程

(1)基本形式

由上述讨论知,若平面一般力系的主矢和对任一点的主矩都为零,则物体处于平衡;反之,若力系是平衡力系,则其主矢、主矩必同时为零。因此,平面一般力系平衡的充要条件是

$$\left.\begin{aligned} F'_R &= \sqrt{(\sum F_x)^2 + (\sum F_y)^2} = 0 \\ M_o &= \sum M_o(F) = 0 \end{aligned}\right\} \tag{2-15}$$

故得平面一般力系的平衡方程为

$$\left.\begin{aligned} \sum F_x &= 0 \\ \sum F_y &= 0 \\ \sum M_o(F) &= 0 \end{aligned}\right\} \tag{2-16}$$

式(2-16)满足平面一般力系平衡的充分和必要条件,所以平面一般力系有三个独立的平衡方程,可求解最多三个未知量。

用解析表达式表示平衡条件的方式不是唯一的。平衡方程式的形式还有二矩式和三矩式两种形式。

(2)二矩式

$$\left.\begin{aligned} \sum F_x &= 0 \\ \sum M_A(F) &= 0 \\ \sum M_B(F) &= 0 \end{aligned}\right\} \tag{2-17}$$

附加条件:AB 连线不得与 x 轴相垂直。

(3)三矩式

$$\left.\begin{aligned}\sum M_A(\boldsymbol{F}) &= 0\\ \sum M_B(\boldsymbol{F}) &= 0\\ \sum M_C(\boldsymbol{F}) &= 0\end{aligned}\right\} \tag{2-18}$$

附加条件：A，B，C 三点不在同一直线上。

式(2-17)和(2-18)是物体取得平衡的必要条件，但不是充分条件，读者可自行推证。

2.平面一般力系平衡方程的解题步骤

(1)确定研究对象，画出受力图。应取有已知力和未知力作用的物体，画出其分离体的受力图。

(2)列平衡方程并求解。适当选取坐标轴和矩心。若受力图上有两个未知力互相平行，可选垂直于此二力的坐标轴，列出投影方程。如不存在两未知力平行，则选任意两未知力的交点为矩心列出力矩方程，先行求解。一般水平和垂直的坐标轴可画可不画，但倾斜的坐标轴必须画。

例 2-7 绞车通过钢丝牵引小车沿斜面轨道匀速上升，如图 2-26(a)所示。已知小车重 $P = 10$ kN，绳与斜面平行，$\alpha = 30°$，$a = 0.75$ m，$b = 0.3$ m，不计摩擦。求钢丝绳的拉力及轨道对车轮的约束反力。

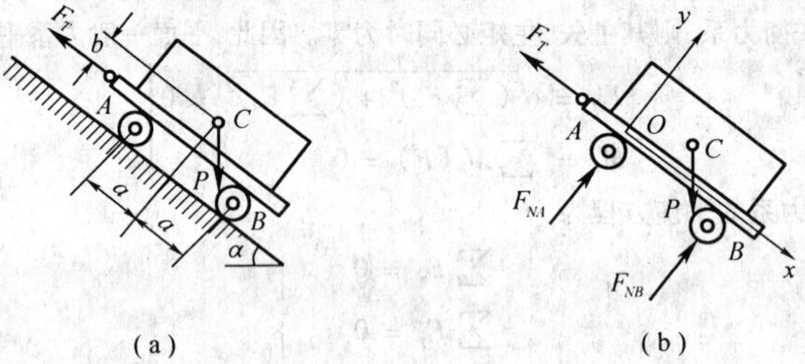

图 2-26

解 (1)取小车为研究对象，画受力图(图 2-26(b))。小车上作用有重力 $\boldsymbol{P}$，钢丝绳的拉力 $\boldsymbol{F}_T$，轨道在 A，B 处的约束反力 $\boldsymbol{F}_{NA}$ 和 $\boldsymbol{F}_{NB}$。

(2)取图示坐标系，列平衡方程

$$\sum F_x = 0,\ -F_T + P\sin\alpha = 0$$

$$\sum F_y = 0,\ F_{NA} + F_{NB} - P\cos\alpha = 0$$

$$\sum M_O(\boldsymbol{F}) = 0,\ F_{NB}(2a) - Pb\sin\alpha - Pa\cos\alpha = 0$$

解得

$$F_T = 5\ \text{kN},\ F_{NB} = 5.33\ \text{kN},\ F_{NA} = 3.33\ \text{kN}$$

例 2-8 悬臂梁如图 2-27 所示，梁上作用有均布载荷 q，在 B 端作用有集中力 $F = ql$ 和力偶为 $M = ql^2$，梁长度为 $2l$，已知 q 和 ql(力的单位为 N，长度单位为 m)。求固定端的约束反力。

解 (1)取 AB 梁为研究对象,画受力图(图 2-27(b)),均布载荷 q 可简化为作用于梁中点的一个集中力 $F_Q = q\times 2l$。

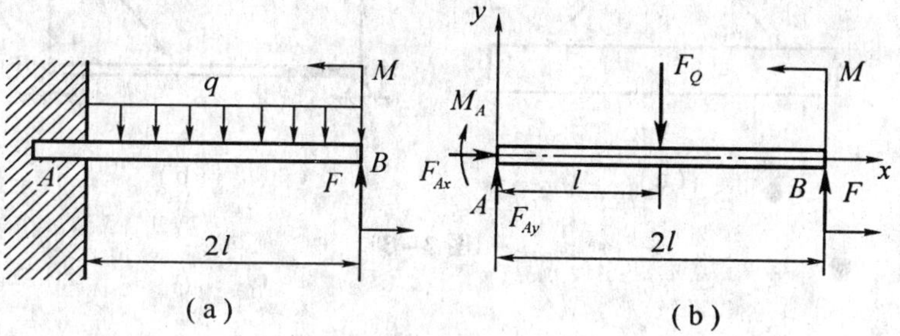

图 2-27

(2)列平衡方程

$$\sum F_x = 0,\quad F_{Ax} = 0$$

$$\sum M_A(F) = 0,\quad M - M_A + F(2l) - F_Q l = 0,$$

故

$$M_A = M + 2Fl - F_Q l = ql^2 + 2ql^2 - 2ql^2 = ql^2$$

$$\sum F_y = 0,\quad F_{Ay} + F - F_Q = 0$$

故

$$F_{Ay} = F_Q - F = 2ql - ql = ql$$

2.6 物体系统的平衡

物系平衡时,组成系统的每一个物体也都保持平衡。若物系由 n 个物体组成,对每个受平面一般力系作用的物体至多只能列出 3 个独立的平衡方程,对整个物系至多只能列出 $3n$ 个独立的平衡方程。若问题中未知量的数目不超过独立的平衡方程的总数,即用平衡方程可以解出全部未知量,这类问题称为静定问题。反之,若问题中未知量的数目超过了独立的平衡方程的总数,则单靠平衡方程不能解出全部未知量,这类问题称为超静定问题或静不定问题。在工程实际中为了提高刚度和稳固性,常对物体增加一些支承或约束,因而使问题由静定变为超静定。例如图 2-30(a)、(b)为静定结构,图 2-31(a)、(b)为静不定结构。在用平衡方程来解决工程实际问题时,应首先判别该问题是否静定。本章只研究静定问题。

求解物系平衡问题的步骤是:

(1)适当选择研究对象,画出各研究对象的分离体的受力图。(研究对象可以是物系整体、单个物体,也可以是物系中几个物体的组合)。

(2)分析各受力图,确定求解顺序。

研究对象的受力图可分为两类,一类是未知量数等于独立平衡方程的数目,称为是可解的;另一类是未知量数超过独立平衡方程的数目,称为暂不可解的。若是可解的,应先取其为研究对象,求出某些未知量,再利用作用与反作用关系,扩大求解范围。有时也可利用其受力特点,列出平衡方程,解出某些未知量。如某物体受平面一般力系作用,有四个未知量,

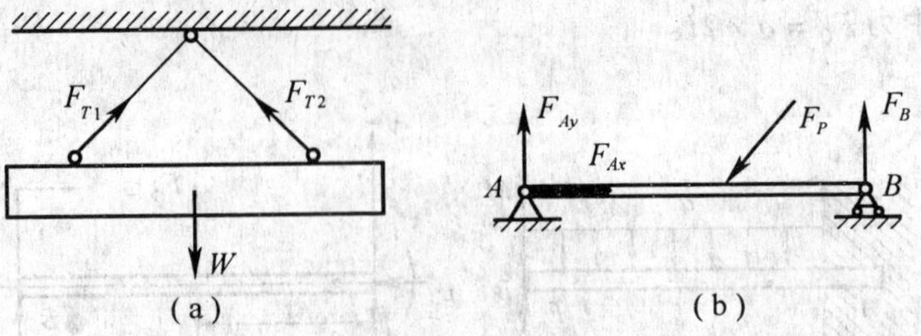

图 2-30

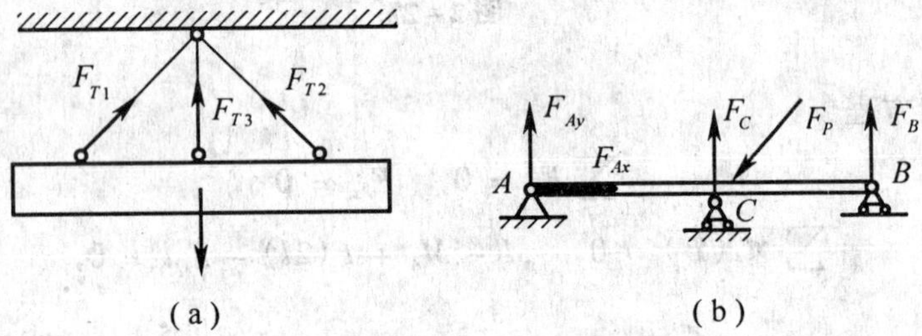

图 2-31

但有三个未知量汇交于一点,则可取该三力汇交点为矩心,列方程解出不汇交于该点的那个未知力。这便是解题的突破口,因为由于某些未知量的求出,其他不可解的研究对象也可以成为可解了。这样便可确定求解顺序。

(3)根据确定的求解顺序,逐个列出平衡方程求解。

由于同一问题中有几个受力图,所以在列出平衡方程前应加上受力图号,以示区别。

例 2-9 如图 2-32(a)所示的人字梯 ACB 置于光滑水平面上,且处于平衡,已知人重为 G,夹角为 α,长度为 l。求 A、B 和铰链 C 处的约束反力。

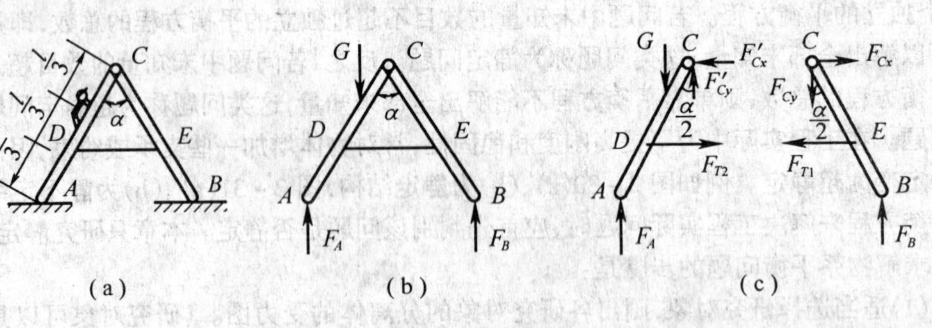

图 2-32

解 (1)选取研究对象,画出整体及每个物体的受力图如图 2-32(b),(c),(d)所示。

AC 和 BC 杆所受的力系均为平面一般力系,每个杆都有四个未知力,暂不可解。但由于物系整体受平面平行力系作用,故是可解的。先以整体为研究对象,求出 $\boldsymbol{F}_A$,$\boldsymbol{F}_B$,则 AC 和 BC 便可解了,故再取 BC 为研究对象,求出 C 处反力。

(2)取整体为研究对象,列平衡方程求解

$$\sum M_A(F) = 0,\quad F_B \times 2\sin\frac{\alpha}{2} - G \times \frac{2}{3}l\sin\frac{\alpha}{2} = 0$$

故

$$F_B = \frac{G}{3}$$

$$\sum F_y = 0,\quad F_A + F_B - G = 0$$

故

$$F_A = G - F_B = G - \frac{G}{3} = \frac{2}{3}G$$

(3)取 BC 杆为研究对象,列平衡方程求解

$$\sum F_y = 0,\quad F_B - F_{Cy} = 0$$

故

$$F_{Cy} = F_B = \frac{G}{3}$$

$$\sum M_E(F) = 0,\quad F_B\frac{l}{3}\sin\frac{\alpha}{2} + F_{Cy} \times \frac{2}{3}l\sin\frac{\alpha}{2} - F_{Cx} \times \frac{2}{3}l\cos\frac{\alpha}{2} = 0$$

故

$$F_{Cx} = \frac{G}{2}\tan\frac{\alpha}{2}$$

例 2-10 一构架如图 2-33(a)所示,已知 F 和 a,且 $F_1 = 2F$。试求两固定铰链 A,B 和铰链 C 的约束反力。

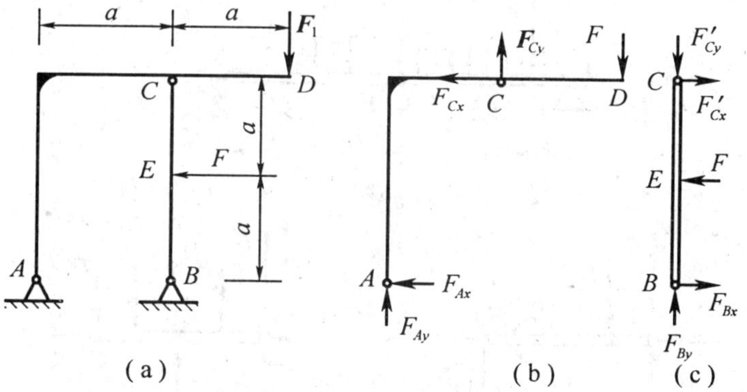

图 2-33

解 (1)分别取构件 ACD 及 BEC 为研究对象,画出各分离体的受力图,如图 2-33(b),(c)所示。(2)图 2-33(b)有四个未知力,不可解;图 2-33(c)有四个未知力,但有三个未知力汇交于一点,可先求出 F_{Bx} 和 F_{Cx}。

$$\sum M_C(\boldsymbol{F}) = 0,\quad F_{Bx} \times 2a - Fa = 0$$

故

$$F_{Bx} = \frac{F}{2}$$

$$\sum F_x = 0,\quad F'_{Cx} + F_{Bx} - F = 0$$

故
$$F'_{Cx} = F - F_{Bx} = F - \frac{F}{2} = \frac{F}{2}$$

解出 F'_{Cx} 后，图 2－33(b)中的 F_{Cx} 变为已知力，因而可解。

$$\sum M_A(F) = 0,\quad F_{Cy}a + F_{Cx}2a - F_1 2a = 0$$

故

$$F_{Cy} = 2F_1 - 2F_{Cx} = 2F_1 - 2\frac{F}{2} = 2F_1 - F = 3F$$

$$\sum F_y = 0,\quad F_{Ay} + F_{Cy} - F_1 = 0$$

故
$$F_{Ay} = F_1 - F_{Cy} = F_1 - (2F_1 - F) = -F$$

$$\sum F_x = 0,\quad F_{Ax} - F_{Cx} = 0$$

故
$$F_{Ax} = F_{Cx} = \frac{F}{2}$$

求出 F_{Cy} 后，再转图 2－33(c)求解 F_{By}

$$\sum F_y = 0, F_{By} - F'_{Cy} = 0$$

故

$$F_{By} = F'_{Cy} = 3F$$

例 2－11 组合梁由 AC 和 CE 用铰链连接，载荷及支承情况如图 2－34(a)所示，已知：$l = 8$ m，$F = 5$ kN，均布载荷集度 $q = 2.5$ kN/m，力偶的矩 $M = 5$ kN·m。求支座 A，B，E 及中间铰 C 的反力。

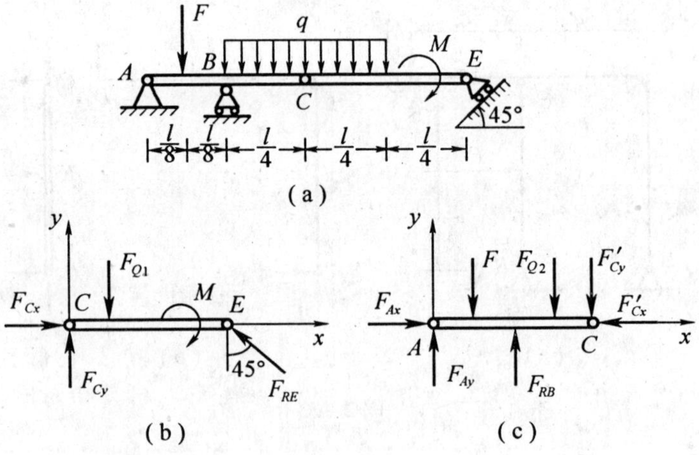

图 2－34

解 (1)分别取梁 CE 及 ABC 为研究对象，画出各分离体的受力图，如图 2－34(b)、(c)所示。其中 F_{Q1} 和 F_{Q2} 分别为梁 CE 梁 ABC 上均布载荷的合力。

(2)列平衡方程求解　图 2－34(c)有五个未知力，不可解；图 2－34(b)有三个未知力，可解。

$$\sum F_x = 0, F_{Cx} - F_{RE}\cos 45° = 0$$

$$\sum F_y = 0, F_{Cy} - F_{Q1} + F_{RE}\sin 45° = 0$$

$$\sum M_C(F) = 0, -F_{Q1} \times 1 - 5 + F_{RE}\sin 45° \times 4 = 0$$

得

$$F_{RE} = 3.54\ \text{kN},\ F_{Cx} = 2.5\ \text{kN},\ F_{Cy} = 2.5\ \text{kN}$$

(3)以 ABC 为研究对象,列平衡方程

$$\sum F_x = 0, F_{Ax} - F'_{Cx} = 0$$

$$\sum F_y = 0, F_{Ay} - F - F_{Q2} - F'_{Cy} + F_{RB} = 0$$

$$\sum M_A(F) = 0, -F \times 1 + F_{RB} \times 2 - F_{Q2} \times 3 - F'_{Cy} \times 4 = 0$$

得

$$F_{Ax} = 2.5\ \text{kN}, F_{Ay} = -2.5\ \text{kN(方向向下)}, F_{RB} = 15\ \text{kN}$$

习　　题

2-1　试用解析法求图示平面汇交力系的合力。

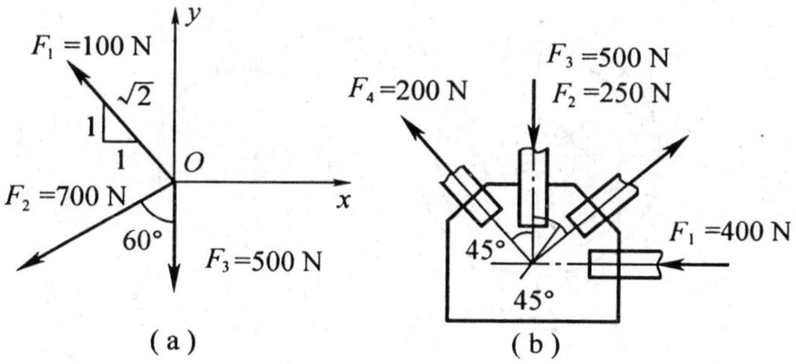

题 2-1 图

2-2　简易起重机用钢丝绳吊起重 $W = 2\ 000$ N 的重物,各杆自重不计,A,B,C 三处简化为铰链连接,求杆 AB 和 AC 受到的力。(滑轮尺寸和摩擦不计)

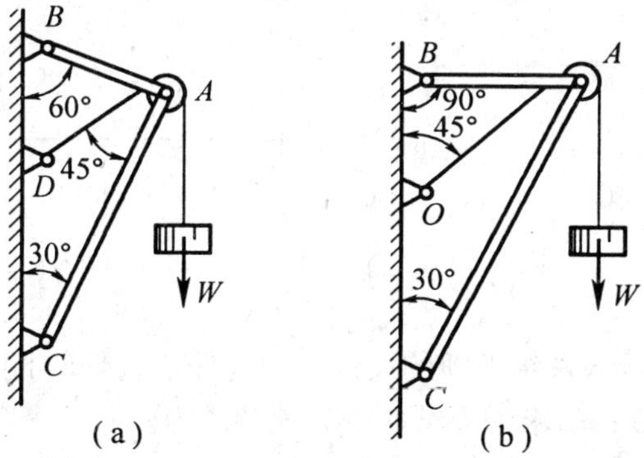

题 2-2 图

2-3　试计算下列各图中力 F 对点 O 之矩。

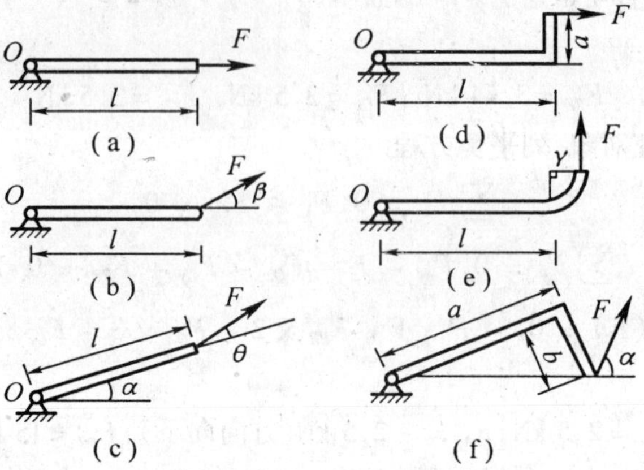

题 2-3 图

2-4　求图示齿轮和皮带上各力对点 O 之矩。已知：$F=1\ \mathrm{kN}$，$\alpha=20°$，$D=160\ \mathrm{mm}$，$F_{T1}=200\ \mathrm{N}$，$F_{T2}=100\ \mathrm{N}$。

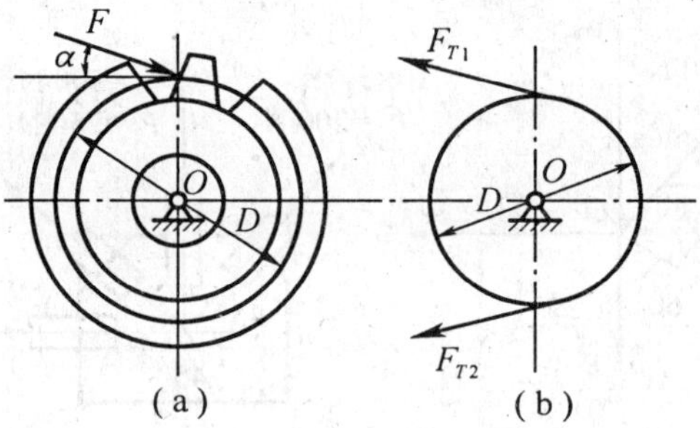

题 2-4 图

2-7　构件的载荷及支承情况如图示，$l=4\ \mathrm{m}$，求支座 A、B 的约束反力。

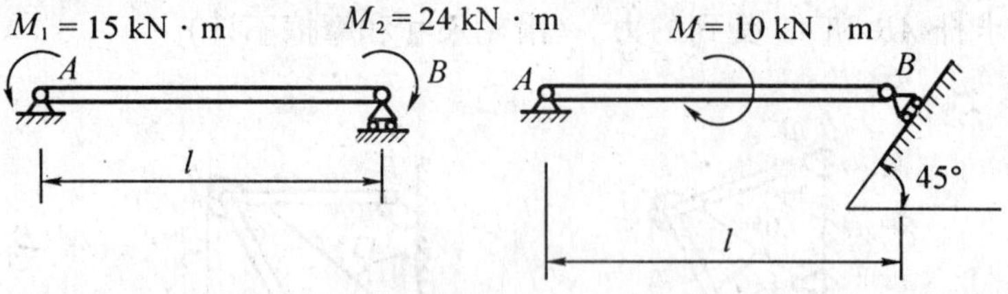

题 2-7 图

2-8　锻锤工作时，若锻件给锻锤的反作用力有偏心，已知打击力 $F=1\ 000\ \mathrm{kN}$，偏心距 $e=20\ \mathrm{mm}$，锤体高 $h=200\ \mathrm{mm}$，求锤头给两侧导轨的压力。

2-9　一均质杆重 1 kN，将其竖起如图示。在图示位置平衡时，求绳子的拉力和 A 处的支座反力。

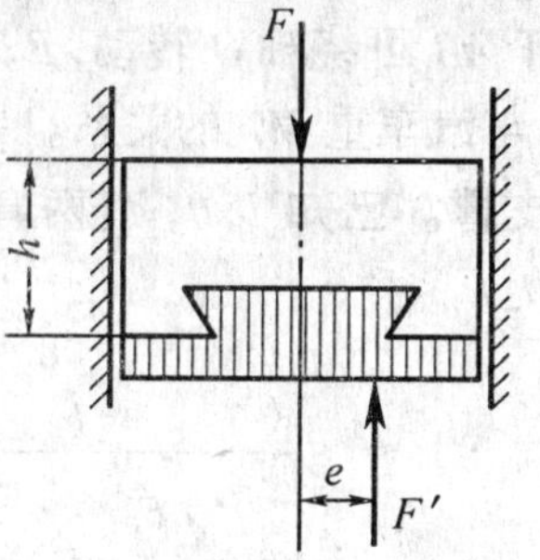

题 2-8 图

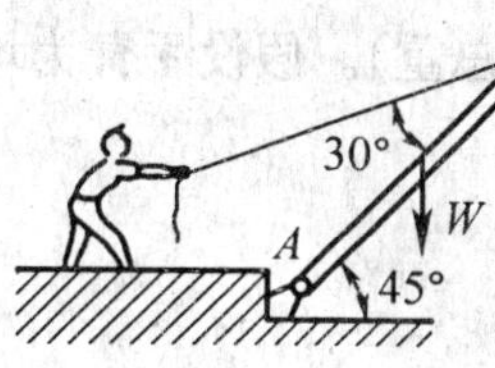

题 2-9 图

2-10 水塔总重量 $G=160$ kN，固定在支架 A,B,C,D 上，A 为固定铰链支座，B 为活动铰支，水箱右侧受风压为 $q=16$ kN/m，如图示。为保证水塔平衡，试求 A,B 间最小距离。

2-11 题图所示汽车起重机的车重 $W_Q=26$ kN，臂重 $G=4.5$ kN，起重机旋转及固定部分的重力 $W=31$ kN。设伸臂在起重机对称面内。试求图示位置汽车不致翻倒的最大起重载荷 G_P。

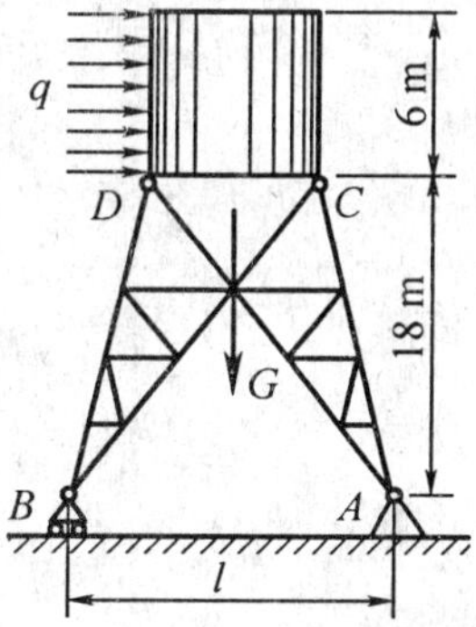

题 2-10 图

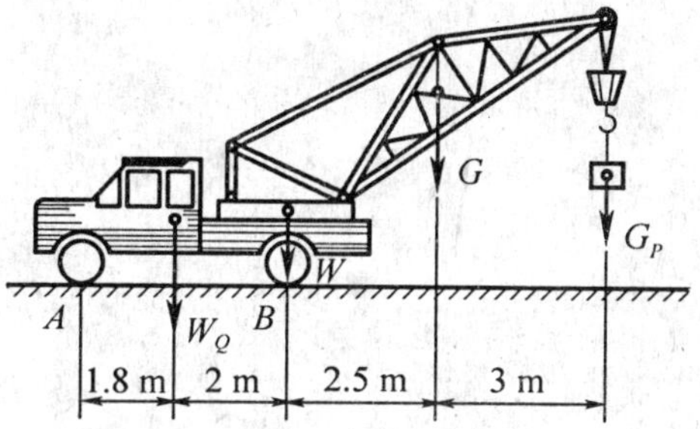

题 2-11 图

2-12 组合梁及其受力情况如图所示。梁的自重可忽略不计，试求 A,B,C,D 各处的约束反力。

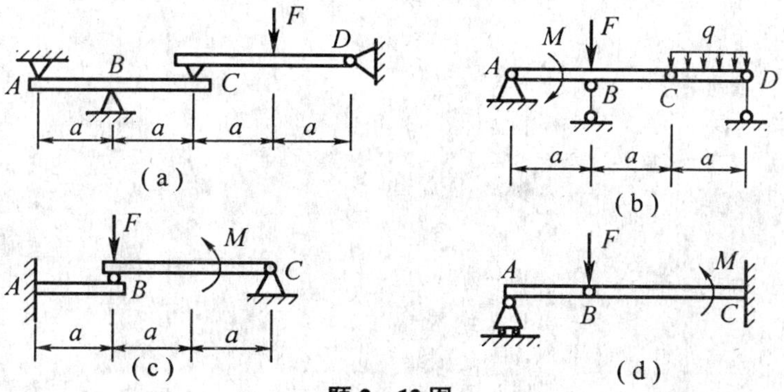

题 2-12 图

2-13　在题图所示构架中，已知 $\boldsymbol{F}$，a，试求 A，B 两支座反力。

2-14　图示为汽车台秤简图，BCF 为整体台面，杠杆 AB 可绕轴 O 转动，B，C，D 三处均为铰链，杆 DC 处于水平位置。试求平衡时砝码重 $\boldsymbol{W}_1$ 与汽车重 $\boldsymbol{W}_2$ 的关系。

2-15　体重为 $\boldsymbol{W}$ 的体操运动员在吊环上做十字支撑。已知 l，θ，d（两肩关节间距离）、$\boldsymbol{W}_1$（两臂总重）。假设手臂为均质杆，试求肩关节受力。

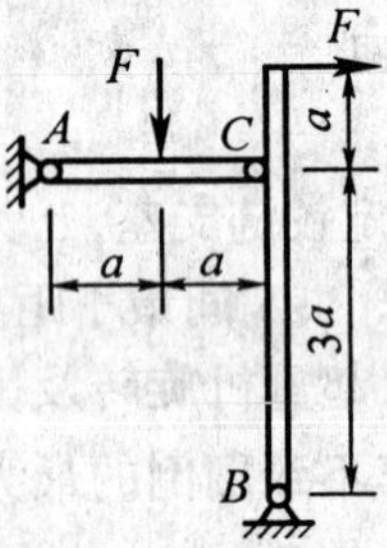

题 2-13 图

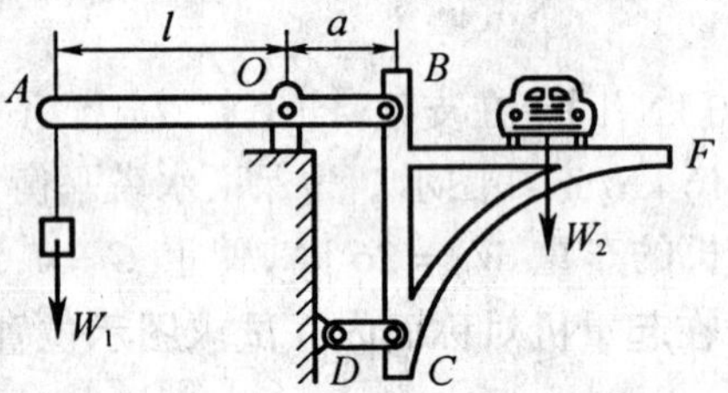

题 2-14 图

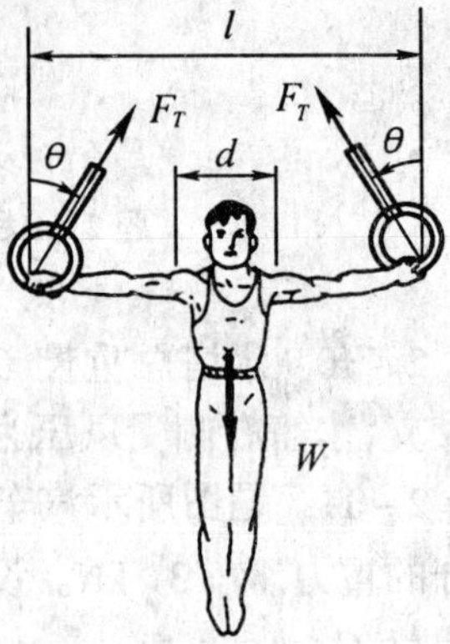

题 2-15 图

第3章 空间力系

本章主要介绍空间力系的简化与平衡问题。当力系中各力的作用线不在同一平面，而呈空间分布时，称为空间力系。

在工程实际中，有许多问题都属于这种情况。如图3-1所示车床主轴，受有切削力F_x，F_y，F_z和齿轮上的圆周力F_t、径向力F_n以及轴承A，B处的约束反力，这些力构成一组空间力系。

与平面力系一样，空间力系可分为空间汇交力系、空间平行力系及空间一般力系。

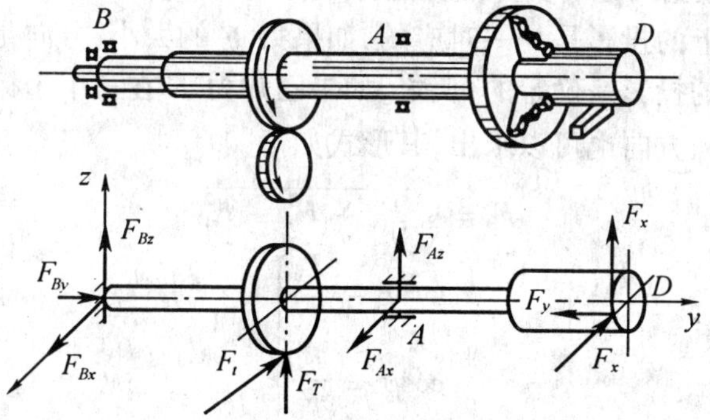

图3-1

3.1 力在空间直角坐标轴上的投影

在平面力系中，常将作用于物体上某点的力向坐标轴x、y上投影。同理，在空间力系中，也可将作用于空间某一点的力向坐标轴x，y，z上投影。具体作法如下。

(1)直接投影法　若一力F的作用线与x，y，z轴对应的夹角已经给定，如图3-2(a)所示，则可直接将力F向三个坐标轴投影，得

$$\left.\begin{aligned} F_x &= F\cos\alpha \\ F_y &= F\cos\beta \\ F_z &= F\cos\gamma \end{aligned}\right\} \tag{3-1}$$

其中，α，β，γ分别为力F与x，y，z三坐标轴间的夹角。

(2)二次投影法　当力F与x，y坐标轴间的夹角不易确定时，可先将力F投影到坐标平面xoy上，得一力F_{xy}，进一步再将F_{xy}向x、y轴上投影。如图3-2(b)所示。若γ为力F与z轴间的夹角，φ为F_{xy}与x轴间的夹角，则力F在三个坐标轴上的投影为

$$\left.\begin{aligned} F_x &= F_{xy}\cos\varphi = F\sin\gamma\cos\varphi \\ F_y &= F_{xy}\sin\varphi = F\sin\gamma\sin\varphi \\ F_z &= F\cos\gamma \end{aligned}\right\} \tag{3-2}$$

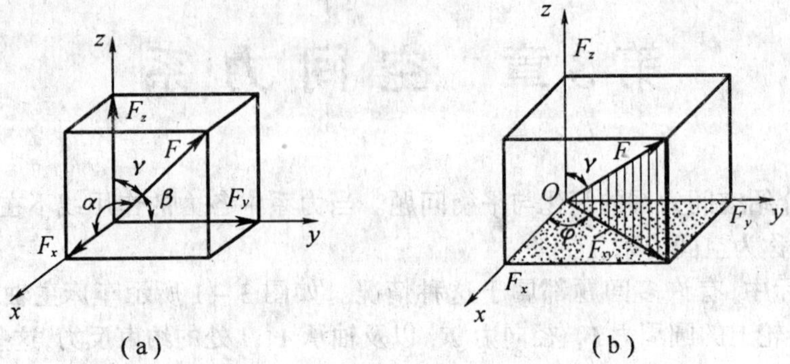

图 3-2

具体计算时,可根据问题的实际情况选择一种适当的投影方法。

力和它在坐标轴上的投影是一一对应的,如果力 $\boldsymbol{F}$ 的大小、方向是已知的,则它在选定的坐标系的三个轴上的投影是确定的;反之,如果已知力 $\boldsymbol{F}$ 在三个坐标轴上的投影的值 F_x,F_y,F_z,则力 $\boldsymbol{F}$ 的大小、方向也可以求出,其形式如下

$$F = \sqrt{F_x^2 + F_y^2 + F_z^2} \tag{3-3}$$

$$\left.\begin{aligned} \cos\alpha &= \frac{F_x}{F} \\ \cos\beta &= \frac{F_y}{F} \\ \cos\gamma &= \frac{F_z}{F} \end{aligned}\right\} \tag{3-4}$$

例 3-1 已知圆柱斜齿轮所受的啮合力 $F_n = 1\ 410$ N,齿轮压力角 $\alpha = 20°$,螺旋角 $\beta = 25°$(图 3-3)。试计算斜齿轮所受的圆周力 $\boldsymbol{F}_t$、轴向力 $\boldsymbol{F}_a$ 和径向力 $\boldsymbol{F}_r$。

解 取坐标系如图 3-3(a)所示,使 x, y, z 分别沿齿轮的轴向、圆周的切线方向和径向。先把啮合力 $\boldsymbol{F}_n$ 向 z 轴和坐标平面 xoy 投影,得

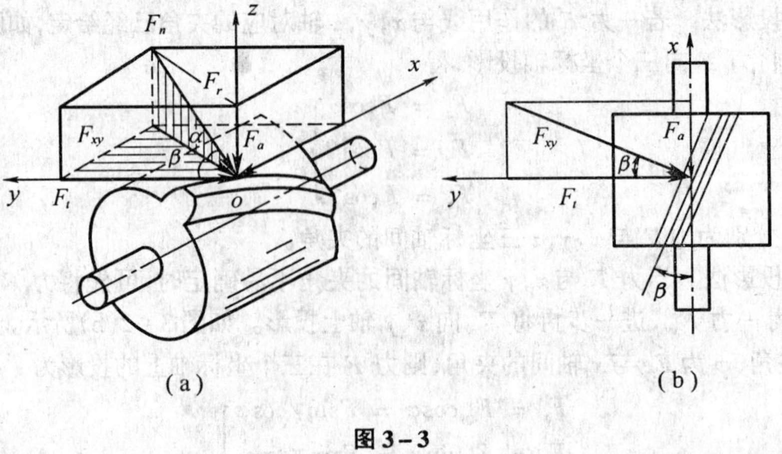

图 3-3

$$F_z = -F_r = -F_n \sin\alpha = -1\ 410\ \text{N}\sin 20° = -482\ \text{N}$$

$\boldsymbol{F}_n$ 在 xoy 平面上的分力 $\boldsymbol{F}_{xy}$，其大小为

$$F_{xy} = F_n \cos\alpha = 1\ 410\ \text{N}\cos 20° = 1\ 325\ \text{N}$$

然后再把 $\boldsymbol{F}_{xy}$ 投影到 x,y 轴得

$$F_x = F_a = -F_{xy}\sin\beta = -F_n\cos\alpha\ \sin\beta = -1\ 410\ \text{N}\cos 20°\sin 25° = -560\ \text{N}$$

$$F_y = F_t = -F_{xy}\cos\beta = -F_n\cos\alpha\cos\beta = -1\ 410\ \text{N}\cos 20°\cos 25° = -1\ 201\ \text{N}$$

3.2 力对轴之矩

3.2.1 力对轴之矩的概念

在工程中，常遇到刚体绕定轴转动的情形，为了度量力对转动刚体的作用效应，必须引入力对轴之矩的概念。

现以关门动作为例，图 3-4(a)中门的一边有固定轴 z，在 A 点作用一力 $\boldsymbol{F}$，为度量此力对刚体的转动效应，可将该力 $\boldsymbol{F}$ 分解为两个互相垂直的分力：一个是与转轴平行的分力 $F_z = F\sin\beta$；另一个是在与转轴垂直平面上的分力 $F_{xy} = \cos\beta$。

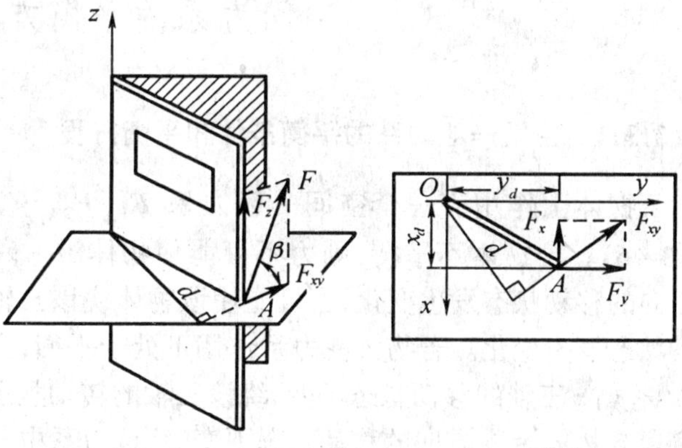

(a)　　(b)

图 3-4

由经验可知，$\boldsymbol{F}_z$ 不能使门绕 z 轴转动，只有分力 $\boldsymbol{F}_{xy}$ 才能产生使门绕 z 轴转动的效应。

如以 d 表示 $\boldsymbol{F}_{xy}$ 作用线到 z 轴与平面的交点 O 的距离，则 $\boldsymbol{F}_{xy}$ 对 O 点之矩，就可以用来度量力 $\boldsymbol{F}$ 使门绕 z 轴转动的效应，记作

$$M_z(\boldsymbol{F}) = M_o(\boldsymbol{F}_{xy}) = \pm F_{xy}d \tag{3-5}$$

力对轴之矩在轴上的投影是代数量，其值等于此力在垂直该轴平面上的投影对该轴与此平面的交点之矩。力矩的正负代表其转动作用的方向。当从 z 轴正向看，逆时针方向转动为正，顺时针方向转动为负(或用右手法则确定其正负)。

由式(3-5)可知，当力的作用线与转轴平行($F_{xy}=0$)，或者与转轴相交时($d=0$)，即当力与转轴共面时，力对该轴之矩等于零。力对轴之矩的单位是 N·m。

3.2.2 合力矩定理

设有一空间力系 $\boldsymbol{F}_1, \boldsymbol{F}_2, \cdots, \boldsymbol{F}_n$，其合力为 $\boldsymbol{F}_R$，则可证合力 $\boldsymbol{F}_R$ 对某轴之矩等于各分力对同轴力矩的代数和。可写成

$$M_z(\boldsymbol{F}_R) = \sum M_z(\boldsymbol{F}) \tag{3-6}$$

式(3－6)常被用来计算空间力对轴求矩。

例 3－2 计算图 3－5 所示手摇曲柄上 $\boldsymbol{F}$ 对 x,y,z 轴之矩。已知 $\boldsymbol{F}$ 为平行于 xz 平面的力，$F=100\ N,\alpha=60°,AB=20\ \text{cm},BC=40\ \text{cm},CD=15\ \text{cm}$，$A,B,C,D$ 处于同一水平面上。

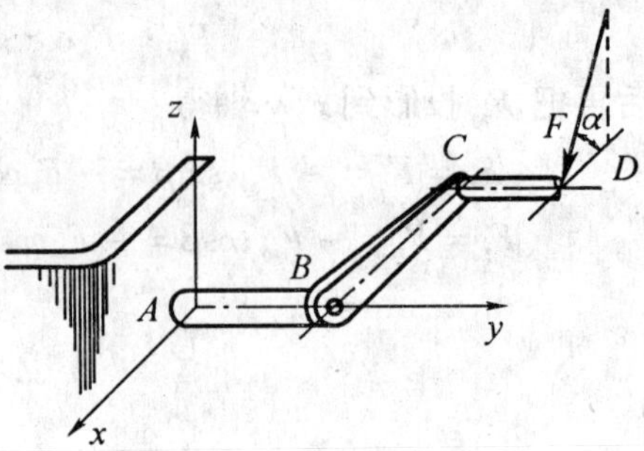

图 3－5

解 力 $\boldsymbol{F}$ 在 x 和 z 轴上有投影

$$F_x=F\cos\alpha,\quad F_z=-F\sin\alpha$$

计算 $\boldsymbol{F}$ 对 x,y,z 各轴的力矩

$$\begin{aligned}M_x(\boldsymbol{F})&=-F_z(AB+CD)\\&=-100\ \text{N}\sin60°(20\ \text{cm}+15\ \text{cm})\\&=-3\ 031\ \text{N·cm}=-30.31\ \text{N·m}\end{aligned}$$

$$M_y(\boldsymbol{F})=-F_zBC=-100\ \text{N}\sin60°\times40\ \text{cm}=-3\ 464\ \text{N·cm}=-34.64\ \text{N·m}$$

$$M_z(\boldsymbol{F})=-F_x(AB+CD)=-100\ \text{N}\cos60°(20\ \text{cm}+15\ \text{cm})=-1\ 750\ \text{N·cm}=-17.5\ \text{N·m}$$

3.3 空间力系的平衡方程及其应用

3.3.1 空间一般力系的平衡条件和平衡方程

某物体上作用有一个空间一般力系 $\boldsymbol{F}_1,\boldsymbol{F}_2,\cdots,\boldsymbol{F}_n$(图 3－6)。若物体不平衡，则力系可能使物体沿 x,y,z 轴方向的移动状态发生变化，也可能使该物体绕该三轴的转动状态发生变化。若物体在力系作用下处于平衡，则物体沿 x,y,z 三轴的移动状态不变，绕该三轴的转动状态也不变。当物体沿 x 方向的移动状态不变时，该力系中各力在 x 轴上的投影的代数和为零，即 $\sum F_x=0$；同理可得 $\sum F_y=0,\sum F_z=0$。当物体绕 x 轴的转动状态不变时，该力系对 x 轴力矩的代数和为零，即 $\sum M_x(\boldsymbol{F})=0$，同理可得 $\sum M_y(\boldsymbol{F})=0$，$\sum M_z(\boldsymbol{F})=0$。由此可见，空间一般力系的平衡方程为

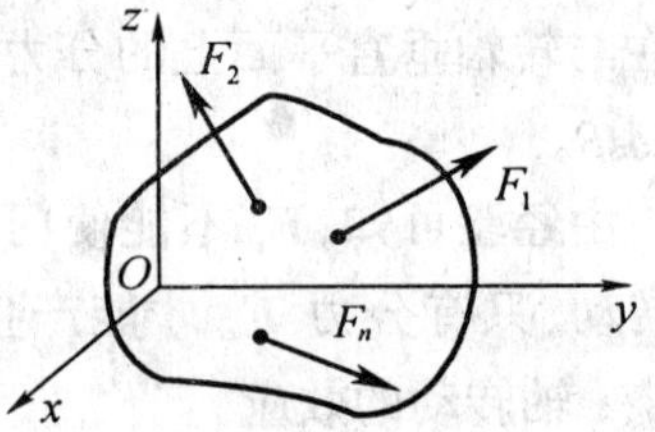

图 3－6

$$\left.\begin{aligned}&\sum F_x=0,\sum F_y=0,\sum F_z=0\\&\sum M_x(\boldsymbol{F})=0,\sum M_y(\boldsymbol{F})=0,\sum M_z(\boldsymbol{F})=0\end{aligned}\right\}\qquad(3-7)$$

式(3－7)表达了空间一般力系平衡的必要和充分条件为：各力在三个坐标轴上投影的代数和以及各力对三个坐标轴之矩的代数和都必须分别等于零。

利用该六个独立平衡方程式，可以求解六个未知量。

3.3.2 空间力系的特殊情况

(1)空间汇交力系　各力的作用线汇交于一点的空间力系称为空间汇交力系(图 3－7)。若以汇交点为原点，取直角坐标系 $Oxyz$，则由于各力与三个坐标轴都相交，方程组(3－

7)中的三个力矩方程自然得到满足,所以空间汇交力系的平衡方程只有三个,即

$$\sum F_x = 0, \sum F_y = 0, \sum F_z = 0 \tag{3-8}$$

(2)空间平行力系　各力作用线互相平行的空间力系称为空间平行力系(图3-8)。取坐标系 $Oxyz$,令 z 轴与力系中各力平行,则不论力系是否平衡,都自然满足 $\sum F_x = 0$, $\sum F_y = 0, \sum M_z(F) = 0$。于是空间平行力系的平衡方程为

$$\sum F_z = 0, \sum M_x(F) = 0, \sum M_y(F) = 0 \tag{3-9}$$

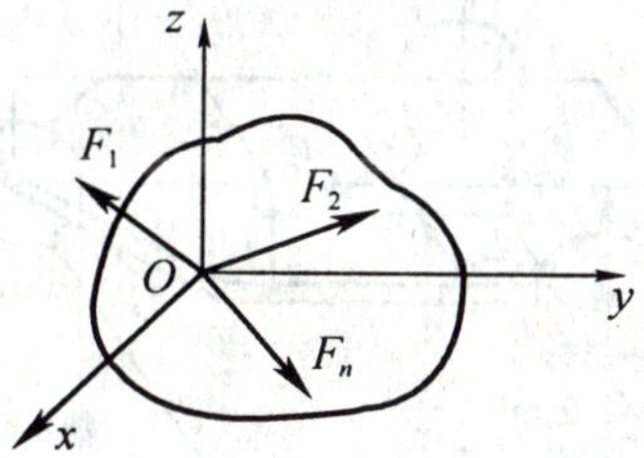

图3-7

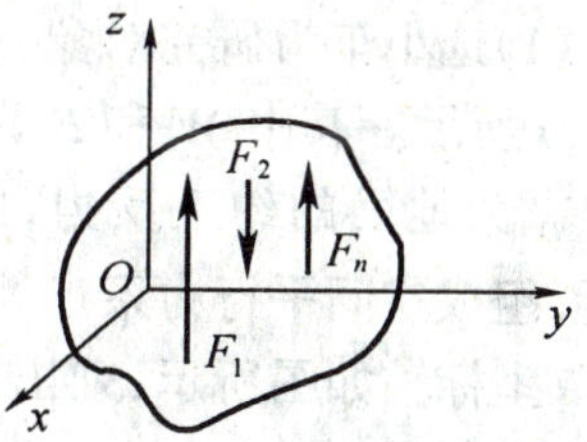

图3-8

例3-3　有一空间支架固定在相互垂直的墙上。支架由垂直于两墙的铰接二力杆 OA、OB 和钢绳 OC 组成。已知 $\theta = 30°, \varphi = 60°$, O 点吊一重量 $G = 1.2$ kN 的重物(图3-9(a))。试求两杆和钢绳所受的力。图中 O, A, B, D 四点都在同一水平面上,杆和绳的重量都忽略不计。

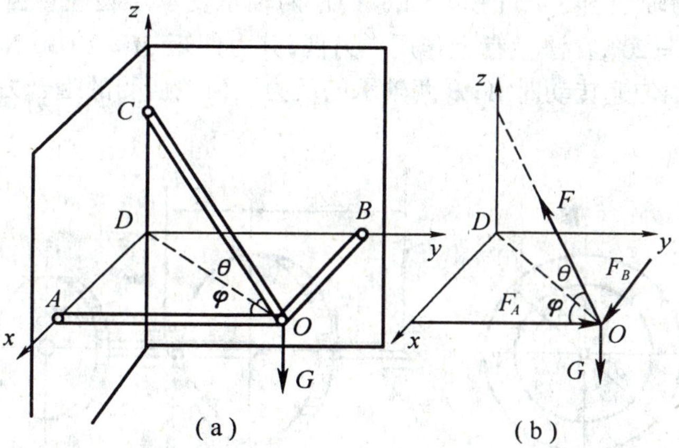

图3-9

解　(1)选研究对象,画受力图。取铰链 O 为研究对象,设坐标系为 $Dxyz$,受力如图3-9(b)所示。

(2)列平衡方程式,求未知量,即

$$\sum F_x = 0, F_B - F\cos\theta\sin\varphi = 0$$

$$\sum F_y = 0, F_A - F\cos\theta\cos\varphi = 0$$

$$\sum F_z = 0, F\sin\theta - G = 0$$

解上述方程得

$$F_A = F\cos\theta\ \cos\varphi = 2.4\ \text{kN}\ \cos30°\ \cos60° = 1.04\ \text{kN}$$

$$F_B = F\cos\theta\ \sin\varphi = 2.4\ \text{kN}\ \cos30°\ \sin60° = 1.8\ \text{kN}$$

例 3-4 三轮小车自重 $W = 8$ kN，作用于点 C，载荷 $F = 10$ kN，作用于点 E，如图 3-10 所示。求小车静止时地面对车轮的反力。

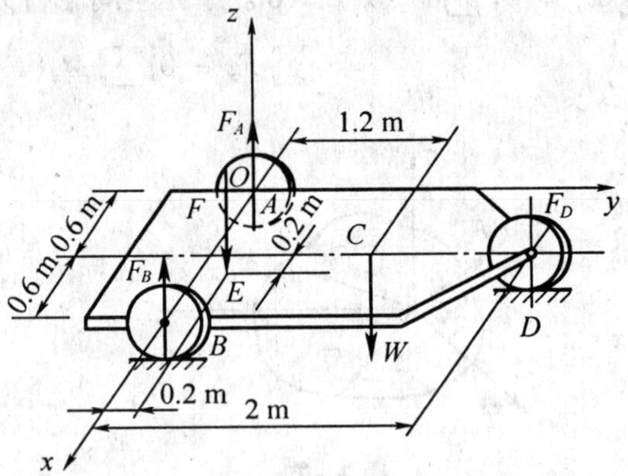

图 3-10

解 (1)选小车为研究对象，画受力图如图 3-10 所示。其中 $\boldsymbol{W}$ 和 $\boldsymbol{F}$ 为主动力，$\boldsymbol{F}_A, \boldsymbol{F}_B, \boldsymbol{F}_D$ 为地面的约束反力，此五个力相互平行，组成空间平行力系。

(2)取坐标轴如图所示，列出平衡方程求解

$$\sum F_z = 0, -F - W + F_A + F_B + F_D = 0$$

$$\sum M_x(\boldsymbol{F}) = 0, -0.2 \times F - 1.2 \times W + 2 \times F_D = 0$$

$$\sum M_y(\boldsymbol{F}) = 0, 0.8 \times F + 0.6 \times W - 0.6 \times F_D - 1.2 \times F_B = 0$$

得

$$F_D = 5.8\ \text{kN}, F_B = 7.78\ \text{kN}, F_A = 4.42\ \text{kN}$$

例 3-5 传动轴如图 3-11 所示，以 A，B 两轴承支承。圆柱直齿轮的节圆直径 $d = 17.3$ mm，压力角 $\alpha = 20°$，在法兰盘上作用一力偶，其力偶矩 $M = 1\ 030$ N·m。如轮轴自重和摩擦不计，求传动轴匀速转动时 A，B 两轴承的反力及齿轮所受的啮合力 F。

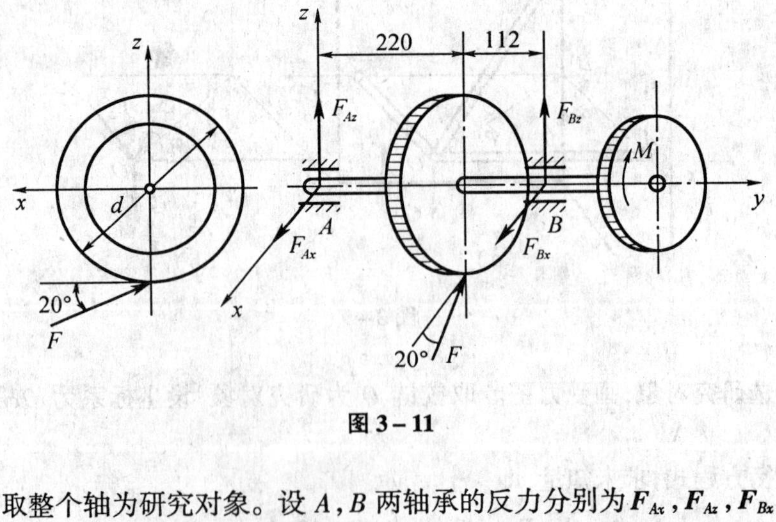

图 3-11

解 (1)取整个轴为研究对象。设 A，B 两轴承的反力分别为 $\boldsymbol{F}_{Ax}, \boldsymbol{F}_{Az}, \boldsymbol{F}_{Bx}, \boldsymbol{F}_{Bz}$，并沿 x，z 轴的正向，此外还有力偶 M 和齿轮所受的啮合力 F，这些力构成空间一般力系。

(2)取坐标轴如图所示，列平衡方程

$$\sum M_y(\boldsymbol{F}) = 0, -M + F\cos20° \times d/2 = 0$$

$$\sum M_x(\boldsymbol{F}) = 0, F\sin20° \times 220\ \text{mm} + F_{Bz} \times 332\ \text{mm} = 0$$

$$\sum M_z(\boldsymbol{F}) = 0, -F_{Bx} \times 332\ \text{mm} + F\cos20° \times 220\ \text{mm} = 0$$

$$\sum F_x = 0, F_{Ax} + F_{Bx} - F\cos20° = 0$$

$$\sum F_z = 0, F_{Az} + F_{Bz} + F\sin20° = 0$$

联立求解以上各式

得

$$F = 12.67\ \text{kN},\ F_{Bz} = -2.87\ \text{kN},\ F_{Bx} = 7.89\ \text{kN},$$
$$F_{Ax} = 4.02\ \text{kN},\ F_{Az} = -1.46\ \text{kN}$$

3.4 重心及其计算

重力是地球对物体的引力,如果将物体看成由无数的质点组成,则重力便组成空间平行力系,这个力系的合力的大小就是物体的重量。不论物体如何放置,其重力的合力作用线相对于物体总是通过一个确定的点,这个点称为物体的重心(图 3-12 中 C 点)。

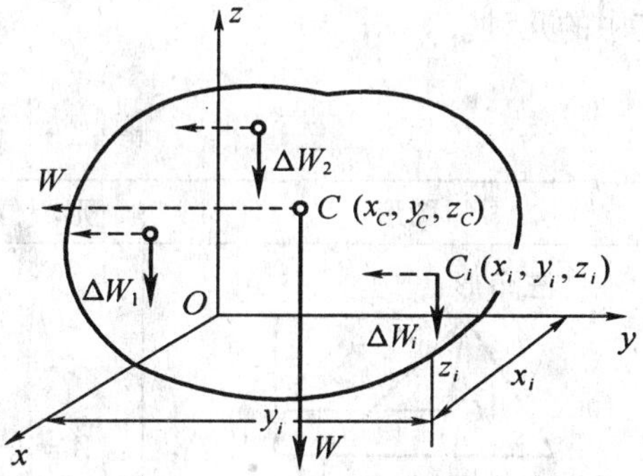

图 3-12

不论是在日常生活里还是在工程实际中,确定物体重心的位置都具有重要的意义。例如,当我们用手推车推重物时,只有重物的重心正好与车轮轴线在同一铅垂面内时,才能比较省力;起重机吊起重物时,吊钩应位于被吊物体重心的正上方,以保证起吊过程中物体保持平稳;电机转子、飞轮等旋转部件在设计、制造与安装时,都要求它的重心尽量靠近轴线,否则将产生强烈的振动,甚至引起破坏;而振动打桩机、混凝土捣实机等则又要求其转动部分的重心偏离转轴一定距离,以得到预期的振动。

根据合力矩定理可推导出物体重心位置坐标公式为

$$x_c = \frac{\sum \Delta w_i x_i}{w},\ y_c = \frac{\sum \Delta w_i y_i}{w},\ z_c = \frac{\sum \Delta w_i z_i}{w} \tag{3-10}$$

式 3-10 中 $\Delta \boldsymbol{W}_i$ 为组成物体的微小部分的重力,其重心位置为 C_i。$\boldsymbol{W}$ 是整个物体的重力,重心在 C 处,且 $\boldsymbol{W} = \sum \Delta \boldsymbol{W}_i$,$x_c, y_c, z_c$ 是物体重心坐标,x_i, y_i, z_i 是 $\Delta \boldsymbol{W}_i$ 的重心坐标,如图 3-12 所示。

若物体是均质的,则各微小部分的重力 $\Delta \boldsymbol{W}_i$ 与其体积 ΔV_i 成正比,物体的重力 $\boldsymbol{W}$ 也必按相同的比例与物体总体积 V 成正比。于是式(3-10)可变为

$$x_c = \frac{\sum \Delta v_i x_i}{v},\ y_c = \frac{\sum \Delta v_i y_i}{v},\ z_c = \frac{\sum \Delta v_i z_i}{v} \tag{3-11}$$

可见,均质物体的重心位置完全取决于物体的形状,即均质物体的重心与体积形心重合。

若物体不仅是均质的，而且是等厚平板，消去式(3－11)中的板厚，则得其平面图形的形心坐标公式为

$$x_c = \frac{\sum \Delta A_i x_i}{A},\ y_c = \frac{\sum \Delta A_{y_i}}{A},\ z_c = \frac{\sum \Delta A_i z_i}{A} \tag{3-12}$$

求物体重心时，须注意：

(1)利用物体的对称性求重心

很多常见的物体往往具有一定的对称性，如具有对称面、对称轴或对称中心，此时，重心必在物体的对称面、对称轴或对称中心上。

(2)积分法

在求基本规则形体的形心时，可将形体分割成无限多块微小的形体。在此极限情况下，式(3－10)、式(3－11)和式(3－12)均可写成定积分形式。

重心公式

$$x_c = \frac{\int_c x\mathrm{d}G}{G},\ y_c = \frac{\int_c y\mathrm{d}G}{G},\ z_c = \frac{\int_c z\mathrm{d}G}{G} \tag{3-13}$$

体积、面积等形心公式可依此类推。这是计算物体重心和形心的基本方法。

机械设计手册中，可查得用此法求出的常用基本几何形体的形心位置，表 3－1 列出了其中的几种。

表 3－1　基本形体的形心位置表

图形	形心位置	图形	形心位置
三角形 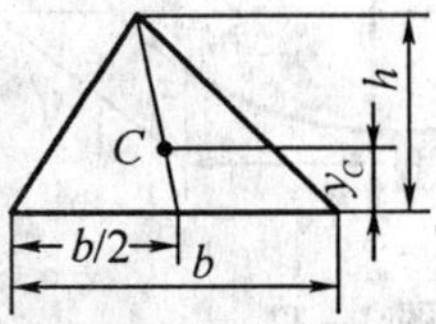	$y_c = \frac{h}{3}$ $A = \frac{1}{2}bh$	抛物线 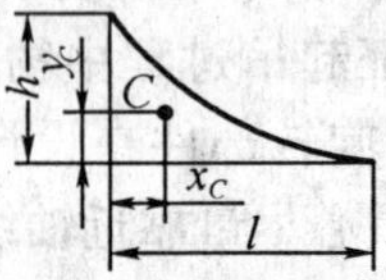	$x_c = \frac{1}{4}l$ $y_c = \frac{3}{10}b$ $A = \frac{1}{3}hl$
梯形 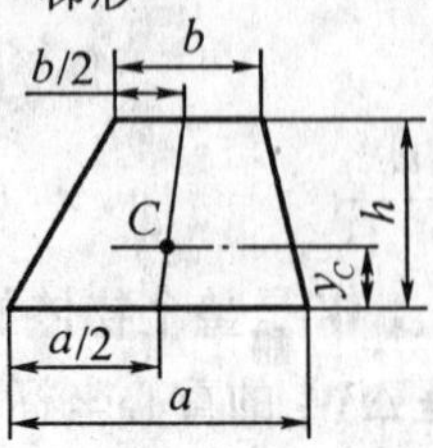	$y_c = \frac{h(a+2b)}{3(a+b)}$ $A = \frac{h}{2}(a+b)$	扇形 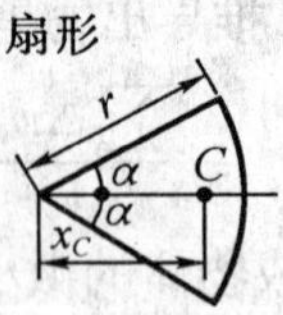	$x_c = \frac{2r\sin\alpha}{3\alpha}$ $A = \alpha r^2$ 半圆的 $\alpha = \frac{\pi}{2}$ $x_c = \frac{4r}{3\pi}$

(3)组合体的重心求法

工程中很多构件往往是由几个简单的基本形体组合而成的，即所谓组合体，若组合体中每一基本形体的重心(或形心)是已知的，则整个组合体的重心(或形心)可用式(3－11)或式(3－12)求出。

例 3－6　试求 Z 形截面重心的位置，其尺寸如图 3－13 所示。

解 将 Z 形截面看作由Ⅰ、Ⅱ、Ⅲ三个矩形面积组合而成，每个矩形的面积和重心位置可方便求出。取坐标轴如图 3-13。

Ⅰ：$A_1 = 300\ \text{mm}^2,\ x_1 = 15\ \text{mm}, y_1 = 45\ \text{mm}$

Ⅱ：$A_2 = 400\ \text{mm}^2, x_2 = 35\ \text{mm}, y_2 = 30\ \text{mm}$

Ⅲ：$A_3 = 300\ \text{mm}^2, x_3 = 45\ \text{mm}, y_3 = 5\ \text{mm}$

按式(3-12)求得该截面重心的坐标 x_c, y_c 为

$$x_c = \frac{\sum \Delta A_i x_i}{A} = \frac{300 \times 15 + 400 \times 35 + 300 \times 45}{300 + 400 + 300} = 32\ \text{mm}$$

$$y_c = \frac{\sum \Delta A_i y_i}{A} = \frac{300 \times 45 + 400 \times 30 + 300 \times 5}{300 + 400 + 300} = 27\ \text{mm}$$

例 3-7 求图 3-14 所示图形的形心，已知大圆的半径为 R，小圆的半径为 r，两圆的中心距为 a。

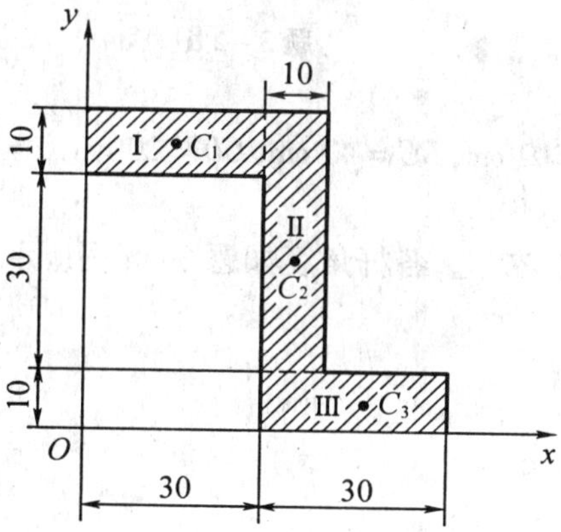

图 3-13

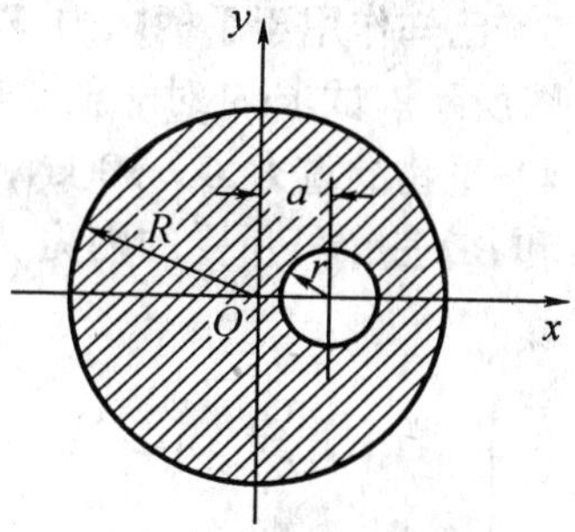

图 3-14

解 取坐标系如图所示，因图形对称于 x 轴，其形心在 x 轴上，故 $y_c = 0$。

图形可看作由两部分组成，挖去的面积以负值代入，两部分图形的面积和形心坐标为

$$A_1 = \pi R^2,\ x_1 = y_1 = 0$$

$$A_2 = -\pi r^2,\ x_2 = a, y_2 = 0$$

由式(3-12)可得

$$x_c = \frac{A_1 x_1 + A_2 x_2}{A_1 + A_2} = \frac{\pi R^2 \times 0 + (-\pi r^2) \times a}{\pi R^2 + (-\pi r^2)} = -\frac{ar^2}{R^2 - r^2}$$

习　题

3-1 已知在边长为 a 的正六面体上有 $F_1 = 6$ kN, $F_2 = 2$ kN, $F_3 = 4$ kN，如题 3-1 图所示。试计算各力在三坐标轴上的投影。

3-2 水平圆轮上 A 处有一力 $F = 1$ kN 作用，F 在垂直平面内，与过 A 点的切线成夹角 $\alpha = 60°$，OA 与 y 向之夹角 $\beta = 45°$，$h = r = 1$ m，如题 3-2 图所示。试计算 $\boldsymbol{F}_x, \boldsymbol{F}_y, \boldsymbol{F}_z$ 及 $\boldsymbol{M}_x$

(F)，$M_y(F)$，$M_z(F)$之值。

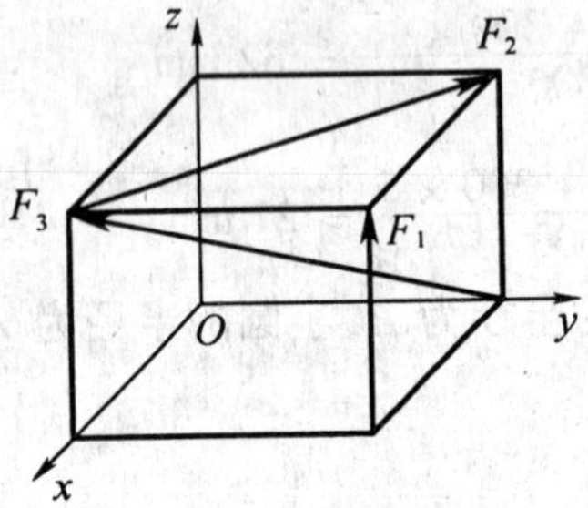

题 3-1 图

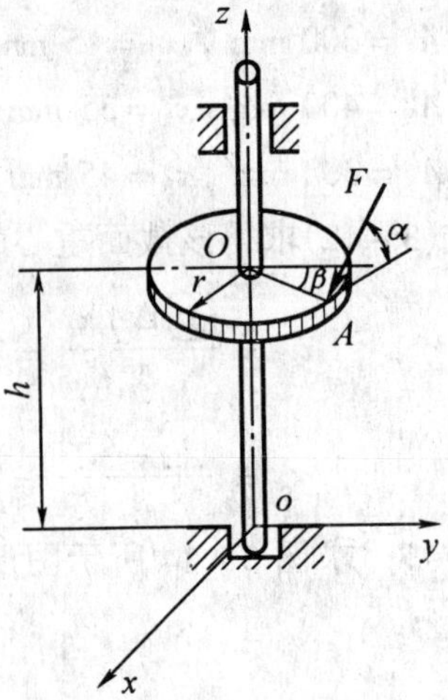

题 3-2 图

3-3　已知作用于手柄之力 $F=100$ N，$AB=10$ cm，$BC=40$ cm，$CD=20$ cm，$\alpha=30°$，如题 3-3 图所示。试求 F 对 y 轴之矩。

3-4　重物的重力 $G=10$ kN，悬挂于支架 $CABD$ 上，各杆角度如题 3-4 图所示。试求 CD，AD 和 BD 三个杆所受的内力。

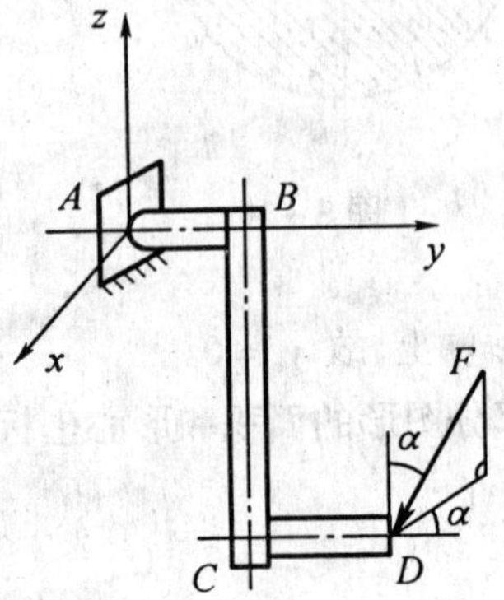

题 3-3 图

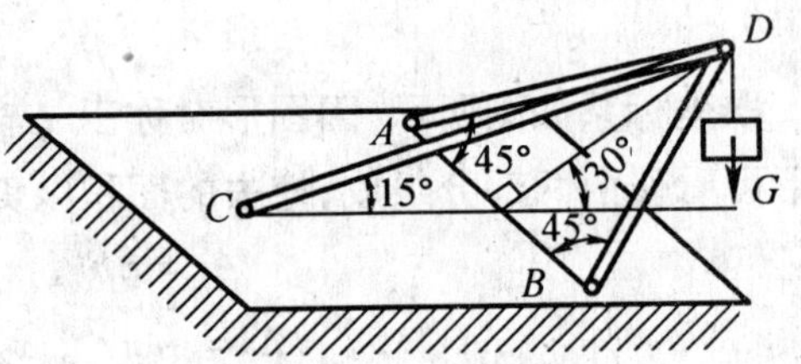

题 3-4 图

3-5　变速箱中间轴装有两直齿圆柱齿轮，其分度圆半径 $r_1=100$ mm，$r_2=72$ mm，啮合点分别在两齿轮的最低与最高位置，如题 3-5 图所示。图中的尺寸单位为 mm。已知齿轮压力角 $\alpha=20°$。在齿轮 1 上的圆周力 $F_1=1.58$ kN。试求当轴平衡时作用于齿轮 2 上的圆周力 F_2 与 A、B 轴承的反力。

3-6　求对称工字形钢截面的形心，尺寸如题 3-6 图所示。

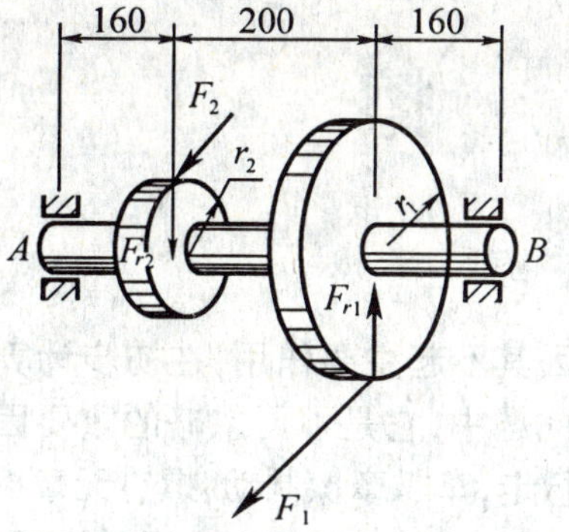

题 3－5 图

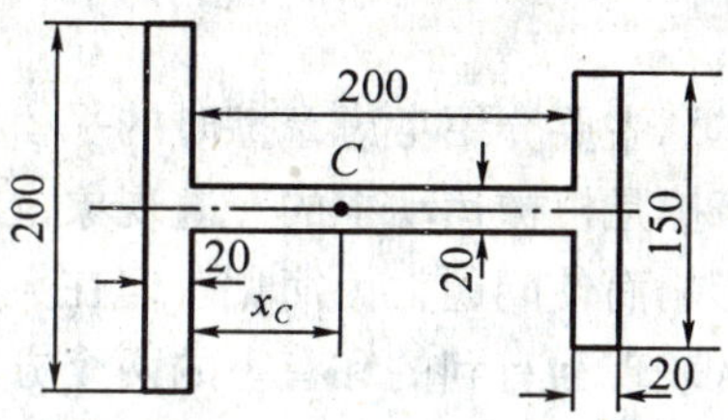

题 3－6 图

3－7　水平传动轴 AB 上装有两个皮带轮 C 和 D，与轴 AB 一起转动，如题 3－7 图所示。皮带轮的半径各为 $r_1=200$ mm 和 $r_2=250$ mm，皮带轮与轴承间的距离为 $a=b=500$ mm，两皮带轮间的距离 $c=1\,000$ mm。套在轮 C 上的皮带是水平的，其拉力为 $F_1=2F_2=5\,000$ N；套在轮 D 上的皮带与铅直线成角 $\alpha=30°$，其拉力为 $F_3=2F_4$。求在平衡情况下，拉力 F_3 和 F_4 的值，并求由皮带拉力所引起的轴承反力。

3－8　轴上装有直齿圆柱齿轮和直齿圆锥齿轮。圆柱齿轮 C 的直径 $D_1=200$ mm，其上作用有圆周力 $F_{t1}=7.16$ kN，径向力 $F_{r1}=2.6$ kN，圆锥齿轮在其平均直径处（平均直径 $D_2=100$ mm）作用有径向力 $F_{r2}=4.52$ kN，轴向力 $F_{a2}=2.6$ kN，圆周力 F_{t2}。若已知 $AC=CB=BD=100$ mm，求圆周力 F_{t2} 和轴承 A、B 之反力。

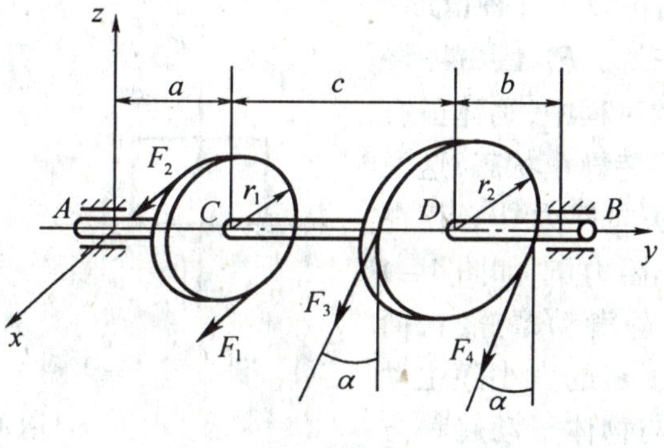

题 3－7 图

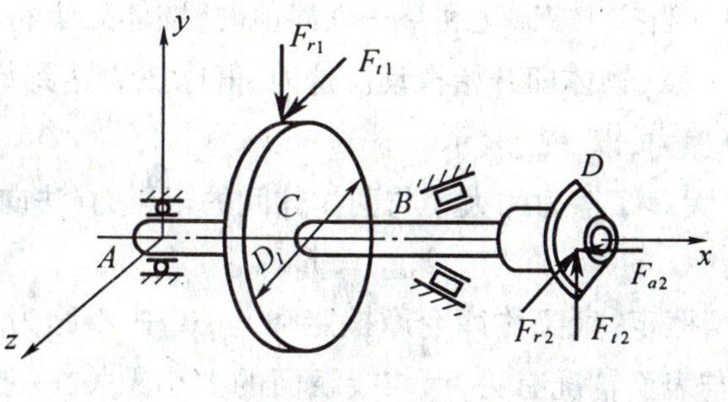

题 3－8 图

第4章 摩　　擦

本章主要介绍考虑摩擦时的平衡问题。

摩擦是机械运动中的普遍现象,在某些问题中,因其不起主要作用,在初步计算中忽略它的影响而使问题大为简化。但在大多数工程技术问题中,它是不可忽略的重要因素。摩擦通常表现为有利的和有害的两个方面。人靠摩擦行走,车靠摩擦制动,螺钉无摩擦将自动松开,带轮无摩擦将无法传动,这些都是摩擦有利的一面。但是,摩擦还会引起机械发热、零件磨损、降低机械效率和减少使用寿命等,这些是摩擦有害的一面。研究摩擦的目的在于掌握摩擦规律,从而达到兴利除弊的目的。

摩擦可分为滑动摩擦和滚动摩擦,滑动摩擦又可分为静滑动摩擦和动滑动摩擦。本章主要介绍无润滑的静滑动摩擦的性质,以及考虑摩擦时力系平衡问题的分析方法。

4.1 滑动摩擦

两个相互接触的物体,如有相对滑动或滑动趋势,这时在接触面间彼此会产生阻碍相对滑动的切向阻力,这种阻力称为滑动摩擦力。为了研究滑动摩擦的规律,可做如下实验:将重为 $\boldsymbol{G}$ 的物体放在表面粗糙的固定水平面上,这时物体在重力 $\boldsymbol{G}$ 与法向反力 $\boldsymbol{F}_N$ 作用下处于平衡,如图 4-1(a)所示。若给物体一水平拉力 $\boldsymbol{F}_P$,并由零逐渐增大,物体将发生相对滑动或有滑动趋势。现讨论以下几种情形:

(1)静摩擦力　在拉力 $\boldsymbol{F}_P$ 值由零逐渐增大至某一临界值的过程中,物体虽有向右滑动的趋势但仍保持静止状态,这说明在两接触面之间除法向反力外必存在一阻碍物体滑动的切向阻力 $\boldsymbol{F}$,如图 4-1(b)所示。这个力称为静滑动摩擦力,简称静摩擦力。静摩擦力 $\boldsymbol{F}$ 的大小随主动力 $\boldsymbol{F}_P$ 而改变,其方向与物体滑动趋势方向相反,由平衡条件确定。

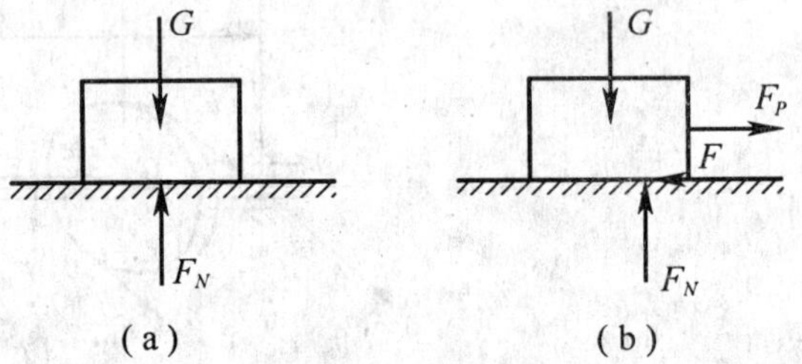

图 4-1

(2)最大静摩擦力　当拉力 $\boldsymbol{F}_P$ 达到某一临界值时,物体处于将要滑动而未滑动的临界状态,即力 $\boldsymbol{F}_P$ 再增大一点,物体即开始滑动。这时,静摩擦力达到最大值,称为最大静滑动摩擦力,简称最大静摩擦力,以 $\boldsymbol{F}_{\max}$ 表示。

大量实验证明:最大静摩擦力的大小与两物体间的正压力(法向反力)成正比。即

$$F_{\max} = f_s F_N \tag{4-1}$$

式(4-1)称为静滑动摩擦定律(又称库仑摩擦定律)。式中 f_s 称为静摩擦因数。它的大小与两接触物体的材料与表面情况有关,而与接触面的大小无关,一般可由实验测定,其数值可在机械工程手册中查到。

(3)动摩擦力　当拉力 $\boldsymbol{F}_P$ 再增大，只要稍大于 $\boldsymbol{F}_{max}$，物体就开始向右滑动，这时物体间的摩擦力称为动滑动摩擦力，简称动摩擦力，以 $\boldsymbol{F}'$ 表示。

实验证明，动摩擦力的大小也与两物体间的正压力(即法向反力)成正比。即

$$F' = fF_N \tag{4-2}$$

这就是动摩擦定律。式中 f 称为动摩擦因数。它主要取决于接触面材料的表面情况。在一般情况下 f 略小于 f_s，可近似认为 $f=f_s$。

以上分析说明，考虑滑动摩擦问题时，要分清物体处于静止、临界平衡和滑动三种情况中的哪种状态，然后选用相应的方法进行计算。

滑动摩擦定律提供了利用摩擦和减小摩擦的途径。若要增大摩擦力，可以通过加大正压力和增大摩擦因数来实现。例如，在带传动中，要增加胶带和胶带轮之间的摩擦，可用张紧轮，也可采用 V 型胶带代替平胶带的方法。又如，火车在下雪后行驶时，要在铁轨上洒细沙，以增大摩擦因数，避免打滑等。另外，要减小摩擦时可以设法减小摩擦因数，在机器中常用降低接触表面的粗糙度或加润滑剂等方法，以减小摩擦和损耗。

4.2 摩擦角和自锁

仍以前述实验为例，物体受力 $\boldsymbol{F}_P$ 作用仍静止时，把它所受的法向反力 $\boldsymbol{F}_N$ 和切向摩擦力 $\boldsymbol{F}$ 合成为一个反力 $\boldsymbol{F}_R$，称为全约束反力，或全反力。它与接触面法线间的夹角为 φ，如图 4-2(a)所示，由此得

$$\tan\varphi = \frac{F}{F_N}$$

φ 角将随主动力的变化而变化，当物体处于平衡的临界状态时，静摩擦力达到最大静摩擦力 $\boldsymbol{F}_{max}$，φ 角也将达到相应的最大值 φ_f，称为临界摩擦角，简称摩擦角。如图 4-2(b)所示，此时有

$$\tan\varphi_f = \frac{F_{max}}{F_N} = \frac{f_s F_N}{F_N} = f_s \tag{4-3}$$

上式表明，静摩擦因数等于摩擦角的正切。

由于静摩擦力不能超过其最大值 $\boldsymbol{F}_{max}$，因此 φ 角总是小于等于摩擦角 φ_f：$0 \leqslant \varphi \leqslant \varphi_f$，即全反力的作用线不可能超出摩擦角的范围。

由此可知：

(1)当主动力的合力 $\boldsymbol{F}_Q$ 的作用线在摩擦角 φ_f 以内时，由二力平衡公理可知，全反力 $\boldsymbol{F}_R$ 与之平衡(图 4-3)。因此，只要主动力合力的作用线与接触面法线间的夹角 α 不超过 φ_f，即

$$\alpha \leqslant \varphi_f \tag{4-4}$$

则不论该合力的大小如何，物体总处于平衡状态，这种现象称为摩擦自锁。式(4-4)称为自锁条件。利用自锁原理可设计某些机构或夹具，如千斤顶、压榨机、圆锥销等，使之始终保持在平衡状态下工作。

(2)当主动力合力的作用线与接触面法线间的夹角 $\alpha > \varphi_f$ 时，全反力不可能与之平衡，因此不论这个力多么小，物体一定会滑动。工程上，例如对于传动机构，利用这个道理，可避

免自锁使机构不致卡死。

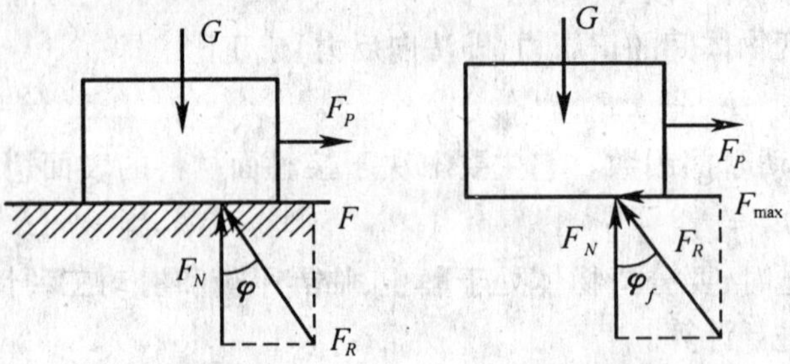

(a)　　(b)

图 4-2

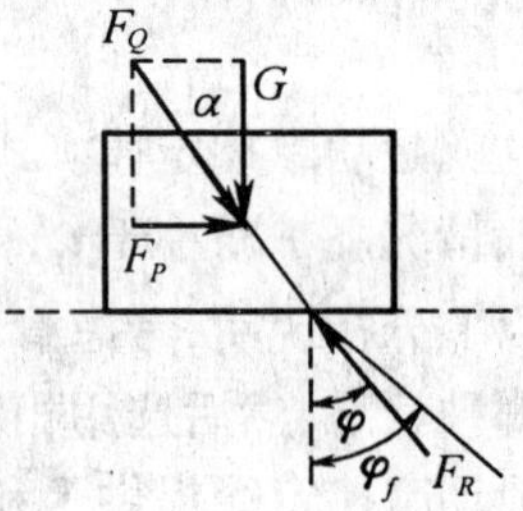

图 4-3

4.3 考虑滑动摩擦时的平衡问题

考虑摩擦时的平衡问题与前面没有摩擦时的平衡问题分析方法基本相同，所不同的是：(1)分析物体受力时，除了一般约束反力外，还必须考虑摩擦力，其方向与滑动的趋势相反。(2)需分清物体是处于一般平衡状态还是临界状态。在一般平衡状态下，静摩擦力的大小由平衡条件确定，并满足 $F \leqslant F_{max}$ 关系式；在临界状态下，静摩擦力为一确定值，满足 $F = F_{max} = f_s F_N$ 关系式。(3)由于静摩擦力可在零与 F_{max} 之间变化，所以物体平衡时的解也有一个变化范围。为了避免解不等式，一般先假设物体处于临界状态，求得结果后再讨论解的范围。

例 4-1　图 4-4(a)所示一重为 200 N 的梯子 AB 一端靠在铅垂的墙壁上，另一端搁置在水平地面上，$\theta = \arctan 4/3$。假设梯子与墙壁间为光滑约束，而与地面之间存在摩擦，静摩擦因数 $f_s = 0.5$。问梯子是处于静止还是会滑倒？此时，摩擦力的大小为多少？

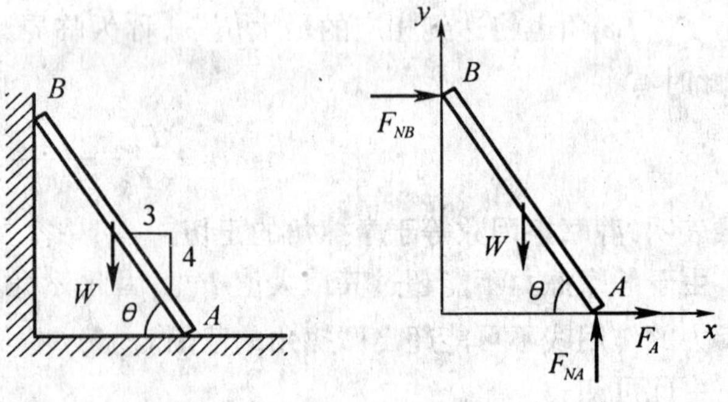

(a)　　(b)

图 4-4

解　解这类问题时，可先假定物体静止，求出此时物体所受的约束反力与静摩擦力 $\boldsymbol{F}$，把所求得的 $\boldsymbol{F}$ 与可能达到的最大静摩擦力 $\boldsymbol{F}_{max}$ 进行比较，就可确定物体的真实情况。

取梯子为研究对象。其受力图及所取坐标轴如图 4-4(b)所示。此时，设梯子 A 端有向左滑动的趋势。由平衡方程

$$\sum F_x = 0,\ F_A + F_{NB} = 0$$

$$\sum F_y = 0,\ F_{NA} - W = 0$$

$$\sum M_A(\boldsymbol{F}) = 0,\ W\frac{l}{2}\cos\theta - F_{NB} l \sin\theta = 0$$

解得

$$F_{NA}=W=200\ \mathrm{N}$$

$$F_A=-F_{NB}=-\frac{1}{2}W\cdot\cot\theta=-75\ \mathrm{N}$$

根据静摩擦定律,可能达到的最大静摩擦力

$$F_{A\max}=f_s F_{NA}=0.5\times 200\ \mathrm{N}=100\ \mathrm{N}$$

求得的静摩擦力为负值,说明它真实的指向与假设方向相反,即梯子应具有向右的趋势,又因为$|F_A|<F_{A\max}$,说明梯子处于静止状态。

对这种类型的摩擦平衡问题,即已知作用在物体上的主动力,需判断物体是否处于平衡状态,可将摩擦力作为一般约束反力来处理。然后用平衡方程求出所受的摩擦力,并通过与最大静摩擦力作比较,判断物体所处的状态。

例 4-2 图 4-5(a)所示一重为 $\boldsymbol{G}$ 的物体放在倾角为α 的固定斜面上。已知物块与斜面间的静摩擦因数 f_s(摩擦角为 $\varphi_f=\arctan f_s$),试求维持物块平衡的水平推力 $\boldsymbol{F}$ 的取值范围。

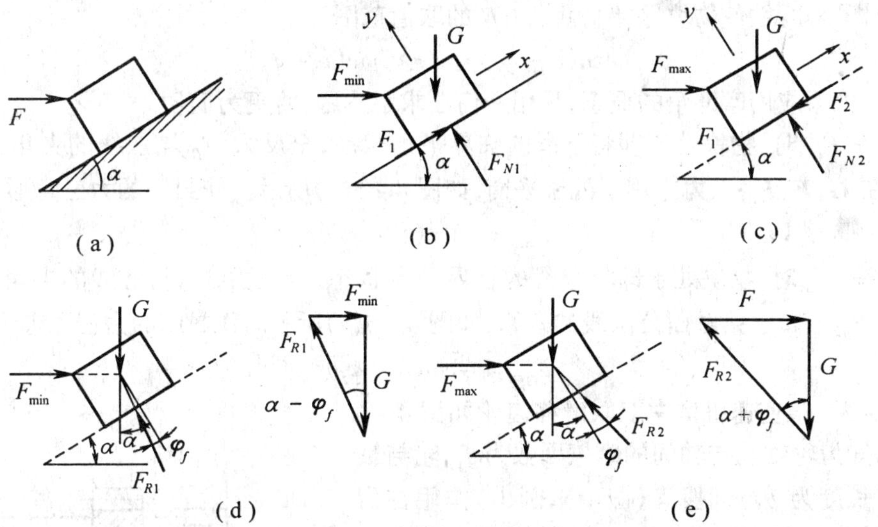

图 4-5

解 根据经验,$\boldsymbol{F}$ 值过大,物块将上滑,$\boldsymbol{F}$ 值过小,物块将下滑,故 $\boldsymbol{F}$ 值只在一定范围内($F_{\min}\leqslant F\leqslant F_{\max}$)才能保持物块静止。$\boldsymbol{F}_{\min}$ 对应物块处于即将下滑的临界状态,$\boldsymbol{F}_{\max}$ 对应物块处于即将上滑的临界状态。下面就两种情况进行分析。

(1)求 $\boldsymbol{F}_{\min}$。

假设静摩擦力 $\boldsymbol{F}_1$ 的方向应沿斜面向上,故其受力图和坐标轴如图 4-5(b)所示。

由平衡方程

$$\sum F_x=0,\ F_{\min}\cos\alpha+F_1=0$$

$$\sum F_y=0,\ -F_{\min}\sin\alpha\cos\alpha+F_{N1}=0$$

由静摩擦定律,建立补充方程

$$F_1 = f_s F_{N1} = F_{N1}\tan\varphi_f$$

解得

$$F_{\min} = G\frac{\sin\alpha - f_s\cos\alpha}{\cos\alpha + f_s\sin\alpha} = G\tan(\alpha - \varphi_f)$$

(2)求 $\boldsymbol{F}_{\max}$。

假设静摩擦力 $\boldsymbol{F}_2$ 的方向应沿斜面向下,故其受力图和坐标轴如图 4-5(c)所示。

由平衡方程

$$\sum F_x = 0,\ F_{\max}\cos\alpha - G\sin\alpha - F_2 = 0$$

$$\sum F_y = 0,\ -F_{\max}\sin\alpha - G\cos\alpha + F_{N2} = 0$$

由静摩擦定律,建立补充方程

$$F_2 = f_s F_{N2} = F_{N2}\tan\varphi_f$$

解得

$$F_{\max} = G\frac{\sin\alpha + f_s\cos\alpha}{\cos\alpha - f_s\sin\alpha} = G\tan(\alpha + \varphi_f)$$

由以上分析得知:欲使物块保持平衡,力 $\boldsymbol{F}$ 的取值范围为

$$G\tan(\alpha - \varphi_f) \leqslant F \leqslant G\tan(\alpha + \varphi_f)$$

另外,如果应用摩擦角的概念,采用几何法求解本题,将更为简便。

当 $F = F_{\min}$时,物块处于即将下滑的临界平衡状态,全反力 $\boldsymbol{F}_{R1}$与法线的夹角为摩擦角 φ_f,物块在 $\boldsymbol{G},\boldsymbol{F},\boldsymbol{F}_{R1}$三力作用下处于平衡,如图 4-5(d)所示。作封闭的力三角形,得

$$F_{\min} = G\tan(\alpha - \varphi_f)$$

当 $F = F_{\max}$时,物块处于即将上滑的临界平衡状态,全反力 $\boldsymbol{F}_{R2}$与法线的夹角也是 φ_f,但 $\boldsymbol{F}_{R1}$与 $\boldsymbol{F}_{R2}$分布于接触面公法线的两侧,如图 4-5(e)所示。作封闭的力三角形可得

$$F_{\max} = G\tan(\alpha - \varphi_f)$$

例 4-3 某变速机构中双联滑移齿轮如图 4-6 所示。已知齿轮轴孔与轴间的摩擦因数为 f_s,轮与轴接触面的长度为 b。问拨叉(图中未画出)作用在齿轮上的力 $\boldsymbol{F}$ 到轴线的距离 a 为多大,才能保证齿轮不被卡住。设齿轮重量忽略不计。

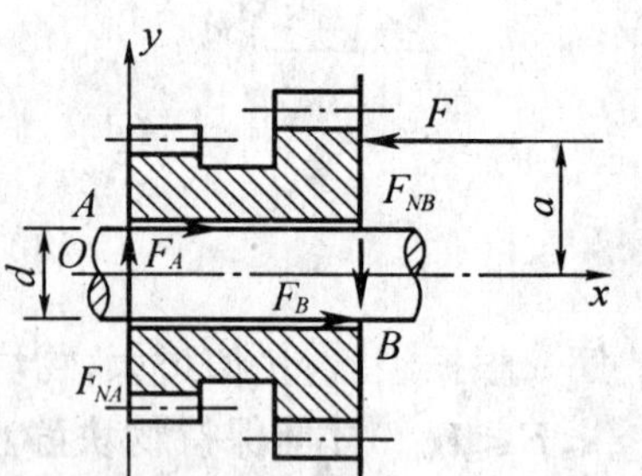

图 4-6

解 齿轮轴孔与轴间总有一定的间隙,齿轮在拨叉的推动下有倾倒趋势,此时齿轮与轴就在 A,B 两点处接触。取齿轮为研究对象,画出受力图(图 4-6(b)),列出平衡方程

$$\sum F_x = 0,\ F_A + F_B - F = 0 \qquad \text{(a)}$$

$$\sum F_y = 0,\ F_{NA} - F_{NB} = 0 \qquad \text{(b)}$$

$$\sum M_o(\boldsymbol{F}) = 0,\ F_a - F_{NB}b - F_A\frac{d}{2} + F_B\frac{d}{2} = 0 \qquad \text{(c)}$$

考虑平衡的临界情况,由静摩擦定律有

$$F_A = f_sF_{NA},\ F_B = f_sF_{NB} \qquad \text{(d)}$$

联立以上各式可解得

$$a=\frac{b}{2f_s}$$

这是临界情况所要求的条件。

要保证齿轮不发生自锁现象(即不被卡住),其条件是

$$F>F_A+F_B=f_s(F_{NA}+F_{NB})=2f_sF_{NB}$$

将(c)式所得力矩方程 $F_a=F_{NB}b$ 代入上式,得最终不被卡住的条件是

$$a<\frac{b}{2f_s}$$

习　题

4-1　一重 $\boldsymbol{G}=980$ N 的物体放在倾角 $\alpha=30°$的斜面上如题4-1图所示。已知接触面间的静摩擦因数 $f_s=0.2$。现用 $\boldsymbol{F}_Q=588$ N 的力沿斜面推物体,问物体在斜面上处于静止还是滑动?此时摩擦力为多大?

4-2　图示为一简易升降装置,混凝土和吊桶共重25 kN。吊桶与滑道间的摩擦因数为0.3。试分别求出吊桶匀速上升和下降时绳子的拉力。

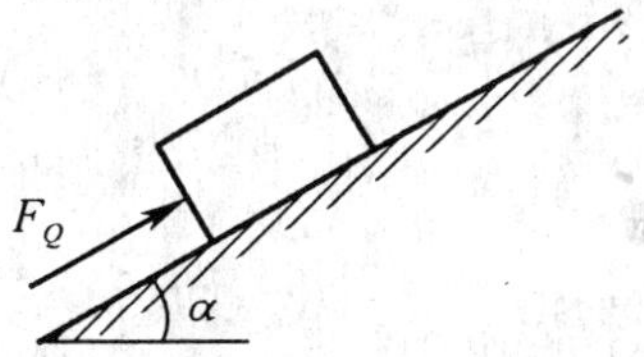

题4-1图

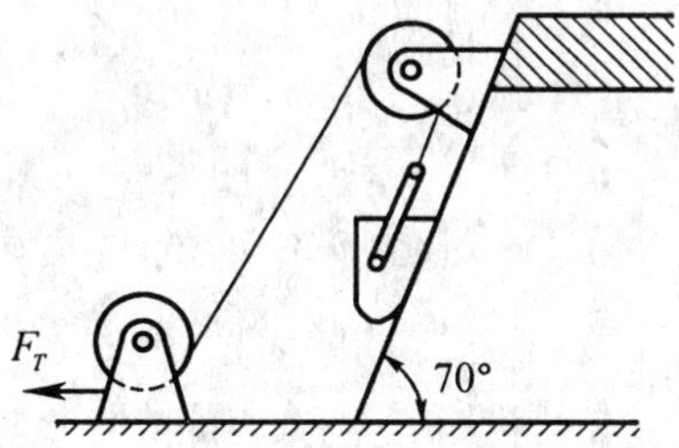

题4-2图

4-3　机床上为了迅速装卸工件,常采用如图所示的偏心夹具。已知偏心轮直径为 D,偏心轮与台面间的静摩擦因数为 f_s,今欲使偏心轮手柄上的外力去掉后,偏心轮不会自动脱开,试问偏心距 e 应为多大?(在临界状态时,O 点在水平线 AB 上)。

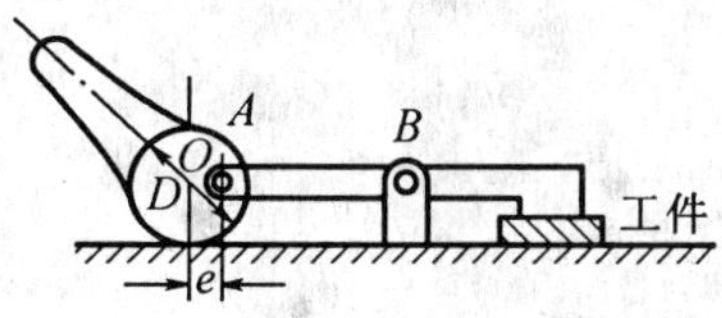

题4-3图

4-4　图示直杆质量为35 kg,问多大的力 $\boldsymbol{F}_P$ 才能使其移动?(已知接触面间的静摩擦因数均为0.3)。

4-5　图示凸轮机构中推杆与滑道间的摩擦因数为 f_s,滑道宽度为 b。问 a 为多大时推杆才不致被卡住?

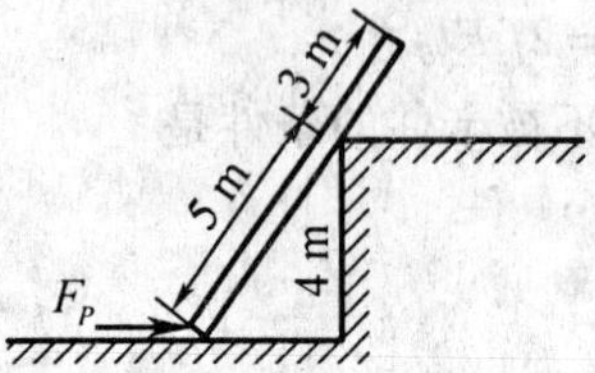

题 4－4 图

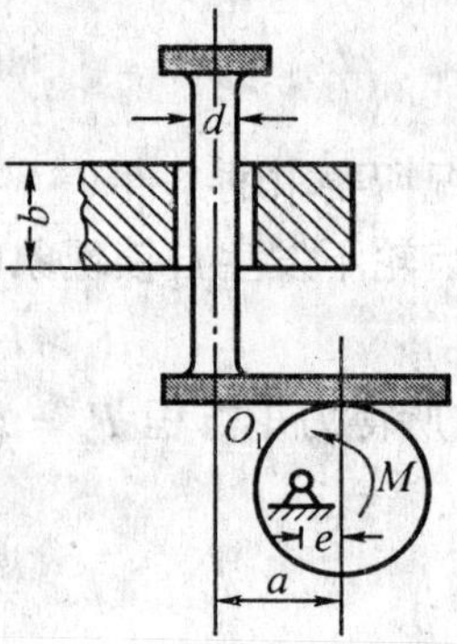

题 4－5 图

第二编　构件的承载能力分析

引　言

一、材料力学的任务

各种机械和工程结构都是由若干个构件组成的。这些构件工作时都要承受力的作用，为确保构件在规定的工作条件和使用寿命期间能正常工作，必须满足以下要求：

1.具有足够的强度。保证构件在外力作用下不发生破坏，是构件能正常工作的前提条件，故构件的强度是指构件在外力作用下抵抗破坏的能力。

2.具有足够的刚度。构件在外力作用下产生的变形应在允许的限度内。构件在外力作用下抵抗变形的能力，即为构件具有的刚度。

3.具有足够的稳定性。某些细长杆件(或薄壁构件)在轴向压力达到一定的数值时，会失去原来的平衡形态而丧失工作能力，这种现象称为失稳。所谓稳定性是指构件维持原有形态平衡的能力。

构件的强度、刚度和稳定性与所用材料的力学性能有关，而材料的力学性能必须由实验来测定。此外，还有些实际工程问题至今无法由理论分析来解决，必须依赖于实验手段。

由此可见，材料力学的任务是：在保证构件满足强度、刚度和稳定性要求的前提下，以最经济的代价为构件选择最适合的材料，确定合理的截面形状与尺寸，提供必要的理论基础、计算方法和实验技术。

二、材料力学的基本假设

由各种固体材料制成的构件，在载荷作用下将产生变形，统称为变形固体。为便于分析和简化计算，对变形固体作以下基本假设。

1.连续性假设　即认为组成构件的物质毫无空隙地充满到整个构件的几何容积体内。

2.均匀性假设　即认为材料的各个部分的力学性能完全相同。

3.各向同性假设　材料在各个方向的力学性能完全相同。

若材料沿不同方向呈现不同的力学性能，则称为各向异性。本书主要讨论各向同性材料。

从微观来看，以上的假设是不存在的，但从宏观来看，按统计学的规则，材料的力学性能是所有组成材料的晶粒与晶间物质的统计平均值，故上述假设是成立的。实验的结果表明，依据上述假设所得到的理论，满足一般工程的要求，是符合实际的。

4.小变形假设

认为构件受力后的变形量与构件原始尺寸相比是极其微小的。这样,在研究构件的平衡和运动,以及其内部的受力和变形等问题时,均可按构件的原始尺寸计算,从而使计算简化。

三、外力的形式

1.分布力或分布载荷

作用于构件的外力又可称为载荷,是一个物体对另一物体的作用力。按外力作用方式可以分为体积力和表面力。作用在杆件内部各个质点上的力称为体积力,例如重力,电磁力,惯性力等都是体积力。体积力的单位是牛顿/米^3,记为N/m^3。表面力是作用于物体表面上的力,又可分为分布力和集中力。沿某一面积连续作用于结构上的外力,称为分布力或分布载荷,用 $\boldsymbol{q}$ 来表示,单位用牛顿/米^2 或兆牛/米^2,分别记为N/m^2,和MN/m^2。压力容器内部的气体或液体对容器内壁的作用力,风对建筑物墙面的作用力及水对水坝的作用力等都是表面力,均为分布载荷。沿长度方向分布的分布力单位用牛顿/米或千牛/米,分别记为 N/m,kN/m。这里我们主要研究沿长度(轴向)方向分布的载荷,例如楼板对屋梁的作用力,即以沿梁轴线每单位长度作用多少力来度量。一般情况下 $\boldsymbol{q}$ 是轴向坐标的函数 $q=q(x)$,$\boldsymbol{q}(x)$称为分布载荷。如果 $\boldsymbol{q}$ 在其分布长度内为常数,则称为均布载荷。

2.集中力或集中载荷

若外力分布的面积远小于受力物体的整体尺寸,或沿长度的分布长度远小于轴线的长度,则这样的外力可以看成是作用于一点的集中力。如火车车轮对钢轨的压力、汽车对大桥桥面的压力等都可看作是集中力。集中力的单位是牛顿或千牛,分别记为 N,kN。

3.集中力偶

载荷以力偶的形式施加在杆件上,如图Ⅱ-1所示。

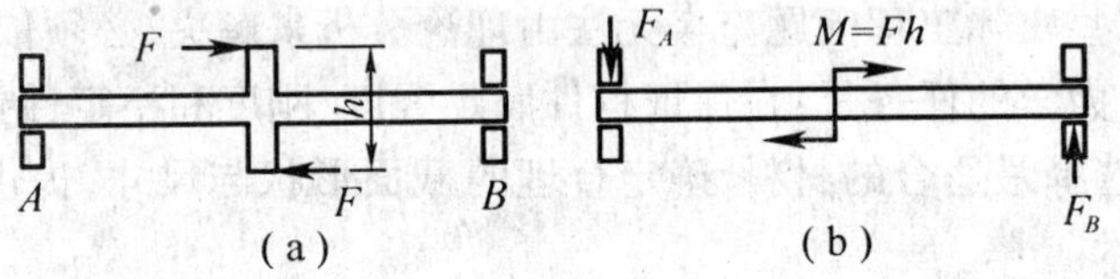

图Ⅱ-1

4.静载荷 动载荷

按载荷随时间变化的情况,若载荷由零缓慢地增加到某一定值以后即保持不变,则这样的载荷称为静载荷。随时间变化的载荷则为动载荷。动载荷又可分为交变载荷和冲击载荷。随时间作周期性变化的载荷称为交变载荷,如齿轮转动时轮齿的受力即为交变载荷。物体的运动在瞬时内发生突变所引起的载荷称为冲击载荷,如急刹车时飞轮的轮轴、锻压时汽锤杆所受的载荷、地震载荷、物体撞击构件时的作用力等都是冲击载荷。材料在静载荷和动载荷作用下的力学行为有很大差别,分析方法也不完全相同。

四、杆件的受力与基本变形形式

实际的工程结构中,许多承力构件如桥梁、汽车传动轴、房屋的梁、柱等,其长度方向的尺寸远远大于横截面尺寸,这一类的构件在材料力学的研究中,通常称作杆件,杆的所有横面形心的连线,称为杆的轴线,若轴线为直线,则称为直杆;轴线为曲线,则称为曲杆。所有横截面的形状和尺寸都相同的杆称为等截面杆;不同者称为变截面杆。材料力学主要研究等截面直杆。

杆件在不同的外力作用下,将产生不同形式的变形。主要的受力和变形有如下几种:

(1)轴向拉伸与压缩

当作用于杆件的外力合力的作用线与杆件的轴线重合,杆将产生轴向拉伸或压缩变形,如图Ⅱ-2所示。

(2)剪切

当大小相等、方向相反、作用线非常接近的两个力沿着垂直于轴线方向施加于杆件时,将产生剪切变形如图Ⅱ-3所示。

图Ⅱ-2

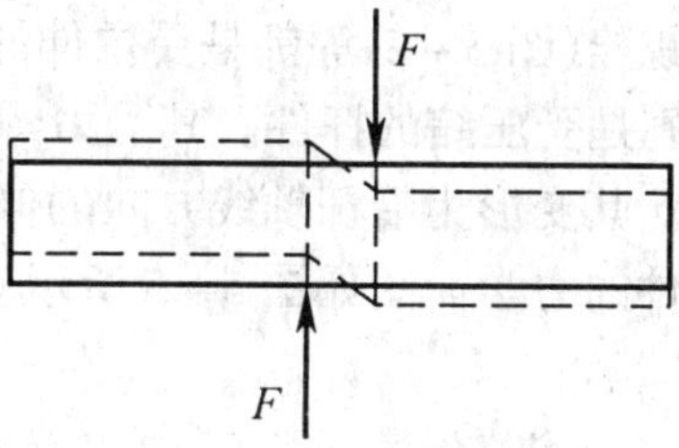

图Ⅱ-3

(3)扭转

当在杆件的两端截面内施加大小相等、方向相反的力偶时,杆件将产生扭转变形如图Ⅱ-4所示。承受扭转的杆件称为轴。

(4)弯曲

当外力施加于杆的某个纵向平面内并垂直于杆的轴线,或者在某个纵向平面内施加力偶时,杆将发生弯曲变形,其轴线将由直线变成一曲线,如图Ⅱ-5所示。承受弯曲的杆件称为梁。

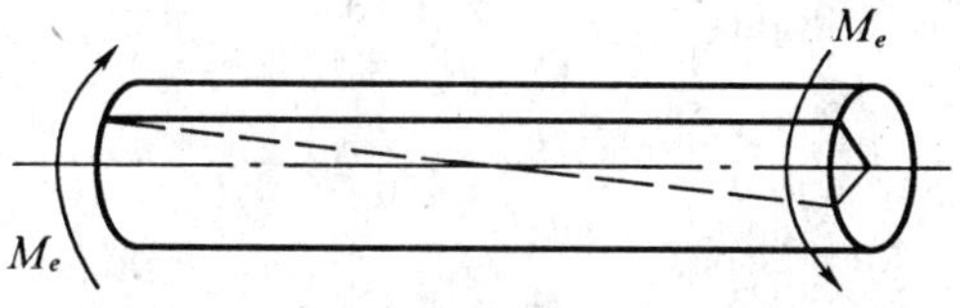

图Ⅱ-4

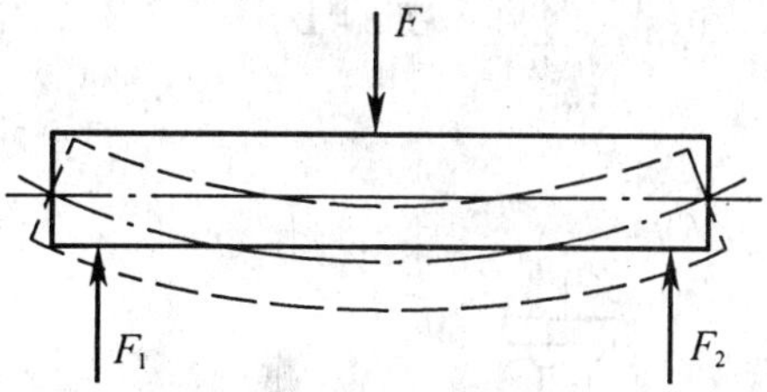

图Ⅱ-5

第5章　轴向拉伸或压缩

本章主要介绍轴向拉伸压缩的受力与变形、材料的力学性能以及轴向拉伸压缩的强度计算和刚度条件。

5.1　轴向拉伸压缩的概念

工程中有很多杆件是承受轴向拉伸或压缩的。例如，旋臂式吊车中的 *AB* 杆(图 5-1)、紧固螺栓(图 5-2)等都是受拉伸的杆件，而油缸活塞杆(图 5-3)、建筑物中的支柱(图 5-4)等则是受压缩的杆件。其受力特点为：作用于杆件的外力合力的作用线与杆件的轴线相重合。其变形为沿杆轴线方向的伸长或缩短，这种变形称为轴向拉伸或压缩，轴向拉伸或压缩杆件的力学简图如图 5-5 所示。

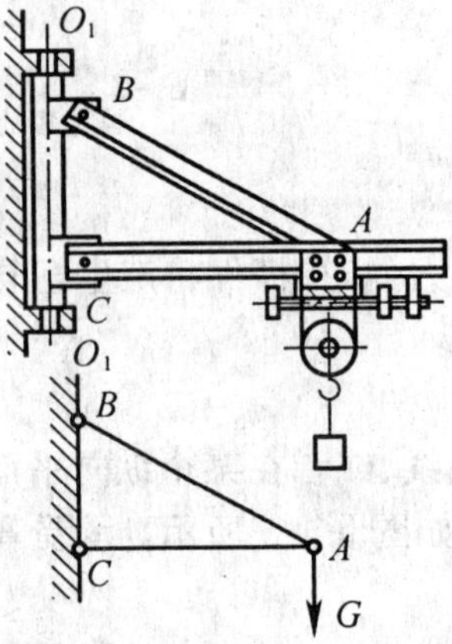

图 5-1

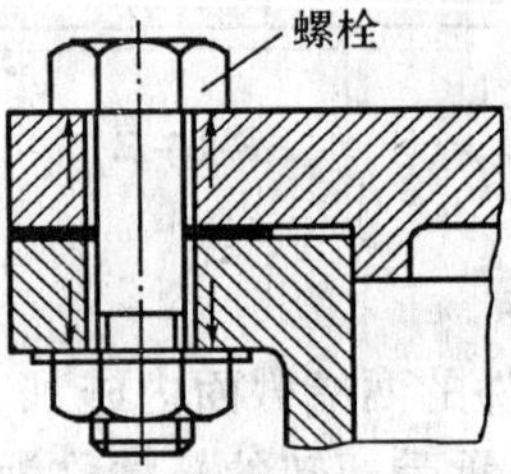

图 5-2

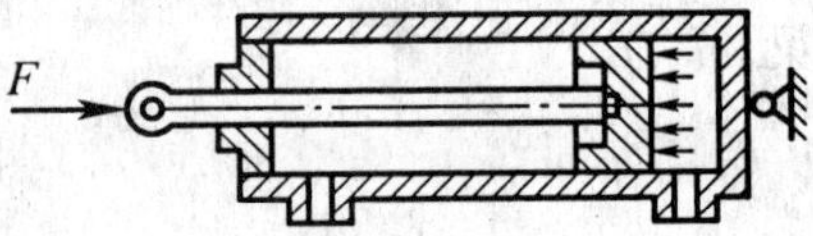

图 5-3

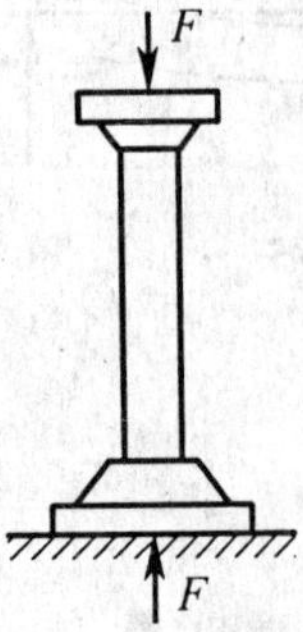

图 5-4

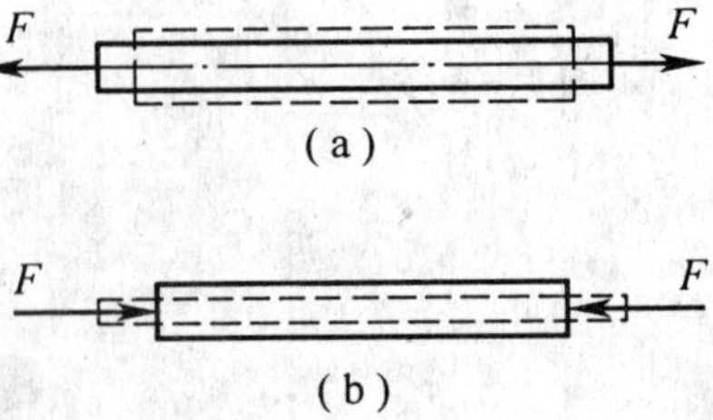

图 5-5

5.2 轴向拉伸或压缩时的内力分析

构件所承受的载荷及约束反力统称为外力。构件在外力作用下将产生变形，其各部分之间的相对位置将发生变化，从而产生构件内部各部分之间的相互作用力。这种由外力引起的构件内部的相互作用力，称为内力。这种内力的大小以及它在构件内部的分布方式随外力和变形的改变而变化，并与构件的强度、刚度和稳定性密切相关，内力分析是材料力学的基础。

1. 截面法

为了研究构件内力的分布及大小，通常采用截面法。它的过程可归纳为以下三个步骤：

(1)截开. 在需要求内力的截面处，假想用一垂直于轴线的截面把构件分成两个部分，保留其中任一部分作为研究对象，称之为分离体；

(2)代替：将弃去的另一部分对保留部分的作用力用截面上的内力代替；

(3)平衡：对保留部分(分离体)建立平衡方程式，由已知外力求出截面上内力的大小和方向。

应指出，在使用截面法求内力是时，构件在被截开前，静力学中的力系等效代换及力的可传性是不适用的。

截面法是材料力学分析内力的基本方法。

用截面法分析轴向拉伸(或压缩)杆件(图 5-6(a))的内力，其步骤如下。

(1)欲求某一截面处 $m-m$ 处的内力时，就沿该截面假想地把杆件切开使其分为两部分(图 5-6(a))。

(2)任取其中一部分(例如左段图 5-6(b))作为研究对象，弃去右段。

(3)杆件原来在外力的作用下处于平衡状态，则选取部分仍应保持平衡。因此，左段除外力作用外，在截面 $m-m$ 处必定产生右段对左段的作用力。

根据材料力学的均匀连续性假设，构件内部相邻部分之间相互作用的力，实际上应是一个连续分布的内力系，将此分布内力系合成，即为横截面上分布内力的合力，此合力称为物体的内力。

今后就用内力一词表示连续分布于截面的内力系的合力(偶)。对于受轴向拉伸或压缩的构件，因其内力垂直于横截面并与轴线重合，所以把轴向拉伸和压缩时横截面上的内力称为轴力，用 F_N 表示(图 5-6(b)，(c))。轴力的正、负由构件的变形确定，当轴力的方向与横截面的外法线方向一致时(即离开截面)，构件受拉伸长，轴力为正；反之，构件受压缩短，轴力为负。

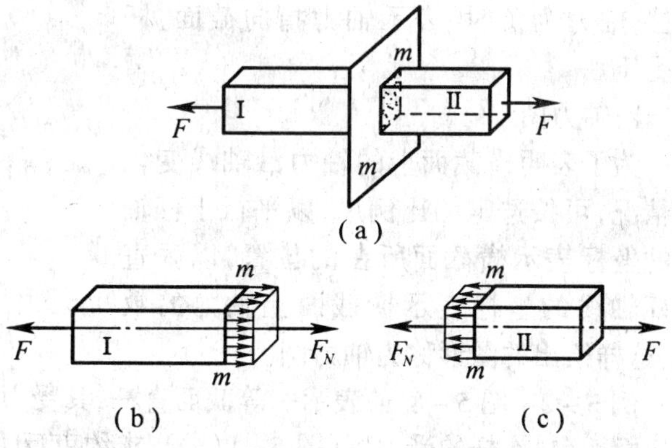

图 5-6

截面上内力的大小可由平衡条件求出

$$\sum F_x = 0,\ F - F_N = 0$$

$$F_N = F$$

如果选取右段为研究对象,可得同样结果(图 5-6(c))。

例 5-1 杆件在 A,B,C,D 各截面作用外力如图 5-7,求 1-1,2-2,3-3,截面处轴力。

解 由截面法,沿各所求截面将杆件切开,取左段为研究对象,在相应截面分别画上轴力 F_{N1},F_{N2},F_{N3},列平衡方程

$$\sum F_x = 0,\ F_{N1} - 3F - F = 0$$

$$F_{N1} = 3F + F = 4F \tag{a}$$

同理

$$F_{N2} - 3F = 0,$$

$$F_{N2} = 3F \tag{b}$$

及

$$F_{N3} + 2F - 3F - F = 0,$$

$$F_{N3} = 3F + F - 2F = 2F \tag{c}$$

由以上各代数等式(a),(b),(c),不难得到以下结论:

拉(压)杆各截面上的轴力在数值上等于该截面一侧(研究段)所有外力的代数和。外力离开该截面时取为正,指向该截面时取为负。即

$$F_N = \sum_{i=1}^{n} F_i \tag{5-1}$$

轴力为正时,表示轴力离开截面,杆件受拉;轴力为负时,表示轴力指向截面,杆件受压。

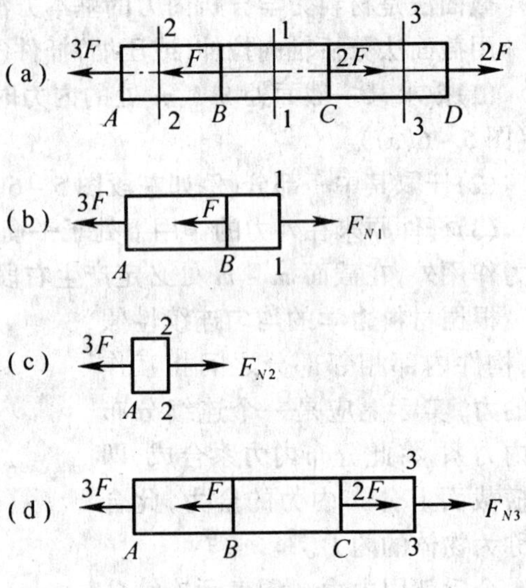

图 5-7

2.轴力图

为了表明横截面上的轴力沿轴线变化的情况,可按选定的比例尺,以平行于杆轴线的坐标表示横截面所在的位置,以垂直于杆轴线的坐标表示横截面上轴力的数值,这样绘出的图形称为轴力图。

例 5-2 图 5-8(a)表示一等截面直杆,其受力情况如图所示。试作其轴力图。

解 (1)作杆的受力图(图 5-8(b)),求约束反力 F_A;

根据

$$\sum F_x = 0,\ -F_A - F_1 + F_2 - F_3 + F_4 = 0$$

得

$$F_A = -40\ \text{kN} + 55\ \text{kN} - 25\ \text{kN} + 20\ \text{kN} = 10\ \text{kN}$$

(2)求各段横截面上的轴力并作轴力图。

计算轴力可用截面法，亦可直接应用结论(5-1)式，因而不必再逐段截开及作研究段的分离体图。在计算时，取截面左侧或右侧均可，一般取外力较少的轴段为好。

AB 段：$F_{N1} = F_A = 10\ \text{kN}$ (考虑左侧)

BC 段：$F_{N2} = 10\ \text{kN} + 40\ \text{kN} = 50\ \text{kN}$ (考虑左侧)

CD 段：$F_{N3} = 20\ \text{kN} - 25\ \text{kN} = -5\ \text{kN}$ (考虑右侧)

DE 段：$F_{N4} = 20\ \text{kN}$(考虑右侧)

由以上计算结果可知，杆件在 *CD* 段受压，其他各段均受拉。最大轴力 $F_{N\max}$ 在 *BC* 段，其轴力图如图 5-8(c)所示。

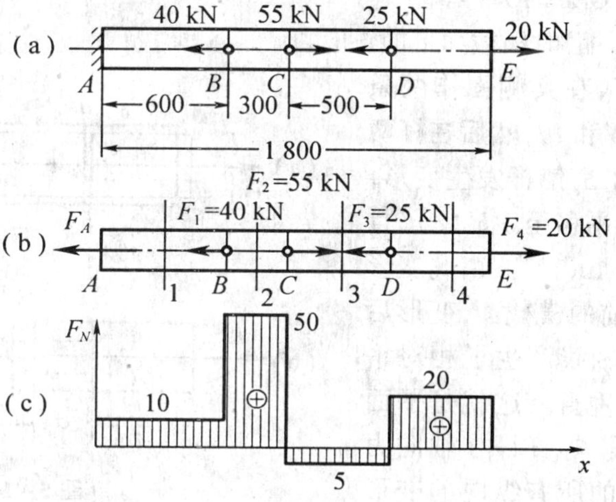

图 5-8

5.3 轴向拉伸和压缩时横截面上的正应力

1.应力的概念

同一种材料制成横截面积不同的两根直杆，在相同轴向拉力的作用下，其杆内的轴力相同。但随拉力的增大，横截面小的杆必定先被拉断。这说明单凭轴力 *FN* 并不能判断拉(压)杆的强度，即杆件的强度不仅与内力的大小有关，而且还与截面面积有关，即与内力在横截面上分布的密集程度(简称集度)有关，为此引入应力的概念。

要了解受力杆件在截面 *m-m* 上的任意一点 *C* 处的分布内力集度，可假想将杆件在 *m-m* 处截开，在截面上围绕 *C* 点取微小面积 ΔA，ΔA 上分布内力的合力为 Δp(图 5-9(a))，将 Δp 除以面积 ΔA，即

$$p_m = \frac{\Delta p}{\Delta A} \tag{5-2}$$

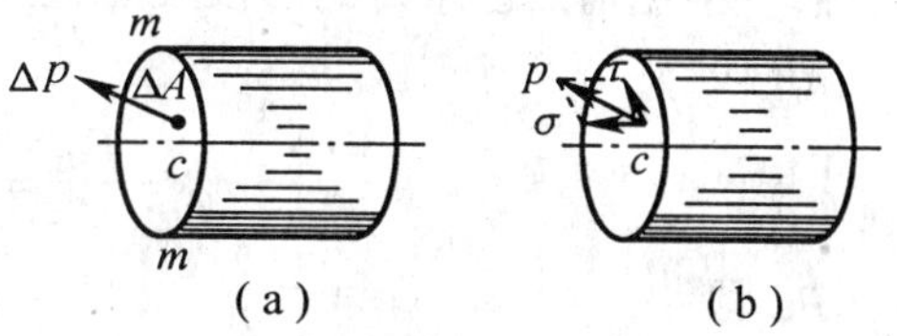

图 5-9

p_m 称为在面积 ΔA 上的平均应力，它尚不能精确表示 *C* 点处内力的分布状况。当面积无限趋近于零时比值$\frac{\Delta p}{\Delta A}$的极限，才真实地反映任意一点 *C* 处内力的分布状况，即

$$p = \lim_{\Delta A \to 0} \frac{\Delta p}{\Delta A} = \frac{\mathrm{d}p}{\mathrm{d}A} \tag{5-3}$$

上式 p 定义为 C 点处内力的分布集度，称为该点处的总应力。其方向一般既不与截面垂直，也不与截面相切。通常，将它分解成与截面垂直的法向分量和与截面相切的切向分量（图 5-9(b)），法向分量称为正应力，用 σ 表示；切向分量称为切应力，用 τ 表示。

将总应力用正应力和切应力这两个分量来表达具有明确的物理意义，因为它们和材料的两类破坏现象——拉断和剪切错动——相对应。因此，今后在强度计算中一般只计算正应力和切应力而不计算总应力。

应力的单位为“帕”，用 Pa 表示。$1\ \mathrm{Pa} = 1\ \mathrm{N/m^2}$，常用单位为兆帕 MPa，$1\ \mathrm{MPa} = 10^6\ \mathrm{Pa} = 1\ \mathrm{MN/m^2} = 1\ \mathrm{N/mm^2}$，$1\ \mathrm{GPa} = 10^9\ \mathrm{Pa}$。

2.轴向拉伸（或压缩）时横截面上的正应力

取一等截面直杆，在其侧面作两条垂直于杆轴的直线 ab 和 cd，然后在杆两端施加一对轴向拉力 $\boldsymbol{F}$ 使杆发生变形，此时直线 ab，cd 分别平移至 $a'b'$，$c'd'$ 且仍保持为直线（图 5-10(a)）。由此变形现象可以假设，变形前的横截面，变形后仍保持为平面，仅沿轴线产生了相对平移，并仍与杆的轴线垂直。这就是平面假设。根据平面假设，等直杆在轴向力作用下，其横截面间的所有纵向的变形伸长量是相等的。由均匀性假设，横截面上的内力应是均匀分布的（图 5-10(b)）。即横截面上各点处的应力大小相等，其方向与 $\boldsymbol{F}_N$ 一致，垂直于横截面，故横截面上的正应力 σ 可以直接表示为

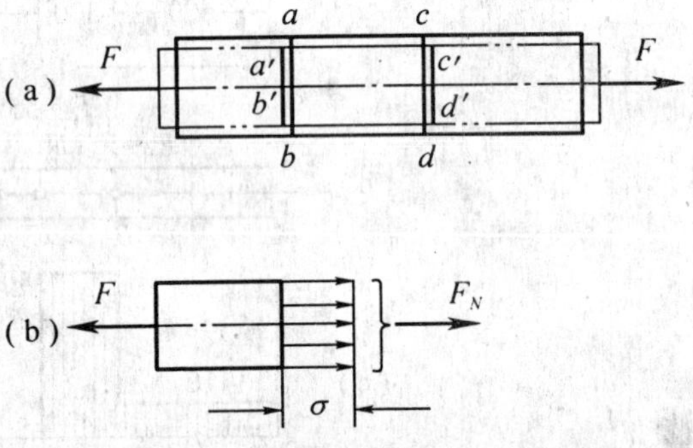

图 5-10

$$\sigma = \frac{F_N}{A} \tag{5-4}$$

式中 σ——正应力，符号由轴力决定，拉应力为正，压应力为负；

F_N——横截面上的内力（轴力）；

A——横截面的面积。

例 5-3 在例 5-2 中，设等直杆的横截面面积 $A = 500\ \mathrm{mm^2}$，试求此杆各段截面上的应力，并指出此杆危险截面所在的位置。

解 根据前面已求得的各段轴力，各段截面上的应力为

AB 段：

$$\sigma_{AB} = \frac{F_{N1}}{A} = \frac{10 \times 10^3\ \mathrm{N}}{500\ \mathrm{mm^2}} = 20\ \mathrm{MPa}$$

BC 段：

$$\sigma_{BC} = \frac{F_{N2}}{A} = \frac{50 \times 10^3\ \mathrm{N}}{500\ \mathrm{mm^2}} = 100\ \mathrm{MPa}$$

CD 段：

$$\sigma_{CD} = \frac{F_{N3}}{A} = -\frac{5 \times 10^3\ \mathrm{N}}{500\ \mathrm{mm^2}} = -10\ \mathrm{MPa}$$

DE 段：

$$\sigma_{DE}=\frac{F_{N4}}{A}=\frac{20\times10^3\ \text{N}}{500\ \text{mm}^2}=40\ \text{MPa}$$

由以上计算可知，在 *BC* 段应力最大为 100 MPa，故 *BC* 段各截面为危险截面。

例 5－4 一钢制阶梯杆如图 5－11(a)所示。各段杆的横截面面积为：$A_1=1\ 600\ \text{mm}^2$，$A_2=625\ \text{mm}^2$，$A_3=900\ \text{mm}^2$，试画出轴力图，并求出此杆的最大工作应力。

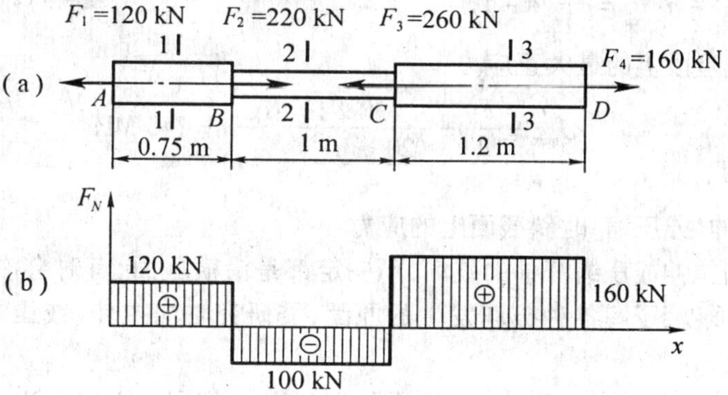

图 5－11

解 (1)求各段轴力

根据式(5－1)得

$$F_{N1}=F_1=120\ \text{kN}$$

$$F_{N2}=F_1-F_2=120\ \text{kN}-220\ \text{kN}=-100\ \text{kN}$$

$$F_{N3}=F_4=160\ \text{kN}$$

(2)作轴力图 由各横截面上的轴力值，作出轴力图(图 5－11(b))。

(3)求最大应力 根据式(6－3) 得

AB 段

$$\sigma_{AB}=\frac{F_{N1}}{A}=\frac{12\times10^4\ \text{N}}{1\ 600\times\text{mm}^2}=75\ \text{MPa}\ (拉应力)$$

BC 段

$$\sigma_{BC}=\frac{F_{N2}}{A}=-\frac{100\times10^3\ \text{N}}{625\ \text{mm}^2}=-\ 160\ \text{MPa}\ (压应力)$$

CD 段

$$\sigma_{CD}=\frac{F_{N3}}{A}=\frac{160\times10^3\ \text{N}}{900\ \text{mm}^2}=178\ \text{MPa}\ (拉应力)$$

由计算可知，杆的最大应力为拉应力，在 *CD* 段内，其值为 178 MPa。

例 5－5 圆杆上有一穿透直径的槽(图 5－12(a))。已知圆杆直径 $d=20$ mm，槽的宽度为$\frac{d}{4}$，设拉力 $F=30$ kN，试求最大正应力(槽对杆的横截面积削弱量可近似按矩形计算)。

解 (1)求内力：杆的轴力图见(图 5－12(b))

$$FN=F=30\ \text{kN}$$

(2)确定危险截面面积:

由轴力图可知,受力杆件任意截面上的轴力相等,但中间一段因开槽而使截面面积减小,故杆的危险截面应在开槽段,即最大应力应发生在该段,开槽段的横截面积为

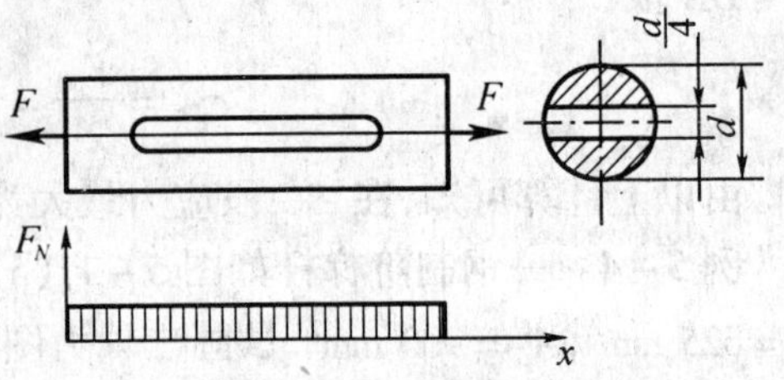

图 5-12

$$A=\frac{\pi}{4}d^2-d\cdot\frac{d}{4}=\frac{d^2}{4}(\pi-1)$$

(3)计算危险段上的最大正应力:

$$\sigma_{\max}=\frac{F_N}{A}=\frac{30\times10^3\ \text{N}}{\frac{(20\ \text{mm})^2}{4}(\pi-1)}=140\ \text{MPa}$$

3.轴向拉伸(或压缩)时斜截面上的应力

实验证明,拉伸或压缩杆件的破坏,不一定都是沿横截面,有时会沿斜截面发生。为全面分析杆件的强度,了解各种破坏发生的原因,需研究轴向拉伸(或压缩)时斜截面上的应力。

图 5-13(a)表示一等截面直杆,受轴向拉力 $\boldsymbol{F}$ 的作用。由截面法知 $F_N=F$,若杆的横截面面积为 A,显然,横截面的正应力 σ 为

$$\sigma=\frac{F_N}{A} \tag{a}$$

用一个与横截面成 α 角的斜截面 $m-m$ 假想地将杆截分为两段,并研究左段的平衡,运用截面法,可求得斜截面 $m-m$ 上的内力(图 5-13(b))为

$$F_{N\alpha}=F=F_N \tag{b}$$

由图 5-13(a)的几何关系可知,斜截面 $m-m$ 的面积为,仿照横截面上正应力均匀分布的讨论,可知斜截面 $m-m$ 上的总应力 p_α 亦为均匀分布,于是,可得斜截面上各点的应力为

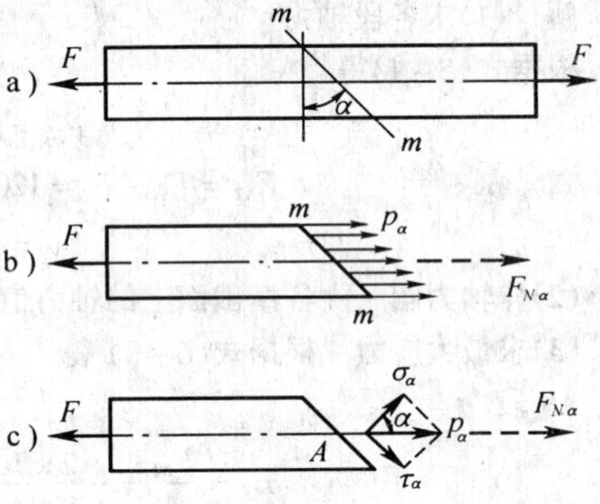

图 5-13

$$p_\alpha=\frac{F_{N\alpha}}{A_\alpha}=\frac{F_N}{A}\cos\alpha=\sigma\cos\alpha \tag{c}$$

将 p_α 分解为垂直于截面的正应力 σ_α 和沿斜截面的切应力 τ_α(图 5-13(c)),则有

$$\sigma_\alpha=p_\alpha\cos\alpha=\alpha\cos^2\alpha \tag{5-5}$$

$$\tau_\alpha=p_\alpha\sin\alpha=\alpha\cos\alpha\cdot\sin\alpha=\frac{\sigma}{2}\sin2\alpha \tag{5-6}$$

由上两式可知,σ_α,τ_α 都是角 α 的函数,即截面上的应力随截面方位的改变而改变。

(1)$\alpha=0°$时

$$\sigma_{0°}=\sigma\cos\alpha20°=\sigma=\sigma_{\max}$$

$$\tau_{0°}=\frac{\sigma}{2}\sin(2\times0°)=0$$

上式说明,轴向拉(压)时,横截面上的正应力具有最大值,切应力为零。

(2)$\alpha=45°$时

$$\sigma_{45°}=\sigma\cos^2 45°=\frac{\sigma}{2}$$

$$\tau_{45°}=\sin(2\times 45°)=\frac{\sigma}{2}=\tau_{\max}$$

上式说明,在45°的斜截面上,切应力为最大,此时正应力和切应力相等,其值为横截面上正应力的一半。

(3)$\alpha=90°$时

$$\sigma_{90°}=\sigma\cos^2 90°=0$$

$$\tau_{90°}=\frac{\sigma}{2}\sin(2\times 90°)=0$$

上式说明,杆件轴向拉伸和压缩时,平行于轴线的纵向截面上无应力。

应力符号规定如下:σ_α 仍以拉应力为正,压应力为负;τ_α 对杆内任意点的矩为顺时针转向时为正,反之为负。

由(5-6)式可知,必有 $\tau_\alpha=-\tau_{(\alpha+90°)}$,说明杆件内部相互垂直的截面上,切应力必然成对出现,两者等值且都垂直于两平面的交线,其方向则同时指向或背离交线,即切应力互等定理。

5.4 轴向拉伸或压缩时的变形·胡克定律

轴向拉伸(或压缩)时,杆件的变形主要表现为沿轴向的伸长(或缩短),即纵向变形。由实验可知,当杆沿轴向伸长(或缩短)时,其横向尺寸也会相应缩小(或增大),即产生垂直于轴线方向的横向变形。

1.纵向变形

设一等截面直杆原长为 l,横截面面积为 A。在轴向拉力 $\boldsymbol{F}$ 的作用下,长度由 l 变为 l_1(图5-14(a))。杆件沿轴线方向的伸长为

$$\Delta l=l_1-l$$

拉伸时 Δl 为正,压缩时 Δl 为负。

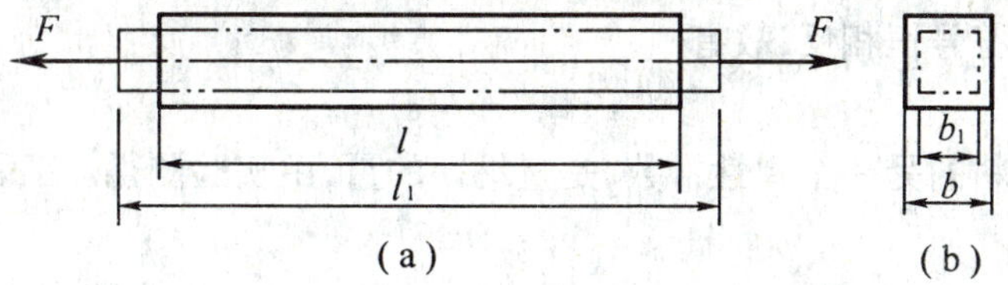

图5-14

杆件的伸长量与杆的原长有关,为了消除杆件长度的影响,将 Δl 除以 l,即以单位长度的伸长量来表征杆件变形的程度,称为线应变或相对变形,用 ε 表示:

$$\varepsilon=\frac{\Delta l}{l} \tag{5-7}$$

ε 是量纲一的量,其符号与 Δl 的符号一致。

2.胡克定律

实验证明:当杆件横截面上的正应力不超过比例极限(见后文6.3节)时,杆件的伸长量

Δl 与轴力 F_N 及杆原长 l 成正比，与横截面面积 A 成反比。即

$$\Delta l \propto \frac{F_N l}{A}$$

引入比例常数 E，则上式可写为

$$\Delta l = \frac{F_N l}{EA} \tag{5-8}$$

上式称为胡克定律。

将式(5-4)和(5-7)代入上式，可得

$$\sigma = E \cdot \varepsilon \tag{5-9}$$

这是胡克定律的另一形式。可表述为：当应力不超过比例极限时，则正应力与纵向线应变成正比。

式中的 E 为材料的弹性模量，与材料的性质有关，其单位与应力相同，常用单位为 GPa。材料的弹性模量由实验测定。弹性模量表示在受拉(压)时，材料抵抗弹性变形的能力。由式(5-8)可看出，EA 越大，杆件的变形 Δl 就越小，故称 EA 为杆件抗拉(压)刚度。工程上常用材料的弹性模量见表 5-1。

3. 横向变形

在轴向力作用下，杆件沿轴向的伸长(缩短)的同时，横向尺寸也将缩小(增大)。设横向尺寸由 b 变为 b_1(图 5-14(b))，

$$\Delta b = b_1 - b$$

则横向线应变为

$$\varepsilon' = \frac{\Delta b}{b} \tag{5-10}$$

ε' 也是量纲一的量。

4. 泊松比

实验表明，对于同一种材料，当应力不超过比例极限时，横向线应变与纵向线应变之比的绝对值为常数。比值 ν 称为泊松比，亦称横向变形系数。即

$$\nu = \left|\frac{\varepsilon'}{\varepsilon}\right| \tag{5-11a}$$

由于这两个应变的符号恒相反，故有

$$\varepsilon' = -\nu \cdot \varepsilon \tag{5-11b}$$

泊松比 ν 是材料的另一个弹性常数，是量纲一的量，由实验测得。工程上常用材料的泊松比见表 5-1。

表 5-1 常用材料的 E 和 ν

材料	E/GPa	ν
碳素钢	200 ~ 210	0.24 ~ 0.30
合金钢	185 ~ 205	0.25 ~ 0.30
灰口铸铁	80 ~ 150	0.23 ~ 0.27
铜及其合金	72.5 ~ 128	0.31 ~ 0.42
铝合金	70	0.25 ~ 0.33

例 5-6 图 5-15(a)为一阶梯形钢杆，已知杆的弹性模量 $E = 200$ GPa, AC 段的截面面积为 $A_{AB} = A_{BC} = 500\ mm^2$, CD 段的截面面积为 $A_{CD} = 200\ mm^2$,杆的各段长度及受力情况如图 5-15(a)所示。试求:

(1)杆截面上的内力和应力;

(2)杆的总变形。

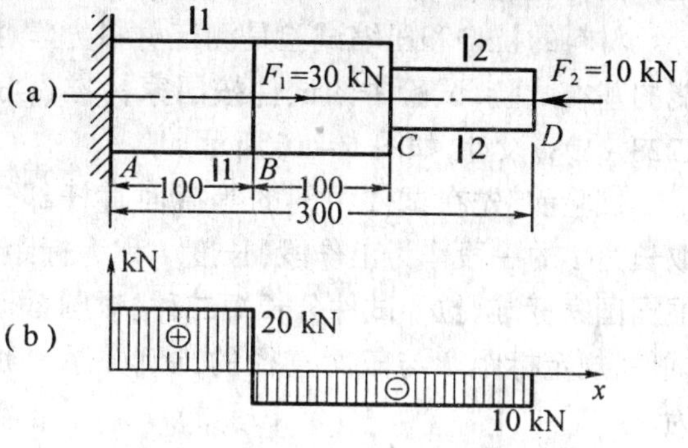

图 5-15

解 此题可直接用式(5-1)求各截面内力

(1)求各截面上的内力

BC 段与 CD 段

$$F_{N2} = -F_2 = -10\ \text{kN} = -10\ \text{kN}\ (\text{受压})$$

AB 段

$$F_{N1} = F_1 - F_2 = 30\ \text{kN} - 10\ \text{kN} = 20\ \text{kN}(\text{受拉})$$

(2)画轴力图(图 5-15(b))

(3)计算各段应力

AB 段

$$\sigma_{AB} = \frac{F_{N1}}{A_{AB}} \frac{20\times10^3\ \text{N}}{500\ \text{mm}^2} = 40\ \text{MPa}\ (\text{拉应力})$$

BC 段

$$\sigma_{BC} = \frac{F_{N2}}{A_{AB}} = -\frac{10^4\ \text{N}}{500\ \text{mm}^2} = -20\ \text{MPa}\ (\text{压应力})$$

CD 段

$$\sigma_{CD} = \frac{F_{N2}}{A_{CD}} = -\frac{10^4\ \text{N}}{200\ \text{mm}^2} = -50\ \text{MPa}\ (\text{压应力})$$

(4)杆的总变形

全杆总变形 Δl_{AD} 等于各段杆变形的代数和,即

$$\Delta l_{AD} = \Delta l_{AB} + \Delta l_{BC} + \Delta l_{CD} = \frac{F_{N1} l_{AB}}{EA_{AB}} + \frac{F_{N2} l_{BC}}{EA_{BC}} + \frac{F_{N2} l_{CD}}{EA_{CD}}$$

将有关数据代入,并注意单位和符号,即得

$$\Delta l_{AD} = \frac{1}{200\times10^3\ \text{MPa}} \times \left[\frac{(20\times10^3\ N)\times(100\ \text{mm})}{500\ \text{mm}^2} - \frac{(10^4\ \text{N})\times(100\ \text{mm})}{500\ \text{mm}^2} - \frac{(10^4\ \text{N})\times(100\ \text{mm})}{200\ \text{mm}^2} \right] = -0.015\ \text{mm}$$

计算结果为负,说明整个杆件是缩短的。

5.5 材料在拉伸与压缩时的力学性能

材料在外力作用下其强度和变形方面所表现出的力学性能,是强度计算和选用材料的重要依据。在不同的温度和加载速度下,材料的力学性能将发生变化。本节介绍常用材料

在常温(指室温)、静载(加载速度缓慢平稳)情况下,拉伸和压缩时的力学性能。

材料的拉伸和压缩试验是测定材料力学性能的基本试验,试验中的试件按国家标准(GB/T228－198)设计,如图5－16所示。

图5－16

试验前,先在试件中间的等截面直杆部分取长为 l 的一段作为工作段,长度 l 称为标距。根据国家标准,拉伸试件分长短二种,对圆截面试件,规定标距 l 与截面直径的比例关系分别为

$$l = 10d \qquad l = 5d$$

对矩形截面试件,规定其标距 l 与横截面面积 A 的关系分别为

$$l = 11.3\sqrt{A} \qquad l = 5.65\sqrt{A}$$

1.低碳钢在拉伸时的力学性能

低碳钢是工程上应用最广泛的材料,同时,低碳钢试件在拉伸试验中所表现出来的力学性能最为典型。因此,先研究这种材料在拉伸时的力学性能。

将试件装上试验机后,缓慢加载,直至拉断,试验机的绘图系统可自动绘出试件在试验过程中工作段的变形和拉力之间的关系曲线图。常以横坐标代表试件工作段的伸长 Δl,纵坐标代表试验机上的载荷读数,通即试件的拉力 $\boldsymbol{F}$,此曲线称为拉伸图或 $\boldsymbol{F}(\Delta l$ 曲线,如图5－17。

试件的拉伸图不仅与试件的材料有关,而且与试件的几何尺寸有关。用同一种材料做成粗细不同的试件,由试验所得的拉伸图差别很大。所以,不宜用试件的拉伸图表征材料的拉伸性能。将拉力 $\boldsymbol{F}$ 除以试件横截面原面积 A,得试件横截面上的应力 σ。将伸长 Δl 除以试件的标距 l,得试件的应变 ε。以 ε 和 σ 分别为横坐标与纵坐标,这样得到的曲线则与试件的尺寸无关,此曲线称为应力－应变图或 $\sigma-\varepsilon$ 曲线。

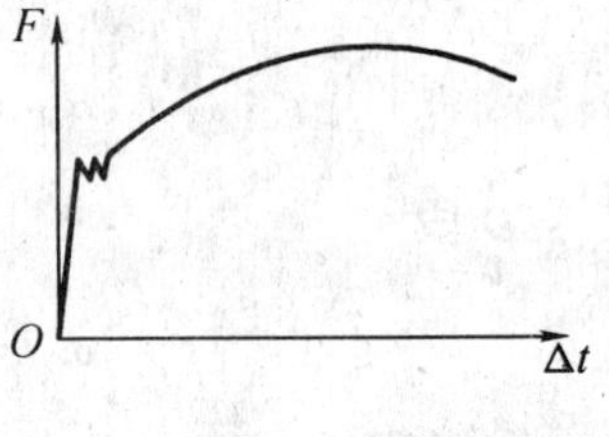

图5－17

(1)材料的刚度指标

图5－18所示为Q235钢的 $\sigma-\varepsilon$ 曲线。从图中可见,整个拉伸过程可分为四个阶段:

第Ⅰ阶段　弹性阶段

在试件拉伸的初始阶段,σ 与 ε 的关系表现为直线 = Oa,即 σ 与 ε 成正比,即 $\sigma \propto \varepsilon$,直线的斜率为

$$\tan\alpha = \frac{\sigma}{\varepsilon} = E$$

所以有

$$\sigma = E \cdot \varepsilon$$

这就是在6.2.2节中所述的胡克定律,式中 E 为弹性模量,为材料的刚度性能指标。

直线 Oa 的最高点 a 所对应的应力,称为比例极限,用 σ_p 表示。即只有应力低于比例极限,胡克定律才能适用。Q235钢的比例极限 $\sigma_p \approx 200$ MPa。弹性阶段的最高点 b 所对应的应力是材料保持弹性变形的极限点,称为弹性极限,用 σ_e 表示。此时,在 ab 段已不再保持直线,但如果在 b 点卸载,试件的变形还将会完全消失。由于 a,b 两点非常接近,所以工程上对弹性极限和比例极限并不严格区分。

(2)材料的强度指标

第Ⅱ阶段　屈服阶段

当应力超过弹性极限时，$\sigma-\varepsilon$ 曲线上将出现一个近似水平的锯齿形线段(图中的 bc 段)，这表明，应力在此阶段基本保持不变，而应变却明显增加。此阶段称为屈服阶段或流动阶段，若试件表面光滑，可看到其表面有与轴线大约呈 45°的条纹，称为滑移线。在屈服阶段中，对应于曲线最高点与最低点的应力分别称为上屈服点应力和下屈服点应力。通常，下屈服点应力值较稳定，故一般将下屈服点应力作为材料的屈服点应力，用 σ_s 表示。Q235 钢的屈服点应力 $\sigma_s\approx240$ MPa。

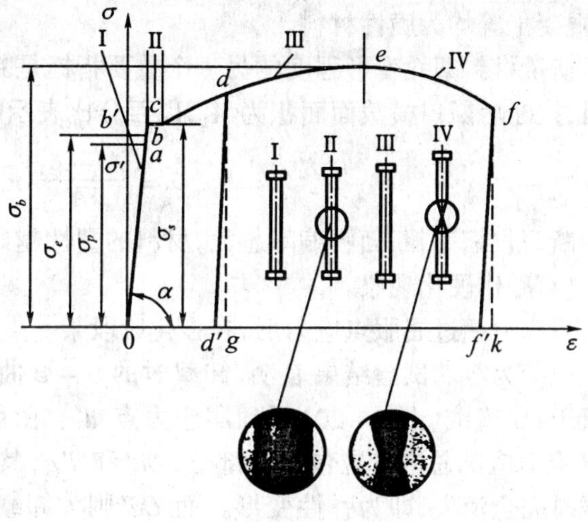

图 5-18

当材料屈服时，将产生显著的塑性变形。通常，在工程中是不允许构件在塑性变形的情况下工作的，所以 σ_s 是量材料强度的重要指标。

第Ⅲ阶段　强化阶段

经过屈服阶段后，图中 ce 段曲线又逐渐上升，表示材料恢复了抵抗变形的能力，且变形迅速加大，这一阶段称为强化阶段。强化阶段中的最高点 E 所对应的是材料所能承受的最大应力，称为强度极限，用 σ_b 表示。强化阶段中，试件的横向尺寸明显缩小(如图 5-19)。Q235 钢的强度极限 $\sigma_b\approx400$ MPa。

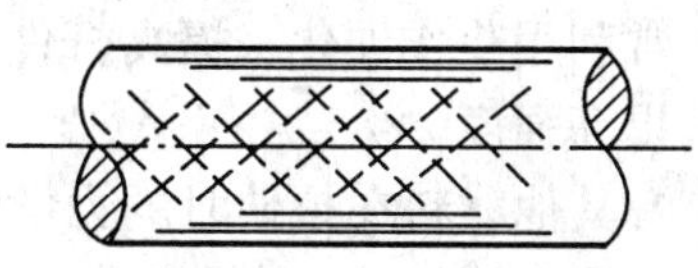

图 5-19

第Ⅳ阶段　局部变形阶段

在强化阶段，试件的变形基本是均匀的。过 e 点后，变形集中在试件的某一局部范围内，横向尺寸急剧减少，形成缩颈现象。由于在缩颈部分横截面面积明显减少，使试件继续伸长所需要的拉力也相应减少，故在 $\sigma-\varepsilon$ 曲线中，应力由最高点下降到 f 点，最后试件在缩颈段被拉断，这一阶段称为局部变形阶段。

上述拉伸过程中，材料经历了弹性变形、屈服、强化和局部变形四个阶段。对应前三个阶段的三个特征点，其相应的应力值依次为比例极限 σ_p、屈服点应力 σ_s 和强度极限 σ_b。对低碳钢来说，屈服点应力和强度极限是衡量材料强度的主要指标。

(3)材料的塑性指标

试件拉断后，材料的弹性变形消失，塑性变形则保留下来，试件长度由原长 l 变为 l_1。试件拉断后的塑性变形量与原长之比以百分比表示，即

$$\delta=\frac{l_1-l}{l}\times100\% \tag{5-12}$$

式中 δ 称为断后伸长率。

断后伸长率是衡量材料塑性变形程度的重要指标之一，Q235 钢的断后伸长率 $\delta \approx 20\% \sim 30\%$。断后伸长率越大，材料的塑性性能越好，工程上将 $\delta \geqslant 5\%$ 的材料称为塑性材料，如低碳钢、铝合金、青铜等均为常见的塑性材料。$\delta < 5\%$ 的材料称为脆性材料，如铸铁、高碳钢、混凝土等均为脆性材料。

衡量材料塑性变形程度的另一个重要指标是断面收缩率 ψ。设试件拉伸前的横截面积为 A，拉断后断口横截面面积为 A_1，以百分比表示的比值，即

$$\psi = \frac{A - A_1}{A} \times 100\% \tag{5-13}$$

称为断面收缩率，断面收缩率越大，材料的塑性越好，Q235 钢的断面收缩率约为 50%。

(4)冷作硬化现象

当应力超过屈服点应力后，在强化阶段某一点 d 处卸载直至载荷为零。试验结果表明，卸载时的 $\sigma-\varepsilon$ 曲线将沿着平行于 Oa 直线(图 5-20)回到零应力点 d'。由图中可见，与 d 点对应的总应变应包括两部分，Od' 和 $d'g$，其中 $d'g$ 在卸载时完全消失，即为弹性变形。而 Od' 则为卸载后遗留下的塑性变形。

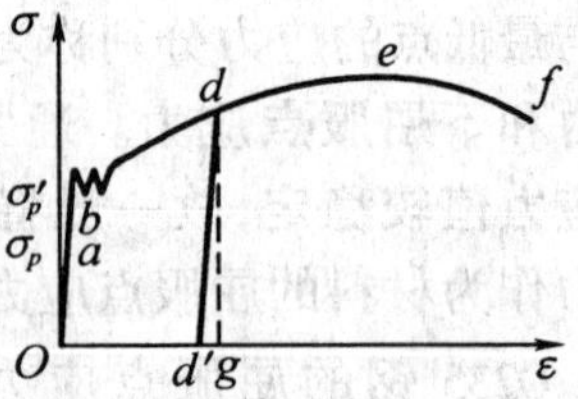

图 5-20

如果在卸载后重新加载，则应力-应变关系基本沿卸载时的直线 $d'd$ 上升直至回到卸载点 d 后才开始出现塑性变形，且以后的变形曲线与该材料的 $\sigma-\varepsilon$ 曲线大致相同。观察再加载的 $\sigma-\varepsilon$ 曲线，发现材料的比例极限由 σ_p 提高到 σ_p'，而材料的塑性降低，这种现象称为冷作硬化。

由于冷作硬化提高了材料的比例极限，从而提高了材料在弹性范围内的承载能力，故工程中常利用冷作硬化来提高杆件的承载能力，如起重机械中的钢索和建筑钢筋，常用冷拔工艺来提高强度。

2.其他材料在拉伸时的力学性能

许多金属拉伸时，并不都具有像低碳钢的 $\sigma-\varepsilon$ 曲线中的四个阶段。为便于比较，现将工程中常用的几种塑性材料的 $\sigma-\varepsilon$ 曲线和低碳钢的 $\sigma-\varepsilon$ 曲线置于同一图中(图 5-21)，可以看出，青铜、硬铝、退火球墨铸铁均没有屈服阶段，其他三个阶段则很明显，而锰钢仅有弹性阶段和强化阶段，没有屈服阶段和局部变形阶段。这些材料的共同特点是伸长率均较大，它们和低碳钢一样都是塑性材料。对于这类没有明显屈服阶段的塑性材料，工程上通常以产生 0.2% 塑性应变时所对应的应力值作为衡量材料强度的指标，此应力称为材料的条件屈服点应力，用 $\sigma_{p0.2}$ 表示(图 5-22)。

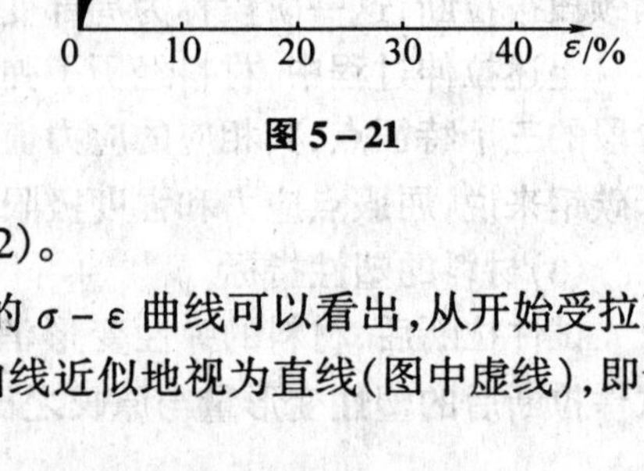

图 5-21

对于脆性材料，例如灰口铸铁，从图 5-23 所示的的 $\sigma-\varepsilon$ 曲线可以看出，从开始受拉到断裂，没有明显的直线部分(图中实线)。一般可将该曲线近似地视为直线(图中虚线)，即认为胡克定律在此范围内仍然适用。

图中亦无屈服阶段和局部变形阶段，断裂是突然发生的，断口齐平，断后伸长率约为 0.4% ~ 0.5%，故为典型的脆性材料。强度极限 σ_b 是衡量铸铁强度的唯一指标。

3.材料在压缩时的力学性能

在试验机上做压缩试验时,考虑到试件可能被压弯,金属材料选用短粗圆柱试件,其高度为直径的1.5~3倍。图5-24中实线表示低碳钢压缩时的 $\sigma-\varepsilon$ 曲线。将其与拉伸时的 $\sigma-\varepsilon$ 曲线(图中虚线)比较,可以看出,在弹性阶段和屈服阶段,拉、压的 $\sigma-\varepsilon$ 曲线基本重合。这表明,拉伸和压缩时,低碳钢的比例极限、屈服点应力及弹性模量大致相同。与拉伸试验不同的是,当试件上压力不断增大,试件的横截面积也不断增大,试件愈压愈扁而不破裂,故不能测出它的抗压强度极限。

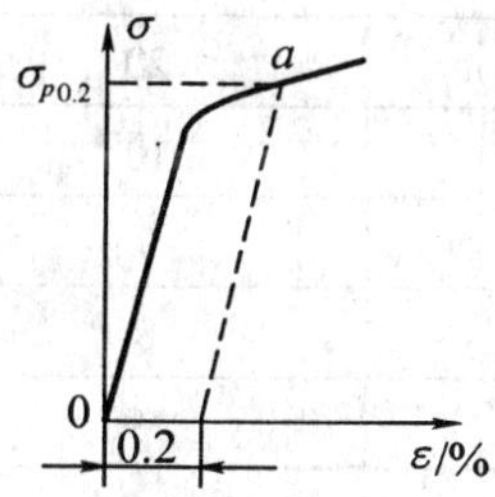

图 5-22

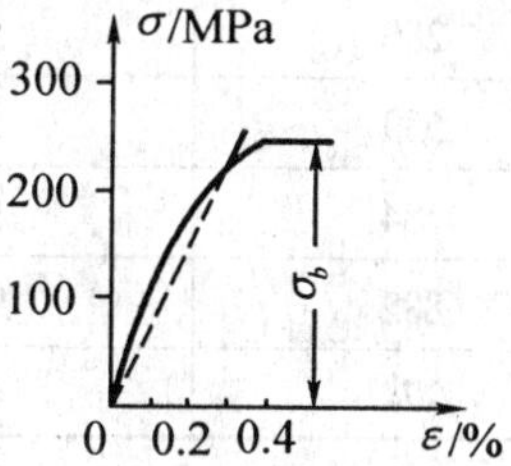

图 5-23

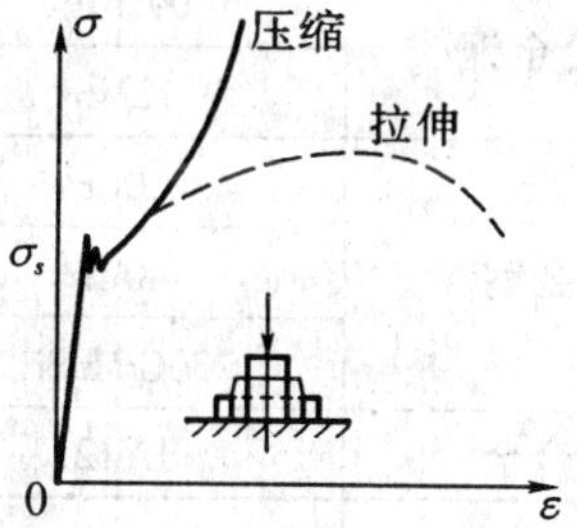

图 5-24

铸铁压缩时的曲线 $\sigma-\varepsilon$ 如图5-25实线所示。与其拉伸时的 $\sigma-\varepsilon$ 曲线(图中虚线)相比,抗压强度极限 σ_{bc} 远高于抗拉强度极限 σ_b(约3~4倍),所以,脆性材料宜作受压构件。铸铁试件压缩时的破裂断口与轴线约成45°倾角,这是因为受压试件在45°方向的截面上存在最大切应力,铸铁材料的抗剪能力比抗压能力差,当达到剪切极限应力时首先在45°截面上被剪断。

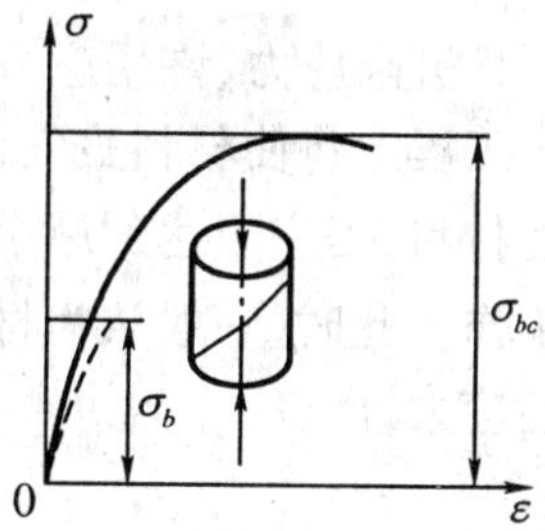

图 5-25

低碳钢试件拉伸断裂时,其颈缩部位断口内部的应力比较复杂,但仔细观察,不难发现断口边缘与轴线约呈45°的斜面,可知这是由最大切应力引起的。前面已经得到塑性材料具有相同的抗拉与抗压性能(σ_p、σ_s、E 均相同)的结论。因此,对不同材料拉伸和压缩试验进行分析研究,可得出以下重要结论:

塑性材料　抗拉能力 = 抗压能力 > 抗剪能力

由铸铁试件压缩破坏知,它的抗压能力优于抗剪能力,而铸铁试件拉伸破坏时,断口为横截面,说明它的抗剪能力优于抗拉能力。因此

脆性材料 抗压能力 > 抗剪能力 > 抗拉能力

通过拉伸和压缩试验,可以获得材料力学性能的下述三类指标:

(1)刚度指标:弹性模量 E;

(2)强度指标:屈服点应力 σ_s($\sigma_{p0.2}$)和强度极限 σ_b(σ_{bc});

(3)塑性指标:断后伸长率 δ 和断面收缩率 ψ。

几种常用金属材料的力学性能见表5-2,表中所列数据是在常温和静载荷(即缓慢加载)的条件下测得的,其他材料的力学性能可查阅机械设计手册等有关资料。

表 5-2 常用材料的主要力学性能

材料名称	牌号	σ_s/MPa	σ_b/MPa	δ_5/%
普通碳素钢	Q235	235	372 ~ 392	25 ~ 27
	Q275	274	490 ~ 519	21
优质碳素钢	35	314	529	20
	45	353	598	15
	50	372	527	14
低合金钢	09MuV	294	431	22
	12Mn	280	500	20
合金钢	20Cr	539	833	10
	40Cr	784	980	9
	30CrMnSi	882	1078	8
铝合金	LY12	274	412	19

5.6 轴向拉伸或压缩时的强度计算

1.极限应力、许用应力和安全因数

工程上将使材料丧失正常工作能力的应力称为极限应力或危险应力,用 σ_u 表示。对于塑性材料,当应力达到屈服点应力 σ_s(或 $\sigma_{p0.2}$)时,构件将发生明显的塑性变形而影响其正常工作。此时,一般认为材料已经破坏。故对塑性材料规定用屈服点应力为其极限应力或危险应力,所以

$$\sigma_u = \sigma_s(\text{或 } \sigma_{p0.2})$$

脆性材料直到拉断时也无明显的塑性变形,其破坏表现为断裂,故用材料的强度极限 σ_b(或 σ_{bc})作为极限应力或危险应力,即

$$\sigma_u = \sigma_b(\text{或 } \sigma_{bc})$$

构件在载荷作用下产生的应力称为工作应力。等直杆最大轴力处的横截面称为危险截面。危险截面上的应力称为最大工作应力。

为使构件正常工作,最大工作应力应小于材料的极限应力,并使构件留有必要的强度储备。因此,一般将极限应力除以一个大于 1 的系数,即安全因数 n,作为强度设计时的最大许可值,称为许用应力,用[σ]表示,即

$$[\sigma] = \frac{\sigma_u}{n} \tag{5-14}$$

对于塑性材料

$$[\sigma] = \frac{\sigma_s}{n_s} \text{ 或 } [\sigma] = \frac{\sigma_{p0.2}}{n_s} \tag{5-15}$$

对于脆性材料

$$[\sigma] = \frac{\sigma_b}{n_b} \text{ 或 } [\sigma] = \frac{\sigma_{bc}}{n_b} \tag{5-16}$$

式中 n_s,n_b 分别为对应屈服点应力和强度极限的安全因数。各种材料在不同工作条件下的安全因数和许用应力值,可从有关规定或设计手册中查到。在静载荷作用下,一般杆件的安全因数为:$n_s = 1.5 \sim 2.5$,$n_b = 2.0 \sim 3.5$。

工程中必须考虑安全因素是出于以下诸多原因,例如:材料的极限应力是在标准试件上获得的,而构件所处的工作环境和受载情况不可能与试验条件完全相同;构件与试件的材料虽然相同,但很难保证材质完全一致;由于对外载荷的估算可能带来误差;对结构、尺寸的简化可能造成计算偏差,等等。

安全因数的选取,关系到工程设计的安全和经济这一对矛盾问题。安全因数越大,强度储备越多,构件则越偏于安全,但不经济;反之,只考虑经济,安全性下降。因此,在进行强度计算时,应注意根据实际合理地选取安全因数。

2.强度计算

为保证轴向拉(压)杆件在外力作用下具有足够的强度,应使杆件的最大工作应力不超过材料的许用应力,由此,建立强度条件

$$\sigma_{\max} = \frac{F_N}{A} \leqslant [\sigma] \tag{5-17}$$

上述强度条件,可以解决三种类型的强度计算问题:

(1)强度校核

若已知杆件尺寸 A、载荷 $\boldsymbol{F}$ 和材料的许用应力$[\sigma]$,则可应用式(5-17)验算杆件是否满足强度要求,即

$$\sigma_{\max} \leqslant [\sigma]$$

(2)设计截面尺寸

若已知杆件的工作载荷及材料的许用应力$[\sigma]$,则由式(5-17)可得

$$A \geqslant \frac{F_N}{[\sigma]}$$

由此确定满足强度条件的杆件所需的横截面面积,从而得到相应的截面尺寸。

(3)确定许可载荷

若已知杆件尺寸和材料的许用应力$[\sigma]$,由式(5-17)可确定许可载荷,即

$$F_{N\max} \leqslant [\sigma]A$$

由上式可计算出已知杆件所能承担的最大轴力。从而确定杆件的最大许可载荷。

必须指出,对受压直杆进行强度计算时,式(5-17)仅适用较粗短的直杆。对细长的受压杆,应进行稳定性计算,关于稳定性问题,将在第10章讨论。

例5-7 图5-26(a)所示为一刚性梁 ACB 由圆杆 CD 在 C 点悬挂连接,B 端作用有集中载荷 $F = 25$ kN。

已知:CD 杆的直径 $d = 20$ mm,许用应力$[\sigma] = 160$ MPa。

(1)校核 CD 杆的强度;

(2)试求结构的许可载荷$[F]$;

(3)若 $F = 50$ kN,试设计 CD 杆的直径 d。

解 (1)校核 CD 杆强度

作 AB 杆的受力图,如图5-26(b)。

由平衡条件 $\sum M_A = 0$ 得

$$2F_{CD}\cdot l-3F\cdot l=0$$

故

$$F_{CD}=\frac{3}{2}F$$

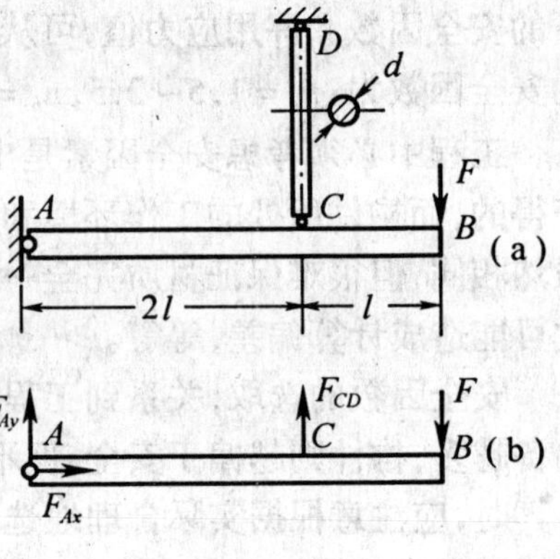

图 5-26

求 CD 杆的应力，杆上的轴力 $F_N=F_{CD}$

故

$$\sigma_{CD}=\frac{F_{CD}}{A}=\frac{6F}{\pi d^2}=\frac{6(25\times10^3\ \text{N})}{\pi(20\ \text{mm})^2}=119.4\ \text{MPa}<[\sigma]$$

所以 CD 杆安全。

(2)求结构的许可载荷[F]

由

$$\sigma_{CD}=\frac{F_{CD}}{A}=\frac{6F}{\pi d^2}\leqslant[\sigma]$$

故

$$F\leqslant\frac{\pi d^2[\sigma]}{6}=\frac{\pi(20\ \text{mm})^2(160\ \text{MPa})}{6}=33.5\times10^3\ \text{N}=33.5\ \text{kN}$$

由此得结构的许可载荷

$$[F]=33.5\ \text{kN}$$

(3)若 $F=50$ kN，设计圆柱直径 d

由

$$\sigma_{CD}=\frac{F_{CD}}{A}=\frac{6F}{\pi d^2}\leqslant[\sigma]$$

故

$$d\geqslant\sqrt{\frac{6F}{\pi[\sigma]}}=\sqrt{\frac{6(50\times10^3\ \text{N})}{\pi(160\ \text{MPa})}}=24.4\ \text{mm}$$

取 $d=25$ mm。

例 5-8 图 5-27(a)所示为三铰拱屋架示意图，跨度 $l=18$ m，屋架上承受均布载荷，载荷集度 $q=17$ kN/m。C 处为铰链，AB 两处用拉杆连接。若拉杆材料为 Q235 钢，其许用应力$[\sigma]_1=160$ MPa。试设计

(1)杆 AB 的直径 d_1；

(2)拉杆改用 Q345 钢，许用应力$[\sigma]_2=230$ MPa，拉杆直径 d_2 为多大？

解 (1)取整个物体系统为研究对象，求 E 处约束反力，

应用平衡条件 $\sum M_D=0$，

故

$$F_{RE}=\frac{ql}{2}=\frac{(17\times10^3\ \text{N/m})(18\ \text{m})}{2}=153\times10^3\ \text{N}=153\ \text{kN}$$

(2)取屋架右半部分为研究对象(图 5-27(b))，求拉杆轴力。

应用平衡条件 $\sum M_C=0$，

$$F_{RE}(9\ \text{m})-F_{NAB}(3.14\ \text{m})-q(9\ \text{m})(4.5\ \text{m})=0$$

故

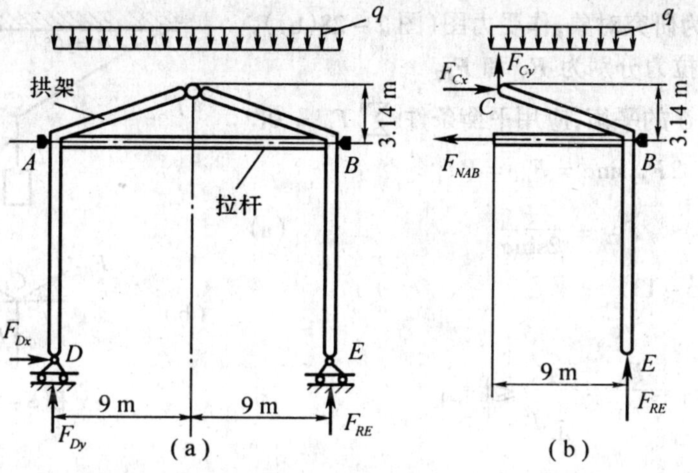

图 5-27

$$F_{NAB}=\frac{F_{RE}\times 9\ \text{m}-q\times 9\ \text{m}\times 4.5\ \text{m}}{3.14\ \text{m}}=\frac{153\times 10^3\ \text{N}\times 9\ \text{m}-17\times 10^3\ \text{N/m}\times 9\ \text{m}\times 4.5\ \text{m}}{3.14\ \text{m}}$$

$$=219\times 10^3\ \text{N}=219\ \text{kN}$$

(3)设计拉杆的直径 d_1

根据式(6-16)得

$$\sigma=\frac{F_{NAB}}{A}=\frac{F_{NAB}}{\frac{\pi}{4}d_1^2}\leqslant[\sigma]_1$$

故

$$d_1\geqslant\sqrt{\frac{4F_{NAB}}{\pi[\sigma]_1}}=\sqrt{\frac{4\times 219\times 10^3\ \text{N}}{\pi\times 160\ \text{MPa}}}=41.7\ \text{mm}$$

取 $d_1=42$ mm

(4)设计 Q345 钢拉杆的直径 d_2

可将上式中的$[\sigma]_1$ 换成 Q345 钢的许用应力$[\sigma]_2$，即可算得其拉杆直径。也可根据已算得的 d_1 数值，利用下式进行计算。

因

$$F_{NAB}=\frac{\pi}{4}d_1^2[\sigma]_1=\frac{\pi}{4}d_2^2[\sigma]_2$$

故

$$d_2=d_1\sqrt{\frac{[\sigma]_1}{[\sigma]_2}}=42\ \text{mm}\times\sqrt{\frac{160\ \text{MPa}}{230\ \text{MPa}}}=35\ \text{mm}$$

在工程中当需要改变设计时，这种计算方法非常方便。

例 5-9 重物 P 由铜丝 CD 悬挂在钢丝 AB 之中点 C(图 5-28(a))。已知铜丝直径 $d_1=2$ mm，许用应力$[\sigma]_1=100$ MPa，钢丝直径 $d_2=1$ mm，许用应力$[\sigma]_2=240$ MPa，且 $\alpha=30°$，试求结构的许可载荷。若不更换铜丝和钢丝，要提高许可载荷，钢丝绳相应的夹角为多少(结构仍然保持对称)？

解　1)求结构的许可载荷。

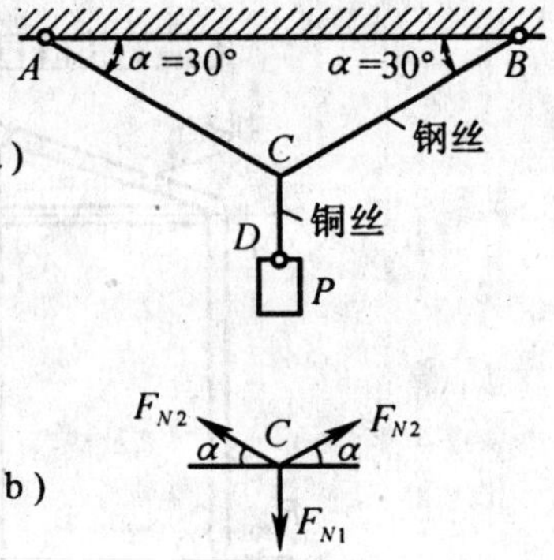

图 5-28

(1)以点 C 为研究对象,作受力图(图 2-28(b)),设铜丝和钢丝的拉力分别为 F_{N1} 和 F_{N2}

(2) 考虑点 C 的平衡,应用平衡条件 $\sum F_y = 0$,

$$2F_{N2}\sin\alpha = F_{N1} = P$$

$$F_{N2} = \frac{P}{2\sin\alpha} \tag{a}$$

(3)根据式(6-13)

对铜丝

$$\sigma_1 = \frac{F_{N1}}{A_1} = \frac{P}{\frac{\pi}{4}d_1^2} \leqslant [\sigma]_1$$

故

$$[P]_1 \leqslant \frac{\pi d_1^2[\sigma]_1}{4} = \frac{\pi(2\ \text{mm})^2 \times 100\ \text{MPa}}{4} = 314\ \text{N} \tag{b}$$

对钢丝

$$\sigma_2 = \frac{F_{N2}}{A_2} = \frac{P}{\frac{\pi}{4}d_2^2 2\sin\alpha} \leqslant [\sigma]_2$$

故

$$[P]_2 \leqslant \frac{\pi d_1^2 \sin\alpha[\sigma]_2}{2} = \frac{\pi(1\ \text{mm})^2 \times \sin30° \times 240\ \text{MPa}}{2} = 188\ \text{N} \tag{c}$$

为保证安全,结构的许可载荷应取较小值,即$[P] = 188$ N。

2)求钢丝绳的夹角。

若铜丝和钢丝都不更换,要提高结构的承载能力,由式(c)可知,只有调整钢丝绳的角度。在$0 \leqslant \alpha \leqslant \frac{\pi}{2}$之间,钢丝的许可载荷随 α 角的增加而增加,当钢丝的许可载荷与铜丝的相等时(即:$[P]_1 = [P]_2 = 314$ N),则该结构的的承载能力为最大,设此时对应的钢丝绳角度为 α^*,

当

$$[P]_2 = \frac{\pi d_2^2[\sigma]_2 \sin\alpha^*}{2} = 314\ \text{N}$$

则有

$$\alpha^* = \arcsin\left[\frac{2 \times 314\ \text{N}}{\pi d_2^2[\sigma]_2}\right] = \arcsin\left[\frac{2 \times 314\ \text{N}}{\pi(1\ \text{mm})^2 \times 240\ \text{MPa}}\right] = 56.4°$$

因此,当 $\alpha = \alpha^* = 55.4°$时,结构的许用载荷可提高为$[P]_2 = [P]_1 = 314$ N。

5.7 应力集中的概念

前面分析的等截面直杆在轴向拉伸(压缩)时,横截面上的正应力是均匀分布的。但工程中,由于结构或工艺上的需要,常开有孔槽或留有凸肩,表面切割螺纹等,使截面形状发生突变。研究表明,杆件在截面突变处的局部范围内,应力值将急剧增加,而距突变区较远处又渐趋平均。这种由于截面的突变而导致的局部应力增大的现象,称为应力集中。

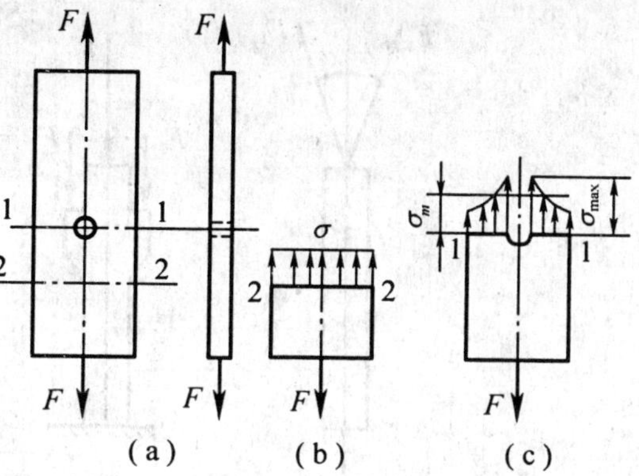

图 5-29

图 5-29 中所示的拉杆在 1-1 截面上,靠近孔边的小范围内应力很大,而离开孔边较远处的应力降低许多,且分布较均匀。应力集中的程度,通常以最大局部应力 σ_{max} 与被削弱截面上的平均应力 σ_m 之比来衡量,称为理论应力集中因素,以 K_T 表示,即

$$K_T = \frac{\sigma_{max}}{\sigma_m} \tag{6-17}$$

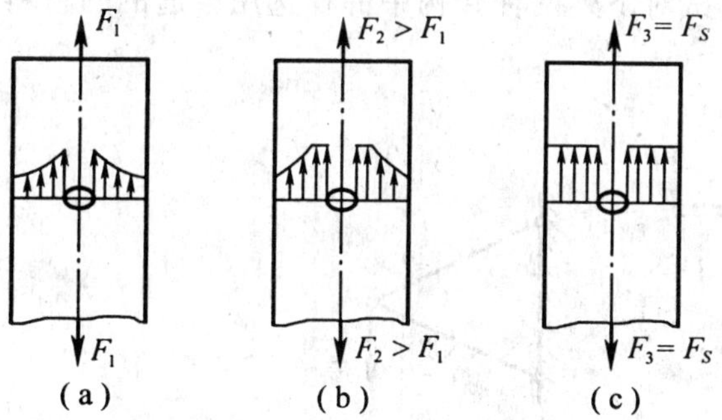

图 5-30

在静载荷下,应力集中对塑性材料和脆性材料产生的影响是不同的。图 5-30(a)所示的带有小圆孔的杆件,拉伸时孔边缘将产生应力集中。塑性材料具有明显的屈服阶段,当 σ_{max} 达到屈服点应力 σ_s 时,杆件在此局部产生塑性变形,该处的变形可以继续增大,而应力数值不增加。若载荷继续加大,尚未屈服的区域的应力随之增加而相继达到 σ_s,由于塑性材料的屈服阶段较长,因此,这种情况是可以实现的(图 5-30(b)),直到整个截面上的应力都达到 σ_s 时,应力分布趋于均匀(图 5-30(c))。

这个过程对杆件的应力起到了一定的缓和作用,所以,材料的塑性性质具有缓和应力集中的作用;脆性材料则不同,由于脆性材料无屈服阶段,局部最大应力随载荷的增加而增加,一直领先直至到达材料的强度极限 σ_b 时,孔边缘处就出现裂纹,很快断裂。因此,应力集中会严重降低脆性材料杆件的强度。

需要指出的是,在周期性变化的应力(交变应力)或受冲击载荷作用下,无论是塑性材料还是脆性材料,应力集中都会影响杆件的强度。这将在第 11 章中加以讨论。

习　题

5-1　试判别下构件中哪些承受轴向拉伸或轴向压缩。

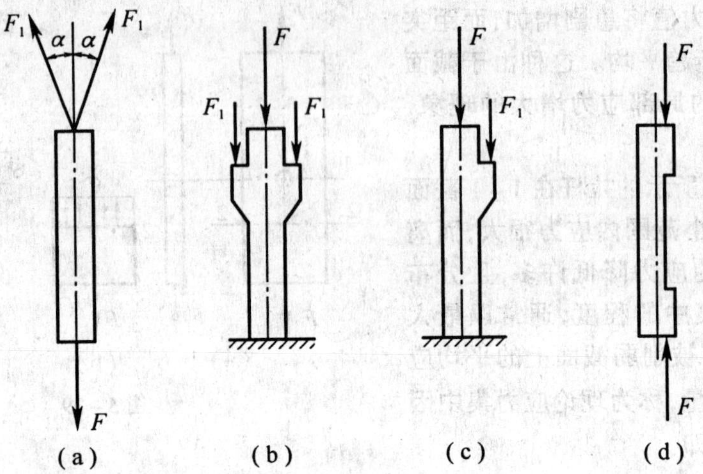

题 5-1 图

5-2　现有低碳钢和铸铁两种材料，试对下列两种结构中的杆选用合适的的材料，并说明理由。

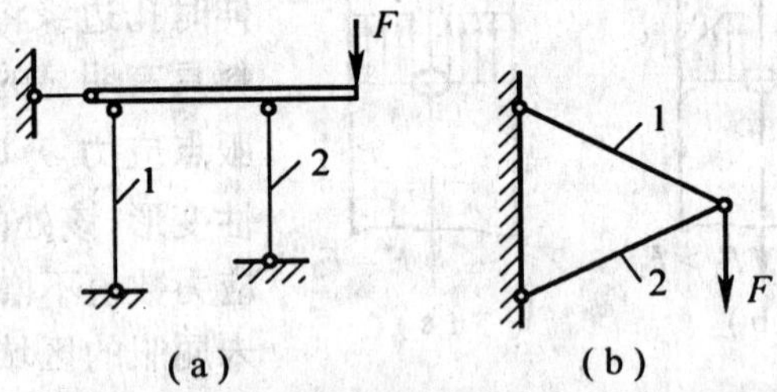

题 5-2 图

5-3　试用截面法求下列各杆指定截面的轴力，并作出轴力图。

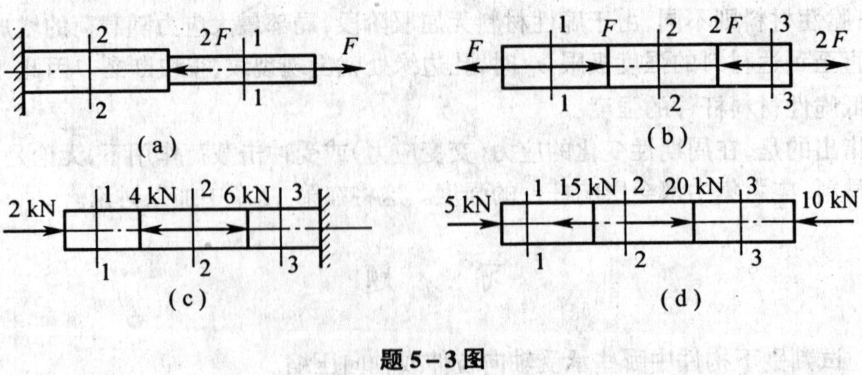

题 5-3 图

5-4　求图示阶梯杆横截面 1-1,2-2,3-3 上的轴力，并作轴力图。若横截面面积 $A_1 = 200\ mm^2$，$A_2 = 300\ mm^2$，$A_3 = 400\ mm^2$，求各横截面上的应力。

5-5 回转悬臂吊车的结构如图所示，小车对水平梁的集中载荷为 $F=15$ kN，斜杆 AB 的直径 $d=20$ mm，其他尺寸如图所示，试求：

(1)当小车在 AC 中点时，AB 杆中的正应力；

(2)小车移动到何处时，AB 杆中的应力最大，其数值为多少？

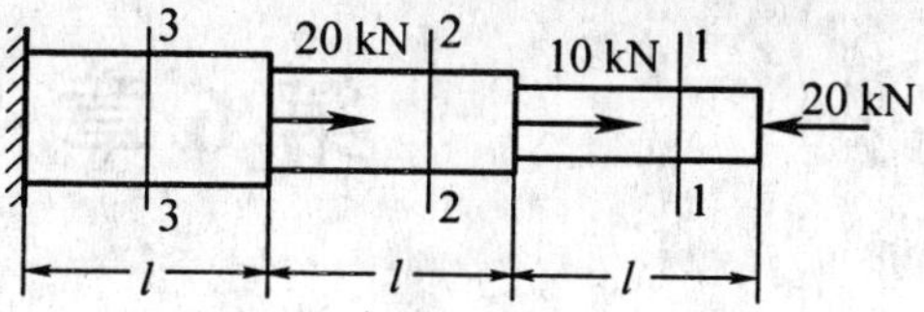

题 5-4 图

5-6 长 1.5 m 的直角三角形钢板(厚度均匀)用等长的钢丝 AB 和 CD 悬挂，欲使钢丝伸长后钢板只有移动而无转动，问钢丝 AB 的直径应为钢丝 CD 的直径的几倍？

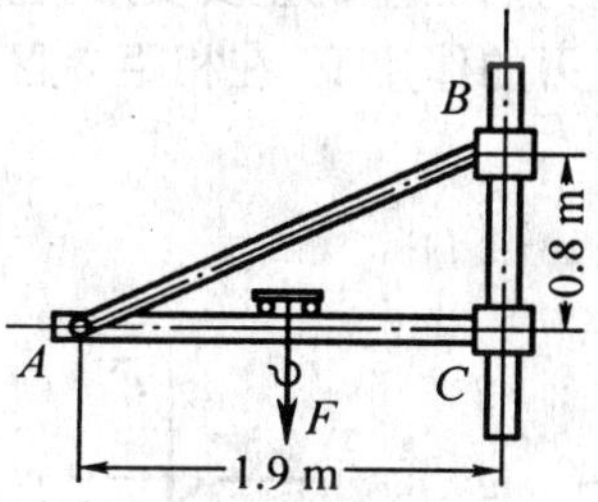

题 5-5 图

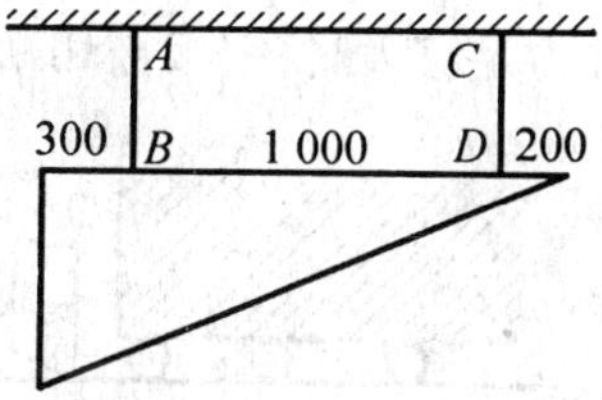

题 5-6 图

5-7 图示为由两种材料组成的圆杆，直径 $d=40$ mm，杆的总伸长 $\Delta l=0.126$ mm。试求载荷 $\boldsymbol{F}$ 及杆内的最大正应力。

5-8 起重吊钩的上端用螺母固定，若吊钩螺栓部分的内径 $d=55$ mm，材料的许用应力 $[\sigma]=80$ MPa，试校核螺栓部分的强度。

5-9 图示一托架，AC 是圆钢杆，许用应力 $[\sigma]_{钢}=160$ MPa；BC 是方木杆，许用应力 $[\sigma]_{木}=4$ MPa，$F=60$ kN，试选择钢杆圆截面的直径 d 及木杆方截面的边长 b。

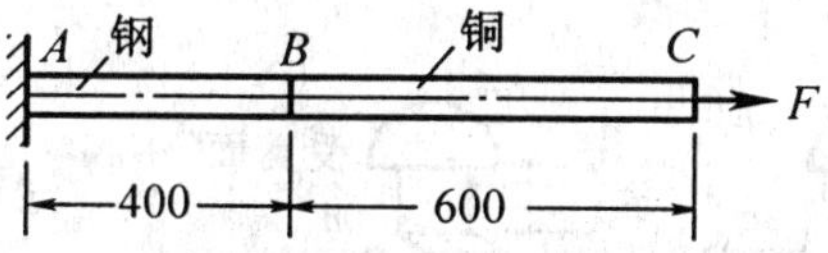

题 5-7 图

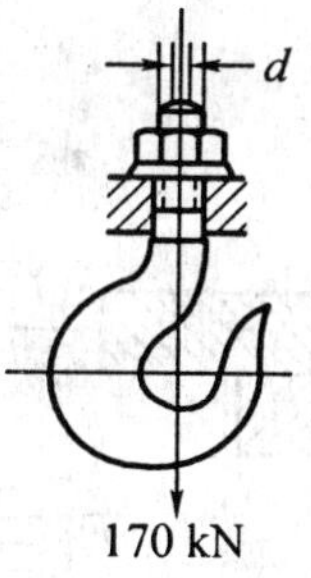

题 5-8 图

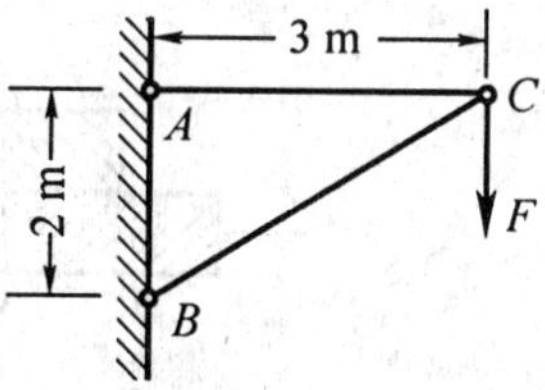

题 5-9 图

第6章　剪切与挤压

本章主要介绍剪切与挤压的实用计算。

6.1　剪切的概念

工程结构中的许多连接件，如铆钉、螺栓、键、销等，受力后产生的主要变形为剪切。图6－1为一剪床剪切钢板的示意图，钢板在上、下刀刃的作用下，在相距δ区域内发生变形，当外力足够大时，钢板被切断。

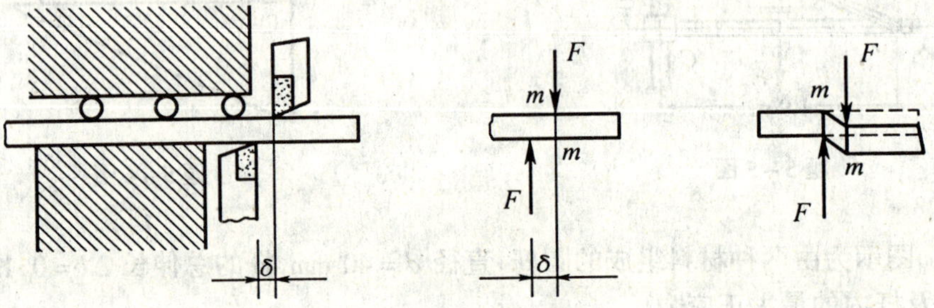

图6－1

图6－2(a)为一铆钉连接简图。当被连接件上受到外力 ***F*** 的作用后，力由两块钢板传到铆钉与钢板的接触面上，铆钉上受到大小相等，方向相反的两组分布力的合力 ***F*** 的作用(图6－2(b))，使铆钉上下两部分沿中间截面 $m-m$ 发生相对错动的变形，如图6－2(c)所示。

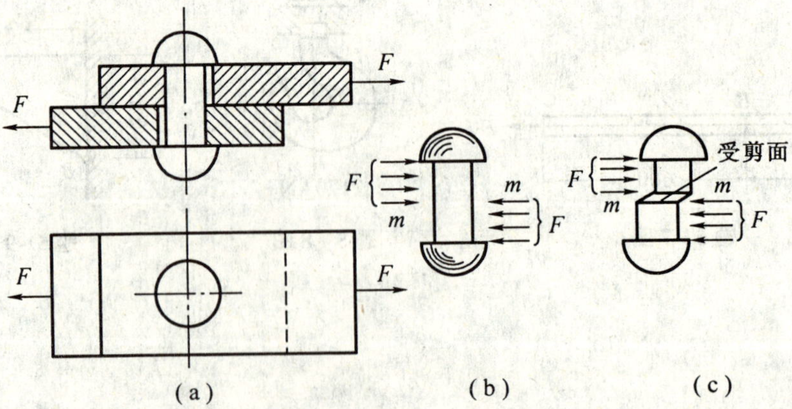

图6－2

由上述两例，可见剪切的受力特点是：作用在杆件两侧面上且与轴线垂直的外力的合力大小相等,方向相反,作用线相距很近。其变形为使杆件两部分沿中间截面 $m-m$ 在作用力的方向上发生相对错动。杆件的这种变形称为剪切,杆件所沿发生相对错动的中间截面 $m-m$ 称为剪切面。

只有一个受剪面的剪切称为单剪,如上述两例。有两个受剪面的剪切称为双剪,如图 6-3 中螺栓所受的剪切。

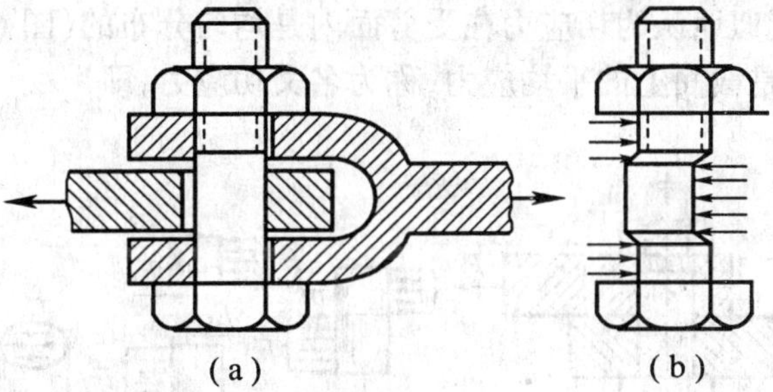

图 6-3

6.2 杆件剪切变形时的内力

由截面法可得剪切面上的内力,它是剪切面上分布内力的合力,称为剪力,用 F_s 表示(图 6-4(c))。

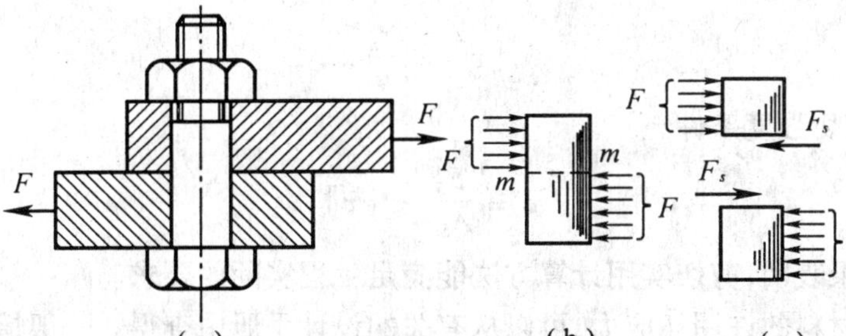

图 6-4

对任一分离体如(图 6-4(b)、(c))列平衡方程可得

$$F_s = F$$

铆钉等连接件在外力的作用下发生剪切变形的同时,在连接件和被连接件接触面上互相压紧,产生局部压陷变形,甚至压溃破坏,这种现象称为挤压(图 6-5)。接触面上的压力称为挤压力,用 F_{bs} 表示。

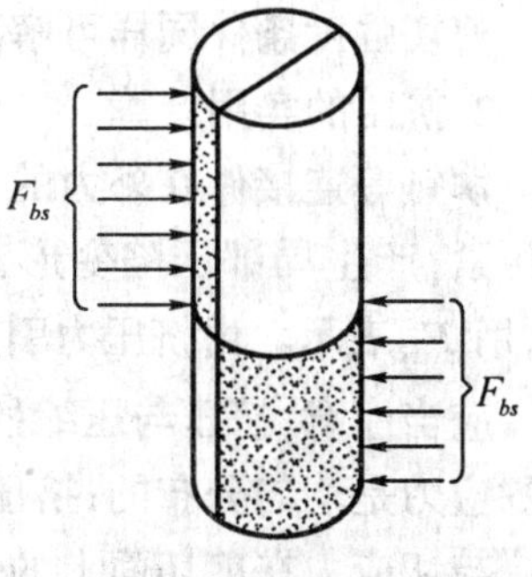

图 6-5

6.3 剪切和挤压时的应力

剪切面上分布内力的集度以 τ 表示，称为切应力(图 6-6(d))

1.剪切实用计算

切应力在剪切面上分布的情况比较复杂。为便于计算。工程中通常采用以实验、经验为基础的实用计算，近似地认为切应力在受剪面内是均匀分布的(图 6-6(d))，按此假设计算出的切应力实质上是截面上的平均应力，称为名义切应力，即

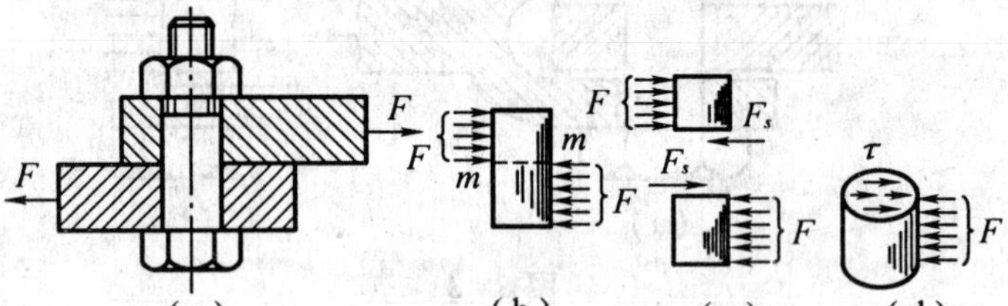

图 6-6

$$\tau = \frac{F_S}{A_S} \tag{6-1}$$

材料的极限切应力 τ_u 是按名义切应力概念，用试验方法得到的。将此极限切应力除以适当的安全因数，即得材料的许用切应力

$$[\tau] = \frac{\tau_u}{n} \tag{6-2}$$

由此，建立剪切强度条件

$$\tau = \frac{F_S}{A_S} \leqslant [\tau] \tag{6-3}$$

大量实践结果表明，剪切实用计算方法能满足工程实际的要求。

工程中常用材料的许用切应力，可以从有关的设计手册中查得。一般情况下，材料的许用切应力$[\tau]$与许用拉应力$[\sigma]$之间有以下近似关系：

对塑性材料 $[\tau] = (0.6 \sim 0.8)[\sigma]$

对脆性材料 $[\tau] = (0.8 \sim 1.0)[\sigma]$

剪切强度条件同样可解决三类问题：校核强度，设计截面尺寸和确定许可载荷。

2.挤压的实用计算

铆钉等连接件在外力的作用下发生剪切变形的同时，在连接件和被连接件接触面上互相压紧，产生局部压陷变形，这种现象称为挤压(图 6-7(a))。接触面上的压力称为挤压力，用 $\boldsymbol{F}_{bs}$ 表示。由挤压力引起的接触面上的表面压强，习惯上称为挤压应力，用 σ_{bs} 表示。

应当注意，挤压与压缩的概念是不同的。压缩变形是指杆件的整体变形，其任意横截面上的应力是均匀分布的；挤压时，挤压应力只发生在构件接触的表面，一般并不均匀分布。

与切应力在剪切面上的分布相类似，挤压面上挤压应力的分布也较复杂，如图 6-7(b)所示。为了简化计算，工程中也采用挤压的实用计算，即假设挤压应力在挤压面上是均匀分

布的(图 6-7(c))。按这种假设所得的挤压应力称为名义挤压应力。当接触面为平面时,挤压面就是实际接触面;对于圆柱状连接件,接触面为半圆柱面,挤压面面积 A_{bs} 取为实际接触面的正投影面,即其直径面面积 $A_{bs}=t\cdot d$(图 6-7(c)),因此有

$$\sigma_{bs}=\frac{F_{bS}}{A_{bS}} \tag{6-4}$$

按照(6-21)式计算所得挤压应力与接触面上的实际最大应力大致相等。

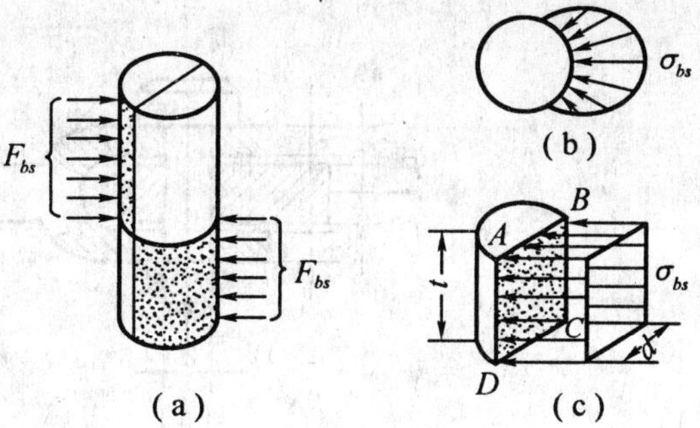

图 6-7

应用名义挤压应力的概念,得到材料的极限挤压应力 σ_u,将 σ_u 除以适当的安全因素 n,即可确定材料的许用挤压应力,即

$$[\sigma_{bs}]=\frac{\sigma_u}{n} \tag{6-5}$$

由此建立挤压强度条件,即

$$\sigma_{bs}=\frac{F_{bS}}{A_{bS}}\leqslant[\sigma_{bs}] \tag{6-6}$$

工程实践证明,挤压实用计算方法能满足工程实际的要求。工程中常用材料的许用挤压应力,可以从设计手册中查到。一般情况下,也可以利用许用挤压应力与许用拉应力的近似关系求得。

对塑性材料:$[\sigma_{bs}]=(0.9\sim1.5)[\sigma]$

对脆性材料:$[\sigma_{bs}]=(1.5\sim2.5)[\sigma]$

应当注意,挤压应力是在连接件和被连接件之间的相互作用。当两者材料不同时,应对其中许用挤压应力较低的材料进行挤压强度校核。

对于剪切问题,工程上除应用式(6-20)进行剪切构件的强度校核,以确保构件正常工作外,有时会遇到相反的问题,即所谓剪切破坏。例如,车床传动轴的保险销,当载荷超过极限值时,保险销首先被剪断,从而保护车床的重要部件。而冲床冲剪工件,则是利用剪切破坏来达到加工目的的。剪切破坏的条件为

$$F_b\geqslant\tau_b\cdot A_s \tag{6-24}$$

式中 F_b——破坏时横截面上的剪力;

τ_b——材料的剪切强度极限。

例 6-1 机车挂钩的销钉连接如图 6-8(a)。已知挂钩厚度 $t=8$ mm,销钉材料的$[\tau]=60$ MPa,$[\sigma_{bs}]=200$ MPa,电机车的牵引力 $F=15$ kN,试选择销钉的直径。

解 销钉受力情况如图 6-8(b)所示,因销钉有两个面承受剪切,故每个剪切面上的剪力 $F_s=F/2$,剪切面积为 $A_s=\frac{\pi d^2}{4}$

(1)根据剪力强度条件,设计销钉直径

由式(6-20)可得

$$A_s=\frac{\pi d^2}{4}\geqslant\frac{F/2}{[\sigma]}$$

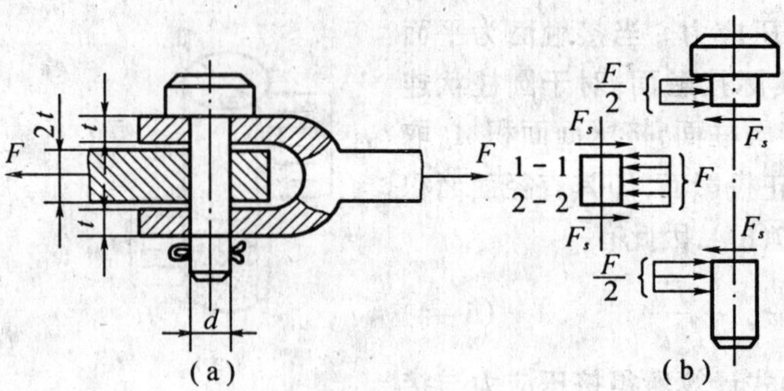

图 6-8

有

$$d \geqslant \sqrt{\frac{2F}{\pi[\tau]}} = \sqrt{\frac{2\times 15\times 10^3\ \text{N}}{\pi\times 60\ \text{MPa}}} = 12.6\ \text{mm}$$

(2)根据挤压强度条件,设计销钉直径

由图 6-8(b)可知,销钉上、下部挤压面上的挤压力 $F_{bs}=F/2$,挤压面积 $A_{bS}=d\cdot t$,由式(6-23)得

$$A_{bs}=d\cdot t\geqslant \frac{F/2}{[\sigma_{bs}]}$$

有

$$d\geqslant \frac{F}{2\delta[\sigma]}=\frac{15\times 10^3\ \text{N}}{2\times 8\ \text{mm}\times 200\ \text{MPa}}\approx 5\ \text{mm}$$

选 $d=12.6$ mm,可同时满足挤压和剪切强度的要求。考虑到启动和刹车时冲击的影响以及轴径系列标准,可取 $d=15$ mm。

例 6-2 已知钢板厚度 $t=10$ mm(图 6-9(a)),其剪切强度极限为 $\tau_b=300\ \text{MN/m}^2$。若用冲床将钢板冲出直径 $d=25$ mm 的孔,问需要多大的冲剪力 F?

解 由题意知,剪切面是圆柱形侧面,如图 6-9(b)所示。其面积为

$$A_s=\pi\cdot d\cdot t=\pi\times 25\ \text{mm}\times 10\ \text{mm}=785\ \text{mm}^2$$

冲孔所需要的冲剪力就是钢板破坏时剪切面上的剪力,由式(6-24)可得

$$F_b\geqslant \tau_b\cdot A_s=300\ \text{MPa}\times 785\ \text{mm}^2=235.5\ \text{kN}$$

故冲孔所需要的最小冲剪力为 235.5 kN。

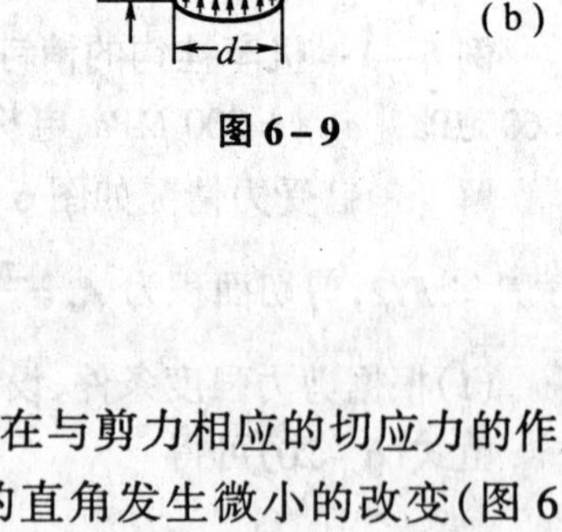

图 6-9

6.4 剪切胡克定律

在剪切面处截取一微分六面体——单元体(图 6-10),在与剪力相应的切应力的作用下,单元体的右面相对于左面产生相对错动,使得单元体的直角发生微小的改变(图 6-10),直角的改变量 γ 称为切应变,以弧度计。

试验表明，当切应力不超过材料的剪切比例极限时，切应力与切应变成正比，这就是胡克定律，即

$$\tau = G\gamma \tag{6-7}$$

式中比例常数 G 为材料的切变模量，单位与弹性模量 E 相同，其数值由试验测定，钢材的 G 值约为 80 GPa。

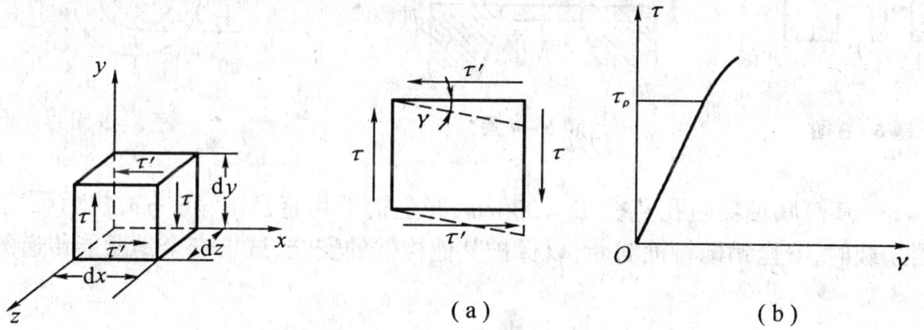

图 6-10

习　　题

6-1　试述机械中连接件承受剪切时，其连接处的受力特点和变形情况。

6-2　指出图中构件的剪切面和挤压面。

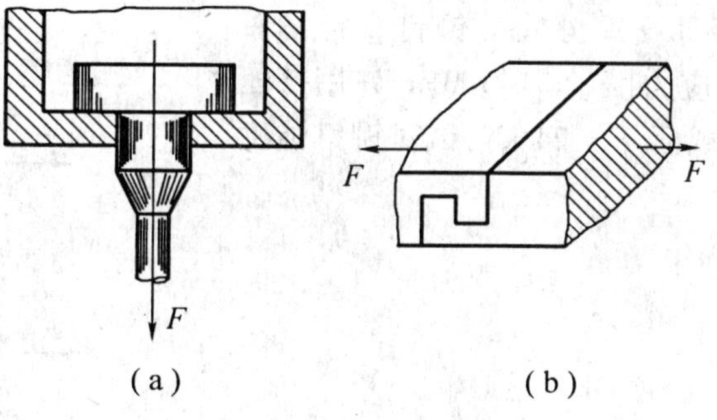

题 6-2 图

6-3　试求图示连接螺栓所需的直径。已知 $F=200$ kN，$t=20$ mm。螺栓材料的 $[\tau]=$ 80 MPa，$[\sigma_{bs}]=200$ MPa（不考虑连接板的强度）。

6-4　冲床的最大冲力为 400 kN，冲头材料的 $[\sigma_{bs}]=440$ MPa 被冲剪板的剪切强度极限为 360 MPa。求在最大冲力作用下所能冲剪圆孔的最小直径 d_{min} 和板的最大厚度 t_{max}。

6-5　已知图示键的长度为 35 mm，$[\tau]=100$ MPa，$[\sigma_{bs}]=220$ MPa。试求手柄上端 F 力的最大值。

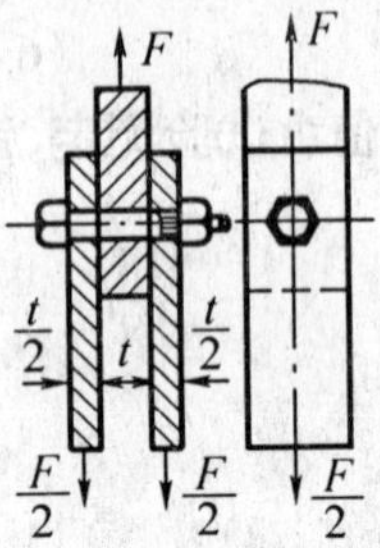

题 6-3 图

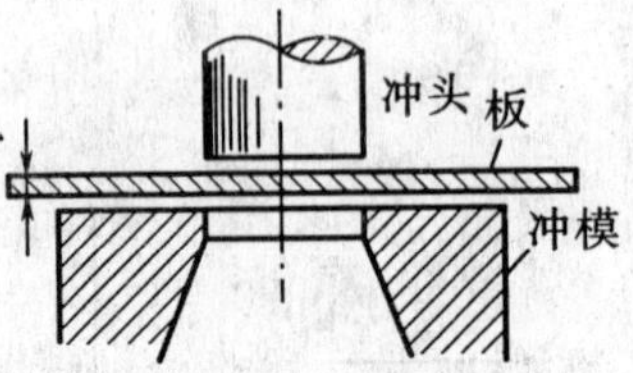

题 6-4 图

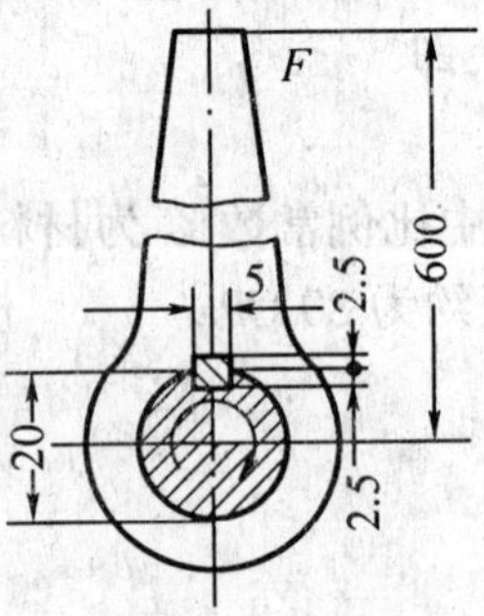

题 6-5 图

6-6　套筒联轴器内孔直径 $D=30$ mm，安全销平均直径 $d=6$ mm，抗剪强度 $\tau=360$ MPa，当超载时，安全销即将被剪断，以保护其他构件的安全，试求安全销所能传递的最大外力偶矩。

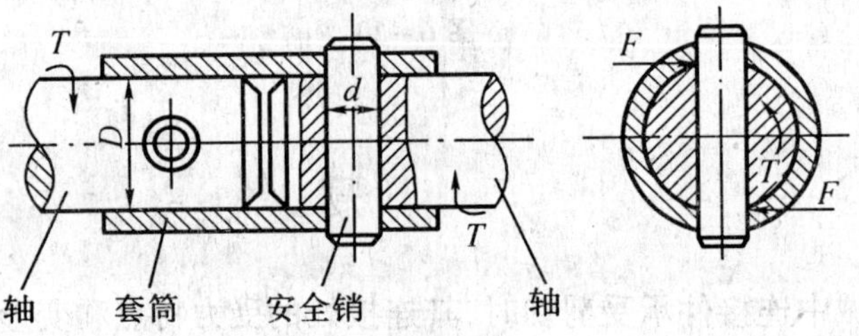

题 6-6 图

6-7　铆接钢板厚 $t=10$ mm，铆钉直径 $d=17$ mm，铆钉的许用切应力 $[\tau]=140$ MPa，许用挤压应力 $[\sigma_{bs}]=320$ MPa，载荷 $F=24$ kN，试对铆钉强度进行校核。

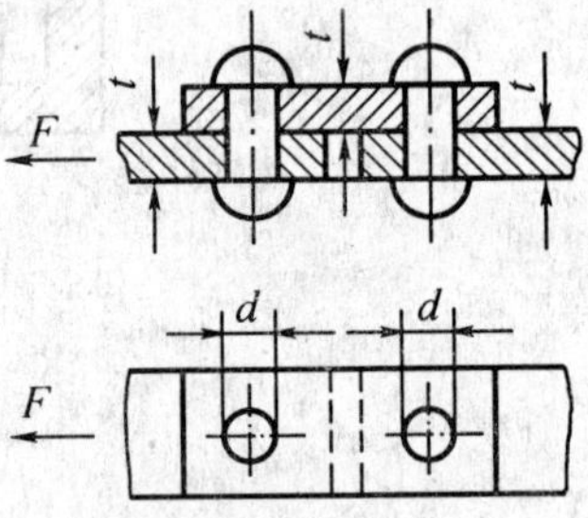

题 6-7 图

第 7 章 圆 轴 扭 转

7.1 圆轴扭转的概念

驾驶汽车时,司机加在方向盘上两个大小相等、方向相反的切向力,它们在垂直于操纵杆轴线的平面内组成一力偶,如图 7-1 所示。同时,操纵杆下端则受到一转向相反的阻力偶的作用。在这两个力偶作用下,操纵杆产生扭转变形。

工程中等直圆杆的扭转变形是很长见的,例如汽车转向轴,油田钻井的钻杆等,工作时都承受扭转变形。扭转变形为主的杆件,习惯上称为轴。

扭转变形的受力特点为:杆件两端分别受到大小相等,转向相反,且在垂直于轴线平面内的两个力偶作用,如图 7-2 所示。其变形为杆的各横截面绕轴线作相对转动。任意两横截面之间产生相对角位移 φ,φ 称为扭转角(如 φ_{AB} 为截面 B 相对于截面 A 的扭转角)。同时,杆的纵向线发生微小倾斜,变成螺旋线。

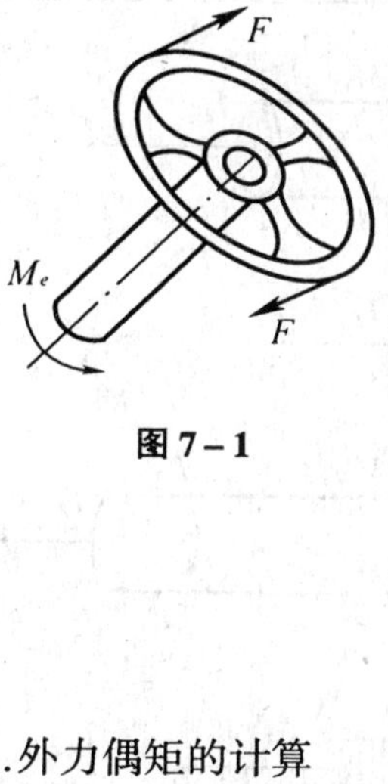

图 7-1

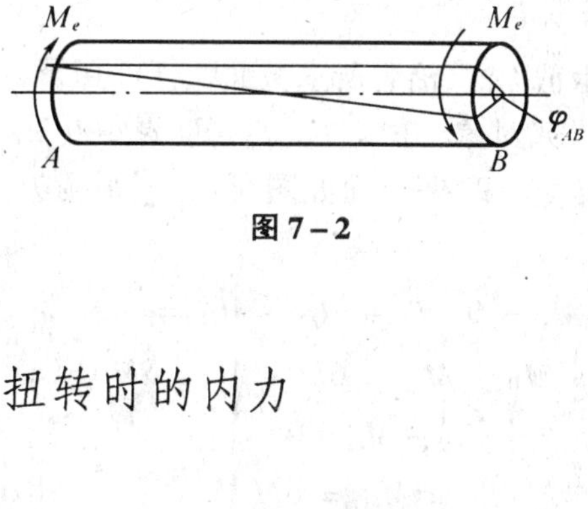

图 7-2

7.2 圆轴扭转时的内力

1.外力偶矩的计算

工程中,对于作用于轴的外力偶矩一般不直接给出,通常是根据轴传递的功率和轴的转速算出。功率、转速和外力偶矩之间的换算关系为:

$$M_e = 9\,550\frac{P}{n} \tag{7-1}$$

式中 n 为轴的转速,单位是 r/min,P 轴所传递的功率,单位是 kW;M_e 为外力偶矩的大小,单位是 N·m。

2.转矩与转矩图

为了确定扭转时横截面上的内力,仍采用截面法。图 7-3(a)为处于平衡状态下的两端垂直于轴线平面内受一对等值、反向的外力偶作用的圆轴。

若求任意横截面 $n-n$ 上的内力,假想沿截面将轴切开,分为左右两段,任取左或右段为研究对象，现取左段为研究对象(图 7－3(b))，由于左端有外力偶作用，在 $n-n$ 截面上必有一个内力偶 T 与之相平衡。

由平衡方程 $\sum M_x = 0$，

$$T - M_e = 0$$

有

$$T = M_e$$

因此，圆轴扭转时，其任意横截面上的内力为一个作用在该截面上的力偶，称为转矩。用 T 表示。

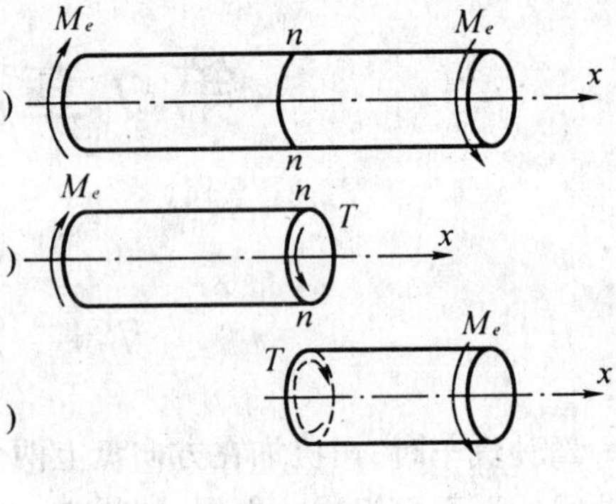

图 7－3

若取右段为研究对象，结果相同。

为了使截面两侧求出的转矩具有相同的正负号，采用右手螺旋定则：

四指转向为圆轴转向，以右手拇指表示为转矩矢量，背离该截面时为正，指向该截面时为负。这样无论取左段或右段，其横截面上的转矩正负号均相同。

与求轴力的方法相类似，用截面法计算转矩时，可将转矩设为正值，计算结果为负说明该转矩转向与所设的转向相反。

例 7－1 图 7－4 所示圆截面杆各截面处的外力偶矩大小分别为 $M_{e1}=6M, M_{e2}=M, M_{e3}=2M, M_{e4}=3M$，求杆在横截面 1－1，2－2，3－3 处的转矩。

解 由截面法，沿各所求截面将杆件切开，取左段为研究对象，并以 T_1, T_2, T_3 表示相应截面上的转矩。取坐标轴如图所示，列平衡方程

$$\sum M_x = 0,\ T_1 + M_{e2} - M_{e1} = 0$$

$$T_1 = M_{e1} - M_{e2} = 6M - M = 5M \quad \text{(a)}$$

$$T_2 - M_{e1} = 0$$

$$T_2 = M_{e1} = 6M \quad \text{(b)}$$

$$T_3 + M_{e2} + M_{e3} - M_{e1} = 0$$

$$T_3 = M_{e1} - M_{e2} - M_{e3} = 6M - M - 2M = 3M \quad \text{(c)}$$

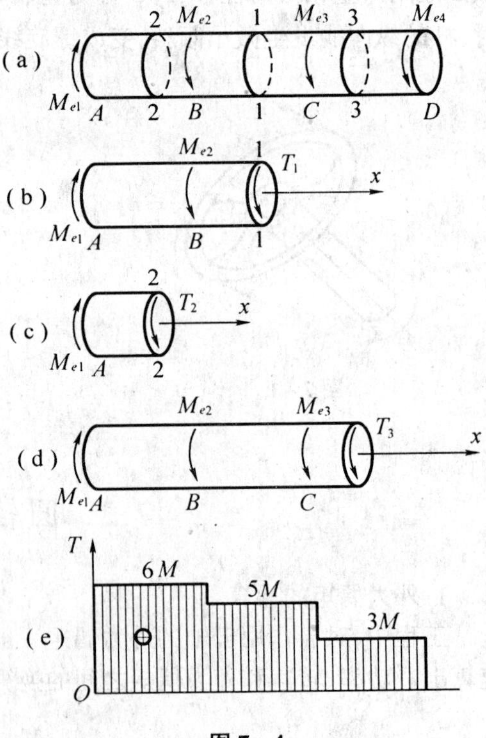

图 7－4

由以上(a)，(b)，(c)三式可总结出以下结论：扭转时各横截面上的转矩在数值上等于该截面一侧所有外力偶矩的代数和。外力偶矩矢之方向离开该截面时取为正，指向该截面取为负，即

$$T = \sum M_{ei} \tag{7-2}$$

为清晰地表示转矩沿轴线的变化，与轴力图的绘制方法一样绘制出转矩图。以平行于轴线的坐标表示横截面所在位置，垂直于杆轴线的坐标表示转矩的数值。如图 7－4(e)所

示。

例 7-2 图 7-5 所示为一传动轴，主动轮 B 输入功率 $P_B = 60$ kW，从动轮 A，C，D 输出功率分别为 $P_A = 28$ kW，$P_C = 20$ kW，$P_D = 12$ kW。轴的转速 $n = 500$ r/min，试绘制轴的转矩图。

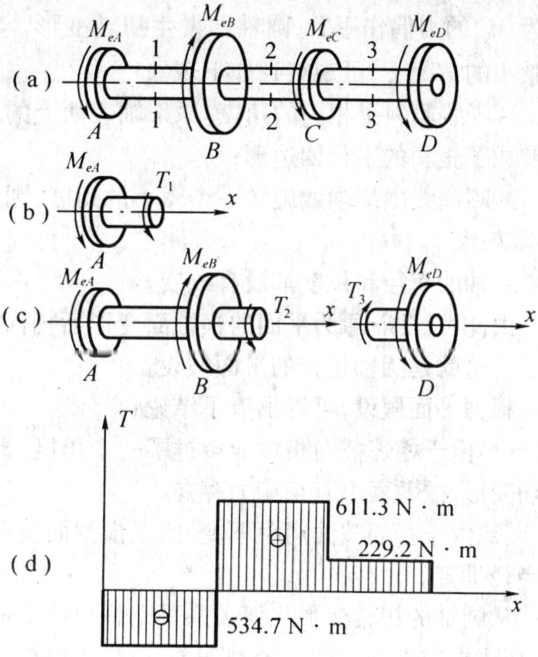

图 7-5

解 (1)计算外力偶矩

由式(7-1)得

$$M_{eB} = 9\,550\frac{P_B}{n} = 9\,550\frac{60}{500}\ \text{N·m} = 1\,146\ \text{N·m}$$

$$M_{eA} = 9\,550\frac{P_A}{n} = 9\,550\frac{28}{500}\ \text{N·m} = -534.8\ \text{N·m}$$

$$M_{eC} = 9\,550\frac{P_C}{n} = 9\,550\frac{20}{500}\ \text{N·m} = 382\ \text{N·m}$$

$$M_{eD} = 9\,550\frac{P_D}{n} = 9\,550\frac{12}{500}\ \text{N·m} = 229.2\ \text{N·m}$$

(2)计算转矩

应用截面法求出各截面上的转矩，由结论式(7-2)得

AB 段

$$T_1 = \sum M_{ei} = -M_{eA} = -534.8\ \text{N·m}$$

BC 段

$$T_2 = \sum M_{ei} = M_{eB} - M_{eA} = 1\,146\ \text{N·m} - 534.8\ \text{N·m} = 611.2\ \text{N·m}$$

CD 段

$$T_3 = \sum M_{ei} = M_{eD} = 229.2\ \text{N·m}$$

(3)画转矩图。

根据以上计算结果，按比例画转矩图，由图可知，最大转矩在 BC 段内的横截面上，其值为 611.2 N·m。

(4)讨论

若将 AB 两轮位置互换一下，再分析其内力转矩，与上述分析有何不同的结果？

7.3 圆轴扭转时的应力分布规律和强度条件

1.圆轴扭转时的应力分布规律

当用截面法求得圆轴扭转时横截面上的转矩后，我们还应进一步研究横截面上的应力分布规律，以便求出最大应力。

图 7-6

取一圆轴如图 7-6 所示,实验前在其表面上划两条圆周线和两条与轴线平行的纵线,两端加外力偶矩为 M_e 的力偶作用后,圆轴即发生扭转变形。在变形微小的情况下,可观察到如下现象:

1.纵线倾斜了相同的角度,原来轴表面上的小方格变成了歪斜的平行四边形;

2.圆周线围绕轴线旋转一个微小的角度,圆周线的长度、形状和两圆周线间的距离均保持不变;

3.轴的直径和长度都没有改变。

由此可推断:原为平面的横截面变形后仍保持为平面,只是各横截面相对地转过了一个角度。这就是圆轴扭转的平面假设。

根据平面假设,可得出以下结论:

(1)由于相邻截面相对地转过了一个角度,即横截面间发生旋转式的相对错动,出现了剪切变形,故截面上有切应力存在;

(2)由于相邻截面间距不变,所以横截面没有正应力,又因半径长度不变,切应力方向必与半径垂直。

从圆轴的扭转变形几何关系可以找出应变的变化规律,由应变规律找出应力的分布规律,即建立应力和应变间的物理关系;最后根据转矩和应力之间的静力关系,即可推导出截面上任意点应力的计算公式,从而求出最大应力,为建立强度条件提供依据。这里我们不作详细分析,详细过程请参考有关教材。

由上述的三个方面的分析推导出的横截面上任意点处的切应力的计算公式为

$$\tau_\rho = \frac{T}{I_p}\rho \tag{7-3}$$

式中 ρ——横截面上任一点与圆心的距离;

T——横截面上的转矩;

$I_\rho = \int_A \rho^2 \mathrm{d}A$——横截面对形心的极惯性矩,是一个只与截面的形状和尺寸有关的几何量,单位为 m^4 或 mm^4。

由上式可知,当 $\rho = R$ 时,

$$\tau_{\max} = \frac{TR}{I_p} \tag{7-4}$$

圆轴扭转时,最大切应力发生在圆轴表面。

令

$$W_p = \frac{I_p}{R} \tag{7-5}$$

则有

$$\tau_{\max} = \frac{T}{W_p} \tag{7-6}$$

W_p 称为扭转截面系数,单位为 m^3 或 mm^3。

图 7-7 分别表示实、空心圆轴横截面上切应力的分布。在实心轴上靠近圆心的部分材料承受的应力值较低,故可做成空心轴,既不降低轴的承载能力,同时还可减轻轴的重力。

2. 极惯性矩 I_p 和扭转截面系数 W_p

(1)空心圆截面

极惯性矩

$$I_p = \frac{\pi(D^4 - d^4)}{32} = \frac{\pi D^4}{32}(1 - \alpha^4) \quad (7-7)$$

式中 $\alpha = d/D$ 为横截面内外径之比。

扭转截面系数

$$W_p = \frac{I_p}{R} = \frac{2I_p}{D} = \frac{\pi D^3}{16}(1 - \alpha^4) \quad (7-8)$$

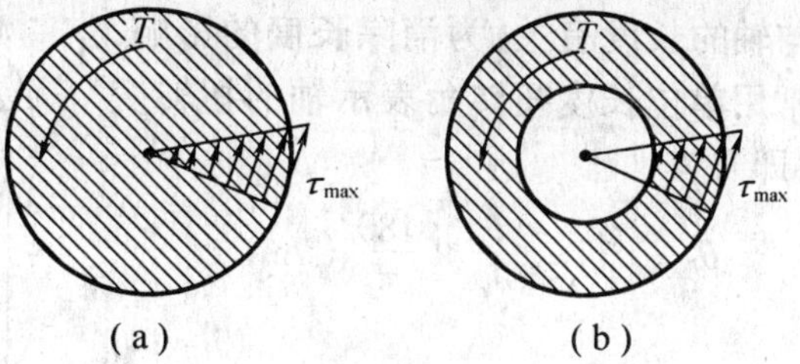

图 7-7

(2)实心圆截面

将 $d = 0$ 及 $\alpha = d/D = 0$ 代入上两式,即可得实心圆截面对形心的极惯性矩和扭转截面系数分别为

$$I_p = \frac{\pi D^4}{32} \quad (7-9)$$

$$W_p = \frac{\pi D^3}{16} \quad (7-10)$$

3. 圆轴扭转的强度计算

在前面的讨论中,我们已经知道等截面圆轴扭转时,最大应力发生在最大扭矩截面的外周边各点,变截面轴扭转时最大应力则发生在扭矩与抗扭截面系数之比最大的那个截面上,所以对变截面轴而言,应根据扭矩与抗扭截面系数的比值来判断其危险截面。

等截面圆轴扭转时的强度条件为

$$\tau_{max} = \frac{T_{max}}{W_p} \leqslant [\tau] \quad (7-11)$$

变截面圆轴扭转时的强度条件为

$$\tau_{max} = \frac{T}{W_p} \leqslant [\tau] \quad (7-12)$$

$[\tau]$可查有关手册,在静载荷作用下,许用切应力与许用正应力有如下关系:

塑性材料 $[\tau] = (0.5 \sim 0.6)[\sigma]$

脆性材料 $[\tau] = (0.8 \sim 1.0)[\sigma]$

应用扭转强度条件,可对受扭转的圆轴进行强度校核,截面尺寸设计和确定许用载荷。

7.4 圆轴扭转时的变形和刚度条件

1. 相对扭转角　圆轴扭转时,相距长度为 l 的两个截面绕轴线相对转动的角度,称为这两个截面的“相对扭转角”(如图 7-8)。

因切应变很微小,$\tan\gamma \approx \gamma$,由几何关系知 $\gamma l = R\varphi$,而 $\gamma = \tau/G = TR/GI_p$,故有

$$\varphi = \frac{Tl}{GI_p}\ (\text{rad}) \quad (7-13)$$

GI_p 反映了圆轴抵抗变形的能力,称为轴的抗扭刚度。

2.单位长度扭转角　相对长度扭转角与轴的长度有关,为消除长度的影响,通常用单位长度扭转角表示轴的扭转变形,即

$$\theta = \frac{\varphi}{l} = \frac{T}{GI_p} \times \frac{180}{\pi}\ (°/m) \tag{7-14}$$

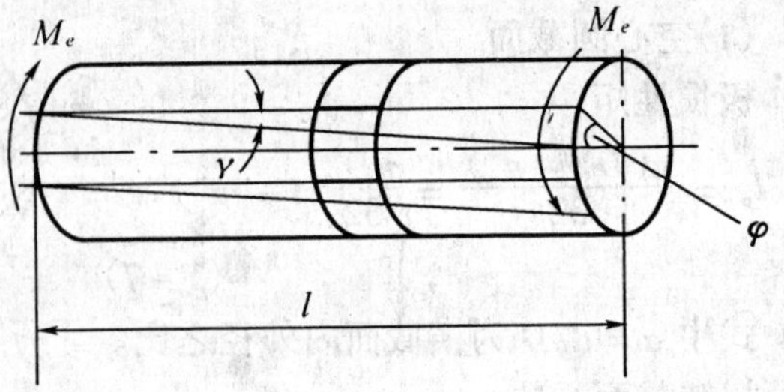

图 7-8

3.扭转刚度条件　为保证受扭圆轴具有足够的刚度,单位长度的扭转角的最大值不得超过许用值[θ],即

$$\theta_{max} = \frac{T}{GI_p} \times \frac{180}{\pi} \leqslant [\theta]\,(°/m) \tag{7-15}$$

上式为圆轴扭转时的刚度条件。

[θ]的数值按照对机器的要求和轴的工作条件来确定,可从有关手册中查到。对一些重要的轴,要同时满足扭转的强度和刚度条件,通过扭转强度计算和刚度计算,可进行轴的强度校核、设计截面尺寸及计算最大许可载荷。

在载荷相同的条件下,采用空心轴可以显著增大截面的极惯性矩,即可以提高轴的强度和刚度,同时也大大减轻了轴的质量,所以飞机、轮船、汽车等运输机械的某些轴,常采用空心轴,但空心轴的价格一般较贵。

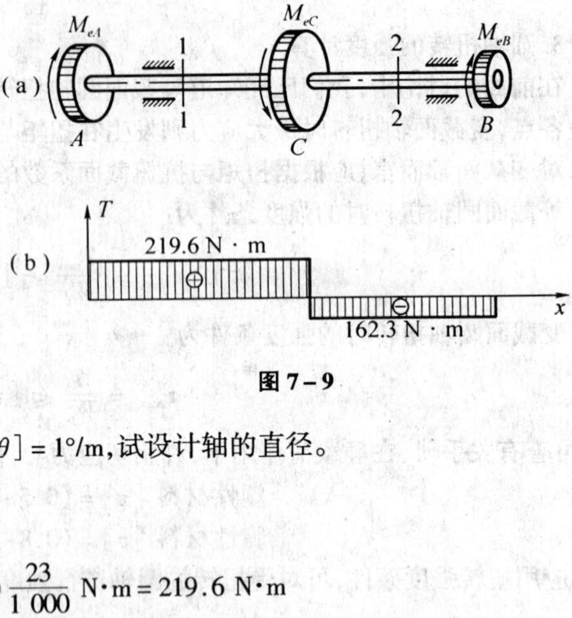

图 7-9

例 7-3　机床齿轮减速箱中的二级齿轮如图 7-9(a)所示。轮 C 输入功率 $P_C = 40$ kW,轮 A、轮 B 输出功率分别为 $P_A = 23$ kW, $P_B = 17$ kW, $n = 1\,000$ r/min,材料的切变模量 $G = 80$ GPa,许用切应力[τ] = 40 MPa,[θ] = 1°/m,试设计轴的直径。

解　(1)计算外力偶矩

由式(7-1)得

$$M_{eA} = 9\,550\,\frac{23}{1\,000}\ \text{N·m} = 219.6\ \text{N·m}$$

$$M_{eB} = 9\,550\,\frac{17}{1\,000}\ \text{N·m} = 162.3\ \text{N·m}$$

$$M_{eC} = 9\,550\,\frac{40}{1\,000}\ \text{N·m} = 381.9\ \text{N·m}$$

(2)画转矩图

由截面法可得

$$T_1 = M_{eA} = 219.6\ \text{N·m}$$

$$T_2 = -M_{eB} = -162.3\ \text{N·m}$$

最大转矩发生在 AC 段(图 7-9(b))。因是等截面轴,该段是危险截面。

(3)按强度条件设计轴的直径：由式 $W_P=\frac{\pi D^3}{16}$ 和强度条件 $\frac{T_{max}}{W_P}\leqslant[\tau]$ 得到

$$D\geqslant\sqrt[3]{\frac{16T_{max}}{\pi[\tau]}}=\sqrt[3]{\frac{16\times219.6\times10^3}{\pi\times40}}\text{mm}=30.4\text{ mm}$$

(4)按刚度条件设计轴的直径：由式 $I_P=\frac{\pi D^4}{32}$ 和刚度条件 $\frac{T}{GI_P}\times\frac{80}{\pi}\leqslant[\theta]$ 得到

$$D\geqslant\sqrt[4]{\frac{32T_{max}180}{\pi^2G[\theta]}}=\sqrt[4]{\frac{32\times219.6\times10^3\times180}{\pi^2\times80\times10^3\times10^{-3}}}\text{mm}=35.7\text{ mm}$$

为使轴同时满足强度条件和刚度条件，选取最大值，即 $D=36$ mm。

习　题

7-1　在减速箱中，高速轴的直径较大还是低速轴的直径较大，为什么？

7-2　图7-2所示的一传动轴，如何改变外力偶的作用位置以提高轴的承载能力？

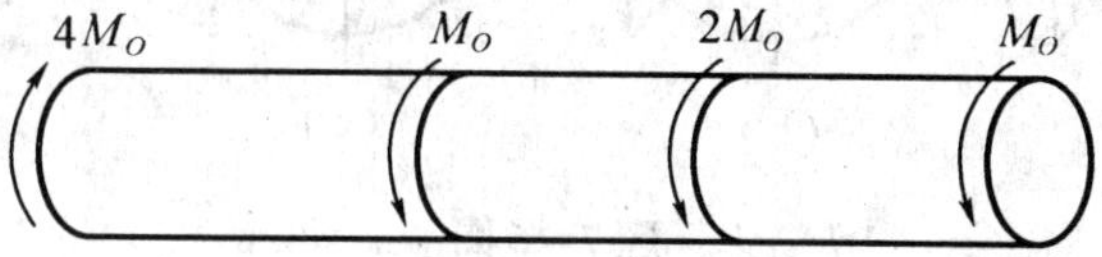

题7-2图

7-3　试求图示各轴在指定横截面1-1，2-2和3-3上转矩。

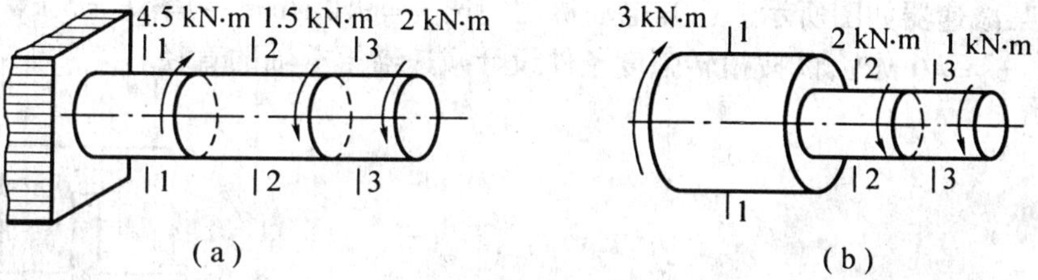

题7-3图

7-4　试绘出图示各轴的转矩图。

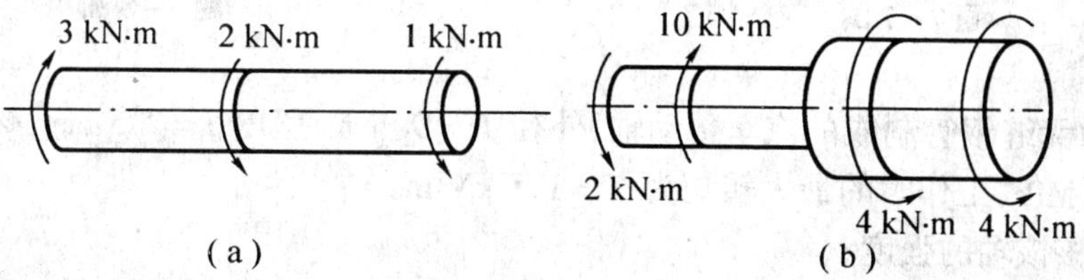

题7-4图

7-5　传动轴转速 $n=250$ r/min，轮 B 输入功率 $P_B=7$ kW，轮 A,C,D 输出功率为 $P_A=$

3 kW, $P_C = 2.5$ kW, $P_D = 1.5$ kW, $P_B = 7$ kW,试绘该轴的转矩图。

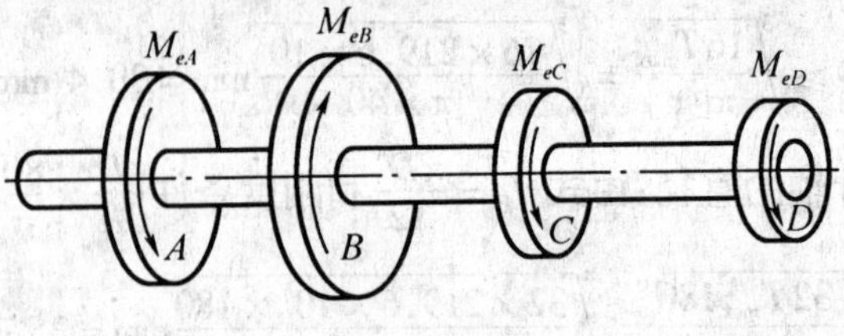

题 7-5 图

7-6 判断图 6-49 所示的横截面上的切应力分布图是否正确?

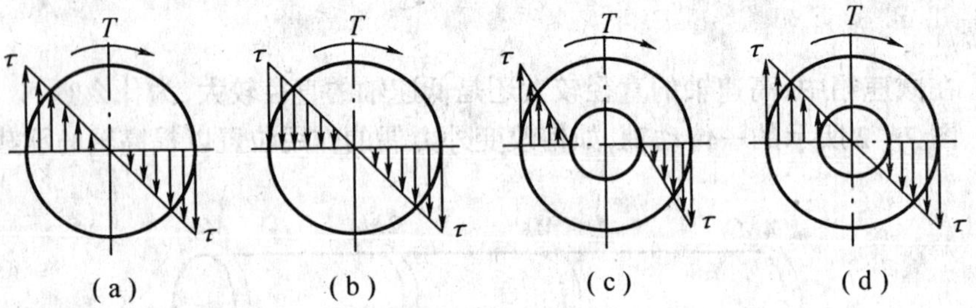

题 7-6 图

7-7 一传动轴如图所示,已知 $M_{eA} = 1.3$ N·m, $M_{eB} = 3$ N·m, $M_{eC} = 1$ N·m, $M_{eD} = 0.7$ N·m;各段轴的直径分别为:$D_{AB} = 50$ mm, $D_{BC} = 75$ mm, $D_{CD} = 50$ mm。试绘转矩图并求 1-1,2-2、3-3 截面上的最大切应力。

7-8 某减速器如图所示。已知电动机的转速 $n = 960$ r/min,功率 $P = 5$ kW;轴的材料的许用应力$[\tau] = 40$ MPa,试按扭转强度条件设计减速器第Ⅰ轴的直径。

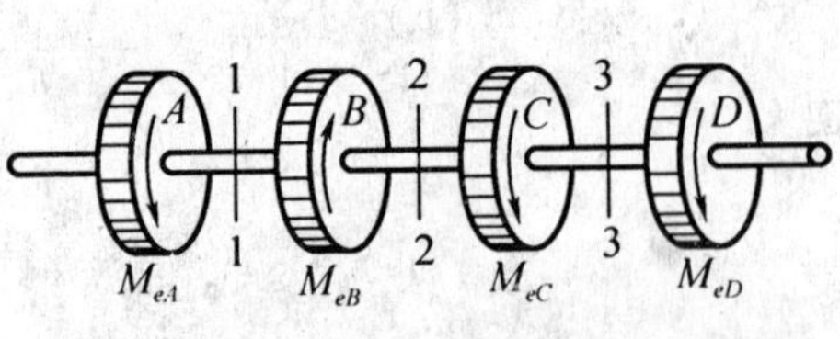

题 7-7 图

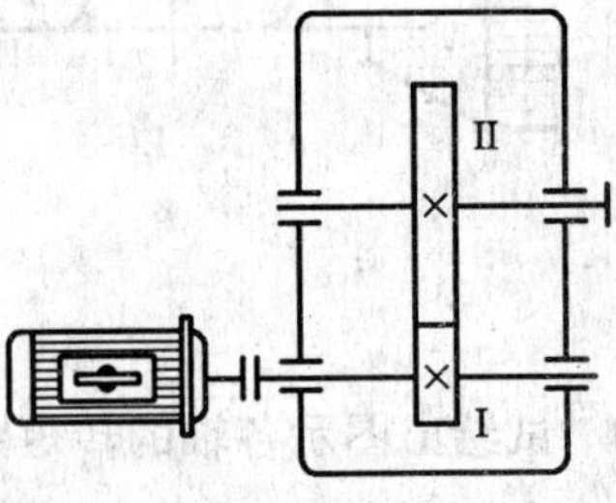

题 7-8 图

7-9 由无缝钢管制成的汽车传动轴,外径 $D = 90$ mm,壁厚 $t = 2.5$ mm,材料的许用切应力$[\tau] = 60$ MPa,工作时的最大转矩为 $T = 1.5$ kN·m。

(1)试校核该轴的强度;

(2)若改用相同材料的实心轴,并要求它和原来的传动轴的强度相同,试计算其直径 D_1;

(3)比较上述空心轴和实心轴的质量。

第8章 平面弯曲

8.1 平面弯曲的概念

承受设备及起吊重量的桥式起重机的大梁(图8-1)、承受转子重力的电机轴(图8-2)等,在工作时最容易发生的变形是弯曲。其受力特点是:杆件都是受到与杆轴线相垂直的外力(横向力)或外力偶的作用。其变形为杆轴线由直线变成曲线,这种变形称为弯曲变形。以弯曲变形为主的杆件,习惯上称为梁。

工程中的梁,其横截面通常都有一纵向对称轴。该对称轴与梁的轴线组成梁的纵向对称面(图8-3)。外力或外力偶作用在梁的纵向对称平面内,则梁变形后的轴线在此平面内弯曲成一平面曲线,这种弯曲称为平面弯曲。这里我们主要讨论平面弯曲问题。

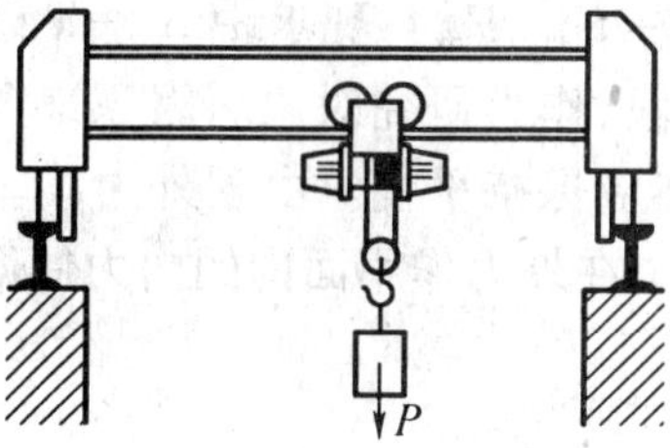

图8-1

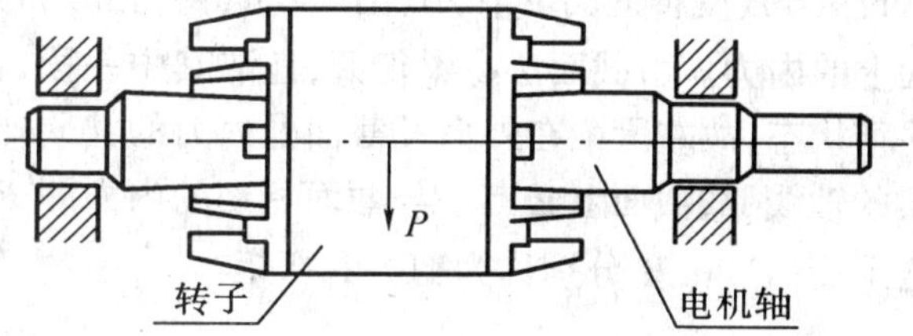

图8-2

8.1.1 梁的基本形式

工程中,梁的截面形状、载荷及支承情况一般都比较复杂,为了便于分析和计算,必须对梁进行简化,包括梁本身的简化、载荷的简化以及支座的简化等.通过简化后的梁有三种常见载荷,即(1)分布载荷(2)集中力(3)集中力偶。有三种常见支座形式,即(1)固定铰支座(2)可动铰支座(3)固定端约束。

根据梁的支承情况,一般可简化为下列三种常见静定形式:

(1)简支梁　梁的一端为固定铰支座,另一端为可动铰支座,如图8-4(a)所示;

(2)外伸梁　带有外伸端的简支梁,如图8-4(b)所示;

(2)悬臂梁　梁的一端为固定端,另一端为自由端,如图8-4(c)所示。

在对称弯曲的情况下,梁的主动力与约束反力构成平面力系。上述简支梁、外伸梁和悬臂梁的约束反力,都能由静力平衡方程确定,因此,又称为静定梁。

在工程实际中,有时为了提高梁的强度和刚度,采取增加梁的支承的办法,此时静力平衡方程就不足以确定梁的全部约束反力,这种梁称为静不定梁或超静定梁。

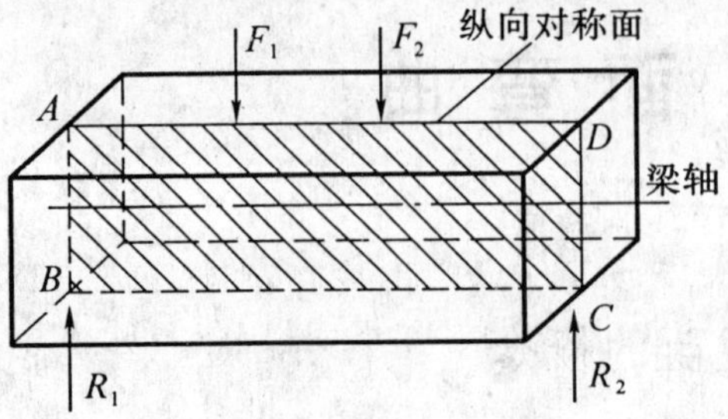

图 8-3

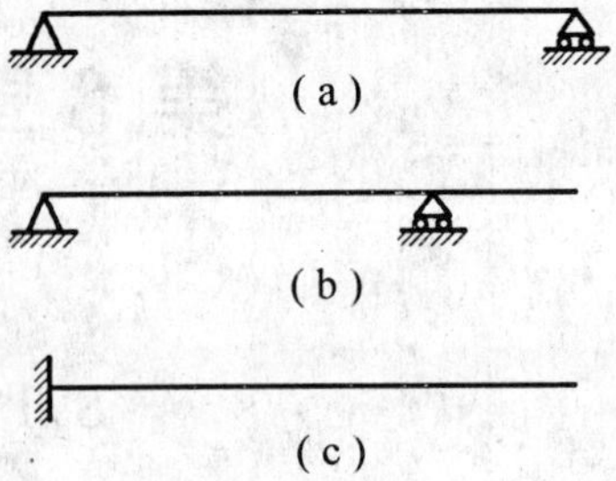

图 8-4

8.2 梁弯曲时的内力

1.剪力和弯矩

梁在载荷作用下,根据平衡条件可求得支座反力。当作用在梁上的所有外力(载荷和支座反力)都已知时,用截面法可求出任一横截面上的内力。

设梁 AB 受横向力 $\boldsymbol{F}$ 作用(图 8-5(a)),相应的支反力为 $\boldsymbol{F}_{Ax}$,$\boldsymbol{F}_{By}$。现求距 A 端 x 处横截面上的内力。由截面法将梁切开,任取其中一段,例如左段,作为研究对象。因原来梁处于平衡状态,故左段梁在外力及截面处内力的共同作用下亦应保持平衡。由于外力均垂直于梁的轴线,故截面上必有一与截面相切的内力即 $\boldsymbol{F}_s$ 和一个在外力作用面内的内力偶即 M 与之平衡,$\boldsymbol{F}_s$ 和 M 分别称为剪力和弯矩。

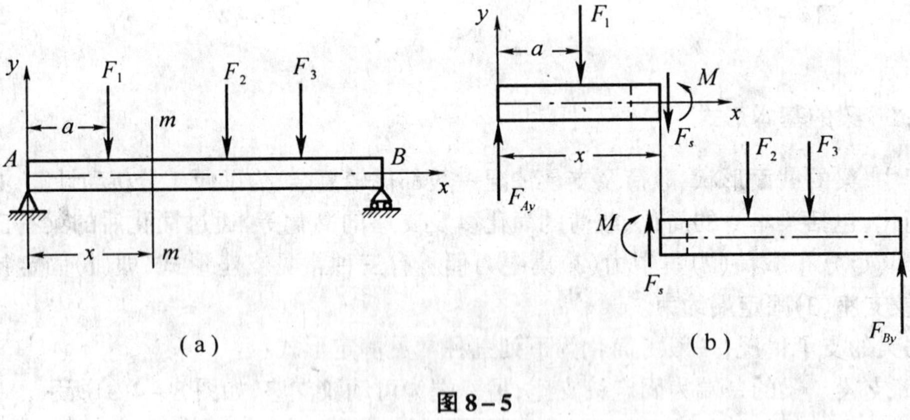

图 8-5

对左段列平衡方程有

$$\sum F_y = 0,\ F_{Ay} - F_1 - F_s = 0$$

得

$$F_s = F_{Ay} - F_1$$

即剪力在数值上等于左段上所有外力的代数和,故有

$$F_s = \sum F_i \qquad (8-1)$$

由

$$\sum M_C = 0,\ -F_{Ay}x + F_1(x-a) + M = 0$$

得

$$M = F_{Ay}x - F_1(x-a)$$

矩心 C 为截面的形心,故弯矩在数值上等于左段梁上所有外力对截面形心 C 的力矩的代数和,即有

$$M = \sum(F_i \times x_i + M_{ei}) \tag{8-2}$$

式中 x_i 为外力距截面形心的距离。如果以右段梁为研究对象,求得的截面上的剪力和弯矩数值相同,但方向相反。

为使以上两种情况所得同一横截面上的内力具有相同的正负号,对剪力与弯矩的正负作如下规定:研究对象的横截面左上右下的剪力为正,反之为负;使弯曲变形为凹向上的弯矩为正,反之为负(图 8-6)。

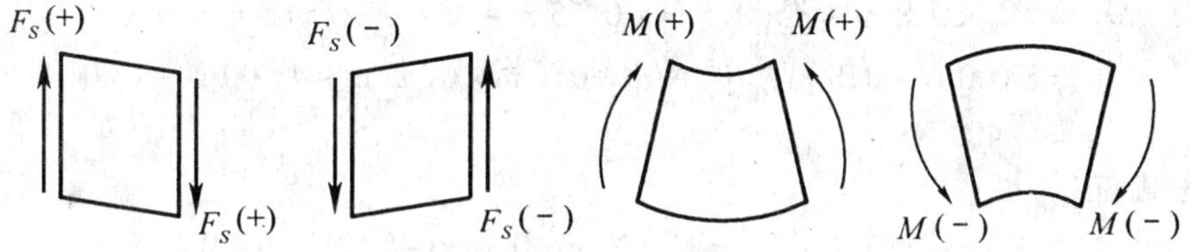

图 8-6

综上所述,可得如下结论:

弯曲时梁横截面上的剪力在数值上等于该截面一侧外力的代数和;横截面上的弯矩在数值上等于该截面一侧外力对该截面形心的力矩的代数和。

应用上述结论时,横截面上的外力的正负号规定如下:计算剪力时,截面左上右下的外力取正,反之为负。计算弯矩时,向上的外力(不论在截面的左侧或右侧)对形心的矩为正,反之为负;或截面左侧的顺时针力偶及截面右侧的逆时针力偶取正,反之为负。

利用上述规则,可直接根据截面左侧或右侧梁上的外力求横截面上的剪力和弯矩。

例 8-1 如图 8-7 所示简支梁受集中力 $F = 1\,000$ N,集中力偶 $M = 4$ kN·m 和均布载荷 $q = 10$ kN/m 的作用,试根据外力直接求出图中 1-1 和 2-2 截面上的剪力和弯矩。

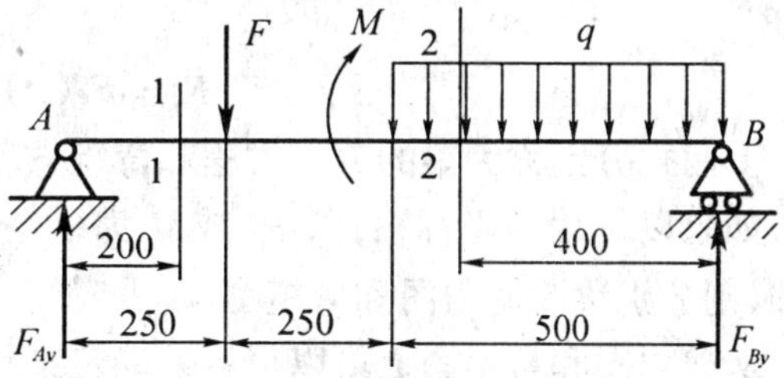

图 8-7

解 (1)求支反力

$$\sum M_B = 0, F \times 0.75\ \text{m} - F_{Ay} \times 1\ \text{m} - M + 10^4\ \text{N/m} \times 0.5\ \text{m} \times 0.25\ \text{m} = 0$$

$$F_{Ay} = -2\,000\ \text{N}$$

$$\sum F_y = 0,\ F_{Ay} - F - 0.5q + F_{By} = 0$$

$$F_{By} = 8\,000\ \text{N}$$

(2)求截面内力

根据式(8-1)、(8-2),由左侧外力计算

1-1截面

$$F_{S1} = F_{Ay} = -2\ 000\ \text{N}$$

$$M_1 = F_{Ay} \times 0.2\ \text{m} = -2\ 000\ \text{N} \times 0.2\ \text{m} = -400\ \text{N·m}$$

2-2截面

$$F_{S2} = F_{Ay} - F - q \times 0.1 = -2\ 000\ \text{N} - 1\ 000\ \text{N} - 104\ \text{N/m} \times 0.1\ \text{m} = -4\ 000\ \text{N}$$

$$\begin{aligned} M_2 &= F_{Ay} \times 0.6\ \text{m} - F \times 0.35\ \text{m} + M - q \times 0.1\ \text{m} \times 0.05\ \text{m} \\ &= -2\ 000\ \text{N} \times 0.6\ \text{m} - 1\ 000\ \text{N} \times 0.35\ \text{m} + 4\ 000\ \text{N·m} - 10^4\ \text{N/m} \times 0.1\ \text{m} \times 0.05\ \text{m} \\ &= 2\ 400\ \text{N·m} \end{aligned}$$

由右侧外力计算

1-1截面

$$F_{S1} = F_{By} + q \times 0.5 + F = -8\ 000\ \text{N} + 10^4\ \text{N/m} \times 0.5\ \text{m} + 1\ 000\ \text{N} = -2\ 000\ \text{N}$$

$$\begin{aligned} M_1 &= F_{By} \times 0.8\ \text{m} - q \times 0.5\ \text{m} \times 0.55\ \text{m} - M - F \times 0.05\ \text{m} \\ &= 8\ 000\ \text{N} \times 0.8\ \text{m} - 10^4\ \text{N/m} \times 0.5\ \text{m} \times 0.55\ \text{m} - 4\ 000\ \text{N} - 1\ 000\ \text{N} \times 0.05\ \text{m} \\ &= -400\ \text{N·m} \end{aligned}$$

2-2截面

$$F_{S2} = q \times 0.4 - F_{By} = 10\ \text{kN/m} \times 0.4\ \text{m} - 8\ \text{kN} = -4\ 000\ \text{N}$$

$$\begin{aligned} M_2 &= F_{By} \times 0.4\ \text{m} - q \times 0.4\ \text{m} \times 0.2\ \text{m} = 8\ 000\ \text{N} \times 0.4\ \text{m} - 10^4\ \text{N/m} \times 0.4\ \text{m} \times 0.2\ \text{m} \\ &= 2\ 400\ \text{N·m} \end{aligned}$$

两侧计算结果完全相同,但截面1-1上的内力由左侧计算较简便,截面2-2上的内力则由右侧计算较方便。

由以上计算的结果可知,计算内力时可任取截面左侧或右侧,一般取外力较少的杆段为好。

2.剪力图与弯矩图

在一般情况下,梁横截面上的剪力和弯矩是随截面的位置不同而变化的。如果沿梁轴线方向选取坐标 x 表示横截面的位置,则梁的各截面上的剪力和弯矩都可表示为 x 的函数,即

$$F_S = F_S(x), M = M(x)$$

上两式分别称为梁的剪力方程和弯矩方程。

如果以 x 为横坐标轴,以 F_S 或 M 为纵坐标轴,分别绘制 $F_S = F_S(x)$,$M = M(x)$ 的函数曲线,则分别称为剪力图和弯矩图。

从剪力图和弯矩图上可以很容易确定梁的最大剪力和最大弯矩,以及梁的危险截面的位置。在梁的强度计算和刚度计算中,一般弯矩起主要的作用,因此我们主要研究弯矩方程的建立和弯矩图的绘制。下面举例说明剪力图与弯矩图的作法。

例8-2 图8-8(a)所示悬臂梁,在自由端受集中力作用,试作弯矩图。

解 (1)列弯矩方程

选取截面 A 的形心为坐标原点,坐标轴如图所示。在截面 x 处切取左段为研究对象,则有

$$M(x) = -Fl\ (0 \leqslant x \leqslant l)$$

(2)画弯矩图

弯矩 M 为 x 的一次函数,所以弯矩图为一条斜直线。

由上式可知

$$x = 0, M = 0$$
$$x = l, M = -Fl$$

过原点(0,0)与点(l, $-Fl$)连直线即得弯矩图(图 8-8(b))。

由图可知,弯矩的最大值在固定端的左侧截面上,$|M|_{max} = Fl$,故固定端截面为危险截面。

例 8-3 图 8-9(a)所示悬臂梁,在全梁上受集度为 q 的均布载荷作用。

试作该梁的弯矩图。

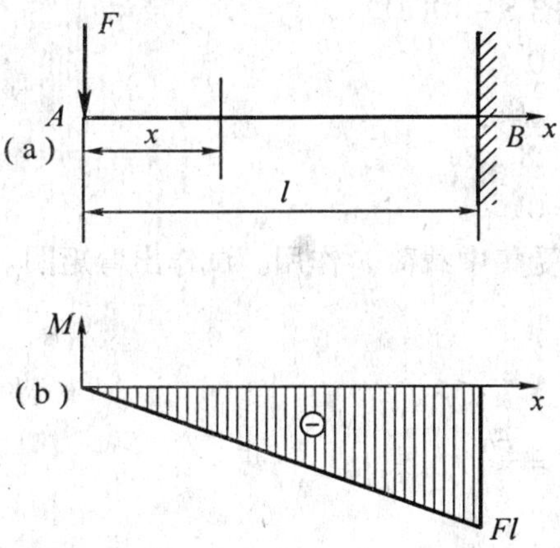

图 8-8

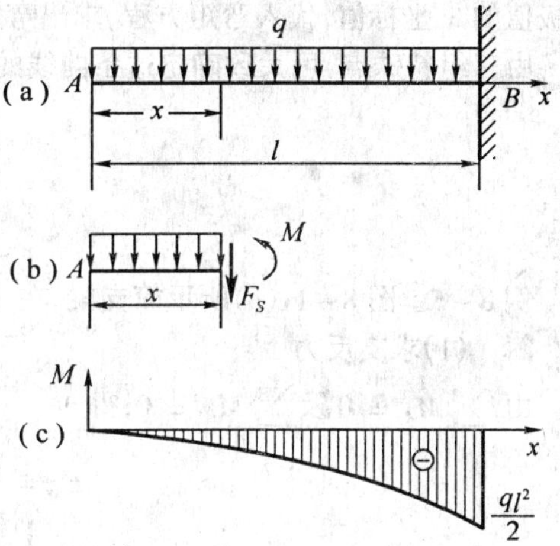

图 8-9

解 (1)列弯矩方程

选取截面 A 的形心为坐标原点,并在截面处切取左段为研究对象(图 8-9(b)),则

$$M(x) = -\frac{qx^2}{2}\ (0 \leqslant x \leqslant l)$$

(2)画弯矩图

由上式可知,弯矩 M 是的二次函数,弯矩图是一抛物线。由二次曲线性质知,此曲线顶点为(0,0),开口向下,可确定几点画出该曲线(图 8-9(c))。

$$x = 0,\quad M = 0$$
$$x = \frac{l}{2},\quad M = -\frac{ql^2}{8}$$
$$x = l,\quad M = -\frac{ql^2}{2}$$
$$x = l,\quad M = -\frac{ql^2}{2}$$

由图可知,在固定端左侧上的弯矩最大为$|M|_{max} = \frac{ql^2}{2}$。

例 8-4 图 8-10(a)所示简支梁,在全梁上受集度的均布载荷,试作此梁的弯矩图。

解 (1)求支反力

由 $\sum M_A = 0$ 及 $\sum M_B = 0$ 得

$$F_{Ay} = F_{By} = \frac{ql}{2}$$

(2)列弯矩方程

取 A 为坐标原点,并在截面 x 处切取左段为研究对象(图 8-10(b)),则

$$M = F_{Ay}x - \frac{qx^2}{2} = \frac{qxl}{2} - \frac{qx^2}{2} \quad (0 \leqslant x \leqslant l)$$

(3)画弯矩图

上式表明,弯矩 M 是 x 的二次函数,弯矩图是一条抛物线。由均布载荷在梁上的对称分布特点可知,抛物线的最大值应在梁的中点处。也可用求极值的方法确定极值所在位置即极值的 x 坐标值,代入弯矩方程,求出弯矩的最大值。

由三组特殊点,可大致确定这条曲线的形状(图 8-10(c))。

$$x = 0, M = 0$$

$$x = \frac{l}{2}, M = \frac{ql^2}{8}$$

$$x = l, M = 0$$

例 8-5 图 8-11(a)所示简支梁,在 C 点处受集中载荷 F 作用。试作出弯矩图。

解 (1)求支反力

由 $\sum M_A = 0$ 及 $\sum M_B = 0$,得

$$F_{Ay} = \frac{Fb}{l}, F_{By} = \frac{Fa}{l}$$

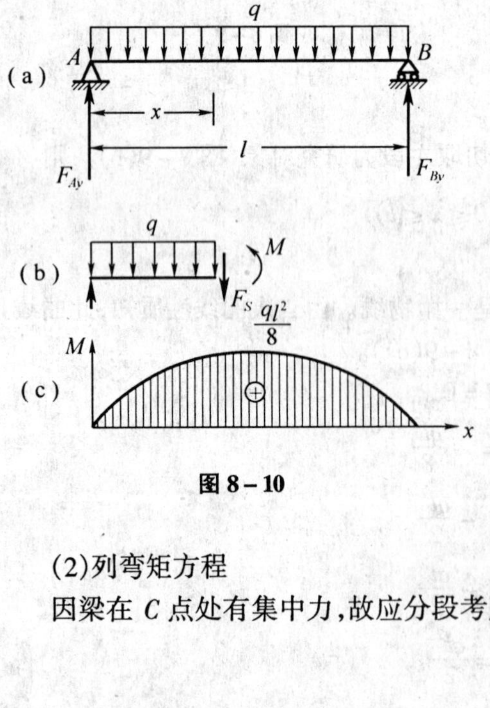

图 8-10

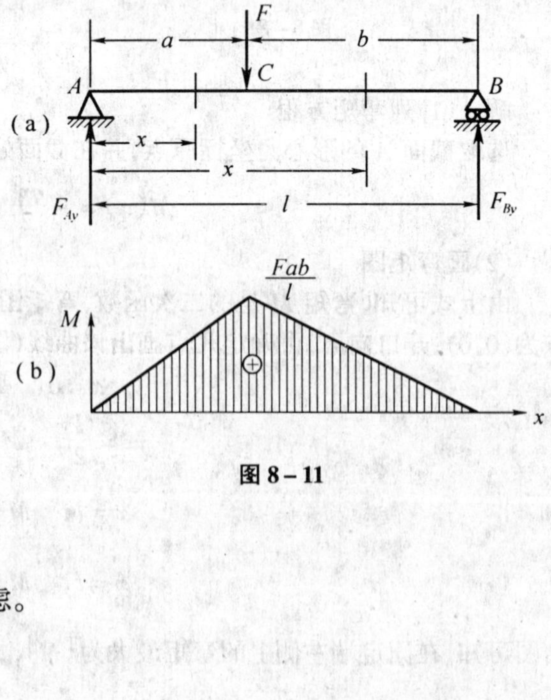

图 8-11

(2)列弯矩方程

因梁在 C 点处有集中力,故应分段考虑。

AC 段 $$M(x)=F_{Ay}x=\frac{Fbx}{l}\quad(0\leqslant x\leqslant a)$$

CB 段 $$M(x)=F_{By}(l-x)=\frac{Fa}{l}(l-x)\quad(a\leqslant x\leqslant l)$$

(3)画弯矩图

由弯矩方程知，C 截面左右段均为斜直线。

AC 段 $$x=0,M=0;\ x=a,M=\frac{Fab}{l};$$

BC 段 $$x=a,M=\frac{Fab}{l};x=l,M=0。$$

弯矩图如图 8-11(b)所示。最大弯矩在集中力作用处横截面 C，$M_{max}=\frac{Fab}{l}$。

例 8-6 图 8-12(a)所示为简支梁，在 C 点处作用有一集中力偶 M_e。试作其弯矩图。

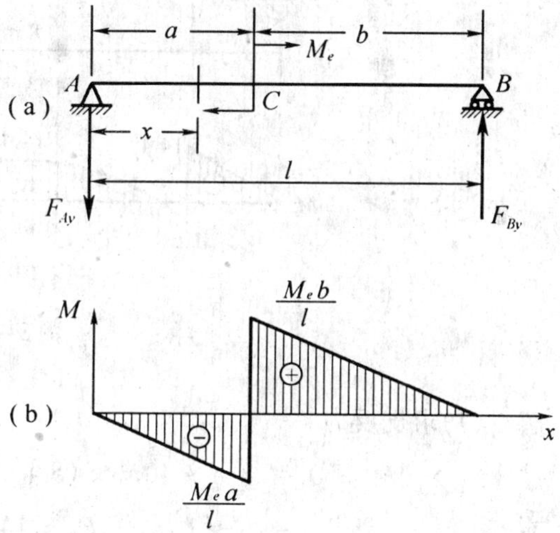

图 8-12

解 (1)求支反力

由于梁上仅有一外力偶作用，所以支座两端反力必构成一力偶与之平衡，故有

$$F_{Ay}=F_{By}=\frac{M_e}{l}$$

(2)列弯矩方程

因梁在 C 点处有集中力偶，故弯矩应分段考虑。

AC 段，$C^{左}$

$$M(x)=-F_{Ay}x=-\frac{M_e}{l}x\quad(0\leqslant x\leqslant a)$$

BC 段，$C^{右}$

$$M(x)=F_{By}(1-x)=-\frac{M_e}{l}(l-x)\quad(a\leqslant x\leqslant l)$$(3)画弯矩图

由弯矩方程可知，C 截面左右均为斜直线。

AC 段 $$x=0,M=0;\ x=a,M=-\frac{M_ea}{l}。$$

BC 段 $$x=a,M=\frac{M_eb}{l};x=l,M=0。$$

弯矩图如图 8-12(b)所示，如 $b>a$，则最大弯矩发生在集中力偶作用处右侧横截面上，$M_{max}=\frac{M_eb}{l}$。

由以上例题的弯矩图可归纳出以下特点：

(1)梁上没有均布载荷作用的部分，弯矩图为倾斜直线。

(2)梁上有均布载荷作用的一段，弯矩图为抛物线，均布载荷向下时抛物线开口向下(⌒)。

(3)在集中力作用处，弯矩图上在此出现折角(即两侧斜率不同)。

(4)梁上集中力偶作用处,弯矩图有突变,突变的值即为该处集中力偶的力偶矩。从左至右,若力偶为顺时针转向,弯矩图向上突变,反之若力偶为逆时针转向,则弯矩图向下突变。

(5)绝对值最大的弯矩总是出现在:剪力为零的截面上、集中力作用处、集中力偶作用处。

利用上述特点,可以不列梁的内力方程,而简捷地画出梁的弯矩图。其方法是:以梁上的界点将梁分为若干段,求出各界点处的内力值,最后根据上面归纳的特点画出各段弯矩图。

例 8-7 一外伸梁受力情况如图 8-13(a)所示,试作梁的弯矩图。

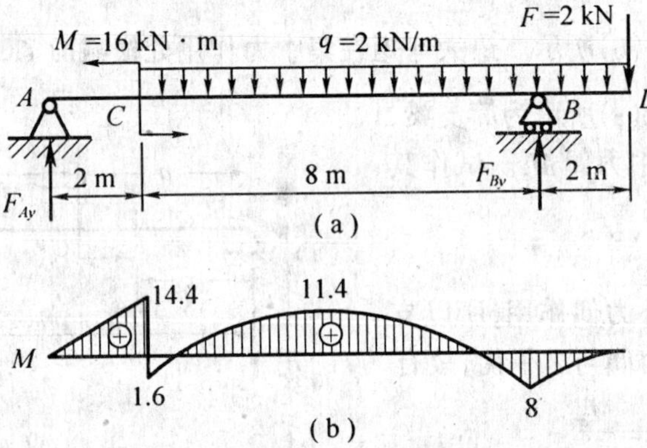

图 8-13

解 (1)求支反力

$$\sum MA = 0, M - q \times 10m \times (5+2)m - F \times 12m + F_{By} \times 10m = 0$$

有 $$F_{By} = 14.8 \text{ kN}$$

$$\sum MB = 0, -F_{Ay} \times 10m + M + q \times 8m \times 4m - q \times 2m \times 1m - F \times 2m = 0$$

得 $$F_{Ay} = 7.2 \text{ kN}$$

(2)求各界点的弯矩值

本题中有四个界点 A,B,C,D。故将全梁分为三段 AC,CB,BD。

A 点 $$M_A^{右} = 0$$

C 点 $$M_C^{左} = F_{Ay} \times 2m = 14.4 \text{ kN·m}$$

$$M_C^{右} = F_{Ay} \times 2m - M_e = 7.2 \text{ kN} \times 2m - 16 \text{ kN·m} = -1.6 \text{ kN·m}$$

B 点

$$M_B^{左} = -q \times 2m \times 1m - F \times 2m = -2 \text{ kN/m} \times 2m \times 1m - 2 \text{ kN} \times 2m = -8 \text{ kN·m}$$

$$M_B^{右} = M_B^{左}$$

D 点 $$M_D^{右} = M_D^{左} = 0$$

(3)画弯矩图

AC 段:该段无均布载荷,M 图应为斜直线。连接 A 点和 C 点左侧弯矩值,画出 AC 段弯矩图。

CB 段:该段 C 点处有集中力偶,M 图上有向下的突变,突变值为外力偶矩的大小,CB

段受向下的均布载荷作用，故该段弯矩图是开口向下的抛物线。但这里需确定该段弯矩最大值及所在位置，由上面归纳可知，最大弯矩值应在该段剪力为零的点，故列剪力方程

有 $$F_s = F_{Ay} - q(x-2)$$

当 $$F_s = 0 \text{ 时}, x = 5.6\ \text{m}$$

列弯矩方程

$$M = F_{Ay}x - M_e - q(x-2) \times \frac{(x-2)}{2} = 7.2x - 16 - (x-2)^2$$

当 $x = 5.6$ m 时 $$M_{max} = 11.36\ \text{kN·m}$$

连接 C 点右侧、最大弯矩值点与 B 点左侧弯矩值即可大至画出该段弯矩图。

BD 段：该段受向下均布载荷作用，故 M 图为开口向下的抛物线。连接 B 点右侧与 D 点左侧弯矩值，可得该段弯矩图。

8.3 弯曲时梁横截面上的正应力和强度计算

1.梁的纯弯曲

剪力和弯矩是横截面上分布内力的合成结果，由前面的分析可知，正应力(与切向作用于横截面内的剪力 τ 垂直，因此 σ 与 τ 无关；同样，切应力 τ 所作用的平面与弯矩 M 作用的梁的纵向对称面相垂直，因此与 M 无关。综上所述，切应力 τ 对应的内力为剪力，正应力 σ 对应的内力为弯矩。

当梁的横截面上仅有弯矩而无剪力，从而仅有正应力而无切应力的情况，称为纯弯曲。横截面上同时存在弯矩和剪力，即既有正应力又有切应力的情况称为横力弯曲或剪切弯曲。

本节重点讨论纯弯曲时梁横截面上的正应力。

2.纯弯曲时梁横截面上的正应力

图 8－14 所示的梁 CD 段为纯弯曲变形，该段横截面上的正应力的分布规律也需从几何、物理和静力学三方面考虑，详细分析请参考有关教材。

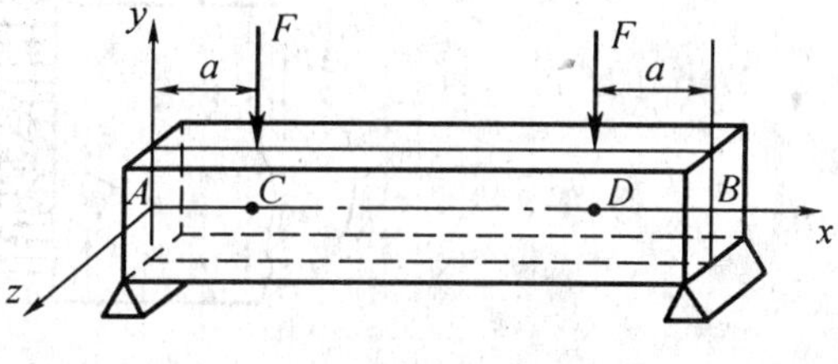

图 8－14

对弯曲变形的变形特点作出的平面假设认为：原为平面的横截面变形后仍保持为平面，且仍垂直于变形后梁的轴线，只是绕横截面内某一轴旋转了一角度(图 8－15(b)、(c))。若设想梁由无数纵向纤维组成，所有纵向纤维只受到轴向拉伸与压缩，由变形的连续性可知，从梁上半部的压缩到下半部的伸长，其间必有一层长度不变，该层称为中性层，中性层与横截面的交线，称为中性轴(图 8－15(c))。

经理论分析，知中性轴通过横截面的形心。变形时横截面绕其中性轴转动。由上述三方面的分析可得 $1/\rho = M/EI_z$，以及纯弯曲时梁横截面上的正应力计算公式

$$\sigma = \frac{My}{I_z} \tag{8-3}$$

式中 M——横截面上的弯矩；

y——横截面上任一点到中性轴的矩离；

$I_z=\int_A y^2 \mathrm{d}A$ ——截面对中性轴 z 的惯性矩，只与截面的形状和尺寸有关的几何量。

由上式可知，梁弯曲时，横截面上任一点处的正应力与该截面上的弯矩成正比，与惯性矩成反比，并沿截面高度呈线性分布。y 值相同的点，正应力相等；中性轴上各点的正应力为零。在中性轴的上、下两侧，一侧受拉，一侧受压。距中性轴越远，正应力越大（图 8-16）。

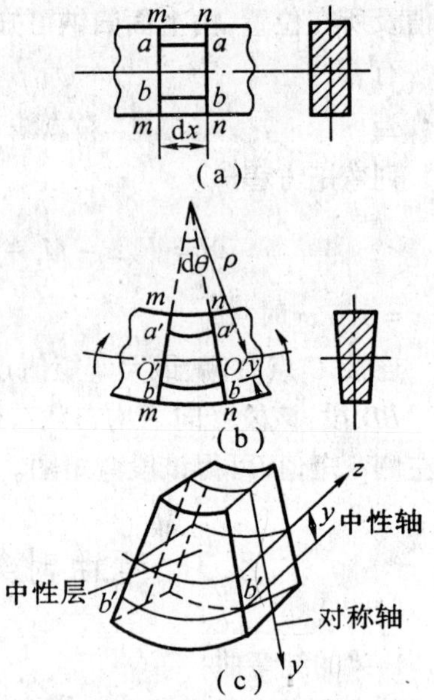

图 8-15

当 $y=y_{\max}$时，弯曲正应力最大，其值为

$$\sigma_{\max}=\frac{My_{\max}}{I_z}=\frac{M}{W_z} \tag{8-4}$$

式中，$W_z=I_z/y_{\max}$ 称为截面对于中性轴的弯曲截面系数，是一个与截面形状和尺寸有关的几何量。

3. 惯性矩和弯曲截面系数

工程上常用的矩形、圆形及环形的惯性矩和弯曲截面系数见表 8-1。

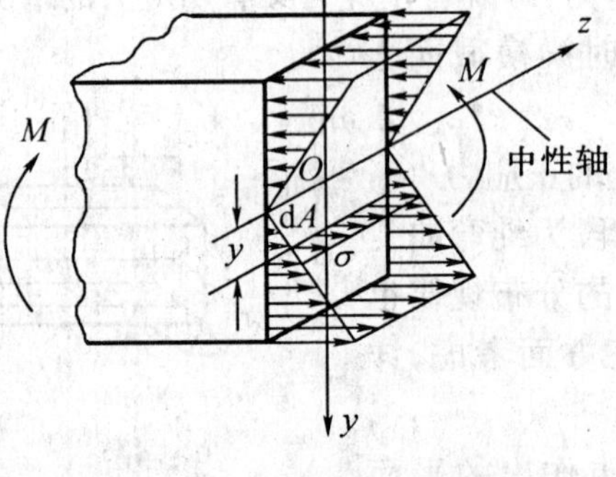

图 8-16

表 8-1　简单截面的惯性矩和弯曲截面系数

图形	形心位置	形心轴惯性矩	弯曲截面系数
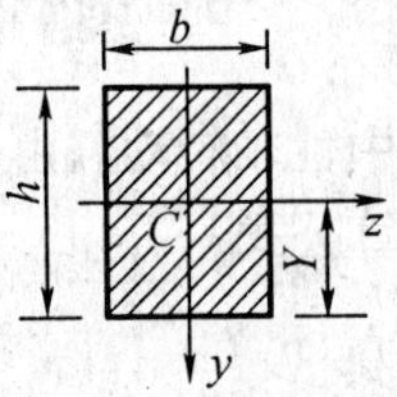	$\bar{y}=\frac{1}{2}h$ $(y=0)$	$I_z=\frac{1}{12}bh^3$	$W_z=\frac{1}{6}bh^2$

表 8-3(续)

图形	形心位置	形心轴惯性矩	弯曲截面系数
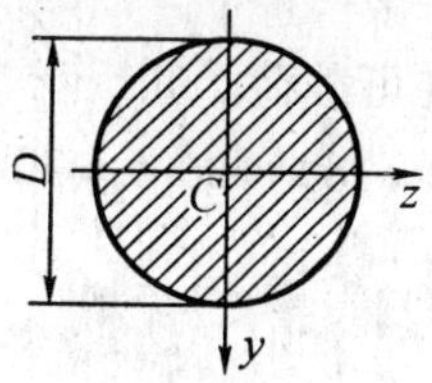	圆心	$I_z=\frac{\pi}{64}D^4$	$W_z=\frac{\pi}{32}D^3$
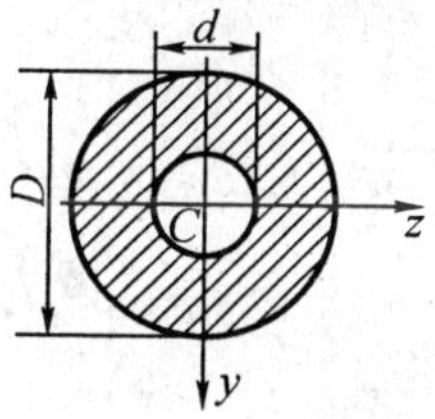	圆心	$I_z=\frac{\pi}{64}(D^4-d^4)$ $=\frac{\pi}{64}D^4(1-a^4)$ $a=\frac{d}{D}$	$W_z=\frac{\pi}{32}D^3(1-a^4)$ $a=\frac{d}{D}$

4.梁的弯曲强度计算

式(8-4)是在梁纯弯曲的情况下导出的,但工程中弯曲问题多为横力弯曲,即梁的横截面上同时存在有正应力和切应力。但大量的分析和实验证实,当梁的跨度 l 与横截面高度 h 之比大于 5 时,这个公式用来计算梁在横力弯曲时横截面上的正应力还是足够精确的。对于短梁或载荷靠近支座以及腹板较薄的组合截面梁,还必须考虑其切应力的存在。

对于等截面梁,此时的最大正应力应发生在最大弯矩所在的截面(危险截面)上,故有

$$\sigma_{\max}=\frac{M_{\max}y_{\max}}{I_z}$$

或

$$\sigma_{\max}=\frac{M_{\max}}{W_z} \tag{8-5}$$

其强度条件是:梁的最大弯曲工作正应力不超过材料的许用弯曲正应力,即

$$\sigma_{\max}=[\sigma] \tag{8-6}$$

在应用上述强度条件时,应注意下列问题:

(1)对塑性材料

由于塑性材料的抗拉和抗压许用能力相同,为了使截面上的最大拉应力和最大压应力同时达到其许用应力,通常将梁的横截面做成与中性轴对称的形状,例如工字形、圆形、矩形等,所以强度条件为

$$\sigma_{\max}=\frac{M_{\max}}{W_z}\leqslant[\sigma] \tag{8-7}$$

(2)对脆性材料

脆性材料的抗拉能力远小于其抗压能力,为使截面上的压应力大于拉应力,常将梁的横截面做成与中性轴不对称的形状,如 T 形截面,此时应分别计算横截面的最大拉应力和最大压应力,则强度条件应为

$$\sigma_{t,\max}=\frac{M_{\max}\cdot y_1}{I_z}\leqslant[\sigma_t] \tag{8-8}$$

$$\sigma_{c,\max}=\frac{M_{\max}\cdot y_2}{I_z}\leqslant[\sigma_c] \tag{8-9}$$

式中 y_1 和 y_2 分别表示受拉与受压边缘到中性轴的距离。

根据强度条件,一般可进行对梁的强度校核、截面设计及确定许可载荷。

例 8-8 图 8-17(a)为一矩形截面简支梁。已知:$F=5\ \text{kN}$,$a=180\ \text{mm}$,$b=30\ \text{mm}$,$h=60\ \text{mm}$,试求竖放时与横放时梁横截面上的最大正应力。

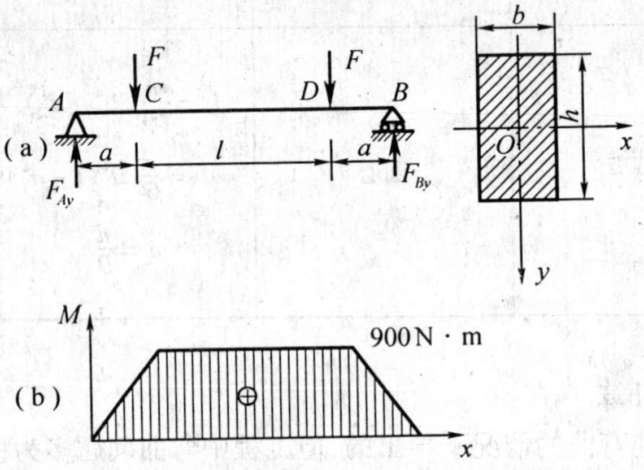

图 8-17

解 (1)求支反力

$$F_{Ay}=F_{By}=5\ \text{kN}$$

(2)画弯矩图(图 8-17(b))

竖放时最大正应力

$$\sigma_{\max}=\frac{M}{W_z}=\frac{M}{\frac{bh^2}{6}}=\frac{900\times10^3\ \text{N}\cdot\text{mm}}{\frac{30\ \text{mm}\times(60\ \text{mm})^2}{6}}=50\ \text{MPa}$$

横放时最大应力

$$\sigma_{\max}=\frac{M}{W_z}=\frac{M}{\frac{hb^2}{6}}=\frac{900\times10^3\ \text{N}\cdot\text{mm}}{\frac{60\ \text{mm}\times(30\ \text{mm})^2}{6}}=100\ \text{MPa}$$

由以上计算可知,对相同截面形状的梁,放置方法不同,可使截面上的最大应力也不同。对矩形截面,竖放要比横放合理。

例 8-9 图 8-18 所示为 T 型铸铁梁。已知:$F_1=10\ \text{kN}$,$F_2=4\ \text{kN}$,铸铁的许用拉应力 $[\sigma_t]=36\ \text{MPa}$,许用压应力 $[\sigma_c]=60\ \text{MPa}$,截面对形心轴 z 的惯性矩 $I_z=763\ \text{cm}^4$,$y_1=52\ \text{mm}$。试校核梁的强度。

解 (1)求支反力

$$\sum M_C=0,F_{Ay}=3\ \text{kN}$$

$$\sum M_A=0,F_{Cy}=11\ \text{kN}$$

(2)画弯矩图

$$M_A=M_C=0$$

$$M_B = F_{Ay} \times 1\ \text{m} = 3\ \text{kN}\cdot\text{m}$$

$$M_C = F_2 \times 1\ \text{m} = -4\ \text{kN}\cdot\text{m}$$

(3)强度校核

$$M_{\max} = M_C = -4\ \text{kN}\cdot\text{m}$$

C 截面

$$\sigma_{c,\max} = \frac{M_C y_2}{I_z} = \frac{4\times10^6\ \text{N}\cdot\text{mm}\times(120+20-52)\ \text{mm}}{763\times10^4\ \text{mm}^4} = 46.2\ \text{MPa} \leqslant [\sigma_c]$$

由于 M_B 为正弯矩，其值虽然小于 M_C 的绝对值，但应注意到在截面 B 处最大拉应力发生在距离中性轴较远的截面下边缘各点，有可能发生比截面 C 还要大的拉应力，故还应对这些点进行强度校核。

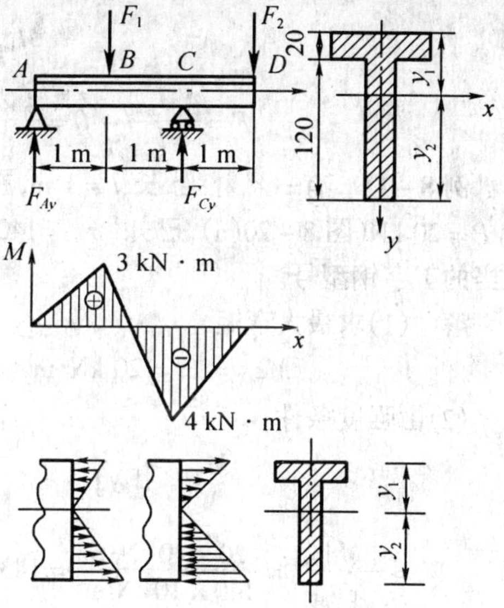

图 8-18

B 截面

$$\sigma_{t,\max} = \frac{M_B y_2}{I_z} = \frac{3\times10^6\ \text{N}\cdot\text{mm}\times(120+20-52)\ \text{mm}}{763\times10^4\ \text{mm}^4} = 34.6\ \text{MPa} \leqslant [\sigma_t]$$

梁满足强度条件。

例 8-10 一单梁吊车由 32b 号工字钢制成，见图 8-19，梁跨度 $l = 10.5$ m，梁材料为 Q235 钢，许用应力 $[\sigma] = 140$ MPa，电葫芦自重 $G = 15$ kN，梁自重不计，求该梁可能承载的起重量 F。

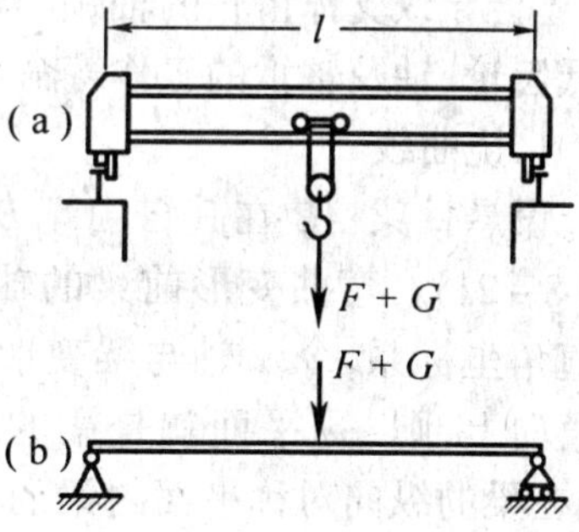

图 8-19

解 (1)求支反力

单梁吊车可简化为受集中力($F + G$)的简支梁，分析可知，当吊车行至中点时，梁上的弯矩最大，此时，根据对称性可求得支反力为

$$F_{Ay} = F_{By} = \frac{F+G}{2}$$

(2)求最大弯矩

$$M_{\max} = \frac{(F+G)l}{4}$$

(3)计算许可载荷 F

根据强度条件

$$\frac{M_{\max}}{W_z} \leqslant [\sigma] \quad 或 \quad M_{\max} \leqslant [\sigma] W_z$$

由型钢表查得 32b 工字钢的弯曲截面系数

$$W_z = 726.33\ \text{cm}^3（表中为\ W_x）$$

故 $M_{max} \leqslant [\sigma]Wz = (140 \times 106\ \text{N/m}^2) \times (726.33 \times 10^{-6}\ \text{m}^3) = 1.02 \times 10^5\ \text{N·m} = 102\ \text{kN·m}$

由
$$M_{max} = \frac{(F+G)l}{4}$$

得
$$F = \frac{4M_{max}}{l} - G = \frac{4 \times 102\ \text{kN·m}}{10.5\ \text{m}} - 15\ \text{kN} = 23.86\ \text{kN}$$

例 8-11 有一悬臂梁,长 $l = 1$ m,在自由端有一载荷 $P = 20$ kN(图 8-20(a),已知$[\sigma] = 140$ MPa,试选择一适当的工字钢型号。

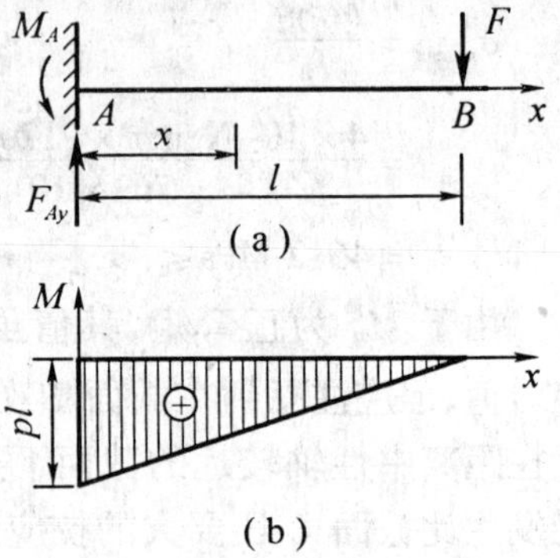

图 8-20

解 (1)求最大弯矩

$$M_{max} = Pl = 20\ \text{kN·m}$$

(2)由强度条件

$$\frac{M_{max}}{W_z} \leqslant [\sigma]$$

得
$$W_z \geqslant \frac{|M|_{max}}{[\sigma]} = \frac{20 \times 10^3\ \text{N·m}}{140 \times 10^6\ \text{N/m}^2} = 143 \times 10^{-6}\ \text{m}^3 = 143\ \text{cm}^3$$

查型钢规格表,应选用 18 号工字钢,其 $W_z = 185\ \text{cm}^3$。

8.4 弯曲变形的概念

在工程实际中,某些机器或机构中的构件,在满足强度条件的同时,还需要满足一定的刚度条件。因为对某些构件而言,刚度条件将直接影响到机器或机构的工作精度,如机床主轴,如果刚度不够,将严重影响加工工件的精度,传动轴的变形过大,则不仅会影响齿轮的啮合,还会导致支撑齿轮的轴颈和轴承产生不均匀磨损,既影响轴的旋转精度,同时还会大大降低齿轮、轴及轴承的工作寿命。

1.挠曲线

设悬臂梁 AB 在其自由端 B 有一集中力 $\boldsymbol{F}$ 作用(图 8-21)。弯曲变形前梁的轴线 AB 为一直线,选取直角坐标系,令 x 轴与梁变形前的轴线重合,w 轴垂直向上,则 xw 平面就是梁的纵向对称平面,变形后,在梁的纵向对称平面内梁的轴线 AB 变成一条连续光滑的曲线 AB',此曲线称为梁的挠曲线,如图 8-21 所示。显然挠曲线是梁截面位置 x 的函数。

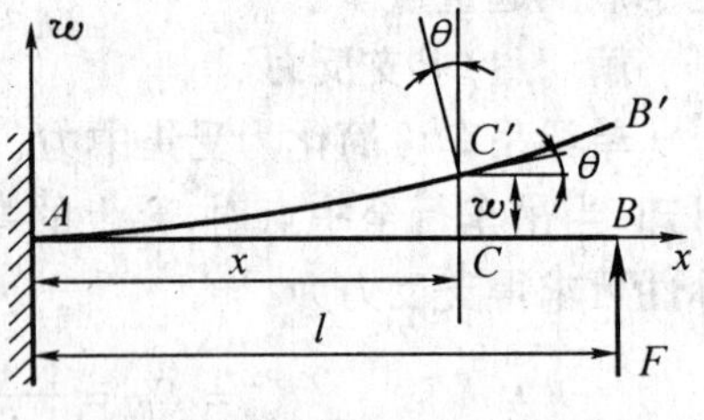

图 8-21

2.挠度和转角

注意观察梁在 xw 平面内的弯曲变形,可以发现梁的各横截面都在该平面内发生线位移和角位移。考察距左端为 x 处的任一截面,该截面的形心既有垂直方向的位移,又有水平方向的位移。但在小变形的前提下,水平方向的位移很小,可忽略不计,因而可以认为截面的形心只在垂直方向有线位移 CC'。这样,梁的变形可用梁轴线上一点(即横截面的形心)的线位移和横截面的角位移表示。

轴线上任一点在垂直于 x 轴方向的位移,即挠曲线上相应点的纵坐标,称为该截面的

挠度,用 w 表示。这样,则梁的挠曲线方程可表示为

$$w = w(x) \tag{8-10}$$

梁弯曲变形后,横截面仍然保持为平面,且仍垂直于变形后的梁轴线,只是绕中性轴发生了一个角位移,此角位移称为该截面的转角,用(表示。过 C' 点作一切线,切线与 x 轴的夹角即等于横截面的转角,在工程中,通常转角很小,因此有

$$\theta \approx \tan\theta = \frac{\mathrm{d}w}{\mathrm{d}x} \tag{8-11}$$

上式表明,横截面的转角等于挠曲线在该截面处切线的斜率。

挠度和转角的符号,随所选定的坐标系而定。在图 8-22 所示坐标系中,向上的挠度为正,反之为负,单位为米(m)或毫米(mm);逆时针转向的转角为正,反之为负,单位为弧度(rad)。

3.求弯曲变形的两种方法

(1)积分法

由小变形的简化,$1/\rho = w''/(1+w'^2)^{\frac{3}{2}}$,略去二阶微量,由(8-3)式可得

$$\frac{\mathrm{d}^2 w}{\mathrm{d}x^2} = \frac{M(x)}{EI} \tag{8-12}$$

上式为挠曲线的近似微分方程,是研究弯曲变形的基本方程式。式中 EI 称为梁的抗弯刚度。解微分方程可得挠曲线方程和转角方程,从而求得任一横截面的挠度和转角。

对等截面梁,EI 是常量,将微分方程积分一次可得转角方程

$$\theta = \frac{\mathrm{d}w}{\mathrm{d}x} = \frac{1}{EI}\int M(x)\mathrm{d}x + C \tag{8-13}$$

再积分一次得挠曲线方程

$$w = \frac{1}{EI}\iint M(x)\mathrm{d}x\mathrm{d}x + Cx + D \tag{8-14}$$

式中 C,D 是积分常数,可利用连续条件和边界条件(即梁上某些截面的已知位移和转角)确定。例如,在铰支座处挠度等于零;在固定端处,挠度和转角均等于零。

(2)叠加法

叠加法是工程上常采用的一种比较简便的计算方法。在小变形且材料服从胡克定律的前提下,梁的挠度和转角均与梁上载荷成线性关系。所以,梁上某一载荷所引起的变形可以看作是独立的。不受其他载荷影响,于是可以将梁在几个载荷共同作用下产生的变形看成是各个载荷单独作用时产生的变形的代数叠加。这就是计算梁的弯曲变形的叠加原理。

用叠加法计算梁的变形时,需已知梁在简单载荷作用下的变形,用叠加法时可直接查用变形表。

例 8-12 如图 8-22(a)所示的悬臂梁,已知 E,I_z,l,F,q,试用叠加法求梁的最大挠度和最大转角。

解 梁上的作用载荷分别为两种受力形式,如图 6-42(b)、(c)所示。从悬臂梁在载荷作用下自由端有最大变形可知,梁 B 端有最大挠度和最大转角。查变形表 6-4 得到它们单独作用时产生的弯曲变形,然后叠加求代数和,得

$$w_{\max} = w_{Bq} + w_{BF} = -\frac{ql^4}{8EI_z} - \frac{Fl^3}{3EI_z}$$

$$\theta_{max}=\theta_{Bq}+\theta_{BF}=-\frac{ql^3}{6EI_z}-\frac{Fl^2}{2EI_z}$$

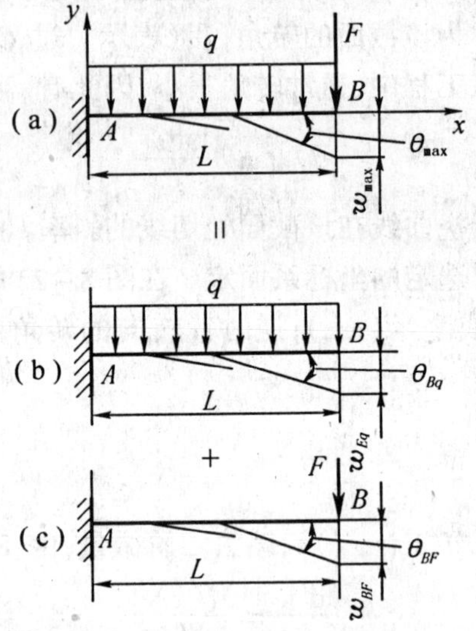

图 8－22

4.梁的刚度校核

计算梁的变形,目的在于对梁进行刚度计算,以保证梁在外力的作用下,因弯曲变形产生的挠度和转角必须在工程允许的范围之内,即满足刚度条件

$$w_{max}\leqslant[w] \tag{8-15}$$

$$\theta_{max}\leqslant[\theta] \tag{8-16}$$

式中$[w]$,$[\theta]$分别为构件的许用挠度和许用转角。对于各类受弯构件的$[w]$,$[\theta]$可从工程手册中查到。

8.5 提高梁弯曲强度和刚度的措施

由前所述,影响梁的弯曲强度的主要因素是弯曲正应力,而弯曲正应力的强度条件为

$$\sigma_{max}=\frac{M_{max}}{W_z}\leqslant[\sigma]$$

所以要提高梁的弯曲强度,应从如何降低梁内最大弯矩 M_{max}、的数值及提高弯曲截面系数 W_z 的数值着手。由表 6－4 可知,梁的变形大小与载荷成正比;与抗弯刚度成反比;梁的跨度对弯曲变形的影响最大。综合上述各因素,提高梁的弯曲强度和刚度,可采取以下措施:

一、合理安排梁的受力情况

(1)合理布置支承位置

承受均布载荷的简支梁如图 8－23(a)所示,最大弯矩值为$\frac{1}{8}ql^2$,最大挠度为 $w=$

$\frac{5ql^4}{384EI}$,若将两端支承各向内侧移动$\frac{2}{9}l$(8-23(c)),则最大弯矩降为$\frac{2}{81}ql^2$(8-23(d)),前者约为后者的 5 倍,同时因缩短了梁的跨度,使梁的变形大大减小,最大挠度降为 $w=\frac{0.11ql^4}{384EI}$。若增加中间支承(图 8-23(e))。

则最大弯矩减为$\frac{1}{32}ql^2$,是原来的$\frac{1}{4}$,同时最大挠度减至原来的$\frac{1}{490}$。也就是说,仅仅改变一下支承的位置或增加支承。可将梁的承载能力成倍提高。

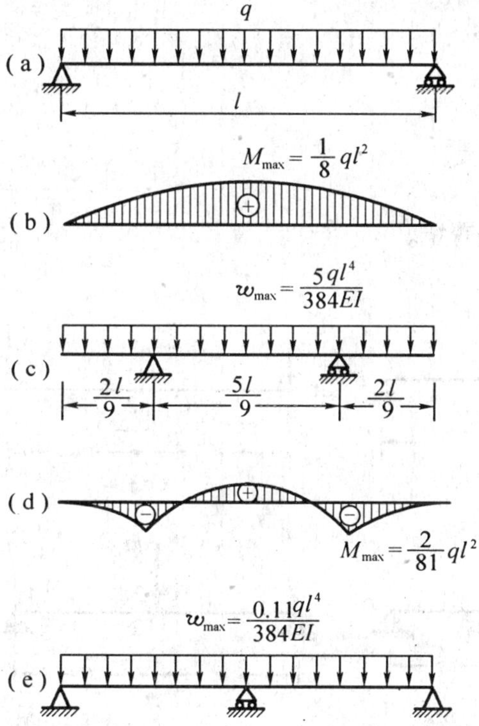

图 8-23

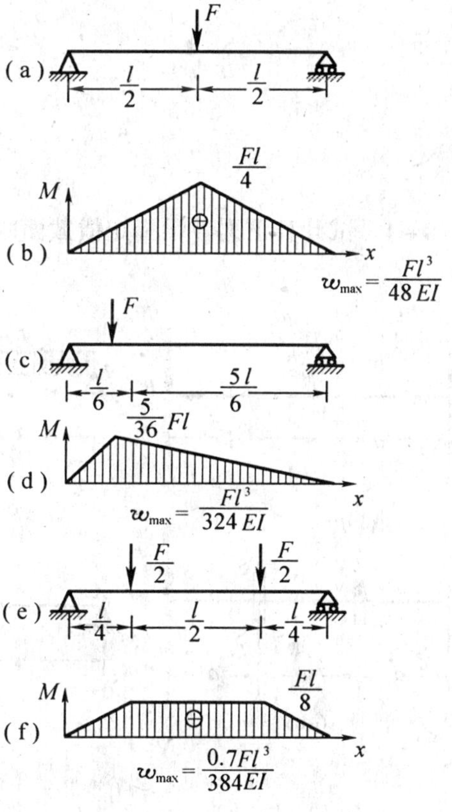

图 8-24

(2)合理配置载荷

如图 8-24(a)所示一受集中力作用的简支梁。集中力 F 作用于中点时,其最大弯矩为$\frac{1}{4}Fl$(图 8-24(b)),最大挠度为$\frac{Fl^3}{48EI}$。若将集中力 F 移至离支承处$\frac{1}{6}l$,则最大弯矩降为$\frac{5}{36}Fl$ 图 8-24(c),(d)),最大挠度降为$\frac{Fl^3}{324EI}$,梁的最大弯矩与最大挠度都显著降低。又若将集中力分到两处(图 8-24(e),(f)),最大弯矩与最大挠度同样将大大降低。

二、合理选择梁的截面形状

梁的强度和弯曲刚度都与梁截面的惯性矩有关,选择惯性矩较大的截面形状能有效提高梁的强度和刚度。

在面积相同的情况下(图 8-25),工字形、槽形、T形截面比矩形截面有更大的惯性矩,圆形截面的惯性矩最小。所以工程中常见的梁多为工字形、T形等。

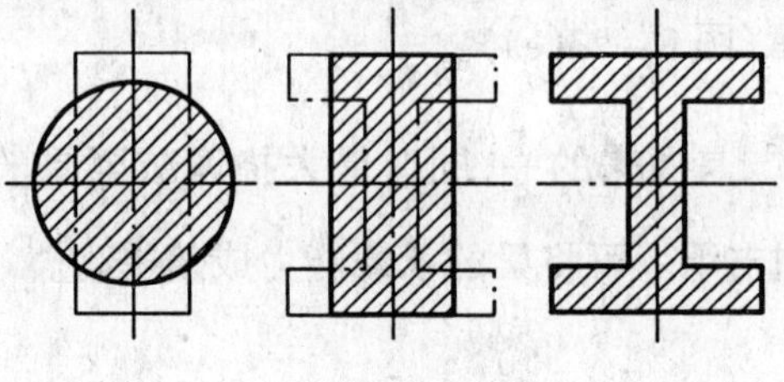

图 8-25

习　题

8-1　试计算下列各梁指定横截面的剪力和弯矩。

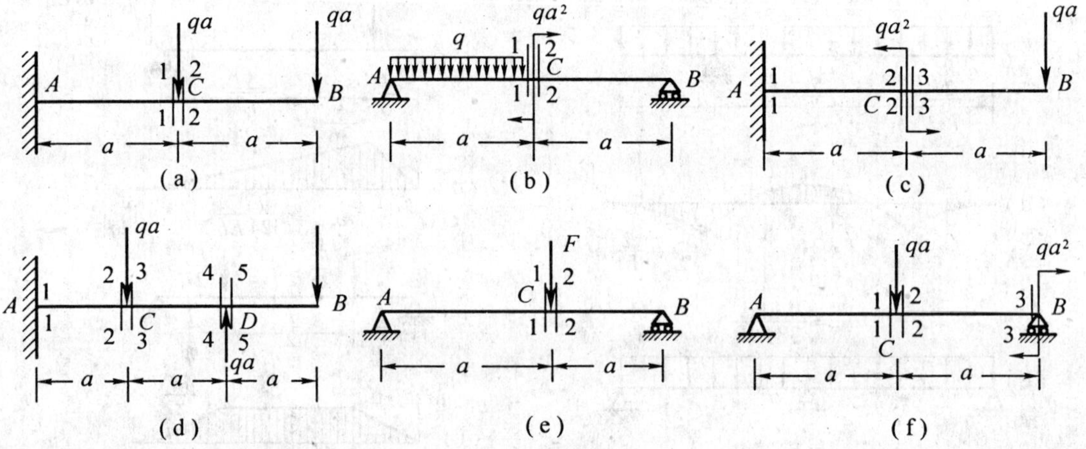

题 8-1 图

8-2　试作出下列各梁的弯矩图,并求出 M_{max}。

8-3　简述弯曲正应力公式 $\sigma = \frac{My}{I_z}$ 中各符号的含义,σ 的正负号的确定及公式应用的范围。

8-4　试比较圆形、矩形和工字形截面梁的合理性?

8-5　简支梁受力如图所示。梁为圆截面,其直径 $d = 40$ mm,求梁横截面上的最大正应力。

8-6　一矩形截面梁如图所示。已知:$F = 2$ kN,横截面的高度比 $h/b = 3$;材料的许用正应力$[\sigma] = 8$ MPa,试选择横截面的尺寸。

8-7　一受均布载荷的外伸梁,梁为 No28b 工字钢制成,许用正应力$[\sigma] = 160$ MPa,试求许可载荷。(查型钢表 $W_z = 834.29$ cm^3)

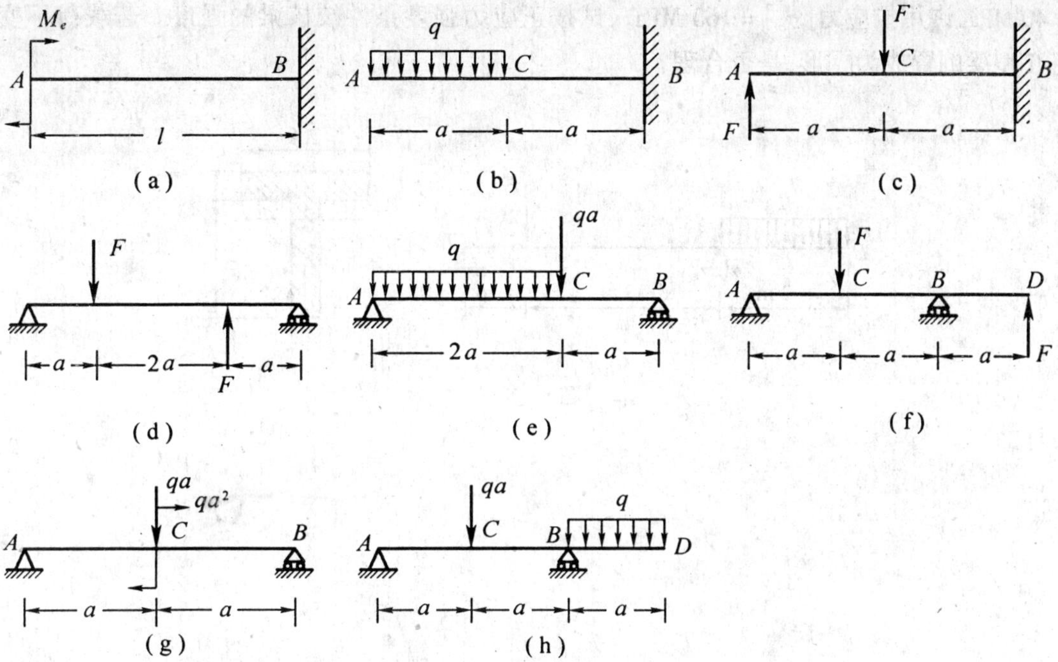

题 8-2 图

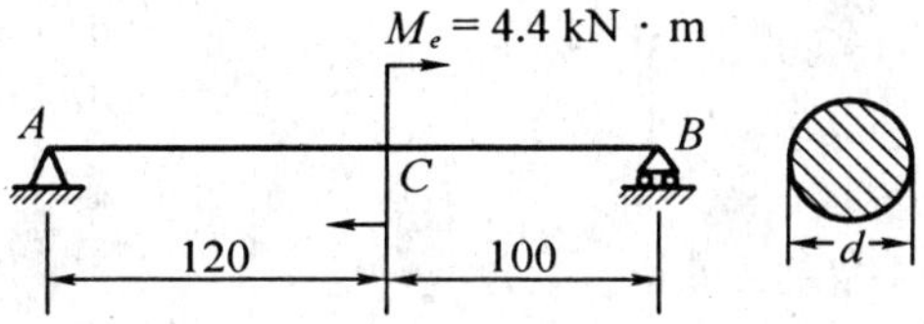

题 8-5 图

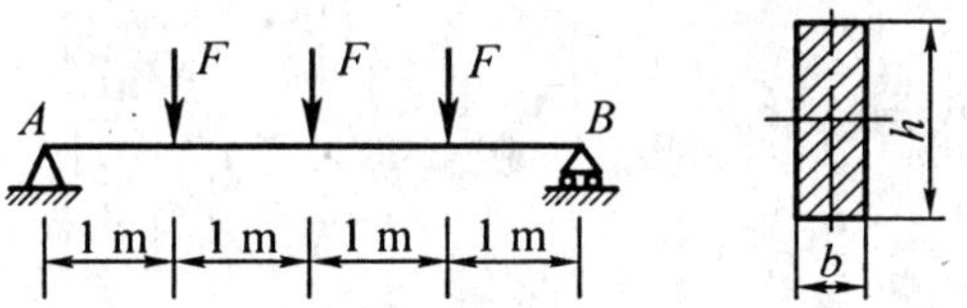

题 8-6 图

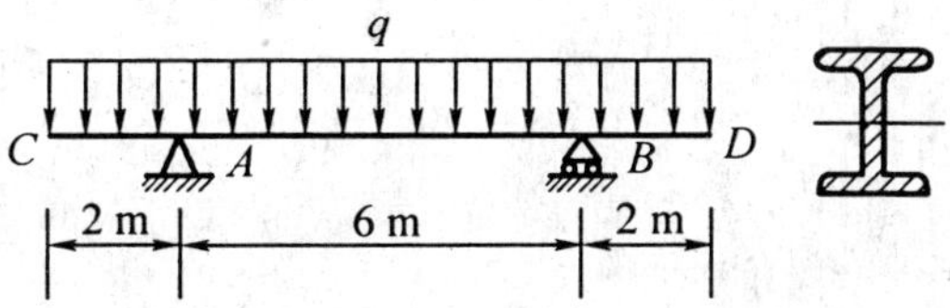

题 8-7 图

8－8　铸铁梁受力和截面尺寸如图所示。已知：$q = 10$ kN/m，$F = 2$ kN，许用拉应力［σ］＝40 MPa，许用拉应力［σ_c］＝160 MPa，，试按正应力强度条件校核梁的强度。若载荷不变，将 T 型梁倒置成为⊥形，是否合理？

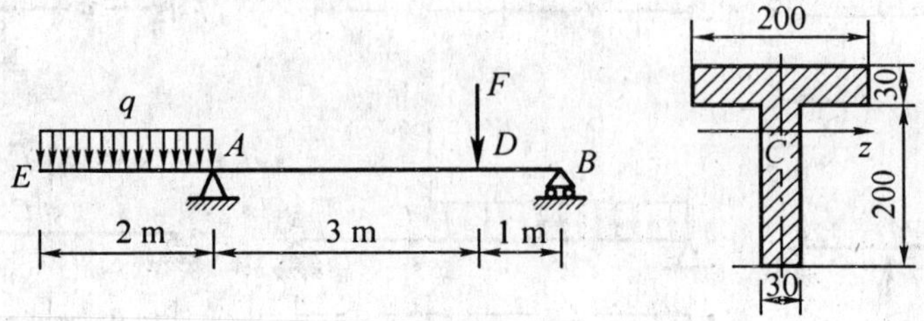

题 8－8 图

第9章 组合变形构件的强度计算

9.1 组合变形的概念

大多数机器或结构中的构件,在工作中受外力作用产生的变形比较复杂,经分析后均可看成若干种基本变形的组合。例如图9-1所示车刀工作时产生弯曲和压缩变形;图9-2所示钻机中的钻杆工作时产生压缩和扭转变形;图9-3所示为齿轮轴工作时产生弯曲和扭转变形。构件受力后产生的变形是由两种以上基本变形的组合,称为组合变形。

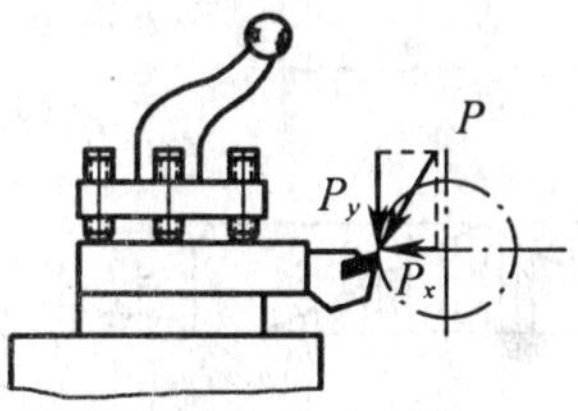

图9-1

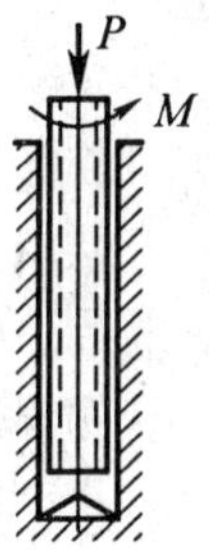

图9-2

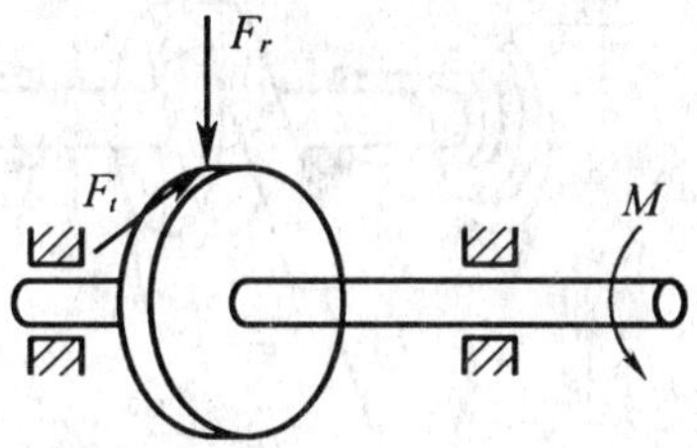

图9-3

在小变形且材料服从胡克定律的条件下,每一种基本变形所产生的应力和变形将不受其他变形的影响。于是可以应用叠加原理求得组合变形时杆的应力和变形。组合变形时杆的强度计算问题通常按下列基本步骤计算:

1.外力分析

将作用于杆件的外力沿由杆的轴线及横截面的两对称轴所组成的直角坐标系作等效分解,使杆件在每组外力作用下,只产生一种基本变形。

2.内力分析

用截面法计算杆件横截面上各个基本变形的内力,并画出内力图,由此判断危险截面的位置。

3.应力分析

根据各基本变形在杆件横截面上的应力分布规律,运用叠加原理确定危险截面上危险点的位置及其应力值。

4.强度计算

分析危险点的应力状态,结合杆件材料的性质,选择适当的强度理论进行强度计算。

研究组合变形问题的关键在于:如何将组合变形分解为若干基本变形,并将基本变形下的应力和变形进行叠加。

组合变形的种类较多,本章主要讨论工程中最常见的扭转与弯曲的组合变形。其他形式的组合变形,可用同样的分析方法加以解决。

9.2 扭转和弯曲的组合变形

扭转和弯曲的组合变形是机械工程中常见的情况，以下讨论轴类零件在弯扭组合变形时的强度计算。以带传动轴为例：

1.外力分析

如图9-4(a)所示，已知带轮紧边拉力为 $\boldsymbol{F}_1$，松边拉力为 $\boldsymbol{F}_2(F_1>F_2)$，轴的跨距为 l，轴的直径为 d，带轮的直径为 D。按力系简化原则，将带的拉力 $\boldsymbol{F}_1$ 和 $\boldsymbol{F}_2$ 分别向轴心 C 点简化(将力平移至 C 点)，得一个水平力 $\boldsymbol{F}_c=(F_2+F_1)$和附加力偶 $M_c=(F_1-F_2)D/2$(图9-4(b))。根据力的可叠加性原理，轴的受力可视作只受集中力 $\boldsymbol{F}_c$ 作用的 c 图和只受转矩 M_A，M_C(平衡时有 $M_A=M_C$)作用的 e 图两种受力情况的叠加。

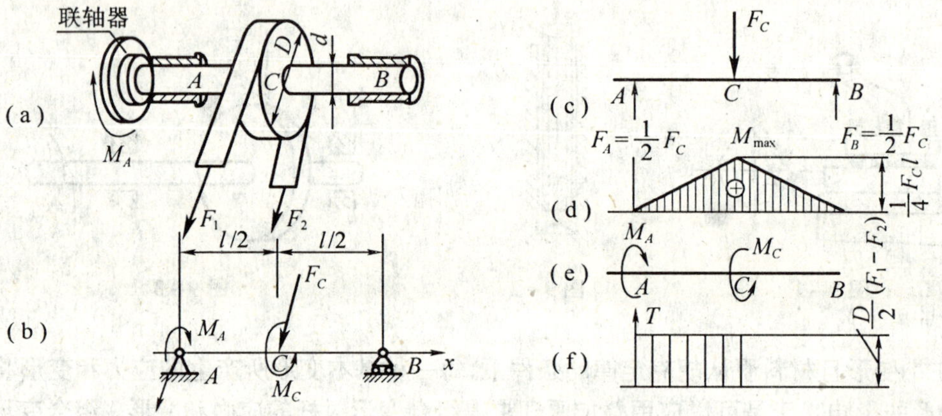

图9-4

2.内力分析

作出弯矩图和转矩图分别如图9-4(d)、(f)所示。由弯矩图和转矩图可知，跨度中点 C 处为危险截面。

3.应力分析

在水平力 $\boldsymbol{F}_c$ 作用下，轴在水平面内弯曲，其最大弯曲正应力(在轴中间截面直径的两端(如图9-5所示的 C_1，C_2 处)；在 M_A，M_C 作用下，AC 段各截面圆周边的切应力均达最大值 τ 且相同。σ，τ 由下式确定：

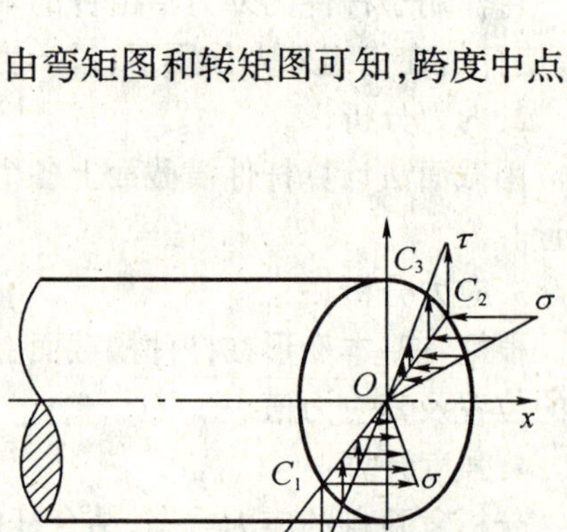

图9-5

$$\sigma=\frac{M}{W_z},\tau=\frac{T}{W_p}$$

式中 M——危险截面弯矩，N·mm；

W_z——危险截面的弯曲截面系数，mm^3；

T——危险截面扭矩，N·mm；

W_P——危险截面扭转截面系数，mm^3。

如图 9-5 所示，在危险点 C_1、C_2 处同时作用最大弯曲正应力和最大扭转切应力，处于既有正应力又有切应力的复杂应力状态。根据第三强度理论，其强度条件可用下式表示

$$\sigma_{r3}=\sqrt{\sigma^2+4\tau^2}\leqslant[\sigma] \quad (7-5a)$$

对于圆轴 $w_p=2w_z$，经简化可表达为

$$\sigma_{r3}=\frac{\sqrt{M^2+T^2}}{W_z}\leqslant[\sigma] \quad (7-5(b))$$

根据第四强度理论，其强度条件可用下式表示

$$\sigma_{r4}=\sqrt{\sigma^2+3\tau^2}\leqslant[\sigma] \quad (7-6a)$$

对圆轴经简化可表达为

$$\sigma_{r4}=\frac{\sqrt{M^2+0.75T^2}}{W_z}\leqslant[\sigma] \quad (7-6(b))$$

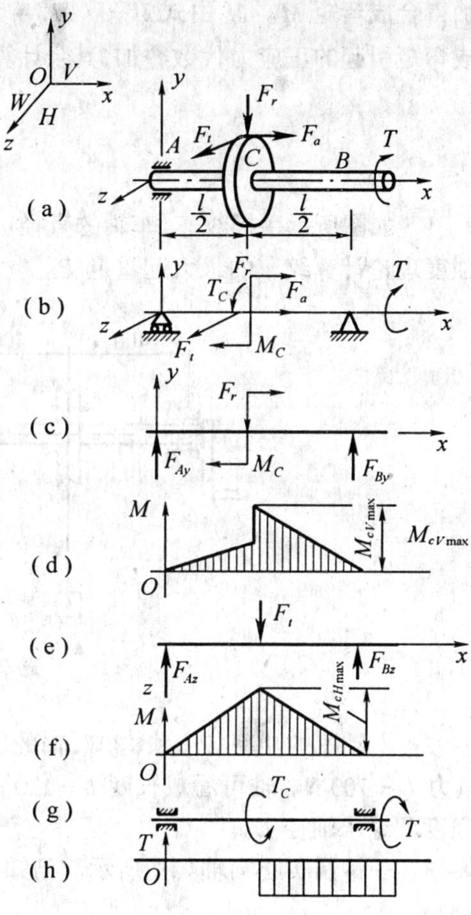

图 9-6

例 9-1 如图 9-4 所示的带传动，已知带轮直径 $D=500$ mm，轴的直径 $d=90$ mm，跨度 $l=1\,000$ mm，带的紧边拉力 $F_1=8\,000$ N，松边拉力 $F_2=4\,000$ N，轴的材料为 35 钢，其许用应力 $[\sigma]=60$ MPa，试用第四强度理论校核此轴的强度。

解 由前面分析，我们已经知道截面 C 为危险截面，该截面上的弯矩与转矩值分别为

$$M=(F_2+F_1)(l/4)=(8\,000+4\,000)\times1\,000/4=3\,000\ \text{N}\cdot\text{m}$$

$$T=(F_1-F_2)(D/2)=(8\,000-4\,000)\times500/2=1\,000\ \text{N}\cdot\text{m}$$

将上面计算的数值代人强度计算公式

$$\sigma_{r4}=\frac{\sqrt{M^2+0.75T^2}}{W_z}=\frac{\sqrt{(3\,000\times10^3\ \text{N}\cdot\text{mm})^2+0.75\times(1\,000\times10^3\ \text{N}\cdot\text{mm})^2}}{\frac{\pi90^3\ \text{mm}^3}{32}}=44.2\ \text{MPa}\leqslant[\sigma]$$

故此轴的强度足够。

应当指出，上例因只在水平平面内有力（$\boldsymbol{F}_2+\boldsymbol{F}_1$）作用，故只在水平平面内产生弯矩。但在一般情况下，在水平平面内和垂直平面内都有力作用。

如图 9-6(a)所示为装有斜齿轮的轴 AB，此时齿轮节圆周上作用着径向力 $\boldsymbol{F}_r$、圆周力 $\boldsymbol{F}_t$ 和轴向力 $\boldsymbol{F}_a$，如图 9-6(b)所示。经简化，径向力 $\boldsymbol{F}_r$ 在垂直平面（V 面）内，轴向力 $\boldsymbol{F}_a$ 向轴线平移后得力 $\boldsymbol{F}_a$ 和弯矩 M_c 也在垂直平面内（图 9-6(c)）；圆周力 $\boldsymbol{F}_t$ 向轴心简化后得到力 $\boldsymbol{F}_t$ 和转矩 T_c，力 $\boldsymbol{F}_t$ 作用在水平平面（H 面）内（图 9-6(e)），故 AB 轴在水平平面和垂直平面内都产生弯矩（M_H，M_V）（图 9-6(d)，(f)）。这时只需将两个互相垂直平面内的弯矩几

何相加得合成弯矩 M。M 由式 $M=\sqrt{M_H^2+M_V^2}$ 求得，轴向力 F_a 引起轴截面上的正应力可与合成弯矩引起的正应力代数叠加，其余计算同上。

习　题

9－1　如图所示手摇绞车，车轴的直径 $d=30$ mm，材料为 Q235 钢，$[\sigma]=80$ MPa。试按第三强度理论计算绞车的最大起重量 P。

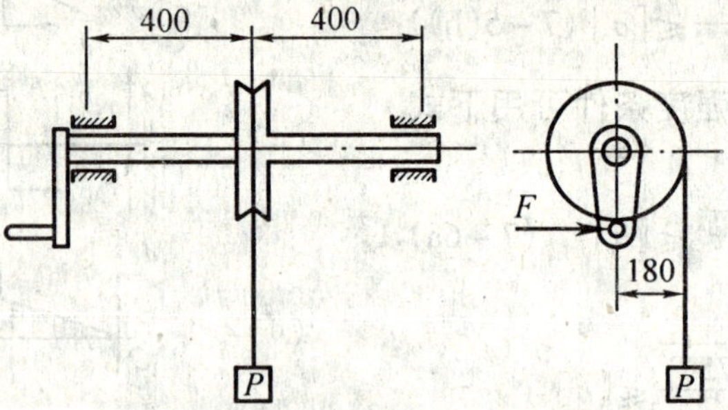

题 9－1 图

9－2　电动机的功率 $P=8.8$ kW，轴的转速 $n=800$ r/min，胶带传动轮的直径 $D=250$ mm，重力 $G=700$ N。轴可看成长度 $b=120$ mm 的悬臂梁，其许用应力$[\sigma]=100$ MPa。试按第三强度理论求轴径 d。

9－3　一钢制实心圆轴如图所示。已知钢的许用应力$[\sigma]=80$ MPa，试按第四强度理论设计轴径。

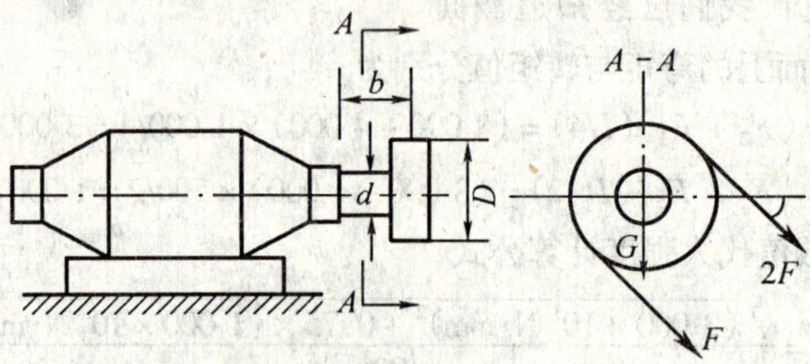

题 9－2 图

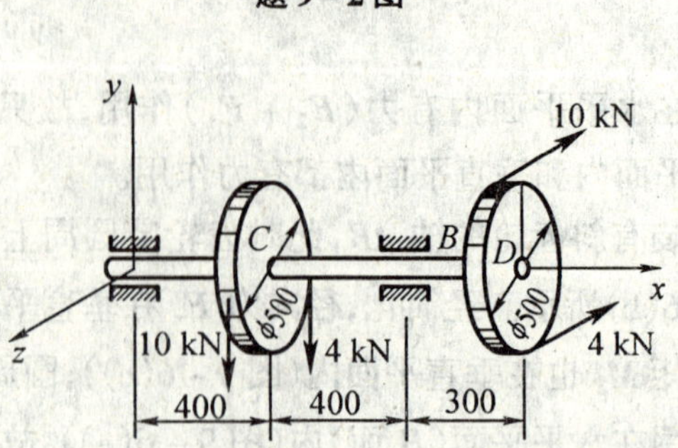

题 9－3 图

第10章 压杆稳定

本章主要讲授压杆稳定的概念、稳定性分析及压杆临界应力的计算。

前面讨论轴向压缩时，认为满足压缩强度条件即可保证构件安全工作。这一结论对于细长杆件不再适用，当细长杆受压时，在应力远远低于极限应力时，会因突然产生显著的弯曲变形而失去承载能力。例如活塞连杆机构中的连杆、凸轮机构中的顶杆、支承机械的千斤顶(图 10-1)、托架中的压杆(图 10-2)等，当压力超过一定数值后，在外界微小的扰动下，其直线平衡形式将转变为弯曲形式，从而使杆件或由之组成的机器丧失正常功能。这是一种区别于强度失效与刚度失效的又一种失效形式，称为“稳定失效”。它和强度、刚度问题一样，在机械或其零部件的设计中占有重要地位。

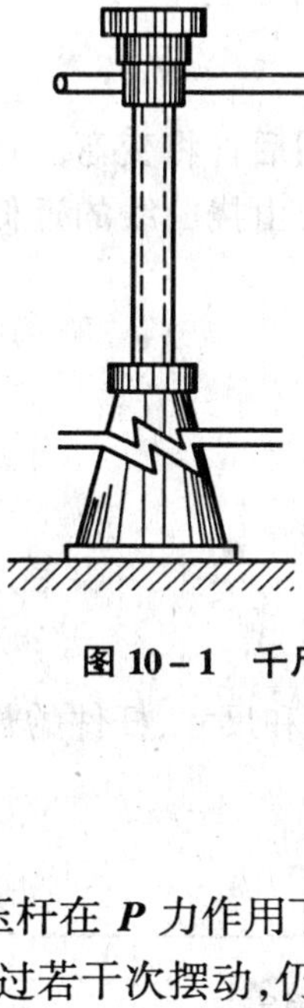

图 10-1 千斤顶

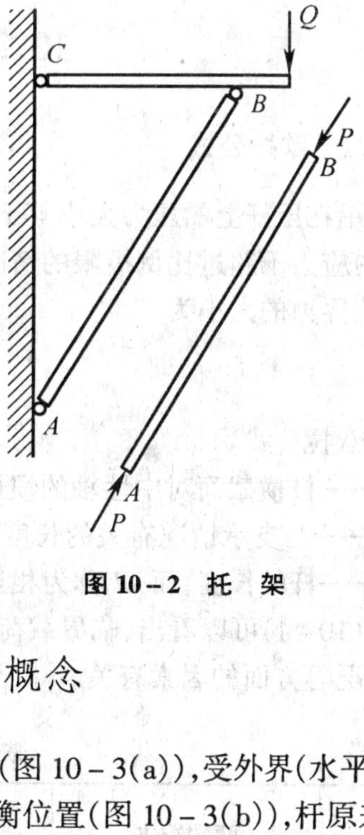

图 10-2 托 架

10.1 压杆稳定的概念

细长压杆在 P 力作用下处于直线形状的平衡状态(图 10-3(a))，受外界(水平力 Q)干扰后，杆经过若干次摆动，仍能回到原来的直线形状平衡位置(图 10-3(b))，杆原来的直线形状的平衡状态称为稳定平衡。若受外界干扰后，杆不能恢复到原来的直线形状而在弯曲形状下保持新的平衡(图 10-3(c))，则杆原来的直线形状的平衡状态称为非稳定平衡。压杆的稳定性问题，就是针对受压杆件能否保持它原来的直线形状的平衡状态而言的。

通过上面的分析，不难看出，压杆能否保持稳定，与压力 P 的大小有着密切的关系。随着压力 P 的逐渐增大，压杆就会由稳定平衡状态过渡到非稳定平衡状态。这就是说，轴向压力的量变，必将引起压杆平衡状态的质变。压杆从稳定平衡过渡到非稳定平衡时的压力称为临界力或称临界载荷，以 F_{cr} 表示。显然，当压杆所受的外力达到临界值时，压杆即开始丧失稳定。由此可见，掌握压杆临界力的大小，将是解决压杆稳定问题的关键。

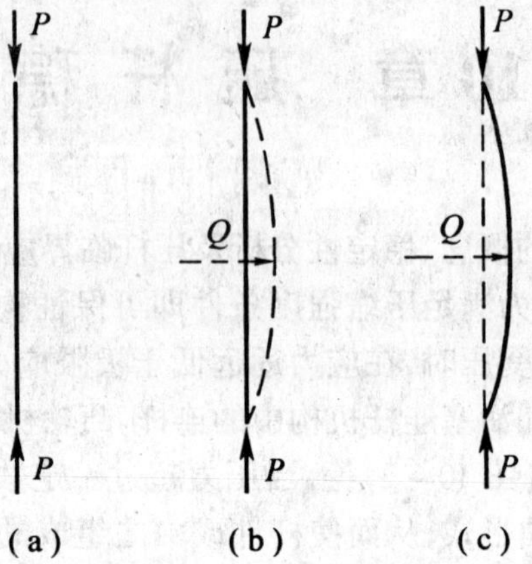

图 10-3　压杆稳定的概念

10.2　临界力的确定

10.2.1　欧拉公式

当作用在压杆上的压力大小等于临界力时，受到干扰力作用后杆将变弯。在杆的变形不大，杆内应力不超过比例极限的情况下，根据弯曲变形的理论，由挠曲线的近似微分方程式，求出临界力的大小为

$$F_{cr}=\frac{\pi^2 EI}{(\mu l)^2} \tag{10-1}$$

上式称为欧拉公式。

式中　I——杆横截面对中性轴的惯性矩；

μ——与支承情况有关的长度因数，其值见表 10-1；

l——杆的长度，而 μl 称为相当长度。

由式(10-1)可以看出，临界载荷与材质的种类、截面的形状和尺寸、杆件的长度和两端的支承情况等方面的因素有关。

表 10-1　压杆长度因数

支承情况	两端铰支	一端固定 一端铰支	两端固定	一端固定 一端自由
挠曲线形状		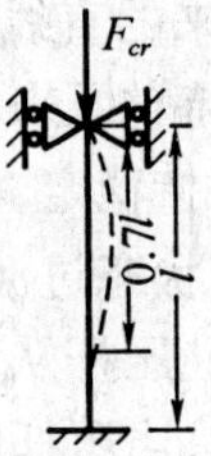	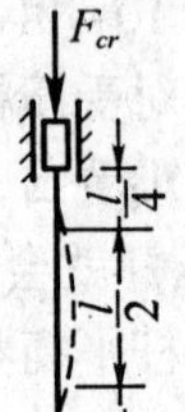	

10.2.2 临界应力

压杆在临界力作用下横截面上的应力称为临界应力,用 σ_{cr} 表示。

根据临界力的欧拉公式可以求得临界应力为

$$\sigma_{cr}=\frac{F_{cr}}{A}=\frac{\pi^2 EI}{A(\mu l)^2}$$

式中 A 为压杆的横截面面积。

令 $i^2=I/A$ 代入上式,则

$$\sigma_{cr}=\frac{\pi^2 EI}{A(\mu l)^2}=\frac{\pi^2 E}{\left(\frac{\mu l}{i}\right)^2}=\frac{\pi^2 E}{\lambda^2} \tag{10-2}$$

式中 i——称为截面的惯性半径;

$\lambda=\mu l/i$——称为压杆的柔度,也称为压杆的长细比,为量纲一的量。

从式中可以看出,λ 值越大,则杆件越细长,杆越易丧失稳定性,其临界力越小;λ 值越小,则杆件越短粗,杆越不易丧失稳定性,其临界力越大。所以柔度 λ 是压杆稳定计算的一个重要参数。

10.2.3 欧拉公式的适用范围

因为欧拉公式是在材料服从胡克定律的条件下推导出来的,故必须在临界应力小于比例极限的条件下欧拉公式才能适用,即

$$\sigma_{cr}=\frac{\pi^2 E}{\lambda^2}\leqslant\sigma_p$$

由此可求得对应比例极限的柔度 λ_p

$$\lambda_p=\pi\sqrt{\frac{E}{\sigma_p}} \tag{10-3}$$

显然,用 λ_p 表示欧拉公式的适用范围为 $\lambda\geqslant\lambda_p$,这类杆称为大柔度杆或细长杆。$\lambda_p$ 的值取决于材料的性质,见表 10-2。

10.2.4 中、小柔度杆的临界应力

对于不能应用欧拉公式计算临界应力的压杆,即压杆内的工作应力大于比例极限但小于屈服极限(塑性材料)时,可应用在实验基础上建立的经验公式。经验公式有直线公式和抛物线公式等。其中直线公式比较简单,应用方便,公式为

$$\sigma_{cr}=a-b\lambda \tag{10-4}$$

式中 a 和 b 是与材料性质有关的常数,见表 10-2。

公式(10-4)的适用范围,对于塑性材料制成的压杆,要求其临界应力不得超过材料的屈服极限,即

$$\sigma_{cr}=a-b\lambda<\sigma_s$$

或

$$\lambda>(a-\sigma_s)/b$$

对应屈服极限的柔度 λ_s

$$\lambda_s = (a - \sigma_s)/b$$

所以公式(10-4)的适用范围为

$$\lambda_s < \lambda < \lambda_p$$

λ_s 的值见表 10-2。

表 10-2 几种常用材料的 a、b、λ_s 和 λ_p

材料	a/MPa	b/MPa	λ_p	λ_s
Q235 钢	310	1.14	100	60
45 钢	5109	3.102	100	60
铸铁	3 310.7	1.410 3	100	
木材	29.3	0.194	110	40

一般将柔度值介于 λ_s 和 λ_p 之间的压杆称为中柔度杆或中长杆，柔度小于 λ_s 的压杆称为小柔度杆或短粗杆。

综上分析，可将各类柔度压杆临界应力计算公式归纳如下：

对于细长杆($\lambda \geqslant \lambda_p$)，用欧拉公式

$$\sigma_{cr} = \frac{\pi^2 E}{\lambda^2}$$

对于中长杆($\lambda_s < \lambda < \lambda_p$)，用经验公式

$$\sigma_{cr} = a - b\lambda$$

对于短粗杆($\lambda \leqslant \lambda_s$)，用压缩强度公式

$$\sigma_{cr} = \sigma_s$$

例 10-1 有一长 $l = 300$ mm，截面宽 $b = 6$ mm、高 $h = 10$ mm 的压杆。两端铰接，压杆材料为 Q235 钢，$E = 200$ GPa，试计算压杆的临界应力和临界力。

解 (1)求惯性半径 i

对于矩形截面，如果失稳必在刚度较小的平面内产生，故应求最小惯性半径

$$i_{\min} = \sqrt{\frac{I_{\min}}{4}} = \sqrt{\frac{hb^3}{12} \times \frac{1}{bh}} = \frac{b}{\sqrt{12}} = \frac{6}{\sqrt{12}} = 1.732 \text{ mm}$$

(2)求柔度 λ

$$\lambda = \mu l / i, \mu = 1$$

故

$$\lambda = 1 \times 300/1.732 = 519 > \lambda_p = 100$$

(3)用欧拉公式计算临界应力

$$\sigma_{cr} = \frac{\pi^2 E}{\lambda^2} = \frac{\pi^2 20 \times 10^4}{(173.2)^2} = 65.8 \text{ MPa}$$

(4)计算临界力

$$F_{cr} = \sigma_{cr} \times A = 65.10 \times 6 \times 10 = 39\ 410 \text{ N} = 3.95 \text{ kN}$$

10.3 压杆稳定计算

根据临界力的概念可知，要使压杆不丧失稳定，必须使其轴向压力小于临界力。在实际工程中，还需考虑压杆应有必要的稳定性储备，因此，压杆的稳定性条件为

$$F \leqslant \frac{F_{cr}}{n_{st}} \tag{10-5}$$

式中 F——实际工作压力；

F_{cr}——压杆的临界力；

n_{st}——规定的稳定安全因数。

若把临界力 F_{cr} 和工作压力 F 的比值称为压杆的工作安全因数，可以得到用安全因数表示的压杆稳定性条件

$$n = \frac{F_{cr}}{F} \geqslant n. \tag{10-6}$$

或以应力表示

$$n = \frac{\sigma_{cr}}{\sigma} \geqslant n_{st} \tag{10-7}$$

用式(10-6)和(10-7)校核压杆稳定性的方法，称为安全因数法。

例 10-2 图 10-1 所示千斤顶，若丝杆长度 $l = 375$ mm，直径 $d = 40$ mm。材料为 45 钢，最大起重量 $P = 100$ kN，规定的稳定安全因数 $n_{st} = 4$，试校核丝杆的稳定性。

解 (1)计算柔度

丝杆可简化为下端固定，上端自由的压杆，故长度因数 $\mu = 2$，惯性半径为

$$i = \sqrt{\frac{I}{A}} = \sqrt{\frac{\frac{\pi d^4}{64}}{\frac{\pi d^2}{4}}} = \frac{d}{4} = \frac{40}{4} = 10 \text{ mm}$$

故

$$\lambda = \mu l / i = 2 \times 375/10 = 75$$

(2)计算临界力

因 $\lambda_s = 60 < \lambda < \lambda_p = 100$，故丝杆属于中长杆，用经验公式计算临界应力。查表 10-2 得：$a = 5\ 109$ MPa，$b = 3.102$ MPa，则

$$\sigma_{cr} = a - b\lambda = 5\ 109 - 3.102 \times 75 = 302.5 \text{ MPa}$$

$$F_{cr} = \sigma_{cr} A = 302.5 \times \pi \times 40^2/4 = 3\ 101 \times 10^3 \text{ N}$$

(3)校核压杆的稳定性

$$n = \frac{F_{cr}}{F} = \frac{381}{80} = 4.76 \geqslant n_{st} = 4$$

所以此千斤顶丝杆是稳定的。

10.4 提高压杆稳定性的措施

为提高压杆的承载能力，必须综合考虑杆长、支承、截面的合理性、以及材料性能等诸因

素的影响,从 $\lambda=\mu l/i$ 着手。

1.尽量减小压杆杆长

对于细长杆,其临界力与杆长平方成反比。因此,减小杆长可以显著提高杆的承载能力。在某些情况下,通过改变结构或增加支点,可以减小杆长,从而达到提高压杆乃至整个结构的承载能力的目的。

2.增加支承刚性

支承的刚性越大,压杆的长度因数值越小,临界力越大。例如将两端铰支的压杆变成两端固定约束时,临界力将以数倍增加。

3.合理选择截面形状

当压杆两端在各个方向的挠曲平面内,具有相同约束条件时(例如球铰约束),压杆将在刚度最小的主轴平面内失稳。这种情形下,如果只增加截面某个方向的惯性矩(例如只增加矩形截面高度),并不能明显提高压杆的承载能力。最经济的办法,是将截面设计成中空的,且截面对于各轴的惯性矩相同。据此,在横截面积一定的条件下,正方形或圆形截面比矩形截面效果好;空心正方形或圆管形截面比实心截面好。

4.合理选用材料

在其他条件相同的情形下,选用弹性模量较大的材料可以提高大柔度压杆的承载能力。例如钢制压杆的临界力大于铜、铸铁或铝制压杆的临界力。但是,普通碳素钢、合金钢以及高强度钢的弹性模量相差不大,因此,对于细长杆,选用高强钢,对提高压杆临界力意义不大,反而造成材料的浪费。对于粗短杆或中长杆,其临界力与材料的比例极限、屈服极限以及 a、b 值有关系,这时选用高强钢会使压杆临界力有所提高。

习　题

10-1　如何区别压杆的稳定平衡和不稳定平衡?

10-2　由塑性材料制成的中、小柔度压杆在临界力作用下是否仍处于弹性状态?

10-3　其他条件不变的情况下,若保持矩形横截面面积不变,矩形的长、宽尺寸比值为多大时,可得到最大临界力?

10-4　在讨论压杆稳定性问题时,销钉连接和球铰连接作为杆端铰支约束条件是否有区别?

10-5　如图所示的圆截面细长压杆都由Q235钢制成,$E=200$ GPa,直径均为160 mm,按欧拉公式计算各杆的临界力。

10-6　细长压杆的两端为球铰支座,材料的弹性模量 $E=200$ GPa,试用欧拉公式计算下列三种情况的临界力。

(1)圆形截面 $d=25$ mm, $l=1$ m;

(2)矩形截面 $h=2b=40$ mm, $l=1$ m;

(3)No. l6工字钢 $l=2$ m。

10-7　图示横梁 AB 的截面为矩形,尺寸如图。竖杆 CD 的截面为圆形其直径 $d=20$ mm,在 C 处用铰链连接。材料为Q235钢,规定的稳定安全因数 $n_{st}=3$。若测得 AB 梁最大弯曲应力 $\sigma=140$ MPa,试校核 CD 杆的稳定性。

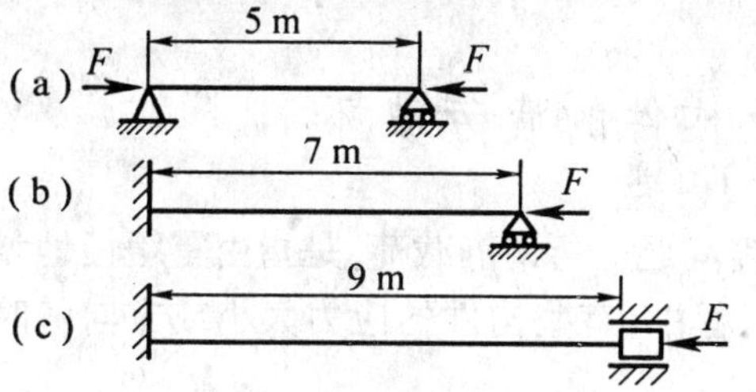

题 10 - 5 图

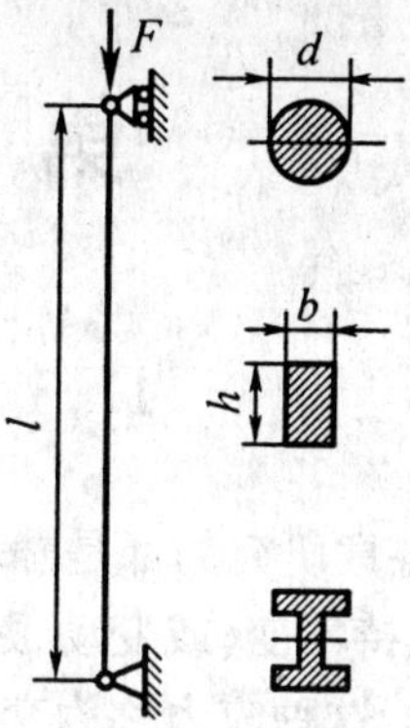

题 10 - 6 图

10 - 8 蒸汽机车的连杆如图所示。截面为工字形，材料为 Q235 钢，连杆承受的最大轴向压力为 465 kN。连杆在摆动平面（xy 平面）内发生弯曲时，两端可视为铰支；而在与摆动平面垂直的 xz 平面内发生弯曲时，两端可认为是固定支座。试确定其工作安全因数。

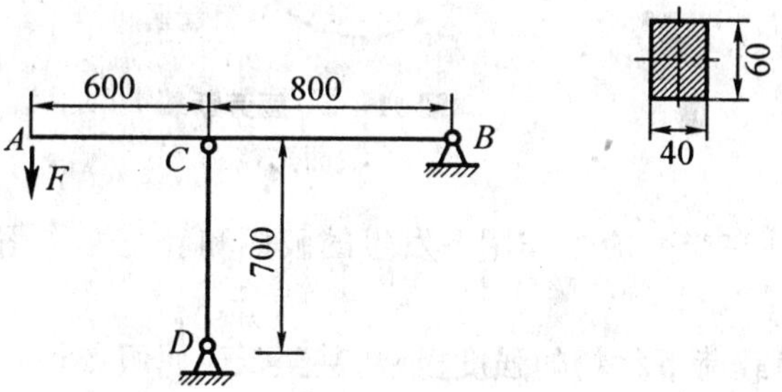

题 10 - 7 图

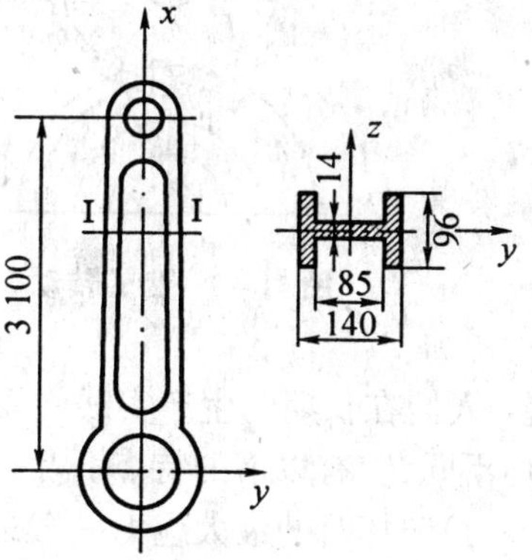

题 10 - 8 图

第11章　交变应力

11.1　交变应力及构件的疲劳破坏

前述各章研究的都是静裁荷作用下的强度问题。所谓静载荷,是指由零缓慢地增加到某一值后保持不变(或变动很小)的载荷。在工程中,有些构件的应力大小或方向随时间作周期性变化,这种应力称为交变应力。

例如工程中的转轴,虽然作用在它上面的载荷大小、方向均不变化,但由于轴本身的转动,轴内各点的应力是随时间变化的,即某点的弯曲正应力由拉变为压,再由压变为拉。又如齿轮上的每一个齿(图11-1),自开始啮合到脱离啮合过程中,齿根上的应力自零增加到最大值,然后又渐减为零,齿轮每转一周,齿根上的应力按此规律重复变化一次。

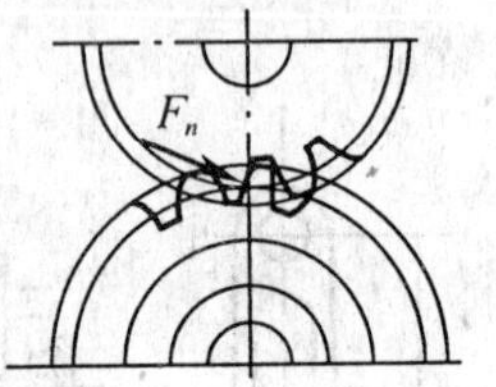

图11-1　齿轮传动

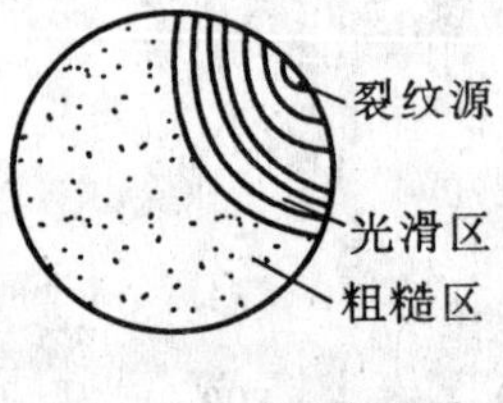

图11-2　疲劳断裂截面形貌

人们在长期的生产实践中发现,构件在交变应力作用下发生的破坏和静应力作用时的破坏不同,它有以下的特点。

(1)破坏时的最大应力一般远低于静载荷下材料的强度极限,甚至低于屈服点。

(2)塑性很好的材料,破坏时一般表现为无明显塑性变形的脆性断裂。

(3)断裂面有两个截然不同的区域:一个光滑区,另一个是粗糙区(图11-2)。在光滑区内,有时可以看到以微裂纹为起始点(称为裂纹源)逐渐扩展的弧形曲线。

构件在交变应力下的破坏现象,工程上习惯称为"疲劳"破坏。目前对这种疲劳破坏现象的一般解释是:当交变应力的大小到达某一限度时,经过多次应力循环后,构件中的最大应力处或材料有缺陷处出现细微裂纹,随着循环次数的增加,裂纹逐渐扩展成为裂缝,由于应力交替变化,裂缝两边的材料时而压紧时而张开,使材料相互挤压研磨,形成光滑区。当断面削弱至一定程度而抗力不足时,在一个偶然的冲击或振动下,便发生突然的脆性断裂,断裂处形成粗糙区。

构件的疲劳破坏通常是在机器运转过程中突然发生的,事先不易发现,一旦发生疲劳破坏,往往造成严重的损害,因此,对于承受交变应力的构件必须进行疲劳强度计算。

11.2 循环特征和持久极限

11.2.1 循环特征

在交变应力作用下，构件内任一点的应力在最大应力和最小应力之间循环变化着，它的变化规律以矿车车轴(图 11－3 所示)为例来说明。当轴横截面上任一点 A 转到 1 位置时应力最大，以 σ_{max} 表示，转到 2 位置时应力为零，转到 3 位置时应力最小，以 σ_{min} 表示，转到 4 位置时应力为零，转到 1 位置时，应力又达到最大。轴每转一周，应力重复变化一次。将应力随时间变化的规律绘在应力－时间直角坐标系内，得到应力变化曲线(图 11－3)。我们把应力每重复变化一次的过程，称为一个应力循环。图 11－3 曲线上由 1 点到 l' 点的过程就是一个应力循环。

对于各种不同的应力变化规律，可以用最小应力与最大应力之比来表示，其比值称为循环特征，即

$$r=\frac{\sigma_{min}}{\sigma_{max}}$$

工程中经常遇到的交变应力有下列两种：

1.对称循环

应力循环中最大应力与最小应力的大小相等，而方向相反，即 $\sigma_{min}=-\sigma_{max}$ 车轴或转轴上任一点的弯曲正应力就是这种循环(图 11－3)，其循环特征

$$r=\sigma_{min}/\sigma_{max}=-1$$

2.脉动循环

应力循环中最小应力为零，即 $\sigma_{min}=0$，其应力变化曲线如图 11－4 所示。如单向旋转齿轮的齿根处 A 点的弯曲正应力就可以看成是这种循环，其循环特征

$$r=\sigma_{min}/\sigma_{max}=0$$

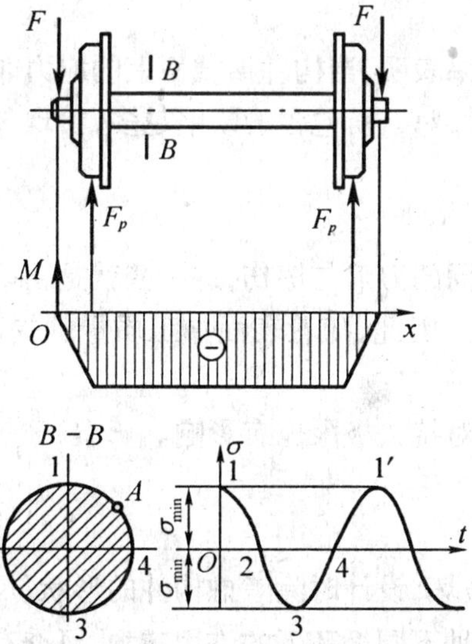

图 11－3　对称循环

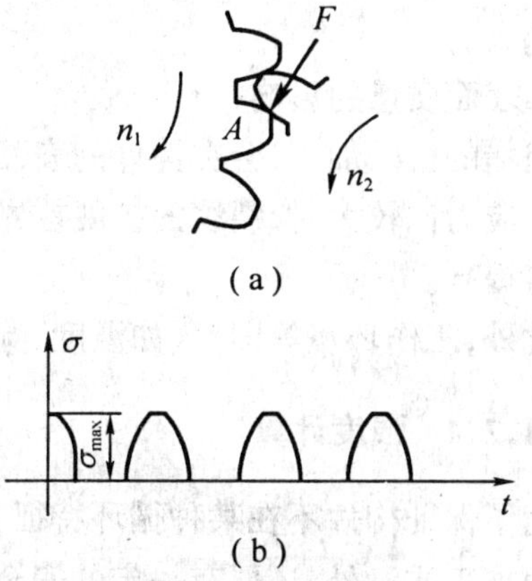

图 11－4 脉动循环

当最大应力和最小应力的大小相等而方向相同时（$\sigma_{min}=\sigma_{max}$），即应力无变化的情况，这就是静应力。这种应力可以看作是交变应力的一种特殊情况，其循环特征

$$r=\sigma_{min}/\sigma_{max}=1$$

11.2.2 持久极限

我们知道，材料在静载荷作用下抵抗破坏的能力用屈服点应力 σ_s 或用抗拉强度 σ_b 表示，而材料对疲劳破坏的抵抗能力则用持久极限表示。在交变应力作用下，材料经过无数次循环而不发生破坏的最大应力称为持久极限，也称为疲劳极限，用 σ_r 表示，这里的脚标 r 表示循环特征。例如 σ_{-1}、σ_0 或 σ_{+1} 分别表示对称循环、脉动循环和静应力作用下材料的持久极限。实验指出：持久极限的数值随材料种类、受力形式（弯曲、扭转、拉压）的不同而不同，且同一种材料在同一种受力形式下持久极限还随着循环特征的不同而不同。

材料的持久极限是用专门的试验机来测定的。图 11－5 是钢制小试件在弯曲对称循环下最大应力与循环次数 N 的关系曲线习惯上称为疲劳曲线。从疲劳曲线上看出，当应力降低至某一数值后，疲劳曲线趋于水平，即有一条水平渐进线，只要应力不超过这一水平渐进线对应的应力值，试件就可经历无限次循环而不发生疲劳破坏。工程中常以 $N=10^7$ 次应力循环对应的最大应力值为材料的持久极限 σ_{-1}。

11.2.3 影响构件疲劳极限的因素

材料的持久极限是用标准试样在试验机上测得的，而实际构件与标准试样由于其尺寸、表面加工质量、工作环境等不同，其疲劳极限与材料的疲劳极限是不同的。

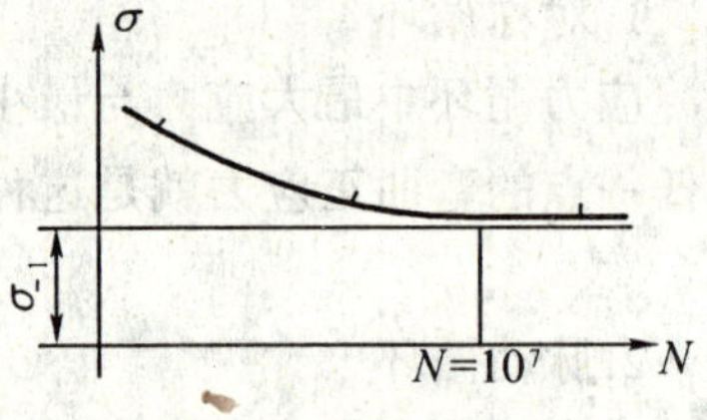

图 11－5 疲劳曲线

1．应力集中的影响

在构件的截面突变处，如阶梯轴的过渡段、开孔、切槽等处，会产生应力集中现象。在这些局部区域内，应力有可能达到很高的数值，不仅容易形成微裂纹，而且会促使裂纹扩展；从而使疲劳极限降低。

2．构件尺寸的影响。

构件尺寸对疲劳极限有着明显的影响，试验结果表明，当构件横截面上的应力非均匀分布时，构件尺寸越大，其疲劳极限越低。构件的尺寸越大，所包含的缺陷越多，出现裂纹的几率也越大。

3．表面质量的影响

粗糙的机械加工，会在构件的表面形成深浅不同的刀痕与擦伤，这一些就是初始微裂纹源。当应力比较大时，裂纹的扩展首先从这里开始。因此，随着表面加工质量的提高，疲劳极限将提高。

此外，工作环境等因素（如温度、湿度、腐蚀等）对持久极限也有影响。

11.2.4 强度计算

为了保证构件不在某种循环特征下发生疲劳破坏，设计时除考虑构件的形状、尺寸大小和表面加工质量外，还要有一定的安全储备。在各种不同循环下的许用应力，可查有关手册得到。

对于一般构件，在交变应力下的强度计算与静应力下的强度计算相似，即交变应力的最大值(绝对值)不能超过该循环特征的许用应力。其强度条件可写成

弯曲对称循环：$\sigma_{max} \leqslant [\sigma_{-1}]$

弯曲脉动循环：$\sigma_{max} \leqslant [\sigma_0]$

式中$[\sigma_{-1}]$表示弯曲对称循环许用应力；$[\sigma_0]$表示弯曲脉动循环许用应力。

11.3 提高构件疲劳强度的措施

提高构件的疲劳强度，是指在不改变构件的基本尺寸和材料的前提下，通过减小应力集中和改善表面质量，以提高构件的疲劳极限。通常有以下一些途径：

1.缓和应力集中

截面突变处的应力集中是产生裂纹以及裂纹扩展的重要原因。因此，通过适当加大截面突变处的过渡圆角以及其他措施，有利于缓和应力集中，从而可以明显地提高构件的疲劳强度。

2.提高构件表面层质量

在应力非均匀分布的情形下，疲劳裂纹大都从构件表面开始形成和扩展。因此，通过机械的或化学的方法对构件表面进行强化处理，改善表面层质量，将使构件的疲劳强度有明显的提高。如表面滚压和喷丸处理，表面渗碳、渗氮和液体碳氮共渗等。

习　题

11-1　什么是交变应力？试举两个工程实例。

11-2　金属构件在交变应力作用下破坏时的断口有什么特征？疲劳失效的过程怎样？

11-3　影响构件疲劳极限的主要因素有哪些？材料的疲劳极限和构件的疲劳极限哪一个大？

11-4　提高构件疲劳极限的措施有哪些？

第三编 常用机构

各种机械中经常使用的机构称为常用机构，如平面连杆机构、凸轮机构、齿轮机构和间歇运动机构等。这些机构在机器中的主要作用是传递运动和动力，实现运动形式或速度的变化。本篇主要介绍机械中常用机构的工作原理、运动特性、结构特点、使用维护以及标准和规范，学习一般常用机构的设计思想和方法。

第 12 章 平面机构的结构分析

12.1 运动副及其分类

10.2.1 运动副的概念

机构是具有确定相对运动构件的组合体，为实现机构的各种功能，各构件之间必须以一定的方式连接起来，并且能具有确定的相对运动。例如在内燃机中，活塞与缸体组成可相对移动的连接；活塞和连杆、连杆和曲轴、曲轴和机架分别组成可相对转动的连接。这种两构件通过直接接触，既保持联系又能相对运动的连接，称为运动副，也可以说运动副就是两构件间的可动连接。

10.2.2 运动副的分类

根据运动副各构件之间的相对运动是平面运动还是空间运动，可将运动副分成平面运动副和空间运动副。所有构件都只能在相互平行的平面上运动的机构称为平面机构，平面机构的运动副称为平面运动副。

按两构件间的接触特性，平面运动副可分为低副和高副。

1.低副

两构件间为面接触的运动副称为低副。根据构成低副的两构件间的相对运动特点，又分为转动副和移动副。

两构件只能作相对转动的运动副为转动副。(图 12－1(a)、(b))中轴承与轴颈的连接，铰链连接等都属转动副。

移动副是两构件只能沿某一轴线相对移动的运动副，如图(图 12－1(c)、(d))所示。

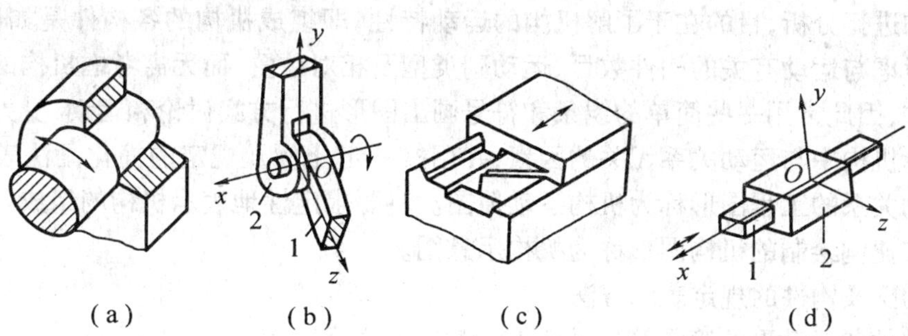

图 12－1

2.高副

两构件间为点、线接触的运动副称为高副，如图 12－2 所示的车轮与钢轨、凸轮与从动件、齿轮啮合等均为高副。

常用的运动副还有球面副(球面铰链)，如图 12－3(a)所示；螺旋副(图 12－3(b))，均为空间运动副。

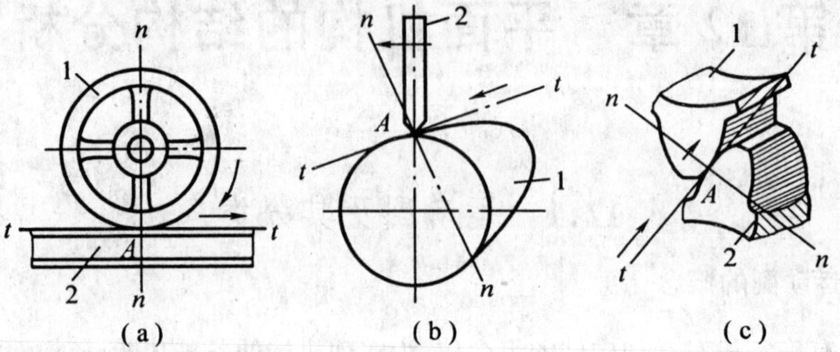

图 12－2

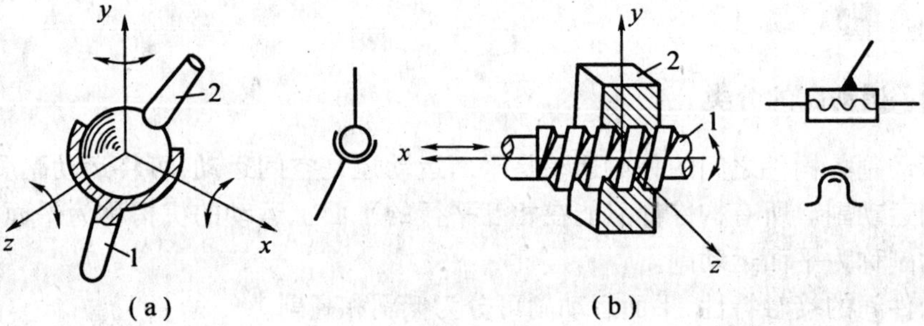

图 12－3

12.2 平面机构的运动简图

1.机构运动简图的概念

对机构进行分析,目的在于了解机构的运动特性,即组成机构的各构件是如何工作的,故只需要考虑与运动有关的构件数目、运动副类型及相对位置,而无需考虑机构的真实外形和具体结构,因此常用一些简单的线条和符号画出图形进行方案讨论和运动、受力分析。这种撇开实际机构中与运动关系无关的因素,并用按一定比例及规定的简化画法表示各构件间相对运动关系的工程图形称为机构运动简图。只要求定性地表示机构的组成及运动原理而不严格按比例绘制的机构图形称为机构示意图。

2.运动副及构件的规定表示方法

常用构件和运动副的简图符号见表 12－1。

表 12-1 机构运动简图符号(摘自 GB4460-84)

名称		简图符号	名称		简图符号
构件	轴、杆		机架	机架	
构件	三副元素构件	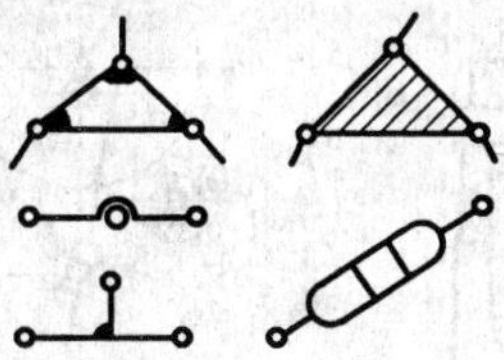	机架	机架是转动副的一部分	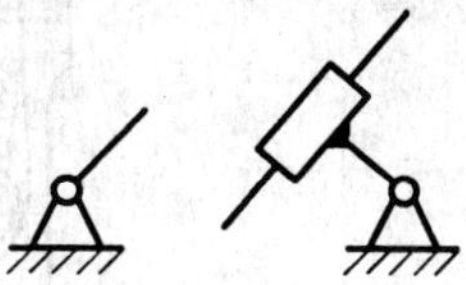
构件	构件的永久连接	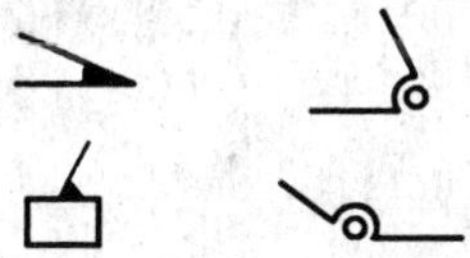	机架	机架是移动副的一部分	
平面低副	转动副	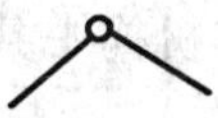	平面高副	齿轮副 外啮合	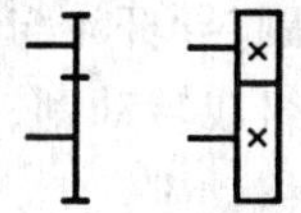
平面低副			平面高副	齿轮副 内啮合	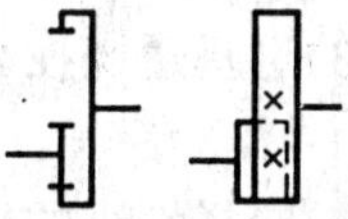
平面低副	移动副	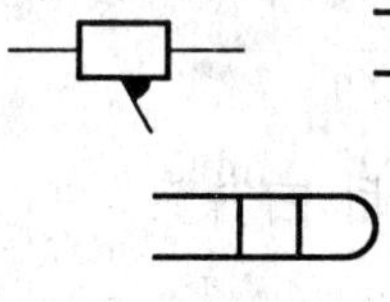	平面高副	凸轮副	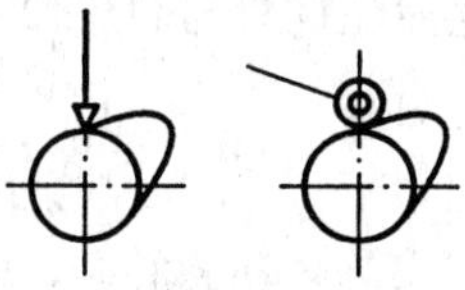

3.机构运动简图的绘制

绘制机构运动简图,首先应先了解清楚机构的构造和运动情况,再按下列步骤进行:

(1)分析机构的组成,分清固定件(机架),确定主动件及从动件的数目;

(2)由主动件开始,循着运动路线,依次分析构件间的相对运动形式,并确定运动副的类型和数目;

(3)选择适当的视图投影平面,确定固定件、主动件及各运动副间的相对位置,以便清楚地表达各构件间的运动关系。通常选择与构件运动平行的平面作为投影面;

(4)按适当的比例尺,$\mu_1=\dfrac{\text{构件实际长度}}{\text{构件图示长度}}\left(\dfrac{\text{m}}{\text{mm}}\right)$,用规定的符号和线条绘制机构的运动简图,并用箭头注明原动件及用数字标出构件号。

例 12-1 绘制图 12-4(a)所示牛头刨床主体运动的机构运动简图。

解 (1)分清固定件(机架),确定主动件、从动件及数目;

牛头刨床主体运动机构由齿轮 1 和 2、滑块 3、导杆 4、摇块 5、滑枕 6 及床身 7 组成。齿轮 1 为原动件,床身 7 为机架,其余 5 个活动构件为从动件。

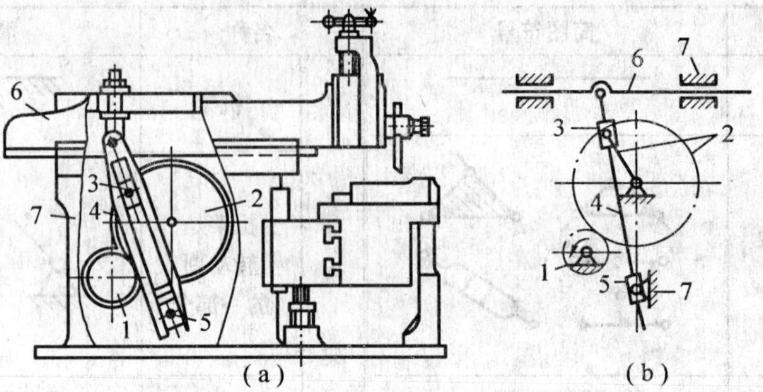

图 12-4

(2)确定运动副类型和数目;

齿轮 1、2 组成齿轮副;小齿轮 1 与床身 7 组成转动副;大齿轮 2 与床身 7、滑块 3 分别组成转动副;导杆 4 与滑块 3、摇块 5 分别组成移动副;导杆 4 与滑枕 6 组成转动副;摇块 5 与床身 7 组成转动副;滑枕 6 与床身 7 组成移动副。即本机构中共有一个齿轮副、五个转动副和三个移动副。

(3)选择适当投影面,这里选择齿轮的旋转平面为正投影面,确定各运动副之间的相对位置;

(4)选择恰当的比例尺,按照规定的线条和符号,绘制出该机构的运动简图,并注明原动件及标注构件号(图 12-4(b))。

12.3 平面机构的自由度

1.自由度

由上述分析可知,两个构件以不同的方式相互连接,就可以得到不同形式的相对运动。而没有用运动副连接的作平面运动的构件,独自的平面运动有 3 个,即沿 x 轴方向和 y 轴方向的两个移动以及在 xOy 平面上绕任意点的转动(图 12-5),构件的这种独立运动称为自由度。作平面运动的自由构件具有 3 个独立的运动,即具有 3 个自由度。

2.约束

当两构件之间通过某种方式连接而形成运动副时,如图 12-6,构件 2 与固联在坐标轴上的构件 1 在 A 点铰接,构件 2 沿 x 轴方向和沿 y 轴方向的独立运动受到限制。这种限制构件独立运动的作用称为约束。

对平面低副,由于两构件之间只有一个相对运动,即相对移动或相对转动,说明平面低副构成受到两个约束,因此有低副连接的构件将失去 2 个自由度。

对平面高副,如齿轮副或凸轮副(见图 12-2(b)、(c))构件 2 可相对构件 1 绕接触点转动,又可沿接触点的切线方向移动,只是沿公法线方向的运动被限制。可见组成高副时的约束为 1,即失去 1 个自由度。

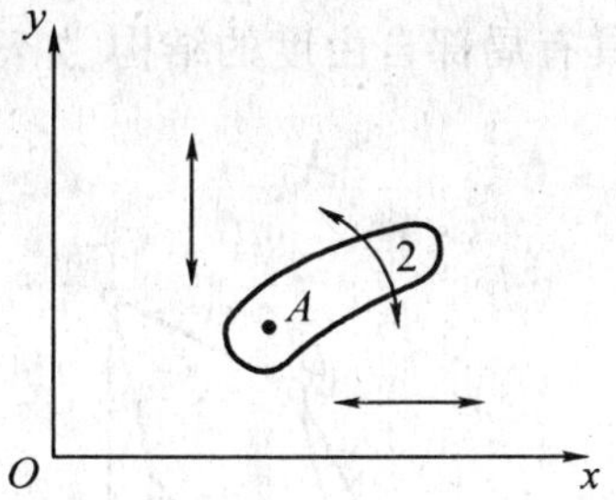

图 12-5

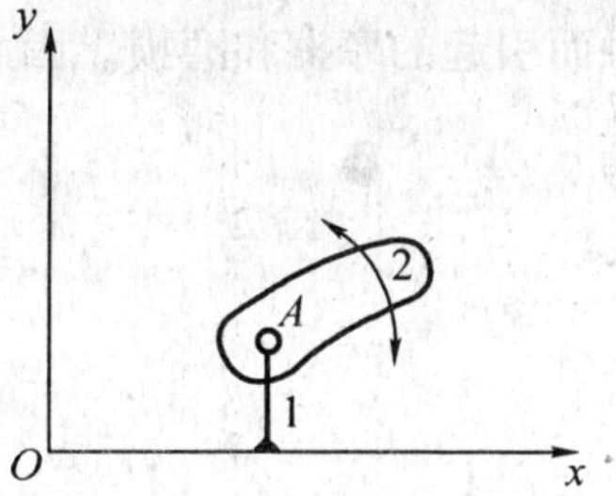

图 12-6

3.机构自由度的计算

机构相对机架(固定构件)所具有的独立运动数目，称为机构的自由度。

在平面机构中，设机构的活动构件数为 n，在未组成运动副之前，这些活动构件共有 $3n$ 个自由度。用运动副连接后便引入了约束，并失去了自由度，一个低副因有两个约束而将失去两个自由度，一个高副有一个约束而失去一个自由度，若机构中共有 P_L 个低副、P_H 个高副，则平面机构的自由度 F 的计算公式为

$$F = 3n - 2P_L - P_H \qquad (12-1)$$

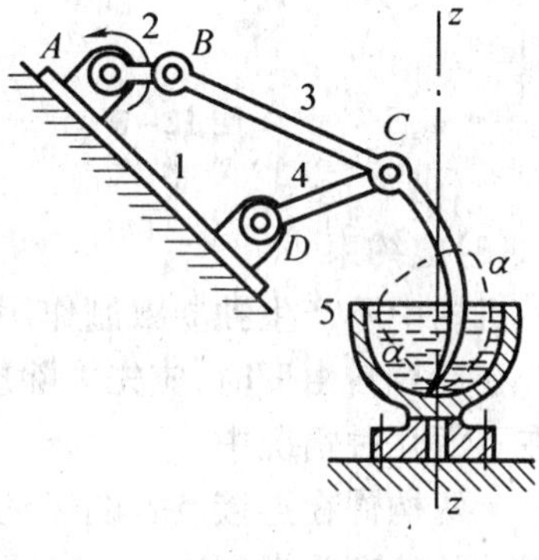

图 12-7

如图 12-7 所示的搅拌机，其活动构件数 $n = 3$，低副数 $P_L = 4$，高副数 $P_H = 0$，则该机构的自由度为

$$F = 3n - 2P_L - P_H = 3 \times 3 - 2 \times 4 - 0 = 1$$

4.平面机构自由度计算的注意事项

(1)复合铰链

两个以上的构件共用同一转动轴线所构成的转动副，称为复合铰链。

图 12-8 所示为三个构件在 A 点形成复合铰链。从左视图可见，这三个构件实际上构成了轴线重合的两个转动副，而不是一个转动副，故转动副的数目为 2 个。推而广之，对由 k 个构件在同一轴线上形成的复合铰链，转动副数应为 $k-1$ 个，计算自由度时应注意这种情况。

图 12-9 所示的直线机构中，A、B、E、D 四点均为由三个构件组成的复合铰链，每处应有两个转动副，因此，该机构 $n = 7$，$P_L = 10$，$P_H = 0$，其自由度 $F = 3n - 2P_L - P_H = 3 \times 7 - 2 \times 10 - 0 = 1$。

(2)局部自由度

与机构整体运动无关的构件的独立运动称为局部自由度。

在计算机构自由度时，局部自由度应略去不计。图 12-10(a)所示的凸轮机构中，滚子绕本身轴线的转动，完全不影响从动件 2 的运动输出，因而滚子转动的自由度属局部自由度。在计算该机构的自由度时，应将滚子与从动件 2 看成一个构件，如图 12-9(b)所示，由此，该机构的自由度为

$$F = 3n - 2P_L - P_H = 3 \times 2 - 2 \times 2 - 1 = 1$$

局部自由度虽不影响机构的运动关系，但可以变滑动摩擦为滚动摩擦，从而减轻了由于高副接触而引起的摩擦和磨损。因此，在机械中常见具有局部自由度的结构，如滚动轴承、滚轮等。

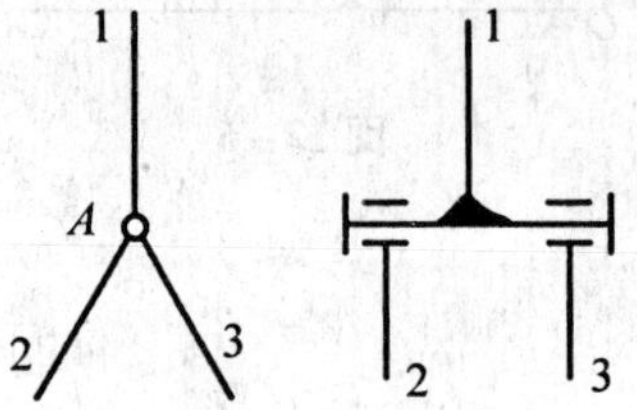

图 12－8

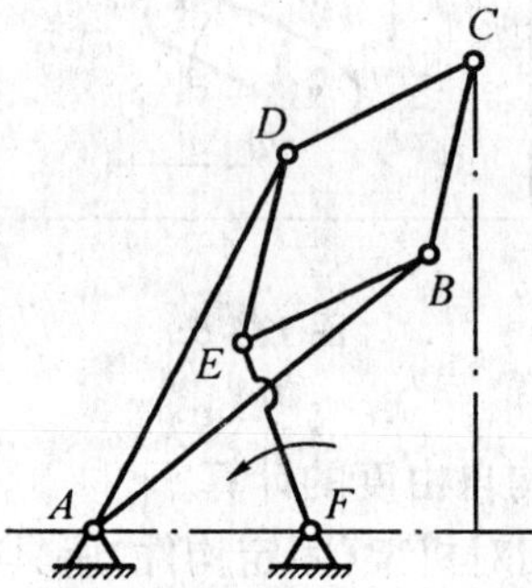

图 12－9

(3)虚约束

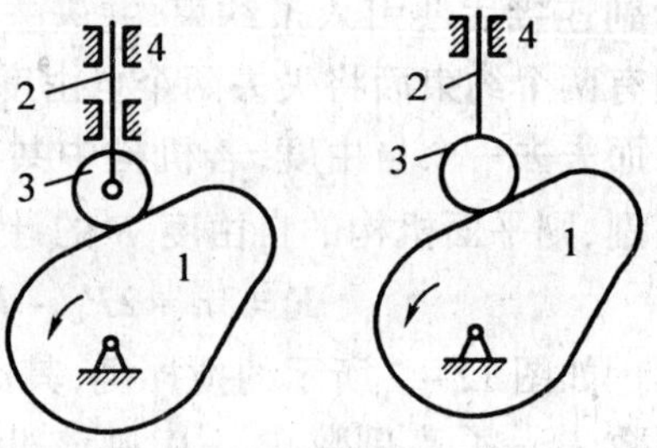

(a)　　(b)

图 12－10

机构中不产生独立限制作用的约束称为虚约束。

在计算自由度时，应先去除虚约束。虚约束常出现在下面几种情况中：

• 两构件在连接点上的运动轨迹重合，则该运动副引入的约束为虚约束。

如图 12－11(b)所示机构中，由于 EF 平行并等于 AB 及 CD，杆 5 上 E 点的轨迹与杆 3 上 E 点的轨迹完全重合，因此，由 EF 杆与杆 3 连接点上产生的约束为虚约束，计算时，应将其去除，见图 12－11(a)。这样，该机构的自由度为 $F=3n-2P_L-P_H=3\times3-2\times4-0=1$。但如果不满足上述几何条件，则 EF 杆带入的约束则为有效约束，如图 12－10(c)所示。此时机构的自由度为 $F=3n-2P_L-P_H=3\times4-2\times6-0=0$

• 两个构件组成多个轴线重合的转动副(图 12－12(a))，或如果两个构件组成多个方向一致的移动副(图 12－12(b)、(c))时，只需考虑其中一处的约束，其余的均为虚约束。

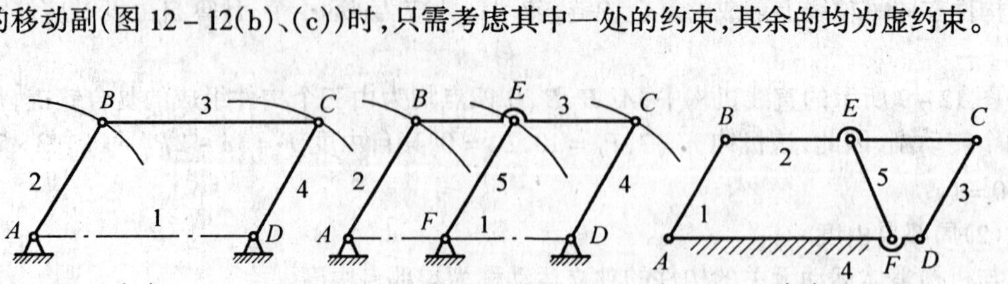

(a)　　(b)　　(c)

图 12－11

• 机构中对运动不起作用的对称部分引入的约束为虚约束。

图 12－13 所示的行星轮系，从传递运动而言，只需要一个齿轮 2 即可满足传动要求，装

上三个相同的行星轮的目的在于使机构的受力均匀，因此，其余两个行星轮引入的高副均为虚约束，应除去不计，该机构的自由度 $F = 3n - 2P_L - P_H = 3 \times 3 - 2 \times 3 - 2 = 1$（$C$ 处为复合铰链）。

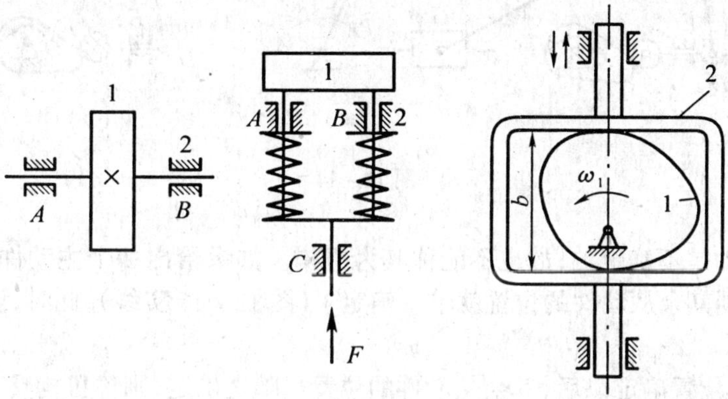

（a）　（b）　（c）

图 12－12

虚约束虽对机构运动不起约束作用，但能改善机构的受力情况，提高机构的刚性，因而在结构设计中被广泛采用。应注意的是，虚约束对机构的几何条件要求较高，故对制造，安装精度要求较高，当不能满足几何条件时，如图 12－12(c)，虚约束就会变成实约束而使机构不能运动。

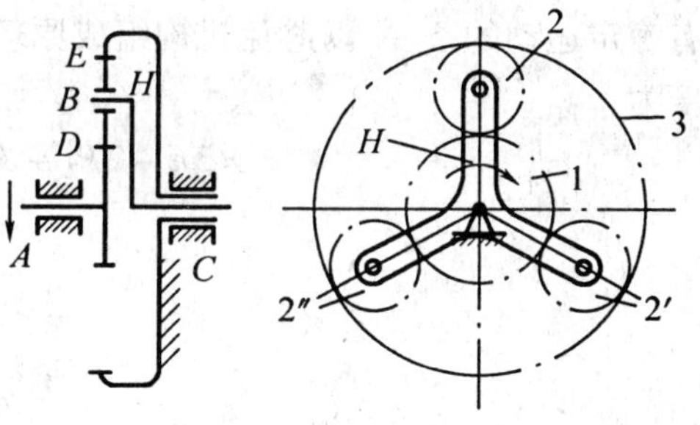

（a）　（b）

图 12－13

例 12－2　计算图 12－14(a)所示的筛料机构的自由度。

解　(1)检查机构中有无三种特殊情况

由图中可知，机构中滚子自转为局部自由度；顶杆 DF 与机架组成两导路重合的移动副 E'、E，故其中之一为虚约束；C 处为复合铰链。去除局部自由度和虚约束以后，应按图 12－14(b)计算自由度。

(2)计算机构自由度

机构中的可动构件数为 $n = 7$，$P_L = 9$，$P_H = 1$，故该机构的自由度为

$$F = 3n - 2P_L - P_H = 3 \times 7 - 2 \times 9 - 1 \times 1 = 2$$

5.机构具有确定运动的条件

机构能否实现预期的运动输出，取决于其运动是否具有可能性和确定性。

如图 12－15 所示，由 3 个构件通过 3 个转动副连接而成的系统就没有运动的可能性，因其自由度为 $F = 3n - 2P_L - P_H = 3 \times 2 - 2 \times 3 - 0 = 0$，故不能称其为机构。图 12－16 所示的五杆系统，若取构件 1 作为主动件，其自由度为

$$F = 3n - 2P_L - P_H = 3 \times 5 - 2 \times 5 - 0 = 2$$

当构件 1 处于图示位置时，构件 2、3、4 则可能处于实线位置，也可能处于虚线位置。显

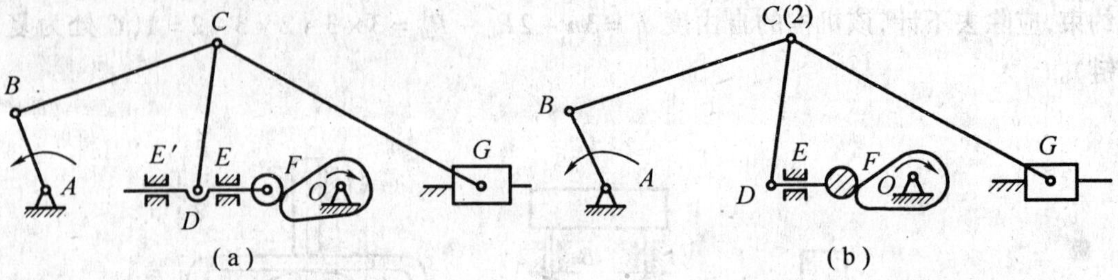

图 12-14

然,从动件的运动是不确定的,故也不能称其为机构。如果给出 2 个主动件,即同时给定构件 1,4 的位置,则其余从动件的位置就唯一确定了(图 12-16 实线),此时,该系统则可称为机构。

当主动件的位置确定以后,其余从动件的位置也随之确定,则称机构具有确定的相对运动。那么究竟取一个还是几个构件作主动件,这取决于机构的自由度。机构的自由度就是机构具有的独立运动的数目。因此,当机构的主动件数等于自由度数时,机构就具有确定的相对运动。

在分析机构或设计新机构时,一般可以用自由度计算来检验所作的运动简图是否满足具有确定运动的条件,以避免机构组成原理错误。如图 12-17(a)所示的构件组合体,其自由度为

$$F = 3n - 2P_L - P_H = 3 \times 3 - 2 \times 4 - 1 = 0$$

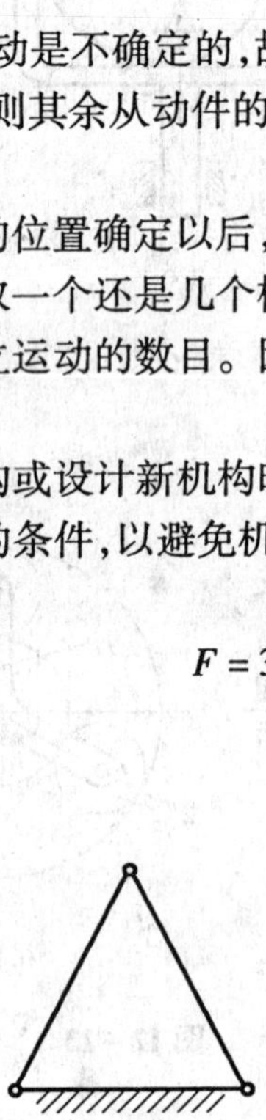

图 12-15

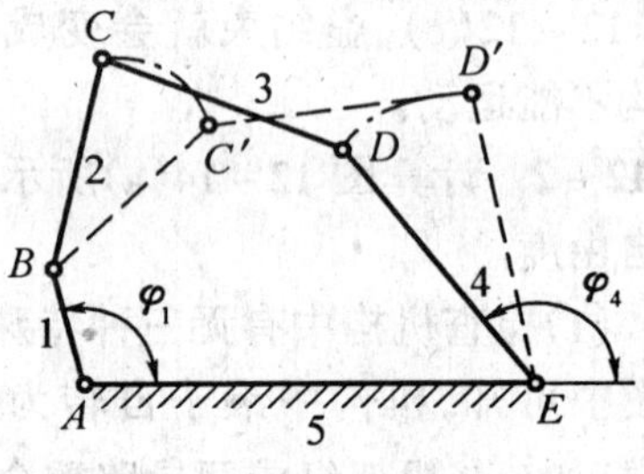

图 12-16

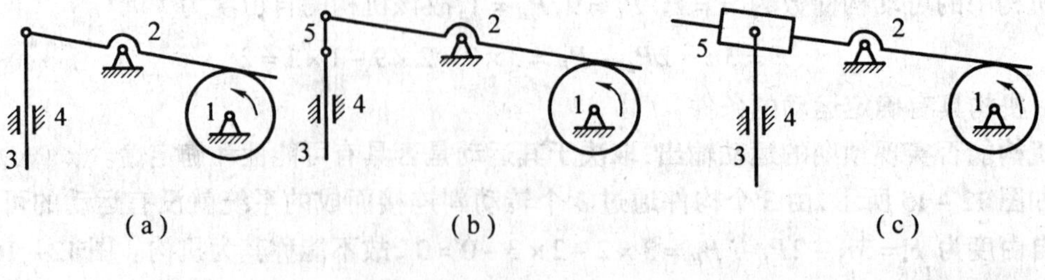

图 12-17

说明此构件系统不是机构,从动件无法实现预期的运动。图 12-17(b)、(c)为改进方案,经计算,自由度 $F = 3n - 2P_L - P_H = 3 \times 4 - 2 \times 5 - 1 = 1$,故满足机构具有确定运动的条

件。

机构具有唯一确定运动的条件是机构的原动件数等于机构的自由度数,不满足这一条件,即原动件数小于机构的自由度数时,机构的运动是不确定的,通常在机构的设计中这种情况是不允许出现的。* 但在有些场合中,利用机构运动的不确定性来设计机构的,则可以使机构大为简化,达到事半功倍的目的。机构运动不确定时,机构此时的运动受最小阻力定律的支配,即机构将优先沿着阻力最小的方向运动。

图 12-18 所示为利用这一原理设计的送料机构,它由曲柄 1、连杆 2、摇杆 3、滑块 4 和机架 5 组成。机构的自由度为 2,但原动件只有一个(曲柄 1),故其运动不确定。但根据最小阻力定律可知,机构将沿着阻力最小的方向运动。因此,推程时,摇杆将首先沿逆时针方向转动,直到推爪 3′碰上挡销 a′为止,这一过程使推爪向下运动,并插入工件的凹槽中。此后,摇杆 3 要先沿顺时针方向转动,直到推爪 3′碰上挡销 a″为止,这一过程使推爪向上抬起脱离工件。此后,摇杆 3 又与滑块 4 成为一体,一道返回。如此连续运动将工件一个个地推送向前。此机构适用于推送轻型、小件物品,机构简单、紧凑。

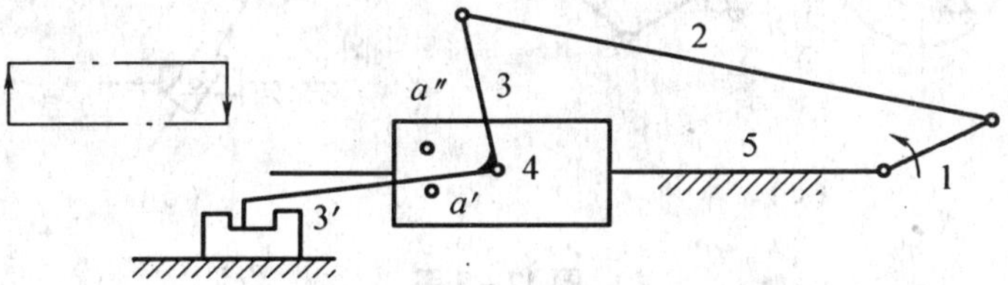

图 12-18

习　　题

12-1　吊扇的扇叶与吊架、书桌的桌身与抽斗,机车直线运动时的车轮与路轨,各组成哪一类运动副,请分别画出。

12-2　绘制图示各机构的运动简图。

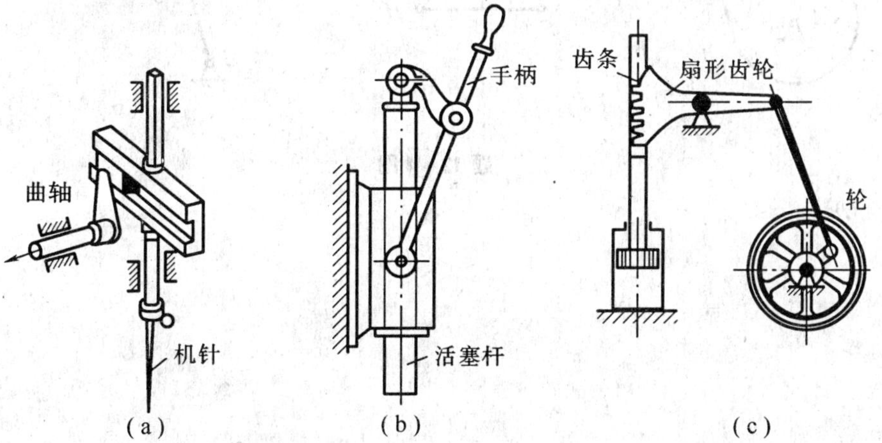

题 12-2 图

12－3　指出图所示各机构中的复合铰链、局部自由度和虚约束，计算机构的自由度，并判定它们是否有确定的运动(标有箭头的构件为原动件)。

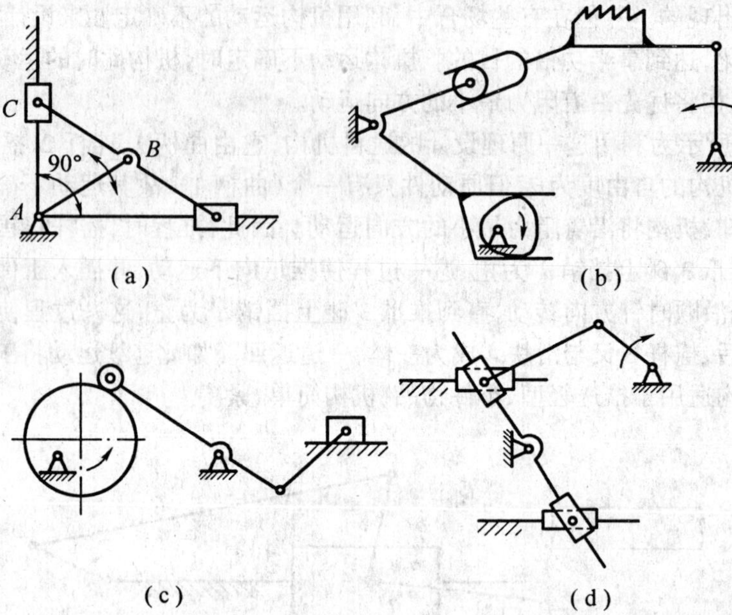

题 12－3 图

12－4　试问图示各机构在组成上是否合理？如不合理，请针对错误提出修改方案。

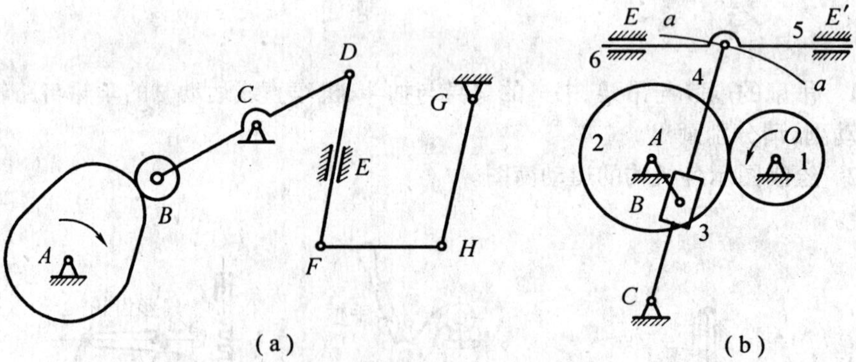

题 12－4 图

第 13 章　平面连杆机构

平面连杆机构是由若干构件通过低副连接而成的平面机构，也称平面低副机构。

平面连杆机构广泛应用于各种机械和仪表中，其主要优点是：

(1)由于运动副是低副，面接触，传力时压强小，磨损较轻，承载能力较高；

(2)构件的形状简单，易于加工，构件之间的接触由构件本身的几何约束来保持，故工作可靠；

(3)可实现多种运动形式及其转换，满足多种运动规律的要求；

(4)利用平面连杆机构中的连杆可满足多种运动轨迹的要求。

主要缺点有：

(1)由于低副中存在间隙，机构不可避免地存在着运动误差，精度不高；

(2)主动构件匀速运动时，从动件通常为变速运动，故存在惯性力，不适用于高速场合。

平面机构常以其组成的构件(杆)数来命名，如由四个构件通过低副连接而成的机构称为四杆机构，而五杆或五杆以上的平面连杆机构称为多杆机构。四个机构是平面连杆机构中最常见的形式，也是多杆机构的基础。

13.1　四杆机构的基本形式及其演化

13.1.1　四杆机构的基本形式

构件间的运动副均为转动副连接的四杆机构，是四杆机构的基本形式，称为铰链四杆机构，如图 13-1 所示。由三个活动构件和一个固定构件(即机架)组成。其中，*AD* 杆是机架，与机架相对的杆(*BC* 杆)称为连杆，与机架相联的构件(*AB* 杆和 *CD* 杆)称为连架杆，能绕机架作 360°回转的连架杆称为曲柄，只能在小于 360°范围内摆动的连架杆称为摇杆。

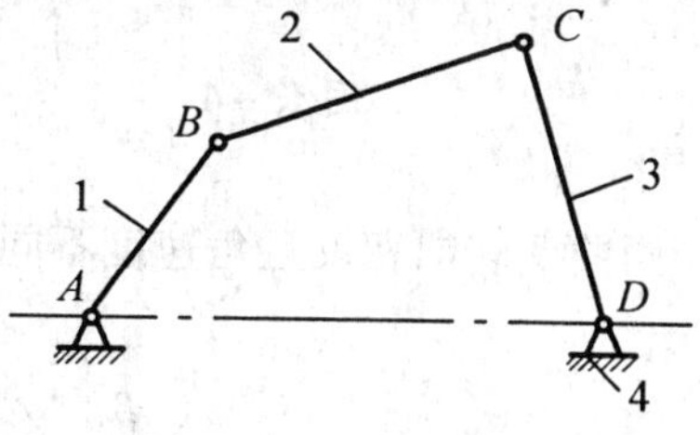

图 13-1

根据两连架杆的运动形式的不同，铰链四杆机构可分为三种基本形式并以其连架杆的名称组合来命名。

(1)曲柄摇杆机构

两连架杆中一个为曲柄另一个为摇杆的四杆机构，称为曲柄摇杆机构。曲柄摇杆机构中，当以

曲柄为原动件时，可将曲柄的匀速转动变为从动件的摆动。如图 13-2 所示的雷达天线机构，当原动件曲柄 1 转动时，通过连杆 2，使与摇杆 3 固结的抛物面天线作一定角度的摆动，以调整天线的俯仰角度。图 13-3 为汽车前窗的刮雨器，当主动曲柄 *AB* 回转时，从动摇杆作往复摆动，利用摇杆的延长部分实现刮雨动作。也有以摇杆为主动件，曲柄为从动件的曲柄摇杆机构。图 13-4 所示的缝纫机的踏板机构，踏板为主动件，当脚蹬踏板时，可将

踏板的摆动变为曲柄即缝纫机皮带轮的匀速转动。

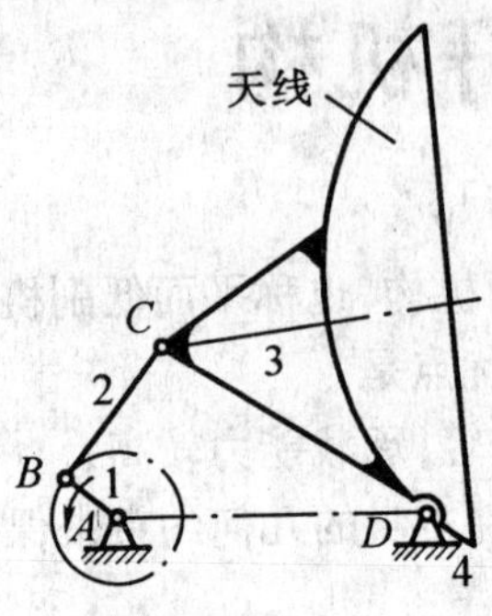

图 13-2

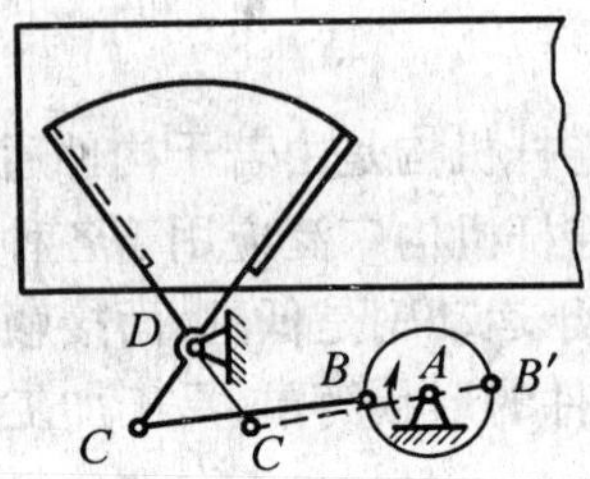

图 13-3

(2)双曲柄机构

两连架杆均为曲柄的四杆机构称为双曲柄机构。通常,主动曲柄作匀速转动时,从动曲柄作同向变速转动,如图 13-5 所示的惯性筛机构,当曲柄 1 作匀速转动时,曲柄 3 作变速转动,通过构件 5 使筛子 6 获得加速度,从而将被筛选的材料分离。在双曲柄机构中,若相对的两杆长度分别相等,则称为平行双曲柄机构或平行四边形机构,若两曲柄转向相同且角速度相等,则称为正平行四边形机构(图 13-6(a))。

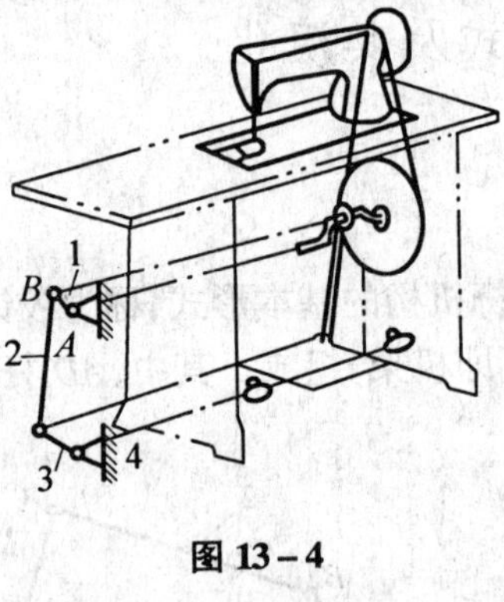

图 13-4

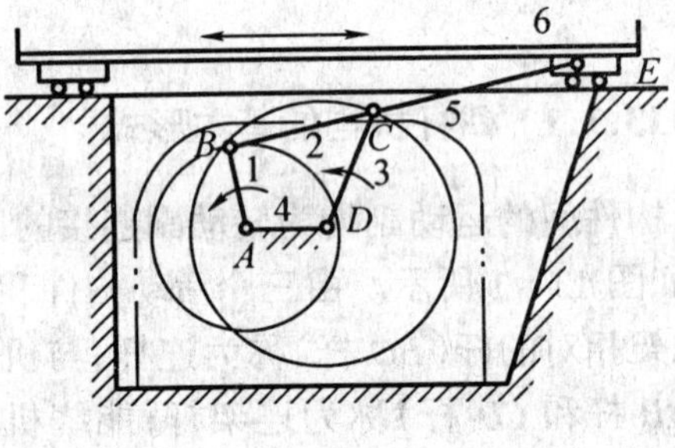

图 13-5

两曲柄转向相反且角速度不同,则为反平行四边形机构(图 13-6(b)),

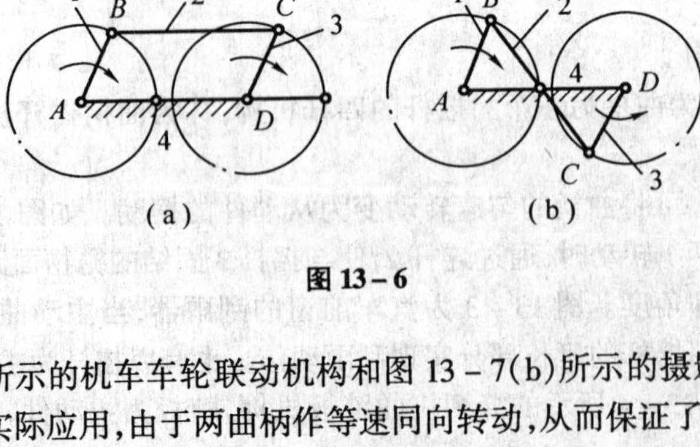

图 13-6

如图 13-7(a)所示的机车车轮联动机构和图 13-7(b)所示的摄影车座斗机构就是正平行四边形机构的实际应用,由于两曲柄作等速同向转动,从而保证了机构的平稳运行。

图 13-7(c)所示的车门启闭机构,是反平行四边机构的一个应用,但 AD 与 BC 不平行,因此,两曲柄作不同速反向转动,从而保证两扇门能同时开启或关闭。

另外,对平行双曲柄机构,无论以哪个构件为机架都是双曲柄机构。但若取较短构件作机架,则两曲柄的转动方向始终相同。

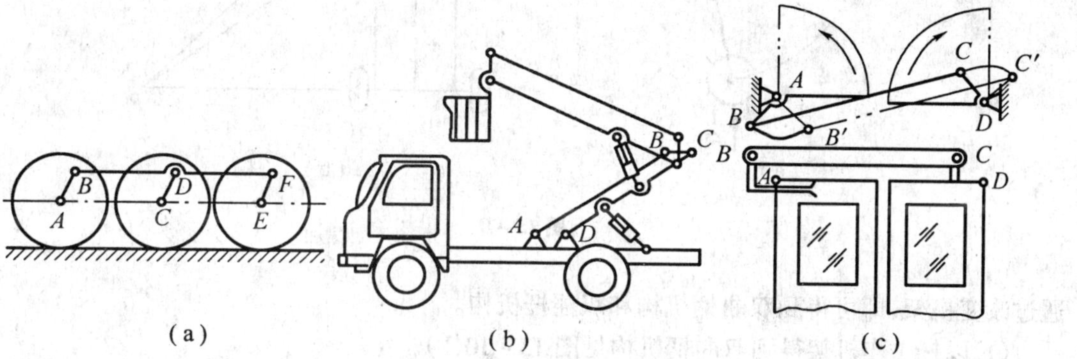

图 13-7

(3)双摇杆机构

两连架杆均为摇杆的铰链四杆机构称为双摇杆机构。图 13-8(a)所示为港口起重机,当 CD 杆摆动时,连杆 CB 上悬挂重物的点 M 在近似水平直线上移动。图 13-8(b)所示的电风扇的摇头机构中,电机装在摇杆 4 上,铰链 A 处装有一个与连杆 1 固结在一起的蜗轮。电机转动时,电机轴上的蜗杆带动蜗轮迫使连杆 1 绕 A 点作整周转动,从而使连架杆 2 和 4 作往复摆动,达到风扇摇头的目的。

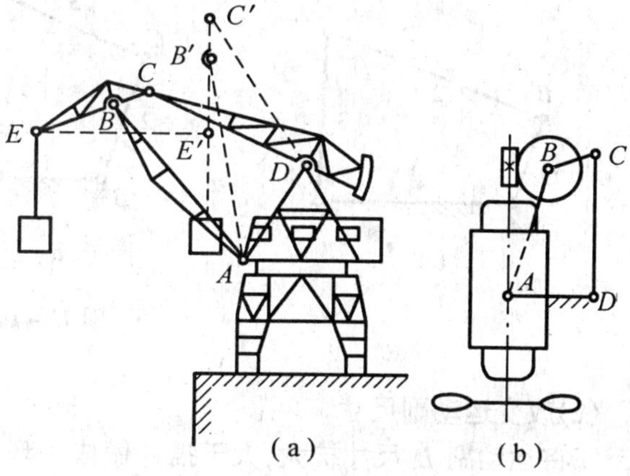

图 13-8

图 13-9(a)、(b)所示的飞机起落架及汽车前轮的转向机构等也均为双摇杆机构的实际应用。汽车前轮的转向机构中,两摇杆的长度相等,称为等腰梯形机构,它能使与摇杆固联的两前轮轴转过的角度不同,使车轮转弯时,两前轮的轴线与后轮轴延长线上的某点 P 交于点,汽车四轮同时以 P 点为瞬时转动中心,各轮相对地面近似于纯滚动,保证了汽车转弯平稳并减少了轮胎磨损。

13.1.2 四杆机构的演化

生产中广泛应用的各种四杆机构,都可认为是从铰链四杆机构演化而来的。下面通过实例介绍四杆机构的演化方法。

1. 曲柄摇杆机构的演化

(1)改变机架

曲柄摇杆机构可以说是所有四杆机构的基础。如对图 13-10(a)所示的曲柄摇杆机构,

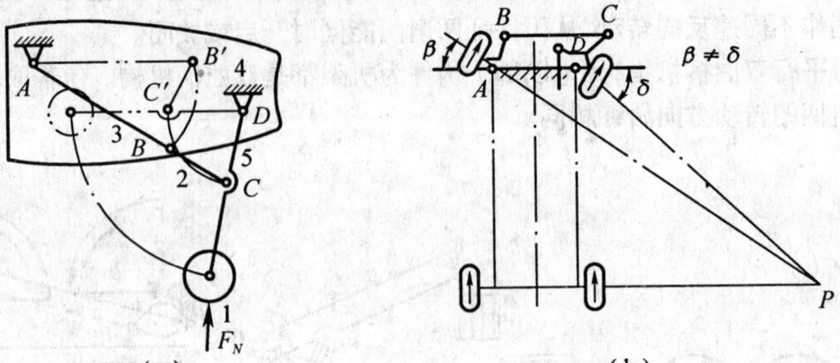

图 13-9

通过改变机架,即可得到双曲柄机构和双摇杆机构。

(1)以杆 1 作机架得到双曲柄机构见图 13-10(b);

(2)以杆 2 作机架得到双摇杆机构见图 13-10(c)。

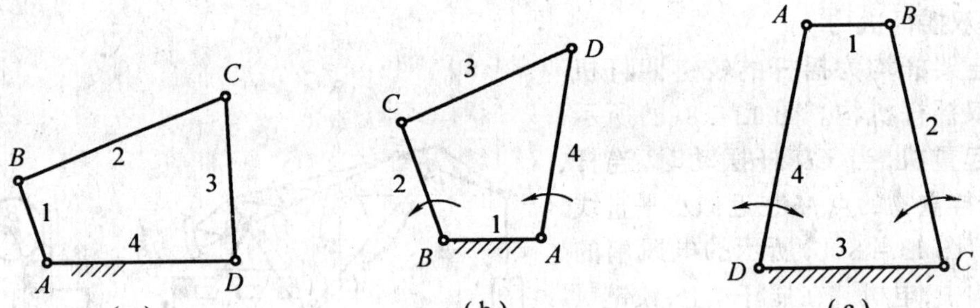

图 13-10

(2)改变运动副尺寸

①将运动副 D 尺寸扩大,大于摇杆做成一环形槽,摇杆做成弧形滑块得到曲柄弧形滑块机构见图 13-11((c));

②扩大到无穷大,环形槽变成直槽,摇杆的运动变成直线运动,摇杆变成滑块,得到偏置曲柄滑块机构见图 13-11(d)。

(3)改变运动副类型

①以高副代替转动副,将杆 3 改成滚子,得到机构如图 13-11(e);

②将环形槽变为曲线槽,得到凸轮机构如图 13-11(f);

③以两个移动副代替两个转动副,可得

双转块机构见图 13-12(a);

曲柄移动导杆机构见图 13-13(a);

双滑块机构见图 13-14(a)。

图 13-12(b)所示的十字沟槽联轴节、图 13-13(b)所示的缝纫机刺布机构及图 13-14(b)所示的椭圆仪分别是它们的应用实例。

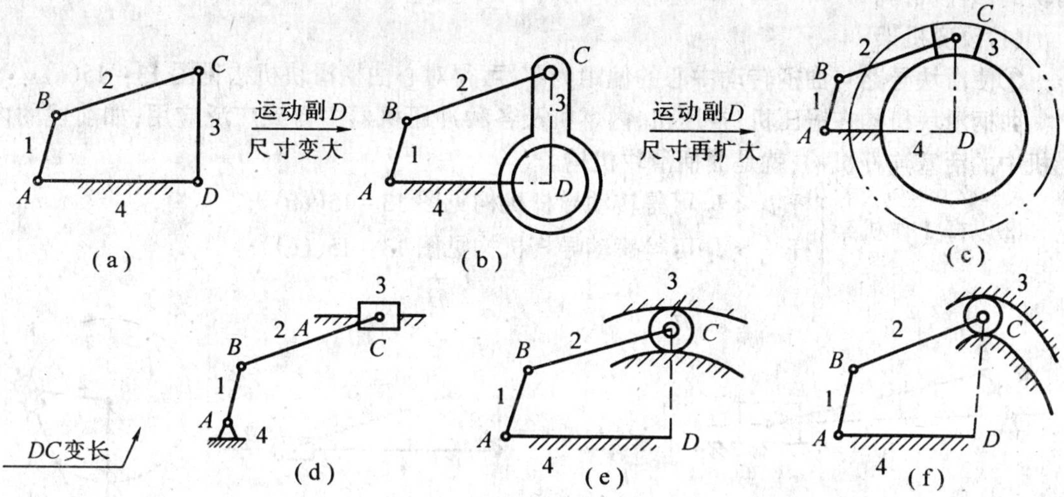

图 13 - 11

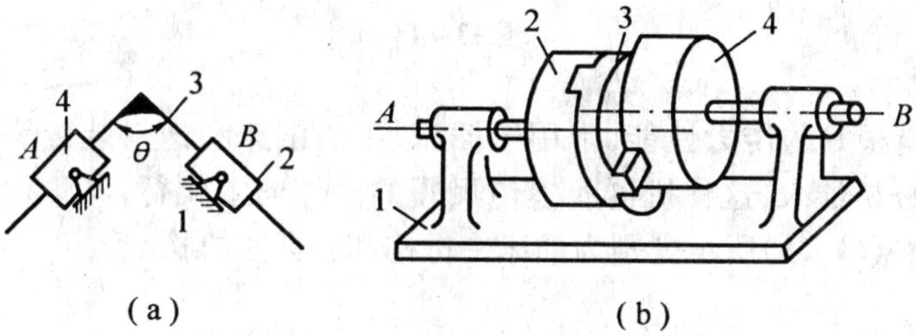

图 13 - 12

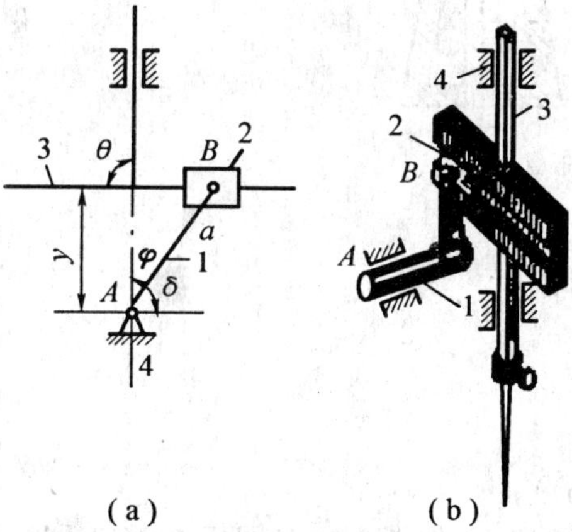

图 13 - 13

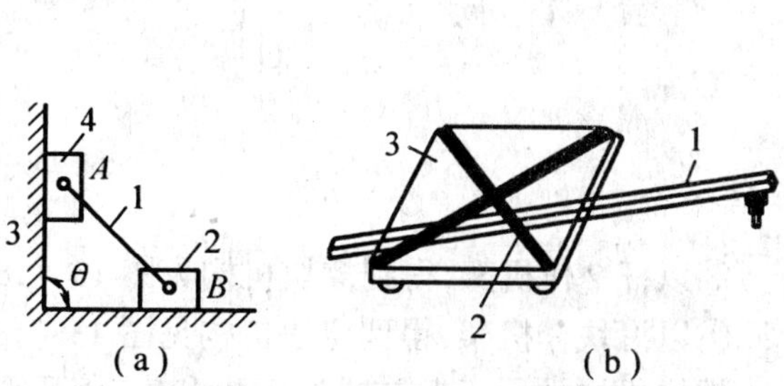

图 13 - 14

2. 曲柄滑块机构的演化

由曲柄摇杆机构演化而来的偏置曲柄滑块机构，按照上述的方法，又可得到更多的具有滑块的四杆机构。

(1)改变机架

①使滑块导路与曲柄转动中心的偏距为零,可得对心曲柄滑块机构见图 13-15(a)。

曲柄滑块机构在锻压机、空压机、内燃机及各种冲压机器中得到广泛应用,如前述的内燃机中的活塞连杆机构,就是曲柄滑块机构。

②以杆 1 作机架{杆 $l_1 < l_2$ 可得转动导杆机构见图 13-15((b));
杆 $l_1 > l_2$ 可得摆动导杆机构见图 13-15((c));

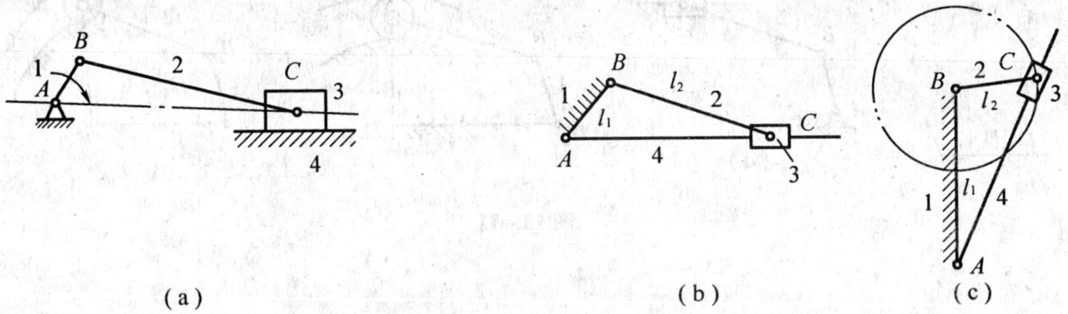

图 13-15

导杆机构具有很好的传力性能,常用于插床、牛头刨床和送料装置等机械设备中。图 13-16 所示为爬杆机器人,这种机器人模仿尺蠖的动作向上爬行,其爬行机构就是曲柄滑块机构。图 13-17(a)、(b)所示分别为插床主机构和刨床主机构。

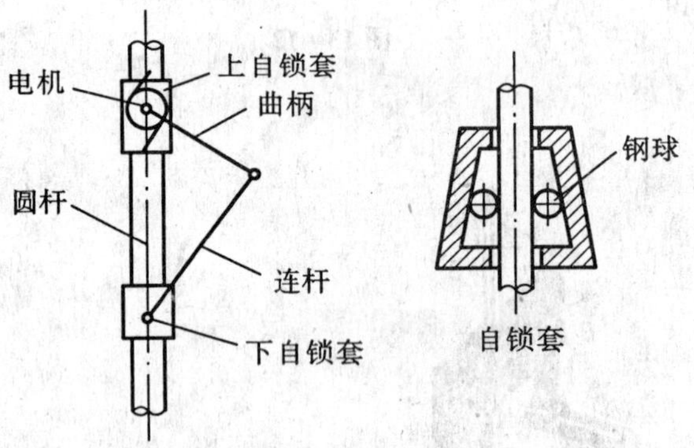

图 13-16

③以杆 2 作机架,得到摇块机构见图 13-18(a);

④以滑块作机架,得到定块机构见图 13-18((b))。

摇块机构常用于摆缸式原动机和气、液压驱动装置中,如图 13-19 所示的货车翻斗机构及的图 13-20 所示的液压泵。

(2)改变运动副尺寸

①扩大转动副 C 的半径,使其超过杆 2 的长度,将杆 2 改成滑块 2 在环形槽 3 内绕 C 点转动可得到移动环形导杆机构见图 13-21((b));

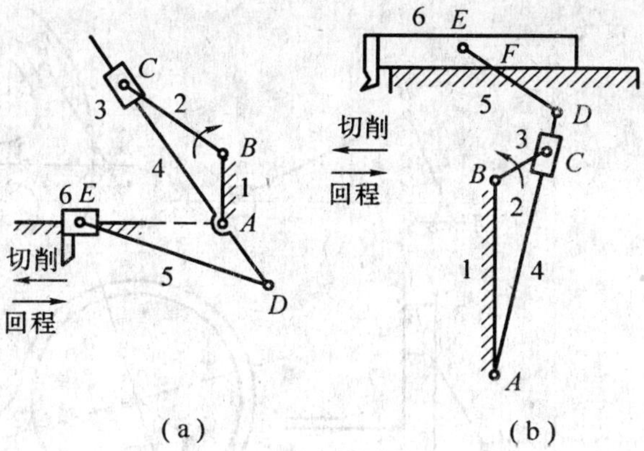

图 13-17

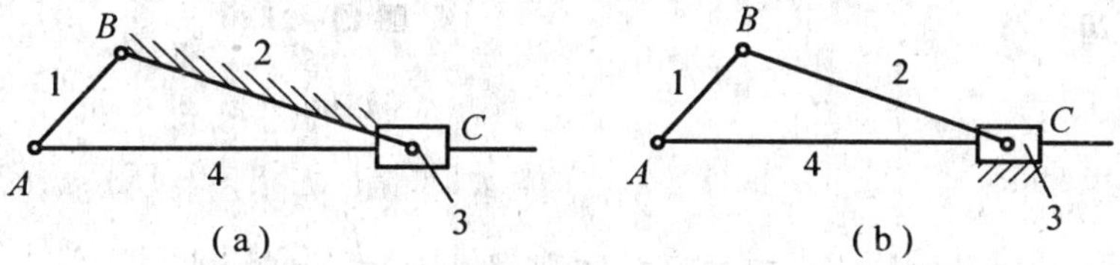

图 13-18

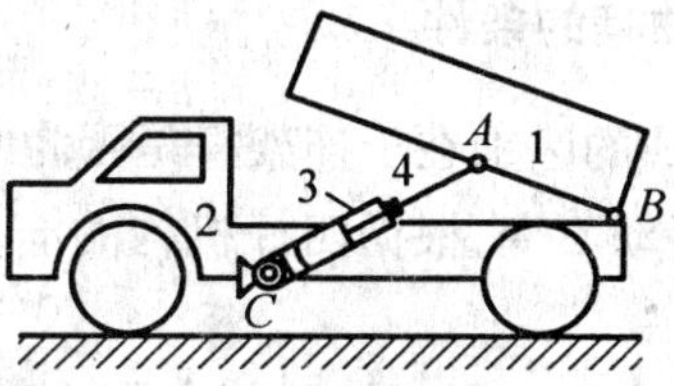

图 13-19

②转动副 C 扩大到无穷大,环形槽变成直槽,可得到移动导杆机构见图 13-21((c));

③将转动副 B 扩大并超过杆 1 的长度,杆 1 变成了圆盘 1,可得到偏心轮机构见图 13-21(d)。

偏心轮机构,实际上就是曲柄滑块机构,偏心圆盘的偏心距 AB 即为曲柄的长度。这种结构解决了由于曲柄过短,不能承受较大载荷的问题。多用于承受较大载荷的机械中,如破碎机、剪床及冲床等。

实际上,还可以将上述各机构进行不同的组合,从而得到更多及功能各异的机构。

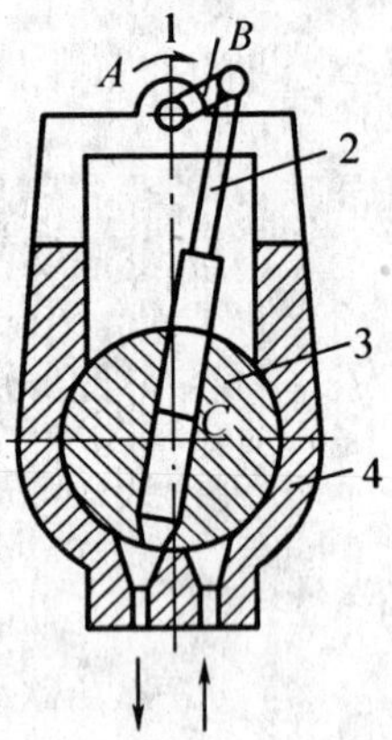

图 13-20

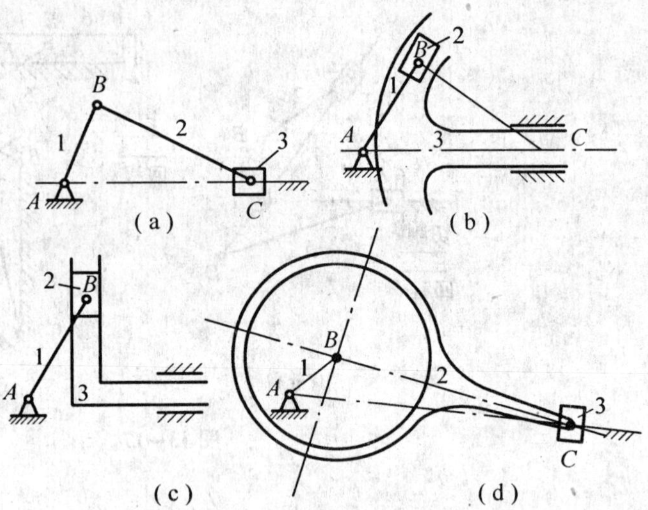

图 13-21

13.2 平面四杆机构的基本特性

13.2.1 铰链四杆机构有曲柄的条件

铰链四杆机构三种基本型式的区别在于连架杆是否为曲柄。由于用低副连接的两构件无论固定其中哪一个,其相对运动不变,根据四杆机构的演化原理,存在曲柄的充要条件如下:

(1)最长杆与最短杆的长度之和小于或等于其余两杆长度之和;

(2)最短杆或其相邻杆为机架。

根据有曲柄的条件可知:

(1)当最长杆与最短杆长度之和大于其余两杆之和时,只能得到双摇杆机构;

(2)当最长杆与最短杆长度之和小于或等于其余两杆长度之和时,

- 最短杆为机架时,得到双曲柄机构;
- 最短杆的相邻杆为机架时,得到曲柄摇杆机构;
- 最短杆的相对杆为机架时,得到双摇杆机构。

13.2.2 平面四杆机构的运动特性

1.平面四杆机构的极位、极位夹角、最大摆角

以图 13-22 所示的曲柄摇杆机构为例,当曲柄为原动件时,摇杆作往复摆动的左、右两个极限位置,称为极位;曲柄在摇杆处于两极位时的对应位置所夹的锐角称为极位夹角,用 θ 表示;摇杆的两个极位所夹的角度称为最大摆角,用 ψ 表示。

2.急回特性

图中，当主动曲柄顺时针从 AB_1 转到 AB_2，转过角度 $\varphi_1 = 180° + \theta$，摇杆从 C_1D 转到 C_2D，时间为 t_1，C 点的平均速度为 v_1。曲柄继续顺时针从 AB_2 转到 AB_1，转过角度 = $180 - \theta$，摇杆从 C_2D 回到 C_1D，时间为 t_2，C 点的平均速度为 v_2，曲柄是等速转动，其转过的角度与时间成正比，因 $\varphi_1 > \varphi_2$，故 $t_1 > t_2$，由于摇杆往返的弧长相同，而时间不同，$t_1 > t_2$，所以 $v_2 > v_1$，说明当曲柄等速转动时，摇杆来回摆动的速度不同，返回速度较大，机构的这种性质，称为机构的急回特性，通常用行程速度变化系数 K 来表示这种特性，即

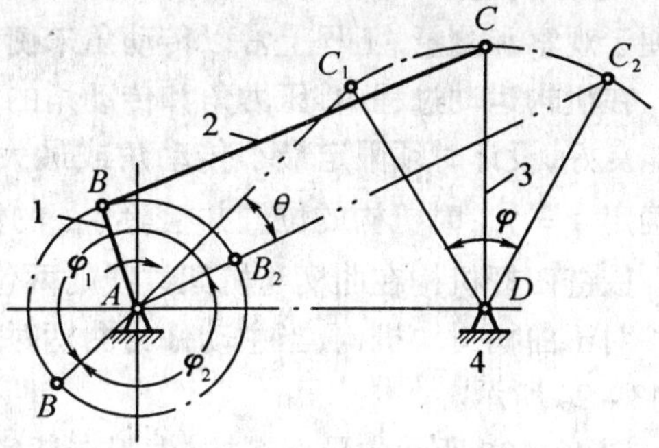

图 13 - 22

$$K = \frac{\text{从动件回程平均速度}}{\text{从动件工作平均速度}} = \frac{C_1C_2/t_2}{C_2C_1/t_1} = \frac{t_1}{t_2} = \frac{180° + \theta}{180° - \theta} \tag{13-1}$$

$$\theta = 180°\frac{K-1}{K+1} \tag{13-2}$$

式(13 - 1)表明，机构的急回程度取决于极位夹角的大小，只要 θ 不等于零，即 $K>1$，则机构具有急回特性；θ 越大，K 值越大，机构的急回作用就越显著。

对于对心曲柄滑块机构，因 $\theta = 0°$，则 $K = 1$，机构无急回特性；而对偏置式曲柄滑块机构和摆动导杆机构，因 $\theta \neq 0°$，则 $K>1$，机构有急回特性。

四杆机构的急回特性可以节省非工作循环时间，提高生产效率，如牛头刨床中退刀速度明显高于工作速度，就是利用了摆动导杆机构的急回特性。

13.2.3 平面四杆机构的传力特性

平面四杆机构在生产中需要同时满足机器传递运动和动力的要求，具有良好的传力性能，可以使机构运转轻快，提高生产效率。要保证所设计的机构具有良好的传力性能，应从以下几个方面加以注意：

1.压力角和传动角

衡量机构传力性能的特性参数是压力角。在不计摩擦力、惯性力和杆件的重力时，从动件上受力点的速度方向与所受作用力方向之间所夹的锐角，称为机构的压力角，用 α 表示；它的余角 γ 称为传动角。

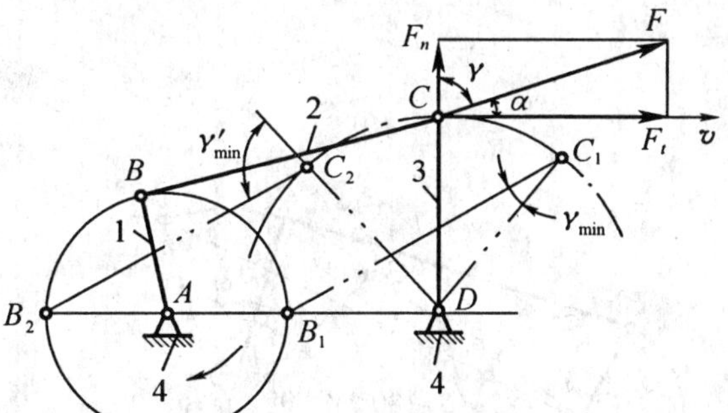

图 13 - 23

图 13 - 23 所示曲柄摇杆机构中，如不考虑构件的重力和摩擦力，则连杆是二力杆，主动曲柄通过连杆传给从动杆的力 F 沿 BC 方向。受力点 C 的速度方向与 F 所夹的锐角即为机构在此位置的压力角，F 可分解为沿 C 点速度方向的有效分力 $F_t = F\cos\alpha = F\sin\gamma$ 和沿杆方向的有害分力 $F_n = F\sin\alpha = F\cos\gamma$。显然，$\alpha$ 越小或者 γ 越

大，有效分力越大，对机构传动越有利。α 和 γ 是反映机构传动性能的重要指标。由于 γ 角更便于观察和测量，工程上常以传动角来衡量连杆机构 的传动性能。

在机构运动过程中，压力角和传动角的大小是随机构位置而变化的，为保证机构的传力性能良好，设计时须限定最小传动角或最大压力角 α_{max}。通常取 $\gamma_{min} \geqslant 40° \sim 50°$。为此，必须确定 $\gamma = \gamma_{min}$ 时机构的位置并检验 γ_{min} 的值是否小于上述的最小允许值。

铰链四杆机构在曲柄与机架共线的两位置处将出现最小传动角。

对于曲柄滑块机构，当主动件为曲柄时，最小传动角出现在曲柄与机架垂直的位置，如图 13－24 所示。

图 13－25 所示的导杆机构，由于在任何位置时主动曲柄通过滑块传给从动杆的力的方向，与从动杆受力的速度方向始终一致，所以传动角始终等于 90°。

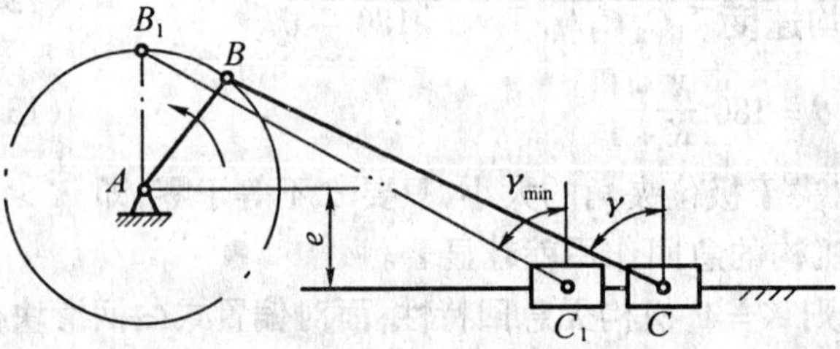

图 13－24

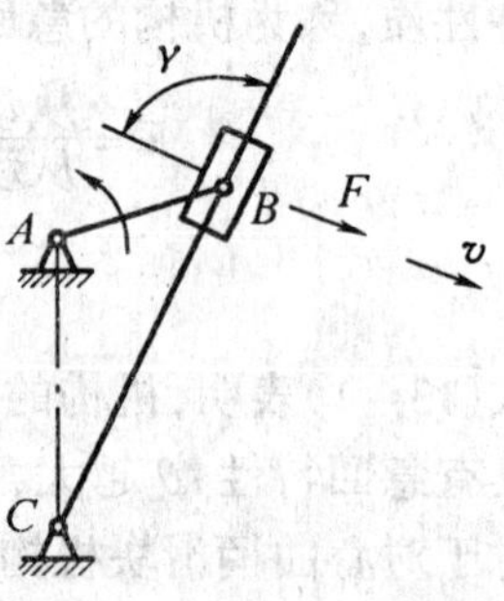

图 13－25

2.死点

图 13－26 示的曲柄摇杆机构中，当摇杆为主动件时，在曲柄与连杆共线的位置出现传动角等于零的情况，这时不论连杆 BC 对曲柄 AB 的作用力有多大，都不能使杆 AB 转动，机构的这种位置(图中虚线所示位置)称为死点。机构在死点位置，出现从动件转向不定或者卡死不动的现象，如缝纫机踏板机构采用曲柄摇杆机构，它在死点位置，出现从动件曲柄倒、顺转向不定(图 13－27(a))或者从动件卡死不动(图 13－27(b))的现象。

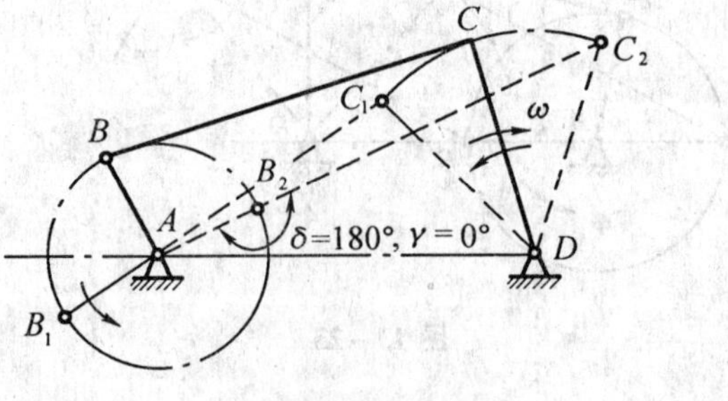

图 13－26

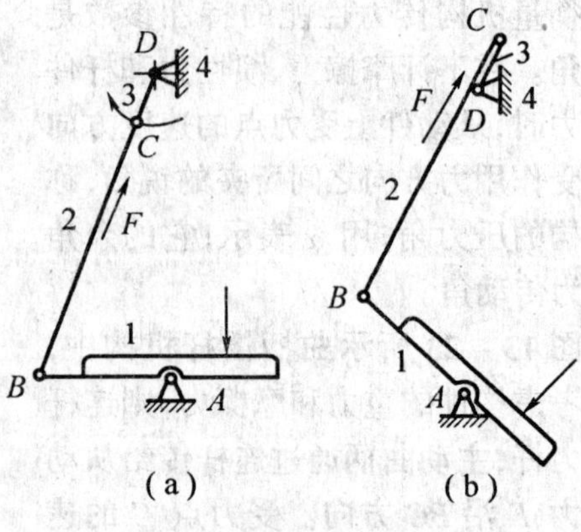

图 13－27

曲柄滑块机构中，以滑块为主动件、曲柄为从动件时，死点位置是连杆与曲柄共线位置。

摆动导杆机构中，导杆为主动件、曲柄为从动件时，死点位置是导杆与曲柄垂直的位置。

对传动而言，机构设计中应设法避免或通过死点位置，工程上常利用惯性法使机构渡过死点，如图 13－4 所示的缝纫机，曲柄与大皮带轮为同一构件，利用皮带轮的惯性使机构渡过死点。图 13－28 所示的机车车轮联动机构，当一个机构处于死点位置时，可借助另一个机构来越过死点。对有夹紧或固定要求的机构，则可在设计中利用死点的特点，来达到目的。如图 13－29 所示的飞机起落架，当机轮放下时，*BC* 杆与 *CD* 杆共线，机构处在死点位置，地面对机轮的力不会使 *CD* 杆转动，使飞机降落可靠。图 13－30 所示的夹具，工件夹紧后 *BCD* 成一条线，工作时工件的反力再大，也不能使机构反转，使夹紧牢固可靠。

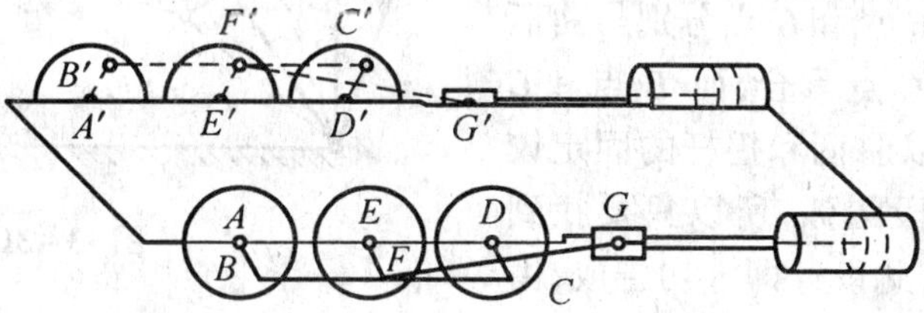

图 13－28

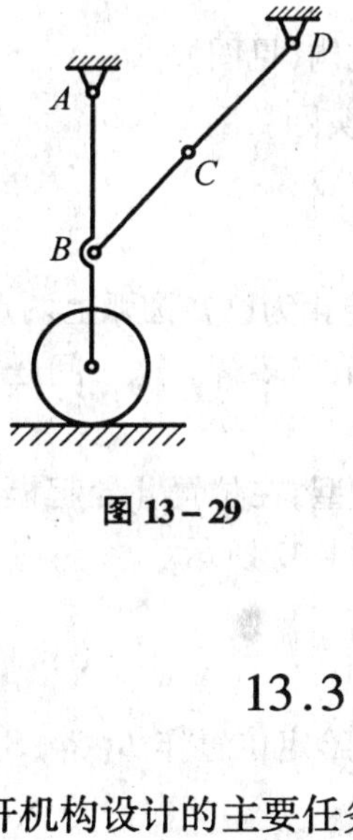

图 13－29

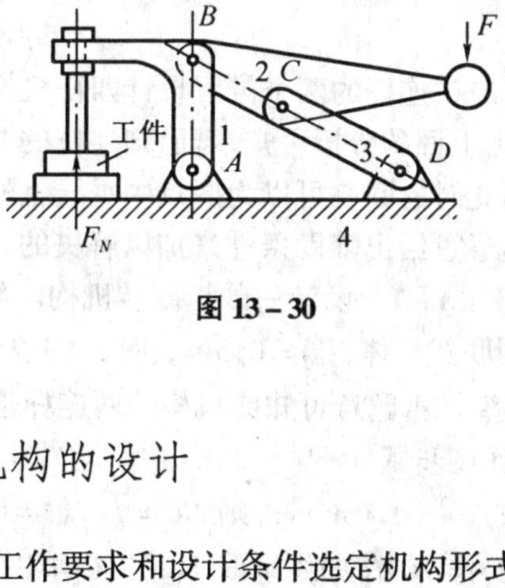

图 13－30

13.3 平面四杆机构的设计

平面四杆机构设计的主要任务是：根据机构的工作要求和设计条件选定机构形式及确定各构件的尺寸参数。一般可归纳为两类问题：

(1)实现给定的运动规律。如要求满足给定的行程速度变化系数以实现预期的急回特性或实现连杆的几个预期的位置要求；

(2)实现给定的运动轨迹。如要求连杆上的某点具有特定的运动轨迹，如起重机中吊钩的轨迹为一水平直线、搅面机上 *E* 点的曲线轨迹等。

为了使机构设计得合理、可靠，还应考虑几何条件和传力性能要求等。

设计方法有图解法、解析法和实验法。三种方法各有特点，图解法和实验法直观、简单，但精度较低,可满足一般设计要求;解析法精确度高,适于用计算机计算,随着计算机的普及,计算机辅助设计四杆机构已成必然趋势。下面分别加以介绍。

13.3.1 用图解法设计四杆机构

1.按给定连杆位置设计四杆机构

(1)按连杆的三个位置设计四杆机构

如图 13-31 所示,已知连杆的长度 BC 以及它运动中的三个必经位置 BC,要求设计该铰链四杆机构。

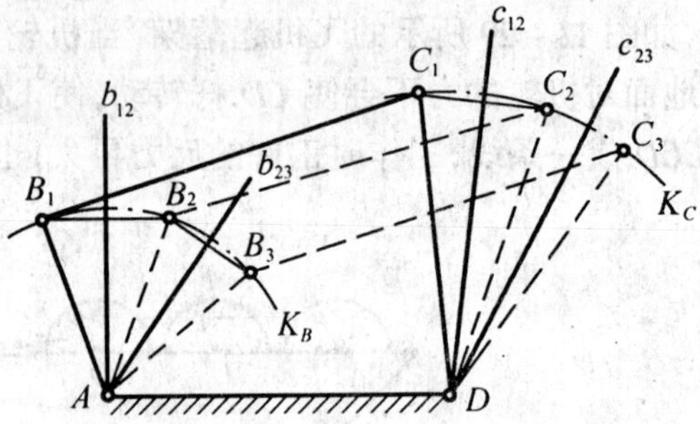

图 13-31

图形分析:

由于连杆上的 B 点和 C 点分别与曲柄和摇杆上的 B 点和 C 点重合,而 B 点和 C 点的运动轨迹则是以曲柄和摇杆的固定铰链中心为圆心的一段圆弧,所以只要找到这两段圆弧的圆心,此设计即大功告成,由此将四杆机构的设计转化为已知圆弧上的三点求圆心的问题。

设计步骤:

(1)选取适当的比例尺;

(2)确定 B 点和 C 点轨迹的圆心 A 和 D(作法略);

(3)连接 AB_1C_1D,则 AB_1C_1D 即为所要设计的四杆机构(见图)。

(4)量出 AB 和 CD 长度,由比例尺求得曲柄和摇杆的实际长度。

$$l_{AB} = \mu_l \times AB, \quad l_{CD} = \mu_l \times CD$$

(2)按连杆的两个位置设计四杆机构

由上面的分析可知,若已知连杆的两个位置,同样可转化为已知圆弧上两点求圆心的问题,而此时的圆心可以为两点中垂线上的任意一点,故有无穷多解。这一问题,在实际设计中,是通过给出辅助条件来加以解决的。

例 13-1 设计一砂箱翻转机构。翻台在位置Ⅰ处造型,在位置Ⅱ处起模,翻台与连杆 BC 固联成一体,$l_{BC} = 0.5$ m,机架 AD 为水平位置,如图 13-32 所示。

解 由题意可知此机构的两连杆位置,图形分析同前。

作图步骤如下:

1) $\mu_L = 0.1$ m/mm,则 $BC = l_{BC}/(l = 0.5/0.1 = 5$ mm,在给定位置作 B_1C_1, B_2C_2;

2)作 B_1B_2 的中垂线 b_{12},C_1C_2 的中垂线 c_{12};

3)按给定机架位置作水平线,与 b_{12},c_{12} 分别交得点 A,D;

4)连接 AB 和 CD,即得到各构件的长度为:

$$l_{AB} = \mu_l \times AB = 0.1 \times 25 = 2.5 \text{ m}$$

$$l_{CD} = \mu_l \times CD = 0.1 \times 27 = 2.7 \text{ m}$$

$$l_{AD} = \mu_l \times AD = 0.1 \times 8 = 0.8 \text{ m}$$

2.按给定的行程速度变化系数设计四杆机构

例 13-2 设已知行程速度变化系数 K、摇杆长度 l_{CD}、最大摆角 ψ,试用图解法设计此曲柄摇杆机构。

解 图形分析：由曲柄摇杆机构处于极位时的几何特点我们已经知道(见图 13-22)，在已知 l_{CD}、ψ 的情况下，只要能确定固定铰链中心 A 的位置，则可由确定出曲柄的长和连杆的长度，即设计的实质是确定固定铰链中心 A 的位置。这样就把设计问题转化为确定 A 点位置的几何问题了。

设计步骤：

(1)由式(13-2)计算出极位夹角 θ；

(2)任取适当的长度比例尺 μ_L，求出摇杆的尺寸 CD，根据摆角作出摇杆的两个极限位置 C_1D 和 C_2D，如图 13-33。

(3)连接 C_1C_2 为底边，作$\angle C_1C_2O=\angle C_2C_1O=90°-\theta$ 的等腰三角形，以顶点 O 为圆心，C_1O 为半径作辅助圆，由图 13-33 可知，此辅助圆上 C_1C_2 所对的圆心角等于 2θ，故其圆周角为 θ；

(4)在辅助圆上任取一点 A，连接 AC_1、AC_2，即能求得满足 K 要求的四杆机构。

$$l_{AB}=\mu_L(AC_2-AC_1)/2$$
$$l_{BC}=(L(AC_2+AC_1)/2$$

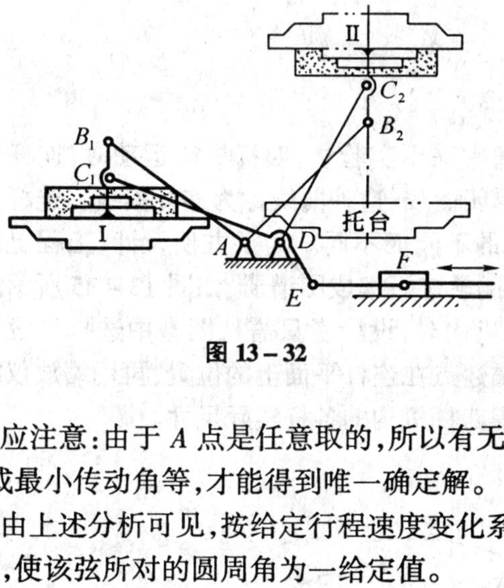

图 13-32

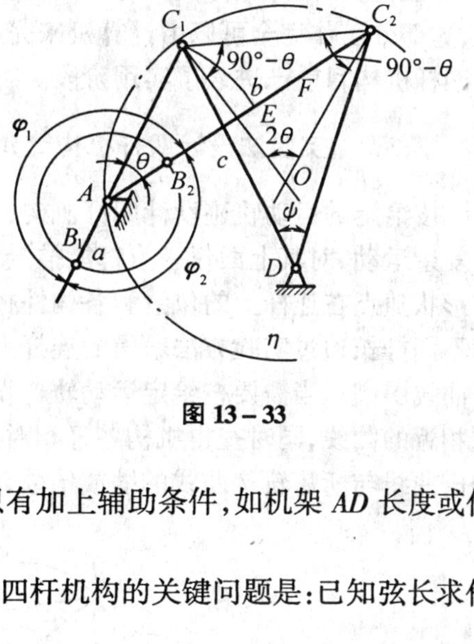

图 13-33

应注意：由于 A 点是任意取的，所以有无穷解，只有加上辅助条件，如机架 AD 长度或位置，或最小传动角等，才能得到唯一确定解。

由上述分析可见，按给定行程速度变化系数设计四杆机构的关键问题是：已知弦长求作一圆，使该弦所对的圆周角为一给定值。

13.3.2 用解析法设计四杆机构

在图 13-34 所示的铰链四杆机构中，已知连架杆 AB 和 CD 的三组对应位置要求确定各构件的长度 A、B、C、D。

如图所示选取直角坐标系 xOy，将各杆分别向 x 轴和 y 轴投影，得

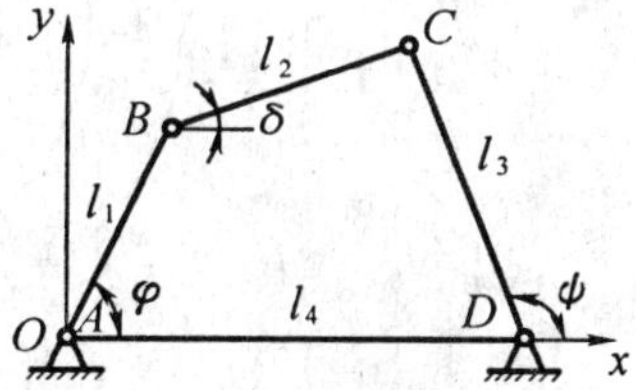

图 13-34

$$\left.\begin{aligned}l_1\cos\varphi+l_2\cos\delta+l_3\cos\psi=l_4\\ l_1\sin\varphi+l_2\sin\delta=l_3\sin\psi\end{aligned}\right\}\quad(13-3)$$

将方程组中的 δ 消去,可得

$$R_1 + R_2\cos\varphi + R_3\cos\psi = \cos(\varphi - 1) \tag{13-4}$$

式中

$$\left.\begin{aligned} R_1 &= (l_4^2 + l_1^2 + l_3^2 - l_2^2)(2l_1 l_3) \\ R_2 &= -l_4/l_3 \\ R_3 &= l_4/l_1 \end{aligned}\right\} \tag{13-5}$$

将已知的三组对应位置 φ_1、ψ_1,φ_2、ψ_2,φ_3、ψ_3,分别代入,可得线性方程组

$$\left.\begin{aligned} R_1 + R_2\cos\varphi_1 + R_3\cos\psi_1 &= \cos(\varphi_1 - \psi_1) \\ R_1 + R_2\cos\varphi_2 + R_3\cos\psi_2 &= \cos(\varphi_2 - \psi_2) \\ R_1 + R_2\cos\varphi_3 + R_3\cos\psi_3 &= \cos(\varphi_3 - \psi_3) \end{aligned}\right\} \tag{13-6}$$

由方程组可解出 R_1,R_2,R_3,然后根据具体情况选定机架长度,则各杆长度由下列各式求出

$$\left.\begin{aligned} l_1 &= l_4/R_3 \\ l_2 &= \sqrt{l_1^2 + l_3^2 + l_4^2 - 2l_1 l_3 R_1^2} \\ l_3 &= -l_4/R_2 \end{aligned}\right\} \tag{13-7}$$

用解析法设计四杆机构可得到较精确的设计结果,但计算工作量很大,随着计算机的普及,这部分工作完全可以由计算机来完成,使人们从繁琐的数学计算中解放出来,解析法设计四杆机构目前已进入了实用阶段。

13.3.3 实验法设计四杆机构简介

按给定的运动轨迹设计四杆机构,工程中通常采用实验法,四杆机构运动时,连杆作平面复杂运动,对其上面任一点都能描绘出一条封闭曲线,这种曲线称为连杆曲线。连杆曲线的形状随点在连杆上的位置和各构件相对长度的不同而不同。为了方便设计,工程上已将用不同杆长通过实验方法获得的连杆上不同点的轨迹汇编成图谱册,如图 13-35 所示的连杆曲线图谱。当需要按给定运动轨迹设计四杆机构时,设计者只需从图谱中选择与设计要求相近的曲线,同时查得机构各杆相对尺寸及描述点在连杆平面上的位置,再用缩放仪求出图谱曲线与所需轨迹曲线的缩放倍数,即可求得四杆机构的各杆实际尺寸。

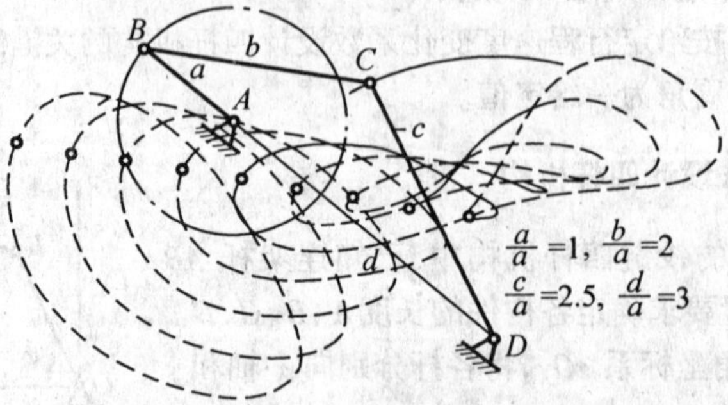

图 13-35

思考题

13-1 铰链四杆机构有哪几种类型,如何判别?它们各有什么运动特点?

13-2 加大四杆机构原动件的驱动力,能否使该机构越过死点位置?应采用什么方法越过死点位置?

习题

13-1 根据图中注明的尺寸,判别各四杆机构的类型。

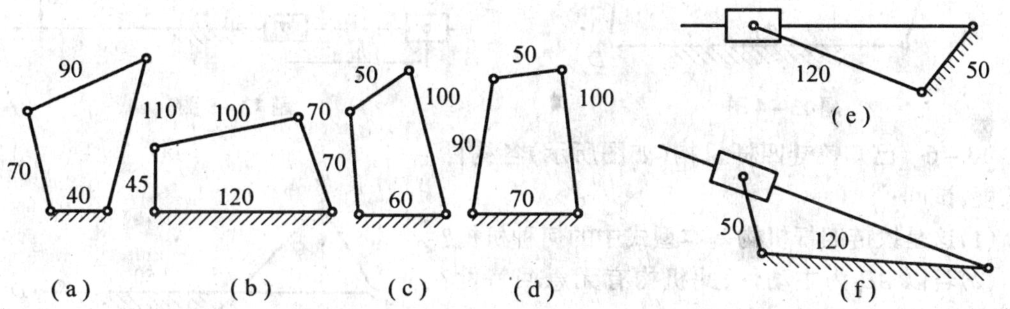

题 13-1 图

13-2 图示各四杆机构中,原动件1作匀速顺时针转动,从动件3由左向右运动时,要求:

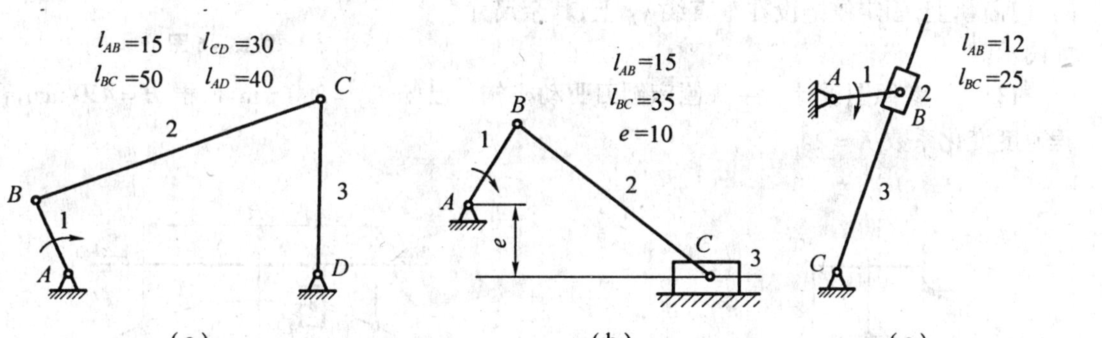

题 13-2 图

(1)各机构的极限位置图,并量出从动件的行程;

(2)计算各机构行程速度变化系数;

(3)作出各机构出现最小传动角(或最大压力角)时的位置图,并量出其大小。

13-3 若题 13-2 图所示各四杆机构中,构件3为原动件、构件1为从动件,试作出该机构的死点位置。

13-4 图示铰链四杆机构 $ABCD$ 中,AB 长为 A,欲使该机构成为曲柄摇杆机构、双摇杆机构,A 的取值范围分别为多少?

13－5　如图所示的偏置曲柄滑块机构，已知行程速度变化系数 $K=1.5$ mm，滑块行程 $H=50$ mm，偏距 $e=20$ mm，试用图解法求：

(1)曲柄长度和连杆长度；

(2)曲柄为主动件时机构的最大压力角和最大传动角；

(3)滑块为主动件时机构的死点位置。

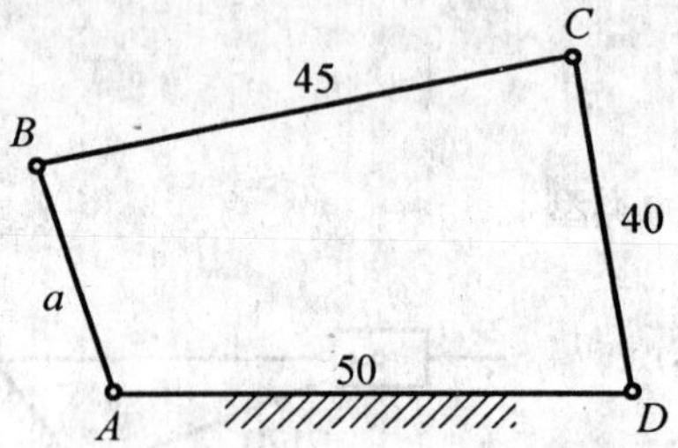

题 13－4 图

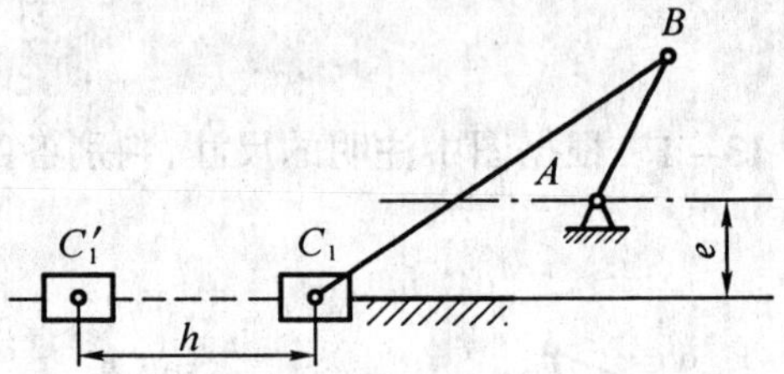

题 13－5 图

13－6　已知铰链四杆机构(如图所示)各构件的长度，试问：

(1)这是铰链四杆机构基本型式中的何种机构？

(2)若以 AB 为主动件，此机构有无急回特性？为什么？

(3)当以 AB 为主动件时，此机构的最小传动角出现在机构何位置(在图上标出)？

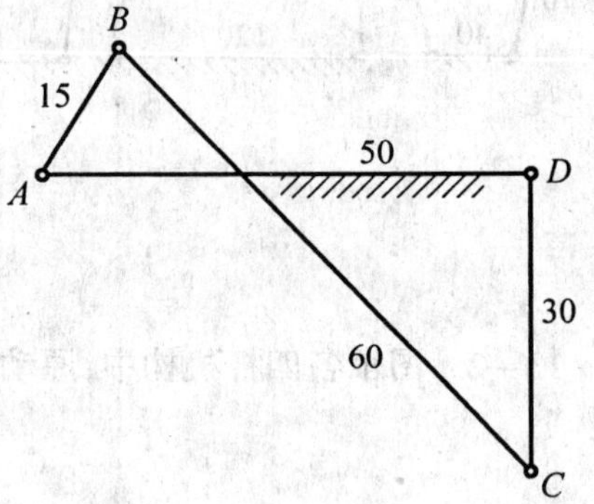

题 13－6 图

13－7　参照图设计一加热炉门启闭机构。已知炉门上两活动铰链中心距为 500 mm，炉门打开时，门面朝上，固定铰链设在垂直线 yy 上，其余尺寸如图示。

13－8　参照图设计一牛头刨床刨刀驱动机构。已知 $l_{AC}=300$ mm，行程 $H=450$ mm，行程速度变化系数 $K=2$。

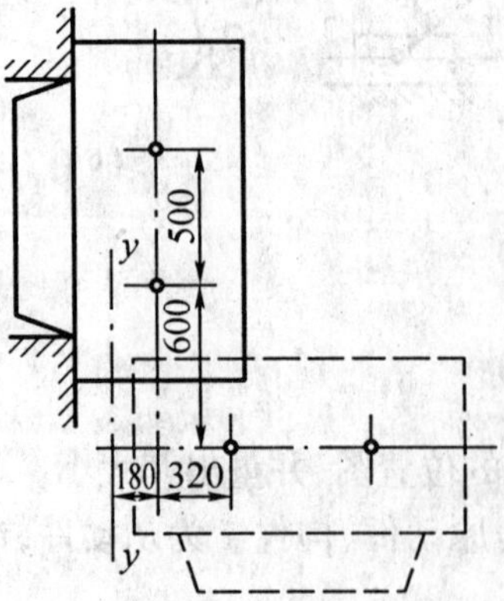

题 13－7 图

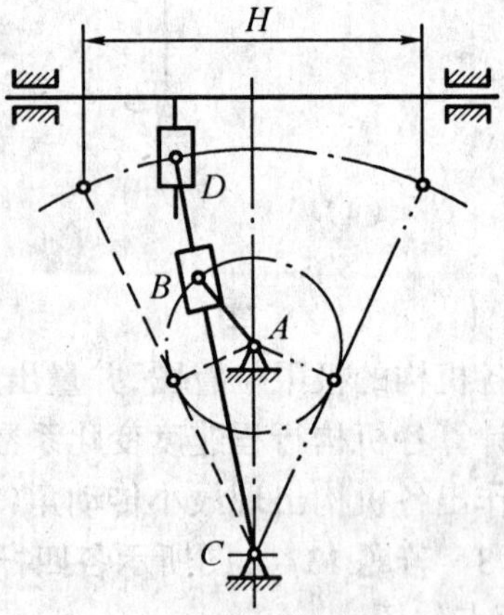

题 13－8 图

第 14 章 凸 轮 机 构

本章介绍凸轮机构的类型、特点、应用及盘形凸轮的设计。

凸轮是一种具有曲线轮廓或凹槽的构件,它通过与从动件的高副接触,在运动时可以使从动件获得连续或不连续的任意预期运动。凸轮机构在各种机械中有大量的应用。即使在现代化程度很高的自动机械中,凸轮机构的作用也是不可替代的。

凸轮机构由凸轮、从动件和机架三部分组成,结构简单、紧凑,只要设计出适当的凸轮轮廓曲线,就可以使从动件实现任意的运动规律。在自动机械中,凸轮机构常与其他机构组合使用,充分发挥各自的优势,扬长避短。由于凸轮机构是高副机构,易于磨损;磨损后会影响运动规律的准确性,因此只适用于传递动力不大的场合。

图 14-1 为自动机床中的横向进给机构,当凸轮等速回转一周时,凸轮的曲线外廓推动从动件带动刀架完成以下动作:车刀快速接近工件,等速进刀切削,切削结束刀具快速退回,停留一段时间再进行下一个运动循环。

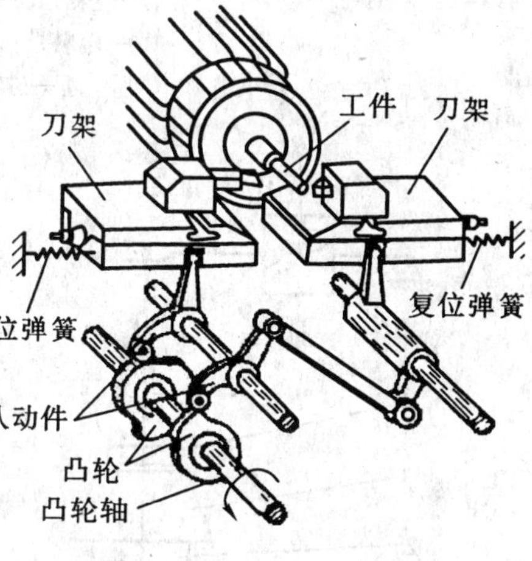

图 14-1

图 14-2 为糖果包装剪切机构,它采用了凸轮-连杆机构,槽凸轮 1 绕定轴 B 转动,摇杆 2 与机架铰接于 A 点。构件 5 和 6 与构件 2 组成转动副 D 和 C,与构件 3 和 4(剪刀)组成转动副 E 和 F。构件 3 和 4 绕定轴 K 转动。凸轮 1 转动时,通过构件 2、5、和 6,使剪刀打开或关闭。

图 14-3 为机械手及进出糖机构。送糖盘 7 从输送带 10 上取得糖块,并与钳糖机械手反向同步放置至进料工位Ⅰ,经顶糖、折边后,产品被机械手送至工位Ⅱ后落下或由拨糖杆推下。机械手开闭由机械手开合凸轮(图中虚线)1 控制,该凸轮的轮廓线是由两个半径不同的圆弧组成,机械手的夹紧主要靠弹簧力。

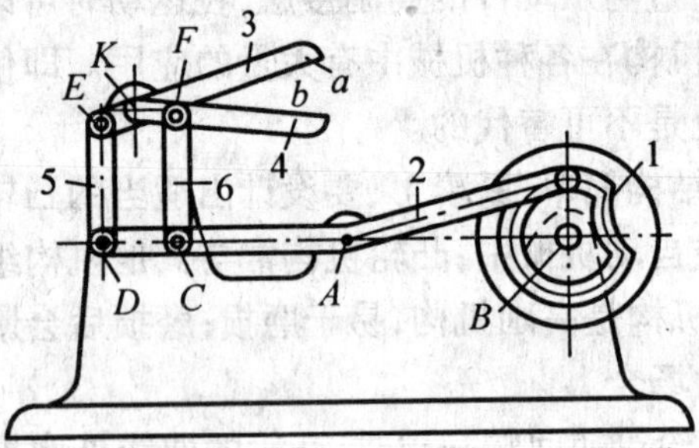

图 14－2

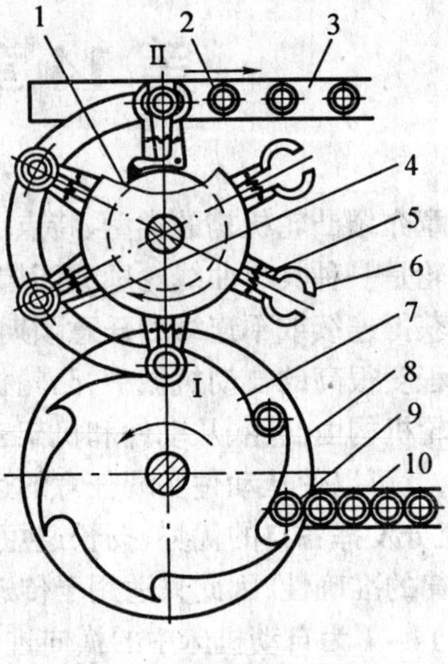

图 14－3 机械手及进出糖机构

1—机械手开合凸轮；2—成品；3—输送带；
4—托板；5—弹簧；6—钳糖机械手；
7—送糖盘；8—托盘；9—巧克力糖；
10—输料带；
Ⅰ—进料工位；Ⅱ—出糖工位

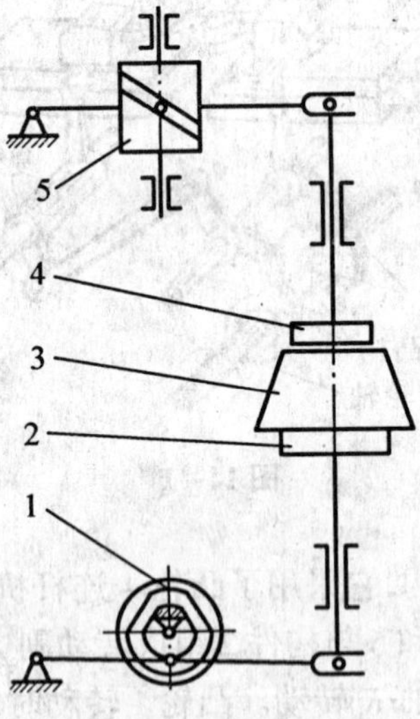

图 14－4 顶糖、接糖机构

1—平面槽凸轮机构；2—顶糖杆；3—糖块；4—接糖杆；5—圆柱凸轮机构

图 14－4 所示为由两个凸轮组合的顶糖、接糖机构，通过平面槽凸轮机构将糖顶起，由圆柱凸轮机构控制接糖杆的动作，完成接糖工作。图 14－5 所示的机构中，应用了四个凸轮机构的配合动作来完成电阻压帽工序。内燃机中的阀门启闭机构(图 14－6)，缝纫机的挑线机构(图 14－7)等，都是凸轮机构具体应用的实例。由以上各例可见，凸轮机构在各种机器中的应用是相当广泛的，了解凸轮机构的有关知识是非常必要的。

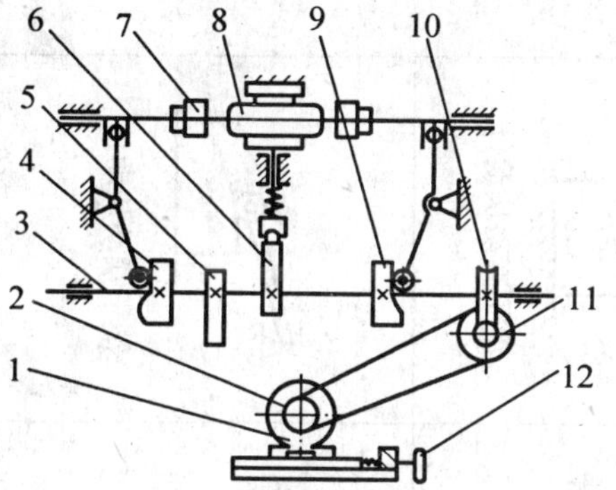

图 14－5　电阻压帽自动机的传动系统图

1—电动机；2—带式无级变速机构；3—分配轴；4、9—压帽机构凸轮；5—电阻送料机构凸轮；6—压紧机构凸轮；7—电阻帽；8—电阻坯件；10—蜗轮；11—蜗杆；12—调速手轮

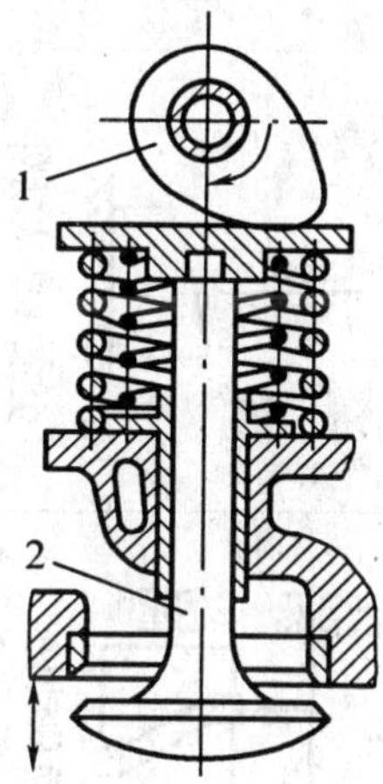

图 14－6

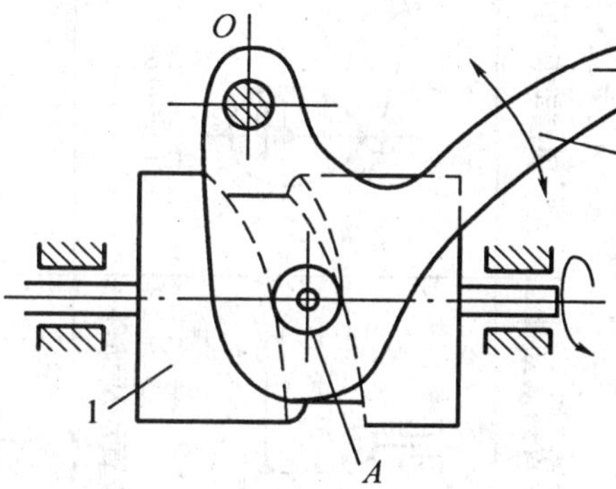

图 14－7

14.1　凸轮机构的分类

按照凸轮及从动件的形状，凸轮机构的分类见表 14－1。

表 14－1　凸轮机构的分类

盘形凸轮			圆柱凸轮机构	移动凸轮机构	锁合方式
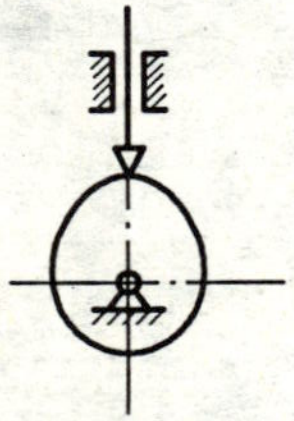 尖顶对心直动从动件	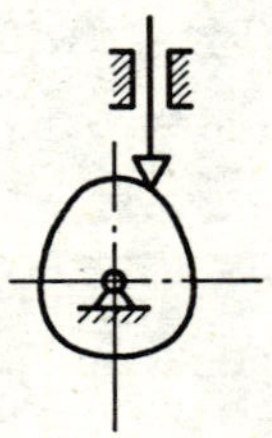 尖顶偏置直动从动件	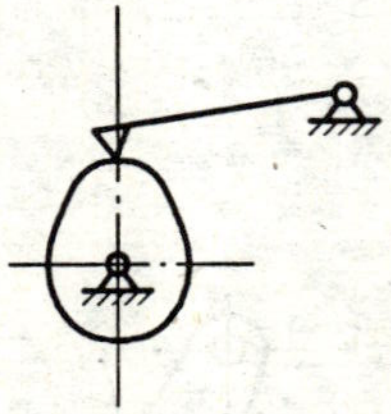 尖顶摆动从动件	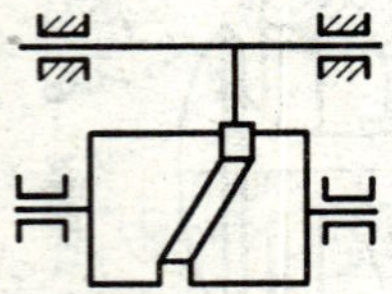 移动从动件	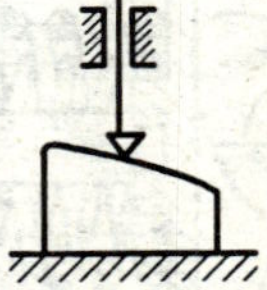 尖顶移动从动件	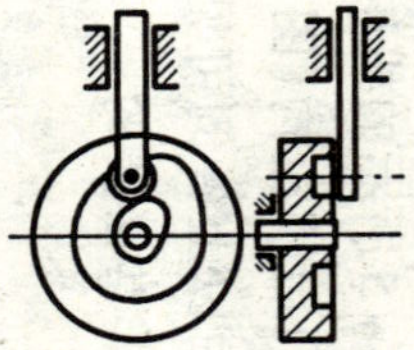 形锁合
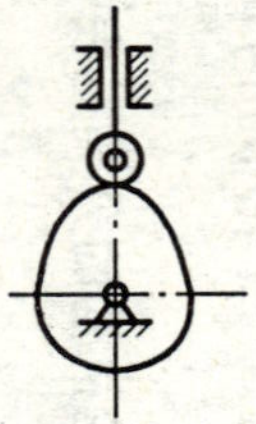 滚子对心直动从动件	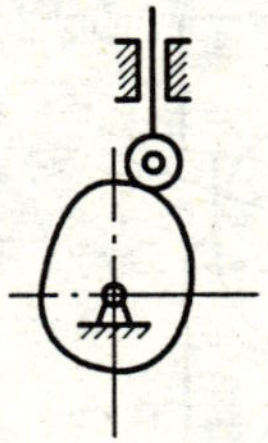 滚子偏置直动从动件	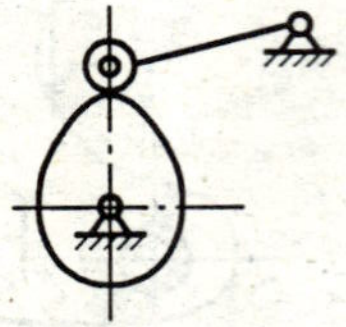 滚子摆动从动件	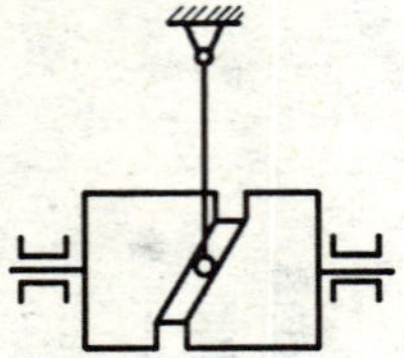 摆动从动件	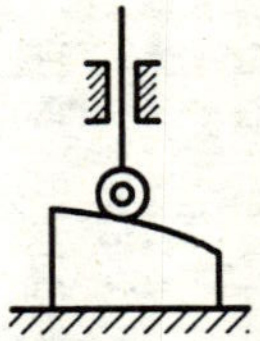 滚子直动从动件	 力锁合
 平底对心直动从动件	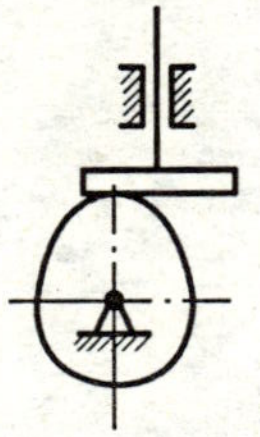 平底偏置直动从动件	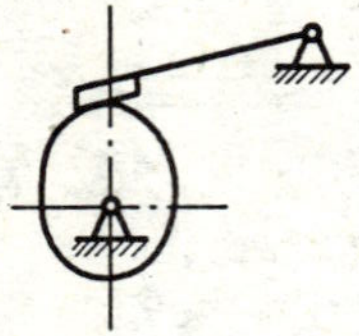 平底摆动从动件	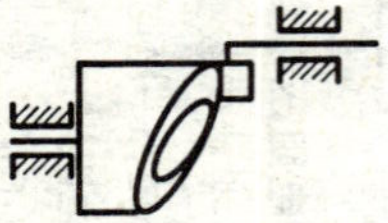 移动从动件	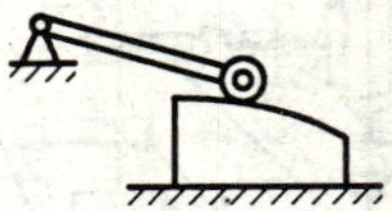 滚子摆动从动件	

14.2 凸轮机构中从动件常用的运动规律

凸轮机构设计的主要任务是保证从动件按照设计要求实现预期的运动规律，因此确定从动件的运动规律是凸轮设计的前提。

14.2.1 平面凸轮机构的工作过程和运动参数

图 14-8(a)为一对心直动尖顶从动件盘形凸轮机构，从动件移动导路至凸轮旋转中心的偏距为 e。以凸轮轮廓的最小向径 r_b 为半径所作的圆称为基圆，r_b 为基圆半径，凸轮以等角速度(逆时针转动。在图示位置，尖顶与 A 点接触，A 点是基圆与开始上升的轮廓曲线的交点，此时，从动件的尖顶离凸轮轴最近。凸轮转动时，向径增大，从动件被凸轮轮廓推向上，到达向径最大的 B 点时，从动件距凸轮轴心最远，这一过程称为推程。与之对应的凸轮转角(0 称为推程运动角，从动件上升的最大位移 h 称为行程。当凸轮继续转过 δ_s 时，由于轮廓 BC 段为一向径不变的圆弧，从动件停留在最远处不动，此过程称为远停程，对应的凸轮转角(s 称为远停程角。当凸轮又继续转过 δ_0' 角时，凸轮向径由最大减至 r_b，从动件从最远处回到基圆上的 D 点，此过程称为回程，对应的凸轮转角 δ_0' 称为回程运动角。当凸轮继续转过 δ_s' 角时，由于轮廓 DA 段为向径不变的基圆圆弧，从动件继续停在距轴心最近处不动，此过程称为近停程，对应的凸轮转角 δ_s 称为近停程角。此时，$\delta_0+\delta_s+\delta_0'+\delta_s'=2\pi$，凸轮刚好转过一圈，机构完成一个工作循环，从动件则完成一个“升-停-降-停”的运动循环。

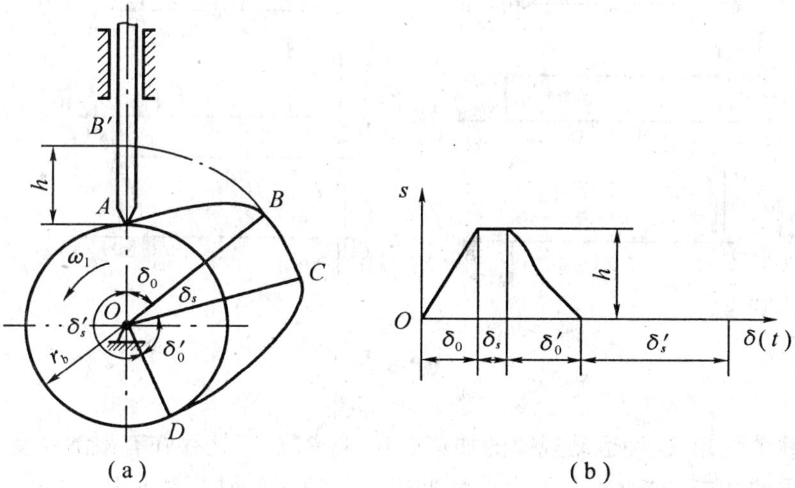

图 14-8

上述过程可以用从动件的位移曲线来描述。以从动件的位移 s 为纵坐标，对应的凸轮转角为横坐标，将凸轮转角或时间与对应的从动件位移之间的函数关系用曲线表达出来的图形称为从动件的位移线图，如图 14-8(b)所示。

从动件在运动过程中，其位移 s、速度 v、加速度 a 随时间 t(或凸轮转角)的变化规律，称为从动件的运动规律。由此可见,从动件的运动规律完全取决于凸轮的轮廓形状。工程中,从动件的运动规律通常是由凸轮的使用要求确定的。因此,根据实际要求的从动件运动规律所设计凸轮的轮廓曲线,完全能实现预期的生产要求。

14.2.2 从动件常用的运动规律

常用的从动件运动规律有等速运动规律,等加速－等减速运动规律、余弦加速度运动规律以及正弦运动规律等。

1.等速运动规律

从动件推程或回程的运动速度为常数的运动规律,称为等速运动规律。其运动线图如图 14－9 所示。

由图可知,从动件在推程(或回程)开始和终止的瞬间,速度有突变,其加速度和惯性力在理论上为无穷大,致使凸轮机构产生强烈的冲击、噪声和磨损,这种冲击为刚性冲击。因此,等速运动规律只适用于低速、轻载的场合。

2.等加速等减速运动规律

从动件在一个行程 h 中,前半行程作等加速运动,后半行程作等减速运动,这种运动规律称为等加速等减速运动规律。通常加速度和减速度的绝对值相等,其运动线图如图 14－10 所示。

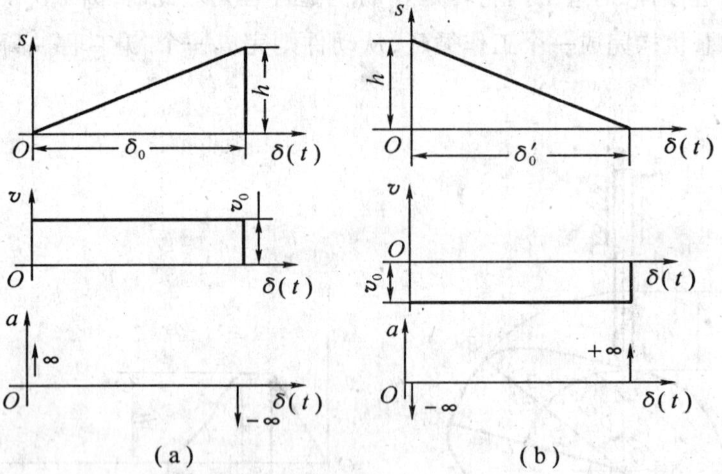

图 14－9

由运动线图可知,这种运动规律的加速度在 A,B,C 三处存在有限的突变,因而会在机构中产生有限的冲击,这种冲击称为柔性冲击。与等速运动规律相比,其冲击程度大为减小。因此,等加速等减速运动规律适用于中速、中载的场合。

3.简谐运动规律(余弦加速度运动规律)

当一质点在圆周上作匀速运动时,它在该圆直径上投影的运动规律称为简谐运动。因其加速度运动曲线为余弦曲线故也称余弦运动规律,其运动规律运动线图如图 14－11 所示。

由加速度线图可知,此运动规律在行程的始末两点加速度存在有限突变,故也存在柔性

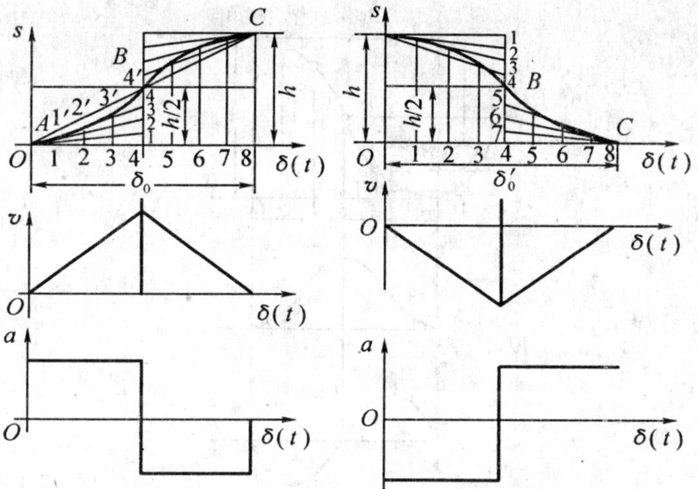

(a)　　　　　　　　(b)

图 14－10

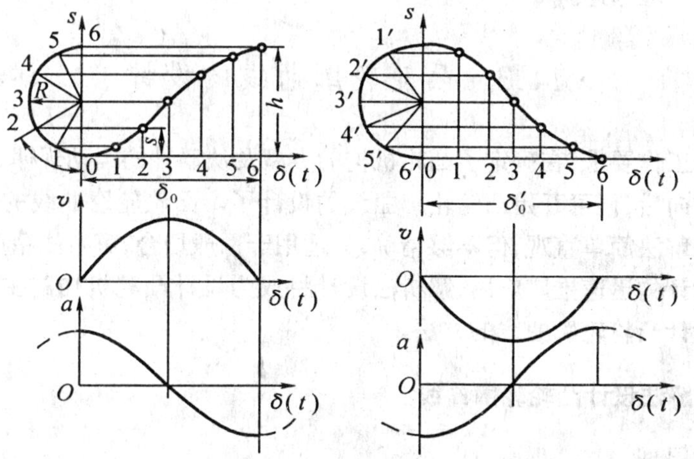

(a)　　　　　　　　(b)

图 14－11

冲击,只适用于中速场合。但当从动件作无停歇的升－降－升连续往复运动时,则得到连续的余弦曲线,柔性冲击被消除,这种情况下可用于高速场合。

4.摆线运动规律(正弦加速度运动规律)

当一圆沿纵轴作匀速纯滚动时,圆周上某定点 A 的运动轨迹为一摆线,而定点 A 运动时在纵轴上投影的运动规律即为摆线运动规律。因其加速度按正弦曲线变化,故又称正弦加速度运动规律,其运动规律运动线图如图 14－12 所示。

从动件按正弦加速度规律运动时,在全行程中无速度和加速度的突变,因此不产生冲击,适用于高速场合。

以上介绍了从动件常用的运动规律,实际生产中还有更多的运动规律,如复杂多项式运

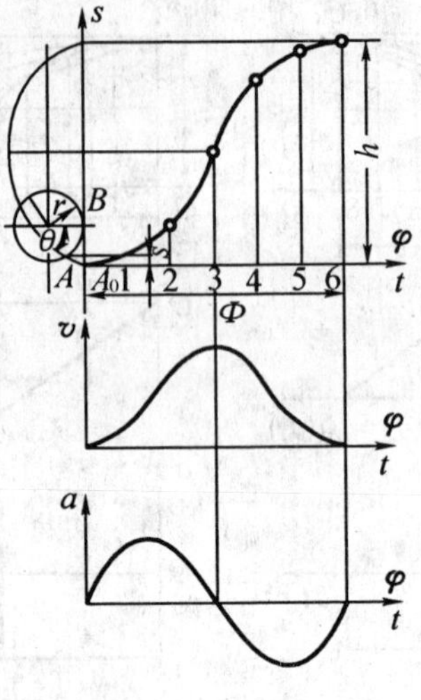

图 14-12

动规律、改进型运动规律等，了解从动件的运动规律，便于我们在凸轮机构设计时，根据机器的工作要求进行合理选择。

14.3 凸轮轮廓曲线的设计

根据机器的工作要求，在确定了凸轮机构的类型及从动件的运动规律、凸轮的基圆半径和凸轮的转动方向后，便可开始凸轮轮廓曲线的设计了。凸轮轮廓曲线的设计方法有图解法和解析法。图解法简单直观，但不够精确，只适用于一般场合；解析法精确但计算量大，随着计算机辅助设计的迅速推广应用，解析法设计将成为设计凸轮机构的主要方法。以下主要介绍图解法设计凸轮轮廓曲线的方法。

14.3.1 图解法设计凸轮轮廓曲线

1.图解法的原理

图解法绘制凸轮轮廓曲线的原理是"反转法"，即在整个凸轮机构(凸轮、从动件、机架)上加一个与凸轮角速度大小相等、方向相反的角速度($-\omega$)，于是凸轮静止不动，而从动件则与机架(导路)一起以角速度($-\omega$)绕凸轮转动，且从动件仍按原来的运动规律相对导路移动(或摆动)，如图 14-13 所示。因从动件尖顶始终与凸轮轮廓保持接触，所以从动件在反转行程中，其尖顶的运动轨迹就是凸轮的轮廓曲线。

2.尖顶直动从动件盘形凸轮轮廓的设计

例 14-1 设已知凸轮逆时针回转，其基圆半径 $r_b = 30$ mm，从动件的运动规律为

凸轮转角	0°~180°	180°~300°	300°~360°
从动件的运动规律	等速上升 30 mm	等加速等减速下降回到原处	停止不动

试设计此凸轮轮廓曲线。

解 设计步骤如下：

(1)选取适当比例尺作位移线图

选取长度比例尺和角度比例尺为

$$\mu_L = 0.002(\text{m/mm}),\mu_\delta = 6(\text{度/mm})$$

按角度比例尺在横轴上由原点向右量取 30 mm，20 mm，10 mm 分别代表推程角 180°、回程角 120°、近停程角 60°。每 30°取一等分点等分推程和回程，得分点 1，2，…，10，停程不必取分点，在纵轴上按长度比例尺向上截取 15 mm 代表推程位移 30 mm。按已知运动规律作位移线图(图 14－14(a))。

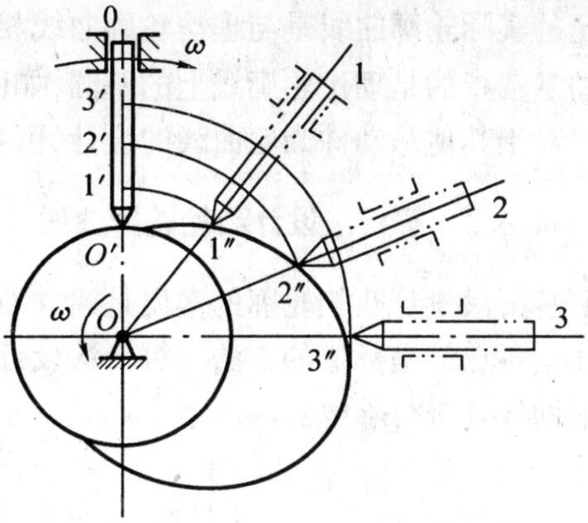

图 14－13

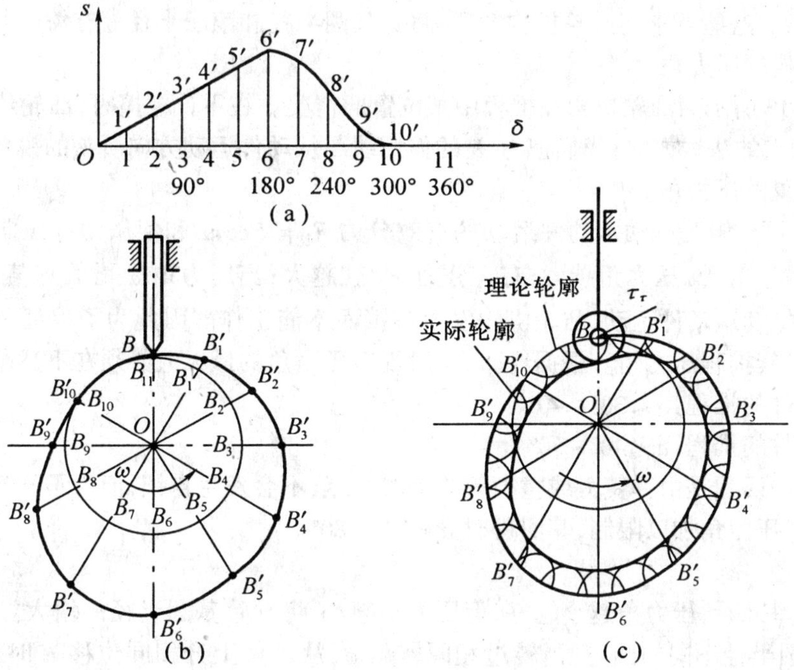

图 14－14

(2)作基圆取分点

任取一点 O 为圆心，以点 B 为从动件尖顶的最低点，由长度比例尺取 $r_b = 15$ mm 作基圆。从 B 点始，按($-\omega$)方向取推程角、回程角和近停程角，并分成与位移线图对应的相同等分，得分点 B_1，B_2，…，B_{11}与 B 点重合。

(3)画轮廓曲线

连接 OB_1 并在延长线上取 $B_1B_1' = 11'$得点 B_1'，同样在 OB_2 延长线上取 $B_2B_2' = 22'$，…，直到 B_9 点，点 B_{10}与基圆上点 B_{10}'重合。将 B_1'，B_2'，…，B_{10}'连接为光滑曲线，即得所求的凸轮轮廓曲线，如图 14－14(b)。

若从动件为滚子，则可把尖顶看作是滚子中心，其运动轨迹就是凸轮的理论轮廓曲线，凸轮的实际轮廓曲线是与理论轮廓曲线相距滚子半径 r_T 的一条等距曲线，应注意的是，凸轮的基圆指的是理论轮廓线上的基圆，如图 14-14(c)所示。

对于其他从动件凸轮曲线的设计，可参照上述方法。

14.3.2 解析法设计凸轮轮廓曲线

解析法设计凸轮轮廓的实质是建立凸轮理论轮廓线、实际轮廓线的方程式，精确计算出廓线上各点的坐标值的方法。解析法设计凸轮曲线分为直角坐标法和极坐标法。应用计算机辅助设计进行求解。

14.4 凸轮设计中的几个问题

设计凸轮机构不仅要保证从动件能实现预期的运动规律，还要求整个机构的传力性能良好，结构紧凑。这些要求与凸轮机构的压力角、基圆半径和滚子半径等有关。

1.凸轮机构的压力角

如图 14-15 所示为凸轮机构在推程中某位置的情况。在不计摩擦时，凸轮给从动件的推力 F 沿接触点的法线方向，我们把力 F 的作用线与从动件运动方向所夹的锐角 α 称为凸轮机构在该位置的压力角。

作用力 F 可分解为推动从动件运动的有效分力 $F_1 = F\cos\alpha$ 和使从动件压向导路有害分力 $F_2 = F\sin\alpha$。显然，压力角越大，有害分力 F_2 就越大；当压力角 α 增大到某一数值时，将使凸轮无法推动从动件运动，凸轮机构发生自锁而不能工作。因此为了保证凸轮机构顺利工作，要控制其推程压力角。根据经验，一般规定压力角的最大值必须在下述范围内

移动从动件的推程：$\alpha \leqslant 30° \sim 40°$

摆动从动件的推程：$\alpha \leqslant 40° \sim 50°$

当从动件的回程是由弹簧力或重力等驱动时，一般不会发生自锁，但为了不产生过大的加速度，仍需对压力角加以限制，其回程时 $\alpha \leqslant 70° \sim 80°$

2.基圆半径

从传动效率来看，压力角越小越好，但压力角减小 将导致基圆半径的增大。如图 14-16 所示，两基圆半径不同的凸轮，当转过相同转角 δ，从动件上升相同位移 h 时，基圆半径愈大，压力角愈小，从动件有效分力愈大。但基圆半径大，结构就不紧凑。因此，设计凸轮时要权衡两者的关系，使设计达到合理。

3.滚子半径

实际使用中的凸轮机构，尖端从动件较小，大部分从动件为减少摩擦而制成滚子式，滚子半径大，强度、耐磨性好。但是滚子半径增大对凸轮轮廓曲线影响很大。如果滚子半径选择不当，从动件将不能实现设计所预期的运动规律，这种现象称为运动失真。如图 14-17 所示的滚子半径 r_T 与理论轮廓最小曲率半径 ρ 的关系是

$\rho > r_T$，则凸轮轮廓为光滑曲线，如图 14-17(a)所示；

$\rho = r_T$，则凸轮轮廓出现尖顶，如图 14-17(b)所示；

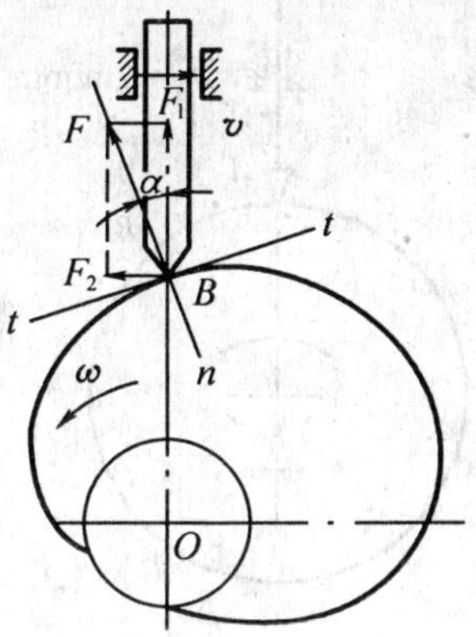

图 14－15

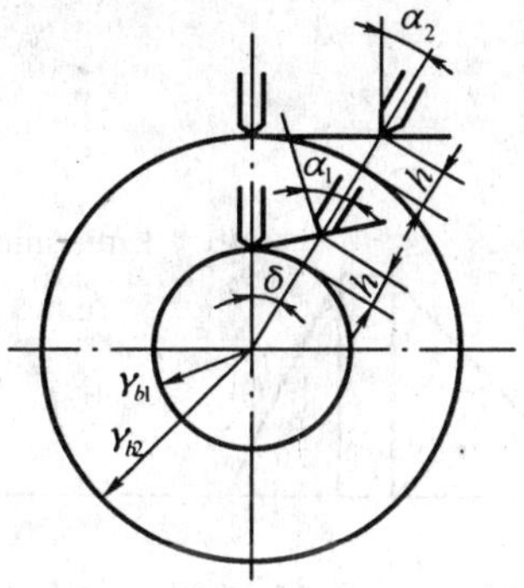

图 14－16

$\rho < r_T$，则凸轮轮廓相交，加工时被消去，致使从动件的运动失真，如图 14－17(c)所示。

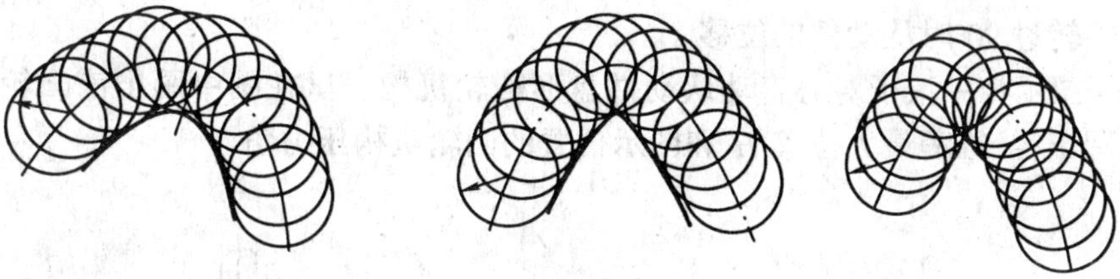

(a) (b) (c)

图 14－17 滚子半径对凸轮轮廓曲线的影响

所以，为了避免运动失真，应使滚子半径 r_T 小于理论轮廓曲线外凸部分的最小曲率半径 ρ_{min}，一般推荐 $r_T \leqslant 0.8\rho_{min}$。

思 考 题

14－1 为什么凸轮机构广泛应用于自动、半自动机械的控制装置中？

14－2 凸轮轮廓的反转法设计依据的是什么原理？

习 题

14－1 试标出图示位移线图中的行程 h、推程运动角 δ_o、远停程角 δ_s、回程角 δ_o'、近停程角 δ_s'。

14－2 试写出图示凸轮机构的名称，并在图上作出行程 h，基圆半径 r_b，凸轮转角 δ_o，δ_s，δ_o' 以及 A，B 两处的压力角。

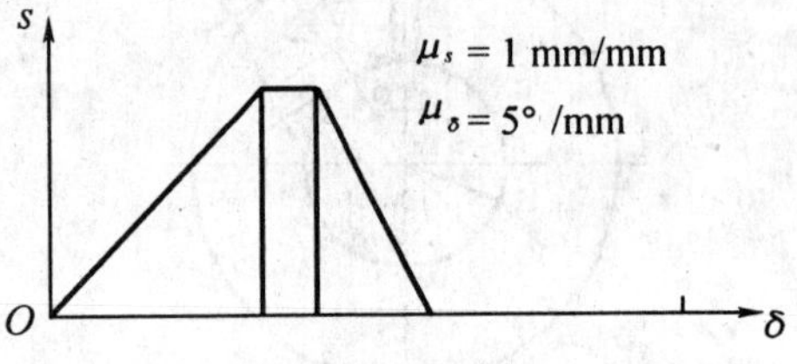

题 14－1 图

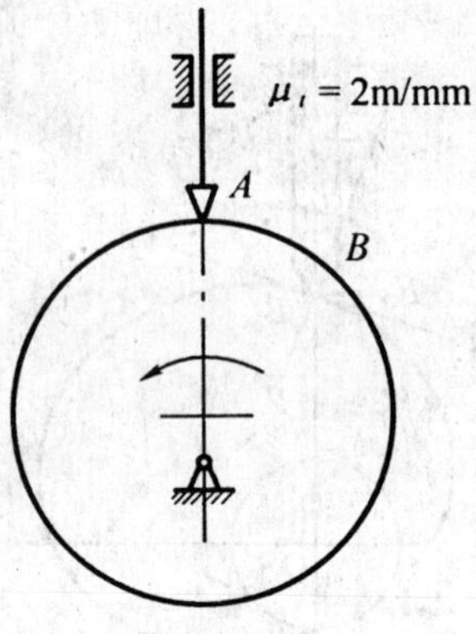

题 14－2 图

14－3　如图所示是一偏心圆凸轮机构，O 为偏心圆的几何中心，偏心距 e = 15 mm，d = 60 mm，试在图中标出：

(1)凸轮的基圆半径、从动件的最大位移 H 和推程运动角 δ 的值；

(2)凸轮转过 90°时从动件的位移 s。

14－4　图示为一滚子对心直动从动件盘形凸轮机构。试在图中画出该凸轮的理论轮廓曲线、基圆半径、推程最大位移 H 和图示位置的凸轮机构压力角。

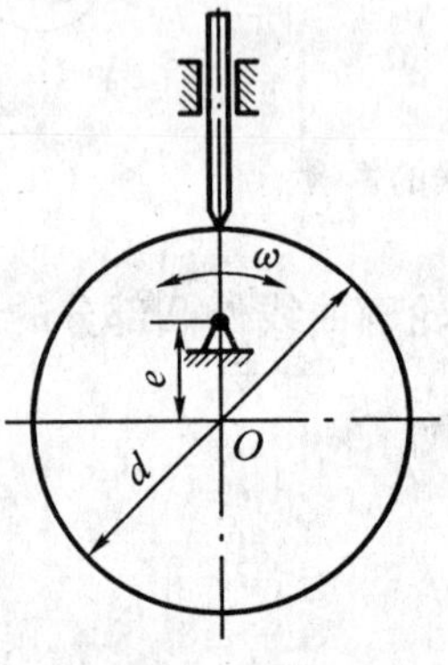

题 14－3 图

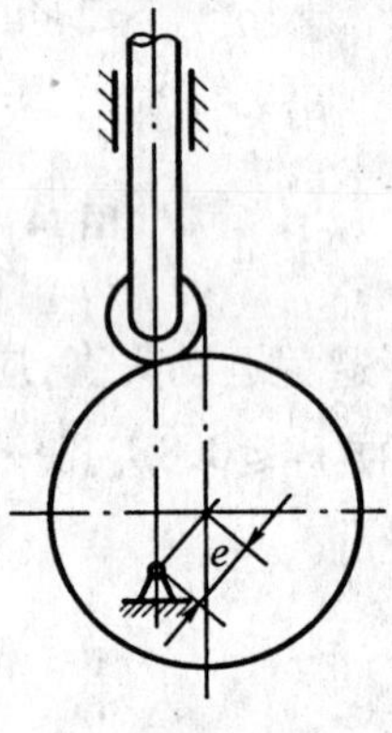

题 14－4 图

14－5　标出图中各凸轮机构图示 A 位置的压力角和再转过 45°时的压力角。

14－6　设计一尖顶对心直动从动件盘形凸轮机构。凸轮顺时针匀速转动，基圆半径 r_b = 40 mm，从动件的运动规律为

δ	0° ~ 90°	90° ~ 180°	180° ~ 240°	240° ~ 360°
运动规律	等速上升	停止	等加速等减速下降	停止

上升 30 mm，下降回原处。

14-7 若将上题改为滚子从动件，设已知滚子半径 $r_T = 10$ mm，试设计其凸轮的实际轮廓曲线。

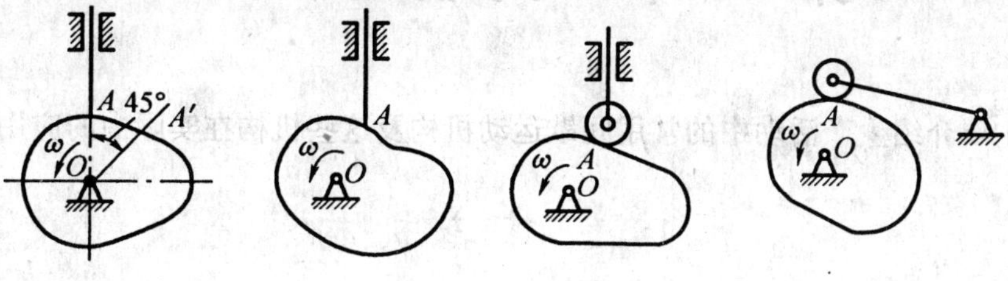

(a) (b) (c) (d)

题 14-5 图

第 15 章　间歇运动机构

本章主要介绍生产活动中的常用间歇运动机构及这些机构在实际中的应用。

15.1　棘 轮 机 构

15.1.1　棘轮机构的工作原理和类型

如图 15－1(a)所示，棘轮机构是由棘轮、棘爪及机架所组成。主动杆 1 空套在与棘轮 3 固连的从动轴上。驱动棘爪 4 与主动杆 1 用转动副 *A* 相联。当主动杆 1 逆时针方向转动时，驱动棘爪 4 便插入棘轮 3 的齿槽，使棘轮跟着转过某一角度。这时止回棘爪 5 在棘轮的齿背上滑过。当杆 1 顺时针方向转动时，止回棘爪 5 阻止棘轮发生顺时针方向转动，同时棘爪 4 在棘轮的齿背上滑过，所以此时棘轮静止不动。这样，当杆 1 作连续的往复摆动时，棘轮 3 和从动轴便作单向的间歇转动。杆 1 的摆动可由凸轮机构、连杆机构或电磁装置等得到。

按照结构特点，常用的棘轮机构有下列两大类。

1.轮齿式棘轮机构

轮齿式棘轮机构有外啮合(图 15－1(a))、内啮合(图 15－1(b))两种型式。当棘轮的直径为无穷大时，变为棘条(图 15－1(c))，此时棘轮的单向转动变为棘条的单向移动。

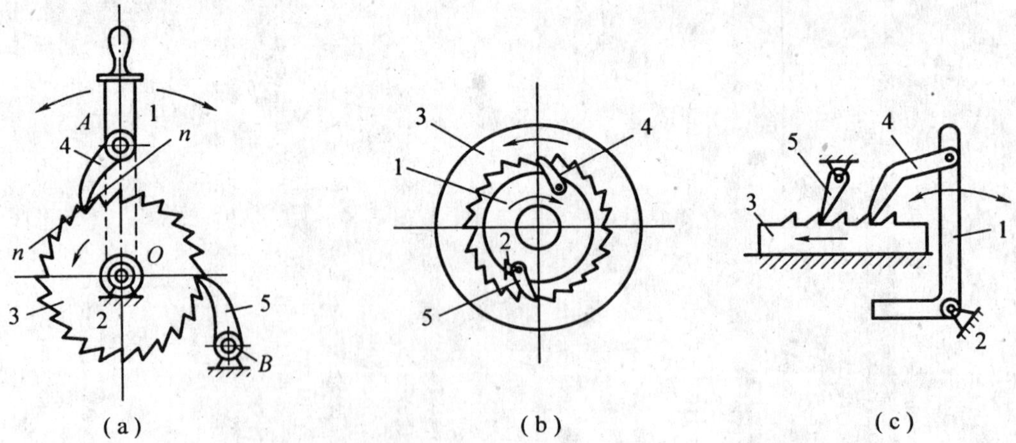

图 15－1

根据棘轮的运动又可分为：(1)单向式棘轮机构可分为单动式和双动式两种，(图 15－1)所示为单动式棘轮机构，它的特点是摇杆向一个方向摆动时，棘轮沿同方向转过某一角度；而摇杆反向摆动时，棘轮静止不动。图 15－2 所示为双动式棘轮机构，当摇杆往复摆动时，都能使棘轮沿单一方向转动。单向式棘轮采用的是不对称齿形，常用的有锯齿形齿(图

15－3(a))、直线形三角齿(图 15－3(b))及圆弧形三角齿(图 15－3(c))。

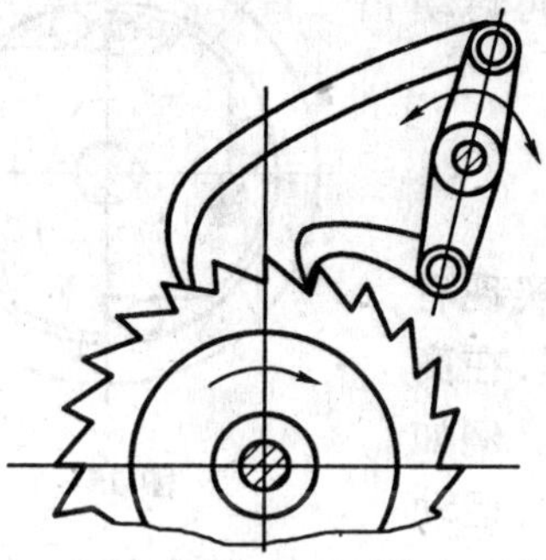

图 15－2

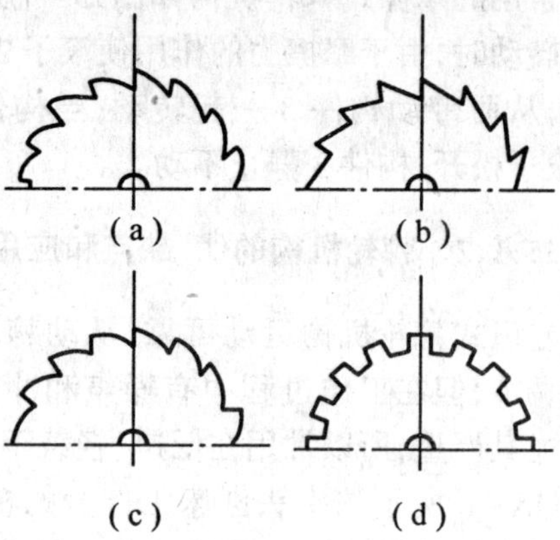

图 15－3

(2)双向式棘轮机构(图 15－4)它的特点是当棘爪 1 在图示位置时，棘轮 2 沿逆时针方向间歇运动；若将棘爪提起(销子拔出)，并绕本身轴线转 180°后放下(销子插入)，则可实现棘轮沿顺时针方向间歇运动。

双向式的棘轮一般采用矩形齿(图 15－3(d))。

轮齿式棘轮机构在回程时，棘爪在齿面上滑过，故有噪音，平稳性较差，且棘轮的步进转角又较小。如要调节棘轮的转角，可以改变棘爪的摆角或改变拨过棘轮齿数的多少。如图 15－5 所示，在棘轮上加一遮板，变更遮板的位置，即可使棘爪行程的一部分在遮板上滑过，不与棘轮的齿接触，从而改变棘轮转角的大小。

2.摩擦式棘轮机构

图 15－6 所示为摩擦式棘轮机构，它的工作原理与轮齿式棘轮机构相同，只不过用偏心扇形块代替棘爪，用摩擦轮代替棘轮。当杆 1 逆时针方向摆动时，扇形块 2 楔紧摩擦轮 3 成为一体，使轮 3 也一同逆时针方向转动，这时止回扇形块 4 打滑；当杆 1 顺时针方向转动时，扇形块 2 在轮 3 上打滑，这时止回扇形块 4 楔紧，以防止 3 倒转。这样当杆 1 作连续反复摆

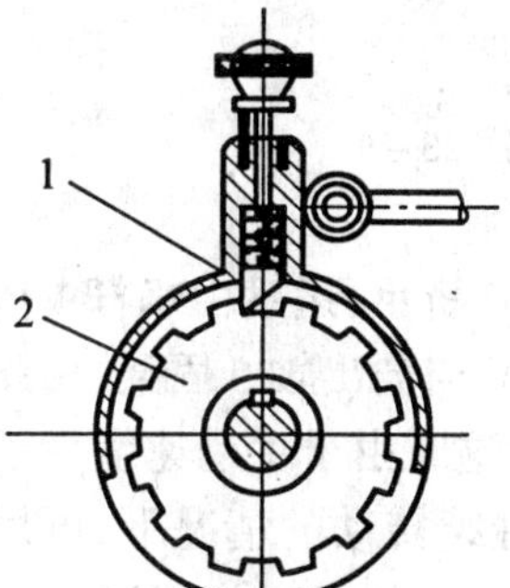

图 15－4

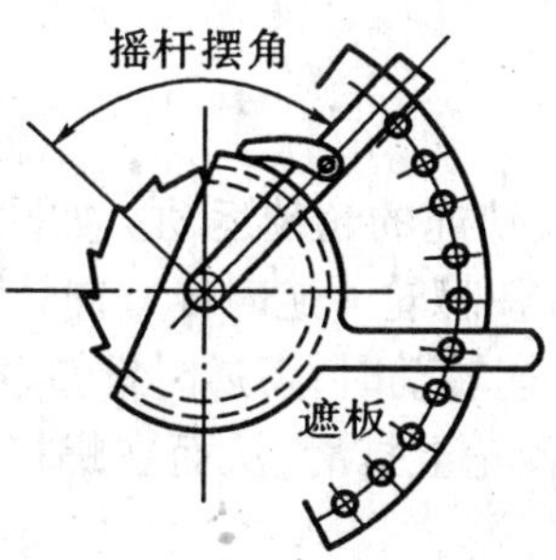

图 15－5

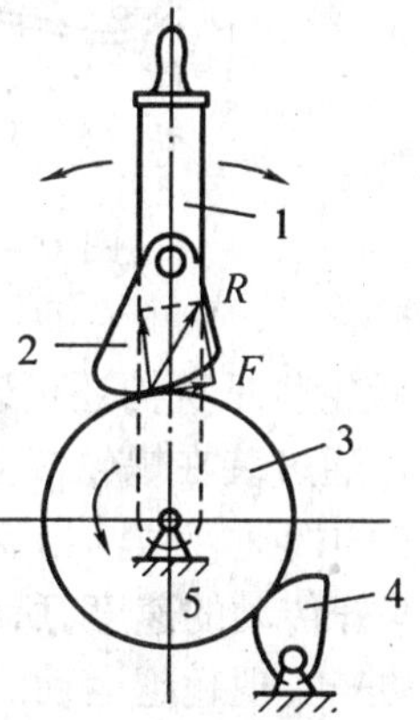

图 15－6

动时，轮 3 便得到单向的间歇运动。

常用的摩擦式棘轮机构如图15－7所示，当构件 1 顺时针方向转动时，由于摩擦力的作用使滚子 2 楔紧在构件 1、3 的狭隙处，从而带动构件 3 一起转动；当构件 1 逆时针方向转动时，滚子松开，构件 3 静止不动。

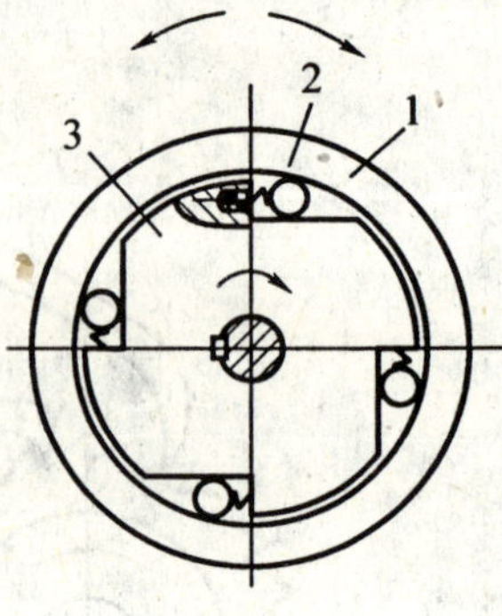

图 15－7

15.1.2 棘轮机构的优、缺点和应用

轮齿式棘轮机构运动可靠，从动棘轮的转角容易实现有级的调节，但在工作过程中有噪声和冲击，棘齿易磨损，在高速时尤其严重，所以常用在低速、轻载下实现间歇运动。例如在图 15－8 所示的牛头刨床工作台的横向进给机构中，运动由一对齿轮传到曲柄 1，再经连杆 2 带动摇杆 3 作往复摆动；摇杆 3 上装有棘爪，(见图 15－8)，从而推动棘轮 4 作单向间歇转动；由于棘轮与螺杆固连，从而又使螺母 5(工作台)作进给运动。若改变曲柄的长度，就可以改变棘爪的摆角，以调节进给量。

图 15－9 所示为 Z7105 钻孔攻丝机的棘轮转位机构。蜗杆 1 经蜗轮 2 带动分配轴上的定位凸轮 3，使摆杆 4 上的定位块离开定位盘以上的 V 形槽，这时分度凸轮 6 推动杠杆 7 带动连杆 8，装在连杆 8 上的棘爪便推动棘轮 9 顺时针方向转动，从而使工作盘 10 实现转位运动。转位完毕，定位凸轮 3 和拉簧 11 使定位块再次插入定位盘 5 的 V 形槽中进行定位。

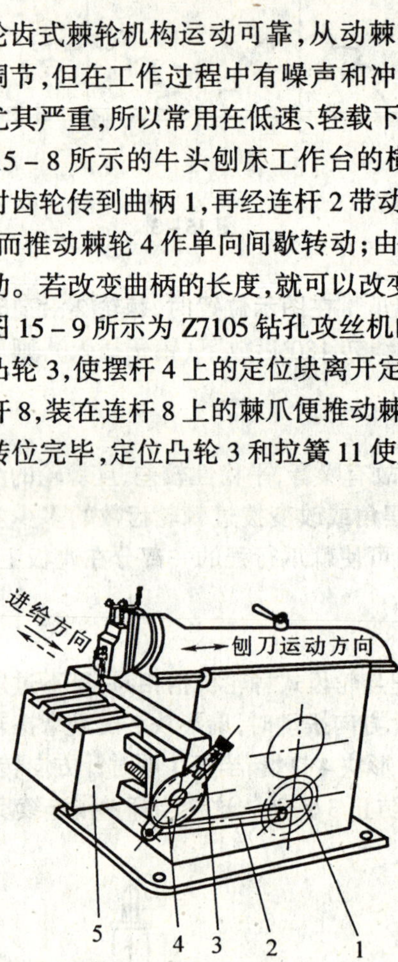

图 15－8

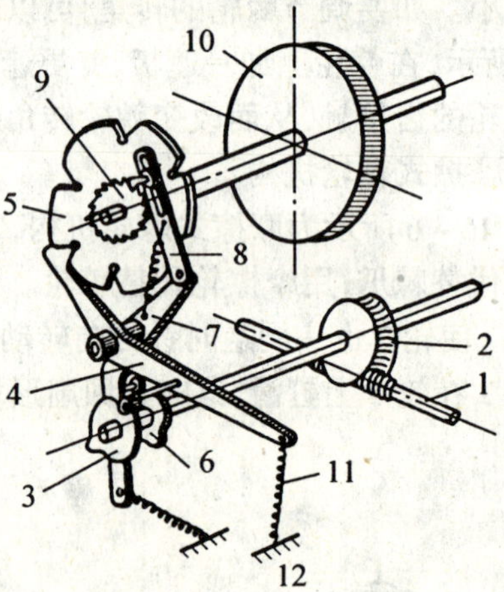

图 15－9

棘轮棘爪机构还可以用来实现快速的超越运动。如图 15－10 所示，运动由蜗杆 1 传到蜗轮 2，通过装在蜗轮 2 上的棘爪 3 使棘轮 4 逆时针方向转动，棘轮与输出轴 5 固连，由此得到轴 5 的慢速转动。当需要轴 5 快速转动时，可逆时针转动手轮，这时由于手动速度大于由蜗轮蜗杆传动的速度，所以棘爪在棘轮上打滑，从而在蜗杆蜗轮继续转动的情况下，可用快速手动来实现超越运动。

此外，棘轮机构还可以用来做计数器。如图 15－11 所示，当电磁铁 1 的线圈通入脉冲直流信号电流时，电磁铁吸动衔铁 2，把棘爪 3 向右拉动，棘爪在棘轮 5 的齿上滑过；当断开信号电流时，借助弹簧 4 的恢复力作用，使棘爪向左推动，这时棘轮转过一个齿，表示计入一个数字,重复上述动作,便可实现数字计入运动。

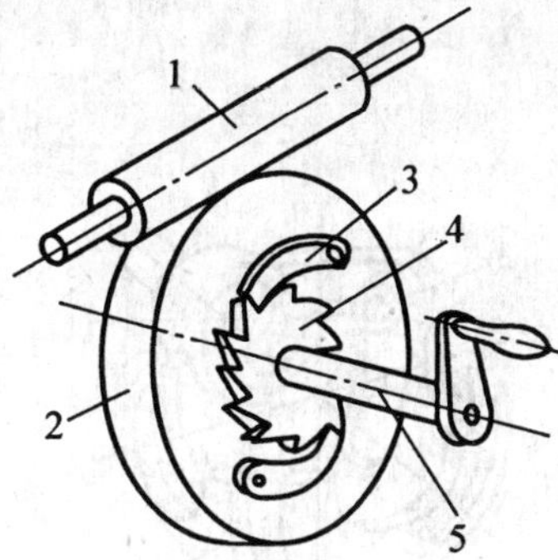

图 15-10

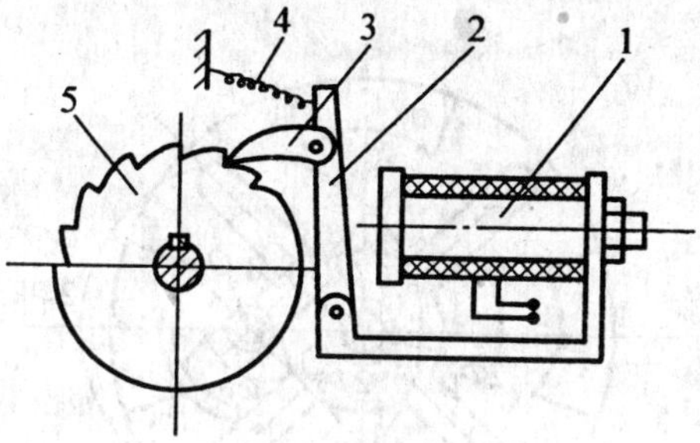

图 15-11

在起重机、绞盘等机械装置中,还常利用棘轮机构使提升的重物能停止在任何位置上,以防止由于停电等原因造成事故。

摩擦式棘轮机构传递运动较平稳,无噪音,从动构件的转角可作无级调节,常用来做超越离合器,在各种机械中实现进给或传递运动。但运动准确性差,不宜用于运动精度要求高的场合。

15.2 槽轮机构

15.2.1 槽轮机构的工作原理和类型

如图 15-12 所示,槽轮机构由具有径向槽的槽轮 2 和具有圆销的构件 1 以及机架所组成。当构件 1 的圆销 G 未进入槽轮 2 的径向槽时,由于槽轮 2 的内凹锁住弧 S_2 被构件 1 的外凸圆弧 S_1 卡住,故槽轮 2 静止不动。图 15-15 所示为圆销 G 开始进入槽轮径向槽的位置,这时锁住弧 S_2 被松开,因而圆销 G 能驱使槽轮沿与构件 1 相反的方向转动。当圆销 G 开始脱出槽轮的径向槽时,槽轮的另一内凹锁住弧又被构件 1 的外凸圆弧卡住,致使槽轮 2 又静止不动,直至构件 1 的圆销 G 再进入槽轮 2 的另一径向槽时,两者又重复上述的运动循环。这样,当主动构件 1 作连续转动时,槽轮 2 便得到单向的间歇转动。

平面槽轮机构有两种型式:一种是外槽轮机构,如图 15-12 所示,其槽轮上径向槽的开口是自圆心向外,主动构件与槽轮转向相反;另一种是内槽轮机构,如图 15-13 所示,其槽轮上径向槽的开口是向着圆心的,主动构件与槽轮的转向相同,这两种槽轮机构都用于传递平行轴的运动。

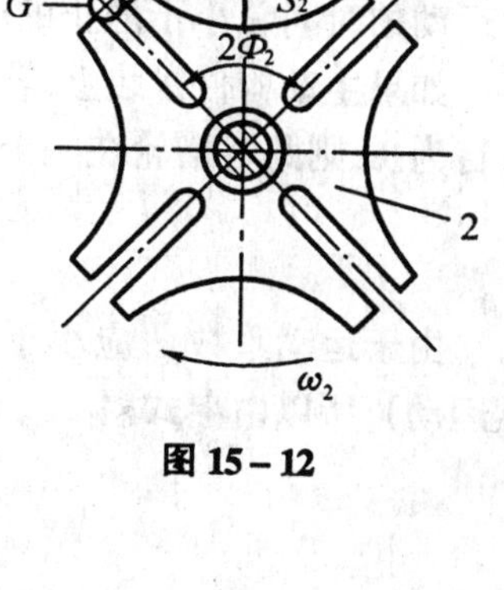

图 15-12

图 15-14 所示为球面槽轮机构，它是用于传递两垂直相交轴的间歇运动机构，从动槽轮 2 呈半球形，主动构件 1 的轴线与销 3 的轴线都通过球心 O，当主动构件 1 连续转动时，球面槽轮 2 得到间歇转动。

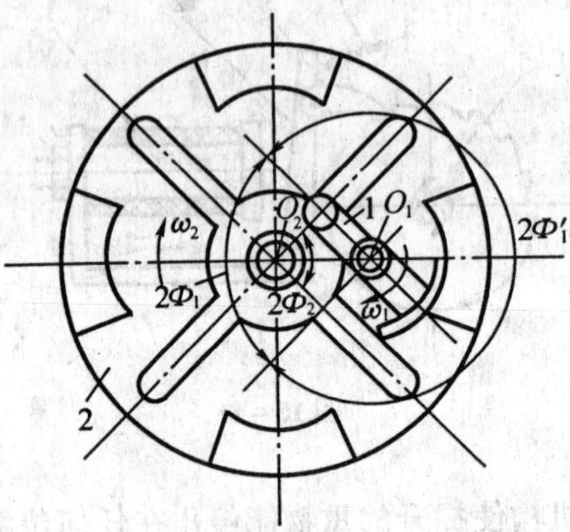

图 15-13

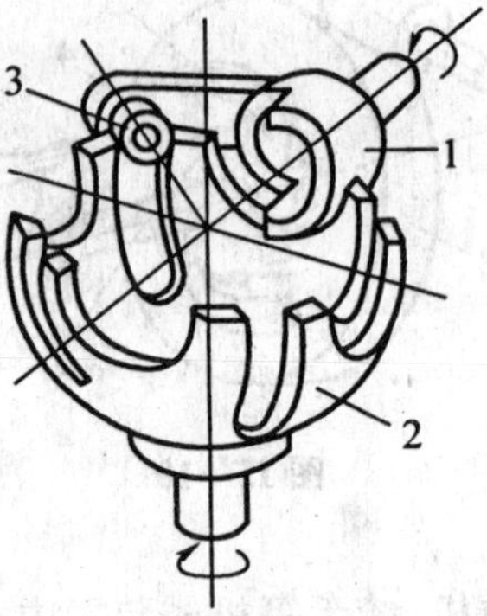

图 15-14

15.2.2 槽轮机构的运动系数

在图 15-15 所示的外槽轮机构中，为了使槽轮开始转动瞬时和终止转动瞬时的角速度为零，以避免刚性冲击，圆销开始进入径向槽或自径向槽脱出时，径向槽的中心线应切于圆销中心运动的圆周，因此，设 z 为均匀分布的径向槽数，则由图 15-12 得槽轮 2 转动时构件 1 的转角 $2\varphi_1$ 为

$$2\phi_1 = \pi - 2\phi_2 = \pi = \frac{2\pi}{z}$$

在一个运动循环内，槽轮 2 运动的时间 td，与构件 1 运动的时间 t 之比称为运动系数 τ。当构件 1 等速转动时，这个时间比可以用转角比来表示。对于只有一个圆销的槽轮机构，t_d 和 t 各对应于构件 1 回转 $2\varphi_1$ 和 2π，因此，槽轮机构的运动系数 τ 为

$$\tau = \frac{t_d}{t} = \frac{2\phi_1}{2\pi} = \frac{\pi - \frac{2\pi}{z}}{2\pi} = \frac{z-2}{2z} \tag{15-1}$$

由于运动系数 τ 必须大于零（因 $\tau = 0$ 表示槽轮始终不动），所以由上式可知，径向槽的数目 z 应大于 2。又由式（15-1）可知，这种槽轮机构的运动系数总小于 0.5，也就是说，槽轮运动的时间总小于静止的时间。

如果主动构件 1 装上若干个圆销，则可以得到 $\tau > 0.5$ 的槽轮机构。设均匀分布的圆销数目为 k，则此时槽轮在一个循环中的运动时间比只有一个圆销时增加 k 倍，因此

$$\tau = \frac{kt_d}{t} = \frac{k(z-2)}{2z} \tag{15-2}$$

由于运动系数 τ 应小于 1（因 $\tau = 1$ 表示槽轮 2 与构件 1 一样作连续转动，不能实现间歇运动），所以由上式得

$$k < \frac{2z}{z-2} \tag{15-3}$$

由式(15－3)可算出槽轮槽数确定后所允许的圆销数。例如当 $z=3$ 时，圆销的数目可为1至5；当 $z=4$ 或5时，圆销的数目可为1至3；又当 $z\geqslant 6$ 时，圆销的数目可为1至2。

图15－15所示为 $z=4$ 及 $k=2$ 的外槽轮机构，它的运动系数 $\tau=0.5$，即槽轮运动的时间与静止的时间相等。这时，除了径向槽和圆销都是均匀分布外，两圆销至轴 $O1$ 的距离也是相等的。

在主动构件等速转动期间，如果要使槽轮每次停歇的时间不相等，则主动构件1上的圆销应作不均匀分布；如果要使槽轮每次运动时间不相等，则应使圆销的回转半径不相等。图15－16所示为在主动构件等速转动时槽轮每次停歇和运动的时间均不相等的槽轮机构。

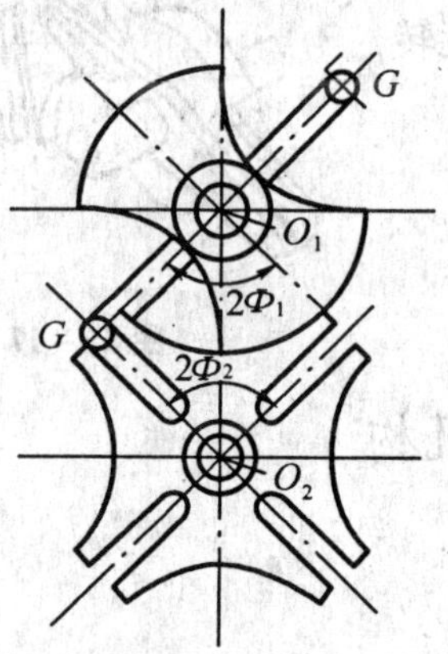

图15－15

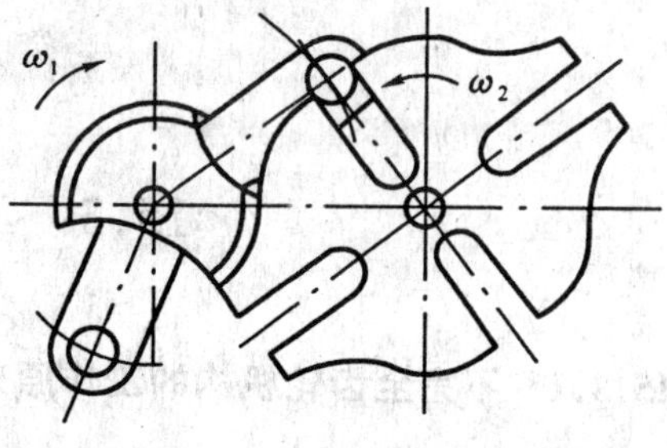

图15－16

对于图15－13所示的内槽轮机构，当槽轮2运动时，构件1所转过角度 $2\varphi_1'$ 为

$$2\phi_1'=2\pi-2\phi_1=2\pi-(\pi-2\phi_2)=\pi+2\phi_2=\pi+\frac{2\pi}{z}$$

所以运动系数 τ 为

$$\tau=\frac{2\phi'}{2\pi}=\frac{z+2}{2z}=\frac{1}{2}+\frac{1}{z} \qquad (15-4)$$

由上式可知，内槽轮机构的运动系数总大于0.5。又因 τ 应小于1，所以 $z>2$，也就是说径向槽的数目最少应为3，内槽轮机构永远只可以用一个圆销，因为根据

$$\tau=\frac{2\phi'}{2\pi}k=\frac{k(z+2)}{2z}<1,k<\frac{2z}{z+2}$$

则当 z 等于或大于3时，k 总小于2。

15.2.3 槽轮机构的优、缺点和应用

槽轮机构结构简单，工作可靠，在进入和脱离啮合时运动较平稳，能准确控制转动的角度。但槽轮的转角大小不能调节，而且在槽轮转动的始、末位置加速度变化较大，所以有冲击。

槽轮机构一般应用在转速不高的间歇转动装置中。例如在电影放映机中，用槽轮间歇地移动影片；在自动机中，用以间歇地转动工作台或刀架。图15－17中的自动传送链装置。运动由主动构件1传给槽轮2，再经一对齿轮3,4使与齿轮4固连的链轮5作间歇转动，从

而得到传送链 6 的间歇移动,传送链上装有装配夹具的安装支架 7,故可满足自动线上的流水装配作业要求。

在实际应用中,常常需要槽轮轴转角大于或小于$\frac{2\pi}{z}$,这时可在槽轮轴与输出轴之间增加一级齿轮传动,如图15-17所示。如果是减速齿轮传动,则输出轴每次转角小于$\frac{2\pi}{z}$;如果是增速齿轮传动,则输出轴每次转角大于$\frac{2\pi}{z}$,改变齿轮的传动比就可以改变输出轴的转角。同时,增加一级齿轮传动还可以使槽轮转位所产生的冲击主要由中间轴吸收,使运转更为平稳。

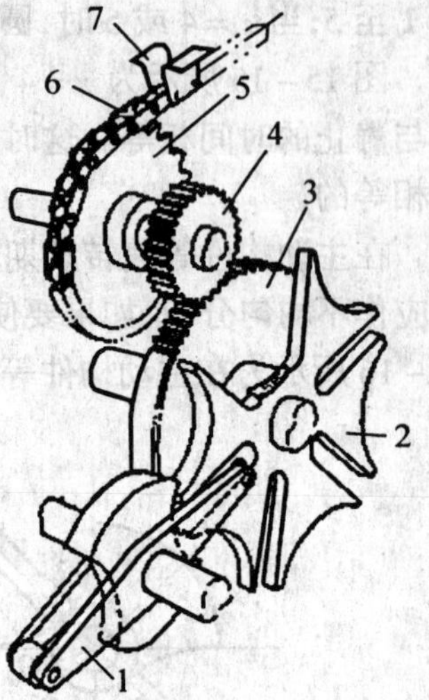

图 15-17

15.3 不完全齿轮机构

15.3.1 不完全齿轮机构的工作原理和类型

不完全齿轮机构是由普通渐开线齿轮机构演化而成的一种间歇运动机构。它与普通渐开线齿轮机构不同之处是轮齿不布满整个圆周,如图 15-18 所示。图示当主动轮 1 转一周时,从动轮 2 转六分之一周,从动轮每转停歇六次。当从动轮停歇时,主动轮 1 上的锁住弧 $s1$ 与从动轮 2 上的锁住弧 $s2$ 互相配合锁住,以保证从动轮停歇在预定的位置。

不完全齿轮机构的类型有:外啮合(图 15-18)、内啮合(图 15-19)。与普通渐开线齿轮一样,外啮合的不完全齿轮机构两轮转向相反;内啮合的不完全齿轮机构两轮转向相同。当轮 2 的直径为无穷大时,变为不完全齿轮齿条(图 15-20),这时轮 2 的转动变为齿条的移动。

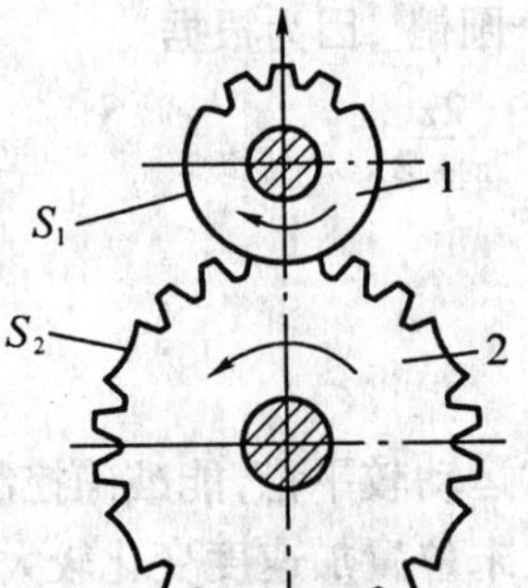

图 15-18

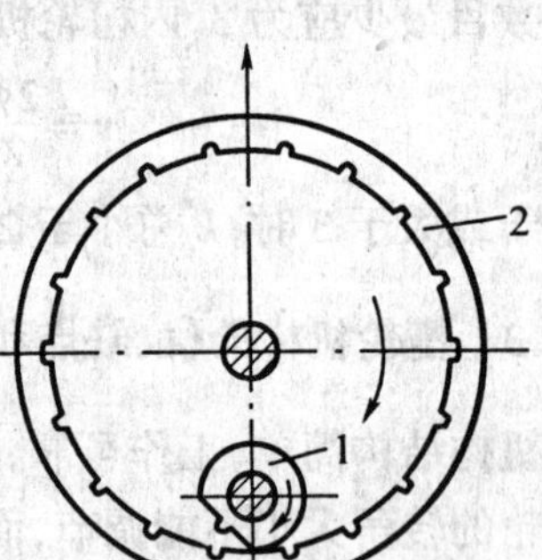

图 15-19

15.3.2 不完全齿轮机构的优、缺点和应用

不完全齿轮机构与槽轮机构相比，其从动轮每转一周的停歇时间、运动时间及每次转动的角度变化范围都较大，设计较灵活。但其加工工艺较复杂，而且从动轮在运动的开始与终止时冲击较 大，故一般用于低速、轻载的场合，如在自动机和半自动机中用于工作台的间歇转位，以及要求具有间歇运动的进给机构、计数机构等等。

图 15－20 所示为插秧机的秧箱移行机构。该机构由与摆杆固连的棘爪 1、棘轮 2、与棘轮固连的不完全齿轮 3、上下齿条 4(秧箱)组成。当构件 1 顺时针方向摆动时，2、3 不动，秧箱 4 停歇 ，这时秧爪(图中未示出)取秧；当取秧完毕，构件 1 逆时针方向摆动，2 与 3 一同逆时针方向转动，3 与上齿条 4 啮合，使 4 向左移动，即秧箱向左移动。当秧箱移到终止位置(如图示位置)，轮 3 与下齿条 4 啮合，使秧箱自动换向向右移动。

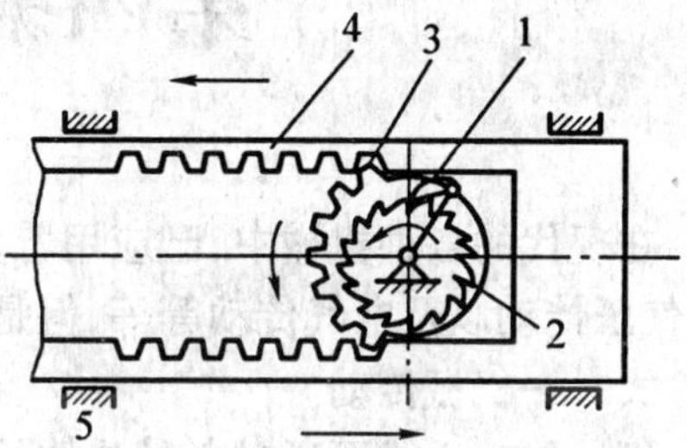

图 15－20

习 题

15－1 比较不完全齿轮机构与普通渐开线齿轮机构在啮合过程中的异同点。

15－2 比较本章所述几种间歇运动机构的异同点，并说明各适用的场合。

15－2 牛头刨床工作台的横向进给螺杆的导程 3 mm，与螺杆固连的棘轮齿数 $z=40$，问棘轮的最小转动角度 φ 是多少？该牛头刨床的最小横向进给量 s 是多少？

15－3 在六角车床的六角头外槽轮机构中，已知槽轮的槽数 $z=6$，槽轮静止时间 $t_j=\frac{5}{6}s/r$，运动时间是静止时间的两倍，求

(1)槽轮机构的运动系数 τ；

(2)圆销数 k。

15－4 已知外槽轮机构的槽数 $z=4$，主动件 1 的角速度 $\omega_1=10$ rad/s，试求

(1)主动件 1 在什么位置槽轮的角加速度最大？

(2)槽轮的最大角加速度。

15－5 一台 n 工位的自动机中，用不完全齿轮机构来实现工作台的间歇转位运动，若主、从动齿轮上补全的齿数(即假想齿数)相等，试证明从动轮的运动时间与停止时间之比等于$\frac{1}{n-1}$。

第四编 机 械 传 动

在现代的各种机械中,已应用着多种多样的传动方式,例如机械传动,液压传动,液力传动、气压传动以及电气传动等等,但是在这多种的传动方式中,用的最广泛的还是传动的基本方式——机械传动。

机械传动方式可通过各种具体的传动装置得以实施,这些具体的传动装置各有其特点,它们在很大程度上影响着机器的性能,因此要研究各类具体机械,必须先弄清各种常用传动装置的工作原理及其特点。

机械传动按其传递的方法来分,可分为摩擦传动与啮合传动两大类。摩擦传动包括摩擦轮传动和带传动;啮合传动包括齿轮传动,链传动,螺旋传动和蜗杆传动。

第 16 章　圆柱齿轮传动

本章主要讲授齿轮机构组成、特点、分类和应用、渐开线齿轮参数、几何尺寸计算、啮合传动及齿轮设计和加工等问题。

16.1　齿轮机构的特点、类型及应用实例

齿轮机构用于传递两轴之间的运动和动力，是应用最广的传动机构。它是通过轮齿的啮合来实现传动要求的，因此同摩擦轮、皮带轮等机械传动相比较，其显著特点是：传动比稳定、工作可靠、效率高、寿命较长，适用的直径、圆周速度和功率范围广。

根据齿轮机构所传递运动两轴线的相对位置、运动形式及齿轮的几何形状，齿轮机构分以下几种基本类型（见图 16－1）：

- 齿轮传动
  - 回转运动→回转运动
    - 平行轴
      - 转向相反—外啮合圆柱齿轮
        - 直齿（a）
        - 斜齿（b）
        - 人字齿（c）
      - 转向相同—内啮合圆柱齿轮（d）
    - 相交轴—锥齿轮
      - 直齿（e）
      - 斜齿（f）
    - 空间交错轴
      - 螺旋齿轮（g）
      - 蜗轮蜗杆（h）
  - 回转→直线——齿轮齿条（i）

其中最基本的型式是传递平行轴间运动的圆柱直齿轮机构和圆柱斜齿轮机构。

按齿轮齿廓曲线不同，又可分为渐开线齿轮、摆线齿轮和圆弧齿轮等，其中渐开线齿轮应用最广。

齿轮机构应用范围广泛，以下是几个应用实例。

以上各类齿轮机构均是具有恒定传动比的机构，齿轮的基本几何形状均为圆形。与之相应的有能实现传动比按一定规律变化的非圆形齿轮机构，仅在少数特殊机械中使用，如图 16－2～图 16－5 所示。在图 16－2 中，搬动操作手柄 7，齿轮 6 转动，带动齿条（轴套 3）平移，使钻头 4 进给。由于扇形齿轮 8 的啮合作用，使另一套机构 9 同时动作。故可同时钻出互成 90°的双孔。在图 16－5 中，滑动齿轮 a 可在滑键上移动。

本章以渐开线直齿圆柱齿轮为主要分析对象，在此基础上对斜齿圆柱齿轮作简要介绍。

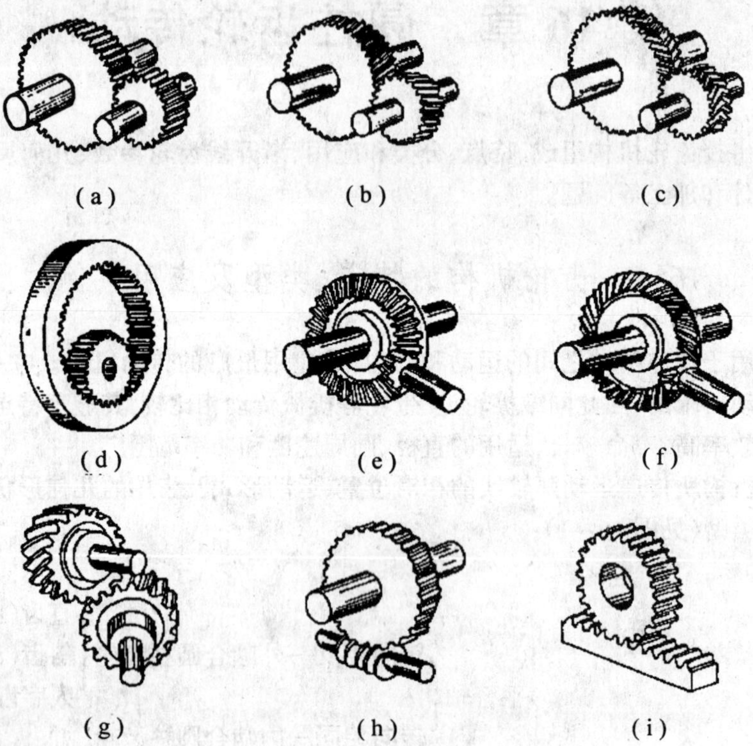

图 16-1 齿轮机构的基本类型

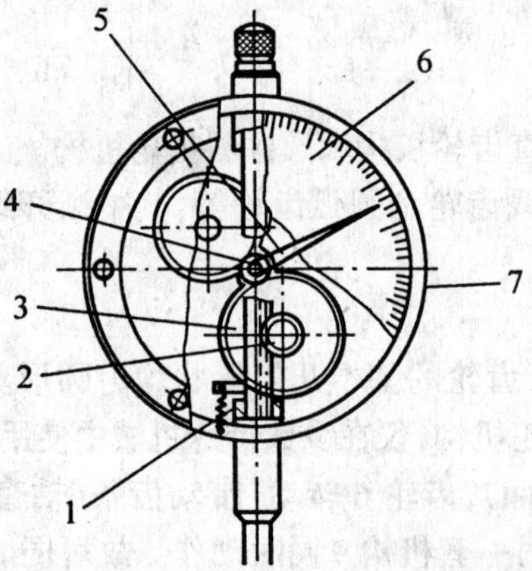

图 16-2 百 分 表

1—带齿的测量轴；2—小齿轮；3—大齿轮；4—中心轮；5—指针

图 16-3 机械手手部机构

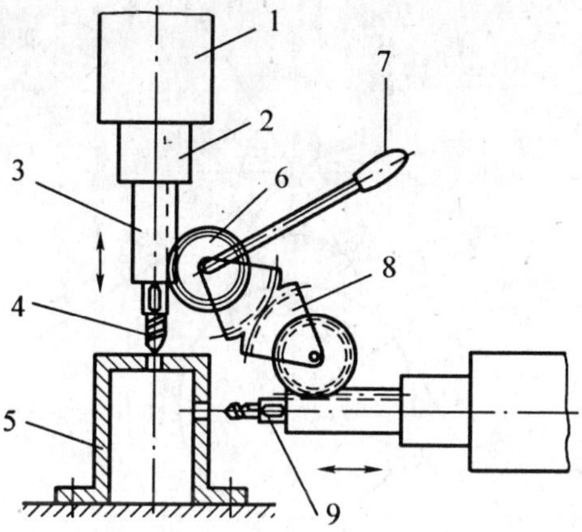

图 16-4 双孔钻具

1—传动头；2—轴外套；3—带齿条的轴套；4—钻头；5—工件；6—齿轮；7—操作手柄；8—扇形齿轮；9—钻夹

搬动操作手柄，齿轮转动，带动齿条（轴套）平移，使钻头进给。由于扇形齿轮的啮合作用，使另一套机构同时动作。故可同时钻出互成90°的双孔

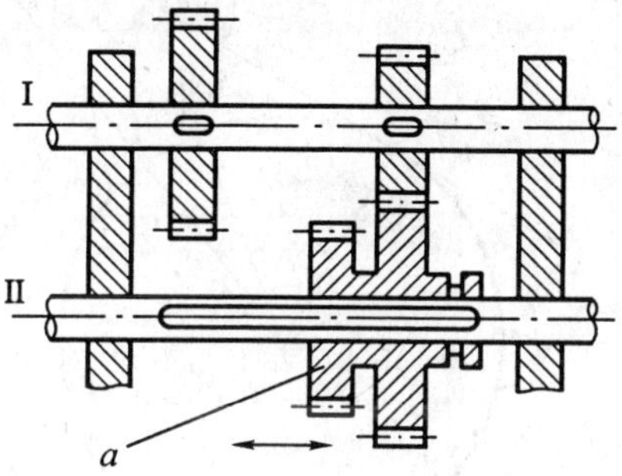

图 16-5 齿轮变速机构

16.2 渐开线齿廓及其啮合特性

齿轮机构靠齿轮轮齿的齿廓相互推动，在传递动力和运动时，如何保证瞬时传动比恒定以减小惯性力，得到平稳传动，其齿廓形状是关键因素。渐开线齿廓能满足瞬时传动比恒定，且制造方便，安装要求低，而应用最普遍。

16.2.1 渐开线的形成原理及基本性质

如图 16-6 所示，一条直线（称为发生线）沿着半径为 r_b 的圆周（称为基圆）作纯滚动时，直线上任意点 K 的轨迹称为该圆的渐开线。由渐开线的形成过程可知它具有以下特性：

(1)相应的发生线和基圆上滚过的长度相等，即 $\overset{\frown}{NA} = \overline{NK}$。

(2)渐开线上任意一点的法线必切于基圆。

(3)渐开线上各点压力角不等，离圆心越远处的压力角越大。基圆上压力角为零。渐开线上任意点 K 处的压力角是力的作用方向（法线方向）与运动速度方向（垂直向径方向）的夹角 α_K（图 16-6），由几何关系可推出

$$\alpha_K = \cos^{-1}\frac{r_b}{r_K} \tag{16-1}$$

式中 r_b——基圆半径；

r_K——K 点向径。

(4)渐开线的形状取决于基圆半径的大小。基圆半径越大，渐开线越趋平直（图 16-7）。

(5)基圆以内无渐开线。

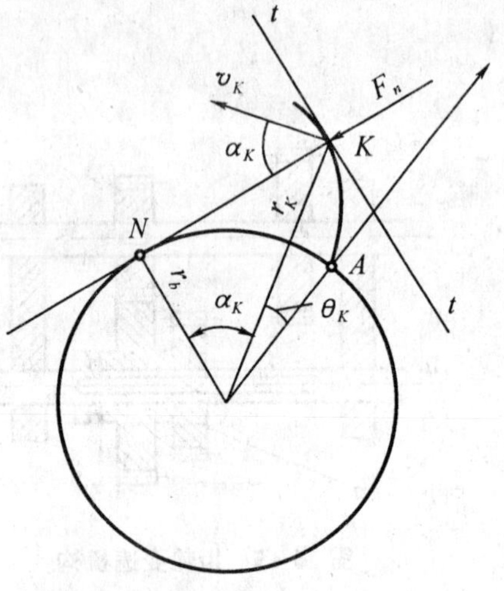

图 16－6 渐开线的形成及压力角

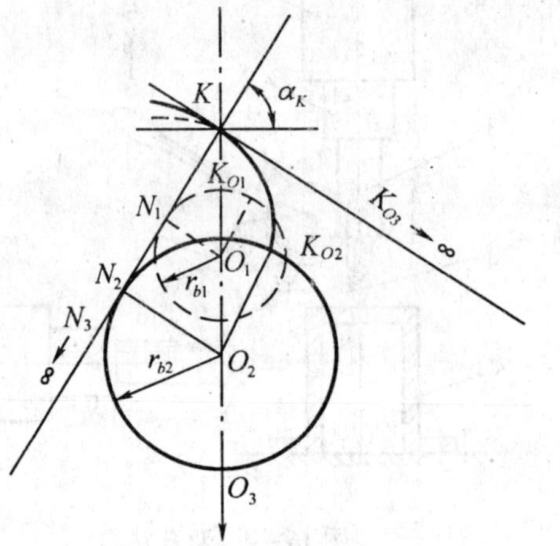

图 16－7 渐开线形状与基圆大小的关系

13.2.2 渐开线齿廓的啮合特性

1.齿廓啮合基本定理

两相互啮合的齿廓 $E1$ 和 $E2$ 在 K 点接触(如图 16－8),过 K 点作两齿廓的公法线 nn,它与连心线 O_1O_2 的交点 C 称为节点。以 O_1、O_2 为圆心,以 $O_1C(r'_1)$、$O_2C(r'_2)$为半径所作的圆称为节圆,因两齿轮的节圆在 C 点处作相对纯滚动,由此可推得

$$i=\frac{\omega_1}{\omega_2}=\frac{O_2C}{O_1C}=\frac{r'_2}{r'_1} \tag{16-2}$$

一对传动齿轮的瞬时角速度与其连心线被齿廓接触点的公法线所分割的两线段长度成反比,这个定律称为齿廓啮合基本定律。由此推论,欲使两齿轮瞬时传动比恒定不变,过接触点所作的公法线都必须与连心线交于一定点。

2.渐开线齿廓满足瞬时传动比恒定

一对齿轮传动,其渐开线齿廓在任意点 K 接触(图 16－9),可证明其瞬时传动比恒定。过 K 点作两齿廓的公法线 nn,它与连心线 O_1O_2 交于 C 点。由渐开线特性推知齿廓上各点法线切于基圆,齿廓公法线必为两基圆的内公切线 N_1N_2,N_1N_2 与连心线 O_1O_2 交于定点 C。

由$\triangle N_1O_1C\backsim\triangle N_2O_2C$,可推得

$$i=\frac{\omega_1}{\omega_2}=\frac{O_2C}{O_1C}=\frac{r_{b2}}{r_{b1}} \tag{16-3}$$

渐开线齿轮制成后,基圆半径是定值。渐开线齿轮啮合时,即使两轮中心距稍有改变,过接触点

齿廓公法线仍与两轮连心线交于一定点,瞬时传动比保持恒定,这种性质称为渐开线齿轮传动的可分离性,这为其加工和安装带来方便。

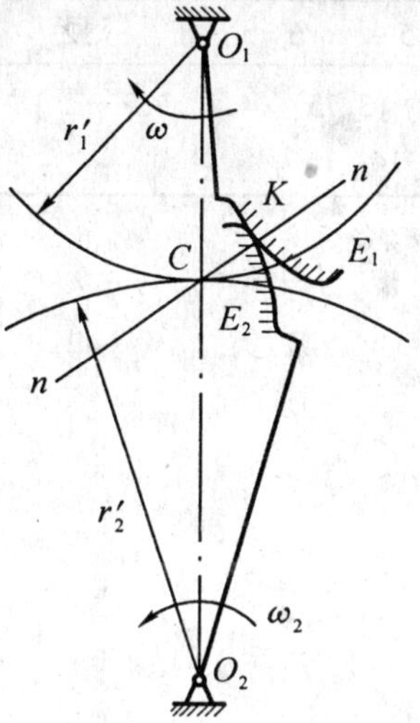

图 16－8　齿廓啮合基本定律

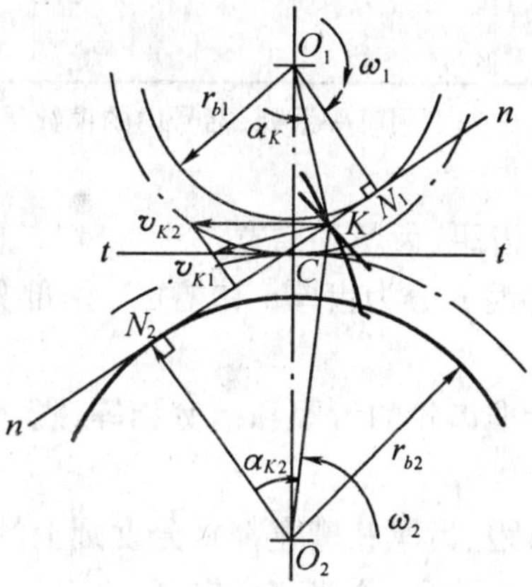

图 16－9　渐开线齿廓啮合

16.3　渐开线标准直齿圆柱齿轮的基本参数及几何尺寸

决定渐开线齿轮尺寸的基本参数是齿数 z，模数 m，压力角(，齿顶高系数 $ha*$ 和顶隙系数 $C*$。

1. 分度圆、模数和压力角(图 16－10)

齿轮上作为齿轮尺寸基准的圆称为分度圆，分度圆以 d 表示。相邻两齿同侧齿廓间的分度圆弧长称为齿距，以 p 表示，$p=\pi d/z$，z 为齿数。齿距 p 与 π 的比值 p/π 称为模数，以 m 表示。模数是齿轮的基本参数，有国家标准，见表 16－1。由此可知：

齿距　　$p = m\pi$　　(16－4)

分度圆直径　　$d = mz$　　(16－5)

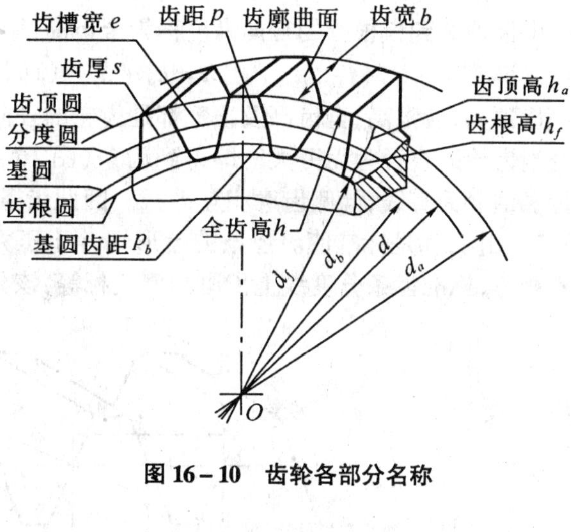

图 16－10　齿轮各部分名称

渐开线齿廓上与分度圆交点处的压力角(称为分度圆压力角，简称压力角，国家规定标准压力角 $\alpha=20°$。

由式(16－1)和(16－5)可推出基圆直径

$$d_b = d\cos\alpha = mz\cos\alpha \qquad (16-6)$$

上式说明渐开线齿廓形状决定于模数、齿数和压力角三个基本参数。

表 16－1 渐开线圆柱齿轮模数(摘自 GB1357－87)

第一系列	1	1.25	1.5	2	2.5	3	4	5	6	8	12	16	20
第二系列	1.75 2.25 2.75 (3.25) 3.5 (3.75) 4.5 5.5 (6.5) 7 9 (11) 14 18												

注:优先采用第一系列,括号内的模数尽可能不用。

2.齿距、齿厚和槽宽

齿距 p 分为齿厚 s 和槽宽 e 两部分(图 16－10),即

$$s + e = p = \pi m \tag{16-7}$$

标准齿轮的齿厚和槽宽相等,既

$$s = e = \pi m/2 \tag{16-8}$$

齿距、齿厚和槽宽都是分度圆上的尺寸。

3.齿顶高、顶隙和齿根高

由分度圆到齿顶的径向高度称为齿顶高,用 h_a 表示

$$h_a = h_a * m \tag{16-9}$$

两齿轮装配后,两啮合齿沿径向留下的空隙距离称为顶隙,以 c 表示

$$c = c * m \tag{16-10}$$

由分度圆到齿根圆的径向高度称为齿根高,用 h_f 表示

$$h_f = h_a + c = (h_a^* + c^*)m \tag{16-11}$$

式中 h_a^*、c^* 分别称为齿顶高系数和顶隙系数,标准齿制规定:正常齿制 $h_a^* = 1$、$c^* = 0.25$,短齿制 $h_a^* = 0.8$、$c^* = 0.3$。

由齿顶圆到齿根圆的径向高度称为全齿高,用 h 表示

$$h = h_a + h_f = (2h_a^* + c^*)m \tag{16-12}$$

齿顶高、齿根高、全齿高及顶隙都是齿轮的径向尺寸。

当齿轮的直径为无穷大时即得到齿条(图 16－11),各圆演变为相互平行的直线,渐开线齿廓演变为直线,同侧齿廓相互平行。因此齿条的特点是:所有平行直线上的齿距 p、压力角 α 相同,都是标准值。齿条的齿形角等于压力角。齿条各平行线上的齿厚、槽宽一般都不相等,标准齿条分度线上齿厚和槽宽相等,该分度线又称为中线。

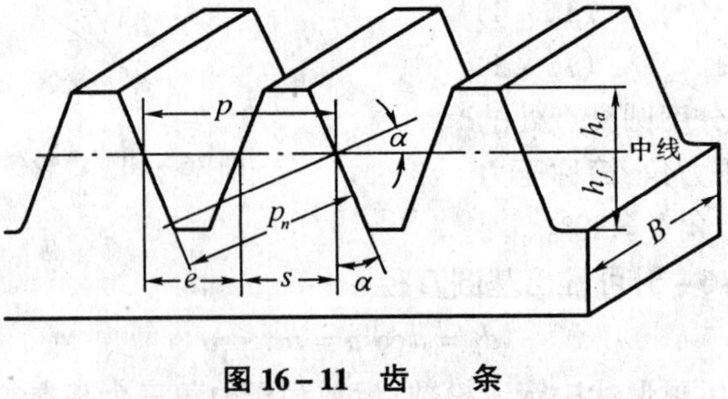

图 16－11 齿 条

表 16－2 所列为渐开线标准直齿圆柱齿轮几何尺寸计算的常用公式

表 16-2 渐开线标准直齿圆柱齿轮(外啮合)几何尺寸计算公式

名称	符号	计算公式
齿距	p	$p = m\pi$
齿厚	s	$s = \pi m/2$
槽宽	e	$e = \pi m/2$
齿顶高	h_a	$h_a = h_a^* m$
齿根高	h_f	$h_f = h_a + c = (h_a^* + c^*)m$
全齿高	h	$h = h_a + h_f = (2h_a^* + c^*)m$
分度圆直径	d	$d = mz$
齿顶圆直径	d_a	$d_a = d + 2h_a = m(z + 2h_a^*)$
齿根圆直径	d_f	$d_f = d - 2h_f = m(z - 2h_a^* - 2c^*)$
基圆直径	d_b	$d_b = d\cos\alpha = mz\cos\alpha$
中心距	a	$a = m(z_1 + z_2)/2$

16.4 渐开线齿轮的啮合传动

一对渐开线齿轮传动时,齿面上各点依次啮合,啮合点都落在两齿轮基圆的内公切线 N_1N_2 上(图 16-12)。因为一对渐开线接触点的公法线是两基圆的内公切线,在一定中心距下两基圆此侧的内公切线 N_1N_2 是唯一的。N_1N_2 称为啮合线,也是轮齿间的传力方向线。节圆压力角称为啮合角。

由几何关系可知齿轮的啮合中心距为两节圆半径之和。

$$a = \frac{1}{2}(d_1' + d_2')$$

渐开线齿廓在节点外各点啮合时,两轮两接触点的线速度不同,齿廓接触点公切线方向分速度不等,齿廓间有相对滑动,这将引起传动中摩擦损失和齿廓的磨损。

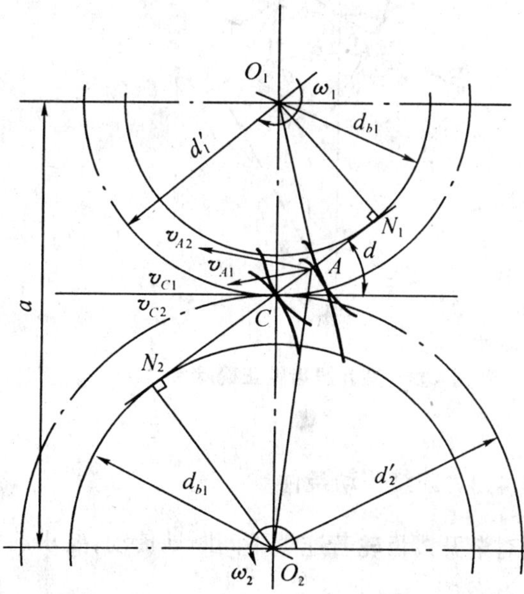

图 16-12 渐开线齿轮的啮合

16.4.1 正确安装条件

正确安装的渐开线齿轮,理论上应为无齿侧间隙啮合,即一轮节圆上的齿槽宽与另一轮节圆齿厚相等。标准齿轮正确安装时,齿轮的分度圆与节圆重合,啮合角 $\alpha' = \alpha = 20°$。

中心距

$$a=\frac{1}{2}(d_1'+d_2')=\frac{1}{2}(d_1+d_2)=\frac{m}{2}(z_1+z_2) \tag{16-13}$$

由于渐开线齿廓具有可分离性，两轮中心距略大于正确安装中心距时仍能保持瞬时传动比恒定，但齿侧出现间隙，反转时会有冲击。

当两轮的安装中心距 a' 与标准中心距 a 不一致时，两轮的分度圆不再相切，这时节圆与分度圆不重合，根据渐开线参数方程可得实际中心距 a' 与标准中心距 a 的关系

$$a'\cos\alpha'=a\cos\alpha \tag{16-14}$$

16.4.2 正确啮合条件

为保证齿轮传动时各齿对之间能平稳传递运动，在齿对交替过程中不发生冲击，必须符合正确啮合条件。

图 16-13 表示了一对渐开线齿轮的啮合情况。各对轮齿的啮合点都落在两基圆的内公切线上，设相邻两对齿分别在 K 和 K' 点接触。若要保持正确啮合关系，使两对齿传动时既不发生分离又不出现干涉，在啮合线上必须保证同侧齿廓法向距离相等。结合渐开线的特性可推出一对渐开线齿轮的正确啮合条件是两齿轮模数和压力角分别相等，即

$$m_1=m_2 \quad \alpha_1=\alpha_2 \tag{16-15}$$

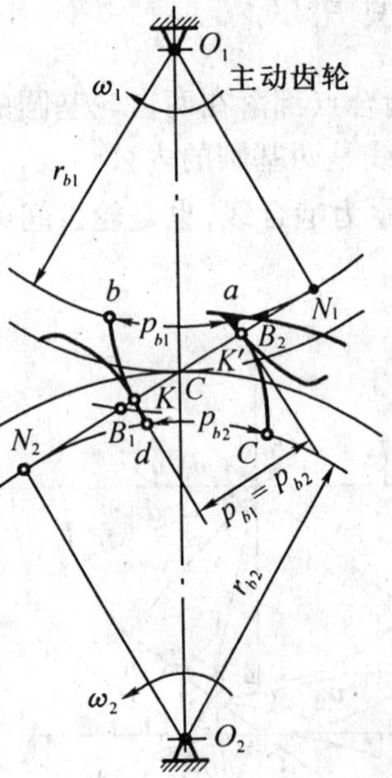

图 16-13 渐开线齿轮正确啮合

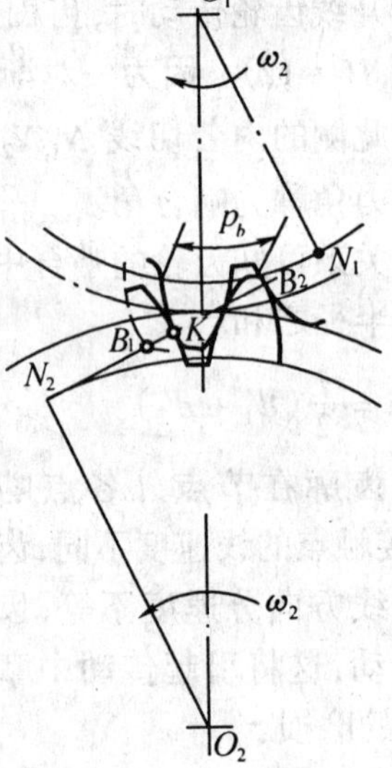

图 16-14 渐开线齿轮啮合的重合度

16.4.3 连续传动条件

一对渐开线齿轮若连续不间断地传动，要求前一对齿终止啮合前，后续的一对齿必须进入啮合。

一对齿轮传动如图 16-14。进入啮合时，主动轮 1 的齿根推动从动轮的齿顶，起始点是从动轮 2 齿顶圆与理论啮合线 N_1N_2 的交点 B_2，而这对轮齿退出啮合时的终止点是主动轮

1 齿顶圆与 N_1N_2 的交点 B_1，B_1B_2 为啮合点的实际轨迹，称为实际啮合线。

要保证连续传动，必须在前一对齿转到 B_l 前的 K 点（至少是 B_1 点）啮合时，后一对齿已达 $B2$ 点进入啮合，即 $B_1B_2 \geqslant B_2K$。由渐开线特性知，线段 B_2K 等于渐开线基圆齿距 p_b，由此可得连续传动条件

$$B_1B_2 \geqslant p_b$$

定义重合度

$$\varepsilon = B_1B_2/P_b > 1 \tag{16-16}$$

由于制造安装的误差，为保证齿轮连续传动，重合度 ε 必须大于 1。ε 大，表明同时参加啮合的齿对数多，传动平稳；且每对齿所受平均载荷小，从而能提高齿轮的承载能力。

16.5 渐开线直齿圆柱齿轮的轮齿加工方法

齿轮的齿廓加工方法有铸造、热轧、冲压、粉末冶金和切削加工等。最常用的是切削加工法，根据切齿原理的不同，可分为成形法和范成法两种。

1.成形法

用渐开线齿槽形状的成形刀具直接切出齿形的方法称为成形法。

单件小批量生产中，加工精度要求不高的齿轮，常在万能铣床上用成形铣刀加工。成形铣刀分盘形铣刀和指形铣刀两种，如图 16-15。这两种刀具的轴向剖面均做成渐开线齿轮齿槽的形状。加工时齿轮毛坯固定在铣床上，每切完一个齿槽，工件退出，分度头使齿坯转过 360°/z（z 为齿数）再进刀，依次切出各齿槽。

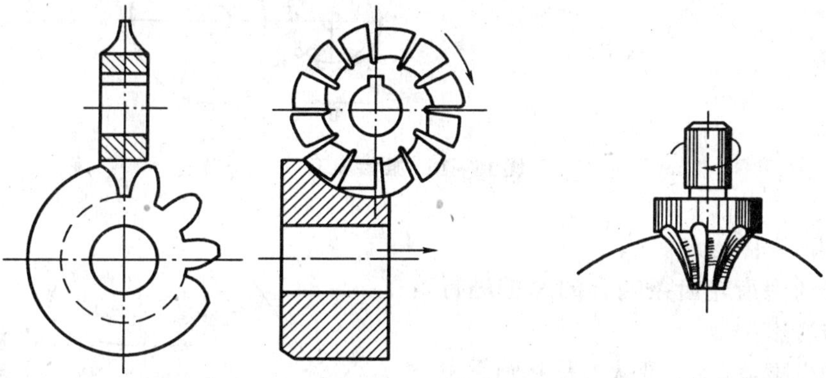

(a)　　(b)

图 16-15　成形法铣齿

(a)盘形铣刀；(b)指形铣刀

渐开线轮齿的形状是由模数、齿数、压力角三个参数决定的。为减少标准刀具种类，相对每一种模数、压力角，设计 8 把或 15 把成形铣刀，在允许的齿形误差范围内，用同一把铣刀铣某个齿数相近的齿轮。成形法铣齿不需要专用机床，但齿形误差及分齿误差都较大，一般只能加工 9 级以下精度的齿轮。

2.范成法（展成法）

利用一对齿轮（或齿轮齿条）啮合时其共轭齿廓互为包络线原理切齿的方法称为范成法。

目前生产中大量应用的插齿、滚齿、剃齿、磨齿等都采用范成法原理。

(1)插齿

插齿是利用一对齿轮啮合的原理进行范成加工的方法(图 16－16)。

插齿刀实质上是一个淬硬的齿轮,但齿部开出前、后角,具有刀刃,其模数和压力角与被加工齿轮相同。插齿时,插齿刀沿齿坯轴线作上下往复切削运动,同时强制性地使插齿刀的转速 n 刀具与

齿坯的转速 n 工件保持一对渐开线齿轮啮合的运动关系,即

$$\frac{n_{刀具}}{n_{工件}}=\frac{z_{工件}}{z_{刀具}}$$

式中 $z_{刀具}$——插齿刀齿数;

$z_{工件}$——被切齿轮齿数。

在这样对滚的过程中,就能加工出与插齿刀相同模数、压力角和具有定给齿数的渐开线齿轮。

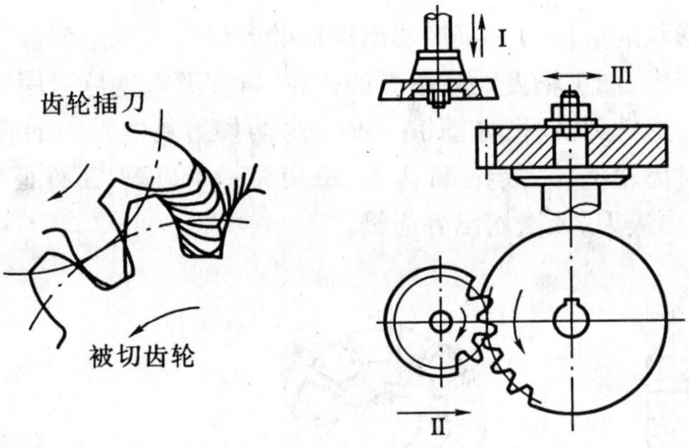

图 16－16 插齿加工

(2)滚齿

滚齿是利用齿轮齿条啮合的原理进行范成加工的方法。

齿条的齿廓是直线,可认为是基圆无限大的渐开线齿廓的一部分。如图 3－17 所示齿条与齿轮啮合传动,其运动关系是齿条的移动速度与齿轮分度圆的线速度相等。

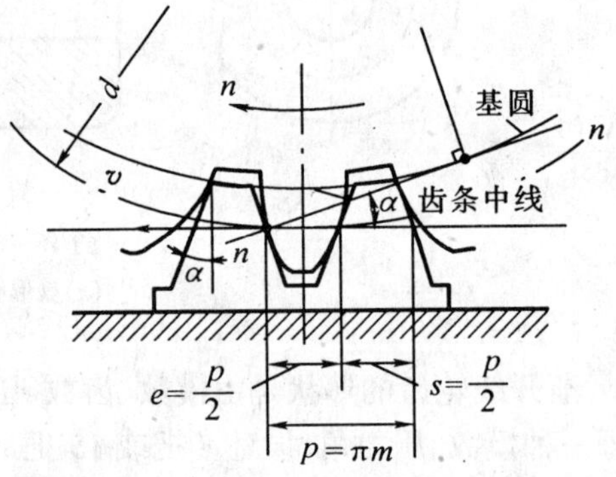

图 16－17 齿轮齿条啮合

模数、压力角相等的渐开线齿轮与齿条啮合时,齿条齿廓上各点在啮合线 nn 上与齿轮齿廓上各点依次啮合,齿条牙形侧边在啮合过程中的运动轨迹正好包络出齿轮的渐开线齿形。由此可知,如将齿条做成刀具,让它有上下往复的切削运动,并强制齿条刀具的移速度与齿轮分度圆线速度相等,即保持对滚运动,齿条刀具就能切出齿轮的渐开线齿形。

实际加工时,往往利用有切削刃的螺旋状滚刀代替齿条刀。滚刀的轴向剖面形同齿条(图 3－18),当其回转时,轴向相当于有一无穷长的齿条向前移动。滚刀每转一圈,齿条移

动 $z_{刀具}$ 个齿(z 刀具为滚刀头数),此时齿坯如被强迫转过相应的 z 刀具个齿。控制对滚关系,滚刀印在齿坯上包络切出渐开线齿形。滚刀除旋转外,还沿轮坯的轴向缓慢移动以切出全齿宽。滚刀的转速 n 刀具与工件转速 n 工件之间的关系应为:

$$\frac{n_{刀具}}{n_{工件}}=\frac{z_{工件}}{z_{刀具}}$$

滚齿连续加工,生产率高,可加工直齿圆柱齿轮和斜齿圆柱齿轮。

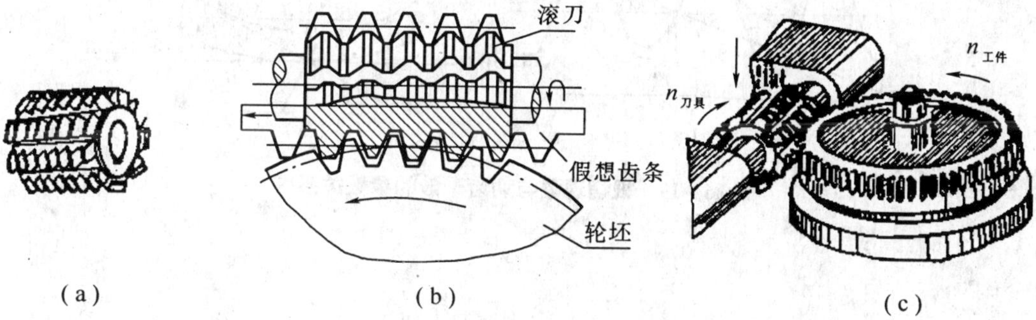

图 16-18 滚齿加工

范成法利用一对齿轮(或齿轮齿条)啮合的原理加工,一把刀具可加工同模数、同压力角的各种齿数的齿轮,而齿轮的齿数是靠齿轮机床中的传动链严格保证刀具与工件间的相对运动关系来控制。滚齿和插齿可加工 7-8 级精度的齿轮,是目前齿形加工的主要方法。

16.6 渐开线齿轮的根切现象

用范成法加工齿轮时,若齿轮齿数过少,刀具将与渐开线齿廓发生干涉,把轮齿根部渐开线切去一部分,产生“根切“现象(图 16-19)。根切使轮齿齿根削弱,重合度减小,传动不平稳,应该避免。

1.根切产生的原因

研究表明,在展成加工时,刀具的齿顶线超过了啮合线与被切齿轮基圆的切点 N_1 是产生根切现象的根本原因(图 16-19)

2.最少齿数 z_{min}

从上面讨论的根切的原因可知,要避免根切,就必须使刀具的顶线不超过 N_1 点。如图 16-17(b)所示,当用标准齿条刀具切制标准齿轮时,刀具的分度线应与被切齿轮的分度圆相切。为避免根切,应满足:$N_1M \geqslant h_a^* m$,由几何关系不难推得

$$z_{min}=\frac{2h_a^*}{\sin^2\alpha} \tag{16-17}$$

式中　z_{min}——不发生根切的最少齿数。

当 $\alpha=20°$、$h_a^*=1$ 时,$z_{min}=17$;当 $\alpha=20°$、$h_a^*=0.8$ 时,$z_{min}=14$

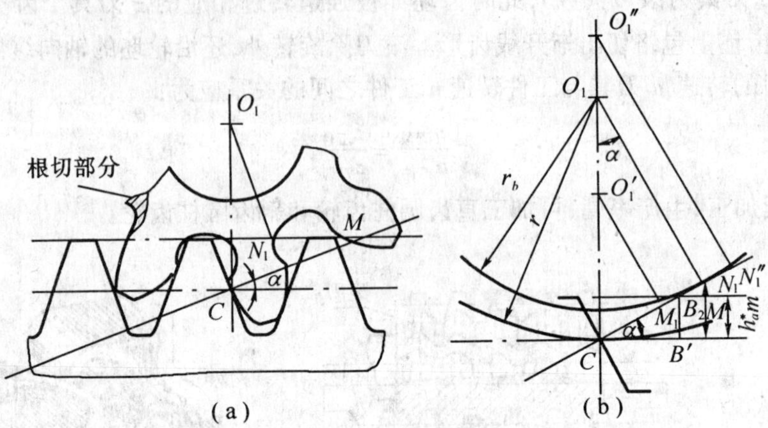

图 16-19　根切现象与切齿干涉的参数关系

16.7　变位齿轮

16.7.1　变位和变位齿轮

当被加工齿轮齿数小于 z_{min} 时，为避免根切，可以采用将刀具移离齿坯，使刀具顶线低于极限啮合点 N_1 的办法来切齿。这种采用改变刀具与齿坯位置的切齿方法称作变位。刀具中线(或分度线)相对齿坯移动的距离称为变位量(或移距) X，常用 x_m 表示，x 称为变位系数。刀具移离齿坯称正变位，$x>0$；刀具移近齿坯称负变位，$x<0$。变位切制所得的齿轮称为变位齿轮。

与标准齿轮相比，正变位齿轮分度圆齿厚和齿根圆齿厚增大，轮齿强度增大，负变位齿轮齿厚的变化恰好相反，轮齿强度削弱。

变位系数选择与齿数有关，对于的 $h_a^*=1$ 的齿轮，最小变位系数可用下式计算

$$x_{min}=\frac{17-z}{17} \tag{13-18}$$

16.7.2　变位齿轮传动的类型

按照一对齿轮的变位系数之和 $x_{\sum}=x_1+x_2$ 的取值情况不同，可将变位齿轮传动分为三种基本类型。

1.零传动

若一对齿轮的变位系数之和为零($x_1+x_2=0$)，则称为零传动。零传动又可分为两种情况。一种是两齿轮的变位系数都等于零($x_1=x_2=0$)。这种齿轮传动就是标准齿轮传动。为了避免根切，两轮齿数均需大于 z_{min}。另一种是两轮的变系数绝对值相等，即 $x_1=-x_2$。这种齿轮传动称为高度变位齿轮传动。采用高度变位必须满足齿数和条件：$z_1+z_2\geqslant 2z_{min}$。

高度变位可以在不改变中心距的前提下合理协调大小齿轮的强度，有利于提高传动的工作寿命。

2.正传动

若一对齿轮的变位系数之和大于零($x_1+x_2>0$),则这种传动称为正传动。因为正传动时实际中心距 $a'>a$,因而啮合角 $\alpha'>\alpha$,因此也称为正角度变位。正角度变位有利于提高齿轮传动的强度,但使重合度略有减少。

3.负传动 若一对齿轮的变位系数之和小于零($x_1+x_2<0$),则这种传动称为负传动。负传动时实际中心距 $a'<a$,因而啮合角 $\alpha'<\alpha$,因此也称为负角度变位。负角度变位使齿轮传动强度削弱,只用于安装中心距要求小于标准中心距的场合。为了避免根切,其齿数和条件为:$z_1+z_2\geqslant 2z_{\min}$。

16.8 平行轴斜齿圆柱齿轮传动

16.8.1 斜齿轮齿廓的形成

如图 16－20(a)所示,直齿圆柱齿轮的齿廓实际上是由与基圆柱相切作纯滚动的发生面 S 上一条与基圆柱轴线平行的任意直线 KK 展成的渐开线曲面。

当一对直齿圆柱齿轮啮合时,轮齿的接触线是与轴线平行的直线,如图 16－20(b)所示,轮齿沿整个齿宽突然同时进入啮合和退出啮合,所以易引起冲击、振动和噪声,传动平稳性差。

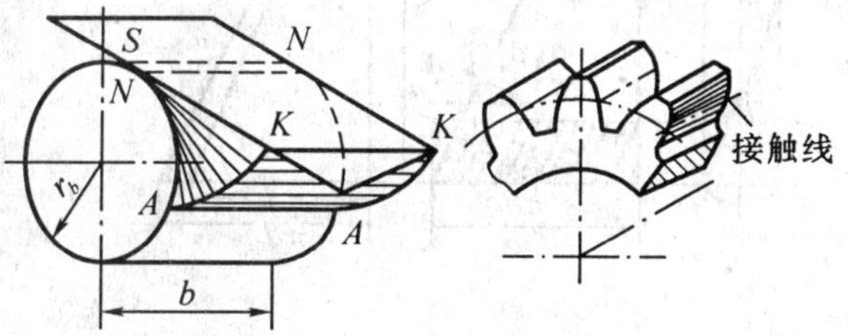

(a) (b)

图 16－20 直齿轮齿面形成及接触线

斜齿轮齿面形成的原理和直齿轮类似,所不同的是形成渐开线齿面的直线 KK 与基圆轴线偏斜了一角度 β_b(图 16－21(a)),KK 线展成斜齿轮的齿廓曲面,称为渐开线螺旋面。该曲面与任意一个以轮轴为轴线的圆柱面的交线都是螺旋线。由斜齿轮齿面的形成原理可知,在端平面上,斜齿轮与直齿轮一样具有准确的渐开线齿形。

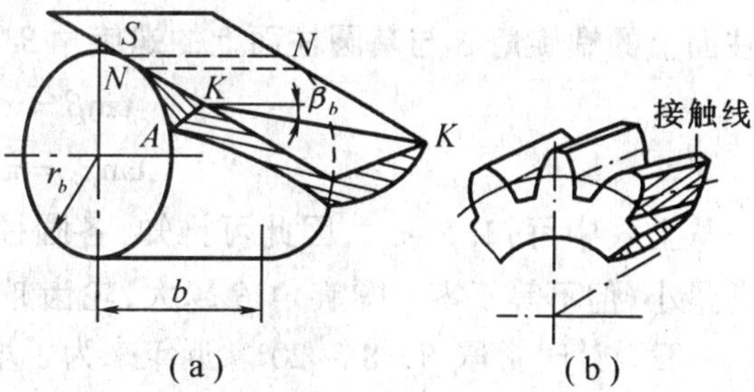

(a) (b)

图 16－21 斜齿轮齿面形成及接触线

如图 16－21(b)所示,斜齿轮啮合传动时,齿面接触线的长度随啮合位置而变化,开始时接触线长度由短变长,然后由长变短,直至脱离啮合,因此提高了啮合的平稳性。

16.8.2 斜齿圆柱齿轮的主要参数和几何尺寸

斜齿轮与直齿轮的主要区别是:斜齿轮的齿向倾斜,如图 16－22 所示,虽然端面(垂直于齿轮轴线的平面)齿形与直齿轮齿形相同,但斜齿轮切制时刀具是沿螺旋线方向切齿的,其法向(垂直于轮齿齿线的方向)齿形是与刀具标准齿形相一致的渐开线标准齿形。

因此对斜齿轮来说,存在端面参数和法向参数两种表征齿形的参数,两者之间因为螺旋

角 β(分度圆上的螺旋角)而存在确定的几何关系。

1.法向参数与端面参数间的关系

(1)法向齿距 p_n 与端面齿距 p_t

(2)法向模数 m_n 与端面模数 m_t

$$\begin{cases} p_n = p_t\cos\beta \\ m_n = m_t\cos\beta \\ \tan\alpha_n = \tan\alpha_t\cos\beta \end{cases} \qquad (16-19)$$

(3)法向压力角 α_n 与端面压力角 α_t,如图 16-23 所示。

由于切齿刀具齿形为标准齿形,所以斜齿轮的法向基本参数也为标准值,设计、加工和测量斜齿轮时均以法向为基准。规定:m_n 为标准值,$\alpha_n=\alpha=20°$;正常齿制,取 $h^*_{an}=1$,$c_n^*=0.25$,短齿制,取 $h_{an}^*=0.8$,$c_n^*=0.3$。

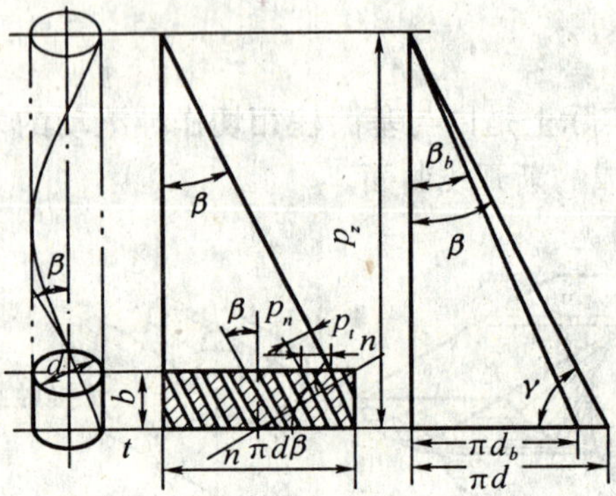

图 16-22 斜齿圆柱齿轮分度圆柱面展开图

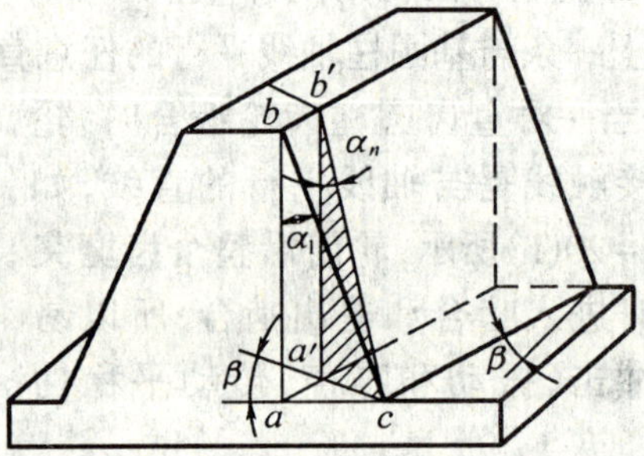

图 16-23 端面压力角和法向压力角

2.斜齿轮的螺旋角 β

如图 16-22 所示,由于斜齿轮各个圆柱面上的螺旋线的导程 p_z 相同,因此斜齿轮分度圆柱面上的螺旋角 β 与基圆柱面上的螺旋角 β_b 的计算公式为:

$$\tan\beta = \pi d/p_z \qquad (16-20)$$

$$\tan\beta_b = \pi d_b/p_z \qquad (16-21)$$

从上式中可知,$\beta_b<\beta$,因此可推知,各圆柱面上直径越大,其螺旋角也越大,基圆柱螺旋角最小,但不等于零。螺旋角 β 越大,轮齿越倾斜,则传动的平稳性越好,但轴向力也越大。一般设计时常取 $\beta=8°\sim20°$。近年来为了增大重合度、提高传动平稳性和降低噪声,在螺旋角参数选择上,有大螺旋角化的倾向。对于人字齿轮,因其轴向力可以抵消,常取 $\beta=25°\sim45°$,如图 16-24 所示。但加工较困难,精度较低,一般用于重型机械的齿轮传动。

如图 16-25 所示,斜齿轮按其齿廓渐开线螺旋面的旋向,可分为左旋和右旋两种。

标准斜齿轮尺寸计算公式见表 16-3。

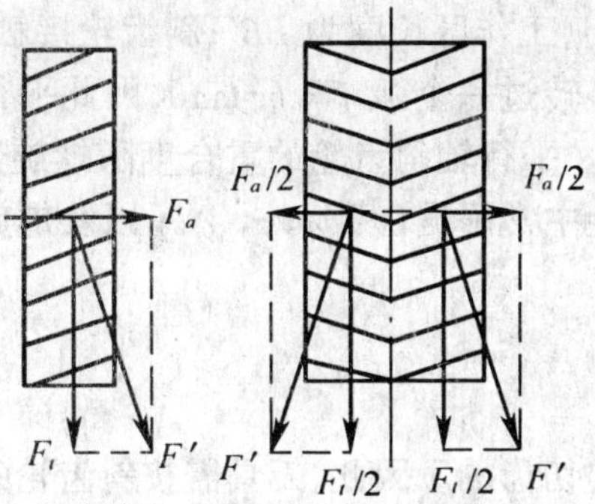

图 16－24 斜齿轮的轴向力

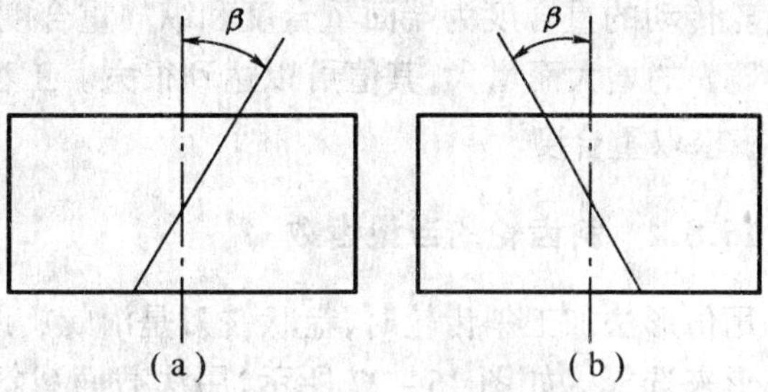

图 16－25 斜齿轮的旋向

表 16－3 标准斜齿轮尺寸计算公式

名称	符号	计算公式
齿顶高	h_a	$h_a = h_{an}^* m_n$
齿根高	h_f	$h_f = (h_{an}^* + c_n^*) m_n$
全齿高	h	$h = (2h_{an}^* + c_n^*) m_n$
分度圆直径	d	$d = m_t z = (m_n/\cos\beta) z$
齿顶圆直径	d_a	$d_a = d + 2h_a = m_n(z/\cos\beta + 2h_{an}^*)$
齿根圆直径	d_f	$d_f = d - 2h_f = m_n(z/\cos\beta - 2h_{an}^* - 2c_n^*)$
基圆直径	d_b	$d_b = d\cos\alpha_t$
中心距	a	$a = m_n(z_1 + z_2)/2\cos\beta$

从表中可知,斜齿轮传动的中心距与螺旋角 β 有关,当一对齿轮的模数、齿数一定时,可以通过改变螺旋角 β 的方法来配凑中心距。

16.8.3 平行轴斜齿轮传动的正确啮合条件和重合度

1.正确啮合条件

平行轴斜齿轮传动在端面上相当于一对直齿圆柱齿轮传动,因此端面上两齿轮的模数和压力角应相等,从而可知,一对齿轮的法向模数和压力角也应分别相等。考虑到平行轴斜齿轮传动螺旋角的关系,正确啮合条件应为

$$
\begin{aligned}
m_{n1} &= m_{n2} \\
\alpha_{n1} &= \alpha_{n2} \\
\beta_1 &= \pm \beta_2
\end{aligned}
\tag{16-22}
$$

式中表明,平行轴斜齿轮传动螺旋角相等,外啮合时旋向相反,取“－”号,内啮合时旋向相同,取“＋”号。

2.重合度

由平行轴斜齿轮一对齿啮合过程的特点可知,在计算斜齿轮重合度时,还必须考虑螺旋角 β 的影响。图 16－26 所示为两个端面参数(齿数、模数、压力角、齿顶高系数及顶隙系数)

完全相同的标准直齿轮和标准斜齿轮的分度圆柱面(即节圆柱面)展开图。由于直齿轮接触线为与齿宽相当的直线,从 B 点开始啮入,从 B' 点啮出,工作区长度为 BB';斜齿轮接触线,由点 A 啮入,接触线逐渐增大,至 A'' 啮出,比直齿轮多转过一个弧 $f = b \cdot \tan\beta$,因此平行轴斜齿轮传动的重合度为端面重合度和纵向重合度之和。平行轴斜齿轮的重合度随螺旋角 β 和齿宽 b 的增大而增大,其值可以达到很大。工程设计中常根据齿数和 $z_1 + z_2$ 以及螺旋角 β 查表求取重合度。

16.8.4 斜齿轮的当量齿数

用仿形法加工斜齿轮时,盘状铣刀是沿螺旋线方向切齿的。因此,刀具需按斜齿轮的法向齿形来选择。如图 16－27 所示,用法截面截斜齿轮的分度圆柱得一椭圆,椭圆短半轴顶点 C 处被切齿槽两侧为与标推刀具一致的标准渐开线齿形。工程中为计算方便,特引入当量齿轮的概念。当量齿轮是指按 C 处曲率半径 ρ_c 为分度圆半径 r_v,以 m_n、α_n 为标准齿形的假想直齿轮。当量齿数 Z_v 由下式求得

$$Z_v = \frac{Z}{\cos^3\beta} \tag{16-23}$$

用仿形法加工时,应按当量齿数选择铣刀号码;强度计算时,可按一对当量直齿轮传动近似计算一对斜齿轮传动;在计算标准斜齿轮不发生根切的齿数时,可按下式求得

$$Z_{\min} = Z_{v\min}\cos^3\beta = 17\cos^3\beta \tag{16-24}$$

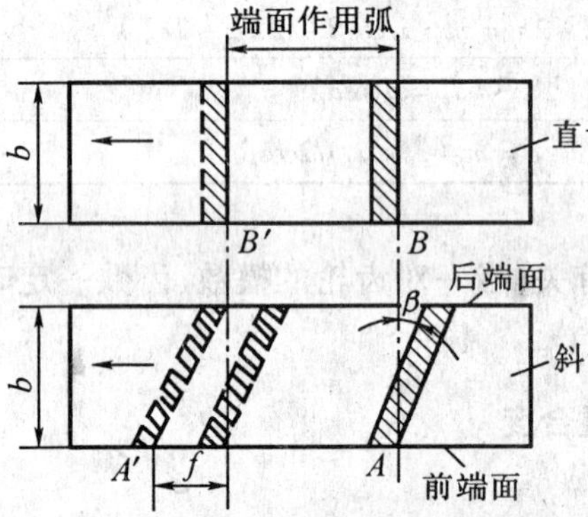

图 16－26　斜齿圆柱齿轮的重合度

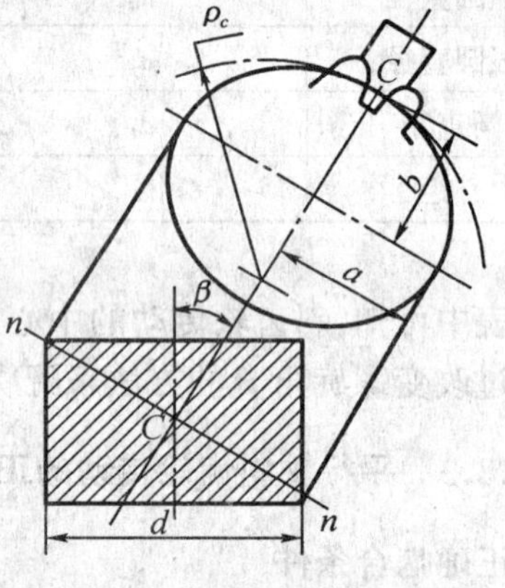

图 16－27　斜齿轮的当量齿数

16.8.5 平行轴斜齿轮传动的优缺点

与直齿圆柱齿轮传动相比,平行轴斜齿轮传动具有以下优点:

(1)平行轴斜齿轮传动中齿廓接触线是斜直线,轮齿是逐渐进入和脱离啮合的,故工作平稳,冲击和噪声小,适用于高速传动。

(2)重合度较大,有利于提高承载能力和传动的平稳性。

3)最少齿数小于直齿轮的最小齿数 $Z_{\min}$。

主要缺点是传动中存在轴向力,为克服此缺点,可采用人字齿轮。

16.9 齿轮传动的失效形式与设计准则

16.9.1 齿轮传动的失效形式

齿轮传动的失效一般指轮齿的失效。常见的失效形式有轮齿折断、齿面点蚀、齿面磨损、齿面胶合以及塑性变形等几种形式。

轮齿失效形式与传动工作情况相关。

按工作情况:齿轮传动可分为开式传动和闭式传动两种。开式传动是指传动裸露或只有简单的遮盖,工作时环境中粉尘、杂物易侵入啮合齿间,润滑条件较差的情况。闭式传动是指被封闭在箱体内,且润滑良好(常用浸油润滑)的齿轮传动。开式传动失效以磨损及磨损后的折齿为主,闭式传动失效则以疲劳点蚀或胶合为主。

轮齿失效还与受载、工作转速和齿面硬度有关。

硬齿面(硬度 > 350HBS)、重载时易发生轮齿折断,高速、中小载荷时易发生疲劳点蚀;软齿面(硬度 ≤ 350HBS)、重载、高速时易发生胶合,低速时则产生塑性变形。

常见的轮齿失效形式及产生的原因和预防方法见表 16-4。

表 16-4 常见轮齿失效形式及产生原因和防止措施

失效形式	后果	工作环境	产生失效的原因	防止失效的措施
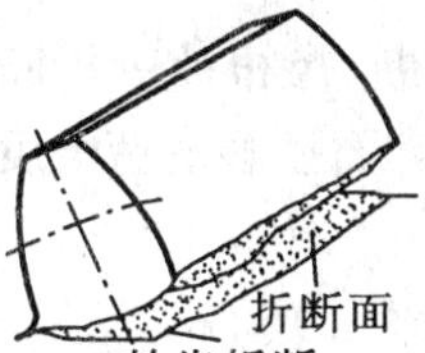 轮齿折断	轮齿折断后无法工作	开式、闭式传动中均可能发生	在载荷反复作用下,齿根弯曲应力超过允许限度时发生疲劳折断;用脆性材料制成的齿轮,因短时过载、冲击发生突然折断	限制齿根危险截面上的弯曲应力;选用合适的齿轮参数和几何尺寸;降低齿根处的应力集中;强化处理和良好的热处理工艺
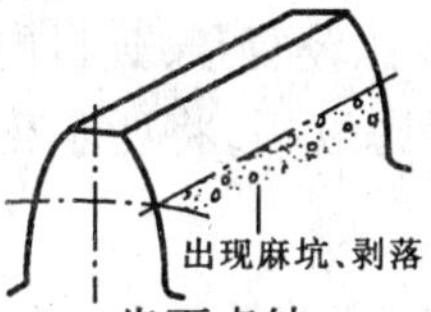 齿面点蚀	齿廓失去准确形状,传动不平稳,噪声、冲击增大或无法工作	闭式传动	在载荷反复作用下,轮齿表面接触应力超过允许限度时,发生疲劳点蚀	限制齿面的接触应力;提高齿面硬度、降低齿面的表面粗糙度值;采用粘度高的润滑油及适宜的添加剂
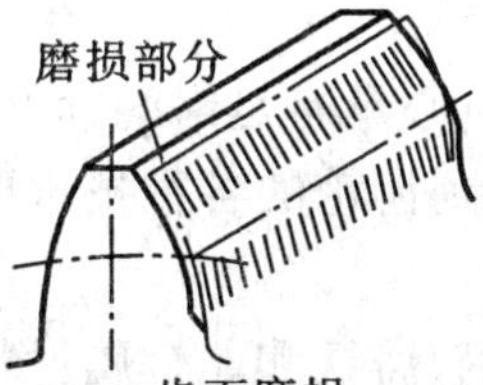 齿面磨损		主要发生在开式传动中,润滑油不洁的闭式传动中也可能发生	灰尘、金属屑等杂物进入啮合区	注意润滑油的清洁;提高润滑油黏度,加入适宜的添加剂;选用合适的齿轮参数及几何尺寸、材质、精度和表面粗糙度;开式传动选用适当防护装置

表 16-4(续)

失效形式	后果	工作环境	产生失效的原因	防止失效的措施
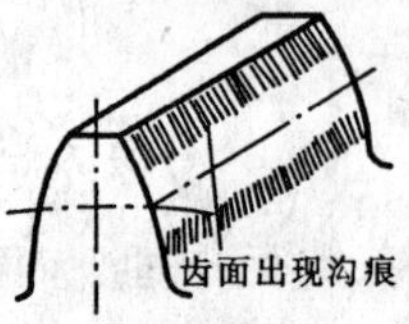 齿面胶合		高速、重载或润滑不良的低速、重载传动中	齿面局部温升过高,润滑失效;润滑不良	进行抗胶合能力计算,限制齿面温度;保证良好润滑,采用适宜的添加剂;降低齿面的表面粗糙度值

16.9.2 齿轮传动设计准则

轮齿的失效形式很多,它们不大可能同时发生,却又相互联系,相互影响。例如轮齿表面产生点蚀后,实际接触面积减少将导致磨损的加剧,而过大的磨损又会导致轮齿的折断。可是在一定条件下,必有一种为主要失效形式。

在进行齿轮传动的设计计算时,应分析具体的工作条件,判断可能发生的主要失效形式,以确定相应的设计准则。

对于软齿面的闭式齿轮传动,由于齿面抗点蚀能力差,润滑条件良好,齿面点蚀将是主要的失效形式。在设计计算时,通常按齿面接触疲劳强度设计,再作齿根弯曲疲劳强度校核。

对于硬齿面的闭式齿轮传动,齿面抗点蚀能力强,但易发生齿根折断,齿根疲劳折断将是主要失效形式。在设计计算时,通常按齿根弯曲疲劳强度设计,再作齿面接触疲劳强度校核。

当一对齿轮均为铸铁制造时,一般只需作轮齿弯曲疲劳强度设计计算。

对于汽车、拖拉机的齿轮传动,过载或冲击引起的轮齿折断是其主要失效形式,宜先作轮齿过载折断设计计算,再作齿面接触疲劳强度校核。

对于开式传动,其主要失效形式将是齿面磨损。但由于磨损的机理比较复杂,到目前为止尚无成熟的设计计算方法,通常只能按齿根弯曲疲劳强度设计,再考虑磨损,将所求得的模数增大 10% ~20% 。

16.9.3 常用齿轮材料及热处理

为了保证齿轮工作的可靠性,提高其使用寿命,齿轮的材料及其热处理应根据工作条件和材料的特点来选取。

对齿轮材料的基本要求是:应使齿面具有足够的硬度和耐磨性,齿心具有足够的韧性,以防止齿面的各种失效,同时应具有良好的冷、热加工的工艺性,以达到齿轮的各种技术要求。

常用的齿轮材料为各种牌号的优质碳素结构钢、合金结构钢、铸钢、铸铁和非金属材料等。一般多采用锻件或轧制钢材。当齿轮结构尺寸较大,轮坯不易锻造时,可采用铸钢。开式低速传动时,可采用灰铸铁或球墨铸铁。低速重载的齿轮易产生齿面塑性变形,轮齿也易折断,宜选用综合性能较好的钢材。高速齿轮易产生齿面点蚀,宜选用齿面硬度高的材料。

受冲击载荷的齿轮，宜选用韧性好的材料。对高速、轻载而又要求低噪声的齿轮传动，也可采用非金属材料，如夹布胶木、尼龙等。常用的齿轮材料及其力学性能列于表16－5。

表16－5 常用齿轮材料及其力学性能

类别	材料牌号	热处理方法	抗拉强度 σ_b/MPa	屈服点 σ_s/MPa	硬度 *HBS* 或 *HRC*
优质碳素钢	35	正火	500	270	150～180HBS
		调质	550	294	190～230HBS
	45	正火	588	294	169～217HBS
		调质	647	373	229～286HBS
		表面淬火			40～50HRC
	50	正火	628	373	180～220HBS
合金结构钢	40Cr	调质	700	500	240～258HBS
		表面淬火			48～55HRC
	35SiMn	调质	750	450	217～269HBS
		表面淬火			45～55 HRC
	40MnB	调质	735	490	241～286HBS
		表面淬火			45～55 HRC
	20Cr	渗碳淬火后回火	637	392	56～62HRC
	20CrMnTi		1079	834	56～62HRC
	38CrMnAlA	渗氮	980	834	850HV
铸钢	ZG45	正火	580	320	156～217HBS
	ZG55		650	350	169～229HBS
灰铸铁	HT300	—	300		185～278HBS
	HT350		350		
球墨铸铁	QT600－3	—	600	370	190～270HBS
	QT700－2		700	420	225～305HBS
非金属	夹布胶木	—	100		25～35HBSv

钢制齿轮的热处理方法主要有以下几种：

1.表面淬火

常用于中碳钢和中碳合金钢，如45、40Cr钢等。表面淬火后，齿面硬度一般为40～55HRC。特点是抗疲劳点蚀、抗胶合能力高，耐磨性好。由于齿心部未淬硬，齿轮仍有足够的韧性，能承受不大的冲击载荷。

2.渗碳淬火

常用于低碳钢和低碳合金钢，如20、20Cr钢等。渗碳淬火后齿面硬度可达56～62HRC，而齿心部仍保持较高的韧性，轮齿的执弯强度和齿面接触强度高，耐磨性较好，常用于受冲击载荷的重要齿轮传动。齿轮经渗碳淬火后，轮齿变形较大，应进行磨齿。

3.渗氮

渗氮是一种表面化学热处理。渗氮后不需要进行其他热处理，齿面硬度可达 700～900HV。由于渗氮处理后的齿轮硬度高，工艺温度低，变形小，故适用于内齿轮和难以磨削的齿轮，常用于含铬、铜、铅等合金元素的渗氮钢，如 38CrMoAlA。

4.调质

调质一般用于中碳钢和中碳合金钢，如 45、40Cr、35SiMn 钢等。调质处理后齿面硬度一般为 220～280HBS。因硬度不高，轮齿精加工可在热处理后进行。

5.正火

正火能消除内应力，细化晶粒，改善力学性能和切削性能。机械强度要求不高的齿轮可采用中碳钢正火处理，大直径的齿轮可采用铸钢正火处理。

一般要求的齿轮传动可采用软齿面齿轮。为了减小胶合的可能性，并使配对的大小齿轮寿命相当，通常使小齿轮齿面硬度比大齿轮齿面硬度高出 30～50HBS。对于高速、重载或重要的齿轮传动，可采用硬齿面齿轮组合，齿面硬度可大致相同。

16.10 齿轮轮齿受力分析

为计算齿轮强度、设计轴、轴承等轴系零件，需要分析轮齿上的作用力和工作载荷。

16.10.1 渐开线直齿圆柱齿轮受力分析

一对渐开线齿轮啮合，若忽略摩擦力，则轮齿间相互作用的法向压力 F_n 的方向，始终沿啮合线且大小不变。对于渐开线标准齿轮啮合，按在节点 C 接触时进行力分析。

法向力 F_n 可分解为圆周力 F_t 和径向力 F_r，如图 16－28 所示，则：

$$F_n = \frac{F_t}{\cos\alpha}, F_t = \frac{2T_1}{d_1}, F_r = F_T\tan\alpha \tag{16-25}$$

式中　力的单位均为 N。

T_1——小齿轮转矩 $T_1 = 9.55 \times 10^6 P/n_1$，N·mm；

P——齿轮传递功率，kW

n_1——小齿轮转速，r/min

d_1——小齿轮分度圆直径，mm

α——压力角。

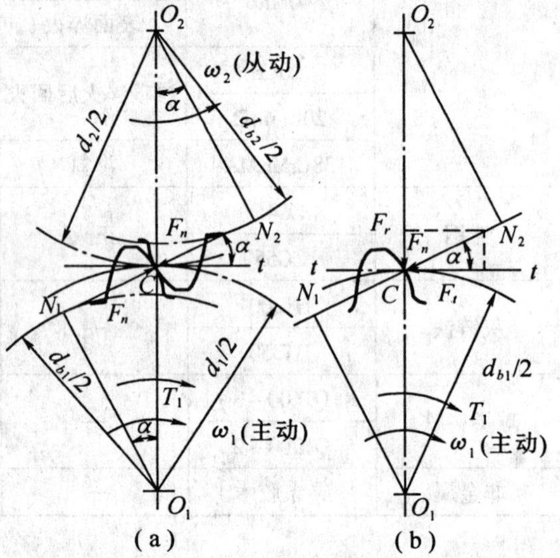

图 16－28　直齿圆柱齿轮受力分析

主、从动轮上各对应的力，大小相等、方向相反。径向力方向由作用点指向各自圆心，F_{t1}与节点 C 的速度方向相反，F_{t2}与节点 C 的速度方向相同。

16.10.2 渐开线斜齿圆柱齿轮受力分析

斜齿圆柱齿轮受力情况如图 16 - 29 所示，轮齿所受法向力法向力 F_n 可分解为圆周力 F_t、径向力 F_r 和轴向力 F_a。

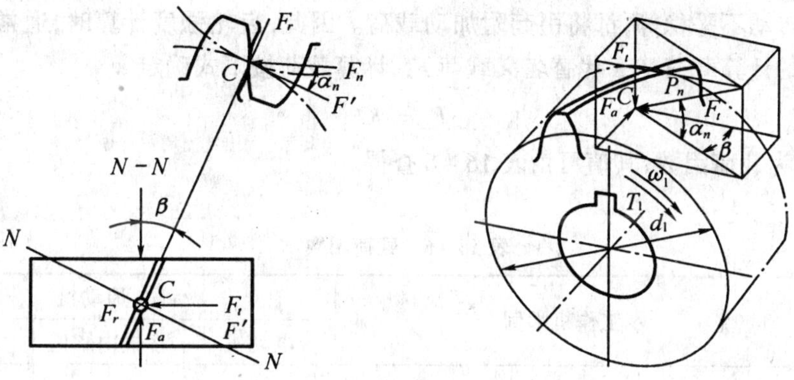

图 16 - 29 渐开线斜齿圆柱齿轮受力分析

$$F_n = \frac{F_t}{\cos\beta\cos\alpha_n},\ F_t = \frac{2T_1}{d_1},\ F_r = \frac{F_t\tan\alpha_n}{\cos\beta},\ F_a = F_t\tan\beta \qquad (16-26)$$

式中 α——法向压力角；

β——螺旋角。

圆周力的方向，在主动轮上与转动方向相反，在从动轮上与转向相同。径向力的方向均指向各自的轮心。轴向力的方向取决于齿轮的回转方向和轮齿的螺旋方向，可按"主动轮左、右手螺旋定则"来判断。

轴向力的方向，主动轮为右旋时，右手按转动方向握轴，以四指弯曲方向表示主动轴的回转方向，伸直大拇指，其指向即为主动轮上轴向力的方向；主动轮为左旋时，则应以左手用同样的方法来判断，如图 16 - 30 所示。主动轮上轴向力的方向确定后，从动轮上的轴向力则与主动轮上的轴向力大小相等、方向相反。

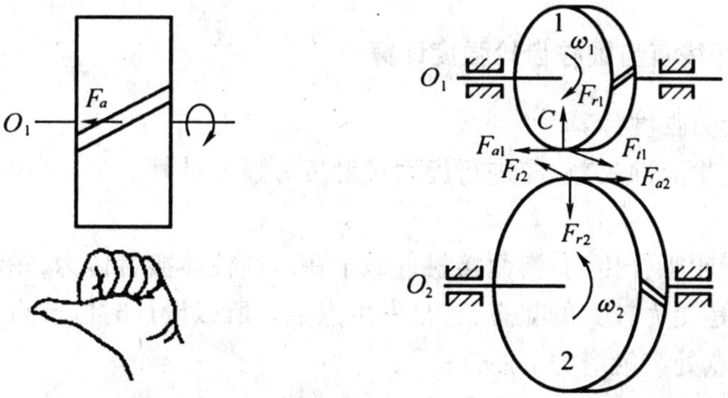

图 16 - 30 主动齿轮轴向力方向判断

16.10.3 计算载荷

上述求得的法向力 F_n 为理想状况下的名义载荷。实际上，由于齿轮、轴、支承等的制造、安装误差以及载荷下的变形等因素的影响，轮齿沿齿宽的作用力并非均匀分布，存在着载荷局部集中的现象。此外，由于原动机与工作机的载荷变化，以及齿轮制造误差和变形所造成的啮合传动不平稳等，都将引起附加动载荷。因此，齿轮强度计算时，通常用考虑了各种影响因素的计算载荷 F_nc 代替名义载荷 F_n，计算载荷按下式确定

$$F_{nc} = KF_n$$

式中 K 为载荷因数，其值可由表 16－6 查得。

表 16－6　载荷因数 K

载荷状态	工作机举例	原动机		
		电动机	多缸内燃机	单缸内燃机
平稳 轻微冲击	均匀加料的运输机、发电机、透平鼓风机和压缩机、机床辅助传动等。	1～1.2	1.2～1.6	1.6～1.8
中等冲击	不均匀加料的运输机、重型卷扬机、球磨机、多缸往复式压缩机等	1.2～1.6	1.6～1.8	1.8～2.0
较大冲击	冲床、剪床、钻机、轧机、挖掘机、重型给水泵、破碎机、单缸往复式压缩机等	1.6～1.8	1.9～2.1	2.2～2.4

注：斜齿、圆周速度低、传动精度高、齿宽系数小时，取小值；直齿、圆周速度高、传动精度低时，取大值；齿轮在轴承间不对称布置时取大值。

16.11　齿轮轮齿强度计算

为保证齿轮的承载能力，避免失效，一般需通过强度计算确定其主要参数，如模数、中心距、齿宽等。

16.11.1　渐开线直齿圆柱齿轮强度计算

1.齿面接触疲劳强度计算

为避免齿面发生点蚀失效，应进行齿面接触疲劳强度计算。

(1)计算依据

一对渐开线齿轮啮合传动，齿面接触近似于一对圆柱体接触传力，轮齿在节点工作时往往是一对齿传力，是受力较大的状态，容易发生点蚀。所以设计时以节点处的接触应力作为计算依据，限制节点处接触应力 $\sigma_H \leqslant [\sigma_H]$。

(2)接触疲劳强度公式

1)接触应力计算

齿面最大接触应力 σ_H 为

$$\sigma_H = 335\sqrt{\frac{KT_1(u \pm 1)^3}{a^2 bu}} \tag{16-27}$$

式中 σ_H——齿面最大接触应力，MPa；

a——齿轮中心距，mm；

K——载荷因数；

T_1——小齿轮传递的转矩，N·mm；

b——齿宽，mm；

u——大轮与小轮的齿数比。

“+”“-”符号分别表示外啮合和内啮合

2）接触疲劳许用应力$[\sigma_H]$

$$[\sigma_H] = \frac{\sigma_{H\lim}}{S_H} \tag{16-28}$$

式中 $\sigma_{H\lim}$——试验齿轮的接触疲劳极限，MPa，与材料及硬度有关，图 16-31 所示之数据为可靠度 99% 的试验值。

S_H——齿面接触疲劳安全系数，由表 16-7 查取。

表 16-7 齿轮强度的安全系数 S_H 和 S_F

安全系数	软齿面	硬齿面	重要的传动、渗碳淬火齿轮或铸造齿轮
S_H	1.0~1.1	1.1~1.2	1.3
S_F	1.3~1.4	1.4~1.6	1.6~2.2

3）接触疲劳强度公式

校核公式

$$\sigma_H = 335\sqrt{\frac{KT_1(u \pm 1)^3}{a^2 bu}} \leqslant [\sigma_H]\ \text{MPa} \tag{16-29}$$

引入齿宽系数 $\varphi_a = b/a$ 代入上式消去 b 可得

设计公式

$$a \geqslant (u \pm 1)\sqrt[3]{\left(\frac{335}{[\sigma_H]}\right)^2 \frac{KT_1}{\varphi_a u}}\ \text{mm} \tag{16-30}$$

上式只适用于一对钢制齿轮，若为钢对铸铁或一对铸铁齿轮，系数 335 应分别改为 285 和 250。

一对齿轮啮合，两齿面接触应力相等，但两轮的许用接触应力$[\sigma_H]$可能不同，计算时应代入$[\sigma_H]_1$与$[\sigma_H]_2$中之较小值。

影响齿面接触疲劳的主要参数是中心距 a 和齿宽 b，a 的效果更明显些。决定$[\sigma_H]$的因素主要是材料及齿面硬度。所以提高齿轮齿面接触疲劳强度的途径是加大中心距，增大齿宽或选强度较高的材料，提高轮齿表面硬度。

2. 齿根弯曲疲劳强度计算

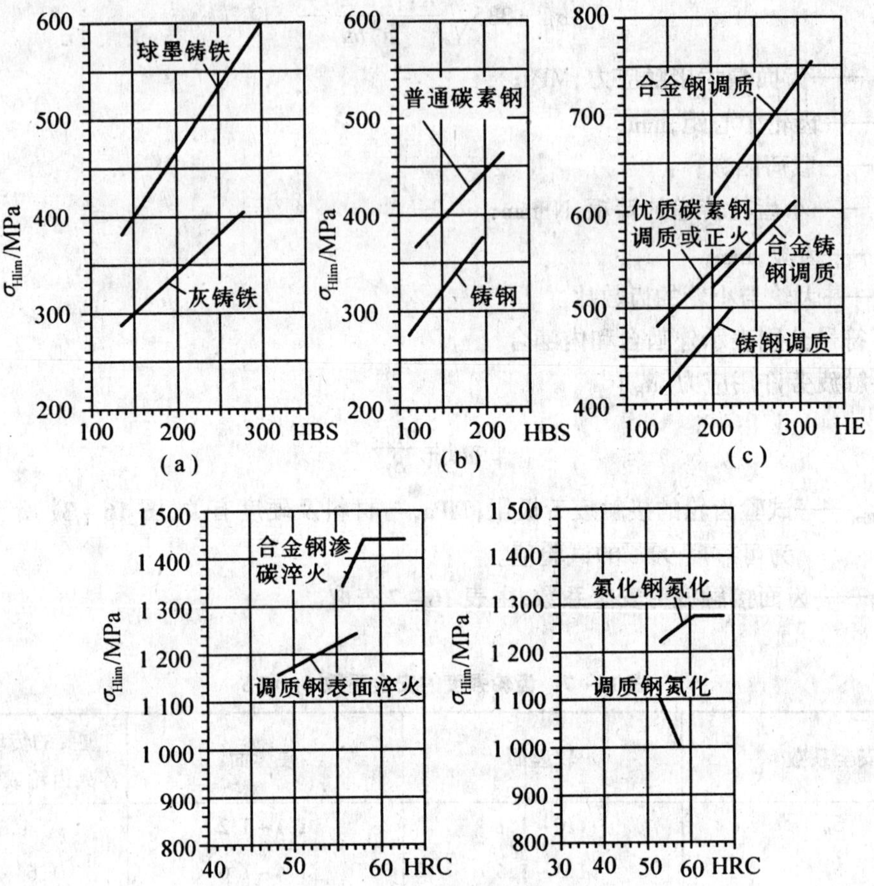

图 16－31　齿轮的接触疲劳极限 $\sigma_{H\lim}$

进行齿根弯曲疲劳强度计算的目的，是防止轮齿疲劳折断。

(1)计算依据

根据一对轮齿啮合时，力作用于齿顶的条件，限制齿根危险截面拉应力边的弯曲应力 $\sigma_F \leqslant [\sigma_F]$。

轮齿受弯时其力学模型如悬臂梁，受力后齿根产生最大弯曲应力，而圆角部分又有应力集中，故齿根是弯曲强度的薄弱环节。齿根受拉应力边裂纹易扩展，是弯曲疲劳的危险区。

(2)齿根弯曲疲劳强度公式

1)齿根弯曲应力计算

齿根最大弯曲应力 σ_F 为

$$\sigma_F = \frac{2KT_1 Y_{FS}}{bm^2 z_1} \text{ MPa} \tag{16-31}$$

式中　σ_F——齿根最大弯曲应力，MPa；

K——载荷因数；

T_1——小齿轮传递的转矩，N·mm；

Y_{FS}——复合齿形因数，反映轮齿的形状对抗弯能力的影响，同时考虑齿根部应力集中的影响。见图 16－32；

b——齿宽,mm;

m——模数,mm;

z_1——小轮齿数。

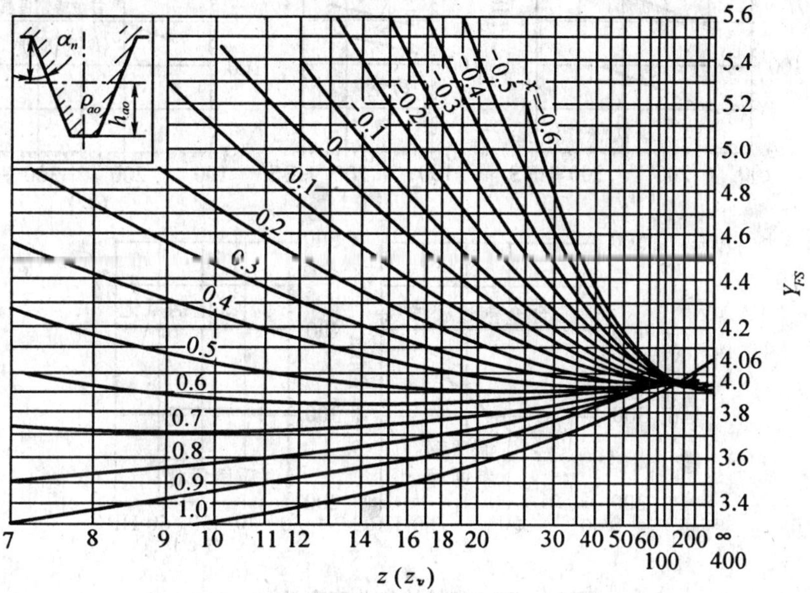

图 16－32　外齿轮的复合齿形因数 Y_{FS}

2)弯曲疲劳许用应力$[\sigma_F]$

$$[\sigma_F]=\frac{\sigma_{F\lim}}{S_F}=\ \text{MPa} \tag{16-32}$$

式中　$\sigma_{F\lim}$——试验齿轮的弯曲疲劳极限,MPa,(图 16－33)对于双侧工作的齿轮传动,齿根承受 对称循环弯曲应力,应将图中数据乘以 0.7。

S_H——齿轮弯曲疲劳强度安全系数,由表 16－7 查取。

3)弯曲疲劳强度公式

校核公式

$$\sigma_F=\frac{2KT_1Y_{FS}}{bm_1^2}\leqslant[\sigma_F]\ \text{MPa} \tag{16-33}$$

引入齿宽系数 $\varphi_a=b/a$ 代入上式消去 b 可得

设计公式

$$m\geqslant\sqrt[3]{\frac{4KT_1Y_{FS}}{\varphi_a(u\pm1)z_1^2[\sigma_F]}}\ \text{mm} \tag{16-34}$$

m 计算后应取标准值。

通常两齿轮的复合齿形因数 Y_{FS1} 和 Y_{FS2} 不相同,材料许用弯曲应力$[\sigma_F]_1$ 和$[\sigma_F]_2$ 也不等,$Y_{FS1}/[\sigma_F]_1$ 和 $Y_{FS2}/[\sigma_F]_2$ 比值大者强度较弱,应作为计算时的代入值。

由式(16－33)可知影响齿根弯曲强度的主要参数有模数 m、齿宽 b 齿数 z_1 等,而加大模数对降低齿根弯曲应力效果最显著。

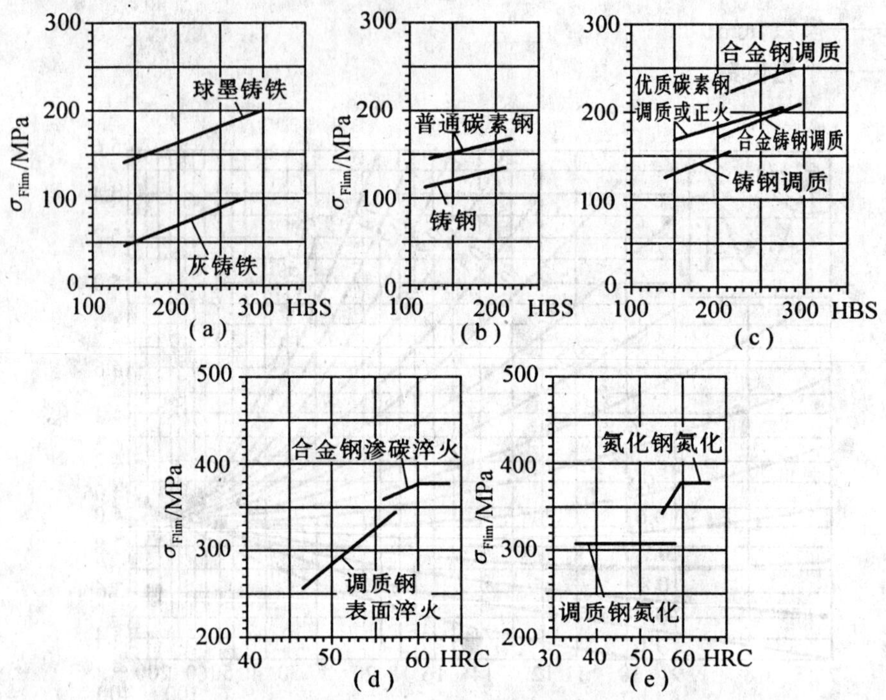

图 16-33　齿轮的弯曲疲劳极限 σ_{Flim}

16.11.2　渐开线斜齿圆柱齿轮强度计算

斜齿轮的啮合力作用于齿的法向平面，法向齿形和齿厚反映其强度，可利用法向平面上的当量齿轮进行强度分析和计算。

1.齿面接触疲劳强度公式(钢制标准齿轮)

校核公式

$$\sigma_H = 305\sqrt{\frac{KT_1(u\pm 1)^3}{a^2 bu}} \leqslant [\sigma_H]\ \text{MPa} \tag{16-35}$$

设计公式

$$a \geqslant (u\pm 1)\sqrt[3]{\left(\frac{305}{[\sigma_H]}\right)^2 \frac{KT_1}{\varphi_a u}}\ \text{mm} \tag{16-36}$$

式中参数的意义同直齿圆柱齿轮。

2.齿根弯曲疲劳强度公式

校核公式

$$\sigma_F = \frac{1.6KT_1 Y_{FS}\cos\beta}{bm_n^2 z_1} \leqslant [\sigma_F]\ \text{MPa} \tag{16-37}$$

设计公式

$$m_n \geqslant \sqrt[3]{\frac{3.2KT_1 Y_{FS}\cos^2\beta}{\varphi_a(u\pm 1)z_1^2[\sigma_F]}}\ \text{mm} \tag{16-38}$$

式中 m_n 为法向模数，计算后应取标准值。式中齿形因数 Y_{FS} 按当量齿数 z_v 查图 16－

32，β 为螺旋角，其他参数意义同直齿圆柱齿轮。

16.12 直齿圆锥齿轮传动简介

16.12.1 圆锥齿轮传动的特点及应用

圆锥齿轮机构用于相交轴之间的传动，两轴的交角 $\sum\delta_1+\delta_2$ 由传动要求确定，可为任意值，$\sum=90°$ 的圆锥齿轮传动应用最广泛，如图 16－34 所示。

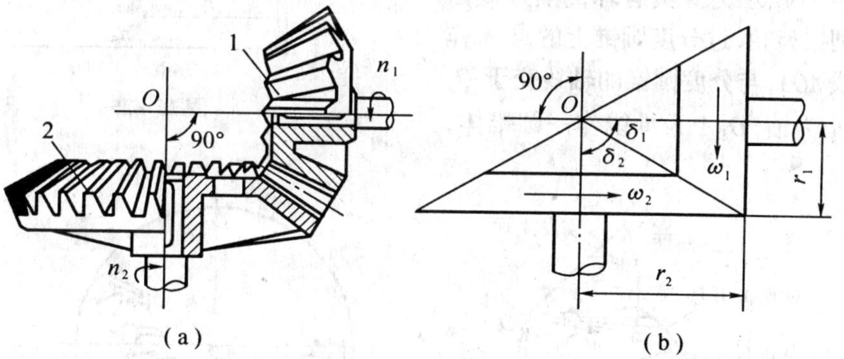

图 16－34

由于圆锥齿轮的轮齿分布在圆锥面上，所以齿形从大端到小端逐渐缩小。一对圆锥齿轮传动时，两个节圆锥作纯滚动，与圆柱齿轮相似，圆锥齿轮也有基圆锥、分度圆锥、齿顶圆锥、齿根圆锥。正确安装的标准圆锥齿轮传动，其节圆锥与分度圆锥重合。

圆锥齿轮的轮齿有直齿、斜齿和曲齿等类型，直齿圆锥齿轮因加工相对简单，应用较多，适用于低速、轻载的场合；曲齿圆锥齿轮设计制造较复杂，但因传动平稳，承载能力强，常用于高速、重载的场合；斜齿圆锥齿轮目前已很少使用。本节只讨论直齿圆锥轮传动。

设 δ_1、δ_2 为两轮的锥顶半角，$\delta_1+\delta_2=90°$，大端分度圆锥直径 r_1、r_2，齿数分别为 z_1、z_2。两齿轮的传动比为：

$$i=\frac{\omega_1}{\omega_2}=\frac{n_1}{n_z}=\frac{z_2}{z_1}=\frac{r_2}{r_1}=\cot\delta_1=\tan\delta_2 \tag{16-39}$$

16.12.2 几何尺寸计算

为了便于计算和测量，圆锥齿轮的参数和几何尺寸均以大端为准，取大端模数 m 为标准值，大端压力角为 $\alpha=20°$，齿顶高系数 $h_a^*=1$，顶隙系数 $c^*=0.2$。标准直齿圆锥齿轮各部分名称如图 16－35 所示，圆锥齿轮模数系列如表 16－8，几何尺寸计算公式见表 16－9。

直齿圆锥齿轮的正确啮合条件由当量圆柱齿轮的正确啮合条件得到，即两齿轮的大端模数和压力角分别相等，即有 $m_1=m_2=m$；$\alpha_1=\alpha_2=\alpha$。

16.12.3 当量齿轮与当量齿数

直齿圆锥齿轮齿廓曲线是一条空间球面渐开线，其形成过程与圆柱齿轮类似。不同的是，圆锥齿轮的齿面是发生面在基圆锥上作纯滚动时，其上直线 KK' 所展开的渐开线曲面 $AA'K'K$，如图 16－36 所示。因直线上任一点在空间所形成的渐开线距锥顶的距离不变，故称为球面渐开线。

由于球面无法展开成平面，使得圆锥齿轮设计和制造存在很大的困难，所以，实际上的圆锥齿轮是采用近似的方法来进行设计和制造的。

图 16－37 所示为一具有球面渐开线齿廓的直齿圆锥齿轮，过分度圆锥上的点 A 作球面的切线 $AO1$，与分度圆锥的轴线交于 O_1 点。以 OO_1 为轴，O_1A 为母线作一圆锥体，

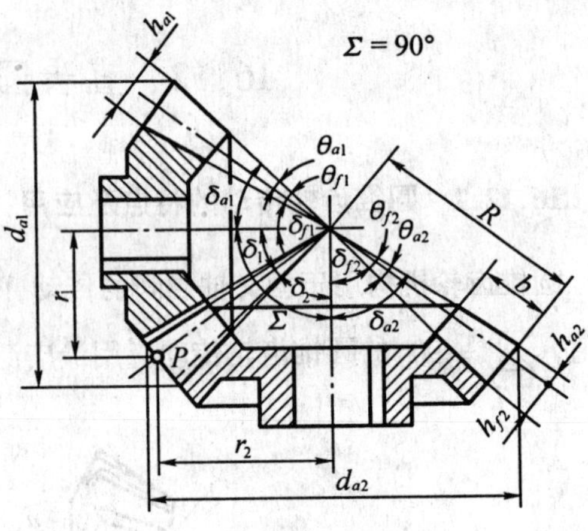

图 16－35

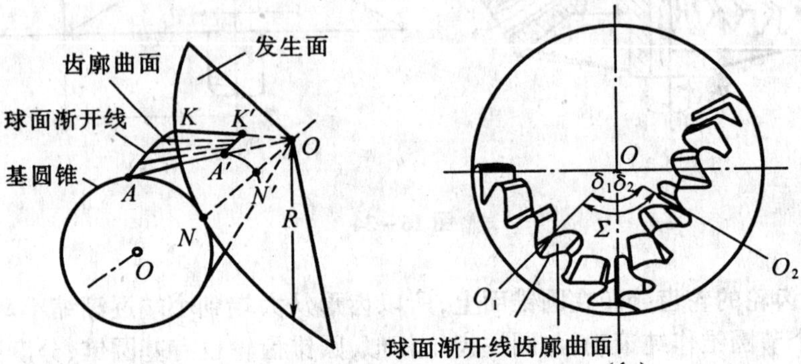

(a)　　(b)

图 16－36

(a)齿面的形成；(b)球面渐开线齿廓

此圆锥面称为背锥。背锥母线与分度圆锥上的切线的交点 a'、b' 与球面渐开线上的 a、b 点非常接近，即背锥上的齿廓曲线和齿轮的球面渐开线很接近。由于背锥可展成平面，其上面的平面渐开线齿廓可代替直齿圆锥齿轮的球面渐开线。

将展开背锥所形成的扇形齿轮(图 16－38)补足成完整的齿轮，即为直齿圆锥齿轮的当量齿轮，当量齿轮的齿数称为当量齿数，即

$$\left.\begin{aligned} z_{v1} &= \frac{z_1}{\cos\delta_1} \\ z_{v2} &= \frac{z_2}{\cos\delta_2} \end{aligned}\right\} \tag{16-40}$$

式中　z_1、z_2——两直齿圆锥齿轮的实际齿数；

δ_1、δ_2——两齿轮的分锥角。

选择齿轮铣刀的刀号、轮齿弯曲强度计算及确定不产生根切的最少齿数时，都是以 z_v 为依据的。

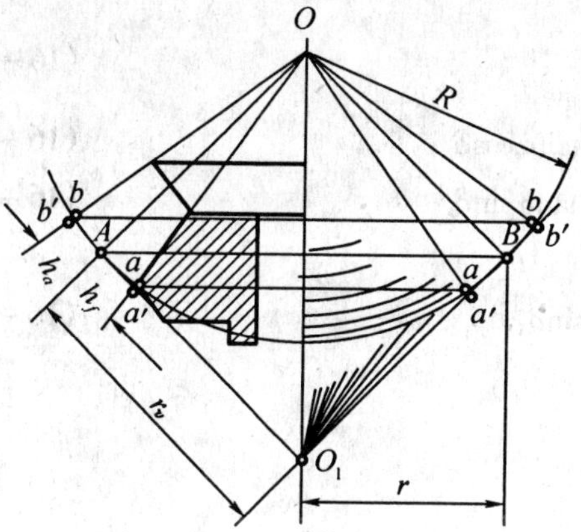

图 16-37

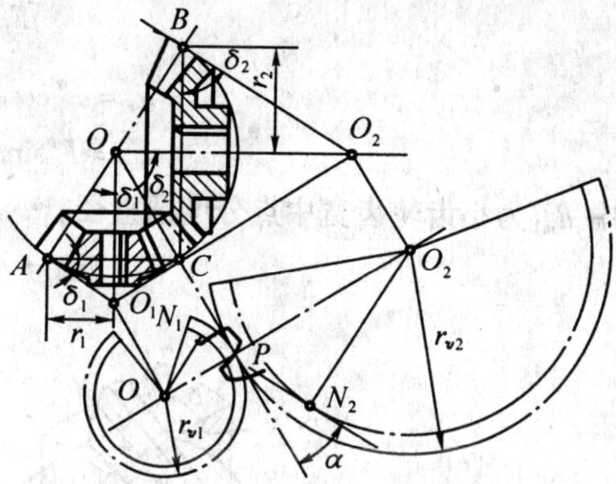

图 16-38

表 16-8 圆锥齿轮模数系列(GB12368-90)

0.1	0.35	0.9	1.75	3.25	5.5	10	20	36
0.12	0.4	1	2	3.5	6	11	22	40
0.15	0.5	1.125	2.25	3.75	6.5	12	25	45
0.2	0.6	1.25	2.5	4	7	14	28	50
0.25	0.7	1.375	2.75	4.5	8	16	30	—
0.3	0.8	1.5	3	5	9	18	32	-

表 16-9 标准锥齿轮几何尺寸计算公式($\sum=90^\circ$)

名 称	符 号	计 算 公 式
分度圆锥角	δ	$\delta_2=\arctan(z_2/z_1),\delta_1=90^\circ-\delta_2$
分度圆直径	D	$d=mz$
锥距	R	$R=\frac{mz}{2\sin\delta}\frac{m}{2}\sqrt{z_1^2+z_2^2}$
齿宽	B	$b\leqslant R/3$
齿顶圆直径	d_a	$d_a=d+2h_a\cos\delta=m(z+2h_a^*\cos\delta)$
齿根圆直径	d_f	$d_a=d-2h_f\cos\delta=m[z-(2h_a^*+c^*)\cos\delta]$
顶圆锥角	δ_a	$\delta_a=\delta+\theta_a=\delta+\arctan(h_a^*m/R)$
根圆锥角	δ_f	$\delta_f=\delta-\theta_f=\delta-\arctan[(h_{afg}^*+c^*)m/R]$

16.12.4 直齿圆锥齿轮的受力分析

现对图 16-39 所示的圆锥齿轮传动中的主动轮进行受力分析。作用在直齿圆锥齿轮齿面上的法向力 F_n 可视为集中作用在齿宽中点分度圆直径上,即作用在齿宽中点的法向截面 $N-N$ 内。法向力沿圆周方法、径向和轴向可分解为三个互成直角的分力,即圆周力、径向力和轴向力。

轮齿上的三个分力的大小，由图 16－39 分析得：

$$F_t = \frac{2T}{d_{m1}} \tag{16-41}$$

$$F_r = F' \cos\delta = F_t \tan\alpha \cos\delta \tag{16-42}$$

$$F_a = F' \sin\delta = F_t \tan\alpha \sin\delta \tag{16-43}$$

式中 d_{m1} 为小齿轮齿宽中点分度圆直径。

$$d_{m1} = d_1 - b\sin\delta_1 \tag{16-44}$$

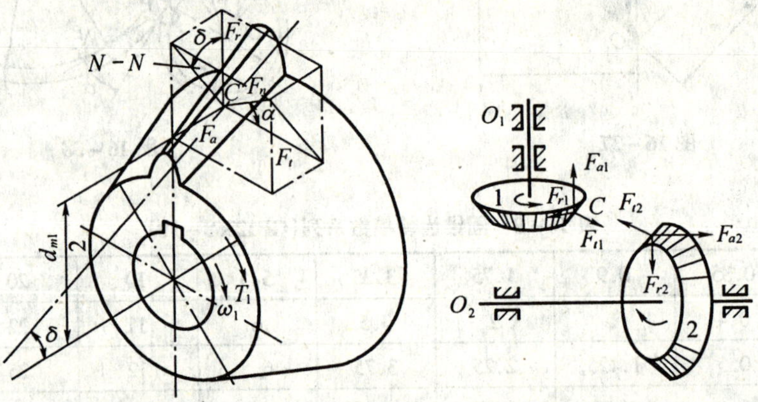

图 16－39

圆周力和径向力方向的确定方法与直齿轮相同，两齿轮的轴向力方向都是沿各自的轴线指向大端。两轮的受力可根据作用与反作用原理确定：$F_{t1} = -F_{t2}$，$F_{r1} = -F_{a2}$，$F_{a1} = -F_{r2}$，负号表示二力的方向相反。

16.12.5　强度计算

锥齿轮传动的强度按齿宽中点的一对当量直齿轮的传动作近似计算，当两轴交角 $\sum = 90°$ 时，齿面接触疲劳强度计算公式

1.校核公式

$$\sigma_H \frac{334}{R-0.5b}\sqrt{\frac{(u^2+1)^3 KT_1}{ub}} \leqslant [\sigma_H] \tag{16-45}$$

2.设计公式

$$R \geqslant \sqrt{u^2+1}\sqrt[3]{\left[\frac{334}{(1-0.5\psi_R)[\sigma_H]}\right]^2 \frac{KT_1}{\psi_R u}} \tag{16-46}$$

式中 ψ_R 为齿宽系数，$\psi_R = b/R$，一般 $\psi_R = 0.25 \sim 0.3$。其余各项符号的意义与直齿轮相同。对所求得的锥距，需满足表中的几何关系，即

$$R = \frac{m}{2}\sqrt{z_1^2 + z_2^2} \tag{16-47}$$

注意：所得锥距不可圆整。

齿根弯曲疲劳强度计算公式

1.校核公式

$$\sigma_F = \frac{2KT_1 Y_F}{bm^2 z_1(1-0.5\psi_R)^2} \leqslant [\sigma_F] \tag{16-48}$$

2.设计公式

$$m \geqslant \sqrt[3]{\frac{4KT_1 Y_F}{\psi_R(1-0.5\psi_R)^2 z_1^2[\sigma_F]\sqrt{u^2+1}}} \tag{16-49}$$

计算所得模数应按表圆整为标准值。

齿轮的制造工艺复杂,大尺寸的锥齿轮加工更困难,因此在设计时应尽量减小其次尺寸。如在传动中同时有圆锥齿轮传动和圆柱齿轮传动时,应尽可能将圆锥齿轮传动放在高速级,这样可使设计的锥齿轮的尺寸较小,便于加工。为了使大锥齿轮的尺寸不致过大,通常,齿数比取 $u<5$。

16.13 齿轮传动设计

16.13.1 齿轮传动参数的选择

1.齿数

大小轮齿数选择应符合传动比 i 的要求。齿数取整可能会影响传动比数值,误差一般控制在 5% 以内。

为避免根切,标准直齿圆柱齿轮最小齿数 $z_{\min}=17$,斜齿圆柱齿轮 $z_{\min}=17\cos\beta$。

大轮齿数为小轮的倍数,跑合性能好。而对于重要的传动或重载高速传动,大小轮齿互为质数,这样轮齿磨损均匀,有利于提高寿命。

中心距一定时,增加齿数能使重合度增大,提高传动平稳性;同时,齿数增多,相应模数减小,对相同分度圆的齿轮,齿顶圆直径小,可以节约材料,减轻重量,并能节省轮齿加工的切削量。所以,在满足弯曲强度的前提下,应适当减小模数,增大齿数。高速齿轮或对噪声有严格要求的齿轮传动建议取 $z_1 \geqslant 25$。

2.模数

传递动力的齿轮,其模数不宜小于 1.5 mm。过小加工检验不便。普通减速器、机床及汽车变速箱中的齿轮模数一般在 2~8 mm 之间。

齿轮模数必须取标准值。为加工测量方便,一个传动系统中,齿轮模数的种类应尽量少。

3.齿宽

齿宽取大些,可提高齿轮承载能力,并相应减小径向尺寸,使结构紧凑;但齿宽越大,沿齿宽方向载荷分布越不均匀,使轮齿接触不良。

设计中常用齿宽系数 $\varphi_a = b/a$ 对齿宽作必要的限制。一般减速器斜齿轮常取 $\varphi_a = 0.4$;机床或汽车变速器齿轮往往为硬齿面,不利于跑合,由于一根轴上有多个滑动齿轮,为减小轴承跨距,齿宽宜小些,常取 $\varphi_a = 0.1 \sim 0.2$(滑动齿轮取小值)。开式齿轮径向尺寸一般不受限制,且安装精度差,取较小齿宽 $\varphi_a = 0.1 \sim 0.3$。

为保证接触齿宽,圆柱齿轮的小齿轮齿宽 b_1 比大齿轮齿宽 b_2 略大,$b_1 = b_2 + (3 \sim 5)$ mm。

4.螺旋角 β

一般斜齿圆柱齿轮螺旋角在 8°~25°之间，β 过小，显不出斜齿轮传动平稳、重合度大等优势。但 β 过大，会使轴向力增大，影响轴承寿命。对于人字齿轮或两对左右对称配置的斜齿轮，由于轴向力抵消，可取 $\beta = 25° \sim 40°$。

设计中，常在模数 m_n 和齿数 z_1、z_2 确定后，为圆整中心距或配凑标准中心距而需根据以下几何关系计算螺旋角 β

$$\beta = \arccos\frac{m_n(z_1 + z_2)}{2a} \qquad (16-50)$$

16.13.2 齿轮传动设计步骤

1.明确设计要求，列出已知条件(如功率 P、转速 n、传动比 i 等)。

2.分析失效形式，判定设计准则

闭式齿轮主要失效为齿面点蚀和齿根弯曲疲劳破坏，设计时应控制齿面接触疲劳应力和齿根弯曲疲劳应力。

开式齿轮主要失效为齿面磨损和齿根弯曲疲劳破坏。设计时要选耐磨材料，进行齿根弯曲疲劳强度计算，并用将计算所得模数加大 10% ~20% 的办法考虑磨损的影响。

各类齿轮要采取相应的润滑和密封措施。

3.选择材料，计算许用应力

4.确定参数

(1)强度计算

设计计算：初定齿数 z_1、z_2，螺旋角 β，齿宽系数 φ_a 等。

进行齿面接触疲劳强度和齿根弯曲疲劳强度设计计算，求出满足强度要求的参数计算值：计算模数 m_c，计算齿宽 b_c，计算中心距 a_c 等。

核验计算：初定齿数 z_1、z_2，模数 m，螺旋角 β，齿宽 b 等。

进行齿面接触疲劳强度和齿根弯曲疲劳强度核验，使 $\sigma \leqslant [\sigma]$。

(2)确定参数

考虑运动关系：$z_2/z_1 = i$(相对误差 <5%)

满足强度关系 m(取标准值)$\geqslant m_c$，$a \geqslant a_c$，$b \geqslant b_c$。

符合几何关系：

$$a = \frac{m_n}{2\cos\beta}(z_1 + z_2)$$

5. 齿轮结构设计

齿轮的结构由轮缘、轮毂和轮辐三部分组成，根据齿轮毛坯制造的工艺方法，齿轮可分为锻造齿轮和铸造齿轮两种。圆柱齿轮的结构及其尺寸参看表 16 - 10。

表 16－10　圆柱齿轮的结构

<table>
<tr><th colspan="2">名称</th><th>结 构 形 式</th><th>结 构 尺 寸</th></tr>
<tr><td colspan="2">齿轮轴</td><td>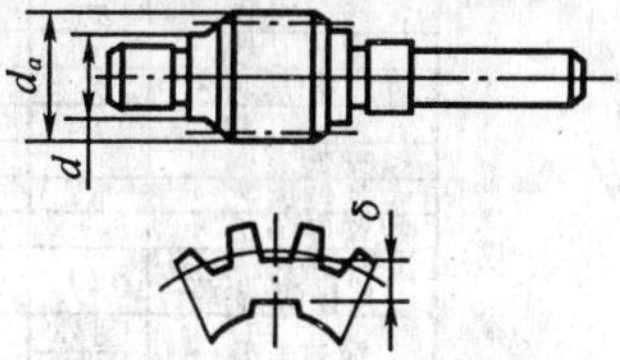</td><td>$d_a<2d$ 或 $\delta<(2\sim2.5)m_t$ 时，轴与齿轮做成一体</td></tr>
<tr><td colspan="2">实心体</td><td>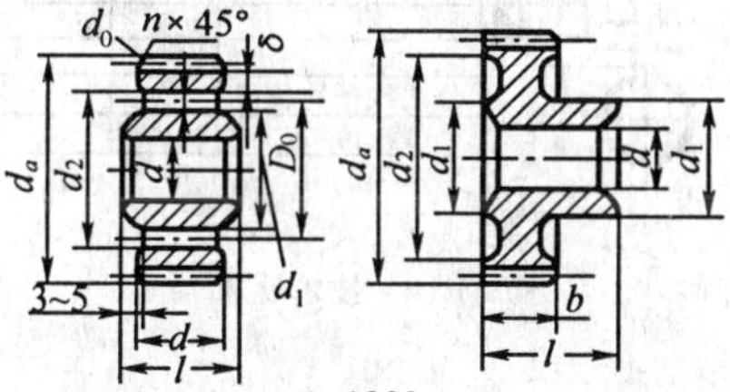
$d_a\leqslant200$</td><td>$d_1=kd$，k 值见下表
$(1.2\sim1.5)\ d\geqslant l\geqslant b$
$\delta_0=2.5m_t$，但小于 8 mm
$D_0=0.5(d_1+d_2)$
当 $d_0<10$ mm 时不钻孔
$n=0.5m_t$
<table>
<tr><td>d /mm</td><td><20</td><td>20～32</td><td>>32～50</td><td>>50～80</td><td>>80～120</td><td>>120～200</td></tr>
<tr><td>k</td><td>2.0</td><td>1.9</td><td>1.8</td><td>1.7</td><td>1.6</td><td>1.5</td></tr>
</table></td></tr>
<tr><td rowspan="2">腹板式</td><td>锻造</td><td>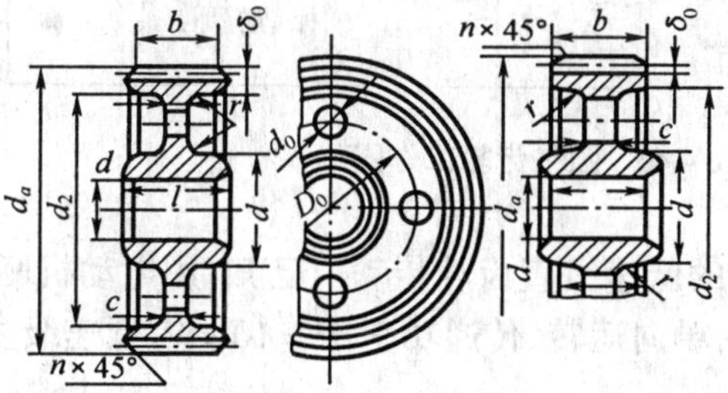
$d_a\leqslant500$</td><td>$d_1=1.6d$
$1.5d>l\geqslant b$
$\delta_0=(3\sim4)m_t$，但不小于 8 mm
$D_0=0.5(d_1+d_2)$
$d_0=15\sim25$ mm
$c=0.2b$(模锻)，$c=0.3b$(自由锻)，但不小于 8 mm
$n=0.5m_t$
$r\approx0.5c$</td></tr>
<tr><td>铸造</td><td>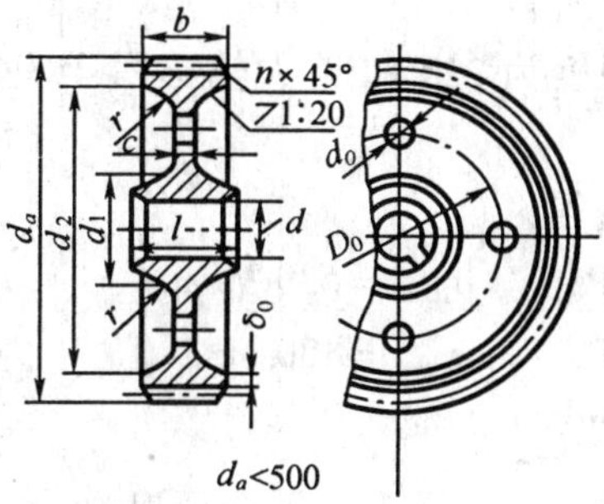
$d_a<500$</td><td>$d_1=1.5d$(铸钢)，$d_1=1.8d$(铸铁)
$1.5d>l\leqslant b$
$\delta_0=(3\sim4)m_t$，但不小于 8 mm
$D_0=0.5(d_1+d_2)$
$d_0=(0.25\sim0.35)(d_2-d_1)$
$c=0.2b$，但不小于 10 mm
$n=0.5m_t$
$r\approx0.5c$</td></tr>
<tr><td>轮辐式</td><td>铸造</td><td>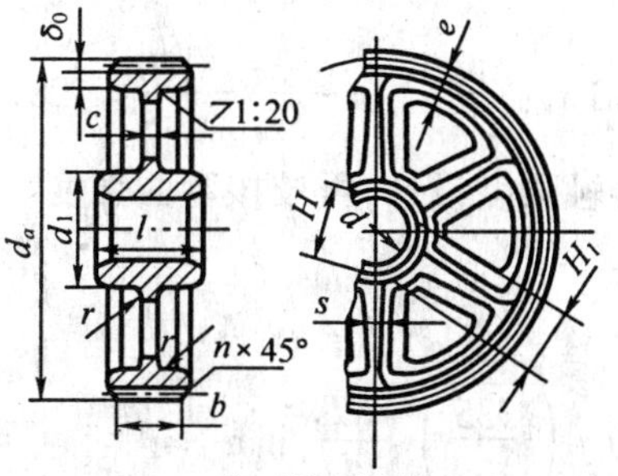
$d_a>400$, $d<240$</td><td>$d_1=1.6d$(铸钢)，$d_1=1.8d$(铸铁)
$1.5d>l\geqslant b$
$\delta_0=(3\sim4)m_t$，但不小于 8 mm
$H=0.8d$(铸钢)，$H=0.9d$(铸铁)
$H_1=0.8H$
$c=(1-1.3)\delta_0$，$s=0.8c$
$e=(1\sim1.2)\delta_0$
$n=0.5m_t$
$r\approx0.5c$</td></tr>
</table>

6.绘制齿轮工作图,示例见图 16-40。

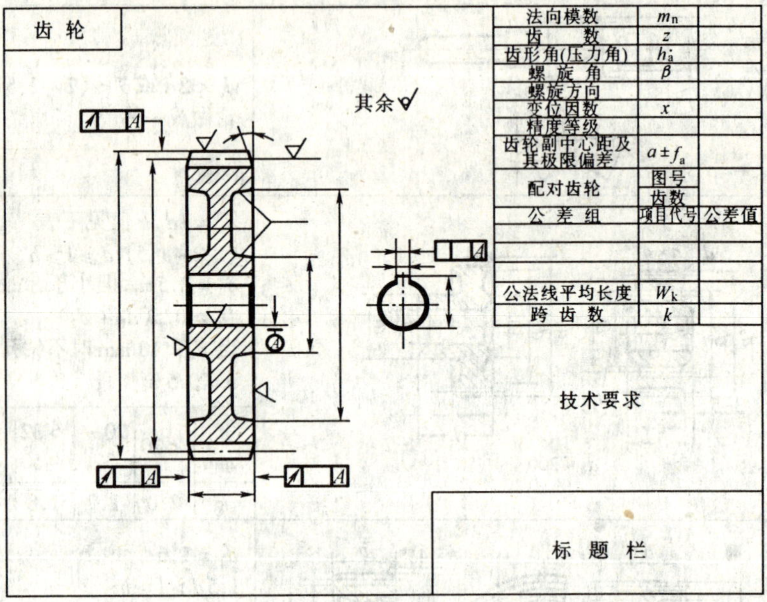

图 16-40 圆柱齿轮工作图

例 16-1 试设计两级减速器中的低速级直齿轮传动。已知:用电动机驱动,荷载有中等冲击,齿轮相对于支承位置不对称,单向运转,传递功率 $P=10$ kW,低速级主动轮转速 $n_l=400$ r/min,传动比 $i=3.5$。

解 (1)选择材料,确定许用应力

由表 16-5,小轮选用 45 钢,调质,硬度为 220 HBS,大轮选用 45 钢,正火,硬度为 190 HBS。

由图 16-31(c)和图 16-33(c)分别查得:

$$\sigma_{H\lim1}=555\ \text{MPa} \qquad \sigma_{H\lim2}=530\ \text{MPa}$$

$$\sigma_{F\lim1}=190\ \text{MPa} \qquad \sigma_{F\lim2}=180\ \text{MPa}$$

由表 16-7 查得 $S_H=1.1$, $S_F=1.4$,故

$$[\sigma_H]=\frac{\sigma_{H\lim1}}{S_H}=\frac{555}{1.1}=504.5\ \text{MPa},\quad [\sigma_H]_2=\frac{\sigma_{H\lim2}}{S_H}=\frac{530}{1.1}=481.8\ \text{MPa}$$

$$[\sigma_F]_1=\frac{\sigma_{F\lim1}}{S_F}=\frac{190}{1.4}=135.7\ \text{MPa},\quad [\sigma_F]_2=\frac{\sigma_{F\lim2}}{S_F}=\frac{180}{1.4}=128.5\ \text{MPa}$$

因硬度小于 350 HBS,属软齿面,按接触强度设计,再校核弯曲强度。

(2)按接触强度设计

计算中心距:

$$a\geqslant(u\pm1)\sqrt[3]{\left(\frac{335}{[\sigma_H]}\right)^2\frac{KT_1}{\varphi_a u}}\ \text{mm}$$

①取 $[\sigma_H]=[\sigma_H]z=481$ MPa

②小轮转矩

$$T_1 = 9.55 \times 10^6 \times \frac{10}{400} = 2.38 \times 10^5\ \text{N·mm}$$

③取齿宽系数 $\varphi_a = 0.4, i = u = 3.5$

由于原动机为电动机，中等冲击，支承不对称布置，故选 8 级精度。由表 16－6 选 $K = 1.5$。将以上数据代入，得初算中心距 $a_c = 223.7$ mm

(3)确定基本参数，计算主要尺寸

①选择齿数

取 $z_1 = 20$，则 $z_2 = u \cdot z_1 = 3.5 \times 20 = 70$

②确定模数

由公式 $a = m(z_1 + z_2)/2$ 可得：$m = 4.98$

由表 16－1 查得标准模数，取 $m = 5$

③确定中心距

$$a = m(z_1 + z_2)/2 = 5 \times (20 + 70)/2 = 225\ \text{mm}$$

④计算齿宽

$$b = \varphi_a a = 0.4 \times 225 = 90\ \text{mm}$$

为补偿两轮轴向尺寸误差，取 $b_1 = 95$ mm，$b_2 = 90$ mm

⑤计算齿轮几何尺寸(按表 16－2 计算，此处从略)

(4)校核弯曲强度

$$\sigma_{F1} = \frac{2KT_1 Y_{FS_1}}{bm^2 z_1}\ \text{MPa}$$

$$\sigma_{F2} = \frac{2KT_1 Y_{FS2}}{bm^2 z_1} = \sigma_{F1}\frac{Y_{FS2}}{Y_{FS1}}\ \text{MPa}$$

按 $z_1 = 20, z_2 = 70$ 由图 16－32 查得 $Y_{FS1} = 4.34$、$Y_{FS2} = 3.9$，代入上式得：

$$\sigma_{F1} = 68.8\ \text{MPa} < [\sigma_F]_1\text{，安全}$$

$$\sigma_{F2} = 61.8\ \text{MPa} < [\sigma_F]_2\text{，安全}$$

(5)设计齿轮结构，绘制齿轮工作图。(略)

例 16－2 设计一对闭式斜齿圆柱齿轮传动。已知：用单缸内燃机驱动，载荷平稳，双向传动，齿轮相对于支承位置对称，要求结构紧凑。传递功率 $P = 12$ kW，低速级主动轮转速 $n_1 = 350$ r/min，传动比 $i = 3$。

解 (1)选择材料，确定许用应力

由表 16－5，两轮均选用 20CrMnTi，渗碳淬火，小轮硬度为 59 HRC，大轮 56 HRC。由图 16－31(d)和图 16－33(d)分别查得：

$$\sigma_{H\lim1} = 1\,440\ \text{MPa} \qquad \sigma_{H\lim2} = 1\,360\ \text{MPa}$$

$$\sigma_{F\lim1} = 370\ \text{MPa} \qquad \sigma_{F\lim2} = 360\ \text{MPa}$$

由表 16－7 查得 $S_H = 1.3, S_F = 1.6$，故

$$[\sigma_H]_1 = \frac{\sigma_{H\lim1}}{S_H} = \frac{1\,440}{1.3} = 1\,108\ \text{MPa}$$

$$[\sigma_H]_2 = \frac{\sigma_{H\lim2}}{S_H} = \frac{1\,360}{1.3} = 1\,046\ \text{MPa}$$

$$[\sigma_F]_1=\frac{0.7\sigma_{Flim1}}{S_F}=\frac{0.7\times370}{1.6}=162\ \text{MPa}$$

$$[\sigma_F]_2=\frac{0.7\sigma_{Flim2}}{S_F}=\frac{0.7\times360}{1.6}=158\ \text{MPa}$$

因硬度大于350HBS,属硬齿面,按弯曲强度设计,再校核接触强度。

(2)按弯曲强度设计

计算法向模数:

$$m_n\geqslant\sqrt[3]{\frac{3.2KT_1Y_{FS}\cos^2\beta}{\varphi_a(u\pm1)z_1^2[\sigma_F]}}\ \text{mm}$$

1)由于原动机为单缸内燃机,载荷平稳,支承对称布置,故选8级精度。由表16-6选$K=1.6$。

2)小轮转矩

$$T_1=9.55\times10^6\times\frac{12}{350}=3.27\times10^5\ \text{N}\cdot\text{mm}$$

3)取齿宽系数 $\varphi_a=0.4$

4)初选螺旋角 $\beta=15°$

5)取 $z_1=20,i=u=3,z_2=uz_1=3\times20=60$。当量齿数:

$$z_v=\frac{z}{\cos^3\beta}$$

$z_{v1}=22.19\quad z_{v2}=66.57$

由图16-32查得 $Y_{FS1}=4.3$、$Y_{FS2}=4$,

比较 $Y_{FS}/[\sigma_F]$

$$Y_{FS1}/[\sigma_F]_1=4.3/162=0.0265$$

$Y_{FS2}/[\sigma_F]_2=4/158=0.0253=Y_{FS1}/[\sigma_F]1$ 的数值大,将该值与上述各值代入式中,得:

$$m_n\geqslant\sqrt[3]{\frac{3.2KT_1Y_{FS}\cos^2\beta}{\varphi_a(u\pm1)z_1^2[\sigma_F]}}=\sqrt[3]{\frac{3.2\times1.6\times3.27\times10^5\times4.3\times\cos^2 15°}{0.4\times(3+1)\times20^2\times162}}=4\ \text{mm}$$

由表16-1查得标准模数,取 $m_n=4$ mm

(3)确定基本参数,计算主要尺寸

1)试算中心距,由表16-3中公式 $a=m_n(z_1+z_2)/2\cos\beta$ 得:

$a_c=165.6$ mm,圆整取 $a=168$ mm

2)修正螺旋角

$$\beta=\arccos\frac{m_n(z_1+z_2)}{2a}=\arccos\frac{4\times(20+60)}{2\times168}=17.75°$$

螺旋角在8°~25°之间,可用。

3)计算齿宽

$$b=\varphi_a a=0.4\times168=68\ \text{mm}$$

为补偿两轮轴向尺寸误差,取 $b_1=72$ mm, $b_2=68$ mm

4)计算齿轮几何尺寸(按表16-3计算,此处从略)

(4)校核接触强度

$$\sigma_H = 305\sqrt{\frac{KT_1(u \pm 1)^3}{a^2 bu}} = 305\sqrt{\frac{1.6 \times 3.27 \times 10^5 \times (3+1)^3}{168^2 \times 68 \times 3}} = 735.53\ \text{MPa} \leqslant [\sigma_H]_2$$

安全

(5)设计齿轮结构,绘制齿轮工作图。(略)

习　题

16-1　什么是分度圆?标准齿轮的分度圆在什么位置上?

16-2　一渐开线,其基圆半径 $r_b = 40$ mm,试求此渐开线压力角 $\alpha = 20°$处的半径 r 和曲率半径 ρ 的大小。

16-3　有一个标准渐开线直齿圆柱齿轮,测量其齿顶圆直径 $da = 106.40$ mm,齿数 $z = 25$,问是哪一种齿制的齿轮,基本参数是多少?

16-4　两个标准直齿圆柱齿轮,已测得齿数 $z_1 = 22$, $z_2 = 98$,小齿轮齿顶圆直径 $d_{al} = 240$ mm,大齿轮全齿高 $h = 22.5$ mm,试判断这两个齿轮能否正确啮合传动?

16-5　有一对正常齿制渐开线标准直齿圆柱齿轮,它们的齿数为 $z_1 = 19$, $z_2 = 81$,模数 $m = 5$ mm,压力角 $\alpha = 20°$。若将其安装成 $a' = 250$ mm 的齿轮传动,问能否实现无侧隙啮合,为什么?此时的顶隙(径向间隙) C 是多少?

16-6　已知 C6150 车床主轴箱内一对外啮合标准直齿圆柱齿轮,其齿数 $z_1 = 21$, $z_2 = 66$,模数 $m = 3.5$ mm,压力角 $\alpha = 20°$,正常齿。试确定这对齿轮的传动比、分度圆直径、齿顶圆直径、全齿高、中心距、分度圆齿厚和分度圆齿槽宽。

16-7　已知一标准渐开线直齿圆柱齿轮,其齿顶圆直径 $d_{al} = 77.5$ mm,齿数 $z_1 = 29$。现要求设计一个大齿轮与其相啮合,传动的安装中心距 $a = 145$ mm,试计算这对齿轮的主要参数及大齿轮的主要尺寸。

16-8　某标准直齿圆柱齿轮,已知齿距 $p = 12.566$ mm,齿数 $z = 25$,正常齿制。求该齿轮的分度圆直径、齿顶圆直径、齿根圆直径、基圆直径、齿高以及齿厚。

16-9　当用滚刀或齿条插刀加工标准齿轮时,其不产生根切的最少齿数怎样确定?当被加工标准齿轮的压力角 $\alpha = 20°$、齿顶高因数 $h_a^* = 0.8$ 时,不产生根切的最少齿数为多少?

16-10　变位齿轮的模数、压力角、分度圆直径、齿数、基圆直径与标准齿轮是否一样?

16-11　设计用于螺旋输送机的减速器中的一对直齿圆柱齿轮。已知传递的功率 $P = 10$ kW,小齿轮由电动机驱动,其转速 $n_1 = 960$ r/min, $n_2 = 240$ r/min。单向传动,载荷比较平稳。

16-12　单级直齿圆柱齿轮减速器中,两齿轮的齿数 $z_1 = 35$、$z_2 = 97$,模数 $m = 3$ mm,压力 $\alpha = 20°$,齿宽 $b_1 = 110$ mm、$b_2 = 105$ mm,转速 $n_1 = 720$ r/min,单向传动,载荷中等冲击。减速器由电动机驱动。两齿轮均用 45 钢,小齿轮调质处理,齿面硬度为 220-250 HBS,大齿轮正火处理,齿面硬度 180~200 HBS。试确定这对齿轮允许传递的功率。

16-13　已知一对正常齿标准斜齿圆柱齿轮的模数 $m = 3$ mm,齿数 $z_1 = 23$, $z_2 = 76$,分度圆螺旋角 $\beta = 8°6'34''$。试求其中心距、端面压力角、当量齿数、分度圆直径、齿顶圆直径和齿根圆直径。

16-14　图示为斜齿圆柱齿轮减速器。

(1)已知主动轮 1 的螺旋角旋向及转向，为了使轮 2 和轮 3 的中间轴的轴向力最小，试确定轮 2、3、4 的螺旋角旋向和各轮产生的轴向力方向。

(2)已知 $m_{n2}=3$ mm，$z_2=57$，$\beta_2=18°$，$m_{n3}=4$mm，$z_3=20$，β_3 应为多少时，才能使中间轴上两齿轮产生的轴向力互相抵消？

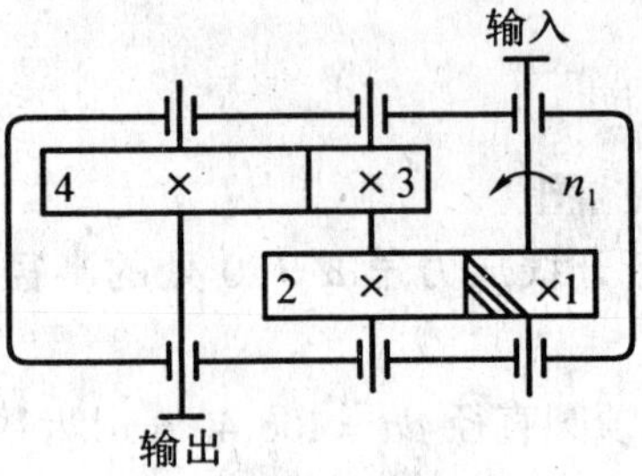

题 16－14 图

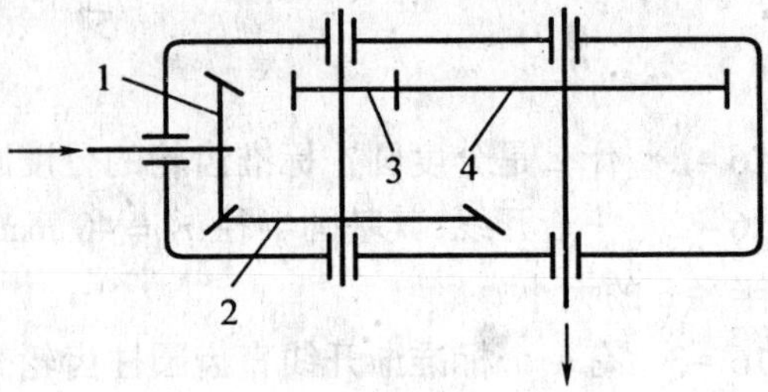

题 16－15 图

16－15　如图所示的传动简图中，采用斜齿圆柱齿轮与圆锥齿轮传动，当要求中间轴的轴向力最小时，斜齿轮的旋向应如何？

16－16　一直齿锥－斜齿圆柱齿轮减速器(题图 16－16)，主动轴Ⅰ的转向如图所示，已知锥齿轮 $m=5$ mm，$z_1=20$，$z_2=60$，$b=50$ mm。斜齿轮 $m_n=6$ mm，$z_3=20$，$z_4=80$ 试问：

(1)当斜齿轮的螺旋角为何旋向及多少度时才能使中间轴上的轴向力为零？

(2)图 b 表示中间轴，试在两个齿轮的力作用点上分别画出三个分力。

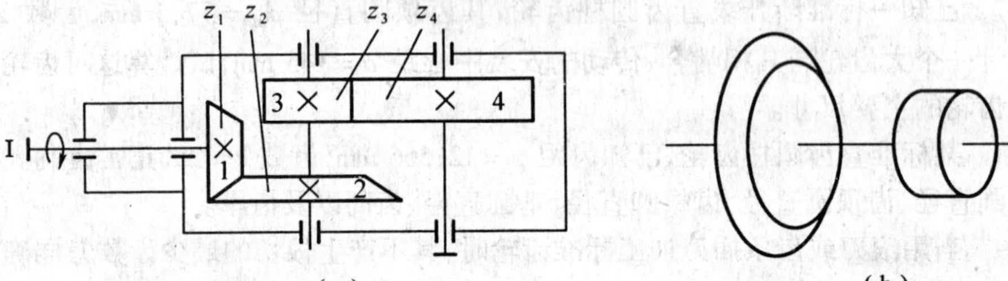

(a)　　(b)

题 16－16 图

16－17　在一般传动中，如果同时有圆锥齿轮传动和圆柱齿轮传动，圆锥齿轮传动应放在高速级还是低速级，为什么？

16－18　试设计斜齿圆柱齿轮减速器中的一对斜齿轮。已知两齿轮的转速 $n_1=720$ r/min，$n_2=200$ r/min，传递的功率 $P=10$ kW，单向传动，载荷有中等冲击，由电动机驱动。

第 17 章 蜗 杆 传 动

本章主要介绍蜗杆传动的组成、结构、特点、类型和应用、阿基米德蜗杆传动的主要参数和几何尺寸。

在运动转换中，常需要进行空间交错轴之间的运动转换，在要求大传动比的同时，又希望传动机构的结构紧凑，采用蜗杆传动机构则可以满足上述要求。

图 17－1 需要在小空间内实现上层 X 轴到下层 Y 轴的大传动比传动，所选择的就是蜗杆传动。蜗杆传动广泛应用于机床、汽车、仪器、起重运输机械、冶金机械以及其他机械制造工业中，其最大传动功率可达 750 kW，但通常用在 50 kW 以下。

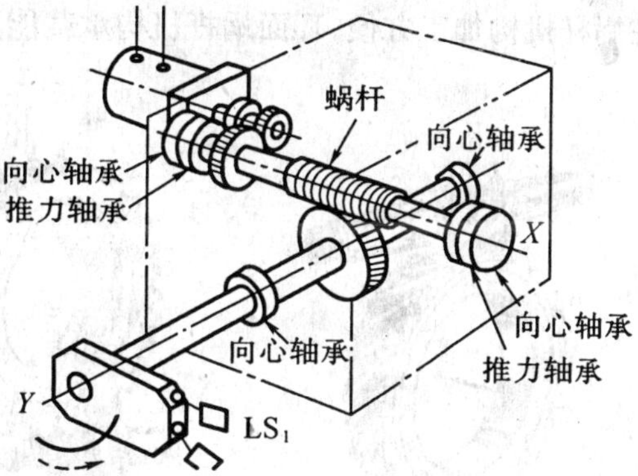

图 17－1

17.1 蜗杆传动机构概述

17.1.1 蜗杆传动的组成

蜗杆传动主要由蜗杆和蜗轮组成，如图 17－2 所示，主要用于传递空间交错的两轴之间的运动和动力，通常轴间交角为 90°。一般情况下，蜗杆为主动件，蜗轮为从动件。

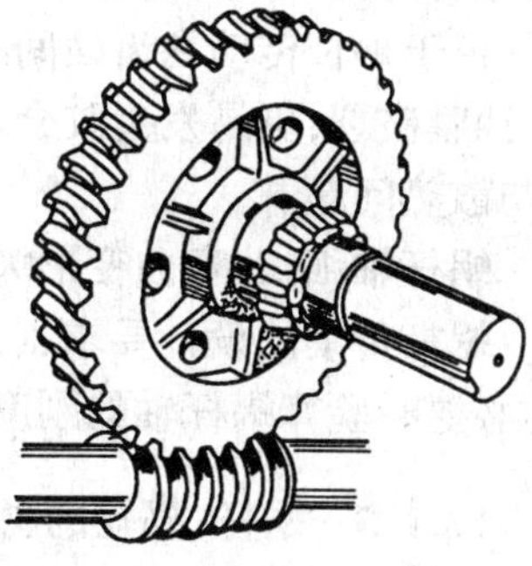

图 17－2

17.1.2 蜗杆传动特点

(1)传动平稳　因蜗杆的齿是一条连续的螺旋线，传动连续，因此它的传动平稳，噪声小。

(2)传动比大　单级蜗杆传动在传递动力时，传动比 $i=5\sim80$，常用的为 $i=15\sim50$。分度传动时 i 可达1 000，与齿轮传动相比则结构紧凑。

(3)具有自锁性　当蜗杆的导程角小于轮齿间的当量摩擦角时，可实现自锁。即蜗杆能带动蜗轮旋转，而蜗轮不能带动蜗杆。

(4)传动效率低　蜗杆传动由于齿面间相对滑动速度大，齿面摩擦严重，故在制造精度和传动比相同的条件下，蜗杆传动的效率比齿轮传动低，一般只有 0.7～0.8。具有自锁功能的蜗杆机构，效率则一般不大于 0.5。

(5)制造成本高　为了降低摩擦，减小磨损，提高齿面抗胶合能力，蜗轮齿圈常用贵重的铜合金制造，成本较高。

17.1.3 蜗杆传动的类型

蜗杆传动按照蜗杆的形状不同,可分为圆柱蜗杆传动(图 17-3(a))、环面蜗杆传动(图 17-3(b))。圆柱蜗杆传动除与图 17-3(a)相同的普通蜗杆传动,还有圆弧齿蜗杆传动(图 17-3(c))。

圆柱蜗杆机构又可按螺旋面的形状,分为阿基米德蜗杆机构和渐开线蜗杆机构等。圆柱蜗杆机构加工方便,环面蜗杆机构承载能力较高。

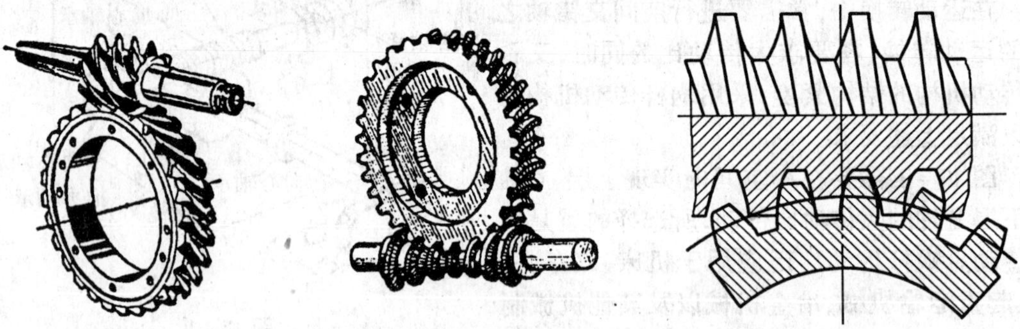

(a) (b) (c)

图 17-3

17.1.4 蜗杆传动的失效形式及设计准则

由于蜗杆传动中的蜗杆表面硬度比蜗轮高,所以蜗杆的接触强度、弯曲强度都比蜗轮高;而蜗轮齿的根部是圆环面,弯曲强度也高、很少折断。

蜗杆传动的主要失效形式有胶合、疲劳点蚀和磨损。

由于蜗杆传动在齿面间有较大的滑动速度,发热量大,若散热不及时,油温升高、黏度下降,油膜破裂,更易发生胶合。开式传动中,蜗轮轮齿磨损严重,所以蜗杆传动中,要考虑润滑与散热问题。

蜗杆轴细长,弯曲变形大,会使啮合区接触不良。需要考虑其刚度问题。

蜗杆传动的设计要求:(1)计算蜗轮接触强度;(2)计算蜗杆传动热平衡,限制工作温度,(3)必要时验算蜗杆轴的刚度。

17.1.5 蜗杆、蜗轮的材料选择

基于蜗杆传动的失效特点,选择蜗杆和蜗轮材料组合时,不但要求有足够的强度,而且要有良好的减摩、耐磨和抗胶合的能力。实践表明,较理想的蜗杆副材料是:青铜蜗轮齿圈匹配淬硬磨削的钢制蜗杆。

(1)蜗杆材料

对高速重载的传动,蜗杆常用低碳合金钢(如 20Cr、20CrMnTi)经渗碳后,表面淬火使硬度达 56 ~ 62HRC,再经磨削。对中速中载传动,蜗杆常用 45 钢、40Cr、35SiMn 等,表面经高频淬火使硬度达 45 ~ 55HRC,再磨削。对一般蜗杆可采用 45、40 等碳钢调质处理(硬度为 210 ~ 230HBS)。

(2)蜗轮材料

常用的蜗轮材料为铸造锡青铜(ZCuSnl0Pl,ZCuSn6Zn6Pb3)、铸造铝铁青铜(ZCuAl10Fe3)及灰铸铁 HT150,HT200 等。锡青铜的抗胶合、减摩及耐磨性能最好,但价格较高,常用于 $v_s \geqslant 3$ m/s 的重要传动;铝铁青铜具有足够的强度,并耐冲击,价格便宜,但抗胶合及耐磨性能不如锡青铜,一般用于 $v_s \leqslant 6$ m/s 的传动;灰铸铁用于 $v_s \leqslant 2$ m/s 的不重要场合。

17.2 蜗杆传动机构的基本参数和尺寸

17.2.1 蜗杆机构的正确啮合条件

1.中间平面

我们将通过蜗杆轴线并与蜗轮轴线垂直的平面定义为中间平面,如图 17-4 所示。在此平面内,蜗杆传动相当于齿轮齿条传动。因此这个下面内的参数均是标准值,计算公式与圆柱齿轮相同。

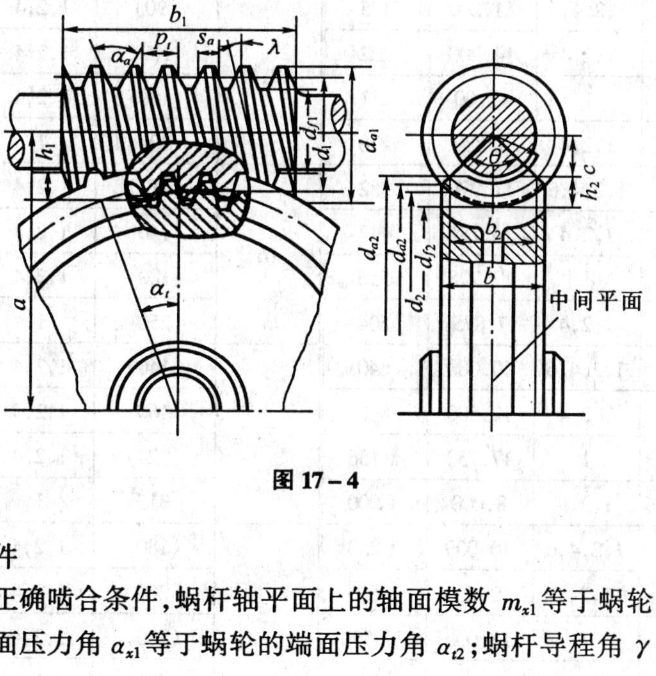

图 17-4

2.正确啮合条件

根据齿轮齿条正确啮合条件,蜗杆轴平面上的轴面模数 m_{x1} 等于蜗轮的端面模数 m_{t2};蜗杆轴平面上的轴面压力角 α_{x1} 等于蜗轮的端面压力角 α_{t2};蜗杆导程角 γ 等于蜗轮螺旋角 β,且旋向相同,即

$$\left.\begin{aligned} m_{x1} = m_{t2} = m \\ \alpha_{x1} = \alpha_{t2} = \alpha \\ \gamma = \beta \end{aligned}\right\} \qquad (17-1)$$

17.2.2 基本参数(如表 17-1 所示)

1.蜗杆头数 z_1,蜗轮齿数 z_2

蜗杆头数 z_1 一般取 1,2,4。头数 z_1 增大,可以提高传动效率,但加工制造难度增加。

表 17-1　蜗杆基本参数配置表

模数 m mm	分度圆直径 d_1 mm	蜗杆头数 z_1	直径系数 q	m^3q	模数 m mm	分度圆直径 d_1 mm	蜗杆头数 z_1	直径系数 q	m^3q
1	**18**	1	18.000	18	6.3	(80)	1,2,4	12.698	3 175
1.25	20	1	16.000	31		**112**	1	17.798	4 445
	22.4	1	17.920	35	8	(63)	1,2,4	7.875	4 032
1.6	20	1,2,4	12.500	51		80	1,2,4,6	10.000	5 120
	28	1	17.500	72		(100)	1,2,4	12.500	6 400
2	18	1,2,4	9.000	72		**140**	1	17.500	8 960
	22.4	1,2,4,6	11.200	90	10	71	1,2,4	7.100	7 100
	(28)	1,2,4	14.000	112		90	1,2,4,6	9.000	9 000
	35.5	1	17.750	142		(112)	1	11.200	11 200
2.5	(22.4)	1,2,4	8.960	140		160	1	16.000	16 000
	28	1,2,4,6	11.200	175	12.5	(90)	1,2,4	7.200	14 062
	(35.5)	1,2,4	14.200	222		112	1,2,4	8.960	17 500
	45	1	18.00	281		(140)	1,2,4	11.200	21 875
3.15	(28)	1,2,4	8.889	278		200	1	16.000	31 250
	(35.5)	1,2,4,6	11.270	352	16	(112)	1,2,4	7.000	28 672
	(45)	1,2,4	14.286	447		140	1,2,4	8.750	35 840
	56	1	17.778	556		(180)	1,2,4	11.250	46 080
4	(31.5)	1,2,4	7.875	504		250	1	15.625	64 000
	40	1,2,4,6	10.000	640	20	(140)	1,2,4	7.000	56 000
	(50)	1,2,4	12.500	800		160	1,2,4	8.000	64 000
	71	1	17.750	1 136		(224)	1,2,4	11.200	89 600
5	(40)	1,2,4	8.000	1 000		315	1	15.750	126 000
	50	1,2,4,6	10.000	1 250	25	(180)	1,2,4	7.200	112 500
	(63)	1,2,4	12.600	1 575		200	1,2,4	8.000	125 000
	90	1	18.000	22 500		(280)	1,2,4	11.200	175 000
6.3	(50)	1,2,4	7.936	1 984		400	1	16.000	250 000
	63	1,2,4,6	10.000	2 500					

注：表中分度圆直径 d_1 的数字，带(　)的尽量不用；黑体的为 $\gamma < 3°30'$ 的自锁蜗杆。

蜗轮齿数一般取 $z_2 = 28 \sim 80$。若 $z_2 < 28$，传动的平稳性会下降，且易产生根切；若 z_2 过大，蜗轮的直径 d_2 增大，与之相应的蜗杆长度增加、刚度降低，从而影响啮合的精度。

2. 传动比

$$i = \frac{n_1}{n_2} = \frac{z_2}{z_1} \tag{17-2}$$

3.蜗杆分度圆直径 d_1 和蜗杆直径系数 q

加工蜗轮时,用的是与蜗杆具有相同尺寸的滚刀,因此加工不同尺寸的蜗轮,就需要不同的滚刀。为限制滚刀的数量,并使滚刀标准化,对每一标准模数,规定了一定数量的蜗杆分度圆直径 d_1。

蜗杆分度圆直径与模数的比值称为蜗杆直径系数,用"q"来表示,即

$$q=\frac{d_1}{m} \tag{17-3}$$

模数一定时,q 值增大则蜗杆的直径 d_1 增大、刚度提高。因此,为保证蜗杆有足够的刚度,小模数蜗杆的 q 值一般较大。

4.蜗杆导程角 γ

$$\tan\gamma=\frac{L}{\pi d_1}=\frac{z_1\pi m}{\pi d_1}=\frac{z_1\pi m}{\pi d_1}=\frac{z_1 m}{d_1}=\frac{z_1}{q} \tag{17-4}$$

式中 L 为螺旋线的导程,$L=z_1p_{x1}=z_1\pi m$,其中 p_{x1} 为轴向齿距

通常螺旋线的导程角 $\gamma=3.5°\sim27°$,导程角在($3.5°\sim4.5°$)范围内的蜗杆可实现自锁,升角大时传动效率高,但蜗杆加工难度大。

17.2.3 蜗杆传动的基本尺寸计算

标准圆柱蜗杆传动的几何尺寸计算公式见表 17-2。

表 17-2 标准普通圆柱蜗杆传动几何尺寸计算公式

名称	计算公式	
	蜗杆	蜗轮
齿顶高	$h_a=m$	$h_a=m$
齿根高	$h_f=1.2m$	$h_f=1.2m$
分度圆直径	$d_1=mq$	$d_2=mz_2$
齿顶圆直径	$d_{a1}=m(q+2)$	$d_{a2}=m(z_2+2)$
齿根圆直径	$d_{f1}=m(q-2.4)$	$d_{f2}=m(z_2-2.4)$
顶隙	$c=0.2m$	
蜗杆轴向齿距 蜗轮端面齿距	$p=m\pi$	
蜗杆分度圆柱的导程角	$\tan\gamma=\frac{z_1}{q}$	
蜗轮分度圆上轮齿的螺旋角		$\beta=\lambda$
中心距	$a=m(q+z_2)/2$	
蜗杆螺纹部分长度	$z_1=1,2,b_1\geqslant(11+0.06z_2)m$ $z_1=4,b_1\geqslant(12.5+0.09z_2)m$	
蜗轮咽喉母圆半径		$r_{g2}=a-d_{a2}/2$
蜗轮最大外圆直径		$z_1=1,d_{e2}\leqslant d_{a2}+2m$ $z_1=2,d_{e2}\leqslant d_{a2}+1.5m$ $z_1=4,d_{e2}\leqslant d_{a2}+m$

表 17-2(续)

名　称	计 算 公 式	
	蜗　杆	蜗　轮
蜗轮轮缘宽度		$z_1=1,2,\ b_2\leqslant 0.75d_{a1}$ $z_1=4,\ b_2\leqslant 0.67d_{a1}$
蜗轮轮齿包角		$\theta=2\arcsin(b_2/d_1)$ 一般动力传动 $\theta=70°\sim90°$ 高速动力传动 $\theta=90°\sim130°$ 分度传动 $\theta=45°\sim60°$

17.2.4　蜗杆传动的结构

1.蜗杆的结构如图 17-5,一般将蜗杆和轴作成一体,称为蜗杆轴。

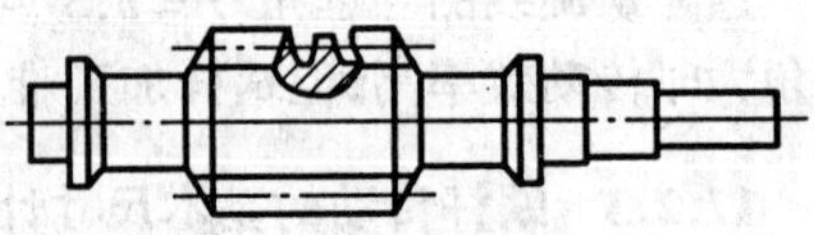

图 17-5

2.蜗轮的结构如图 17-6,一般为组合式结构,齿圈用青铜,轮芯用铸铁或钢。

图(a)为组合式过盈连接　这种结构常由青铜齿圈与铸铁轮芯组成,多用于尺寸不大或工作温度变化较小的地方。

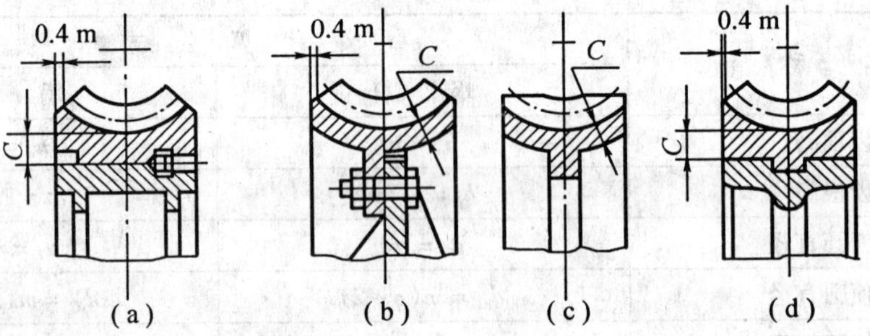

图 17-6

图(b)为组合式螺栓连接　这种结构装拆方便,多用于尺寸较大或易磨损的场合。

图(c)为整体式　主要用于铸铁蜗轮或尺寸很小的青铜蜗轮。

图(d)为拼铸式　将青铜齿圈浇铸在铸铁轮芯上,常用于成批生产的蜗轮。

17.2.5　蜗杆传动的受力分析

蜗杆传动的受力分析与斜齿圆柱齿轮的受力分析相似,齿面上的法向力 F_n 分解为三个相互垂直的分力:圆周力 F_t、轴向力 F_a、径向力 F_r,如图 17-7。

蜗杆受力方向:轴向力 F_{a1} 的方向由左、右手定则确定,图 17-7 为右旋蜗杆,则用右手握住蜗杆,四指所指方向为蜗杆转向,拇指所指方向为轴向力 F_{a1} 的方向;圆周力 F_{t1},与主动蜗杆转向相反;径向力 F_{r1},指向蜗杆中心。

蜗轮受力方向：因为 F_{a1} 与 F_{t2}，F_{t1} 与 F_{a2}，F_{r1} 与 F_{r2} 是作用力与反作用力关系，所以蜗轮上的三个分力方向，如图 17-7 所示。F_{a1} 的反作用力 F_{t2} 是驱使蜗轮转动的力，所以通过蜗轮蜗杆的受力分析也可判断它们的转向。

径向力 F_{r2} 指向轮心，圆周力 F_{t2} 驱动蜗轮转动，轴向力 F_{a2} 与轮轴平行。

力的大小可按下式计算：

$$\left.\begin{aligned} F_{t1} &= F_{a2} = \frac{2T_1}{d_1} \\ F_{a2} &= F_{t2} = \frac{2T_2}{d_2} \\ F_{r1} &= F_{r2} = F_{t2} \cdot \tan\alpha \\ T_2 &= T_1 \cdot i \cdot \eta \end{aligned}\right\} \qquad (17-5)$$

式中 $\alpha = 20°$

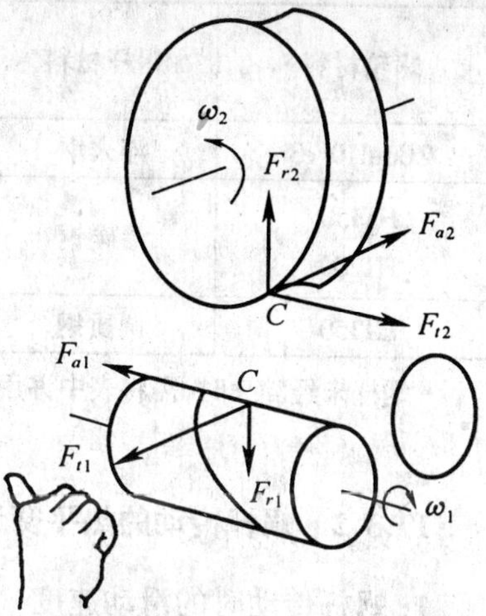

图 17-7

17.3 蜗杆传动的设计

17.3.1 蜗杆传动的强度计算方法

在中间平面内，蜗杆与蜗轮的啮合相当于齿条与斜齿轮啮合，因此蜗杆传动的强度计算方法与齿轮传动相似。

对于钢制的蜗杆，与青铜或铸铁制的蜗轮配对，其蜗轮齿面接触强度设计公式为：

$$qm^3 \geqslant KT_2\left(\frac{500}{z_2[\sigma_H]}\right)^2 \ \text{mm}^3 \qquad (17-6)$$

式中，K 为载荷系数，引入是为了考虑工作时载荷性质、载荷沿齿向分布情况以及动载荷影响，一般取 $K=1.1\sim1.3$；T_2（N·mm）为蜗轮上的转矩；z_2 为蜗轮齿数；$[\sigma_H]$ 为蜗轮许用接触应力，可查表 17-3，表 17-4 获得。

表 17-3 锡青铜蜗轮的许用接触应力 $[\sigma_H]$ MPa

蜗轮材料	铸造方法	适用的滑动速度 v_s/(m/s)	蜗杆齿面硬度	
			≤350HBS	>45HRC
ZCuSn10P1	砂 型	≤12	180	200
	金属型	≤25	200	220
ZCuSn6Zn6Pb3	砂 型	≤10	110	125
	金属型	≤12	135	150

表 17-4 铝铁青铜及铸铁蜗轮的许用接触应力[σ_H] MPa

蜗轮材料	蜗杆材料	滑动速度 v_s/(m/s)						
		0.5	1	2	3	4	6	8
ZCuAl10Fe3	淬火钢	250	230	210	180	160	120	90
HT150 HT200	渗碳钢	130	115	90	—	—	—	—
HT150	调质钢	110	90	70	—	—	—	—

* 蜗杆未经淬火时,需将表中许用应力值降低 20%。

17.3.2 蜗杆传动的热平衡计算

1. 蜗杆传动时的滑动速度

蜗杆和蜗轮啮合时,齿面间有较大的相对滑动,相对滑动速度的大小对齿面的润滑情况、齿面失效形式及传动效率有很大影响。相对滑动速度愈大,齿面间愈容易形成油膜,则齿面间摩擦系数愈小,当量摩擦角也愈小;但另一方面,由于啮合处的相对滑动,加剧了接触面的磨损,因而应选用恰当的蜗轮蜗杆的配对材料,并注意蜗杆传动的润滑条件。

滑动速度计算公式为

$$v_s = \frac{\pi d_1 n_1}{60 \times 1\,000 \cos\gamma} \text{ m/s} \tag{17-7}$$

式中 γ——普通圆柱蜗杆分度圆上的导程角;

n_1(r/min)——蜗杆转速;

d_1——普通圆柱蜗杆分度圆上的直径。

2. 蜗杆传动的效率

闭式蜗杆传动的功率损失包括:啮合摩擦损失、轴承摩擦损失和润滑油被搅动的油阻损失。因此总效率为啮合效率 η_1、轴承效率 η_2、油的搅动和飞溅损耗效率 η_3 的乘积,其中啮合效率 η_1 是主要的。总效率为

$$\eta = \eta_1 \eta_2 \eta_3 \tag{17-8}$$

当蜗杆主动时,啮合效率 η_1 为:

$$\eta_1 = \frac{\tan\gamma}{\tan(\gamma + \rho_v)}$$

式中:γ 为普通圆柱蜗杆分度圆上的导程角。

ρ_v 为当量摩擦角,可按蜗杆传动的材料及滑动速度查表 17-5 得出。

由于轴承效率 η_2、油的搅动和飞溅损耗时的效率 η_3 不大,一般取 $\eta_2\eta_3 = 0.95 \sim 0.96$。

在开始设计时,为了近似地求出蜗轮轴上的转矩 T_2,则总效率 η 常按以下数值估取:

当蜗杆齿数 $z_1 = 1$ 时,总效率估取 $\eta = 0.7$;

当蜗杆齿数 $z_1 = 2$ 时,总效率估取 $\eta = 0.8$;

当蜗杆齿数 $z_1 = 4$ 时,总效率估取 $\eta = 0.9$;

表 17－5　当量摩擦系数 f_v 当量摩擦角 ρ_v

蜗轮材料	锡青铜				无锡青铜	
蜗杆齿面硬度	>45HRC		≤350HBS		>45HRC	
滑动速度 v_s/(m/s)	f_v	ρ_v	f_v	ρ_v	f_v	ρ_v
1.00	0.045	2°35′	0.055	3°09′	0.07	4°00′
2.00	0.035	2°00′	0.045	2°35′	0.055	3°09′
3.00	0.028	1°36′	0.035	2°00′	0.045	2°35′
4.00	0.024	1°22′	0.031	1°47′	0.04	2°17′
5.00	0.022	1°16′	0.029	1°40′	0.035	2°00′
8.00	0.018	1°02′	0.026	1°29′	0.03	1°43′

注：1. 蜗杆齿面粗糙度 $R_a=0.8\sim0.2$。

2. 蜗轮材料为灰铸铁时，可按无锡青铜查取 f_v、ρ_v。

3. 蜗杆传动的热平衡计算

由于蜗杆传动的效率低，因而发热量大，在闭式传动中，如果不及时散热，将使润滑油温度升高、粘度降低，油被挤出、加剧齿面磨损，甚至引起胶合。因此，对闭式蜗杆传动要进行热平衡计算，以便在油的工作温度超过许可值时，采取有效的散热方法。

由摩擦损耗的功率变为热能，借助箱体外壁散热，当发热速度与散热速度相等时，就达到了热平衡。通过热平衡方程，可求出达到热平衡时，润滑油的温度。该温度一般限制在 60 ℃～70 ℃，最高不超过 80 ℃。

热平衡方程为：

$$1\,000(1-\eta)P_1=\alpha_t A(t_1-t_0)$$

式中：P_1——蜗杆传递的功率，kW；

η——传动总效率；

A——散热面积，可按长方体表面积估算，但需除去不和空气接触的面积，凸缘和散热片面积按 50% 计算；

t_0——周围空气温度，常温情况下可取 20 ℃。

t_1——润滑油的工作温度，一般限制在 60 ℃～70 ℃，最高不超过 80 ℃。

α_t——箱体表面传热系数，其数值表示单位面积、单位时间、温差 1 ℃所能散发的热量，根据箱体周围的通风条件一般取 $\alpha_t=10\sim17$ W/(m^2℃)，通风条件好时取大值。

由热平衡方程得出润滑油的工作温度 t_1 为：

$$t_1=\frac{1\,000\,P_1(1-\eta)}{\alpha_t A}+t_0 \tag{17-9}$$

也可以由热平衡方程得出该传动装置所必需的最小散热面积 A_{min}：

$$A=\frac{1\,000(1-\eta)P_1}{\alpha_t(t_1-t_0)}$$

如果实际散热面积小于最小散热面积 A_{min}，或润滑油的工作温度超过 80 ℃，则需采取强制散热措施。

17.3.3 蜗杆传动机构的散热

蜗杆传动机构的散热目的是保证油的温度在安全范围内，以提高传动能力。常用下面几种散热措施：

1)在箱体外壁加散热片以增大散热面积；

2)在蜗杆轴上装置风扇(图 17－8(a))；

3)采用上述方法后，如散热能力还不够，可在箱体油池内铺设冷却水管，用循环水冷却(图 17－8(b))；

4)采用压力喷油循环润滑。油泵将高温的润滑油抽到箱体外，经过滤器、冷却器冷却后，喷射到传动的啮合部位(图 17－8(c))。

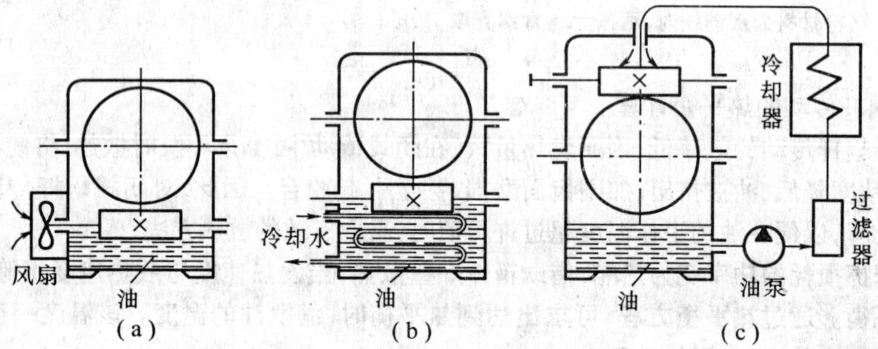

图 17－8

(a)风扇冷却；(b)冷却水管冷却；(c)压力喷油润滑

思 考 题

17－1 蜗杆传动的主要失效形式有哪几种？选择蜗杆和蜗轮材料组合时，较理想的蜗杆副材料是什么？

17－2 蜗杆传动有哪些特点？

17－3 普通蜗杆传动的哪一个平面称为中间平面？

17－4 蜗杆传动有哪些应用？

17－5 蜗杆传动为什么要考虑散热问题？有哪些散热方法？

17－6 观察生活中，有哪些机器中应用了蜗杆传动机构，铣床中有吗？

17－7 试分析题图 17－7 蜗杆传动的中蜗轮的转动方向及蜗杆、蜗轮所受各分力的方向。

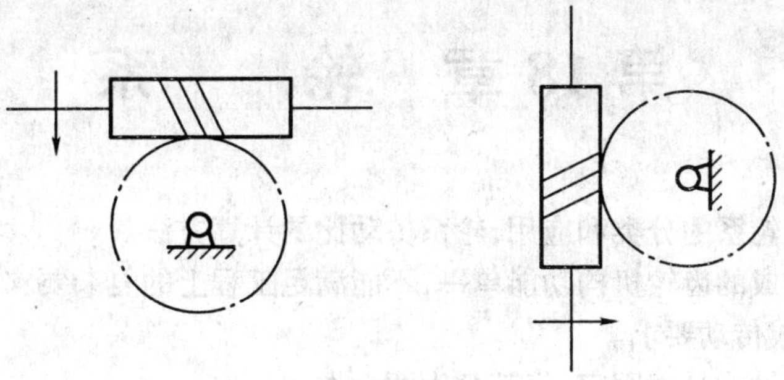

题 17-7 图

习　题

17-1　已知：蜗杆输入的传递功率 $P_1 = 7.5$ kW、转速 $n_1 = 1\,450$ r/min、传动比 $i = 20$、载荷稳定。设计一混料机的闭式蜗杆传动。

17-2　测得一双头蜗杆的轴向模数是 2 mm，$d_{a1} = 28$ mm，求蜗杆的直经系数、导程角和分度圆直径。

17-3　有一标准圆柱蜗杆传动，已知模数 $m = 8$ mm，传动比 $i = 20$，蜗杆分度圆直径 $d = 80$ mm，蜗杆头数 $z = 2$。试计算该蜗杆传动的主要几何尺寸。

第18章 轮　　系

本章主要介绍轮系的分类和应用,轮系传动比的计算方法。

由单对齿轮组成的齿轮机构功能单一,不能满足工程上的复杂要求,故常采用若干对齿轮,组成轮系来完成传动要求。

按轮系运动时轴线是否固定,将其分为两大类:

(1)定轴轮系　轮系运动时,所有齿轮轴线都固定的轮系,称为定轴轮系,如图18-1所示。

(2)行星轮系　轮系运动时,至少有一个齿轮的轴线可以绕另一根齿轮的轴线转动,这样的轮系称为行星轮系。轴线可动的齿轮称为行星轮,如图18-2中轮2,它既绕本身的轴线自转,又绕 O_1 或 O_H 公转。轮1与轮3的轴线固定不动,称为太阳轮。

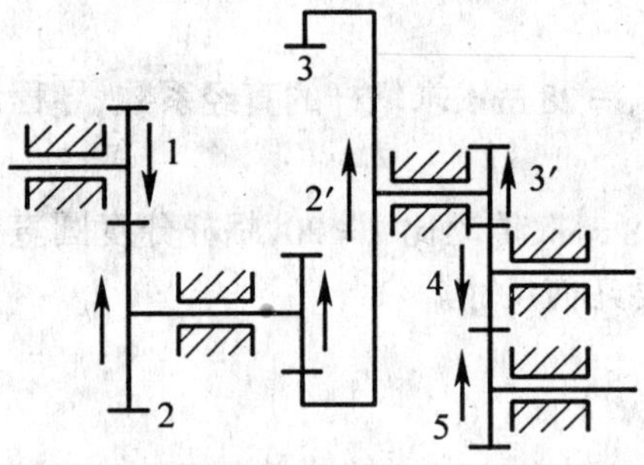

图18-1

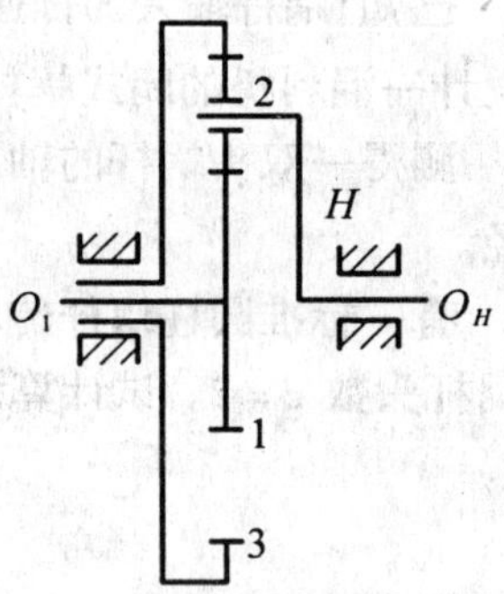

图18-2

18.1 定轴轮系

定轴轮系分为两大类:一类是所有齿轮的轴线都相互平行,称为平行轴定轴轮系(亦称平面定轴轮系);另一类轮系中有相交或交错的轴线,称之为非平行轴定轴轮系(亦称空间定轴轮系)。

轮系中,输入轴与输出轴的角速度或转速之比,称为轮系传动比。

计算传动比时,不仅要计算其数值大小,还要确定输入轴与输出轴的转向关系。对于平行轴定轴轮系,其转向关系用正、负号表示:转向相同用正号,相反用负号。对于非平行轴定轴轮系,各轮转动方向用箭头表示。

18.1.1 平行轴定轴轮系

图18-1所示为各轴线平行的定轴轮系,输入轴与主动首轮1固联,输出轴与从动末轮5固联,所以该轮系传动比,就是输入轴与输出轴的转速比,其传动比 i 求法如下:

(1)由图18-1所示轮系机构运动简图,可知齿轮动力传递线为:

$$(1-2)=(2'-3)=(3'-4)=(4-5)$$

上式括号内是一对啮合齿轮，其中轮 1，2′，3′，4 为主动轮，2，3，4，5 为从动轮；以“-”所联两轮表示啮合，以“=”所联两轮同轴运转，它们的转速相等。

(2)传动比 i 的大小

$$i=\frac{n_1}{n_5}=\frac{n_1}{n_2}\cdot\frac{n_{2'}}{n_{3'}}\cdot\frac{n_3}{n}\cdot\frac{n_4}{n_5}=(-1)_3\frac{z_2}{z_1}\cdot\frac{z_3}{z_2'}\cdot\frac{z_4}{z_3'}\cdot\frac{z_5}{z_4}=i_{12}\cdot i_{2'3}\cdot i_{3'4}\cdot i_{45}$$

上式表明，该定轴齿轮系的传动比等于各对啮合齿轮传动比的连乘积，也等于各对啮合齿轮中各从动轮齿数的连乘积与各主动轮齿数的连乘积之比，其正负号取决于轮系中外啮合齿轮的对数。

当外啮合齿轮为偶数对时，传动比为正号，表示轮系的首轮与末轮的转向相同。外啮合齿轮为奇数对时，传动比为负号，表示首轮与末轮的转向相反。式中等号右边的指数 3 为该齿轮系中外啮合齿轮的对数，传动比 i 为负值，表示轮 1 与轮 5 的转向相反。

齿轮系首轮与末轮的相对转向，也可用画箭头的方法来确定和验证，如图 18-1 所示。由图中可以看出，轮 1 和轮 5 的转向相反。

从式中还可看出，式中分子、分母均有齿轮 4 的齿数 z_4，这是因为齿轮 4 在与齿轮 3′啮合时是从动轮，但在与齿轮 5 啮合时又为主动轮，因此可在等式右边分子分母中互消去 z_4。

这说明齿轮 4 的齿数不影响轮系传动比的大小。但齿轮 4 的加入，改变了传动比的正负号，即改变了齿轮系的从动轮转向，这种齿轮称为惰轮。

总结：在平行轴定轴齿轮系中，当首轮轮 1 的转速为 n_1，末轮轮 k 转速为 n_k，则此齿轮系的传动比为：

$$i_{1k}=\frac{n_1}{n_k}=(-1)^m\frac{\text{从 1 轮到 }k\text{ 轮之间所有从动轮齿数的连乘积}}{\text{从 1 轮到 }k\text{ 轮之间所有主动轮齿数的连乘积}}\qquad(18-1)$$

式中，m 为齿轮系中从轮 1 到轮 k 间，外啮合齿轮的对数。

以下举例说明平行轴定轴齿轮系的传动比计算。

例 18-1 在图 18-1 所示的齿轮系中，已知 $z_1=20$，$z_2=40$，$z_2'=30$，$z_3=60$，$z_3'=25$，$z_4=30$，$z_5=50$，均为标准齿轮传动。若已知轮 1 的转速 $n_1=1\ 440$ r/min，试求轮 5 的转速。

解 此定轴齿轮系各轮轴线相互平行，且齿轮 4 为惰轮，齿轮系中有三对外啮合齿轮，由式(18-1)得

$$i=\frac{n_1}{n_5}=(-1)^3\frac{z_2}{z_1}\cdot\frac{z_3}{z_2'}\cdot\frac{z_4}{z_3'}\cdot\frac{z_5}{z_4}=(-1)^3\frac{40\times60\times30\times50}{20\times30\times25\times30}=-8$$

$$n_5=n_1/i=1\ 440/(-8)=-180\ \text{r/min}$$

负号，表示轮 1 和轮 5 的转向相反。

18.1.2 非平行轴定轴轮系

图 18-3 所示的非平行轴定轴齿轮系，其传动比的大小仍可用平行轴定轴齿轮系的传动比计算公式计算，但因各轴线并不全部相互平行，故不能用$(-1)^m$来确定主动轮与从动轮的转向，必须用画箭头的方式在图上标注出各轮的转向。

一对互相啮合的圆锥齿轮传动时，在其节点处的圆周速度是相同的，所以标志两者转向的箭头不是同时指向啮合点，就是同时背离啮合点。图 18-3 轮系中圆锥齿轮的转向即可按此法判断。

至于蜗杆机构的转向判定，可用蜗杆传动一章所述方法确定。

以下举例说明非平行轴定轴轮系的传动比计算。

例 18－2 图 18－3 所示的轮系中，设已知 $z_1=16$，$z_2=32$，$z_2'=20$，$z_3=40$，$z_3'=2$，$z_4=40$，均为标准齿轮传动。已知轮 1 的转速 $n_1=1\ 000$ r/min，试求轮 4 的转速及转动方向。

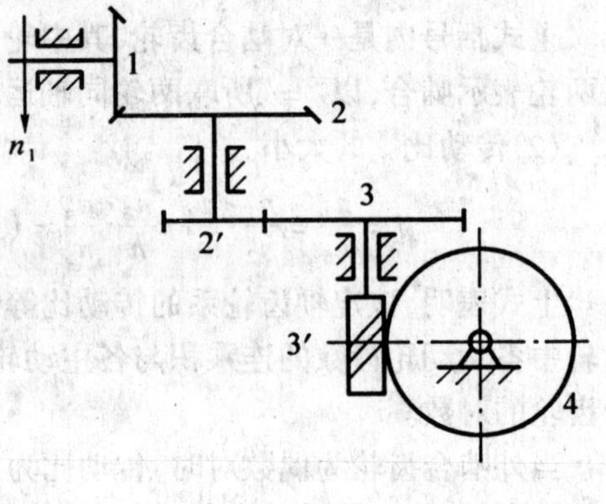

图 18－3

解 由式(18－1)得

$$i=\frac{n_1}{n_4}=\frac{z_2}{z_1}\cdot\frac{z_3}{z_2'}\cdot\frac{z_4}{z_3'}=\frac{32\times40\times40}{16\times20\times2}=80$$

$$n_4=n_1/i=1\ 000/80=12.5\ \text{r/min}$$

轮 4 的转向如图所示应该逆时针转动。

18.2 行星轮系

在图 18－4(a)所示行星齿轮系中，行星轮 z_2 既绕本身的轴线自转，又绕 O_1 或 O_H 公转，因此不能直接用定轴轮系传动比计算公式求解行星轮系的传动比，而通常采用反转法来间接求解其传动比。

假定行星齿轮系各齿轮和行星架 H 的转速分别为：n_1，n_2，n_3，n_H。现在整个行星齿轮系上加上一个与行星架转速大小相等、方向相反的公共转速($-n_H$)将行星齿轮系转化成一假想的定轴齿轮系，如图 18－4(b)。再用定轴齿轮系的传动比计算公式，求解行星齿轮系传动比。

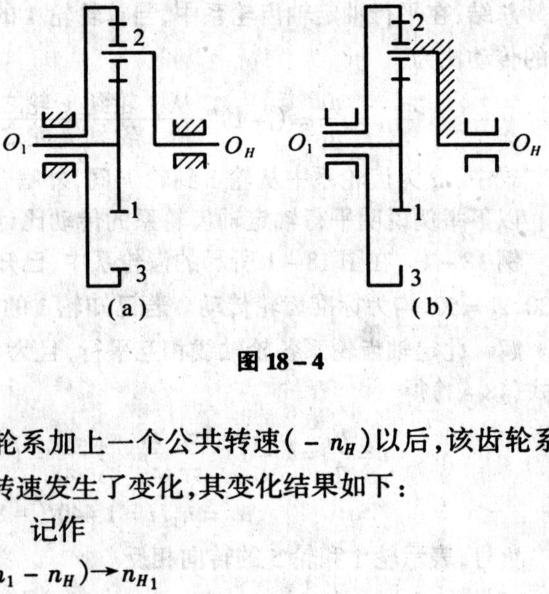

图 18－4

由相对运动原理可知，对整个行星齿轮系加上一个公共转速($-n_H$)以后，该齿轮系中各构件之间的相对运动规律并不改变，但转速发生了变化，其变化结果如下：

	变成	记作
齿轮 1 的转速	$n_1\rightarrow$	$(n_1-n_H)\rightarrow n_{H_1}$
齿轮 2 的转速	$n_2\rightarrow$	$(n_2-n_H)\rightarrow n_{H_2}$
齿轮 3 的转速	$n_3\rightarrow$	$(n_3-n_H)\rightarrow n_{H_3}$
行星架 H 的转速	$n_H\rightarrow$	$(n_H-n_H)\rightarrow 0$

既然该齿轮系的反转机构是定轴齿轮系，则在图 18－4(b)所示反转机构中，轮 1 和 3 间的传动比可表达为：

$$i_{13}^H=\frac{n_1^H}{n_3^H}=\frac{n_1-n_H}{n_3-n_H}=(-1)^1\ \frac{z_2z_3}{z_1z_{24}}=-\frac{z_3}{z_1}$$

式中，i_{13}^{H}表示反转机构中轮 l 与轮 3 相对于行星架 H 的传动比。其中“(－1)1”号表示在反转机构中有一对外啮合齿轮传动，传动比为负说明：轮 1 与轮 3 在反转机构中的转向相反。

一般情况下，若某单级行星齿轮系由多个齿轮构成，则传动比求法为：

(1)求传动比大小

$$i_{1K}^{H}=\frac{n_1^H}{n_k^H}=\frac{n_1-n_H}{n_k-n_H}=\frac{\text{从1轮到 }k\text{ 轮之间所有从动轮齿数的连乘积}}{\text{从1轮到 }k\text{ 轮之间所有主动轮齿数的连乘积}} \tag{18-2}$$

(2)再确定传动比符号

标出反转机构中各个齿轮的转向，来确定传动比符号。当轮 1 与轮 k 的转向相同，取”+”号，反之取“－”号。

以下举例说明行星齿轮系的传动比计算。

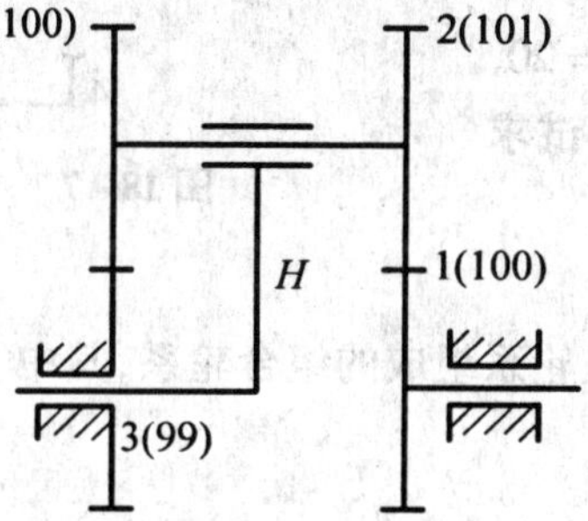

图 18－5

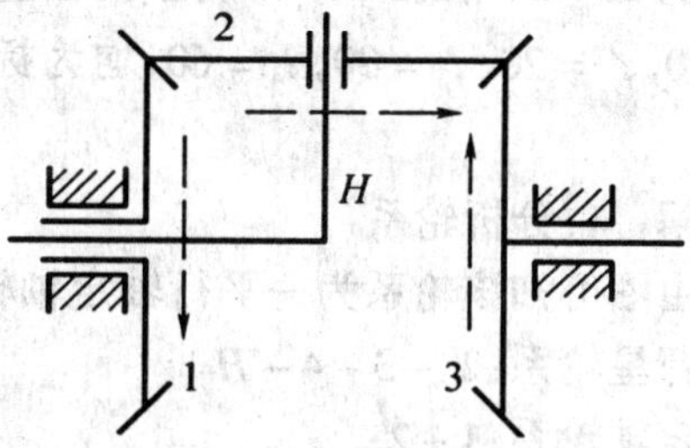

图 18－6

例 18－3　图 18－5 所示的轮系中，已知 $z_1=100$，$z_2=101$，$z_2'=100$，$z_3=99$，均为标准齿轮传动。试求 i_{H1}。

解　由式(18－2)得

$$i_{13}^{H}=\frac{n_1^H}{n_3^H}=\frac{n_1-n_H}{n_3-n_H}=\frac{z_2z_3}{z_1z_2'}$$

因

$$n_3=0$$

故有

$$\frac{n_1-n_H}{0-n_H}=\frac{z_2z_3}{z_1z_2'}$$

$$i_{1H}=\frac{n_1}{n_H}=1-\frac{z_2z_3}{z_1z_2'}=1-\frac{101\times 99}{100\times 100}=\frac{1}{10\,000}$$

所以

$$i_{H1}=\frac{n_H}{n_1}=\frac{1}{i_{1H}}=10\,000$$

例 18－4　图 18－6 所示的轮系中，已知 $z_1=40$，$z_2=40$，$z_3=40$，均为标准齿轮传动。试求 i_{13}^{H}。

解　由式(18－2)得

$$i_{13}^{H}=\frac{n_1^H}{n_3^H}=\frac{n_1-n_H}{n_3-n_H}=-\frac{z_2z_3}{z_1z_2}=-\frac{z_3}{z_1}=-1$$

其“－”号表示轮 1 与轮 3 在反转机构中的转向相反。

18.3 组合轮系

定轴轮系和行星轮系组合成的轮系称为组合轮系，如图 18－7 所示。

因为组合轮系是由运动性质不同的轮系组成，所以计算其传动比时，必须先将轮系分解成行星轮系和定轴轮系，然后分别按反转轮系传动比和定轴轮系传动比列计算公式，最后联立求解。

组合轮系分解方法是，先找出各行星轮系，余下的便是定轴轮系。图 18－7 所示的组合轮系，按行星轮轴线可转的特征，找到由行星架 H 支承的行星轮 3，以行星轮 3 为核心，与其相啮合的有太阳轮 2′和 4。

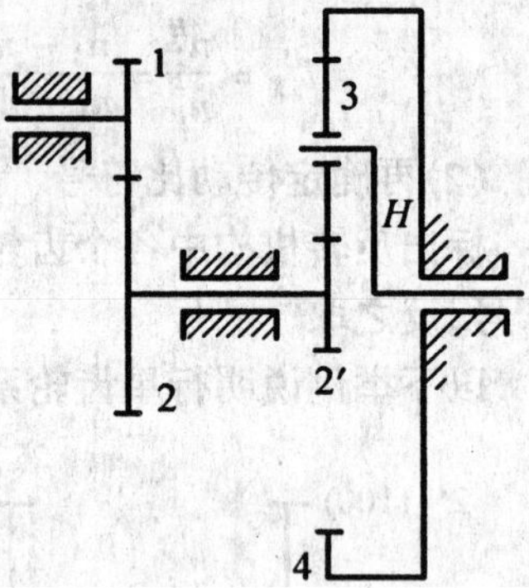

图 18－7

例 18－5 在图 18－7 所示的齿轮系中，已知 $z_1 = 20$，$z_2 = 40$，$z' = 20$，$z_3 = 30$，$z_4 = 60$，均为标准齿轮传动。试求 i_{1H}。

解 1.分析轮系

由图可知该轮系为一平行轴定轴轮系与简单行星轮系组成的组合轮系，其中

行星轮系：2′－3－4－H

定轴轮系：1－2

2.分析轮系中各轮之间的内在关系，由图中可知

$$n_4 = 0,\ n_2 = n_2'$$

3.分别计算各轮系传动比

(1)定轴齿轮系

由式(18－1)得

$$i_{12} = \frac{n_1}{n_2} = (-1)^1\frac{z_2}{z_1} = -\frac{40}{20} = -2 \tag{1}$$

(2)行星齿轮系

由式(18－2)得

$$i^H_{2'4} = \frac{n^H_{2'}}{n^H_4}\frac{n_{2'} - n_H}{n_4 - n_H} = -\frac{z_4 z_3}{z_3 z_{2'}} = -\frac{60}{20} = -3 \tag{2}$$

(3)联立求解

联立(1)，(2)式，代入 $n_4 = 0$，$n_2 = n_{2'}$ 得

$$\frac{n_2 - n_H}{0 - n_H} = -3$$

$$n_1 = -2n_2$$

所以
$$i_{1H} = \frac{n_1}{n_H} = \frac{-2n_2}{\dfrac{n_2}{4}} = -8$$

18.4 轮系的功用

由上述可知，轮系广泛用于各种机械设备中，其功用如下：

1.传递相距较远的两轴间的运动和动力

当两轴间的距离较大时，用轮系传动，则减少齿轮尺寸，节约材料，且制造安装都方便。如图 18－8 所示。

2.可获得大的传动比

一般一对定轴齿轮的传动比不宜大于 5～7。为此，当需要获得较大的传动比时，可用几个齿轮组成行星轮系来达到目的。不仅外廓尺寸小，且小齿轮不易损坏。如例 18－3 所述的简单行星轮系。

3.可实现变速传动

在主动轴转速不变的条件下，从动轴可获得多种转速。汽车、机床、起重设备等多种机器设备都需要变速传动。图 18－9 为最简单的变速传动。

图 18－9 中主动轴 O_1 转速不变，移动双联齿轮 1－1′，使之与从动轴上两个齿数不同的齿轮 2、2′分别啮合，即可使从动轴 O_2 获得两种不同的转速，达到变速的目的。

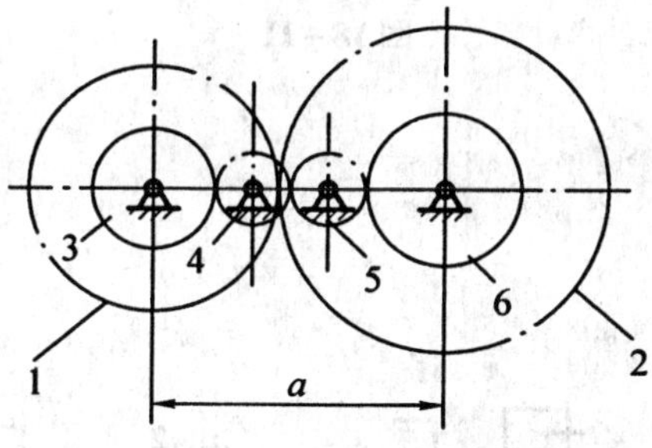

图 18－8

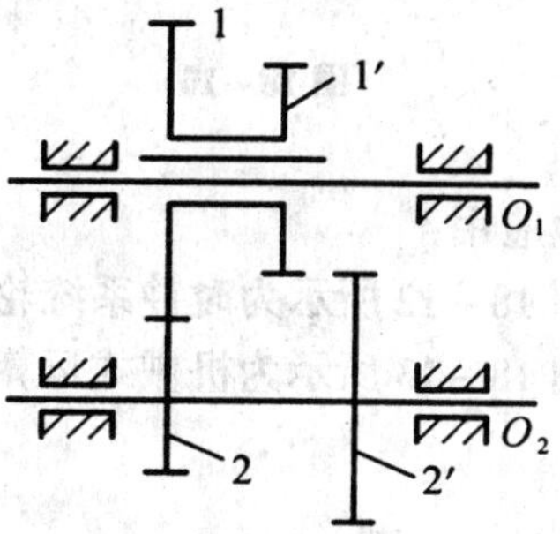

图 18－9

4.变向传动

当主动轴转向不变时，可利用轮系中的惰轮来改变从动轴的转向。如图 18－1 中的轮 4，通过改变外啮合的次数，达到使从动轮 5 变向的目的。

5.运动合成、分解

如例 18－4 所示

$$i_{13}^{H}=\frac{n_1^H}{n_3^H}=\frac{n_1-n_H}{n_3-n_H}=-\frac{z_2z_3}{z_1z_2}=-\frac{z_3}{z_1}=-1$$

$$2n_H=n_1+n_3$$

上式表明，1，3 两构件的运动可以合成为 H 构件的运动；也可以在 H 构件输入一个运动，分解为 1，3 两构件的运动。这类轮系称为差速器。

图 18－10 为船用航向指示器传动装置，它是运动合成的实例。

太阳轮 1 的传动由右舷发动机通过定轴轮系 4－1′传过来；太阳轮 3 的传动由左舷发动机通过定轴轮系 5－3′传过来。当两发动机转速相同，航向指针不变，船舶直线行驶。当两发动机的转速不同时，船舶航向发生变化，转速差越大，指针 M 偏转越大，即航向转角越大，航向变化越大。

当汽车直线行驶时，左、右两轮转速相同，行星轮不发生自转，齿轮 1,2,3 作为一个整体，随齿轮 4 一起转动，此时 $n_1 = n_3 = n_4$。

当汽车拐弯时，为了保证两车轮与地面作纯滚动，显然左、右两车轮行走的距离应不相同，即要求左、右轮的转速也不相同。此时，可通过差速器(1,2,3)轮和(1,2′,3)轮将发动机传到齿轮 5 的转速分配给后面的左、右轮，实现运动分解。

图 18－11 所示汽车差速器是运动分解的实例。

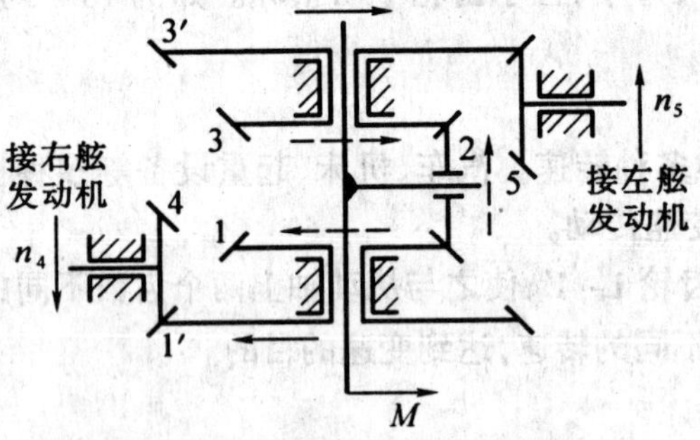

图 18－10

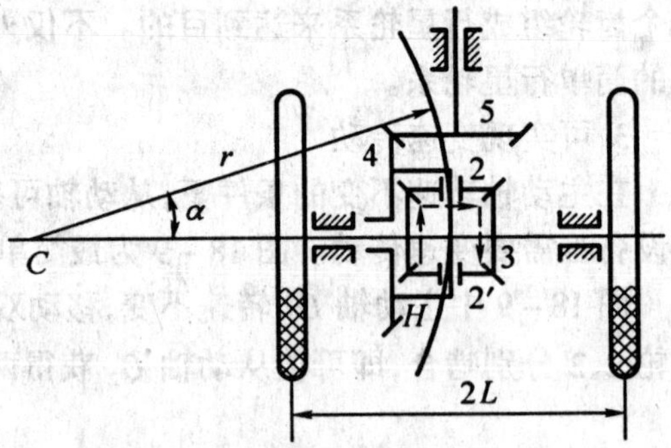

图 18－11

其他应用：

1.图 18－12 所示为时钟系统轮系

2.图 18－13 所示为机械式运算机构

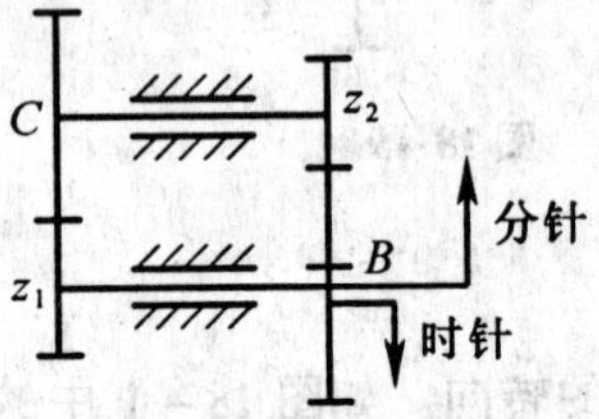

图 18－12

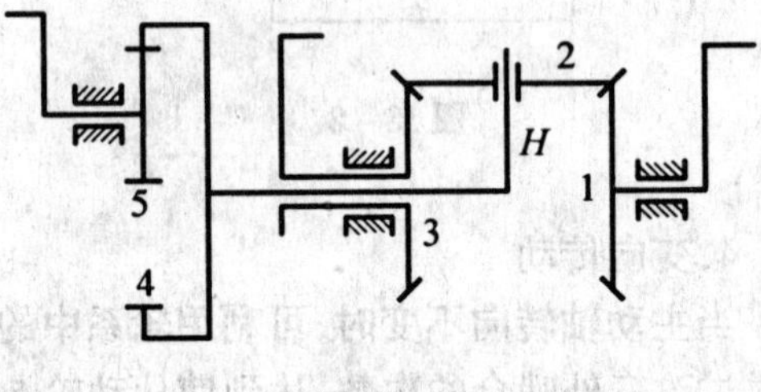

图 18－13

在图 18－12 所示的齿轮系中，C，B 两轮的模数相等，均为标准齿轮传动。当给出适当的 $z1$，$z2$，C，B 各轮的齿数时，可以实现分针转 12 圈，而时针转 1 圈的计时效果。

图 18－13 所示的机构，利用差动轮系，由轮 1、轮 3 输入两个运动，合成轮 5 的一个运动输出。

习　题

18－1　如图所示为一电动提升装置，其中各轮齿数均为已知，试求传动比 i_{15}，并画出当提升重物时电动机的转向。

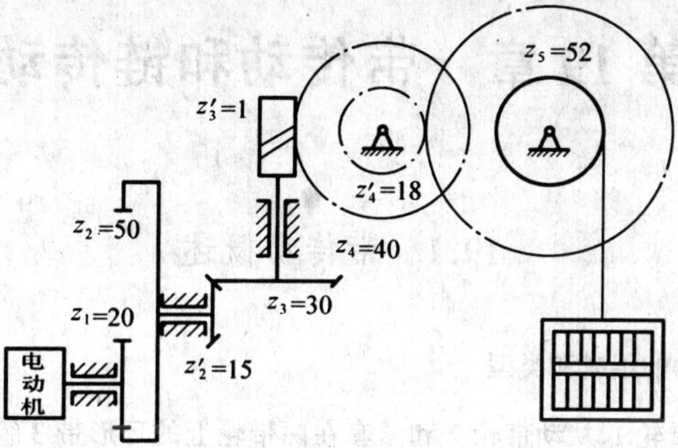

题 18-1 图

18-2　在如图所示的轮系中，各轮齿数 $z_1=32, z_2=34, z_{2'}=36, z_3=64, z_4=32, z_5=17, z_6=24$，均为标准齿轮传动。轴 1 按图示方向以1 250 r/min的转速回转，而轴Ⅵ按图示方向以 600 r/min 的转速回转。求轮 3 的转速 n_3。

18-3　如图所示为驱动输送带的行星减速器，动力由电动机输给轮 1，由轮 4 输出。已知 $z_1=18$、$z_2=36$、$z_{2'}=33$、$z_3=90$、$z_4=87$，求传动比 i_{14}。

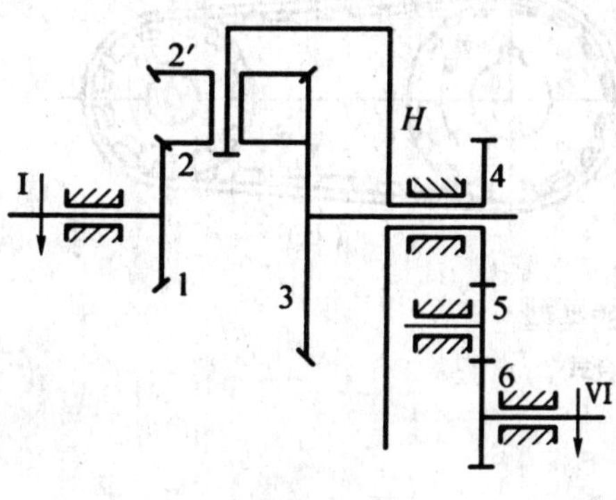

题 18-2 图

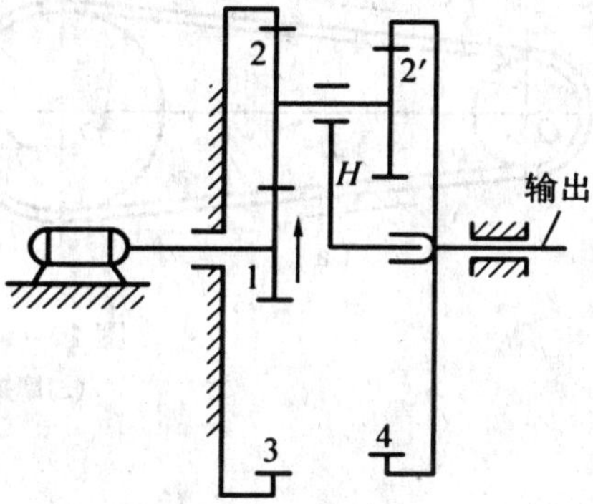

题 18-3 图

18-4　在图 18-12 所示的齿轮系中，设已知 $z_1=15, z_2=12$，C，B 两轮的模数相等，均为标准齿轮传动。试求 C，B 两轮的齿数。

18-5　在图 18-13 所示的机构，它利用差动轮系，由轮 1、轮 3 输入两个运动，合成轮 5 的一个运动输出。已知 $z_1=z_3, z_4=2z_5$，试求转速 n_1, n_3, n_5 的关系式。

第19章 带传动和链传动

19.1 带传动概述

19.1.1 带传动的组成和类型

带传动由主动带轮1、从动带轮2和紧套在两带轮上的环形带3组成。广泛应用于机床、农业、交通运输、轻纺等各种机械中。

根据工作原理不同,可分为摩擦式带传动和啮合式带传动两种,如图19-1所示.摩擦式带传动是靠传动带和带轮接触面间的摩擦力传递运动和动力的。合式带转动是靠带的内侧凸齿与带轮上的齿槽相 合实现传动的;按照带的截面形状不同,带分为平带、V带、圆带、多楔带、同步带等多种类型,如图19-2所示.其中V带传动中带的两侧面为工作面,与V形轮槽接触后产生的摩擦力大,传动能力强,且结构紧凑,在机械中广泛应用。本章主要介绍摩擦式V带传动中的普通V带传动。

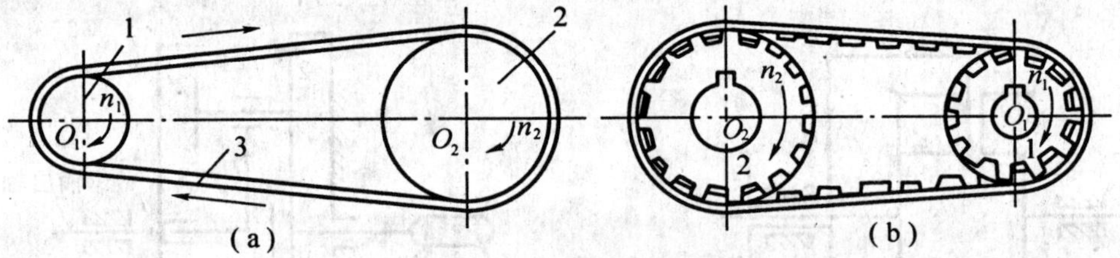

图19-1 带传动的类型

(a)摩擦式;(b)啮合式

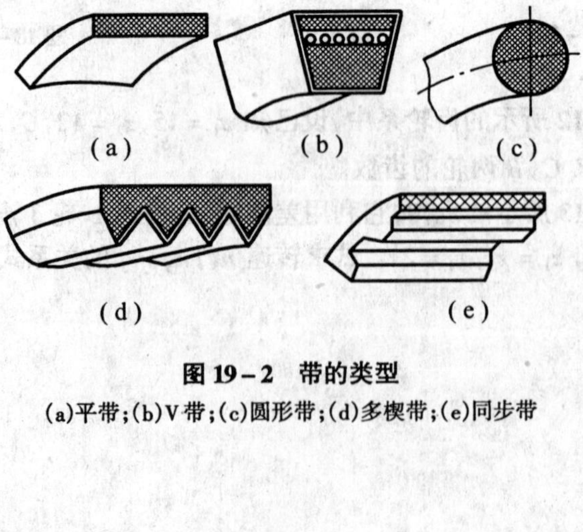

图19-2 带的类型

(a)平带;(b)V带;(c)圆形带;(d)多楔带;(e)同步带

19.1.2 带传动的特点和应用

带传动与齿轮传动和链传动相比具有如下特点：挠性带能缓和冲击和吸收震动，所以工作平稳，噪音小；过载时带在带轮上打滑，可以避免其他零件的损坏，其到安全保护作用；结构简单，制造、安装、维护方便，成本低，使用于两轴中心距较大的场合；但传动比不准确，传动效率较低(92% ~96%)，压轴力大，不适于高温和有化学腐蚀的场合。一般传递功率不超过 50 kW，带的工作速度在 5 ~ 25 m/s 之间，传动比 $i \leqslant 5$。

19.1.3 *V* 带的结构和标准

V 带一般为无接头的环形，其截面构造如图 19 - 3 所示，由包布层、顶胶，抗拉体和底胶四部分组成。包布层多由胶帆布制成，是三角带的保护层。顶胶和底胶主要由橡胶组成，抗拉层主要承受拉力，有帘布结构和线绳结构两种，帘布结构的 *V* 带制造较方便，抗拉强度高，价格低廉，生产中应用较多，线绳结构的 *V* 带柔韧性好，抗弯强度高，适用于带轮直径小，但转速较高的场合。

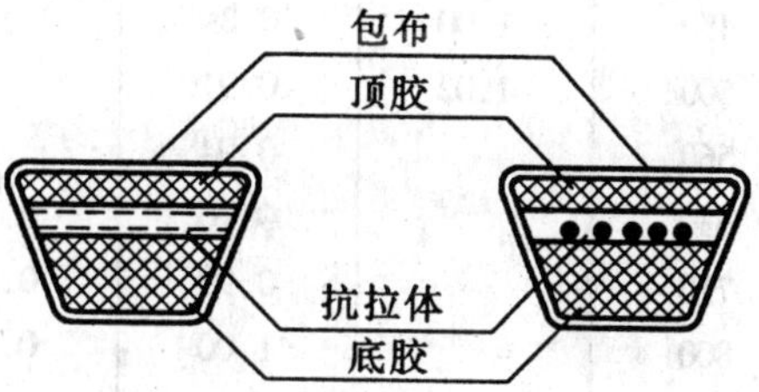

图 19 - 3 V 带截面结构

标准的普通 V 带按截面尺寸分为 *Y*，*Z*，*A*，*B*，*C*，*D*，*E* 七种型号，见表 19 - 1。

表 19 - 1 普通 V 带截面基本尺寸及参数

V带型号	*Y*	*Z*	*A*	*B*	*C*	*D*	*E*
顶宽 b	6.0	10.0	13.0	17.0	22.0	32.0	38.0
节宽 b_p	5.3	8.5	11.0	14.0	19.0	27.0	32.0
高度 h	4.0	6.0	8.0	11.0	14.0	19.0	25.0
楔角 α	40°						
单位长度质量 $q/kg \cdot m^{-1}$	0.02	0.06	0.10	0.17	0.30	0.62	0.90

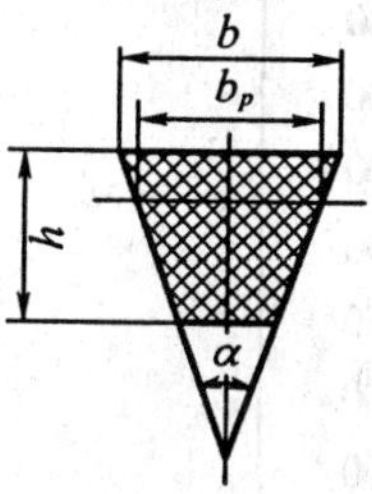

当 V 带绕过带轮弯曲时，顶胶伸长，底胶压缩，中间有一层既不伸长也不缩短，长度和宽度保持不变的纤维称为中性层其宽度称为节宽，其长度称为基准长度，见表 19 - 2。带轮轮槽与宽接触处的直径称为带轮的基准直径。

V 带的标记由带的型号、基准长度和标准号组成，如 B100 GB11544—1977，表示 B 型 V 带，基准长度为 1 000mm。

表 19－2　V 带基准长度及带长修正系数

基准带长 L_d/mm	K_l						
	Y	Z	A	B	C	D	E
200	0.81						
224	0.82						
250	0.84						
280	0.87						
315	0.89						
355	0.92						
400	0.96	0.87					
450	1.00	0.89					
500	1.02	0.91					
560		0.94					
630		0.96	0.81				
710		0.99	0.83				
800		1.00	0.85				
900		1.03	0.87	0.82			
1 000		1.06	0.89	0.84			
1 120		1.08	0.91	0.86			
1 250		1.11	0.93	0.88			
1 400		1.14	0.96	0.90			
1 600		1.16	0.99	0.92	0.83		
1 800		1.18	1.01	0.95	0.86		
2 000			1.03	0.98	0.88		
2 240			1.06	1.00	0.91		
2 500			1.09	1.03	0.93		
2 800			1.11	1.05	0.95	0.83	
3 150			1.13	1.07	0.97	0.86	
3 550			1.17	1.09	0.99	0.89	
4 000			1.19	1.13	1.02	0.91	
4 500				1.15	1.04	0.93	0.90
5 000				1.18	1.07	0.96	0.92
5 600					1.09	0.98	0.95
6 300					1.12	1.00	0.97
7 100					1.15	1.03	1.00
8 000					1.18	1.06	1.02
9 000					1.21	1.08	1.05
10 000					1.23	1.11	1.07
11 200						1.14	1.10
12 500						1.17	1.12
14 000						1.20	1.15
16 000						1.22	1.18

19.1.4 *V* 带轮

带轮一般由轮缘、轮毂和轮辐三部分组成，如图 19－4 所示。当带轮基准直径≤(1.5～3)为轮孔径)时采用实心式结构，

如图 19－5(a)所示；d_d≤300 mm 时，采用腹板式结构；

如图 19－5(b)所示；d_d≤400 mm 时，采用孔板式结构；

如图 19－5(c)所示；d_d>400 mm 时，采用轮辐式结构；

如图 19－5(d)所示。

带轮材料通常采用灰铸铁，转速较高时采用铸铁或钢的焊接结构，功率较小时可采用铝合金或工程塑料等，为了使带的工作侧面与轮槽侧面贴紧，以保证传动时的摩擦力，轮槽的槽角比 φ 传动带的楔角 α(40°)小些，有 32°，34°，36°，38°四种，V 带轮轮槽尺寸见表 19－3。

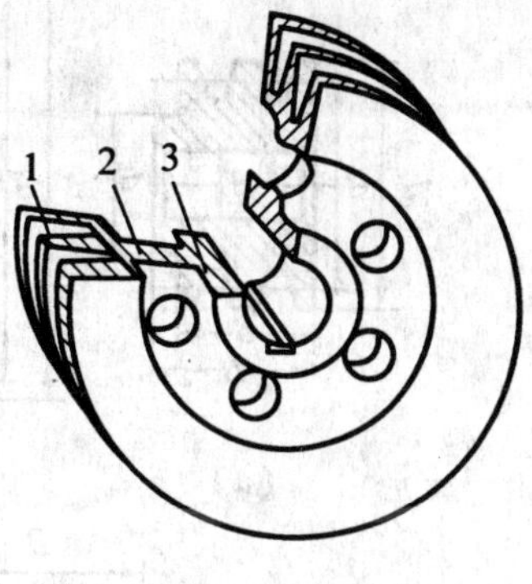

图 19－4 V 带轮的组成

1—轮缘；2—轮辐；3—轮毂

表 19－3 V 带轮轮缘截面尺寸

V带轮槽型			*Y*	*Z*	*A*	*B*	*C*	*D*	*E*	V带轮轮缘截面
基准宽度 b_d			5.3	8.5	11.0	14.0	19.0	27.0	32.0	
顶宽 $b\approx$			6.3	10.1	13.2	17.2	23.0	32.7	38.7	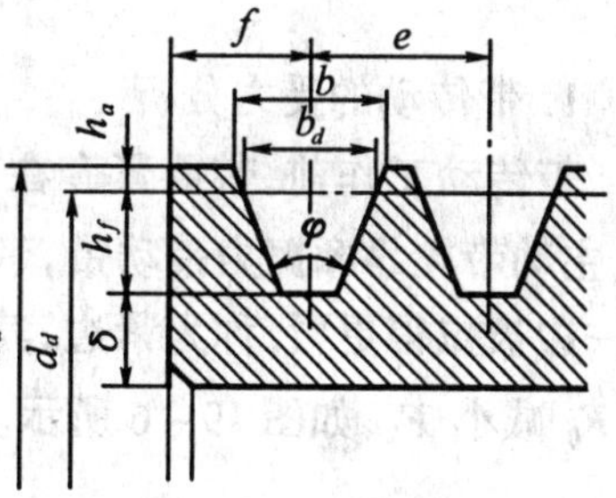
基准线上槽高 h_{amin}			1.6	2.0	2.75	3.5	4.8	8.1	9.6	
基准线下槽高 h_{fmin}			4.7	7.0	8.7	10.8	14.3	19.9	23.4	
槽间距 e			8±0.3	12±0.3	15±0.3	19±0.4	25.5±0.5	37±0.6	44.5±0.7	
第一槽对称面至轮端面的距离 f			7±1	8±1	10^{+2}_{-1}	12.5^{+2}_{-1}	17^{+2}_{-1}	23^{+3}_{-1}	29^{+4}_{-1}	
轮缘厚度 δ			5	5.5	6	7.5	10	12	15	
轮槽角 φ	32°	相应基准直径 d_d	≤60	—	—	—	—	—	—	
	34°		—	≤80	≤118	≤190	≤315	—	—	
	36°		>60	—	—	—	—	≤475	≤600	
	38°		—	>80	>118	>190	>315	>475	>600	
	极限偏差		±1°				±30′			
带轮的外径 d_a			$d_a=d_d+2h_a$							

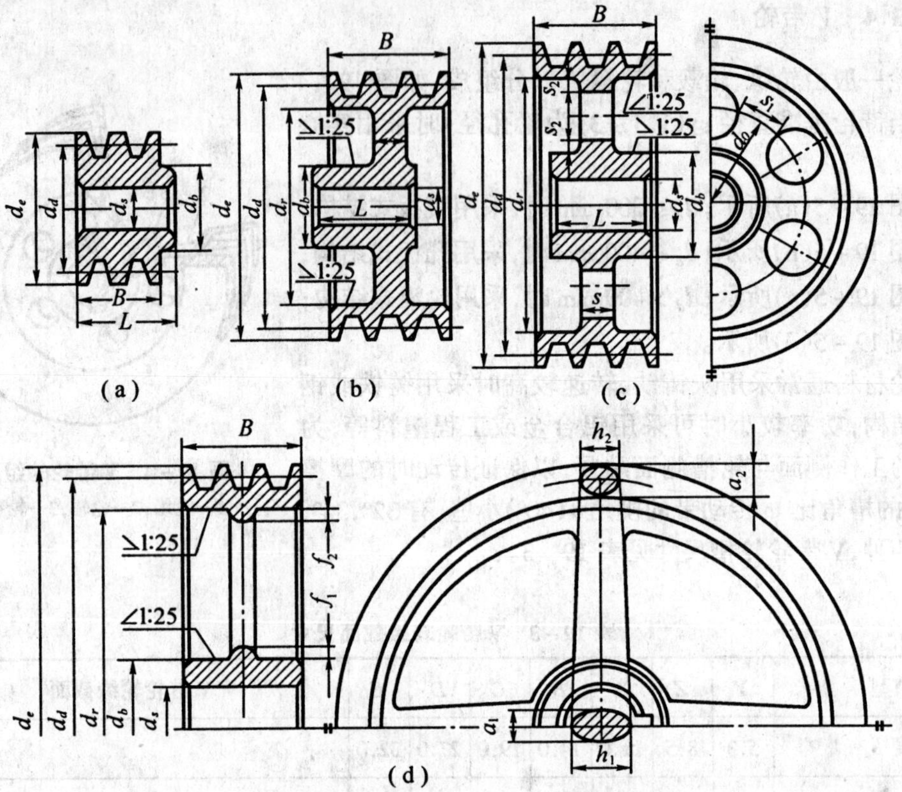

图 19-5

19.2　带传动工作情况分析

1. 带传动的受力分析

带传动工作前，带需紧套在带轮上，带上各处所受到的拉力相等，称为初拉力 F_0，工作时，主动带轮靠摩擦力带动带，带由通过摩擦力带动从动带轮转动。此时，带绕入主动带轮的一边被拉得更紧，称为紧边，其拉力由 F_0 增加到 F_1；另一边则被放松，称为松边，其拉力从 F_0 减小 F_2，如图 19-6 所示。两边拉力的差值称为有效圆周力 F_1，也叫有效拉力，则

$$F_t = F_1 - F_2 \tag{19-1}$$

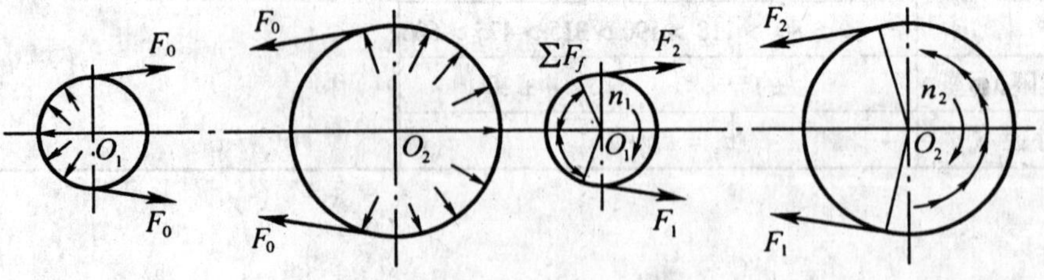

图 19-6　带的拉力

带所传递的有效圆周力 F_1 受到带与带轮间的总摩擦力的限制，若 F_1 不超过带与带轮间的极限摩擦力 $\sum F_t$，带传动将正常工作，否则带将在带轮上打滑，使传动失效。由于小带轮包角(带与带轮接触弧所对的中心角)α，小于大带轮包角 α_2，打滑首先发生在小带轮上。

经分析和推导，带在即将打滑时所能传递的最大圆周力为

$$F_{tmax} = 2F_0 \frac{e^{f\alpha 1} - 1}{e^{f\alpha 1} + 1} \tag{19-2}$$

由上式可知，带传动的最大有效拉力 F_{tmax} 与初拉力 F_0、小带轮包角 α_1、带与带轮间的摩擦因数 f 有关，因此，增大 F_0，α_1，f，都可以提高带传动的工作能力。

2. 带传动的应力分析

带在工作时受到三种应力的作用

(1)拉应力

工作时，由紧边拉力和松边引起的应力，分别为

$$\sigma_1 = \frac{F_1}{A} \qquad \sigma_2 = \frac{F_2}{A} \tag{19-3}$$

式中，A 是带的横截面积(mm^2)

由式(19－3)可知，紧边和松边的拉应力不同，带绕过主动带轮的过程，拉应力由 σ_1 逐渐减小到 σ_2；而带在绕过从动带轮的过程中，则拉应力将由 σ_2 逐渐增加到 σ_1。

(2)离心拉应力

具有一定质量的带，沿带轮轮缘弧面运动时，不可避免地受到离心力 F_c 的作用。带在离心力作用下产生的拉应力为

$$\sigma_c = \frac{F_c}{A} = \frac{qv^2}{A} \tag{19-4}$$

式中，q 带单位长度的质量(kg/m，见表 19－1)；v 是带速(m/s)。

带的质量一定时，离心拉应力与带速的平方成正比。带速越高，离心拉应力越大，致使摩擦力减小，降低了带的传动能力，因此一般要限制带速。

(3)弯曲应力

带绕过带轮时，由于弯曲而产生的应力，由材料力学得弯曲应力 σ_b 的计算公式为

$$\sigma_b = \frac{2Eh}{d_d} \tag{19-5}$$

式中，E 是带的弹性模量(MPa)；h 是带中性层到最外层距离(mm)；d_d 是带轮的基准直径(mm)。

两带轮的基准直径不同，带在两带轮上产生的弯曲应力也不相同，小带轮上带的弯曲应力较大，一般小带轮的基准直径 d_{d1} 应大于或等于该型号带所规定的 V 带轮最小直径 d_{dmin}。各种型号 V 带轮的基准直径 d_{d1} 应大于或等于该型号带所规定的 V 带轮最小直径 d_{dmin}。各种型号 V 带轮最小基准直径及推荐直径 d_{dmin} 系列见表 19－4。

表 19-4 V带轮最小基准直径及基准直径系列 (单位:mm)

带型	Y	Z	A	B	C	D	E
d_{dmin}	20	50	75	125	200	355	500
基准直径系列	20 22.4 25 28 31.5 35.5 40 50 56 63 71 80 85 90 95 100 106 112 118 125 132 140 150 160 170 180 200 212 224 236 250 265 280 315 355 375 400 425 450 475 500 530 560 630 710 800 900 1000 1120 1250 1600 2000 2500						

上述三种应力在带上的分布如图 19-7 所示。由图可知,带在工作时,各截面处应力不同,带绕入小带轮处的应力最大,其值为

$$\sigma_{max} = \sigma_1 + \sigma_c + \sigma_{b1} \tag{19-6}$$

由于带各截面上的应力随着带的运动而变化,工作一段时间后,将会发生疲劳破坏,开始时局部产生疲劳裂纹脱层,以后该处逐渐松散,最后断裂导致传动失效。

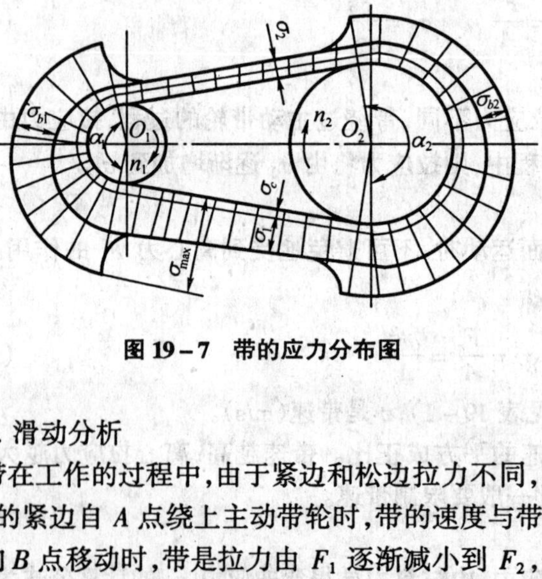

图 19-7 带的应力分布图

图 19-8 带的弹性滑动

3. 滑动分析

带在工作的过程中,由于紧边和松边拉力不同,弹性体带的变形也不同,如图 19-8 所示,带的紧边自 A 点绕上主动带轮时,带的速度与带轮的圆周速度是相等的,当带由 A 带点逐渐向 B 点移动时,带是拉力由 F_1 逐渐减小到 F_2,带是弹性变形也相应地逐渐变小,即带轮等速地 A 点运动到 B 点时,带才移动至点 B',于是带与带轮间发生了相对滑动,使带的速度至后于带轮的圆周速度。而在从动轮处,情况恰好相反。这种由于带的弹性变形变化而引起的带与带轮间的相对滑动称为弹性滑动。因此,从动轮的圆周速度 v_2 总是低于主动轮的圆周速度 v_1,其降低的程度以滑动率 ε 表示,即

$$\varepsilon = \frac{v_1 - v_2}{v_1} \times 100\% \tag{19-7}$$

考虑弹性滑动影响的传动比为

$$i = \frac{n_1}{n_2} = \frac{d_{d2}}{d_{d1}(1-\varepsilon)} \tag{19-8}$$

这就是带传动比不准确的原因所在。但由于滑动率 ε 一般在 1% ~2% ,一般情况下可忽略不计。

弹性滑动是带在正常工作时,由于紧边和松边差引起的,是传动中不 可避免的现象,和

过载时的打滑完全不同,打滑是带在带轮的全部接触弧上的显著滑动。出现打滑时,带传动系统不能正常工作,而且造成严重磨损。打滑是带传动的失效形式之一,是可以避免的。

19.3 带传动的设计计算

19.3.1 V 带传动的设计准则

带传动的主要失效形式为带在交变应力作用下的疲劳损坏和过载打滑,因此其设计准则为:在保证传动不打滑的前提下,带具有足够的疲劳强度,以达到预期的使用寿命。

19.3.2 V 带传动的设计步骤

1. 选取 V 带型号

带的型号根据设计功率 P_d 和主动带轮速 n_1 从图 19-9 中选取,设计功率 P_d 由下式计算

$$P_d = K_A \cdot P \tag{19-9}$$

式中,P 是传递的功率(kW);K_A 是工况系数,见表 19-5。

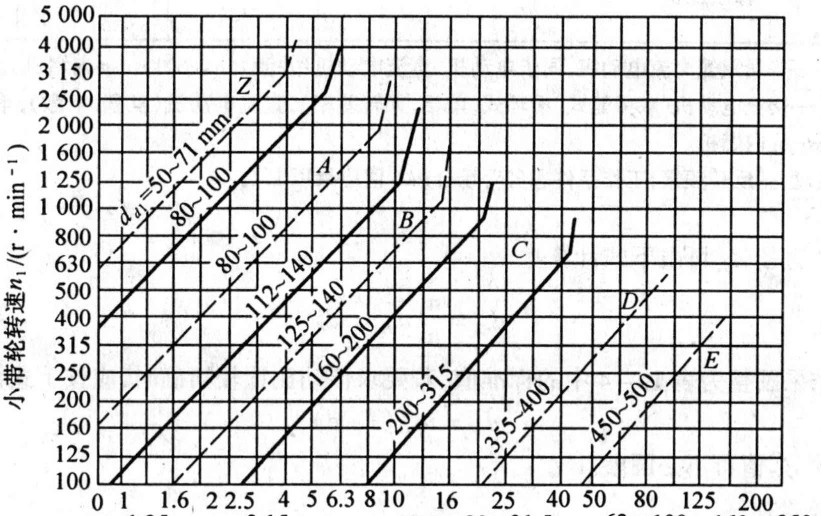

图 19-9

2. 确定主、从动带轮基准直径 d_{d1},d_{d2}

为使带传动尺寸紧凑,应使小带轮的基准直径 d_{d1} 小些,但 d_{d1} 越小,带在带轮上的弯曲应力越大,带的疲劳寿命就越低。小带轮直径根据表 19-5 确定。

表 19-5 工况系数

工作机		原动机					
		Ⅰ类			Ⅱ类		
		一天工作时间/h					
		≤10	10~16	>16	≤10	10~16	>16
载荷平稳	液体搅拌机，离式水泵，通风机和鼓风机(≤7.5 kN)离心式压缩机，轻型运输机	1.0	1.1	1.2	1.1	1.2	1.3
载荷变动小	带式运输机(适运砂、石、谷物)，通风机(<7.5 kW)，发动机，旋转式水泵，金属切削机床、压力机，印刷机，振动筛	1.1	1.2	1.3	1.2	1.3	1.4
载荷变动较大	螺旋式运输机，斗式提升机，往复式水泵和压缩机，锻锤，磨粉机，锯木机和木工机械，纺织机械	1.2	1.3	1.4	1.4	1.5	1.6
载荷变动很大	破碎机(旋转式、鄂式)，球磨机，挖掘机，橡胶压机	1.5	1.4	1.5	1.5	1.6	1.8

注：1. Ⅰ类——普通鼠笼交流电动机，同步电动机，直流电动机(并激)，$n>600$ r/min 内燃机。

Ⅱ类——交流电动机(双鼠笼式，滑环式，单相，大转差率)，直流电动机(复激，串激)，单缸发动机，$n>600$ r/min 内燃机。

2. 反复启动，正反转频繁，工作条件恶劣等场合，K_A 值应乘以 1.1。

大带轮直径 d_{d2} 可由下式计算

$$d_{d2}=\frac{n_1}{n_2}d_{d1}=id_{d1} \tag{19-10}$$

计算结果圆整为表 19-4 中的标准值，若要求传动比比较精确时，应按下式计算

$$d_{d2}=id_{d1}(1-\varepsilon) \tag{19-11}$$

算得的 d_{d2} 值可不必圆整。

3. 验算带速 v

$$v=\frac{\pi d_{d1}n_1}{60\times 1\ 000} \tag{19-12}$$

由公式 $P=FV$ 知，传递功率一定时，带速越低，圆周力越大，带容易打滑，同时使带的尺寸和根数增加，因此，带传动应布置在高速级。带速高时，带每秒绕转次数增多，同时离心力加大，使带与带轮间的摩擦力降低而影响带的工作能力。一般应使带速在 5~25 m/s 之间。

4. 确定中心距 a 和带的基准长度 L_d

初选中心距 a_0 中心距过大，带传动结构尺寸大，带易颤动，中心矩过小，带轮包角 α_1 减小，传动能力降低，同时带在单位时间内的绕转次数增多，降低了带的疲劳寿命。中心矩通常按下式初定

$$0.7(d_{d1}+d_{d2})\leqslant a_0\leqslant 2(d_{d1}+d_{d2}) \tag{19-13}$$

计算带的基准长度 L_d

$$L_{d0}=2a_0+\frac{\pi(d_{d1}+d_{d2})}{2}+\frac{(d_{d2}-d_{d1})^2}{4a_0} \tag{19-14}$$

根据 L_{d0} 和带的型号，由表 19－2 选取带的基准长度 L_d

确定实际中心矩　实际中心矩可由下式近似确定

$$a\approx a_0+\frac{L_d-L_{d0}}{2}$$

考虑到安装、调整和补偿初拉力的需要，中心矩应可调，调节范围为

$$a_{min}=a-0.015L_d$$
$$a_{max}=a+0.03L_d \tag{19-16}$$

5. 验算小带轮的包角

$$\alpha_1=180°-\frac{d_{d2}-d_{d1}}{a}\times 57.3° \tag{19-17}$$

一般应使 $\alpha_1\geqslant120°$。若不满足此条件，可采取适当增大中心矩、减小两带轮的直径差或带轮外侧加张紧轮等措施。

6. 确定 V 带根数 z

$$z\geqslant\frac{P_d}{(P_0+\Delta P_0)K_\alpha K_L}$$

式中，P_0 为单根 V 带的基本额定功率(kW)，见表 19－6；ΔP_0 为单根 V 带基本额定功率的增量，是考虑 $i\neq1$ 时，带在大带轮上的弯曲应力小于小带轮上弯曲应力，使传动功率有所增加的量，见表 19－6；K_α 为包角修正系数，见表 19－7；K_L 为带长修正系数，见表 19－2。

表 19－6　单根带的额定功率及功率增量

带型	小带轮转速 n/r·min^{-1}		小带轮直径 d_1/mm						传动比 i									
									1.00~1.01	1.02~1.04	1.05~1.08	1.09~1.12	1.13~1.18	1.19~1.24	1.25~1.34	1.35~1.50	1.51~1.99	>1.99
Z		P_0	50	56	63	71	80	ΔP_0										
	950		0.12	0.14	0.18	0.23	0.26		0.00	0.00	0.00	0.01	0.01	0.01	0.01	0.02	0.02	0.02
	1 200		0.14	0.17	0.22	0.27	0.30		0.00	0.00	0.01	0.01	0.01	0.01	0.02	0.02	0.02	0.03
	1 450		0.16	0.19	0.25	0.30	0.35		0.00	0.00	0.01	0.01	0.01	0.02	0.02	0.02	0.02	0.03
	1 600		0.17	0.20	0.27	0.33	0.39		0.00	0.01	0.01	0.01	0.01	0.02	0.02	0.03	0.03	0.04
	2 000		0.20	0.25	0.32	0.39	0.44		0.00	0.01	0.01	0.02	0.02	0.03	0.03	0.03	0.04	0.04
A			75	90	100	112	125											
	950		0.51	0.77	0.95	1.15	1.37		0.00	0.01	0.03	0.04	0.05	0.06	0.07	0.08	0.10	0.11
	1 200		0.60	0.93	1.14	1.39	1.66		0.00	0.02	0.03	0.05	0.07	0.08	0.10	0.11	0.13	0.15
	1 450		0.68	1.07	1.32	1.61	1.92		0.00	0.02	0.04	0.06	0.08	0.09	0.11	0.13	0.15	0.17
	1 600		0.73	1.15	1.42	1.74	2.07		0.00	0.02	0.04	0.06	0.09	0.11	0.13	0.15	0.17	0.19
	2 000		0.84	1.34	1.66	2.04	2.44		0.00	0.03	0.06	0.08	0.11	0.13	0.16	0.19	0.22	0.24

表 19－6(续)

带型	小带轮转速 $n/\text{r}\cdot\text{min}^{-1}$		小带轮直径 d_1/mm						传动比 i									
									1.00~1.01	1.02~1.04	1.05~1.08	1.09~1.12	1.13~1.18	1.19~1.24	1.25~1.34	1.35~1.50	1.51~1.99	>1.99
B		P_0	125	140	160	180	200	ΔP_0										
	950		1.64	2.08	2.66	3.22	3.77		0.00	0.03	0.07	0.10	0.13	0.17	0.20	0.23	0.26	0.30
	1 200		1.93	2.47	3.17	3.85	4.50		0.00	0.04	0.08	0.13	0.17	0.21	0.25	0.30	0.34	0.38
	1 450		2.19	2.82	3.62	4.39	5.13		0.00	0.05	0.10	0.15	0.20	0.25	0.31	0.36	0.40	0.46
	1 600		2.33	3.00	3.86	4.68	5.46		0.00	0.06	0.11	0.17	0.23	0.28	0.34	0.39	0.45	0.51
	1 800		2.50	3.23	4.15	5.02	5.83		0.00	0.06	0.13	0.19	0.25	0.32	0.38	0.44	0.51	0.57
C			200	224	250	280	315											
	950		4.58	5.78	7.04	8.49	10.05		0.00	0.09	0.19	0.27	0.37	0.47	0.56	0.65	0.74	0.83
	1 200		5.29	6.71	8.21	9.81	11.53		0.00	0.12	0.24	0.35	0.47	0.59	0.70	0.82	0.94	1.06
	1 450		5.84	7.45	9.04	10.72	12.46		0.00	0.14	0.28	0.42	0.58	0.71	0.85	0.99	1.14	1.27
	1 600		6.07	7.75	9.38	11.06	12.72		0.00	0.16	0.31	0.47	0.63	0.78	0.94	1.10	1.25	1.41
	2 000		6.28	8.00	9.63	11.22	12.67		0.00	0.18	0.35	0.53	0.71	0.88	1.06	1.23	1.41	1.59
D		P_0	355	400	450	500	560	ΔP_0										
	950		16.15	20.06	24.01	27.50	31.04		0.00	0.33	0.66	0.99	1.32	1.60	1.92	2.31	2.64	2.97
	1 100		16.98	20.99	24.84	28.02	30.85		0.00	0.38	0.77	1.15	1.53	1.91	2.29	2.68	3.06	3.44
	1 200		17.25	21.20	24.84	26.71	29.67		0.00	0.42	0.84	1.25	1.67	2.09	2.50	2.92	2.34	3.75
	1 300		15.26	21.06	24.35	26.54	27.58		0.00	0.45	0.91	1.35	1.81	2.26	2.71	3.16	3.61	4.06
	1 450		16.77	20.15	22.02	23.59	22.58		0.00	0.51	1.01	1.51	2.02	2.52	3.02	3.52	4.03	4.53
E			500	560	630	710	800											
	400		1.55	22.49	26.95	31.83	37.05		0.00	0.28	0.55	0.153	1.00	1.315	1.65	1.93	2.20	2.48
	500		21.65	26.25	31.36	36.85	42.53		0.00	0.34	0.64	1.03	1.38	1.72	2.07	2.41	2.75	3.10
	600		24.21	29.30	34.83	40.58	46.26		0.00	0.41	0.83	1.24	1.65	2.07	2.48	2.89	3.31	3.72
	700		26.21	31.59	37.26	42.87	47.96		0.00	0.48	0.97	1.45	1.93	2.41	2.89	3.38	3.86	4.34
	800		27.57	33.03	38.52	43.52	47.38		0.00	0.55	1.01	1.65	2.21	2.76	3.31	3.86	4.41	4.96

表 19－7 包角修正系数

包角 α_1	180°	170°	160°	150°	140°	130°	120°	110°
K_α	1.00	0.98	0.95	0.92	0.89	0.86	0.82	0.78

带的根数应取整数，为了使每根 V 带所受载荷均匀，V 带的根数不宜过多，一般 3～6 根，否则应改选大型号的 V 带，重新计算。各种型号 V 带所允许的 z_{max} 值见表 19－8。

表 19－8 V 带传动最多使用带根数

V 带截型	*Y*	*Z*	*A*	*B*	*C*	*D*	*E*
Z_{max}	1	2	5	6	8	8	9

7. 确定带的初拉力 F_0

初拉力 F_0 越大，带与带轮间的摩擦力越大，传递载荷的能力越大；但 F_0 太大会增加带中的拉应力，降低带的使用寿命，同时增大了对轴的压力。单根 V 带的初拉力可按下式计算

$$F_0 = \frac{500 P_d}{zv}\left(\frac{2.5}{K_\alpha} - 1\right) + qv^2 \tag{19-19}$$

由于新带易松弛，对于不能调整中心矩的普通 V 带传动，安装新带时的初拉力应为计算值的 1.5 倍。

8. 计算带轮轴上的压力 Q

为了设计安装带轮的轴和轴承，必须确定带传动作用在轴上的压力，又称为压轴力。可近似按初拉力的合力进行计算，如图 19－10 所示。

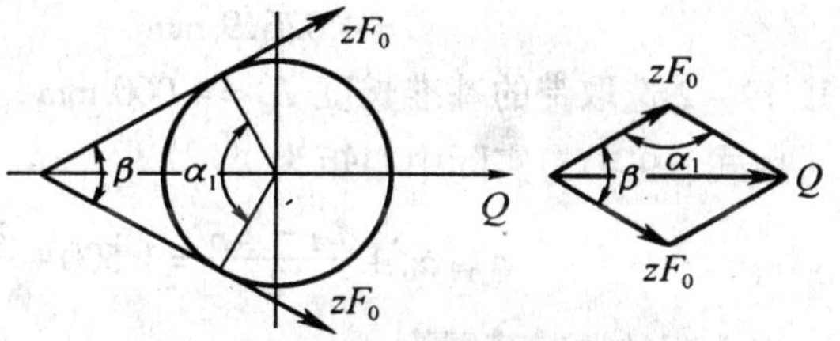

图 19－10 带传动作用在轴的压力

$$Q = 2zF_0 \sin\frac{\alpha_1}{2} \tag{19-20}$$

9. 带轮的结构设计

按本章第二节进行设计，设计过程及带轮工作图略。

例 19－1 设计某鼓风机用 V 带传动，已知电动机功率 $P = 10$ kW，转速 $n_1 =$ 1 450 r/min，从动轴转速 $n_2 = 400$ r/min，中心距 a 约为1 500 mm，每天工作 24 h。

分析：根据题已知原动机、工作机及有关条件，要求设计合适的带传动装置，具体设计内容为：带的型号、长度、根数 =、传动中心矩、带轮直径及结构尺寸等。

解 (1)选取普通 V 带型号。

由表 19－5 查得工况系数 $K_A = 1.3$，由式(19－9)的计算功率

$$P_d = K_A \cdot P = 1.3 \times 10 = 13 \text{ kW}$$

根据 $P_d = 13$ kW 和 $n_1 = 1\,450$ r/min 查图 19－9 选用 B 型 V 带。

(2)确定带轮基准直径。

根据表 19－4 和图 19－9 选取小带轮基准直径 $d_{d1} = 140 \text{ mm} > d_{d\min} = 125$ mm。

大带轮基准直径为

$$d_{d2} = \frac{n_1}{n_2} d_{d1} = \frac{1\,450}{400} \times 140 = 507.5 \text{ mm}$$

按表 19－4 取标准值 $d_{d2} = 500$ mm，则实际传动比 i、从动轮的实际转速分别为

$$i = \frac{d_{d2}}{d_{d1}} = \frac{500}{140} = 3.57$$

$$n_2 = \frac{n_1}{i} = \frac{1\,450}{3.57} = 406 \text{ r/min}$$

(3)验算带速 v

$$v = \frac{\pi d_{d1} n_1}{600 \times 1\,000} = \frac{140 \times 1\,450\,\pi}{60 \times 1\,000} = 10.63 \text{ m/s}$$

带速在 5～25 m/s 范围内。

(4)确定中心矩 a 和带的基准长度 L_d

按结构要求初定中心矩 $a_0 = 1\ 500$ mm

由式(19－14)带的基准长度

$$L_{d0} = 2a_0 + \frac{\pi(d_{d1}+d_{d1})}{2} + \frac{(d_{d2}-d_{d1})^2}{4a_0}$$

$$= 2\times 1\ 500 + \frac{\pi}{2}(140+500) + \frac{(500-140)^2}{4\times 1\ 500}$$

$$= 4\ 026.9 \text{ mm}$$

由表 19－2 选取带的基准长度 $L_d = 4\ 000$ mm

由式(19－15)实际中心矩为

$$a \approx a_0 + \frac{L_d - L_{d0}}{2} = 1\ 500 + \frac{4\ 000 - 4\ 026.9}{2} = 1\ 487 \text{ mm}$$

中心矩的调节范围为

$$a_{\min} = a - 0.015L_d = 1\ 487 - 0.015\times 4\ 000 = 1\ 427 \text{ mm}$$

$$a_{\min} = a + 0.03L_d = 1\ 487 + 0.03\times 4\ 000 = 1\ 607 \text{ mm}$$

(5)验算小带轮包角

由式(19－17)得

$$a_1 = 180° - \frac{d_{d2}-d_{d1}}{a}\times 57.3° = 180° - \frac{500-140}{1\ 487}\times 57.3°$$

$$= 166.1° > 120°$$

(6)确定 V 带根数 z

根据 $d_{d1} = 140$ mm、$n_1 = 1\ 450$ r/min，查表 19－6 得 $P_0 = 2.82$ kW，$\Delta P_0 = 0.46$ kW，由表 19－2 查得带长修正系数 $K_L = 1.13$，由表 19－7 查得包角修正系数 $K_\alpha = 0.97$，由式(19－18)得 V 带根数

$$z \geqslant \frac{P_d}{(P_0+\Delta P_0)K_\alpha K_L} = \frac{13}{(2.82+0.46)\times 0.97\times 1.13} = 3.62(\text{根})$$

圆整后取 $z = 4$ 根。

(7)确定 V 带的初拉力。

由表 19－1 查得 B 型 V 带的每米长质量 $q = 0.17$ kg/m，由式(19－19)，单根 V 带的初拉力 F_0

$$F_0 = \frac{500P_d}{zv}\left(\frac{2.5}{K}-1\right) + qv^2 = \frac{500\times 13}{4\times 10.63}\left(\frac{2.5}{0.97}-1\right) + 0.17\times 10.63^2 = 260.33 \text{ N}$$

(8)计算带轮轴上的压力 Q

由式(19－20)

$$Q = 2zF_0\sin\frac{\alpha_1}{2} = 2\times 4\times 260.33\sin\frac{166.1°}{2} = 2\ 067.4 \text{ N}$$

19.4 V带传动的张紧、安装和维护

19.4.1 带传动的张紧

安装带传动时,带是以一定 的初拉力套在带轮上,但经过一定时间的运转后,会因塑性变形而伸长、松弛,导致传动能力下降甚至丧失。因此带传动必须采用张紧装置,以保证必须的张紧力。常见的张紧方法有以下两种:

1. 调整中心矩

对于水平布置或近似垂直布置V带传动,一般通过调节螺杆使电动机移动或摆动,以增大中心矩,从而达到张紧的目的,如图19-11(a)、(b);在小功率近似垂直布置的带传动中,也可靠电动机和机座的自重使带轮绕固定轴转动,以自动调整中心距实现张紧,如图19-11(c)所示。

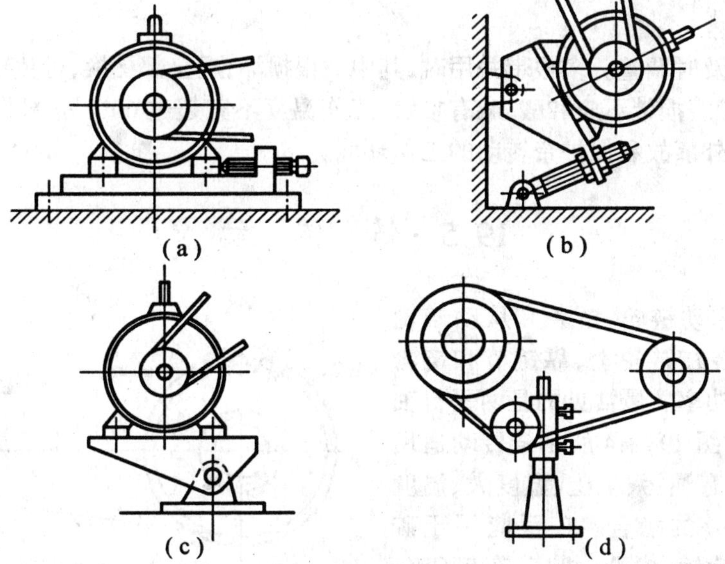

图19-11 带传动的张紧

2. 张紧轮装置

对于中心距不可调节的V带传动,利用张紧轮装置进行张紧。张紧轮一般安装在带的松边内侧,尽量靠近大带轮处,以免使带受双向弯曲应力作用以及小带轮包角减小过多,如图19-11(d)所示。这种方法可以任意调节张紧力的大小,增大包角,容易装拆,但影响带的寿命,并且不能逆转。

19.4.2 带传动的安装和维护

为了保证V带传动正常工作,延长带的使用寿命。在对带传动进行安装、调整、使用和维护时,一般应注意以下几点:

为保证V带截面与轮槽的正确位置，V带的外边缘应与带轮的轮缘平齐，如图19－12所示；两带轮轴线应平行，轮槽在同一平面内，如图19－13所示。

图19－12

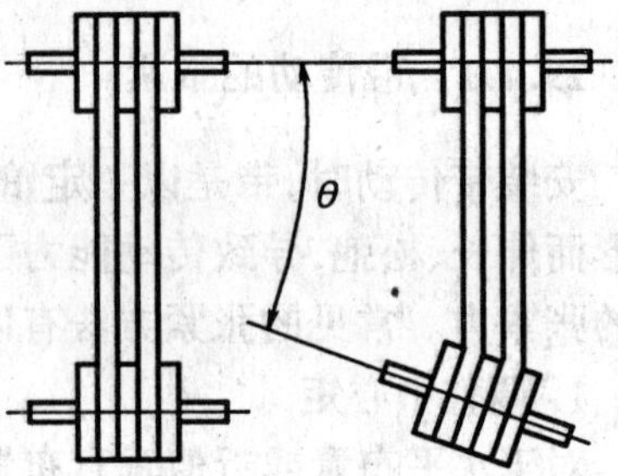

图19－13

安装时，调小中心矩或松开张紧轮套带，然后调整到合适的张紧程度。严禁将带强行撬入带轮。

为了使每根带受力均匀，同组使用的V带，其型号、基准长度、公差等级、生产厂家应相同。

定期检查，及时调整。多根带并用时，其中一根损坏，应全部更换，避免新旧混用时因带长不等加速新带磨损带不应和酸、碱有接触，工作温度不宜超过60°。一般带传动应有防护罩，以免发生以外事故和保护带转动的工作环境。

19.5 链 传 动

链传动由主动链轮、链条和从动链轮组成。链条套装在链轮上，靠链节和链轮齿的 和来传递功率。最常见的是两平行轴间的链传动，如图19－14所示链传动适用于中心矩较大，有油污、尘土、温度大、温度高等工作条件差的场合。广泛应用于矿山、冶金、起重运输、农业、机床、车辆等各种机械中。一般应用范围：功率 $P<100$ kW，链速 $v<15$ m/s，传动比 $i\leqslant 6$。

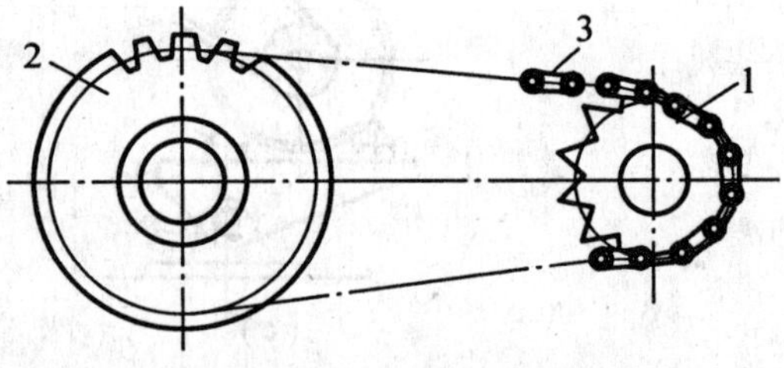

图19－14 链传动

1—主动链轮；2—从动链轮；3—链条

本节只要介绍一般机械中应用比较普遍的滚子链传动。

19.5.1 滚子链与链轮

1. 滚子链

滚子链的结构如图19－15所示，由内链板1、外链板2、销轴3、套筒4、及滚子5组成。

内链板与套筒、外链板与销轴之间采用过盈配合连接，销轴与套筒、滚子与套筒之间采用间隙配合，使内外链板可以相对转动，链条与链轮合时，滚子与套筒间形成滚动摩擦，可减少磨损。

链条各零件由碳钢或合金钢制成。内外链板制成“8”字形，以减轻质量同时还能使链板各截面强度趋于均匀。当传递较大功率时,可采用双排链或多排链,如图 19-16 所示。滚子链的接头形式如图 19-17 所示,当链节数为偶数时,一般大节距采用开口销,小节矩才应弹簧夹;当链节数为奇数时,采用过渡链节,因过渡链节要受到附加弯矩作用,一般情况下最好不用。所以链节数通常取偶数。

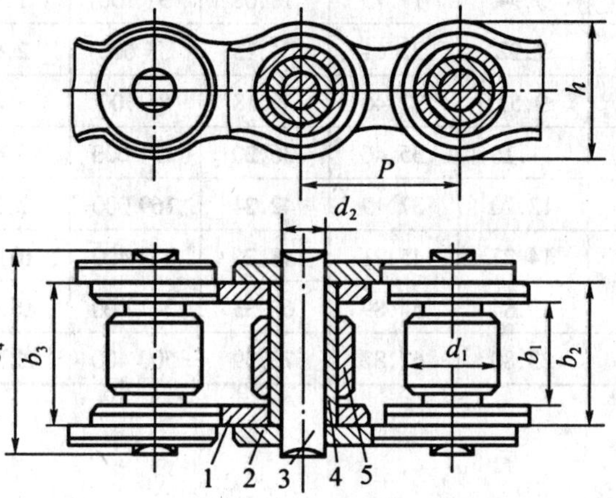

图 19-15 滚子链结构

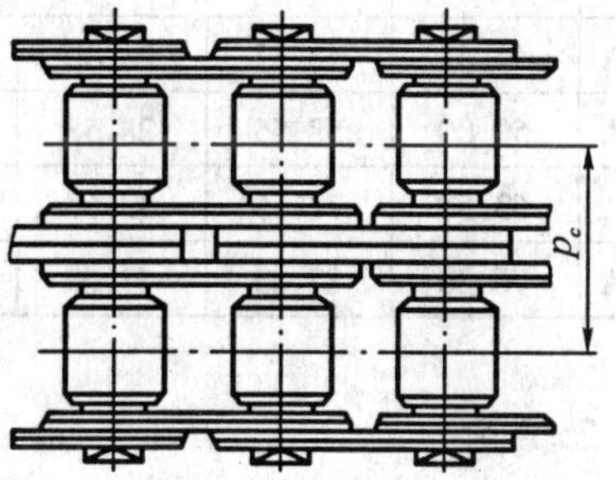

图 19-16 双排链

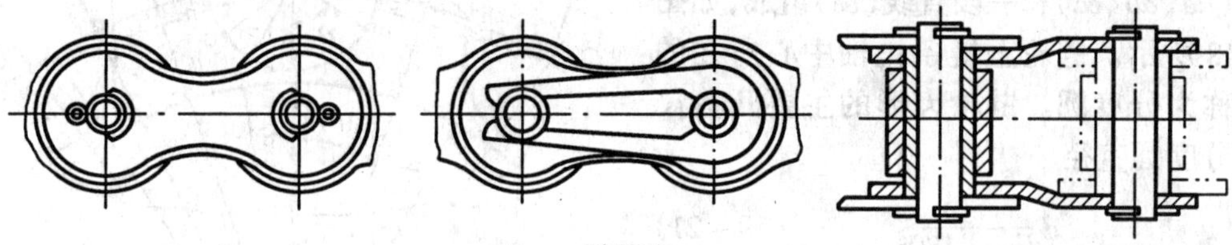

图 19-17

滚子链的主要参数为链节矩 p,它是指相邻两 销轴中心之间距离。标准化滚子链分 A,B 两个系数。常用的是 A 系列。表 19-9 摘录了 A 系列滚子链的基本参数和尺寸。

滚子链的标记为:

链号——排数×节数 国标号

例如:08A——1X60GB/T1243——1997 表示:节矩为 12.7 mm、单排、60 节、A 系列滚子链。

表 19-9 A 系列滚子链的基本参数和尺寸

链号	节矩	排矩	滚子直径	内链节内宽	销轴直径	内链节外宽	内链板高度	单排极限拉伸载荷	单排每米质量
	p/mm	p_t/mm	$d_{r\max}$/mm	$b_{1\max}$/mm	$d_{z\max}$/mm	$b_{2\max}$/mm	$h_{\max}$/mm	F_Q/N	q/(kg·m)
08A	12.70	14.38	7.95	7.85	3.96	11.18	12.07	13 800	0.60
10A	15.875	18.11	10.16	9.40	5.08	13.84	15.09	21 800	1.00

表 19-9(续)

链号	节距	排距	滚子直径	内链节内宽	销轴直径	内链节外宽	内链板高度	单排极限拉伸载荷	单排每米质量
	p/mm	p_t/mm	$d_{r\max}$/mm	$b_{1\max}$/mm	$d_{z\max}$/mm	$b_{2\max}$/mm	$h_{\max}$/mm	F_Q/N	q/(kg·m)
12A	19.05	22.78	11.91	12.57	5.94	17.75	18.08	31 100	1.50
16A	25.40	29.29	15.88	15.75	7.92	22.61	24.13	55 600	2.60
20A	31.75	35.76	19.05	18.90	9.53	27.46	30.18	86 700	3.80
24A	38.10	45.44	22.23	25.22	11.10	35.46	36.20	124 600	5.60
28A	44.45	48.87	25.40	25.22	12.70	37.19	42.24	169 000	7.50
32A	50.80	58.55	28.58	31.55	14.27	45.21	48.26	222 400	10.10
40A	63.50	71.55	39.68	37.85	19.84	54.89	60.33	347 000	16.10
48A	76.20	87.83	47.63	47.35	23.80	67.82	72.39	500 400	22.60

2.链轮

链轮的齿形应能使链节平稳而自由的进入和退出齿合,且受力均匀,便于加工。目前应用最广的滚子链端面齿形是由三段圆弧(aa、ab、cd)和一段直线(bc)组成,如图19-18所示。链轮上链条销轴中心所在的圆周称为分度圆。链轮齿形的主要几何尺寸为分度圆直径

$$d=\frac{p}{\sin\frac{180°}{z}} \tag{19-21}$$

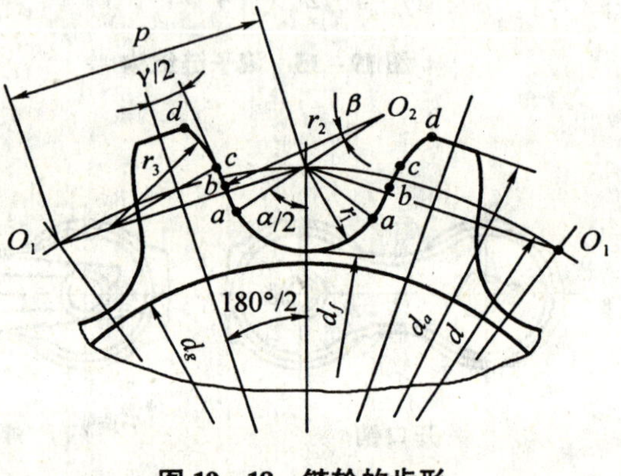

图 19-18 链轮的齿形

齿顶圆直径

$$d_a=p\left(0.54+\cot\frac{180°}{z}\right) \tag{19-22}$$

齿根圆直径

$$d_f=d-d_1 \tag{19-23}$$

式中,z 为链轮齿数;d_1 为滚子直径(mm)链轮齿形的其他几何尺寸和计算公式可参阅相关手册。当采用设计手册中推荐的简化齿形。

根据直径的大小不同,链轮有实心式、腹板式和组合式,如图 19-19 所示,组合式齿圈磨损后可更换。

链轮的材料应有足够的强度、耐磨性和耐冲击性,故齿面应进行热处理。常用材料有灰铸铁、优质碳素钢、合金结构钢等。因小链轮合次数多,磨损大,所选材料的强度和齿面硬度应优于大链轮。

19.5.2 链传动的工作情况分析

链传动中,链条和链轮的合,可以看作是链条绕在正多边形轮上随之转动,如图 19-20

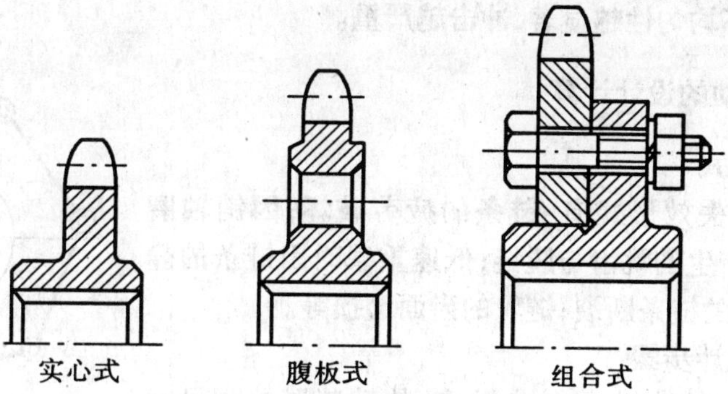

图 19－19　链轮的结构

所示，正多边形的边长等于链的节距 p，边数等于链轮的齿数，链轮转一周，链条转过的长度等于 zp，则链的平均速度为

$$v=\frac{z_1pn_1}{60\times 1\,000}=\frac{z_2pn_2}{60\times 1\,000} \qquad (19-24)$$

传动比为

$$i=\frac{n_1}{n_2}=\frac{z_2}{z_1} \qquad (19-25)$$

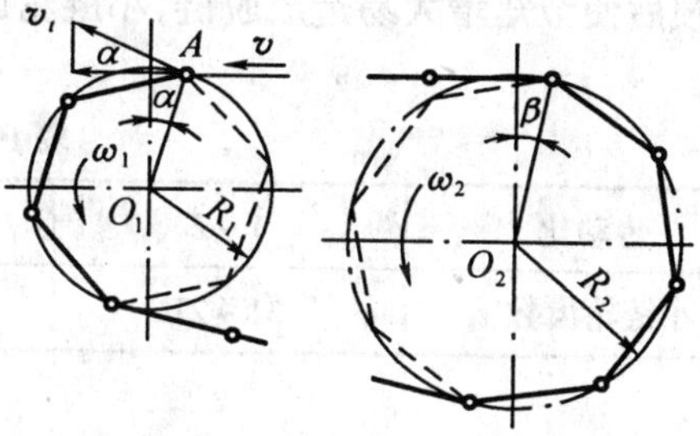

图 19－20　链传动的运动分析

由以上两式可知，链转动的平均链速和平均传动比是恒定的，但瞬时链速和瞬时传动比却是变化的，为简化分析，设工作中链条紧边总处于水平位置。主动链轮上任意一点 A 的圆周速度 $v_t=R_1\omega_1$，链条水平方向的瞬时速度 v 和垂直方向的瞬时速度 v' 分别为 $v_1=R_1\omega_1\cos\alpha$

$$v'=R_1\omega_1\sin\alpha$$

式中，α 为圆周速度 11 与链条前进方向之间的夹角，它在 $-\frac{180°}{z_1}$ 到 $+\frac{180°}{z_1}$ 之间变化，可见，水平方向链速在每一链节的合过程中作由小到大，再由大到小的周期性变化，从而导致了链速的不均匀性。在相同的周期内，链条垂直方向的链速由大到小，再由小到大，使链条在运动中不断抖动

由式(19－26)得主动轮角速度

$$\omega_1=\frac{v}{R_1\cos\alpha} \qquad (19-28)$$

同理得从动轮角速度

$$\omega_2=\frac{v}{R_2\cos\alpha} \qquad (19-30)$$

则瞬时传动比

$$i'=\frac{\omega_1}{\omega_2}=\frac{R_2\cos\beta}{R_1\cos\alpha} \qquad (19-30)$$

由以上分析可知，即使主动轮角速度是常量，但由于链速和从动轮角速度在周期性变化，因此，链传动的瞬时传动比是不恒定的。此外，作直线运动的链节和作圆周运动的轮齿在啮瞬间发生碰撞使链轮受到冲击，如图 19－21 所示。链节距越大，链轮齿数越少，链速越

高,链传动的运动不均匀性越显著,冲击越严重。

19.5.3 链传动的设计计算

1. 主要失效形式

链传动的主要失效形式有:链条的疲劳破坏;因销轴磨损,链衔距增长而产生的跳齿与脱链;低速重载时因链条的静力强度不够而发生的链条断裂;链轮的齿面磨损等。

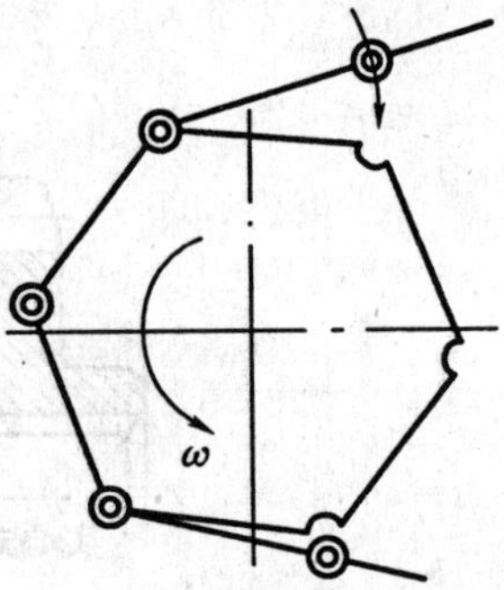

图 19-21 链条与链轮的啮合瞬间

2. 链传动的设计步骤

(1)链轮齿数 z 的选择 链轮齿数少,传动装置外廓尺寸小,但齿数过少则会使运动不均匀性增强,动载荷增大,铰链磨损加快等;链轮齿数多,传动装置的尺寸和质量增加,铰链磨损后使节矩增大易造成脱链,小链轮齿数 z_1 可按表 19-10 选取,大链轮最多齿数≤120。

表 19-10 小链轮齿数

传动比 i	1~2	3~4	5~6	>6
小链轮齿数 z_1	31~27	25~23	21~17	17

因链节数常取偶数,为使磨损均匀,链轮齿数常取为奇数。

(2)链节距 p 链节距大,链的结构尺寸大,传动能力高。但动载荷增加,传动平稳性变差。故在满足承载能力的条件下,尽可能选用小节距单排链,高速重载时选用小节距多排链。设计时,可根据单排链允许传递的功率 P_0 和小链轮转速 n_1 由图 19-22 查得链号后获得。

P_0 可根据下式确定

$$P_0 = \frac{K_A P}{K_Z K_L K_P} \tag{19-31}$$

式中,P 是传动功率(kW);K_A 是载荷系数,见表 19-11;K_Z 是小链轮齿数系数,见表 19-12;K_P 为多排链排数系数,见表 19-13;K_L 是链长系数,如图 19-23 所示,图中曲线 1 用于敛伴疲劳,曲线 2 用于滚子、套筒冲击疲劳破坏,横坐标 L_P 为链节数。

表 19-11 载荷系数

工作机载荷性质	原动机	
	电动机、汽轮机	内燃机
平稳	1.0	1.2
中等冲击	1.3	1.4
严重冲击	1.6	1.7

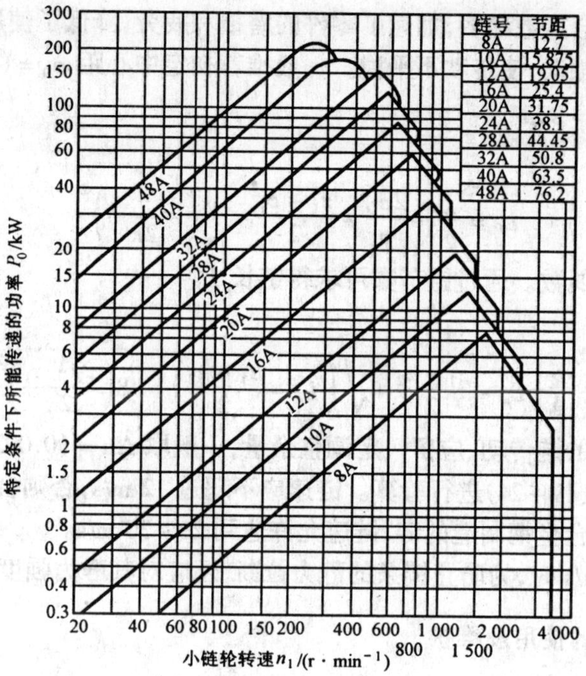

图 19－22

表 19－12 小链轮齿数系数

Z_1	17	19	21	23	25	27	29	31	33	35
K_z	0.893	1.00	1.12	1.23	1.34	1.46	1.58	1.7	1.81	1.93

表 19－13 多排链数系数

排数	1	2	3	4	5	6
K_p	1.0	1.7	2.5	3.3	4.1	5.0

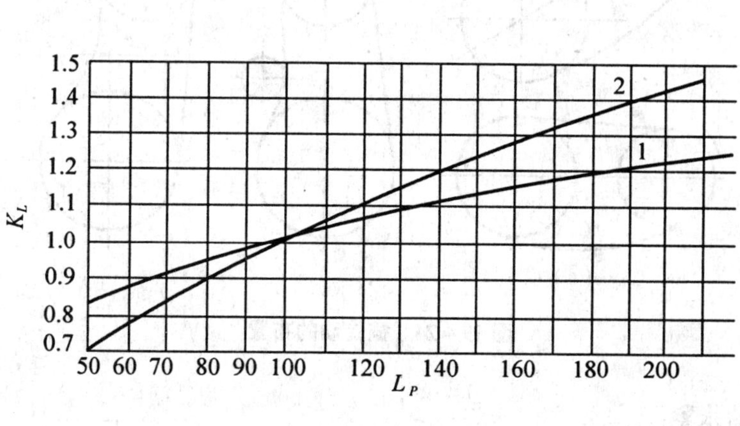

图 19－23 链长系数 K_L

(3)中心距与链节数　中心距越小,结构越紧凑,但链条在小链论上的包角减小,且单位时间内链节与链轮合次数增多,加速了零件的磨损和疲劳,降低了使用寿命,中心距过大,易引起链条松边上下颤动,使传动不平稳。一般推荐初定中心距 $a_0=(30\sim50)p$。

最大中心距 $a_{0\max}=80p$

链节数为

$$L_P=\frac{L}{p}\approx\frac{2a_0}{p}+\frac{z_1+z_2}{2}+\frac{p}{a_0}\left(\frac{z_2-z_1}{2\pi}\right)^2 \tag{19-32}$$

求地结果圆整为偶数。通过链节数可求得链长 L。

则实际中心距

$$a=\frac{p}{4}\left[L_p-\frac{z_1+z_2}{2}+\sqrt{\left(L_P-\frac{z_1+z_2}{2}\right)^2-8\left(\frac{z_2-z_1}{2\pi}\right)^2}\right] \tag{19-33}$$

对于中心距可调的链传动,应留一定调整余量,一般取 $\Delta a=(0.002\sim0.004)a$。

验算链速　由式(19-24)进行验算。链速应不超过 12 m/s,否则会出现过大的动载荷。对高精度的链传动或合金钢制造的链,链速允许达到 20~30 m/s。

当链速 $v<0.6$ m/s 时,为防止链条的静力拉断,还应对其静力强度进行校核。

19.5.4 链传动的使用及维护

1. 链传动的合理布置

链传动多用于两轮轴线在同一水平面内的传动,若需要倾斜布置时,倾角应小于 45°,并使松边在下,防松边下垂量过大使链条与链轮轮齿干涉或与紧边相撞,如图 19-24(a)所示;应尽量避免垂直布置,以免链条自重引起的下垂影响链轮与链条的正确合,降低传动能力。如必须垂直安装时,应注意使中心距可调、设置张紧装置或主从动轮错开安装,如图 19-24(b)所示。

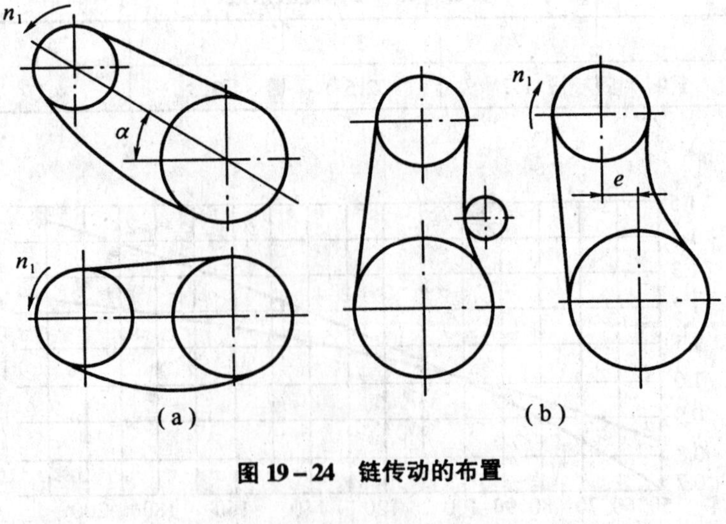

图 19-24　链传动的布置

2. 链传动的张紧

链传动张紧的目的,主要是为了避免链条松弛时产生合不良和震动,同时增加合包角。当两轮轴心连线倾角大于 60°时,通常设有张紧装置。

对于中心距可调的链传动，常用移动链轮增大中心距的方法张紧。中心距不可调时，可用张紧轮定期张紧或自动张紧，张紧轮应装在靠近小链轮的松边上，如图 19-25(a)，(b)所示。

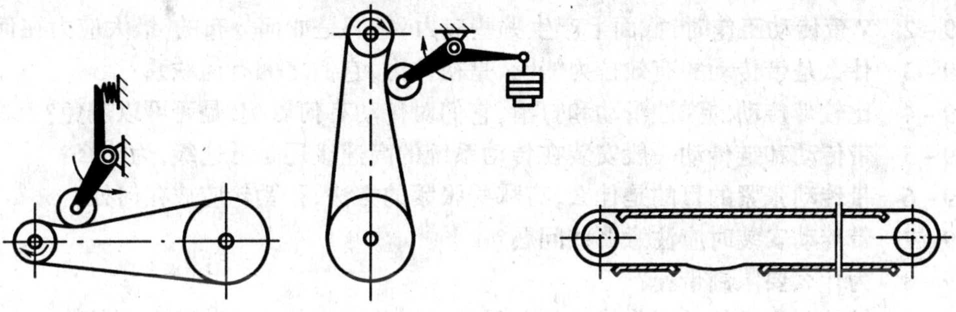

(a) (b) (c)

图 19-25 链传动的张紧装置

中心距较大的链传动，也可用压板或托板张紧，如图 19-25(c)所示。

3. 链传动的润滑

链传动的良好润滑可缓冲冲击，减轻磨损，延长使用寿命。润滑油推荐采用 20,30 和 40 号机械油。套筒滚子链的润滑方法和供油量见表 19-14。

表 19-14 套筒滚子链的润滑方法和供油量

方法	润滑方法	供油量
人工润滑	用刷子或油壶定期在链条松边内、外链片间隙中注油	每班注油一次
滴油润滑	装有简单外壳，用油标滴油	单排链，每分钟供油 5~20 滴，速度高时取大值
油浴供油	采用不滴油的外壳，使链条从油槽中通过	链条浸入油面过深，搅油损失大，油易发热变质，一般浸油深度为 6~12 mm
飞溅润滑	采用不滴油的外壳，在链条侧边安装甩油盘，飞溅润滑。甩油盘圆周速度 $V>3$ m/s，当链条宽度大于 125 mm 时，链轮两侧各安装一个甩油盘	甩油盘浸油深度 12~35 mm
压力供油	采用不滴油的外壳，油泵强制供油，喷油管口设在链条入处，循环油可起冷却作用	每个喷油口供油量可根据链节距及链速大小查阅有关手册

习 题

19－1 试比较摩擦式带传动和链传动的工作原理和工作特点。并举出几个应用实例。

19－2 V带传动工作时，截面上产生哪些应力，它们是如何分布的，最大应力在何处？

19－3 什么是带传动的有效拉力，什么是初拉力，它们之间有何联系？

19－4 比较带传动的弹性滑动和打滑，它们对传动有何影响，是否可以避免？

19－5 带传动和链传动一般安装在传动系统的高速级还是低速级，为什么？

19－6 带传动张紧的目的是什么，有哪些张紧的方法，张紧轮应放在何处？

19－7 带传动安装时应注意哪些问题？

19－8 为什么要限制带速？

19－9 链节距和链传动工作能力的关系是怎样的？为什么链节数常取偶数？

19－10 简述滚子链的结构。

19－11 如何合理布置链轮？

19－12 如何确定链传动的润滑方式？常用的润滑方式有哪些？

19－13 V带传动的传递功率 $P = 7.5$ kW，带的速度 $v = 10$ m/s，紧边拉力是松边拉力的两倍，试求紧边拉力 F_l 和有效圆周力 F_t。

19－14 试设计一车床中的V带传动，如图所示，已知电动机的额定功率 $P = 4$ kW，小带轮转速 $n_1 = 1\,450$ r/min，大带轮转速 $n_2 = 700$ r/min，要求两轮中心距为800 mm，两班制工作。

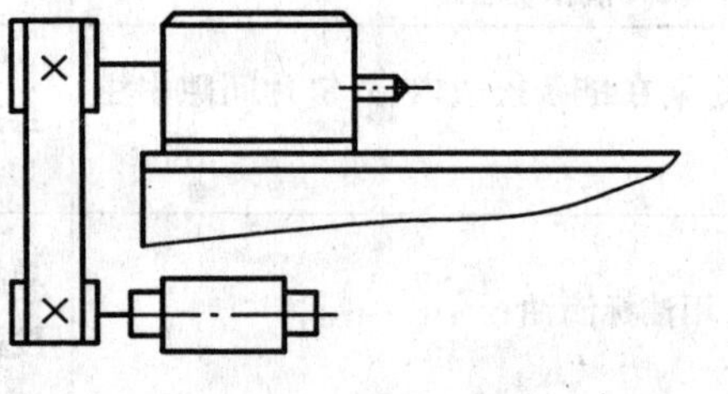

题19－14图

第五编　轴系零件

各种机械中普遍使用的零件称为通用零件，如齿轮、轴、轴承、螺纹连接件等。另外，还常把由一组协同工作的零件所组成的独立制造或独立装配的组合体称为部件，如联轴器、减速器等。轴系零件主要包括轴、轴承、联轴器与离合器等，在考虑到键、销、螺纹连接件等与轴的联系，将这些内容并入“轴系零件”中。

本篇主要介绍机械中通用零件的工作原理、运动特性、结构特点、使用维护以及标准和规范，学习一般通用零件的设计思想和方法。

第20章　轴

20.1　轴的功用和类型

1.轴的功用

轴的主要功用是支承旋转零件并传递运动和转矩，是组成机器的重要零件之一。

2.轴的类型

根据轴的承载性质不同，轴可分为：

传动轴——主要用来传递转矩而不承受弯矩，或承受弯矩很小的轴。如汽车中连接变速箱与后桥的传动轴(图20-1)。

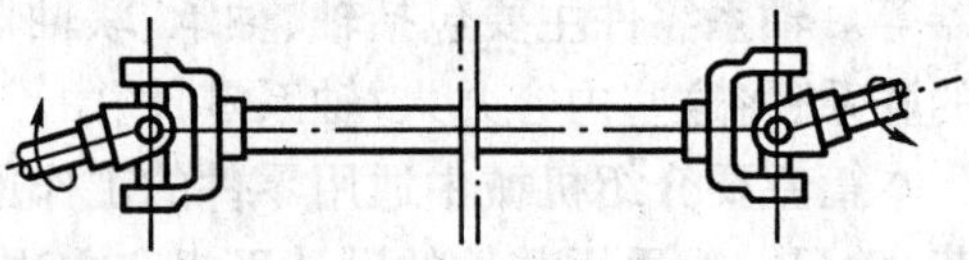

图20-1　传动轴

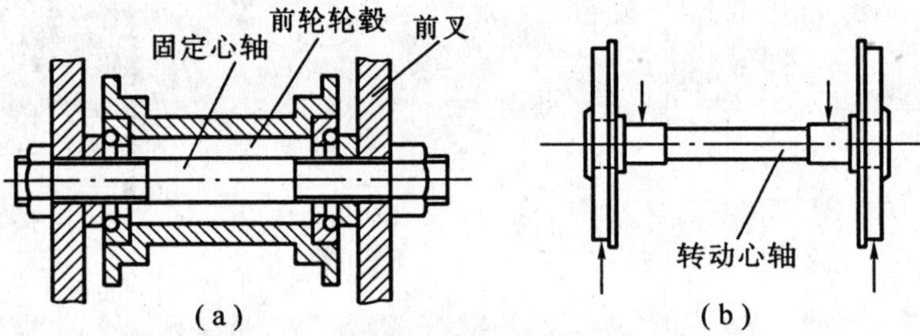

图20-2　心轴

(a)自行车的前轮轴；(b)铁路机车的轮轴

心轴——只承受弯矩，不传递转矩的轴。如自行车的前轮轴(图20-2(a))、铁路机车的轮轴(图20-2(b))。

转轴——同时承受弯矩和转矩的轴。如齿轮减速器的输出轴(图20-3)。

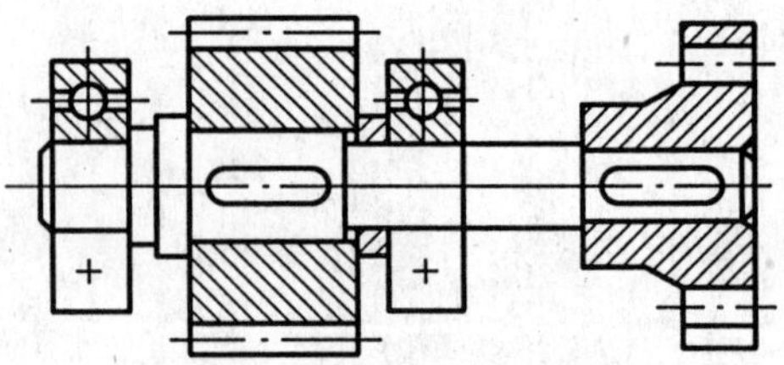

图20-3

根据轴线形状的不同，轴又可分为直轴(图20-4)、曲轴(图20-5)和挠性钢丝轴(图20-6)。直轴应用最广泛。根据外形，直轴又可分为光轴(图20-4(a))和阶梯轴(图20-4(b))。光轴形状简单、应力集中源少，主要用作传动轴。阶梯轴各轴段直径不同，使各轴段的强度相近，而且便于轴上零件的固定和装拆，在机器中的应用最为广泛。为提高刚度，有时制成空心轴(图20-4(c))。

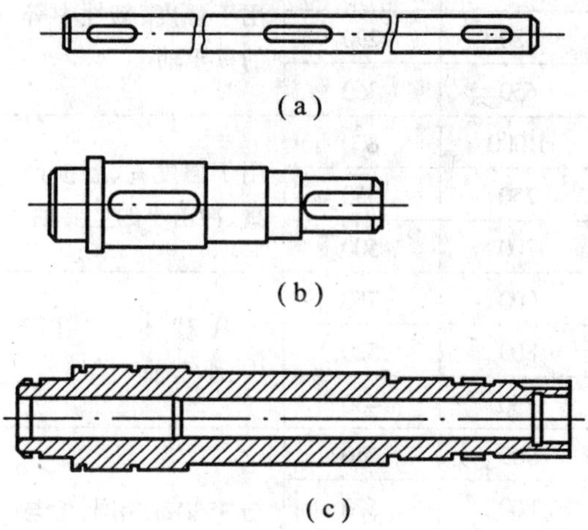

图 20－4

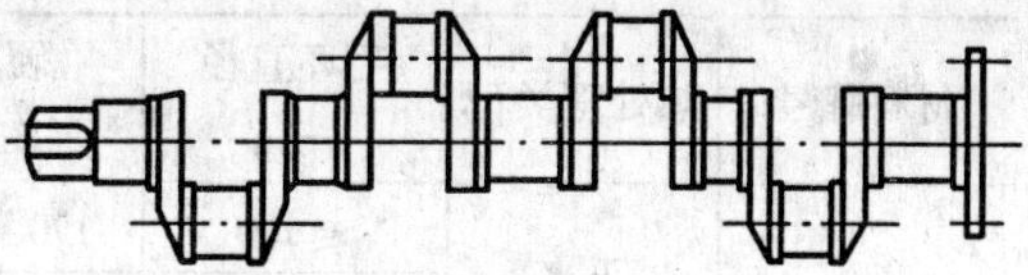

图 20－5

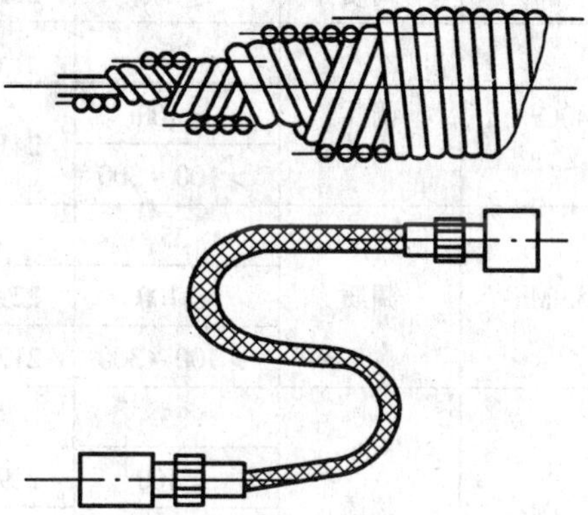

图 20－6

20.2 轴的材料及选择

轴的主要失效形式是疲劳断裂。轴的材料应有足够的强度、韧性、耐磨性、耐腐蚀性，易于加工和热处理，对应力集中敏感性小及价格合理。

轴的材料主要采用碳素钢和合金钢。轴的毛坯一般采用碾压件和锻件。碳素钢的成本比合金钢低，且对应力集中的敏感性小，得到了广泛的应用。

常用的碳素钢有30，40，45钢等，其中最常用的是45钢。对轴的材料要进行调质或正火处理，以保证轴的机械性能。当轴承受的载荷较小或不重要的场合时，轴可采用Q235A，Q275A等材料。

当轴传递的功率较大、要求减轻轴的重量和提高轴颈的耐磨性时，可采用合金钢，如20Cr，40Cr，35SiMn等。

外形复杂或尺寸较大的轴，可选用球墨铸铁，如内燃机中的曲轴。球墨铸铁吸振性好，对应力集中不敏感，价格低。但铸造轴的质量不容易控制，可靠性较差。

轴的常见材料及其机械性能见表20－1。

表 20－1　轴的常用材料及机械性能

材料牌号	热处理类型	毛坯直径 /mm	硬度 (HBS)	抗拉强度 σ_b /MPa	屈服极限 σ_s /MPa	应用说明
Q275～Q235				149～610	275～235	用于不重要的轴
35	正火	≤100	149～187	520	270	用于一般轴
		＞100～300	143～187	500	260	
	调质	≤100	156～207	560	300	
		＞100～300		540	280	

表 20-1(续)

材料牌号	热处理类型	毛坯直径/mm	硬度(HBS)	抗拉强度 σ_b /MPa	屈服极限 σs /MPa	应用说明
45	正火	≤100	170~217	600	300	用于强度、韧性中等的重要轴
		>100~300	162~217	580	290	
	调质	≤200	217~255	650	360	
40Gr	调质	25	207	1 000	800	用于强度高、磨损严重、冲击小的重要轴
		≤100	241~286	750	550	
		>100~300		700	500	
35SiMn	调质	25	229	900	750	可代替 40Gr,用于中、小型轴
		≤100	229~286	800	520	
		>100~300	217~269	750	450	
42SiMn	调质	25	220	900	750	与 35SiMn 相同,但与供表面液火用
		≤100	229~286	800	520	
		>100~200	217~269	750	470	
		>200~300	217~255	700	450	
40MnB	调质	25	207	1 000	800	可代替 40Gr,用于小型轴
		≤200	241~286	750	500	
35GrMo	调质	25	229	1 000	350	用于重要的轴
		≤100	207~269	750	500	
		>100~300		700	500	
38GrMnMo	调质	≤100	229~285	750	600	可代替 35GrMo
		>100~300	217~269	700	550	

20.3 轴的设计

轴的设计主要解决两方面的问题:一是轴的结构形状及尺寸;二是轴的工作能力计算。

不同的机械对轴有不同的工作要求,设计时对轴的基本要求也不同。一般轴设计的基本要求是:具有足够的强度、合理的结构和良好的工艺性;对于某些特殊用途的轴还有刚度(如车床主轴)、振动稳定性(如高速轴)等方面的要求。

20.3.1 轴的最小直径的估算

在轴的结构设计没有进行前,还不知道轴上零件的位置和支承点位置,无法确定轴的受力情况。工程上,通常在进行轴的结构设计前,按扭转情况对轴的最小直径进行估算,然后再进行结构设计,对轴进行受力分析及强度、刚度等校核。

由前面学习内容可知,圆轴扭转时的强度条件为 $\tau=\frac{T}{W_P}\leqslant[\tau]$,式中轴所传递的转矩 T

$=9.55\times10^6\cdot\dfrac{P}{n}$(N·mm),抗扭截面模量 $W_P\approx0.2d^3$。将 T 和 W_P 代入强度条件中,得

$$\tau=\frac{9.55\times10^6P}{0.2d^3n}\leqslant[\tau] \tag{20-1}$$

轴的最小直径估算公式为

$$d\geqslant C\sqrt[3]{\frac{P}{n}} \tag{20-2}$$

式中 P——轴所传递的功率,kW;

n——轴的转速,r/min;

C——由轴的材料和载荷情况确定的常数。

常用材料的[τ]值和 C 值可查表 20-2。

表 20-2 常用材料的[τ]值和 C 值

轴的材料	Q235,20	35	45	40Gr,35SiMn
[τ]/MPa	12~20	20~30	30~40	40~52
C	160~135	135~118	118~107	107~98

注:轴所承受的弯矩较小或只承受转矩时,C 取较小值;否则取较大值。

由式 20-2 计算出的直径需圆整为标准直径并与相配合的零件(联轴器、带轮等)的孔径相一致,作为轴的最小直径。考虑到轴上开有键槽会削弱轴的强度,可将轴径适当增大。轴上开有一个键槽时,轴径可增大 3% 左右,开有两个键槽增大 7% 左右。轴的标准直径见表 20-3。

表 20-3 轴的标准直径 (单位:mm)

10	12	14	16	18	20	22	24	25	26	28	30	32	34	36
38	40	42	45	48	50	53	56	60	63	67	71	75	80	85

20.3.2 按弯扭组合强度条件计算

轴的结构设计完成以后,轴的主要结构尺寸、轴上零件的位置、以及外载荷和支反力的作用位置均已确定,轴上的载荷(弯矩和扭矩)已可以求得,因此可按弯扭组合强度条件对轴进行强度校核计算。一般的轴用这种方法计算即可。

根据第三强度理论,弯曲与扭转组合变形的转轴强度条件为

$$\sigma_e=\sqrt{\sigma^2+4\tau^2}\leqslant[\sigma]$$

对实心圆轴,$W_P=2W_Z$。一般转轴的弯曲正应力为对称循环变应力,而扭转切应力一般情况下可以认为是不变的静应力,但实际上由于机器运转的不均匀性,一般假设扭转切应力按脉动循环变化,从对轴的强度影响来看,它没有对称循环的影响大。考虑两者不同循环特性的影响,将扭转切应力的变化特性转换成与弯曲正应力相同的变化特性,对式中的扭矩 T 乘以折算系数 α,即得危险截面处的强度条件

$$\sigma_e=\sqrt{\left(\frac{M}{W_Z}\right)^2+4\left(\frac{T}{W_P}\right)^2}=\frac{\sqrt{M^2+(\alpha T)^2}}{W_Z}\leqslant[\sigma_{-1b}] \tag{20-3}$$

式中 σ_e——当量应力(MPa);

M——危险截面上的弯矩(N·m);

T——危险截面上的扭矩(N·m);

α——根据扭矩性质而定的折算系数。

扭矩不变时,$\alpha=[\sigma_{-1b}]/[\sigma_{+1b}]\approx0.3$;扭矩脉动循环变化时,$\alpha=[\sigma_{-1b}]/[\sigma_{0b}]\approx0.6$;正反转频繁的轴,扭矩按对称循环变化,$\alpha=1$。对一般的转轴,通常取 $\alpha\approx0.6$。$[\sigma_{-1b}]$,$[\sigma_{0b}]$,$[\sigma_{+1b}]$为对称循环、脉动循环和静应力状态下的许用弯曲应力,见表 20-4。应用式 20-3 同样可以解决三方面问题:强度校核、设计截面尺寸和确定许可载荷。

根据式(20-3)计算出的轴径小于或等于结构设计的确定的轴径,则表示原定的轴径强度是足够的;反之,表示轴的强度不够,需要重新考虑轴的各段尺寸。

心轴的强度校核取 $T=0$ 按式(20-3)进行。

表 20-4 轴的许用弯曲应力 (MPa)

材料	σ_b	$[\sigma_{+1b}]$	$[\sigma_{0b}]$	$[\sigma_{-1b}]$
碳素钢	400	130	70	40
	500	170	75	45
	600	200	95	55
	700	230	110	65
合金钢	800	270	130	75
	900	300	140	80
	1 000	330	150	90
铸 铁	400	100	50	30
	500	120	70	40

20.3.3 轴的结构设计

图 20-7 所示为圆柱齿轮减速器的输出轴。轴的结构一般由轴头、轴颈、轴肩、轴环、轴端和轴身等部分组成。轴与传动零件(齿轮、联轴器)配合的部分称为轴头,轴与轴承配合的部分称为轴径,轴头与轴颈之间的部分称为轴身。轴头、轴颈的直径应取标准值,直径的大小由与之配合零件的内孔决定;轴身的直径应取整数。

轴的合理结构应满足以下基本要求:(1)轴上零件的准确定位与固定;(2)轴上零件便于装拆和调整;(3)良好的加工工艺性;(4)尽量减小应力集中。

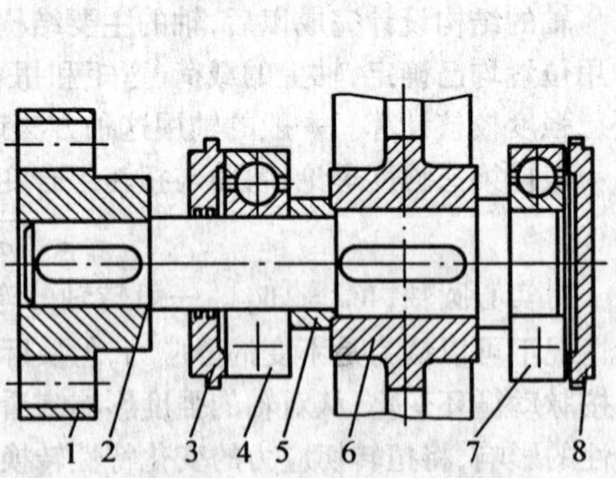

图 20-7 减速器输出轴

1—联轴器;2—轴;3、8—轴承盖;47—轴承;5—套筒;6—齿轮

1. 轴上零件的装配方案

为了便于安装和拆卸，转轴一般都制成中间大、两头小的阶梯轴(图 20－7)。从左端装拆的零件为齿轮 6、套筒 5、轴承 4、轴承盖 3 和联轴器 1。从右端装拆的零件为轴承 7 和轴承盖 8。

2. 轴上零件的周向固定

为了避免轴上零件与轴的相对转动，以传递运动和转矩，轴上零件必须周向固定。常用的周向固定方法有键连接、花键连接、销连接和过盈配合等。

3. 轴上零件的轴向定位

零件在轴上应有准确的轴向位置，为了防止轴上零件的轴向移动，必须轴向定位。常用的轴向定位和固定方式、特点及应用见表 20－5。

表 20－5　轴上零件轴向定位和固定方式

轴向定位和固定方式		特点和应用
轴肩和轴环	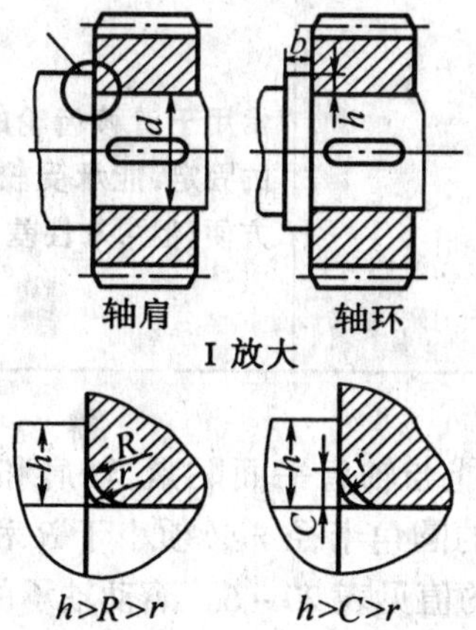	能承受较大的轴向力，加工方便、定位可靠、应用广泛
套筒	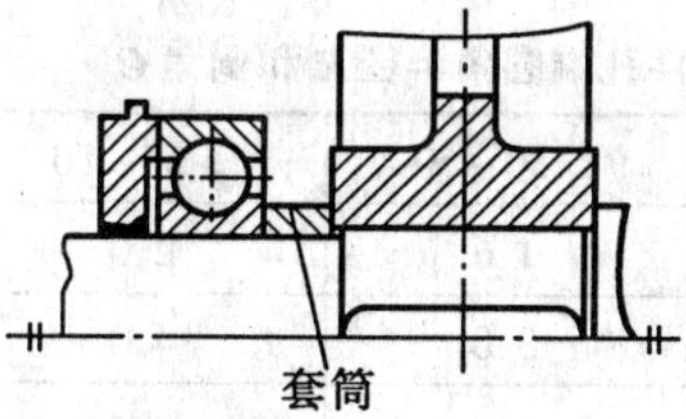	定位可靠、加工方便、可同时给两个零件进行定位，用于两零件间距不大的轴向定位和固定。
圆螺母和止动垫圈	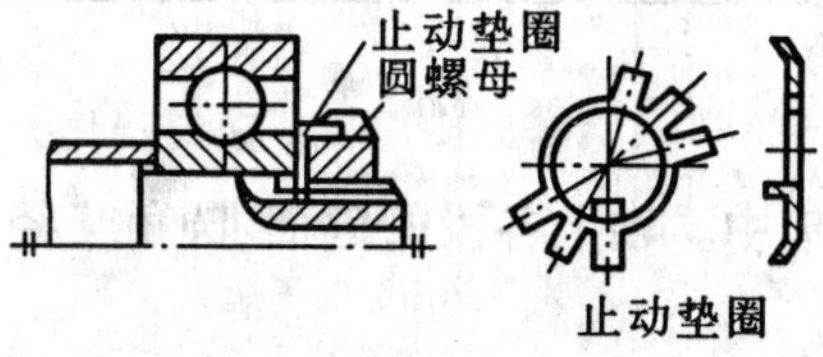	能承受较大的轴向力，固定可靠

表 20-5(续)

轴向定位和固定方式		特点和应用
轴端挡圈	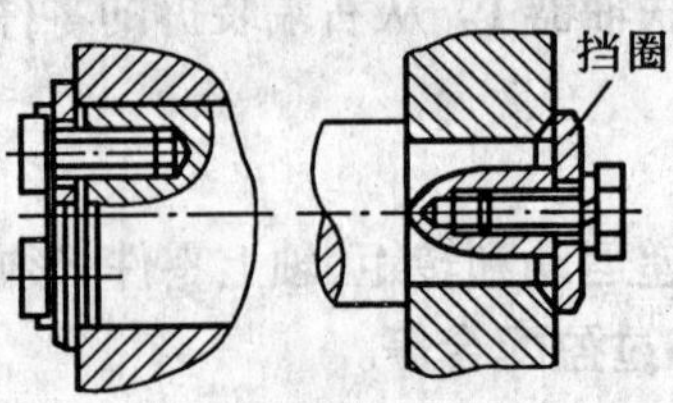	常用于轴端零件的固定,能承受较大的轴向力和冲击载荷
圆锥面	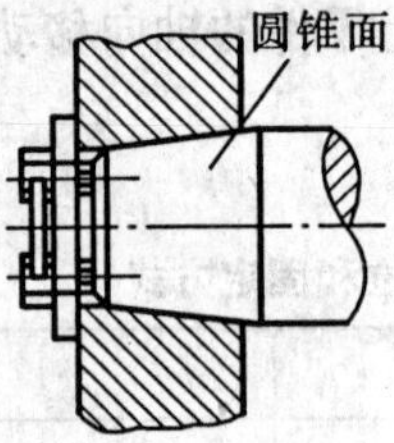	常用于轴端零件的固定和定位,能承受较大的冲击载荷,但配合面加工较困难
弹性挡圈	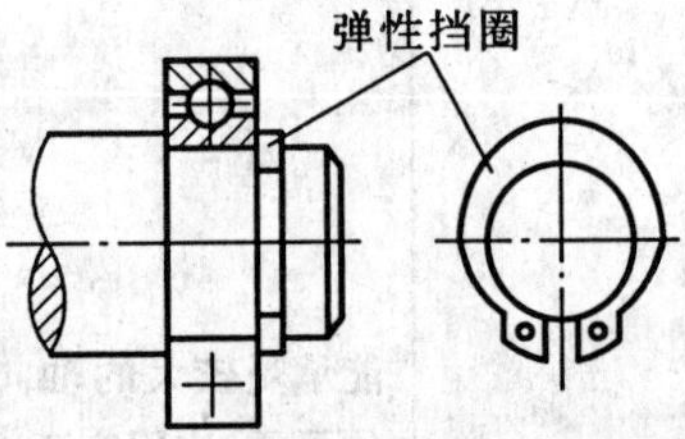	常用于滑移齿轮的限位和滚动轴承的固定,能承受较小的轴向力、装拆方便,但可靠性差

用轴肩和轴环定位时,为使轴上零件端面能与轴肩平面贴紧,轴肩和轴环的高度 h 必须大于零件孔端的圆角半径 R 和倒角 C,轴肩的圆角半径 r 必须小于 R 和 C(见表 20-6)。轴肩尺寸 h 及零件孔端圆角半径 R 和倒角 C 的值见表 20-6。滚动轴承的定位轴肩高度必须小于轴承内圈高度,以便于轴承的拆卸,有关尺寸可在机械零件设计手册中查取。

表 20-6　轴肩尺寸 h 及零件孔端圆角半径 R 和倒角 C　(单位:mm)

轴径 d	>10~18	>18~30	>30~50	>50~80	>80~100
r	0.8	1.0	1.6	2.0	2.5
R 或 C	1.6	2.0	3.0	4.0	5.0
h_{min}	2.0	2.5	3.5	4.5	5.5
b	轴环的宽度 $b \approx 1.4$ h				

4. 轴的的结构工艺性

(1)轴上阶梯数尽可能少,以减少应力集中。轴上各段的键槽、圆角半径、倒角、中心孔等尺寸尽可能统一,以利于加工和检验。

(2)轴上需磨削的轴段应设计出砂轮越程槽(图 20-8),需车制螺纹的轴段应留有螺纹退刀槽(图 20-9)。

(3)轴上有多处键槽时,应使各键槽位于轴的同一母线上,以便于加工和装配。

(4)为便于零件的装配，轴端应有倒角。轴的两端采用标准中心孔作为加工和测量基准。5. 提高轴疲劳强度的措施

轴和轴上零件结构、工艺及轴上零件的安装布置等对轴的疲劳强度有很大影响。改进轴的结构、工艺和轴上零件布置，能提高轴的承载能力，减少轴的尺寸和机器的质量，降低制造成本。

(1)合理布置轴上零件的位置，减小轴的载荷　为了减小轴所承受的弯矩，传动零件应尽量靠近轴承，缩短支承跨距，并尽可能不采用悬臂的支承形式。当转矩需要由几个零件输出时，为了减小轴上的扭矩，应将输入零件布置在中间。

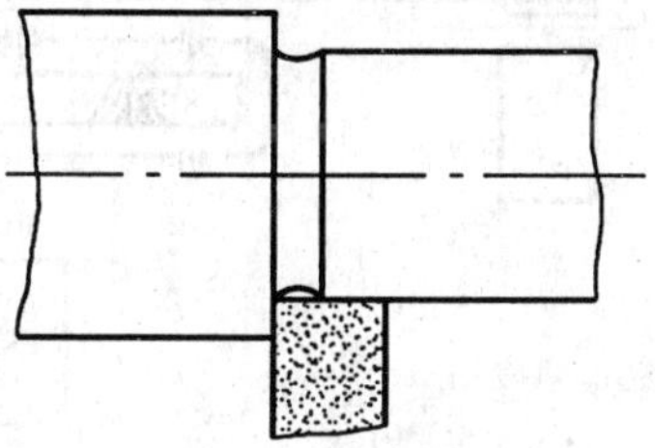

图 20-8　砂轮越程槽

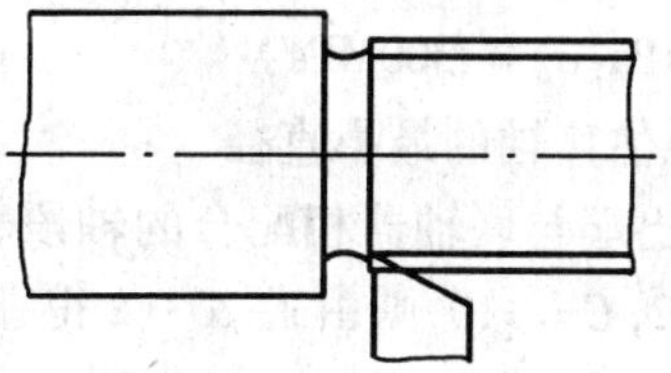

图 20-9　螺纹退刀

(2)减小应力集中　减小应力集中的基本方法有:①避免轴直径尺寸的急剧变化，相邻轴段直径差不能过大;②在直径尺寸突变处，应制出圆角，圆角半径尽量取足够大(图 20-10(a);③在重要结构处，可采用过渡肩环(图 20-10(b))或凹切圆角(图 20-10(c))，以增大圆角半径;④零件与轴过盈配合时，在零件轮毂上制出减载槽(图 20-10(d))，能够减少配合处的应力集中。

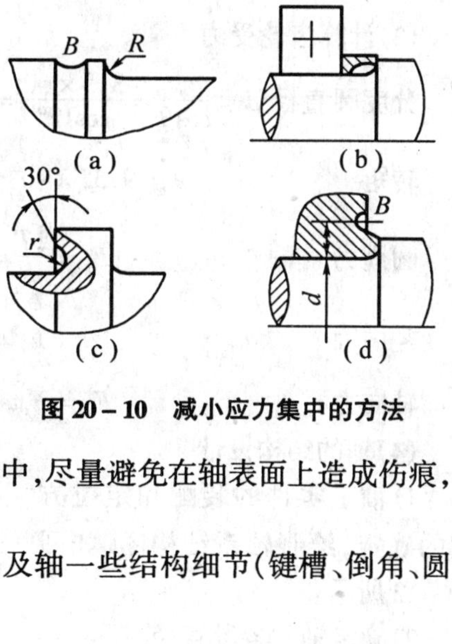

图 20-10　减小应力集中的方法

(3)提高轴的表面质量　可采取以下措施来提高轴的表面质量:减小轴的表面粗糙度值;对轴最大应力所在的表面采取表面强化措施，如喷丸、滚压、表面淬火、渗碳和渗氮的方法;在运输、装配及检修中，尽量避免在轴表面上造成伤痕，以引起应力集中。

轴的结构设计主要是确定轴的各段直径和长度以及轴一些结构细节(键槽、倒角、圆角等)。

20.3.4　轴的设计步骤

设计轴的一般步骤为:

1. 选择轴的材料，确定许用应力。
2. 按扭转强度估算轴的最小直径。
3. 轴的结构设计。具体包括以下几项内容:

(1)确定轴上零件的位置和固定方式;

(2)确定各轴段的直径;

(3)确定各轴段的长度；(4)确定其余尺寸，如键槽、倒角、圆角、退刀槽、砂轮越程槽等。

4．按弯扭组合校核轴的强度。若危险截面强度不够或裕度太大时，必须重新修改轴的结构。

5．绘制轴的零件图。

例 20－1 图 20－11 所示为带式输送机所用的单级斜齿圆柱齿轮减速器，从动轴所传递的功率为 $P=5$ kW，从动轴的转速 $n=140$ r/min，轴上齿轮的参数为：$z=60$，$m_n=3.5$ mm，$\beta=12°$，$\alpha_n=20°$，齿轮宽 $B=70$ mm，载荷平稳，轴单向运转。试设计减速器的从动轴。

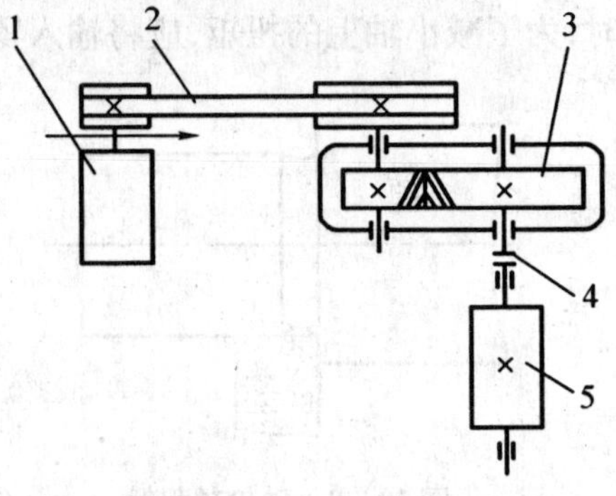

图 20－11 斜齿圆柱齿轮减速器

解 (1)选择轴的材料，确定许用应力

轴的材料选 45 钢，正火处理。查表 20－1，$\sigma_b=600$ MPa，$\sigma_S=300$MPa。

(2)估算轴的最小直径

输出端与联轴器相配合的轴段轴径最小。查表 20－2，$C=110$，则由式 20－2 得

$$d\geqslant C\sqrt[3]{\frac{P}{n}}=110\times\sqrt[3]{\frac{5}{140}}=36.2\ \text{mm}$$

轴端有一个键槽，直径增大 3%，取 $d_{min}=38$ mm

(3)计算齿轮受力

分度圆直径 $d=\dfrac{m_n z}{\cos\beta}=\dfrac{3.5\times60}{\cos12°}=214.7$ mm

转矩 $T=9.55\times10^6\cdot\dfrac{P}{n}=9.55\times10^6\times\dfrac{5}{140}=341$ N·m

圆周力 $F_t=\dfrac{2T}{d}=\dfrac{2\times341\times10^3}{214.7}=3\ 176.5$ N

径向力 $F_r=\dfrac{F_t\tan\alpha_n}{\cos\beta}=1\ 182.3$ N

轴向力 $F_x=F_t\tan\beta=3\ 176.5\tan12°=675$ N

(4)轴的结构设计

1)轴上零件的装配和定位方案的确定，绘制轴系结构图，如图 20－12 所示。

2)确定轴的各段直径

从左向右，第一段与联轴器配合，选择弹性柱销联轴器的规格为 HL3，联轴器 J 型轴孔的孔径为 38 mm，孔长 60mm，所以确定 $d_1=38$ mm；$d_2=38+2h=38+7=45$ mm；d_3 要符合轴承内径标准系列，选用角接触球轴承，代号 7210C，故

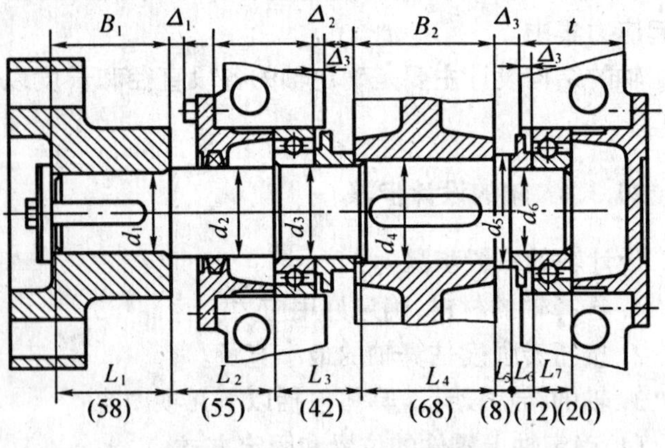

图 20－12 轴系结构草图

$d_3 = 50$ mm; $d_4 = 52$ mm; $d_5 = 52 + 2h = 60$ mm; $d_6 = 50$ mm。

3)确定轴的各段长度

与传动零件(如齿轮、联轴器等)相配合的轴段长度应比传动零件的轮毂宽度略小 2 mm 左右。$L_1 = 60 - 2 = 58$ mm;第二段轴长考虑轴承盖螺钉至联轴器距离为 10 ~ 15 mm ,取 $L_2 = 55$ mm。其余各段轴长与箱体的设计有关,可由齿轮开始向两端逐步确定。

齿轮端面与箱壁的距离 Δ_2 取 10 ~ 15mm,本题取 15 mm ;轴承端面与箱体内壁的距离与轴承的润滑有关,本题取 $\Delta_3 = 5$ mm;轴承宽 20 mm。$L_3 = 2 + \Delta_2 + \Delta_3 + 20 = 42$mm; $L_4 = 70 - 2 = 68$ mm;轴环宽度 $L_5 = 8$ mm;与轴承配合的轴段长 $L_6 + L_7 = 32$mm。两支点间的跨距 $L = 130$ mm。

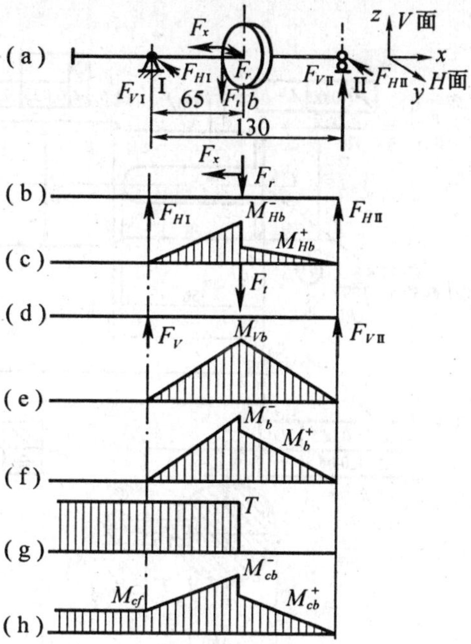

图 20 – 13 轴的弯矩图

4)轴的结构细节设计(略)

(5)轴的强度校核

1)绘制轴的受力简图(图 20 – 13(a))

2)计算支承反力(图 20 – 13(b、d))

水平面支反力

$$\sum M_{\mathrm{I}} = 0 \quad 130F_{H\mathrm{II}} - 65F_r + F_x = 0$$

解得 $F_{H\mathrm{II}} = 34$ N $\quad F_{H\mathrm{I}} = 1\ 148.3$ N

垂直面支反力 $F_{V\mathrm{I}} = F_{V\mathrm{II}} = F_t = 1\ 588.3$ N

3)绘制水平面弯矩图、垂直面弯矩图及合成弯矩图(图 20 – 33(c)、(e)、(f))

水平面弯矩 $M_{Hb-} = 65_{FH\mathrm{I}} = 65 \times 1\ 148.3 = 74\ 640$ N·mm

$M_{Hb+} = 65_{FH\mathrm{II}} = 65 \times 34 = 2\ 210$ N·mm

垂直面弯矩 $M_{Vb} = 65F_{V\mathrm{I}} = 65 \times 1\ 588.3 = 103\ 240$ N·mm

合成弯矩 $M_{b-} = \sqrt{(M_{vb})^2 + (M_{Hb-})^2} = \sqrt{103\ 240^2 + 74\ 640^2} = 127\ 396$ N·mm

$M_{b+} = = 103\ 264$ N·mm

4)绘制扭矩图(图 20 – 33(g))

5) 绘制当量弯矩图(图 20 – 33(h))

危险截面的当量弯矩

$$M_e = \sqrt{(M_{b-})^2 + (\alpha T)^2} = \sqrt{127\ 396^2 + (0.6 \times 341\ 000)^2} = 241\ 021 \text{ N·mm}$$

6)校核危险截面的直径 查表 20 – 3 得 $\sigma_{-1b} = 55$ MPa,则

$$d \geqslant \sqrt[3]{\frac{M_e}{0.1[\sigma_{-1b}]}} = 35.3 \text{ mm} \quad 增大 3\% 为 d \geqslant 36.3 \text{ mm}$$

因结构设计的轴径为 55 mm,故满足强度条件。

(6)绘制轴的零件工作图(图 20 – 14)

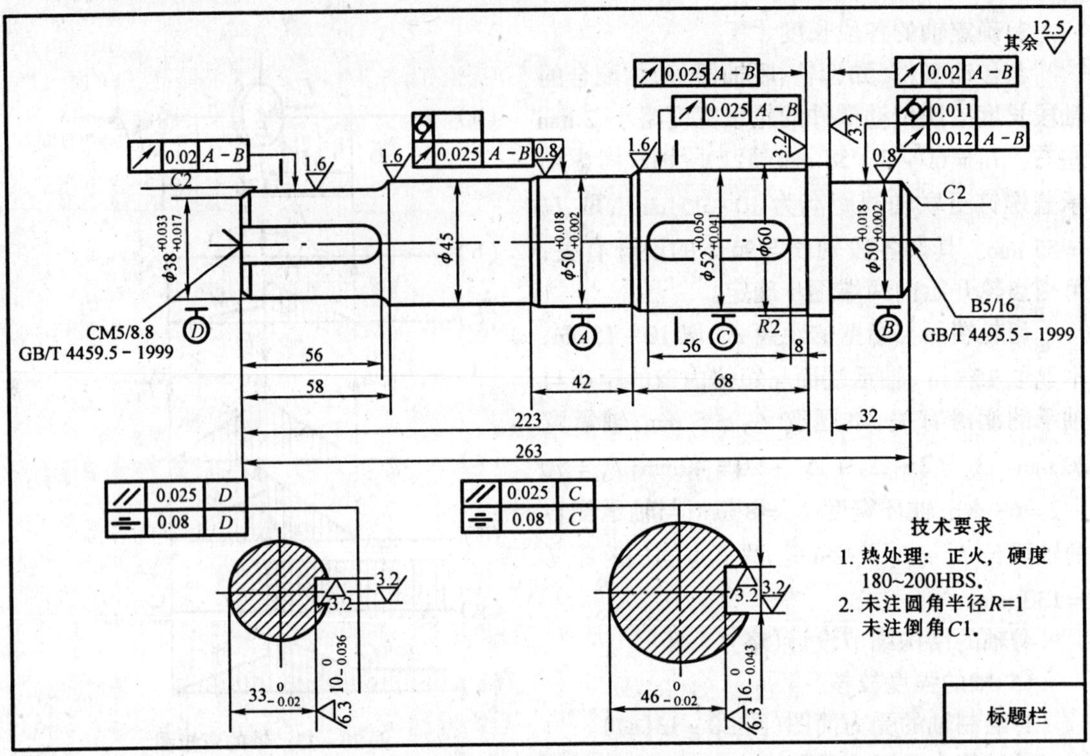

图 20－14 轴的零件工作图

习 题

20－1 自行车的前轴、中轴、后轴各是心轴还是转轴？

20－2 如图所示为起重机绞车从动齿轮 1 和卷筒 2 与轴 3 相连接的三种形式。图(a)为齿轮与卷筒分别用键固定在轴上，轴两端支架在机座轴承中；图(b)为齿轮与卷筒用螺栓连接成一体，空套在轴上，轴两端用键与机座连接；图(c)为齿轮与卷筒用螺栓连接成一体，用键固定在轴上，轴两端支架在机座轴承中。以上三种形式中的轴分别是心轴、转轴还是传动轴？

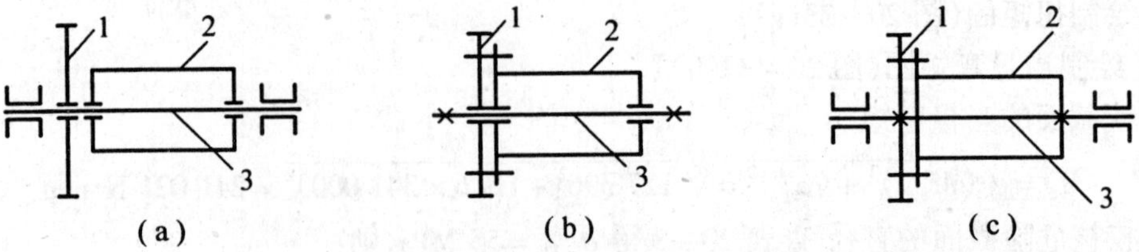

题 20－2 图

1—从动齿轮；2—卷筒；3—轴

20－3 如图所示为轴上零件的两种布置方案，功率由齿轮 A 输入，齿轮 1 输出转矩 T_1，齿轮 2 输出转矩 T_2，且 $T_1 > T_2$。试比较两种布置方案中各段轴所受转矩的大小。

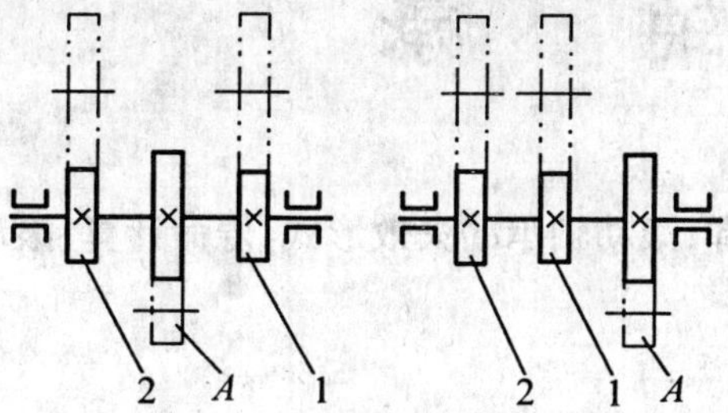

题 20－3 图

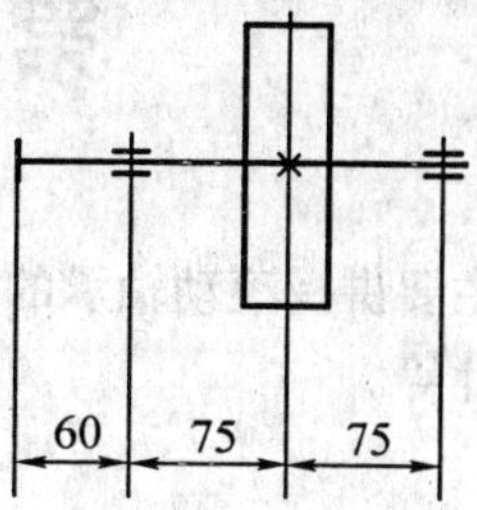

题 20－4

20－4　已知图中轴系传递的功率 $P = 2.2$ kW，转速 $n = 95$ r/min，标准直齿圆柱齿轮的齿数 $z = 79$，模数 $m = 2$ mm。试设计轴的结构并进行强度校核。（电动机驱动，载荷平稳）

20－5　轴上零件常用的周向固定方式有哪些？

20－6　轴上零件常用的轴向固定方式有哪些？

20－7　轴的加工工艺性主要考虑哪几方面？

20－8　指出图中轴的结构不合理的地方，并画出改正后的轴结构图。

20－9　如图所示为单级直齿圆柱齿轮减速器，已知电动机输入给主动轴的功率 $P = 4$ kW，主动轴转速 $n_1 = 720$ r/min，从动轴转速 $n_2 = 125$ r/min，大齿轮宽度 $B = 90$mm，分度圆直径 $d_2 = 300$ mm。主动轴采用 45 钢，调质处理；从动轴采用 45 钢，正火处理。设两支承处轴承选用 7210C 型，要求：(1)完成从动轴的结构设计；(2)校核从动轴的强度。

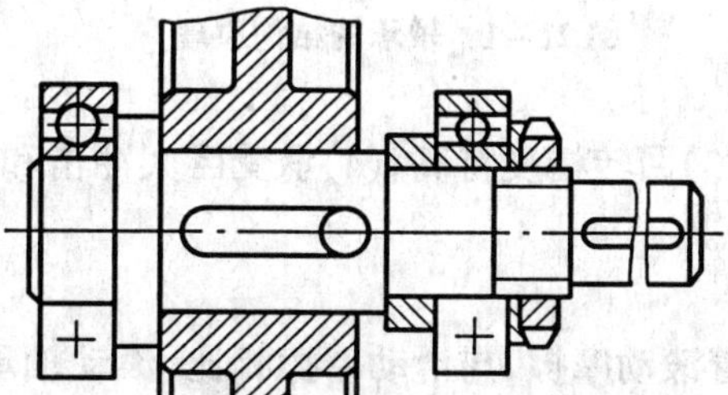

题 20－8 图

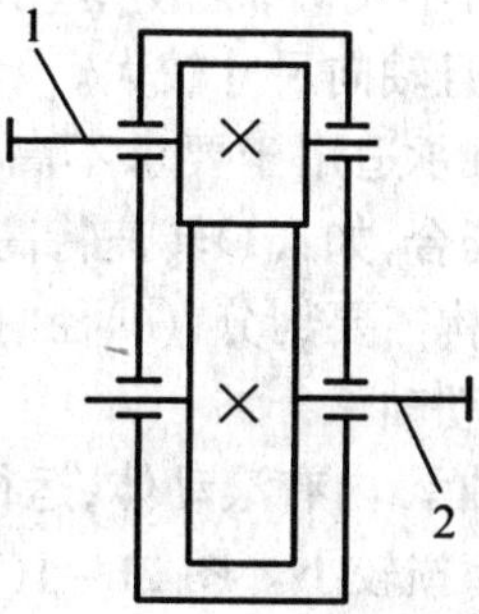

题 20－9 图

第21章 轴　　承

本章主要讲授滚动轴承的类型、代号及选择；滚动轴承的失效形式、寿命计算；滚动轴承的组合设计等。

21.1 概　　述

轴承的功能是支持作旋转运动的轴(包括轴上的零件)，保持轴的旋转精度，减小轴与支承间的摩擦和磨损。

按轴与轴承间的摩擦形式，轴承可分两大类：

(1)滑动轴承

滑动轴承工作时，轴与轴承间存在着滑动摩擦。为减小摩擦与磨损，在轴承内常加有润滑剂。图 21－1(a)所示为滑动轴承的结构原理图。

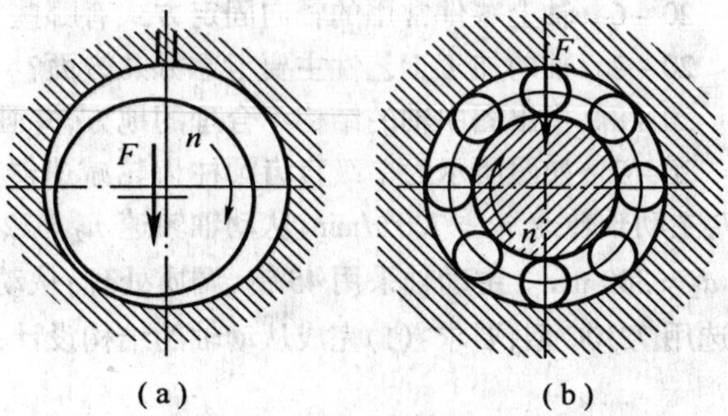

图 21－1　轴承的结构原理

滑动轴承结构简单、径向尺寸小、易于制造、便于安装，且具有工作平稳、无噪声、耐冲击和承载能力强等优点。但润滑不良时，会使滑动轴承迅速失效，并且轴向尺寸较大。

滑动轴承适用于要求不高或有特殊要求的场合，如：(1)转速特高，(2)承载特重，(3)回转精度特高，(4)承受巨大冲击和振动，(5)轴承结构需要剖分，(6)径向尺寸特小等场合。

(2)滚动轴承

滚动轴承 内有滚动体，运行时轴承内存在着滚动摩擦，与滑动摩擦相比，滚动轴承的摩擦因数与磨损较小。图 21－1(b)所示为滚动轴承的结构原理图。滚动轴承的摩擦阻力小，载荷、转速及工作温度的适用范围广，且为标准件，有专门厂家大批量生产，质量可靠，供应充足，润滑、维修方便，但径向尺寸较大，有振动和噪声。

由于滚动轴承的机械效率较高，对轴承的维护要求较低，因此在中、低转速以及精度要求较高的场合得到广泛应用。

本章主要介绍滚动轴承的选用及结构设计。

21.2 滚动轴承的结构、类型、代号及选用

21.2.1 滚动轴承的构造

如图 21－2 所示，滚动轴承由外圈 1、内圈 2、滚动体 3 和保持架 4 组成。通常内圈固定

在轴上随轴转动,外围装在轴承座孔内不动;但亦有外圈转动、内圈不动的使用情况。滚动体在内、外圈的滚道中滚动。保持架将滚动体均匀隔开,使其沿圆周均匀分布,减小滚动体之间的摩擦和磨损。滚动轴承的构造中,有的无外围或内圈,有的无保持架,但不能没有滚动体。

滚动体的形状有球形、圆柱形、圆锥形、鼓形、滚针形等多种(图 21-3)。滚动轴承的外圈、内圈、滚动体均采用强度高、耐磨性好的铬锰高碳钢制造。保持架多用低碳钢或铜合金制造,也可采用塑料及其他材料。

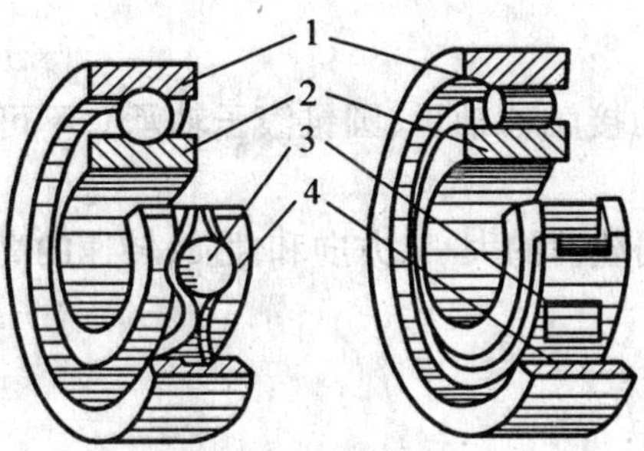

图 21-2 滚动轴承的构造

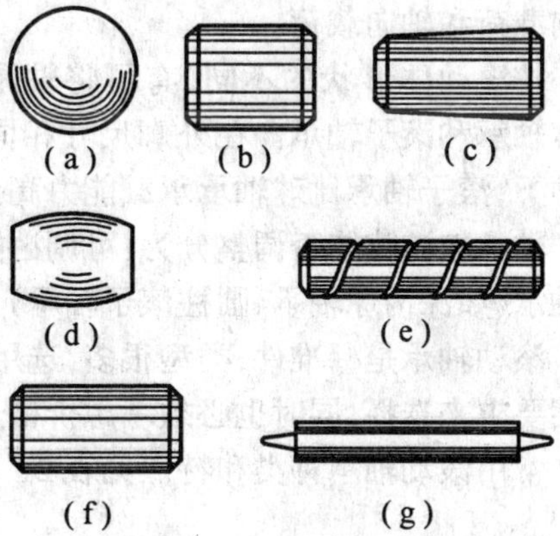

图 21-3 滚动体形状

(a)球形;(b)短圆柱形;(c)圆锥形;(d)鼓形;(e)空心螺旋形;(f)长圆柱形;(g)滚针形

21.2.2 滚动轴承的结构特性

1. 接触角

滚动体和外圈接触处的法线 nn 与轴承的径向平面(垂直于轴承轴心线的平面)的夹角 α(图 21-4),称为接触角。α 越大,轴承承受轴向载荷的能力越大。

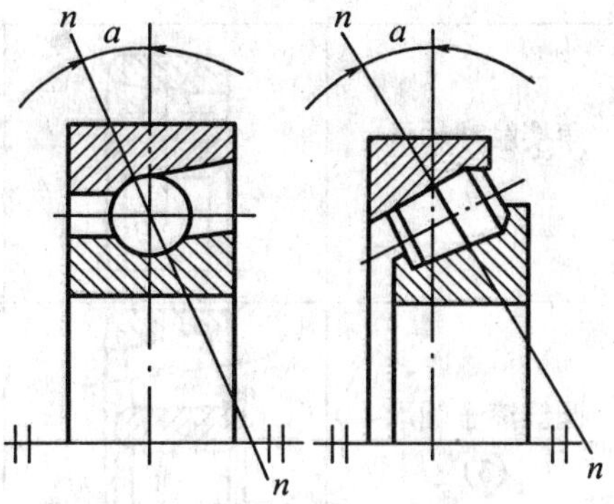

图 21-4 接触角

2. 游隙

滚动体和内、外圈之间存在一定的间隙,因此,内、外圈之间可以产生相对位移。其最大位移量称为游隙,分为轴向游隙和径向游隙(图 21-5)。游隙的大小对轴承寿命、噪声、温升等有很大影响,应按使用要求进行游隙的选择或调整。

3. 偏移角

轴承内、外圈轴线相对倾斜时所夹锐角,称为偏移角。能自动适应角偏移的轴承,称为调心轴承。

21.2.3 滚动轴承的主要类型及选择

按轴承所能承受的外载荷不同，可将轴承分为向心轴承、推力轴承和角接触轴承三大类。公称接触角 $\alpha=0°$为向心轴承，主要承受径向载荷。公称接触角 $\alpha=90°$为推力轴承，只能承受轴向载荷。公称接触角 $0°<\alpha<90°$为角接触轴承，可同时承受径向载荷和轴向载荷。

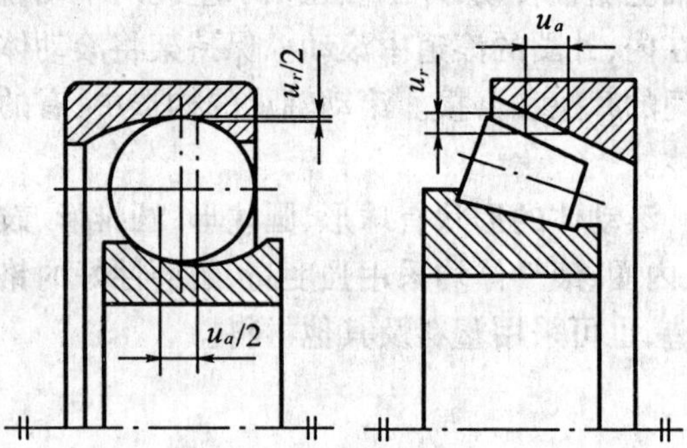

图 21－5

按滚动体形状的不同，有可将轴承分为球轴承和滚子轴承。在外廓尺寸相同的条件下，滚子轴承比球轴承承载能力高。

轴承按游隙能否调整分为：可调游隙轴承（如角接触球轴承、圆锥滚子轴承），不可调游隙轴承（如深沟球轴承、圆柱滚子轴承）

滚动轴承是标准件，类型很多，选用时主要根据载荷的大小、方向和性质；转速的高低及使用要求来选择，同时也必须考虑价格及经济性。

常用滚动轴承种类和特点见表 21－1。

表 21－1　常用滚动轴承类型及特点

类型及代号	结构简图	特点	极限转速	允许偏移角
深沟球轴承 (6)	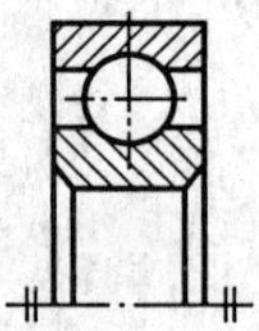	◇ 最典型的滚动轴承，用途广 ◇ 可以承受径向及两个方向的轴向载荷 ◇ 摩擦阻力小，适用于高速和有低噪声低振动的场合	高	2′～10′
角接触球轴承 (7)	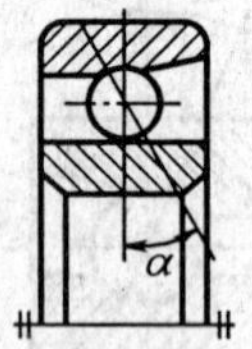	◇ 可以承受径向及单方向的轴向载荷 ◇ 一般将两个轴承面对面安装，用于承受两个方向的轴向载荷	较高	2′～10′
圆锥滚子轴承 (3)	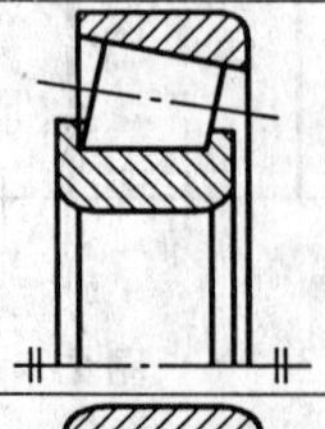	◇ 内外圈可分离 ◇ 可以承受径向及单方向的轴向载荷，承载能力大 ◇ 成对安装，可以承受两个方向的轴向载荷	中等	2′
圆柱滚子轴承 (*N*)	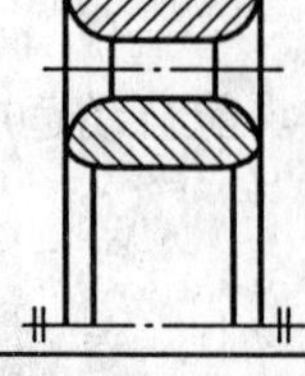	◇ 承载能力大 ◇ 可以承受径向载荷，刚性好 ◇ 内外圈可分离	高	2′～4′

表 21-1(续)

类型及代号	结构简图	特点	极限转速	允许偏移角
推力球轴承 (5)	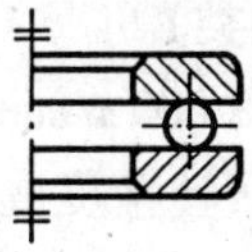	◇ 可以承受单方向的轴向载荷 ◇ 高速时离心力大	低	不允许
调心球轴承 (1)	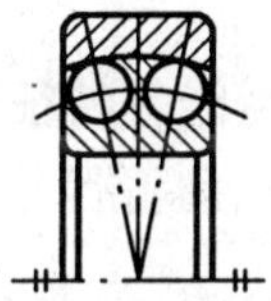	◇ 具有调心能力 ◇ 可以承受径向及两个方向的轴向载荷	中等	2°~3°
调心滚子轴承 (2)	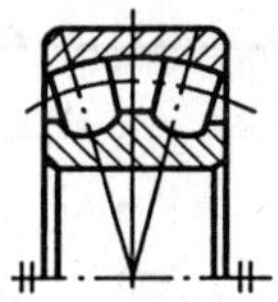	◇ 具有调心能力 ◇ 可以承受径向及两个方向的轴向载荷,径向承载能力强	低	1°~2.5°

滚动轴承类型选择示例:

例 21-1 吊车滑轮轴及吊钩(图 21-6(a)),起重量 $Q = 5 \times 10^4$ N。

解 滑轮轴轴承承受较大的径向载荷,转速低,考虑结构选用一对深沟球轴承(6 类)。吊钩轴承承受较大的单向轴向载荷,摆动,选用一套推力球轴承(5 类)。

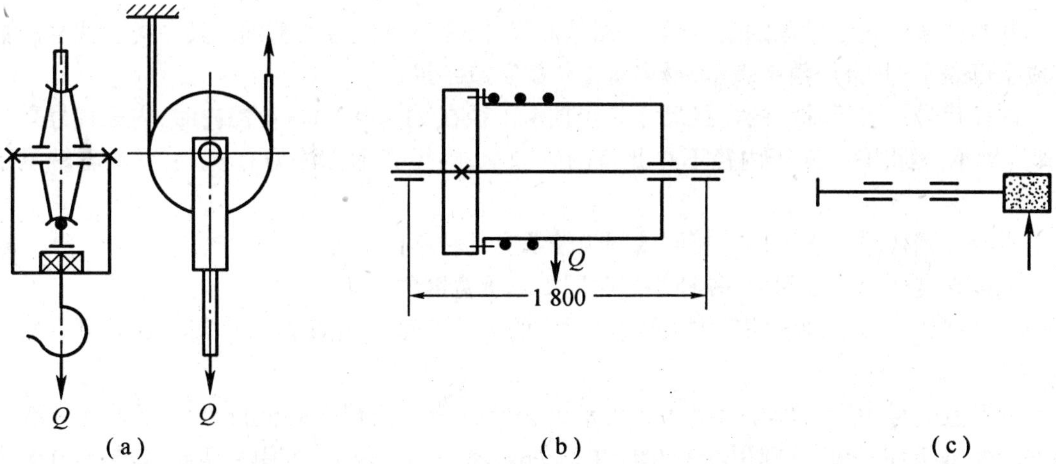

图 21-6 轴承类型选择示例

(a)吊车滑轮轴及吊钩;(b)起重机卷筒轴;(c)高速磨头

例 21－2　起重机卷筒轴(图 21－6(b)),起重量 $Q=3\times10^5$ N,转速 $n=30$ r/min,动力由直齿圆柱齿轮输入。

解　承受较大的径向载荷,转速低,支点跨距大;轴承座分别安装,对中性较差,轴承内、外圈间可能产生较大的角偏斜,选用一对调心滚子轴承(2 类)。

例 21－3　高速内圆磨磨头(图 21－6(c)),转速 $n=18\ 000$ r/min。

解　同时承受较小的径向和轴向载荷,转速高,要求回转精度高,选用一对公差等级为 P5 的角接触球轴承。

21.2.4　滚动轴承的代号

滚动轴承代号是表示其结构、尺寸、公差等级和技术性能等特征的产品符号,由字母和数字组成。按 GB/T272－93 的规定,轴承代号由基本代号、前置代号和后置代号构成,其排列见表 21－2。

表 21－2　轴承代号的构成

前置代号	基本代号			后置代号
字母	字母和数字			字母和数字
成套轴承分部件	×××	××	××	内部结构 密封、防尘与外部形状变化 保持架结构、材料改变 轴承材料 公差等级和游隙 其他
	类型代号	宽度系列代号 直径系列代号	内径代号	

基本代号　表示轴承的基本类型、结构和尺寸,是轴承代号的基础。其中类型代号用数字或字母表示,其余用数字表示,最多有 7 位数字或字母。

内径代号　表示轴承的内径尺寸。当轴承内径在 21～480 mm 范围内时,内径代号乘以 5 即为轴承公称内径;对于内径不在此范围的轴承,内径表示方法另有规定,可参看轴承手册。

直径系列代号　表示内径相同的同类轴承有几种不同的外径。

宽度系列代号　表示内、外径相同的同类轴承宽度的变化。

类型代号　表示轴承的基本类型,其对应的轴承类型参见表 21－1,其中 0 类可省去不写。

在后置代号中用字母和数字表示轴承的公差等级。按精度高低排列分为 2 级、4 级、5 级、6*x* 级、6 级和 0 级,分别用/P2,/P4,/P5,/P6x,P6 和/P0 表示,其中 2 级精度最高,0 级为普通级,在代号中省略。

有关前置代号和后置代号的其他内容可参阅有关轴承标准及专业资料。

代号举例:

71908/P5　其代号意义为:7－轴承类型为角接触球轴承,1－宽度系列代号,9－直径系列代号,08 – 内径为 40 mm,P5 – 公差等级为 5 级。

6204　其代号意义为:6 – 轴承类型为深沟球轴承,宽度系列代号为 0(省略),2 – 直径系列代号,04 – 内径为 20 mm,公差等级为 0 级(公差等级代号/P0 省略)。

21.3　轴承的组合设计

为了保证轴承的正常工作,除了合理选择轴承的类型和尺寸之外,还必须进行轴承的组合设计,妥善解决滚动轴承的固定、轴系的固定,轴承组合结构的调整,轴承的配合、装拆、润滑和密封等问题。

21.3.1　滚动轴承内、外圈的轴向固定

为了防止轴承在承受轴向载荷时,相对于轴或座孔产生轴向移动,轴承内圈与轴、外圈与座孔必须进行轴向固定,滚动轴承常用的内、外圈轴向固定方式见表 21 – 3。

表 21 – 3　滚动轴承常用内、外圈轴向固定方式

轴承内圈的轴向固定方式			轴承内圈的轴向固定方式	
名称	特点与应用		名称	特点与应用
轴肩	结构简单,外廓尺寸小,可承受大的轴向负荷	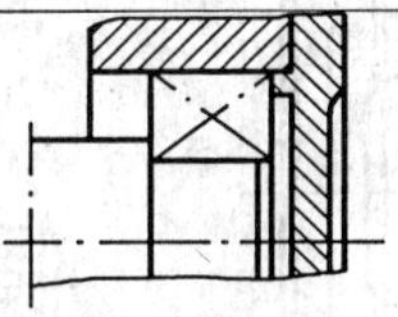	端盖	端盖可为通孔,以通过轴的伸出端,适于高速及轴向负荷较大的场合
弹性挡圈	由轴肩和弹性挡圈实现轴向固定,弹性挡圈可承受不大的轴向负荷,结构尺寸小	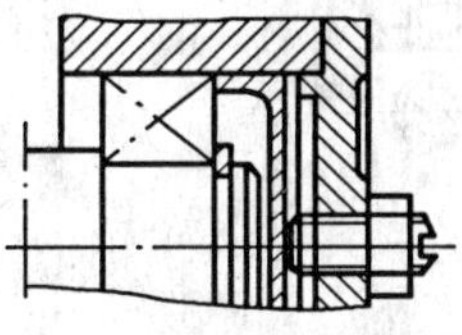	螺钉压盖	类似于端盖式,但便于在箱体外调节轴承的轴向游隙,螺母为防松措施
轴端挡板	由轴肩和轴端挡板实现轴向固定,销和弹簧垫圈为防松措施,适于轴端不宜切制螺纹或空间受限制的场合	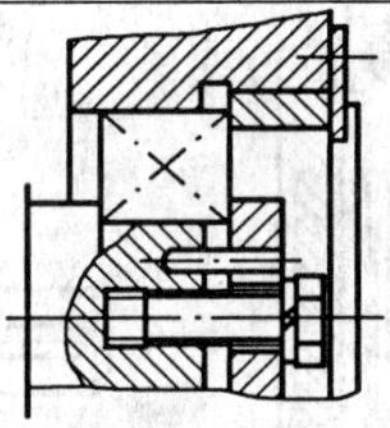	螺纹环	便于调节轴承的轴向游隙,应有防松措施,适于高转速,较大轴向负荷的场合
锁紧螺母	由轴肩和锁紧螺母实现轴向固定,有止动垫圈防松,安全可靠,适于高速重载	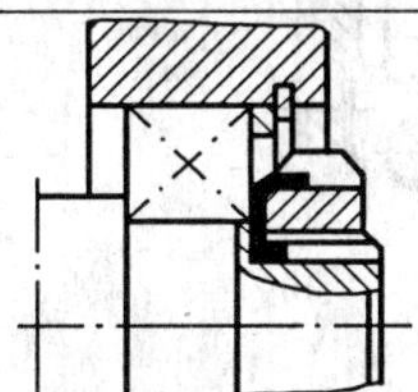	弹性挡圈	结构简单,拆装方便,轴向尺寸小,适于转速不高,轴向负荷不大的场合,弹性挡圈与轴承间的调整环可调整轴承的轴向游隙

21.3.2　轴系的固定

轴系固定的目的是防止轴工作时发生轴向窜动,保证轴上零件有确定的工作位置。常

用的固定方式有以下两种。

1.两端单向固定

如图 21－7 所示,两端的轴承都靠轴肩和轴承盖作单向固定,两个轴承的联合作用就能限制轴的双向移动。为了补偿轴的受热伸长,对于深沟球轴承,可在轴承外圈与轴承端盖之间留有补偿间隙 C,一般 $C=0.25\sim0.4$ mm;对于向心角接触轴承,应在安装时将间隙留在轴承内部。间隙的大小可通过调整垫片组的厚度实现。这种固定方式结构简单、便于安装、调整容易,适用于工作温度变化不大的短轴。

2.一端固定、一端游动支承

如图 21－8(a)所示,一端轴承的内、外圈均作双向固定,限制了轴的双向移动。另一端轴承外圈两侧都不固定。当轴伸长或缩短时,外圈可在座孔内作轴向游动。一般将载荷小的一端做成游动,游动支承与轴承盖之间应留用足够大的间隙,$C=3\sim8$ mm。对角接触球轴承和圆锥滚子轴承,不可能留有很大的内部间隙,应将两个同类轴承装在一端作双向固定,另一端采用深沟球轴承或圆柱滚子轴承做游动支承(图 21－8(b))。这种结构比较复杂,但工作稳定性好,适用于工作温度变化较大的长轴。

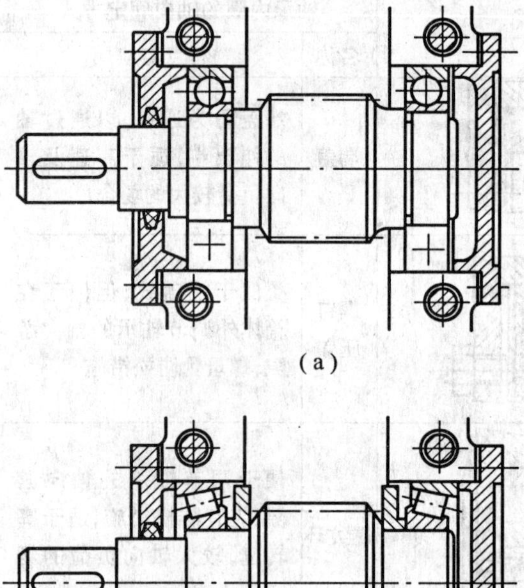

(a)

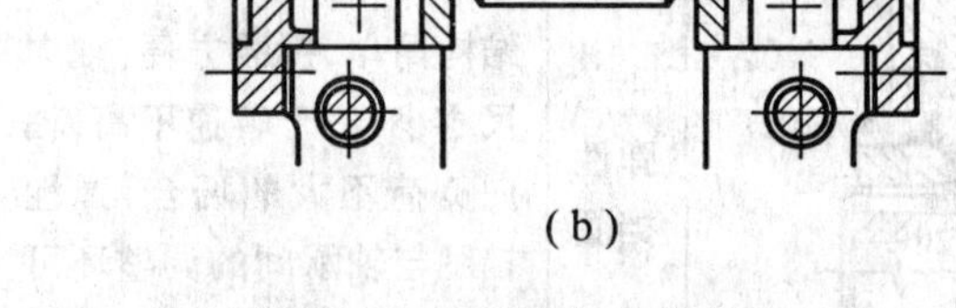

(b)

图 21－7 两端单向固定支承

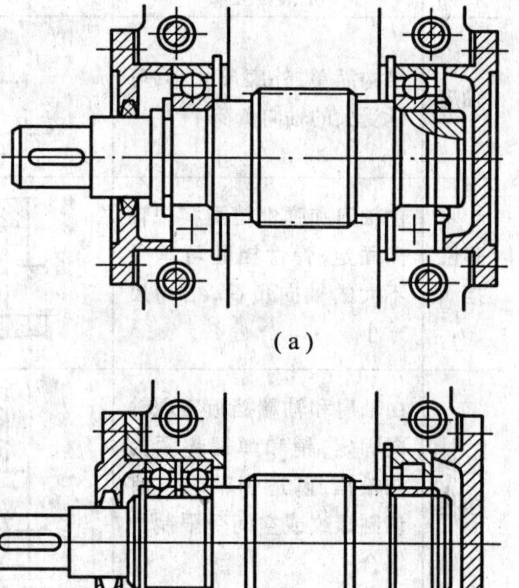

(a)

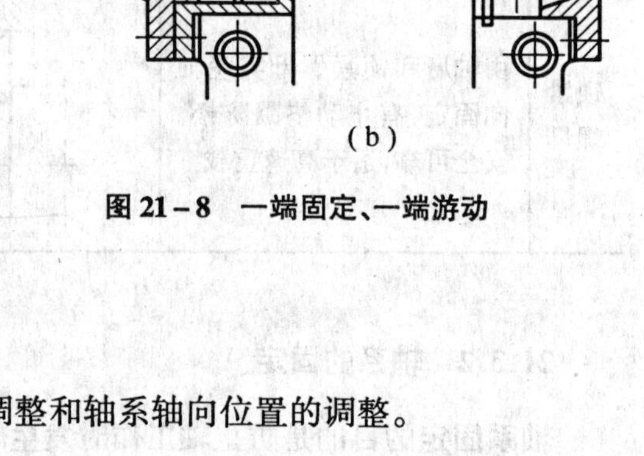

(b)

图 21－8 一端固定、一端游动

21.3.3 滚动轴承组合结构的调整

滚动轴承组合结构的调整包括轴承间隙的调整和轴系轴向位置的调整。

1.轴承间隙的调整

轴承间隙的大小将影响轴承的旋转精度、轴承寿命和传动零件工作的平稳性。轴承间隙调整的方法有：

(1)如图 21－9(a)所示，靠加减轴承端盖与箱体间垫片的厚度进行调整。

(2)如图 21－9(b)所示，利用调整环进行调整，调整环的厚度在装配时确定。

(3)如图 21－9(c)所示，利用调整螺钉推动压盖移动滚动轴承外圈进行调整，调整后用螺母锁紧。

2.轴承的预紧(图 21－10)

轴承预紧的目的是为了提高轴承的精度和刚度，以满足机器的要求。在安装轴承时要加一定的轴向预紧力，消除轴承内部的原始游隙，并使套圈与滚动体产生预变形，在承受外载后，仍不出现游隙，这种方法称为轴承的预紧。预紧的方法有：(1)在一对轴承内圈之间加金属垫片(图 21－10(a))；(2)磨窄外圈(图 21－10(b))，所加预紧力的传递路线参阅图 21－10(a)、(b)，图 21－10(c)为其结构图。

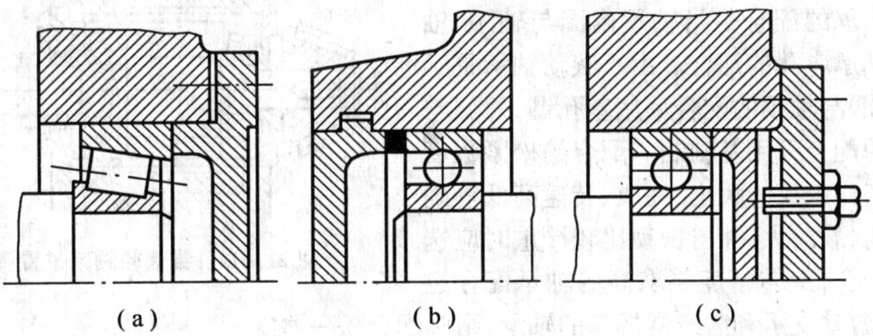

图 21－9　轴承间隙的调整

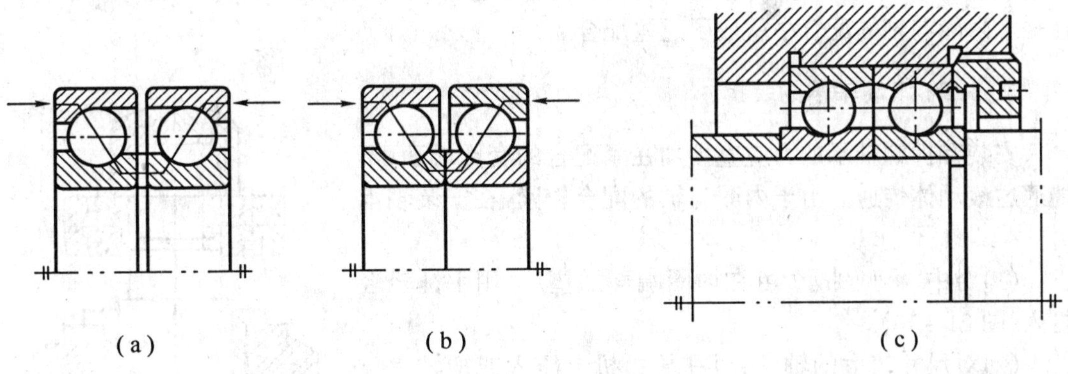

图 21－10　轴承的预紧

3.轴系轴向位置的调整

轴系轴向位置调整的目的是使轴上零件有准确的工作位置。如蜗杆传动，要求蜗轮的中间平面必须通过蜗杆轴线(图 21－11(a))；直齿锥齿轮传动，要求两锥齿轮的锥顶必须重合(图 21－11(b))。图 21－12 为锥齿轮轴的轴承组合结构，轴承装在套杯内，通过加减第 1

组垫片的厚度来调整轴承套杯的轴向位置，即可调整锥齿轮的轴向位置；通过加、减第2组垫片的厚度，则可以实现轴承间隙的调整。

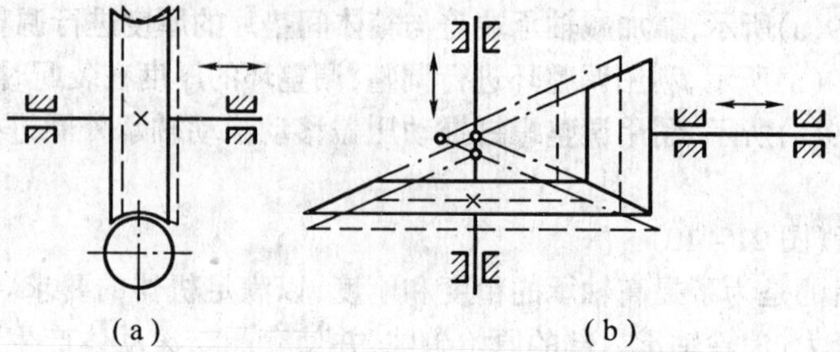

图 21－11　轴向位置要求

21.3.4　滚动轴承的配合

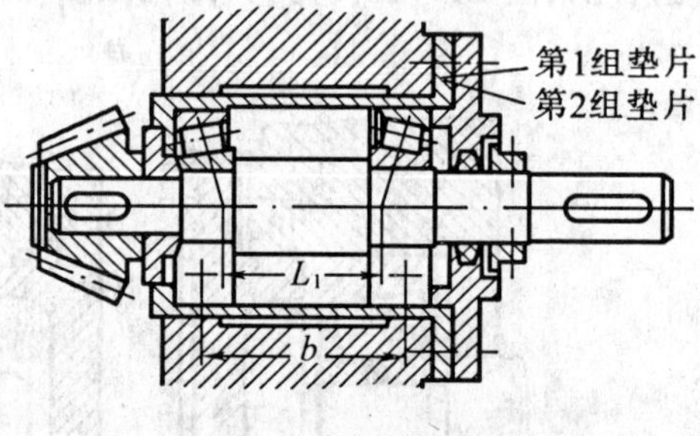

图 21－12　锥齿轮轴系位置调整

滚动轴承的配合是指轴承内圈与轴颈、轴承外圈与轴承座孔的配合。由于滚动轴承是标准件，故内圈与轴颈的配合采用基孔制，外圈与轴承座孔的配合采用基轴制。配合的松紧程度根据轴承工作载荷的大小、性质、转速高低等确定。转速高、载荷大、冲击振动比较严重时应选用较紧的配合，旋转精度要求高的轴承配合也要紧一些；游动支承和需经常拆卸的轴承，则应配合松一些。

对于一般机械，轴与内圈的配合常选用 m6、k6、js6 等，外圈与轴承座孔的配合常选用 J7、H7、G7 等。由于滚动轴承内径的公差带在零线以下，因此，内圈与轴的配合比圆柱公差标准中规定的基孔制同类配合要紧些。如圆柱公差标准中 H7/k6、H7/m6 均为过渡配合，而在轴承内圈与轴的配合中就成了过盈配合。

21.3.5　滚动轴承的装拆

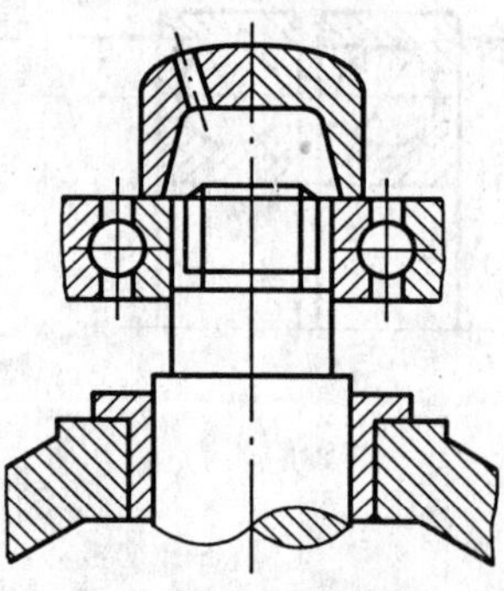
图 21－13　安装轴承内圈

安装和拆卸轴承的力应直接加在紧配合的套圈端面，不能通过滚动体传递。由于内圈与轴的配合较紧，在安装轴承时：

(1)对中、小型轴承，可在内圈端面加垫后，用手锤轻轻打入(图 21－13)。

(2)对尺寸较大的轴承，可在压力机上压入或把轴承放在油里加热至 80 ℃～100 ℃，然后取出套装在轴颈上。

(3)同时安装轴承的内、外圈时，须用特制的安装工具(图 21－14)。

轴承的拆卸可根据实际情况按图 21－15 实施。为使拆卸工具的钩头钩住内圈，应限制轴肩高度。轴肩高度可查设计手册。

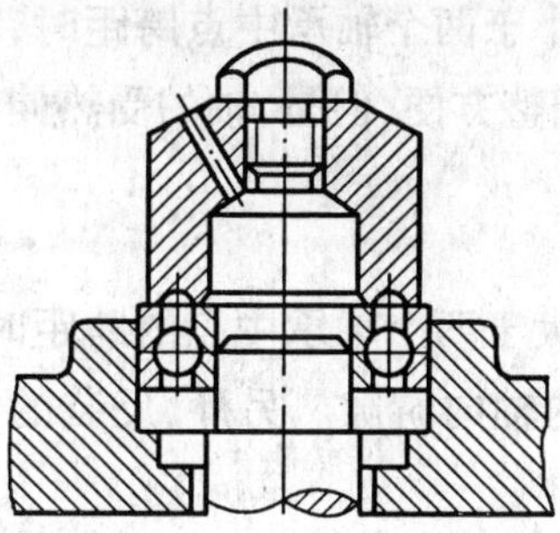

图 21－14　同时安装轴承的内、外圈

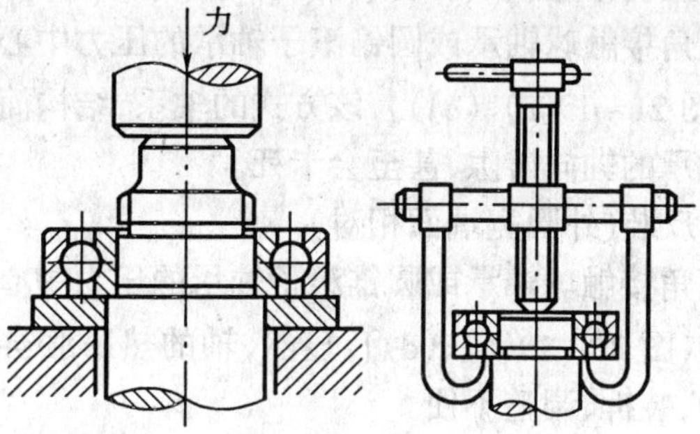

图 21－15　轴承的拆卸

内、外圈可分离的轴承，其外圈的拆卸可用压力机、套筒或螺钉顶出，也可以用专用设备拉出。为了便于拆卸，座孔的结构一般采用图 21－16 的形式。

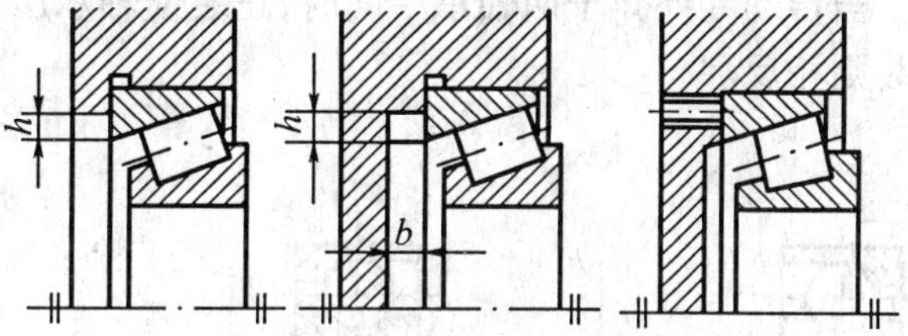

图 21－16　便于外圈拆卸的座孔结构

21.3.6　支承部位的刚度和同轴度

为保证支承部分的刚度，轴承座孔壁应有足够的厚度，并设置加强肋以增强刚度。（图 21－17）

为保证支承部分的同轴度，同一轴上两端的轴承座孔必须保持同心。为此，两端轴承座孔的尺寸应尽量相同，以便加工时一次镗出，减少同轴度误差。若轴上装有不同外径尺寸的轴承时，可采用套杯结构。（图 21－18）

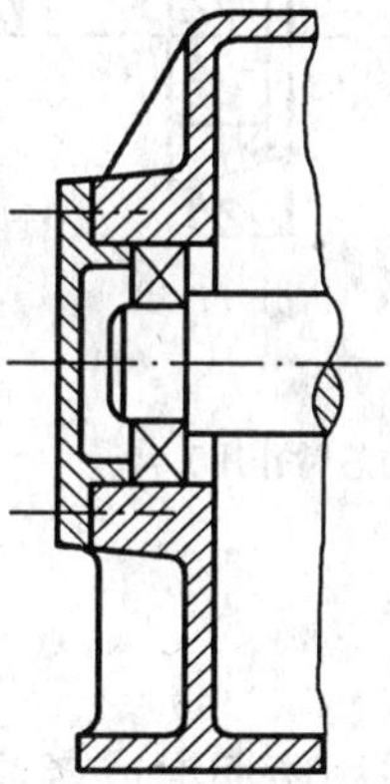

图 21－17　支承部位刚度

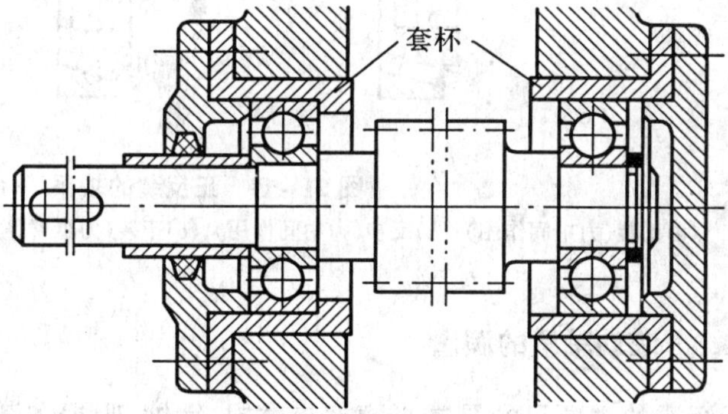

图 21－18　轴承座孔的同轴度

21.3.7　角接触球轴承和圆锥滚子轴承的排列方式

角接触球轴承和圆锥滚子轴承一般成对使用，根据调整、安装以及使用场合的不同，有如下两种排列方式。

1. 正装(外圈窄端面相对)

两角接触球轴承或圆锥滚子轴承的压力中心距离$\overline{O_1O_2}$小于两个轴承中点跨距时，称为正装(图 21-19(a)、(c))。该方式的轴系，结构简单，装拆、调整方便，但是，轴的受热伸长会减小轴承的轴向游隙，甚至会卡死。

2. 反装(外圈宽端面相对)

两角接触球轴承或圆锥滚子轴承的压力中心距离$\overline{O_1O_2}$大于两个轴承中点的跨距时，称为反装(图 21-19(b)、(d))，显然，轴的热膨胀会增大轴承的轴向游隙。另外，反装的结构较复杂，装拆、调整不便。

3. 正、反装的刚度分析

当传动零件悬臂安装时，反装的轴系刚度比正装的轴系高，这是因为反装的轴承压力中心距离较大，使轴承的反力、变形及轴的最大弯矩和变形均小于正装。

当传动零件介于两轴承中间时，正装使轴承压力中心距离减小而有助于提高轴的刚度，反装则相反。

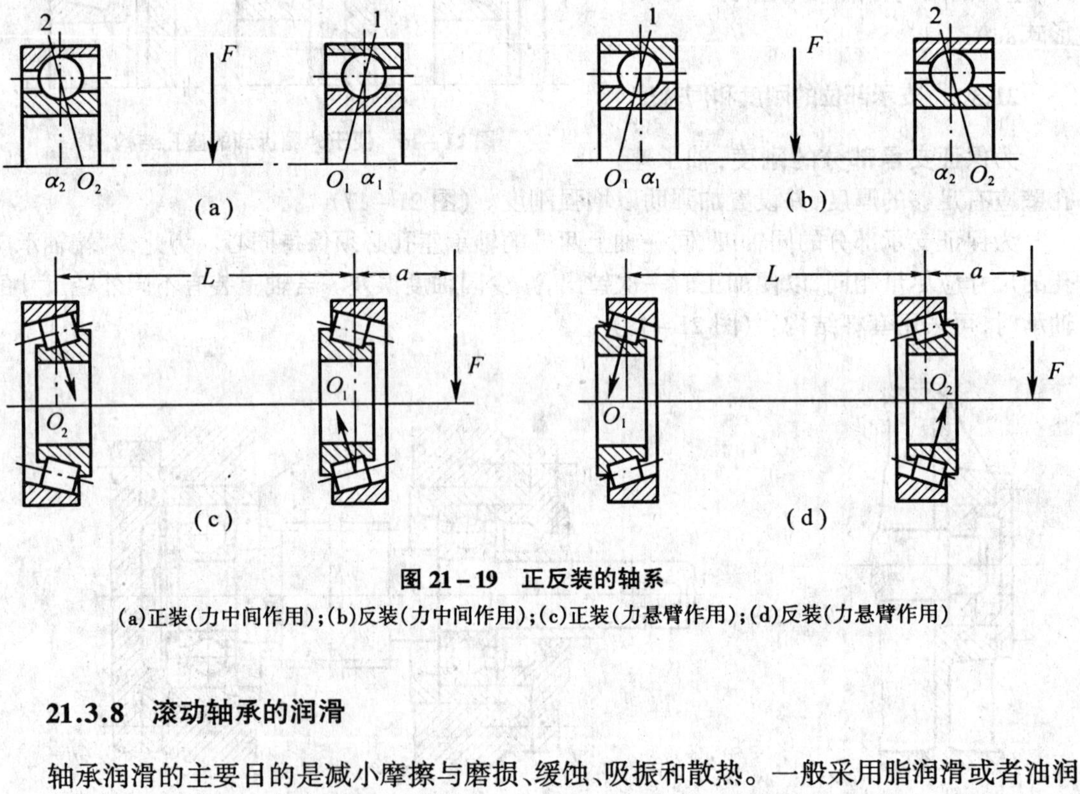

图 21-19 正反装的轴系

(a)正装(力中间作用)；(b)反装(力中间作用)；(c)正装(力悬臂作用)；(d)反装(力悬臂作用)

21.3.8 滚动轴承的润滑

轴承润滑的主要目的是减小摩擦与磨损、缓蚀、吸振和散热。一般采用脂润滑或者油润滑。

多数滚动轴承采用脂润滑。润滑脂粘性大，不易流失，便于密封和维护，且不需经常添加；但转速较高时，功率损失较大。润滑脂的填充量不能超过轴承空间的 $l/3 \sim l/2$。油润滑的摩擦阻力小，润滑可靠，但需要供油设备和较复杂的密封装置。当采用油润滑时，油面高度不能超出轴承中最低滚动体的中心。高速轴承宜采用喷油或油雾润滑。

轴承内径与转速的乘积 dn 值可作为选择润滑方式的依据。

21.3.9 滚动轴承的密封

密封的目的是为了防止外部的灰尘、水分及其他杂物进入轴承,并阻止轴承内润滑剂的流失。

密封分接触式密封和非接触式密封。

(1)接触式密封

接触式密封是在轴承盖内放毡圈、皮碗,使其直接与轴接触,起到密封作用。由于工作时,轴与毛毡等相互摩擦,故这种密封适用于低速,且要求接触处轴的表面硬度大于40HRC,粗糙度 $R_a < 0.8\ \mu m$。

①毡圈密封(图21－20(a))。矩形毡圈压在梯形槽中与轴接触,适用于脂润滑,环境清洁,轴颈圆周速度 $v < 4 \sim 5$ m/s,工作温度 < 90 ℃的场合。

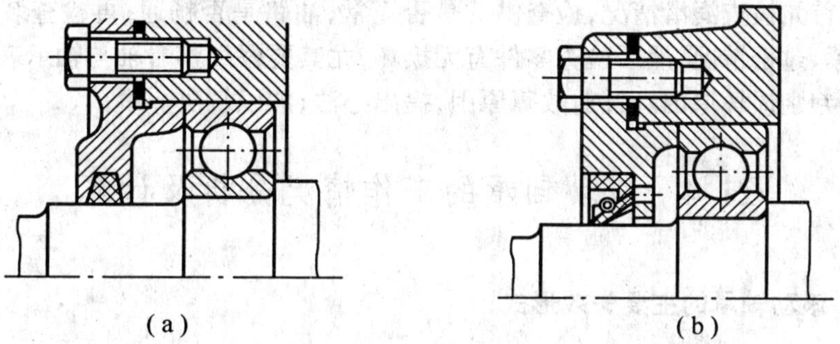

图21－20 接触式密封

②密封圈密封(图21－20(b))。密封圈由皮革或橡胶制成,有或无骨架,利用环形螺旋弹簧,将密封圈的唇部压在轴上,图中唇部向外,可防止尘土人内;如唇部向内,可防止油泄漏。密封圈密封适用于油润滑或脂润滑,轴颈圆周速度 $v < 7$ m/s,工作温度在－40～100 ℃的场合,密封圈为标准件。

(2)非接触式密封

非接触式密封是利用狭小和曲折的间隙密封,不直接与轴接触,故可用在高速场合。

①间隙密封(图21－21(a))。在轴与轴承盖间,留有细小的环形间隙,半径间隙为0.1～0.3 mm,中间填以润滑脂。它用于工作环境清洁、干燥的场合。

②迷宫密封(图21－21(b))。在轴与轴承盖间有曲折的间隙,纵向间隙要求1.5～2 mm,以防轴受热膨胀。迷宫密封适用于脂润滑或油润滑,工作环境要求不高,密封可靠的场合。

也可将毡圈和迷宫组合使用,其密封效果更好。

21.3.10 轴承的维护

轴承的维护工作,除保证良好的润滑、完善的密封外,还要注意观察和检查轴承的工作情况,防患于未然。

设备运行时,若出现:(1)工作条件未变,轴承突然温度升高,且超过允许范围;(2)工作条件未变,轴承运转不灵活,有沉重感;转速严重滞后;(3)设备工作精度显著下降,达不到标

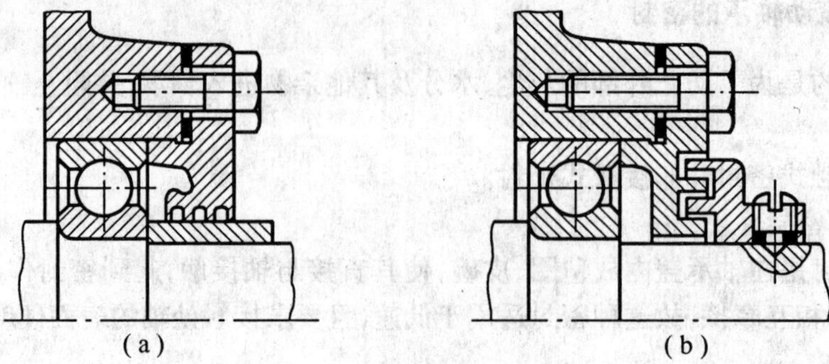

图 21-21 非接触式密封

准;(4)滚动轴承产生噪声或振动等异常状态,应停机检查。

检查时,首先检查润滑情况,检查供油是否正常,油路是否畅通;再检查装配是否正确,有无游隙过紧、过松情况;然后检查零件有无损坏,尤其要仔细察看轴与轴承表面状态,从油迹、伤痕可以判别损坏原因。针对故障原因,提出办法,加以解决。

21.4 滚动轴承的工作情况分析及计算

21.4.1 滚动轴承的主要失效形式

1.疲劳点蚀

疲劳点蚀使轴承产生振动和噪声,旋转精度下降,影响机器的正常工作,是一般滚动轴承的主要失效形式。

2.塑性变形

当轴承转速很低($n \leqslant 10$ r/min)或间歇摆动时,一般不会发生疲劳点蚀,此时轴承往往因受过大的静载荷或冲击载荷而产生塑性变形,使轴承失效。

磨损、润滑不良、杂质和灰尘的侵入都会引起磨损,使轴承丧失旋转精度而失效。

21.4.2 滚动轴承的设计准则

1.对于一般运转的轴承,为防止疲劳点蚀发生,以疲劳强度计算为依据,称为轴承的寿命计算;

2.对于不回转、转速很低($n \leqslant 10$ r/min)或间歇摆动的轴承,为防止塑性变形,以静强度计算为依据,称为轴承的静强度计算。

21.4.3 轴承的寿命计算

(一)寿命计算中的基本概念

(1)寿命 滚动轴承的寿命是指轴承中任何一个滚动体或内、外圈滚道上出现疲劳点蚀前轴承转过的总圈数,或在一定转速下总的工作小时数。

(2)基本额定寿命 一批类型、尺寸相同的轴承,材料、加工精度、热处理与装配质量不可能完全相同。即使在同样条件下工作,各个轴承的寿命也是不同的。在国标中规定以基本额定寿命作为计算依据。基本领定寿命是指一批相同的轴承，在同样工作条件下，其中10%的轴承产生疲劳点蚀时转过的总圈数，或在一定转速下总的工作小时数。

(3)额定动载荷　基本额定寿命为 10^6 转时轴承所能承受的载荷，称为额定动载荷，以“C”表示，轴承在额定动载荷作用下，不发生疲劳点蚀的可靠度是90%。各种类型和不同尺寸轴承的 C 值可查设计手册。

(4)额定静载荷　轴承工作时，受载最大的滚动体与内、外圈滚道接触处的接触应力达到一定值(向心和推力球轴承为4 200 MPa，滚子轴承为4 000 MPa)时的静载荷，称为额定静载荷，用“C_0”表示，其值可查设计手册。

(5)当量载荷　额定动、静载荷是向心轴承只承受径向载荷、推力轴承只承受轴向载荷的条件下，根据试验确定的。实际上，轴承承受的载荷往往与上述条件不同，因此，必须将实际载荷等效为一假想载荷，这个假想载荷称为当量动、静载荷，以“P”表示。

(二)寿命计算

$$L_h = \frac{10^6}{60n}\left(\frac{f_T C}{f_P P}\right)^{\varepsilon} \tag{21-1}$$

在实际应用中，额定寿命常用给定转速下运转的小时数 L_h 表示。考虑到机器振动和冲击的影响，引入载荷因数 f_P(表21－4)；考虑到工作温度的影响，引入了温度因数 f_T(表21－5)。实用的寿命计算公式为

$$C_C = \frac{f_P p}{f_T}\sqrt[3]{\frac{60nL_h'}{10^6}} \leqslant C \tag{21-2}$$

若当量动载荷 P 与转速 n 均已知，预期寿命 L_h' 已选定，则可根据式(21－2)选择轴承型号。

式中，C_C 为计算额定动载荷(kN)；C 为额定动载荷(kN)，可查设计手册；ε 为寿命指数，球轴承 $\varepsilon=3$，滚子轴承 $\varepsilon=10/3$。

表21－4　载荷因数 f_P

载荷性质	f_P	举　例
无冲击或有轻微冲击	1.0～1.2	电动机、汽轮机、通风机、水泵
中等冲击和振动	1.2～1.8	车辆、机床、内燃机、起重机、冶金设备、减速器
强大冲击和振动	1.8～3.0	破碎机、轧钢机、石油钻机、振动筛

表21－5　温度因数 f_T

轴承工作温度/℃	100	125	150	175	200	225	250	300
温度系数 f_T	1	0.95	0.90	0.85	0.80	0.75	0.70	0.60

(三)当量动、静载荷的计算

当量动载荷是一假想载荷，在该载荷作用下，轴承的寿命与实际载荷作用下的寿命相同。当量动载荷 P 的计算式为

$$P = XF_r + YF_a \tag{21-3}$$

式中 X——径向载荷因数(表21-6);

Y——轴向载荷因数(表21-6);

F_r——轴承承受的径向载荷;

F_a——轴承承受的轴向载荷。

对于只承受径向载荷的轴承,当量动载荷为轴承的径向载荷 F_r,即

$$P = F_r \tag{21-4}$$

对于只承受轴向载荷的轴承,当量动载荷为轴承的轴向载荷 F_a,即

$$P = Fa \tag{21-5}$$

表 21-6 单列向心轴承的径向载荷系数 x 和轴向载荷系数 y

轴承类型		F_a/C_0	e	$F_a/F_r>e$		$F_a/F_r\leqslant e$	
				X	Y	X	Y
深沟球轴承(6类)		0.014	0.19	0.56	2.30	1	0
		0.028	0.22		1.99		
		0.056	0.26		1.71		
		0.084	0.28		1.55		
		0.11	0.30		1.45		
		0.17	0.34		1.31		
		0.28	0.38		1.15		
		0.42	0.42		1.04		
		0.56	0.44		1.00		
角接触球轴承(7类)	7000C($\alpha=15°$)	0.015	0.38	0.44	1.47	1	0
		0.029	0.40		1.40		
		0.058	0.43		1.30		
		0.087	0.46		1.23		
		0.12	0.47		1.19		
		0.17	0.50		1.12		
		0.29	0.55		1.02		
		0.44	0.56		1.00		
		0.58	0.56		1.00		
	7000AC($\alpha=25°$)	—	0.68	0.41	0.87	1	0
	7000B($\alpha=40°$)	—	1.14	0.35	0.57	1	0
圆锥滚子轴承(3类)		—	见附表	0.40	见附表	1	0

(四)向心角接触轴承轴向载荷的计算

1.向心角接触轴承的内部轴向力

由于向心角接触轴承有接触角,故轴承在受到径向载荷作用时,承载区内滚动体的法向力分解,产生一个轴向分力 S(图21-22)。S 是在径向载荷作用下产生的轴向力,通常称为内部轴向力,其大小按表21-9计算。内部轴向力的方向沿轴向,由轴承外圈的宽边指向窄

边。

表 21-9 向心角接触轴承的内部轴向力

圆锥滚子轴承	角接触球轴承		
3000 型	7000C 型	7000AC 型	7000B 型
$S=F_r/(2Y)$	$S=0.4\ F_r$	$S=0.7\ F_r$	$S=\ F_r$

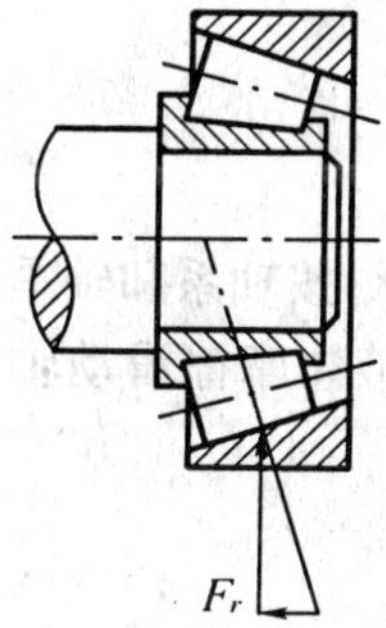

图 21-22 内部轴向力

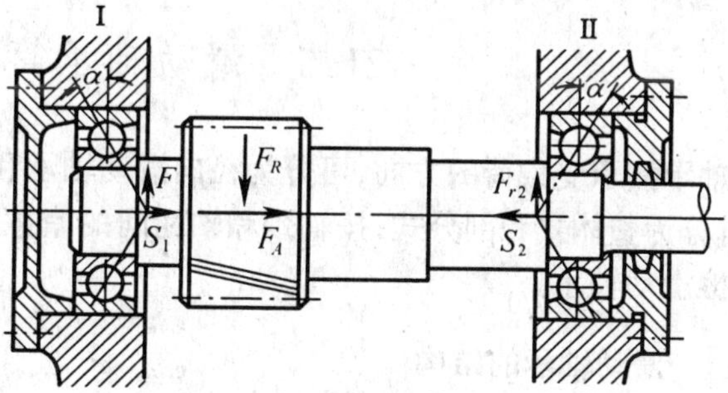

图 21-23 角接触轴承的轴向力

2.向心角接触轴承的实际轴向载荷

向心角接触轴承在使用时实际所受的轴向载荷 F_x,除与外加轴向载荷 F_x:(图 21-23)有关外,还应考虑内部轴向力 S 的影响。计算两支点实际轴向载荷的步骤如下:

(1)先计算出两支点内部轴向力 S_1、S2的 大小,并绘出其方向。

(2)将外加轴向载荷 F_x 及与之同向的内部轴向力之和与另一内部轴向力进行比较,以判定轴承的“压紧”端与“放松”端。

(3)“放松”端轴承的轴向载荷等于它本身的内部轴向力。

(4)“压紧”端轴承的轴向载荷等于除了它本身的内部轴向力的代数和。

例 21-4 设某水泵转速 $n=2\ 900$ r/min,轴颈直径 $d=35$ mm,轴的两端受径向载荷 $F_{r1}=F_{r2}=1\ 810$ N,轴向载荷 $F_A=740$ N,预期寿命 $L'_h=5\ 000$ h,试选择轴承型号。

解 水泵轴主要承受径向载荷($F_r>F_a$),转速相当高,所以选深沟球轴承(6 类);因水泵承受的是中等载荷,则选 0 类宽度系列和 3 类直径系列(注:不是唯一的选择);根据轴颈直径 $d=35$ mm,所以选用 6307 轴承,水泵属一般通用机械,对轴承的精度和游隙无特殊要求。

例 21-5 按上例,轴的两端用一对 6307 型号的轴承支承,$d=35$ mm,设轴承 1 为游动端,轴承 2 为固定端,$F_{r1}=F_{r2}=1\ 810$ N,$F_A=740$ N,水泵工作时有轻微冲击,轴承正常工作温度低于 100 ℃,试校核轴承寿命。

解 轴承 1 为游动端,不承受轴向载荷,轴向载荷由轴承 2 承受,即 $F_{a2}=F_A$,

(1)按 6307 轴承由附表 21-1 查得 $C_o=19.2$ kN,则 $F_a/C_o=F_a/C_o=740/19\ 200=0.038\ 5$,以此值由表 21-6,插值得界限值 $e=0.231$。

(2)因 $F_{a2}/F_{r2}=740/1\ 810=0.409>e$,根据 $F_a/C_o=0.038\ 5$,插值查得 $Y=1.87$,$X=$

0.56。

(3)计算径向当量动载荷

$$P_1 = F_{r1} = 1\,810\ \text{N}$$

$$P_2 = XF_{r2} + YF_{a2} = 0.56 \times 1\,810 + 1.87 \times 740 = 2\,397\ \text{N}$$

按已知条件查表得 $f_P = 1.1$,$f_T = 1$,球轴承 $\varepsilon = 3$,由公式 21-2 得:

$$C_C = \frac{f_P P}{f_T}\sqrt[\varepsilon]{\frac{60nL'_h}{10^6}} = \frac{1.1 \times 2\,397}{1}\sqrt[3]{\frac{60 \times 2\,900 \times 5\,000}{10^6}} = 25.17\ \text{kN}$$

由附表 21-1 查得 6307 轴承 $C = 33.2\ \text{kN} > C_C$,轴承合格。

21.5 滑动轴承简介

滑动轴承按承受载荷的方向,可分为径向滑动轴承和推力滑动轴承;按轴系和轴承装拆的需要,可分为整体式和剖分式;按轴颈和轴瓦间的摩擦状态,可分为液体摩擦滑动轴承和非液体摩擦滑动轴承。

21.5.1 滑动轴承的结构

1. 径向滑动轴承

(1)整体式径向滑动轴承

如图 21-24 所示,它的结构由轴承座 1、轴套 2 和润滑装置等部分组成。这种轴承结构简单、成本低,但装拆时轴或轴承需作轴向移动,且轴承磨损后间隙无法调整。整体式径向滑动轴承多用于间歇工作、低速轻载的机械中。

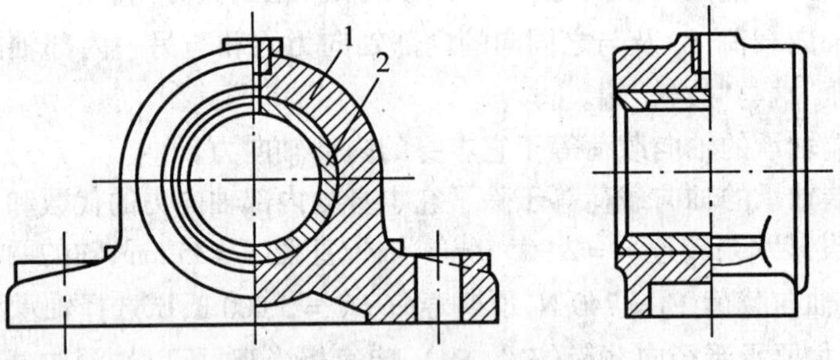

图 21-24 整体式径向滑动轴承

1—轴承座;2—轴瓦

(2)剖分式径向滑动轴承

如图 21-25 所示,它的结构由轴承座 1、轴承盖 2、轴瓦 3 和 4 及双头螺柱等组成。在轴承座和轴承盖的剖分面上制有阶梯形定位止口,以便于安装时对心。剖分式径向滑动轴承装拆方便,轴瓦磨损后,可通过适当减薄剖分面间的垫片并进行刮瓦,来调整轴颈与轴瓦间的间隙,因此这种轴承得到了广泛的应用。

2. 推力滑动轴承

图 21-25 所示为推力滑动轴承,它的结构由轴承座 1、衬套 2、轴瓦 3 和推力轴瓦 4 组成。推力轴瓦底部为球面,这就使轴瓦工作表面受力均匀。

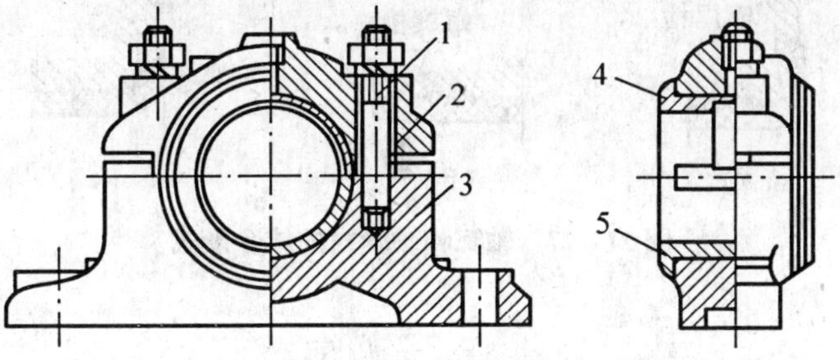

图 21－25　剖分式径向滑动轴承

1—螺栓;2—轴承盖;3—轴承座;4、5—轴瓦

推力滑动轴承按支承面的形式不同,可分为实心式、单环式、空心式和多环式四种(图 21－26)。实心式结构简单,但工作面上压力分布不均匀,一般多采用后几种结构形式。其中,多环式承载能力较大,且能承受双向轴向载荷。

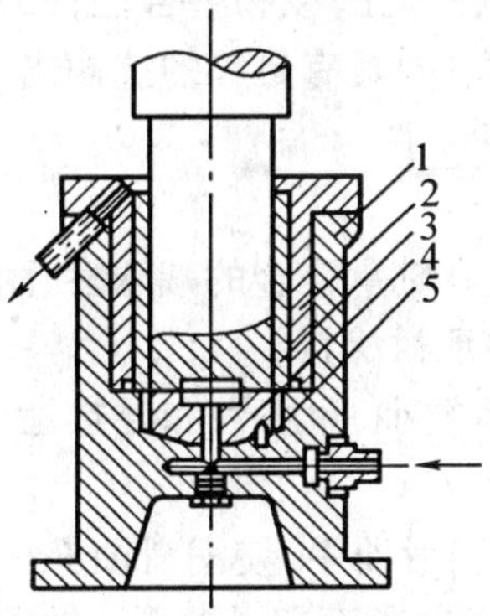

图 21－25　推力滑动轴承

1—轴承座;2—衬套;3—轴瓦;
4—推力轴瓦;5—销钉

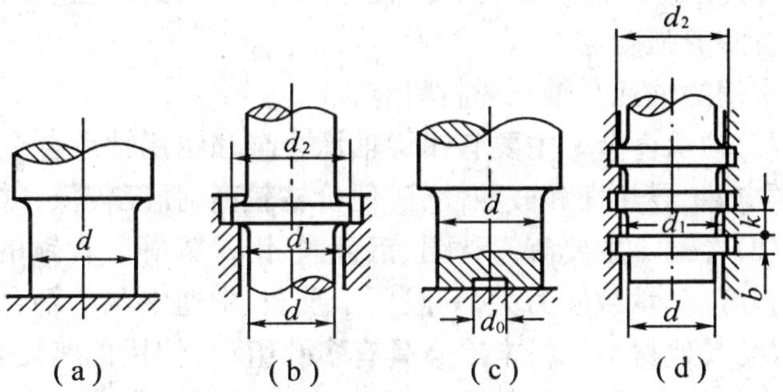

图 21－26　推力滑动轴承轴颈的结构形式

(a)实心式;(b)单环式;(c)空心式;(d)多环式

21.5.2　轴瓦和轴承衬

轴瓦是滑动轴承中直接与轴颈相接触的零件。工作时,轴瓦和轴颈的工作表面之间存在一定的相对滑动速度,因此从摩擦、磨损、润滑和导热等方面都对轴瓦的结构和材料提出了要求。

1. 轴瓦的结构

常用的轴瓦结构有整体式和剖分式,整体式轴瓦又称轴套 。轴瓦用于剖分式轴承,轴套用于整体式轴承。在轴瓦内表面上浇注一层很薄的减摩材料,称为轴承衬。为使轴承衬牢固粘附在轴瓦上,常在轴瓦内表面制出沟槽(图 21－27)。

为使润滑油均匀分布于轴瓦工作表面上,在轴瓦的非承载区开有油孔和油沟,常用的油沟形式如图 21－28 所示。

2. 轴瓦和轴承衬的材料

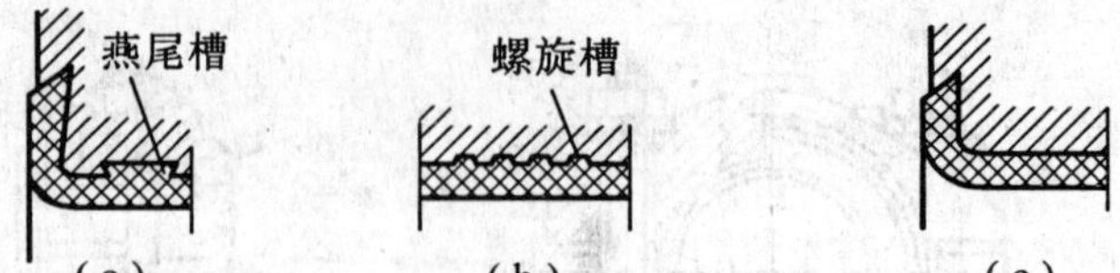

图 21-27 轴瓦和轴承衬的结合形式

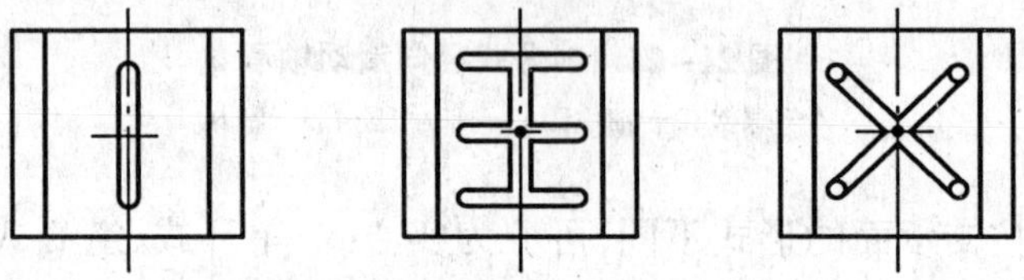

图 21-28 油孔和油槽

轴瓦和轴承衬的材料应具有如下性能:(1)具有良好的减摩性、耐磨性和磨合性;(2)具有良好的顺应性和嵌藏性;(3)良好的导热性、工艺性和耐腐蚀性;(4)具有足够的抗冲击、抗压和抗疲劳强度。

常用的轴瓦和轴承衬材料有:

(1)轴承合金　主要有锡锑轴承合金和铅锑轴承合金两大类。轴承合金的减摩性、耐磨性、顺应性、导热性和嵌藏性好,但价格较高、强度较低,常用作轴承衬材料。

(2)青铜　主要有锡青铜、铝青铜、铅青铜等。青铜的摩擦因数小、耐磨性和导热性好、机械强度高、承载能力大,一般用于重载、中速中载的场合。

(3)其他材料　粉末冶金具有多孔组织,使用前将轴承浸入润滑油中,使润滑油充分渗入多孔组织。运转时,轴瓦温度升高,油的热膨胀使油自动进入滑动表面润滑轴承。轴承一次进油后可使用较长时间,常用于不便加油的场合。

灰铸铁和球墨铸铁价格低廉,常用于低速、轻载的场合。

非金属轴承材料主要有塑料、硬木、橡胶和石墨等,其中塑料应用最多。塑料的摩擦因数小、耐腐蚀、抗冲击,但导热性差、易变形,常用于低速、轻载和不宜使用油润滑的场合。常用轴瓦和轴承衬的材料及性能见表 21-8。

表 21-8 常用轴瓦和轴承衬的材料及性能

材料	牌号	$[p]$ /MPa	$[v]$ /$(m\cdot s^{-1})$	$[pv]$ /$(MPa\cdot m\cdot s^{-1})$	应用
锡锑轴承合金	ZSnSb11Cu6	25	80	20	用于高速、重载的重要轴承
	ZSnSb8Cu4	20	60	15	
铅锑轴承合金	ZPbSb16Sn16Cu2	15	12	10	用于中速、中载的轴承,不宜承受冲击载荷
	ZCuSn5Pb5Zn5	5	6	5	

表 21－8(续)

材料	牌号	[p] /MPa	[v] /($m\cdot s^{-1}$)	[pv] /($MPa\cdot m\cdot s^{-1}$)	应用
锡青铜	ZCuSn10Zn2	15	10	15	用于中速、重载和变载荷的轴承
	ZCuSn10Pb1	5	3	10	用于中速、中载的 轴承
铅青铜	ZCuAl9Mn2	25	12	30	用于高速、重载的重要轴承,可承受变载荷和冲击载荷
铝青铜	ZCuZn25Al6Fe3Mn3	15	4	12	用于润滑充分的低速、重载轴承
黄铜	ZCuZn16Si4	12	2	10	用于低速、中载的轴承
	ZCuZn38Mn2Pb2	10	1	10	
铝合金	ω 铝锡合金 20%	28～35	14		用于高速、中载的轴承
铸铁		0.1～6	3～0.75	0.3～4.5	用于低速、轻载的不重要轴承

21.5.6 滑动轴承的摩擦状态

滑动轴承相对运动工作表面之间存在滑动摩擦,由于润滑条件不同,摩擦可分为以下四种状态。

1. 干摩擦

两摩擦表面之间无任何润滑剂的存在,摩擦表面直接接触(图 21－29(a))。干摩擦的摩擦因数较大,约为 0.1～1.5,磨损和发热严重。滑动轴承不允许出现干摩擦。

2. 边界摩擦

两摩擦表面之间存在少量润滑油,形成一层极薄的润滑油膜(边界膜),边界膜的厚度一般比较小。在载荷的作用下,摩擦表面凸峰处的压力很大,当两摩擦表面相对滑动时,凸峰处的油膜破裂,导致凸峰处两表面直接接触,产生磨损(图 21－29(b))。边界摩擦的摩擦因数比干摩擦小,约为 0.08～0.15,使用中要对压力、温度和运动速度加以限制。

3. 流体摩擦

两摩擦表面被润滑油完全隔开,摩擦因数很小,约为 0.001～0.01。流体摩擦不会发生两表面的磨损,是理想的摩擦状态(图 21－29(c))。

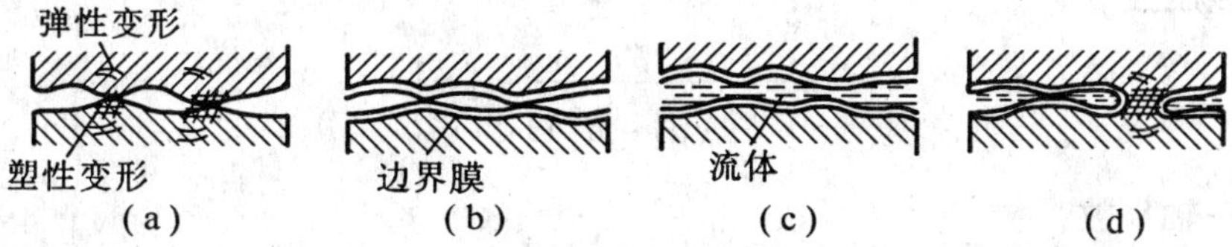

图 21－29 滑动轴承的摩擦状态

4. 混合摩擦

混合摩擦是边界摩擦和局部流体摩擦共存的摩擦状态,存在凸峰处的直接接触和磨损,但摩擦因数比边界摩擦的摩擦因数小很多(图 21－29(d))。

根据摩擦状态,滑动轴承分为非液体摩擦滑动轴承和液体摩擦滑动轴承。对于轴承工作性能要求不高，转速较低，难于维护等条件下工作的轴承，一般采用非液体摩擦滑动轴承。

*21.5.7 非液体摩擦滑动轴承的设计计算

非液体摩擦滑动轴承的主要失效形式是磨损和胶合。为使轴承能正常工作，应使轴颈和轴瓦的接触表面之间存在一层边界润滑油膜。影响边界润滑油膜存在的因素主要有：接触表面之间的压强 p、滑动速度 υ 和油温。一般采用条件性计算，即限制压强 p、滑动速度 υ 和乘积 $p\upsilon$ 值。

1. 径向滑动轴承的校核计算

径向滑动轴承的受力情况如图 21-30 所示，校核计算如下。

(1)校核压强 p　为使润滑油不因压力过大而被挤出，应限制压强 p。

$$p=\frac{F}{Bd}\leqslant[p] \tag{21-6}$$

式中 F——径向载荷(N)；

B——轴承宽度(mm)；

d——轴径直径(mm)；

$[p]$——轴瓦材料的许用压强(MPa)，见表 21-8。

(2)校核滑动速度 υ　轴颈与轴瓦间滑动速度过高，会加速磨损。

$$\upsilon=\frac{n\pi d}{60\times 1\,000}\leqslant[\upsilon] \tag{21-7}$$

式中 υ——轴颈的圆周速度(m/s)；

n——轴的转速(r/min)；

$[\upsilon]$——滑动速度的许用值，见表 21-8。

(3)校核 $p\upsilon$ 值　轴承的发热量与单位面积上表征功率损耗的 $fP\upsilon$ 成正比，摩擦因数 f 是常量，限制 $p\upsilon$ 值就限制了轴承的温升，即

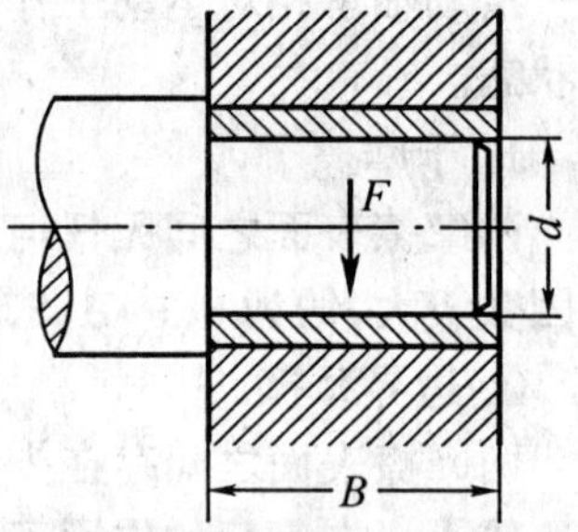

图 21-30　径向滑动轴承的受力

$$p\upsilon=\frac{n\pi dF}{60\times 1\,000Bd}\leqslant[p\upsilon] \tag{21-8}$$

式中 $[p\upsilon]$——$p\upsilon$ 的许用值(MPa·m/s)，见表 21-8。

2. 推力滑动轴承的校核计算

(1)校核压强 p

$$p=\frac{F}{\frac{\pi}{4}(d_2^2-d_1^2)z}\leqslant[p] \tag{21-9}$$

式中 z——轴环数；

d_2——轴环外径(mm)；

d_1——环状支撑面内径(mm)。

(2)校核轴环的平均速度 υ_m

$$\upsilon_m=\frac{n\pi d_m}{60\times 1\,000}\leqslant[\upsilon_m] \tag{21-10}$$

式中

$$d_m = (d_1 + d_2)/2$$

(3)校核 pv_m 值

$$pv_m \leqslant [pv_m] \qquad (21-11)$$

推力轴承的[p]、[pv]值见表 21－8。对于多环推力滑动轴承,考虑到各止推面载荷不均匀,应将表 21－11 中的[p]、[pv]值降低 20% ~40% 。

习　题

21－1　滚动轴承分为哪几类,各有什么特点,适用于什么场合?

21－2　指出下列轴承代号的含义:

6201　6410　7206C　7308AC　30312/P6x

21－3　选择滚动轴承时,应考虑哪些因素?

21－4　滚动轴承的组合设计包括哪些方面?

21－5　滚动轴承的内、外圈如何实现轴向和周向固定?

21－6　为什么要调整滚动轴承的间隙,如何调整?

21－7　轴系的固定方式有几种,各有什么特点,适用于什么场合?

21－8　选择滚动轴承配合的一般原则是什么?

21－9　装、拆滚动轴承时,应注意哪些问题?

21－10　滚动轴承的主要失效形式有哪些?

21－11　什么是滚动轴承的额定寿命、额定动载荷和当量动载荷?

21－12　拆装、观察一轴系部件,对照分析是否符合轴与轴承组合设计的要求,并对轴承进行校核计算。

21－13　轴上一 6208 轴承,所承受的径向载荷 $F_r = 3\ 000$ N,轴向裁荷 $F_a = 1\ 270$ N。试求其当量动载荷 P。

21－14　一齿轮轴上装有一对型号为 30 208 的轴承(反装),已知:$F_a = 5\ 000$ N,(方向向左),$F_{r1} = 8\ 000$ N,$F_{r2} = 6\ 000$ N。试计算两轴承上的当量动载荷。

21－15　一带传动装置的轴上拟选用单列向心球轴承。已知:轴颈直径 $d = 40$mm,转速 $n = 800$ r/min,轴承的径向载荷 $F_r = 3\ 500$ N,载荷平稳。若轴承预期寿命 $L'_h = 10\ 000$ h,试选择轴承型号。

21－16　某水泵的轴颈 $d = 30$ mm,转速 $n = 1\ 450$ r/min,径向载荷为 $F_r = 1\ 320$ N,轴向载荷 $F_a = 600$ N。要求寿命 $L'_h = 5\ 000$ h,载荷平稳,试选择轴承型号。

21－17　滑动轴承的摩擦状态有哪几种,各有什么特点?

21－18　轴承润滑和密封的目的各是什么?

21－19　对轴瓦和轴承衬的材料有哪些基本要求?

第22章 常用连接

为了满足结构制造、安装、维修和运输等方面的要求，在机械中广泛采用各种连接。所谓连接，就是指被连接件与连接件的组合。起连接作用的零件，如键、销、铆钉，螺栓、螺母等称为连接件，被连接起来的零件，如轴、齿轮、箱盖和箱座等称为被连接件。但也有的连接中没有连接件，如过盈连接、型面连接等。

连接的类型有下列两种情况：

(1)按组成连接件工作中相对位置是否变动，分为静连接和动连接。

(2)按拆开有无损伤，分为可拆连接和不可拆连接。

本章主要讨论可拆连接中的螺纹连接，键连接和销连接。

22.1 螺纹连接与螺旋传动

螺纹连接与螺旋传动都是利用具有螺纹的零件进行工作的，前者作为紧固连接件用，后者则作为传动件用。

22.1.1 螺纹连接的基本常识

在生产实践中广泛地应用着螺纹零件。利用螺纹零件(如螺栓和螺母)将两个或两个以上的零件相对固定起来的连接，称为螺纹连接。螺纹连接具有结构简单，拆装方便及连接可靠等优点，在机械制造和工程结构中应用甚广。大多数螺纹和螺纹零件均已标准化，并有专门工厂生产。

1.常用螺纹的类型和主要参数

螺纹有外螺纹和内螺纹之分，二者共同组成螺旋副用于连接和传动。螺纹有米制和英制两种，我国除管螺纹外都采用米制螺纹。螺纹轴向剖面的形状称为螺纹的牙型，常用的螺纹牙型有三角形、矩形、梯形和锯齿形等，其中三角形螺纹主要用于连接，其余多用于传动。如图22－1所示。

按螺旋线绕行方向的不同，螺纹可分为右旋螺纹和左旋螺纹。机械制造中常用右旋螺纹(图22－2)。

根据螺旋线的数目，还可将螺纹分为单线(单头)螺纹和多线螺纹，如图22－3所示。

螺纹的主要参数如图22－4所示。

(1)大径 d　与外螺纹牙顶或内螺纹牙底相重合的假想圆柱体的直径，是螺纹的最大直径。在有关螺纹的标准中称为公称直径。

(2)小径 d_1　与外螺纹牙底或内螺纹牙顶相重合的假想圆柱体的直径，是螺纹的最小直径。常作为强度计算直径。

(3)中经 d_2　在螺纹轴向剖面内牙厚和牙槽宽相等的假想圆柱体的直径。

(4)螺距 P　螺纹相邻两牙在中径线上对应两点间的轴向距离。

(5)导程 S　同一条螺旋线上相邻两牙在中径线上对应两点间的轴向距离。设螺纹线

数为 n，则对于单线螺纹有 $S=P$；对于多线螺纹有 $S=nP$。

(6)升角 λ　在中径 d_2 的圆柱面上，螺旋线的切线与垂直于螺纹轴线的平面间的夹角，

(7)牙形角 α　在螺纹轴向剖面内牙型相邻两侧边的夹角；牙型侧边与螺纹轴线的垂线间的夹角称为牙型斜角 β。对称牙型的 $\beta=\alpha/2$。

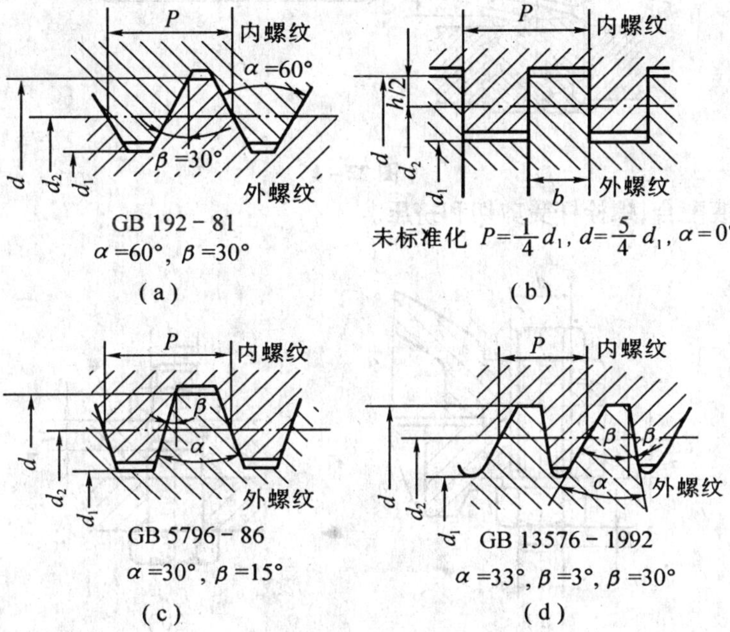

图 22－1

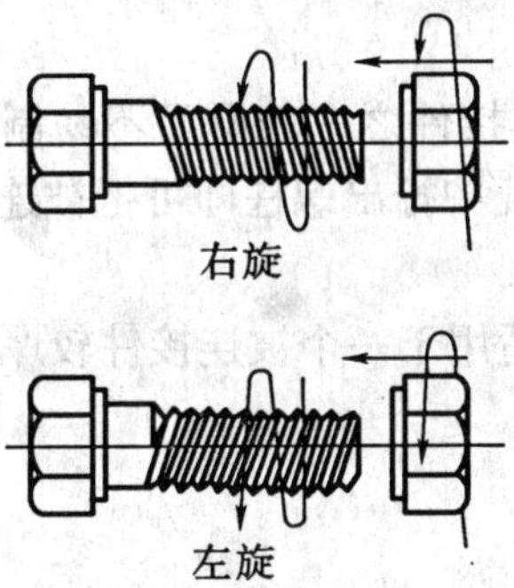

图 22－2

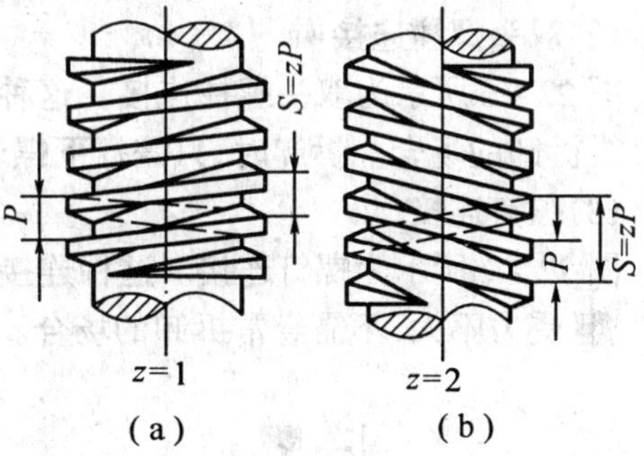

图 22－3

2.螺纹连接的基本类型及应用

(1)螺栓连接

螺栓连接是将螺栓穿过被连接件上的光孔并用螺母锁紧。这种连接结构简单、装拆方便、应用广泛。

螺栓连接按螺栓受力情况可分为普通螺栓连接和铰制孔用螺栓连接两种。图22－5(a)所视为普通螺栓连接，其结构特点是螺栓杆与被连接件孔辟之间有间隙，工作载荷只能使螺栓受拉伸。图 22－5(b)所示为铰制孔用螺栓连接，被连接上的铰制孔和螺栓的光杆部分多

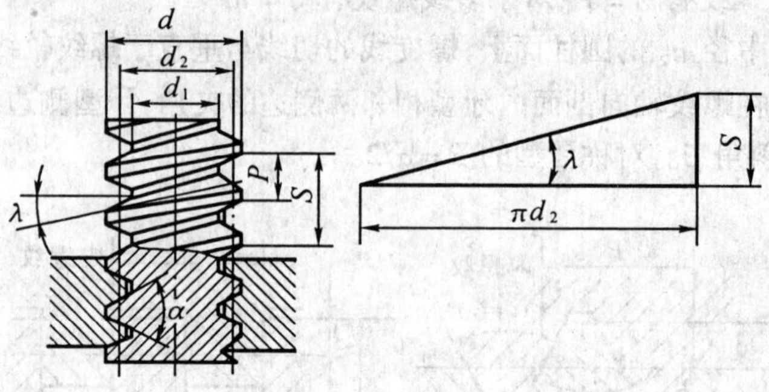

图 22-4

采用基孔制过渡配合，螺栓杆受剪切和挤压。

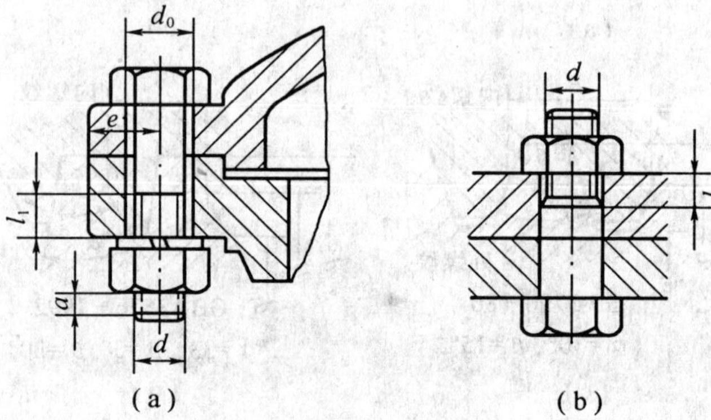

图 22-5

(2)双头螺柱连接

图 22-6 所示为双头螺柱连接。这种连接用于被连接件之一较厚而不易制成通孔，且需经常拆卸的场合。拆卸时，只需拧下螺母不必从螺纹孔中拧出螺柱即可把被连接件分开。

(3)螺钉连接

图 22-7 所示为螺钉连接。这种连接不需要螺母，适用于一个被连接件较厚，不便钻成通孔，且受力不大，不需经常拆卸的场合。

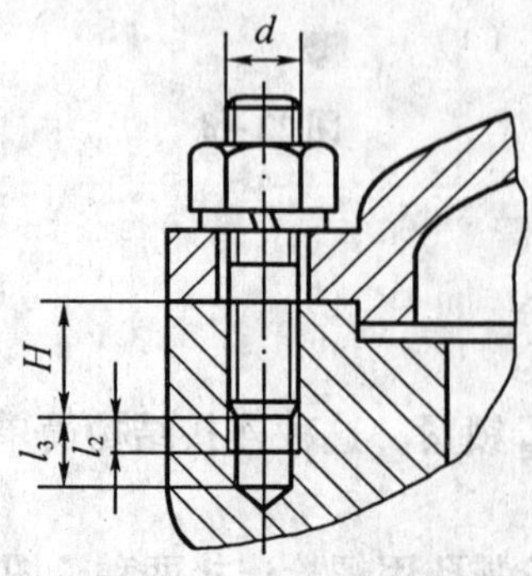

图 22-6　双头螺柱连接

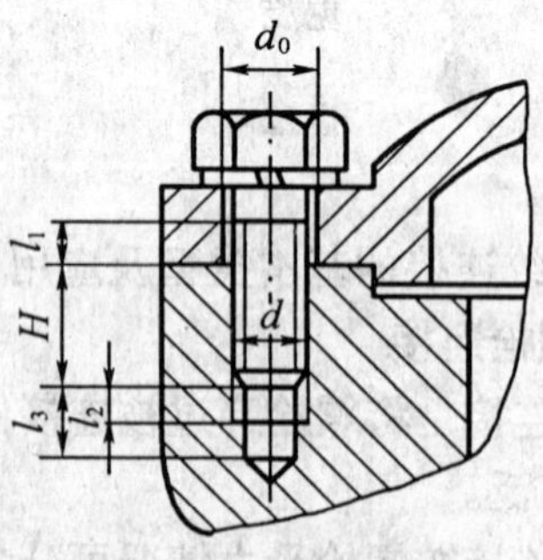

图 22-7　螺钉连接

(4)紧定螺钉连接

图 22-8 所示为紧定螺钉连接。将紧定螺钉旋入一零件的螺纹孔中，并将螺钉端部顶住或顶入另一个零件，以固定两个零件的相对位置，并可传递不大的力或力矩。紧定螺钉的顶端部有平端、锥端和柱端等。

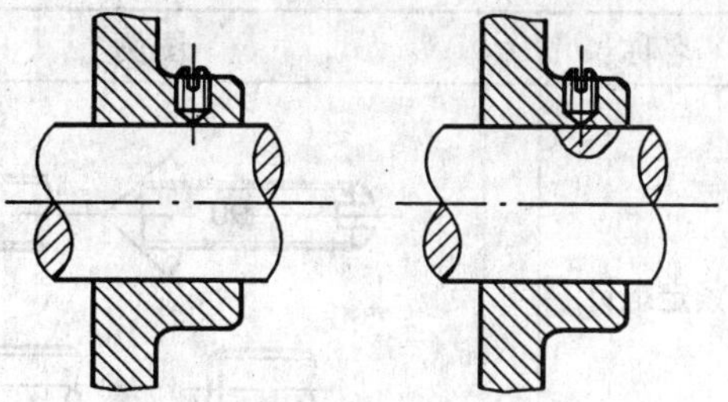

(a)　　(b)

图 22-8

3.标准螺纹连接件

螺纹连接的类型很多，在机械制造中常见的螺纹连接件有螺栓、双头螺柱、螺钉、螺母和垫圈等。这类零件大多已标准化，设计时可根据有关标准选用。表 22-1 列出了标准螺纹连接的图列、结构特点及应用。

表 22-1　常用标准螺纹连接件

名称	图例	结构特点及应用
六角头螺栓	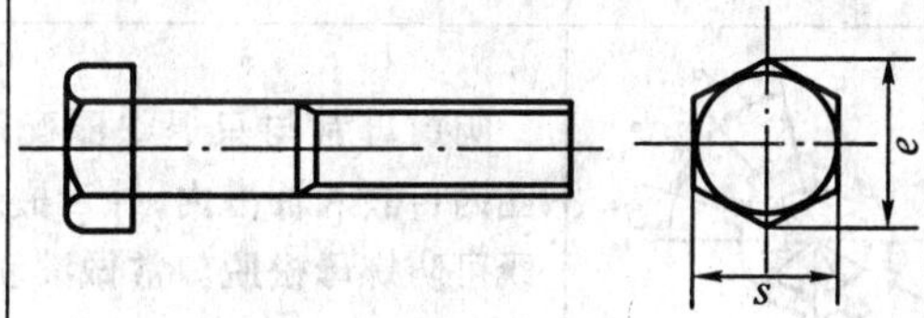	螺纹精密分度 *ABC* 三级，通常过用 *C* 级。杆部可以全都是螺纹或只有一段螺纹。
双头螺柱	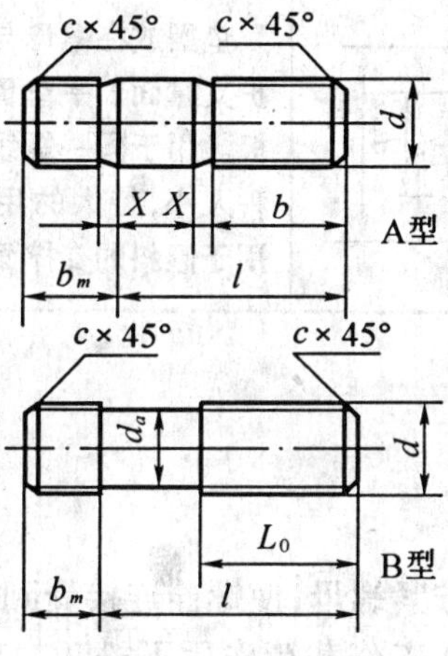	两端有螺纹，两端螺纹可以相同或不相同。有 *A* 型、*B* 型两种结构。一端拧入厚度大、不便穿透的被连接件，另一端用螺母旋紧。
螺钉	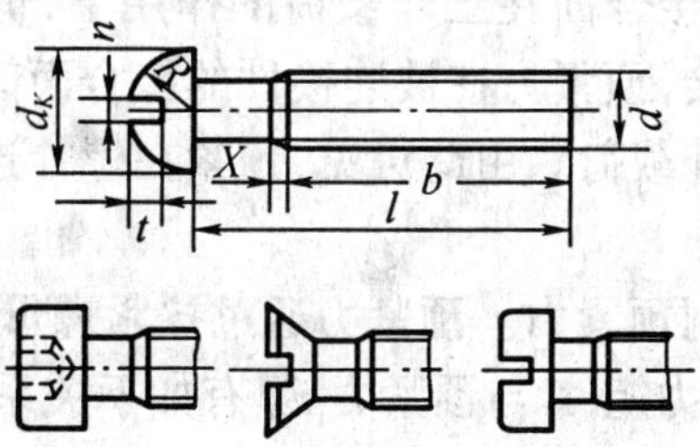	头部形状有圆头、扁圆头、内六角头、圆柱头和沉头等。起子槽有一字槽、十字槽、内六角孔等。十字槽强度高，便于用激动工具，内六角孔用于要求结构紧凑的地方

表 22－1(续)

名称	图例	结构特点及应用
紧定螺钉	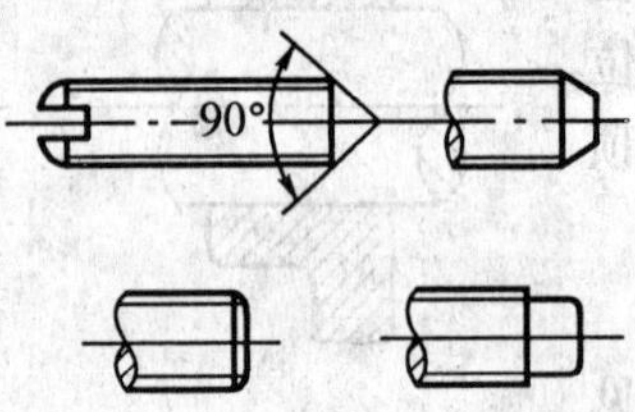	常用的紧定螺钉末端形状有锥端、平端和圆柱端。锥端用于被紧定件硬度低,不常拆卸的场合;平端常用于紧定硬度较高的平面或用语经常拆卸的场合;圆柱端压如轴上的凹坑中,适用于紧定空心轴上的零件。
六角螺母	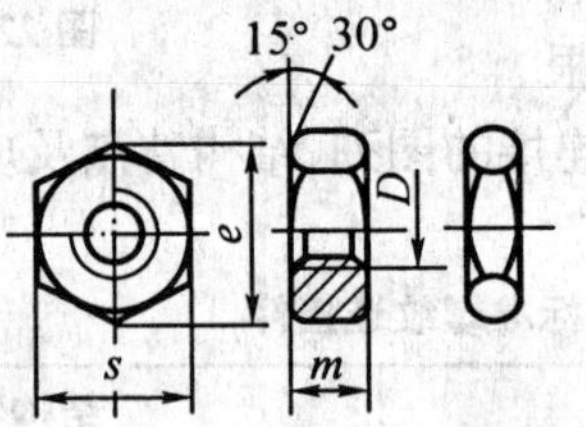	按厚度分为标准、薄型两种,螺母的制造精度与螺栓的制造精度对应。分 A,B,C 三级分 A,B,C 三级,分别与同级的螺栓配用。
圆螺母	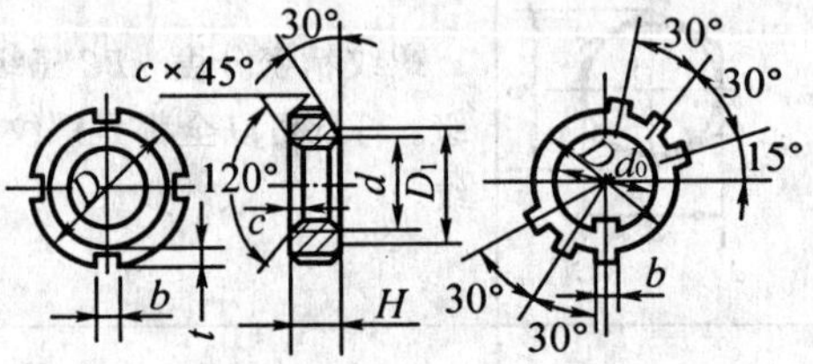	圆螺母常与只退垫圈配用,装配时垫圈内舌嵌入轴槽内,外舌嵌入螺母槽内,既可防螺母松脱。常做滚动轴承轴向固定用。
垫圈	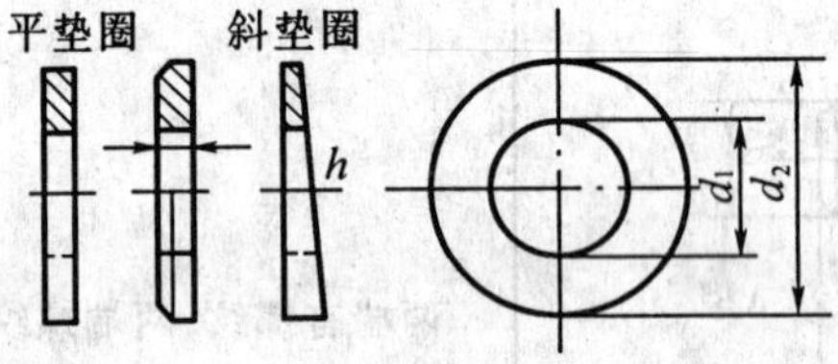	垫圈放在螺母与被连接件之间用于保护支撑面。平垫圈按加工精度分 AC 两极。用于同一螺纹直径的垫圈又分为四种大小,特大的用于铁木结构。斜垫圈用于倾斜的支撑面。

22.1.2 螺纹连接的预紧和防松

1.螺栓连接的预紧

螺栓连接在承受工作载荷之前,都需要拧紧螺母,使螺栓连接受到预紧力的作用。螺栓连接的预紧增强了连接的可靠性,防止连接在工作载荷作用下松动。对有气密性要求的管路、压力容器等连接,预紧可使被连接件的接合面在工作载荷的作用下,仍具有足够的紧密性,避免泄漏。对承受横向载荷的螺栓连接,预紧力在被连接件的接合面间产生所需的正压力,使接合面间产生的总摩擦力足以平衡外载荷。由此可见,预紧在螺栓连接中起着重要的作用。

重要的螺栓连接,在装配是应严格控制预紧力。预紧力通过拧紧螺母获得,其大小需根据螺栓连接的要求确定。一般拧紧螺母的力矩 T 与预紧力 F_0 有如下关系:

$$T=(0.1\sim0.3)F_0d$$

上式适用于无润滑状态的 M16～M64 粗牙螺纹。一般可取 $T\approx0.2F_0d$,式中 d 为螺栓的大径。力矩 T 可通过指针式扭力扳手(图 22－9)等工具进行度量。

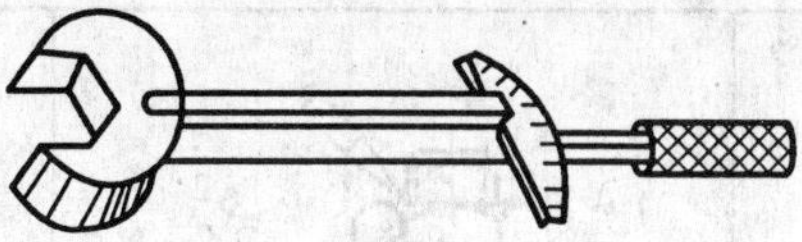

图 22－9

重要的螺栓连接应尽量不采用小于 M12～M16 的螺栓,以免装配时由于预紧力过大而被拧断。

2.螺栓连接的防松

防松的根本问题是防止螺母和螺栓的相对转动。连接螺纹都能满足自锁条件,且螺母和螺栓头部支承面处的摩擦也能起到防松作用,故在静载荷作用下,螺栓不回自动松脱。但如果连接是在冲击、振动、变载荷作用下或工作温度变化很大时,则会使连接松动。影响连接的牢固和紧密,甚至回造成严重事故,因此设计螺栓连接是应考虑防松的措施。其防松的方法很多,常用的防松方法如表 22－2。

表 22－2 常用的防松方法

利用附加摩擦力防松	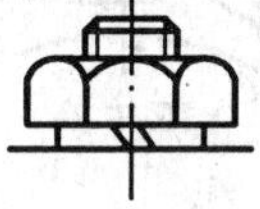 弹簧垫圈	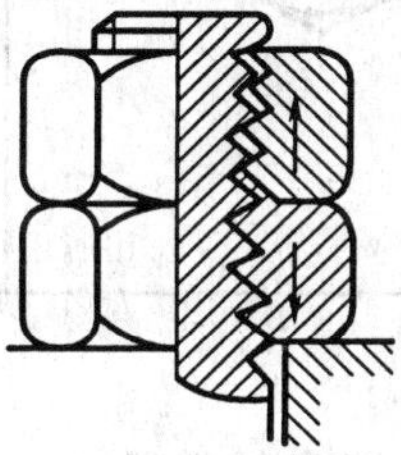 对顶螺母	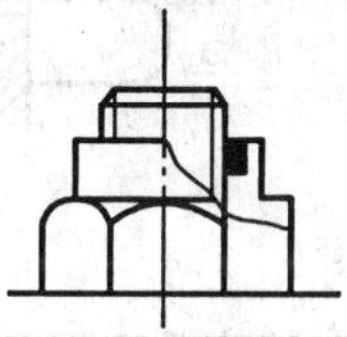 尼龙圈锁紧螺母
	弹簧垫圈材料为弹簧钢,装配后垫圈被压平,其反弹力能使螺纹间保持压紧力和摩擦力	利用两螺母的对顶作用使螺栓始终受到附加拉力和附加摩擦力的作用。结构简单,可用于低速重载场合	螺母中嵌有尼龙圈,拧上后尼龙圈内孔被胀大而箍紧螺栓
采用专门防松元件防松	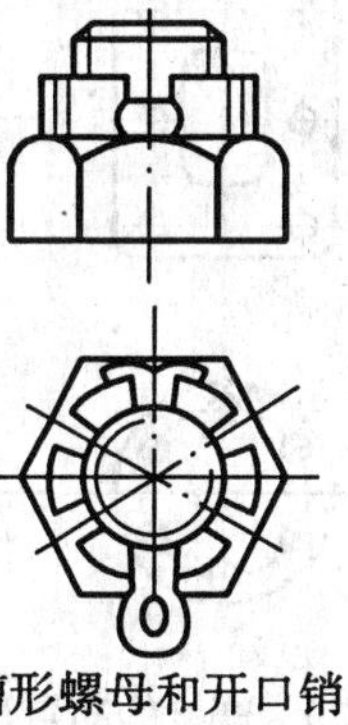 槽形螺母和开口销	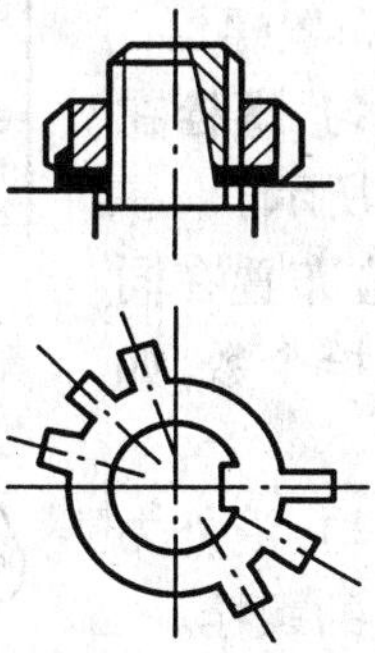 圆螺母用带翅垫片	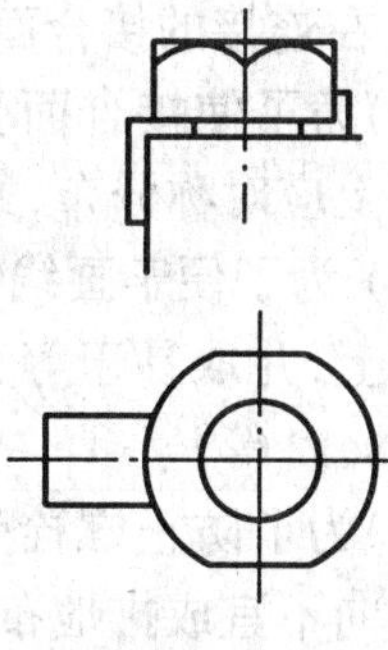 加制动垫片
	槽形螺母拧紧后,用开口销穿过螺栓尾部小孔和螺母的槽,也可以用普通螺母拧紧后再配钻开口销孔	使垫片内翅嵌入螺栓(轴)的槽内,拧紧螺母后将垫片外翅之一折嵌于螺母的一个槽内	将垫片折边以固定螺母和被连接件的相对位置

表 22－2(续)

其他防松方法	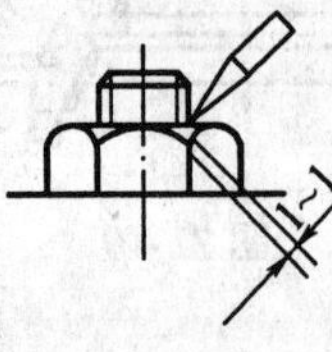 冲点防松(2～3点)	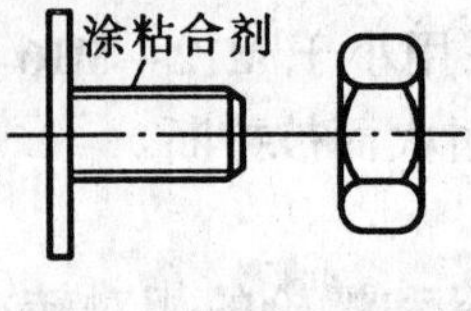 黏合防松 用黏合剂涂于螺纹旋合表面拧紧螺母后粘合剂能自行固化,防松效果良好
	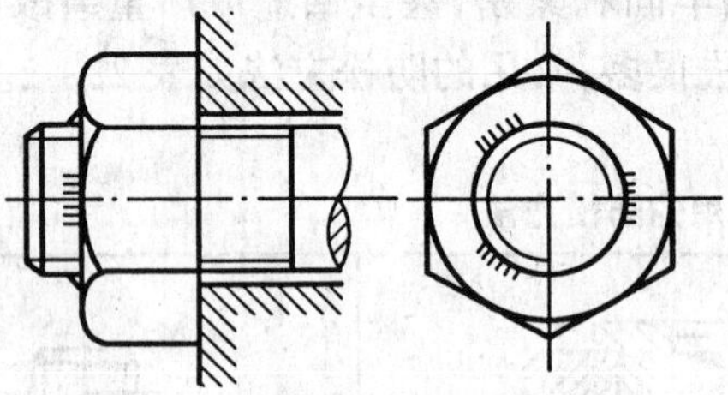 永防松焊接	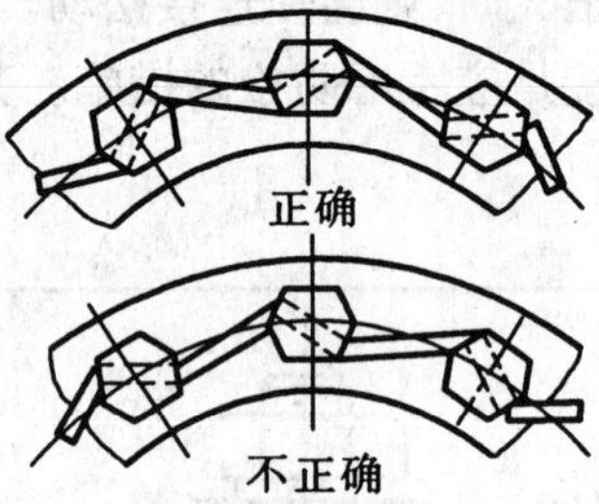 串联钢丝

22.1.3　螺纹连接结构方面应注意的问题

螺栓连接多成组使用,故其结构设计就是根据螺栓的公称尺寸和被连接件的结构形状,在被连接件上合理地布置螺栓,确定每个螺栓和被连接件的有关结构尺寸。力求螺栓和接合面受力均匀,便于加工和装配。

为了获得合理的螺栓连接结构,应注意以下几个问题:

1. 在连接的接合面上,合理地布置螺栓

(1)为了使接合面受力比较均匀,螺栓在接合面上应对称分布,如图 22－10 所示。

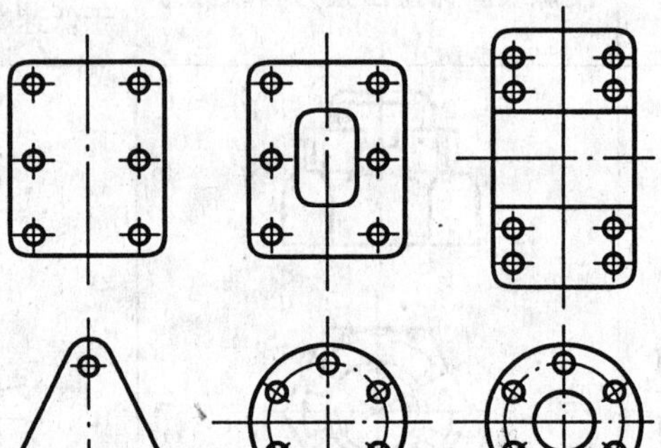

图 22－10　螺栓的布置形式

(2) 为了便于画线钻孔,螺栓应布置在同一圆周上,并取易于等分圆周的螺栓个数,如 3、4、6、8、12 等。

(3)为了防止螺栓受载严重不均,沿外力作用方向不宜成排地布置 8 个以上的螺栓。

(4)为了便于制造和装配,同一螺栓组的螺栓不论其受力大小,均应采用同样的材料和规格。

2. 螺栓连接应有合理的结构

(1)为了装拆方便,应留必要的空间,如螺栓与箱体、螺栓与螺栓间的扳手空间,如图 22－11 所示。

(2)为了连接可靠,避免产生附加载荷,螺栓头、螺母与被连接件的接触表面均应平整,

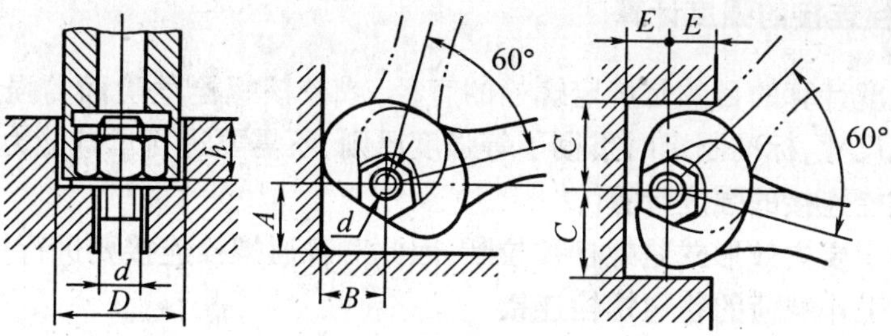

图 22-11 扳手活动空间

并保证螺栓轴线与接触面垂直。为此常被连接件支承面制成凸台与凹坑,如图 22-12 所示。有的场合还采用斜面垫圈或球面垫圈,如图 22-13 所示。

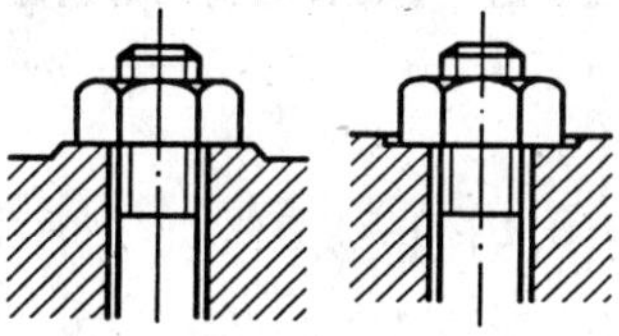

图 22-12 凸台与凹坑

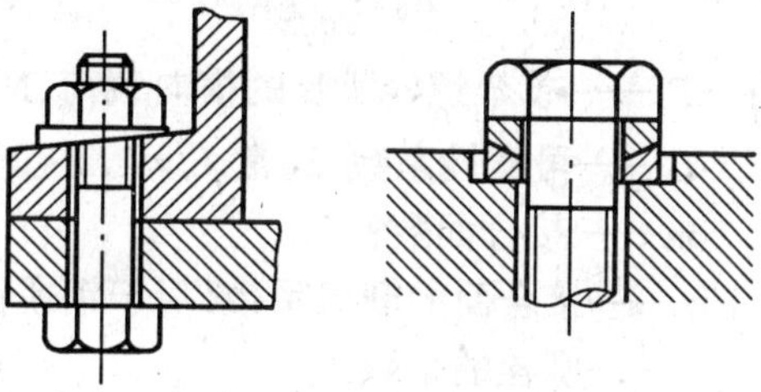

图 22-13 斜面垫圈和球面垫

(3)螺栓连接的螺纹余留长度、螺纹旋入深度、内螺纹余留长度、钻孔深度及螺栓轴线到被连接件边缘的距离等尺寸,都应按表 22-1 中尺寸关系确定。

(4)对于承受横向载荷较大的螺栓组,可采用减载装置承受部分横向载荷,如图 22-14 所示。

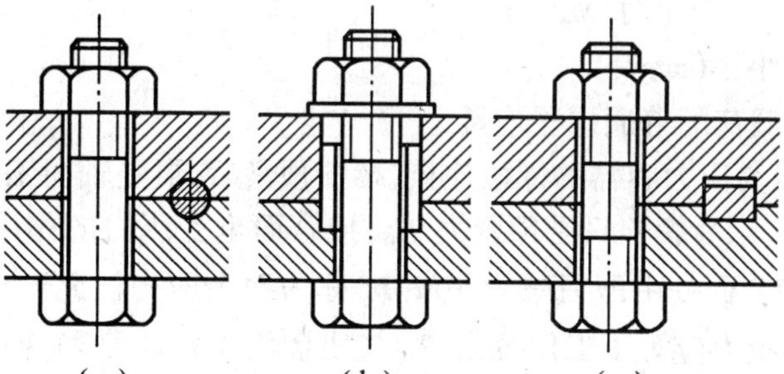

(a) (b) (c)

图 22-14 减载装置

(*a*)减载销;(*b*)减载套筒;(*c*)减载键

进行螺栓组的结构设计的,在综合考虑以上各点的同时,还要根据螺栓连接的工作条件合理地选择防松装置,参见表 22-2。

22.1.4 螺栓连接的强度计算

螺栓连接强度计算的目的是确定螺栓的直径,或校核螺栓危险面的强度。至于标准螺纹连接件的其他尺寸,标准制定时贯彻了等强度原则,不需要进行承载能力计算。

(一)普通螺栓连接的强度计算

普通螺栓的主要失效形式是螺杆被拉断,因此对普通螺栓连接要进行拉伸强度计算。

1.承受横向工作载荷的普通螺栓连接

如图 22-15 所示,横向外载荷 F_S 与螺栓轴线垂直,在 F_S 的作用下,被连接件的接合面间有相对滑动趋势,为防止被连接件相对滑动,螺栓的预紧力 F_0 为

$$F_0 = \frac{CF_s}{mfz} \qquad (22-1)$$

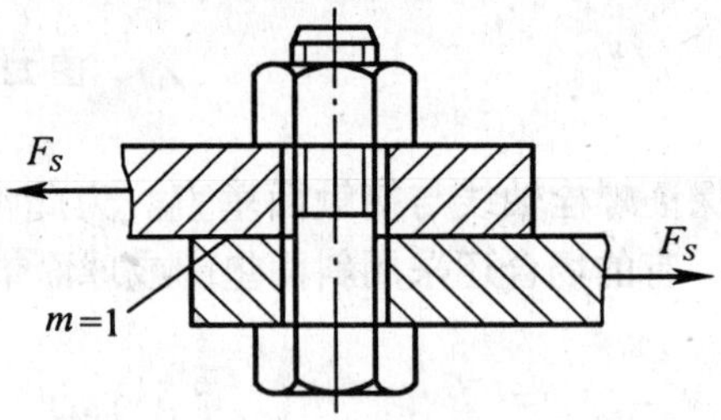

图 22-15 受轴向载荷的普通螺栓连接

式中 F_s——单个螺栓所受的横向载荷,N;

C——可靠性系数,通常 $C = 1.1 \sim 1.3$;

m——接合面数;

f——接合面的摩擦系数,对于钢或铸铁件可取 $f = 0.1 \sim 0.5$;

z——螺栓的个数。

这种连接的螺栓在预紧力 F_0 的作用下,其危险截面除拉应力 σ 外,还受螺旋副中摩擦力矩 T 引起的切应力 τ 作用。根据第四强度理论,螺纹部分的强度条件可简化为

$$\sigma = \frac{1.3F_0}{\frac{\pi d_1^2}{4}} \leqslant [\sigma] \qquad (22-2)$$

$$d_1 \geqslant \sqrt{\frac{5.2F_0}{\pi[\sigma]}} \qquad (22-3)$$

式中 $[\sigma]$——螺栓的许用应力(MPa);

d_2——螺栓的小径(mm)。

2.承受轴向工作载荷的普通螺栓连接

如图 22-16 所示为压力容器的螺栓连接,螺栓预紧后,再受轴向工作载荷。

如图 22-16(a)所示为螺栓只受预紧力 $\boldsymbol{F_0}$,接合面也受压力的作用;工作时,在轴向工作载荷 $\boldsymbol{F_a}$ 作用下,接合面处由压力减为 $\boldsymbol{F'}$, $\boldsymbol{F'}$ 称为残余应力。此时,$\boldsymbol{F'}$ 同时也作用在螺栓上,因此,螺栓的总拉力应等于工作拉力 $\boldsymbol{F_a}$ 与残余预紧力 $\boldsymbol{F'}$ 之和,即

$$\boldsymbol{F} = \boldsymbol{F_a} + \boldsymbol{F'}$$

为了保证连接的紧密性,残余预紧力 $\boldsymbol{F'}$ 应大于零。$\boldsymbol{F'}$ 的大小可根据工作条件按表 22-3选取。

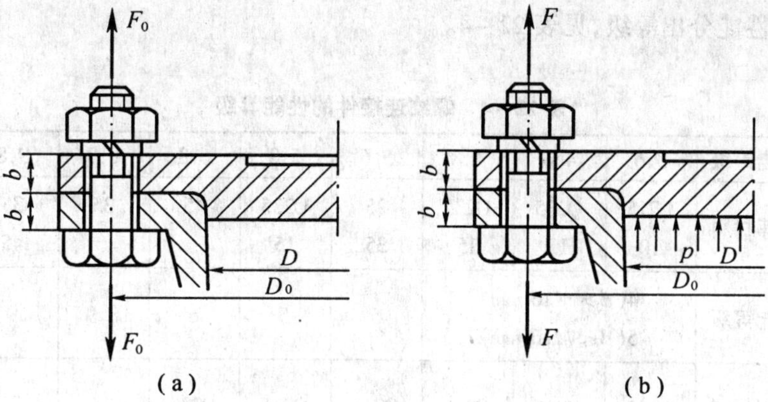

图 22-16 受轴向载荷的普通螺栓连接

表 22-3 残余预紧力的推荐值

连接性质	紧固连接		紧密连接
	静载荷	变载荷	
残余预紧力 F'	$(0.2\sim0.6)F_a$	$(0.6\sim1.0)F_a$	$(0.5\sim1.8)F_a$

螺栓的强度条件仍可仿式(4-12)进行计算。即

$$\sigma=\frac{1.3F}{\frac{\pi d_1^2}{4}}\leqslant[\sigma] \tag{22-4}$$

$$d_1\geqslant\sqrt{\frac{5.2F}{\pi[\sigma]}} \tag{22-5}$$

(二)配合螺栓的强度计算

如图 22-17 所示的配合螺栓连接(也称铰制孔用螺栓连接),由于螺杆配合部分与通孔间没有间隙,工作时,螺栓杆受到剪切,螺杆与被连接件孔壁接触面受到挤压。其强度条件为

$$\tau=\frac{F_s}{m\frac{\pi d_0^2}{4}}\leqslant[\tau] \tag{22-6}$$

$$\sigma_j=\frac{F_s}{d_0\sigma}\leqslant[\sigma_j] \tag{22-7}$$

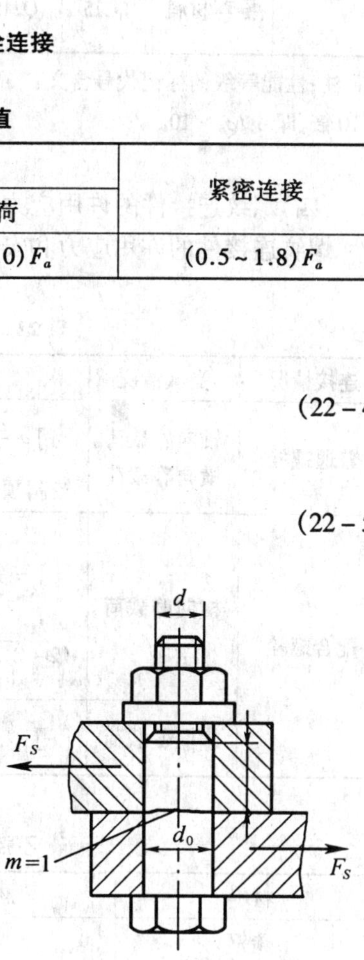

图 22-17 配合螺栓连接

式中 F_0——横向外载荷,N;

d_0——螺杆受剪处的直径,mm;

δ——螺栓杆与被连接件孔壁间受挤压的最小轴向长度,mm;

$[\tau]$——螺栓的许用应力,MPa;

$[\sigma_j]$——螺栓和被连接件中,低强度的许用挤压应力,MPa。

(三) 螺纹连接件的常用材料和性能等级

螺纹常用连接件的常用材料有 Q215,Q235,10,35,45,40Cr 等。国家标准规定螺纹连接件材料的力学性能分出等级,见表 22-4。

表 22-4　螺纹连接件的性能等级

螺栓 双头螺柱 螺钉	性能等级	3.6	4.6	4.8	5.6	5.8	6.8	8.8	9.8	10.9
	推荐材料	Q215 10	Q235 15	Q235 15	25 35	Q235 15	45	35	35 45	40Cr 15MnVB
相配螺母	性能等级	4($d>M16$ mm) 5($d\leqslant M16$ mm)			5	5	6	8,9	9	10
	推荐材料	Q215	Q215	Q215	Q215	Q215	Q235	35	35	40Cr 15MnVB

注:性能等级的标记代号含义:“.”前的数字为公称抗拉强度极限的 1/100,“.”后的数字为屈服强度比的 10 倍,即 $\sigma_s/\sigma_b\times10$。

(四)螺纹连接件的许用应力和安全系数

螺纹连接件的许用应力和安全系数 S 列于表 22-5 和表 22-6 中。

表 22-5　螺纹连接的许用应力和安全系数

连接情况	受载情况	许用应力和安全系数
普通螺栓	轴向静载荷 横向静载荷	$[\sigma]=\dfrac{\sigma_s}{S}$ 控制预力时 $S=1.2\sim1.5$ 控制预紧力时 S 查表 22-5
配合螺栓	横向静载荷	$[\tau]=\dfrac{\sigma_s}{2.5}$ 被连接件为钢时,$[\sigma_j]=\dfrac{\sigma_s}{1.25}$;被连接件为铸铁时,$[\sigma_j]=\dfrac{\sigma_b}{(2-2.5)}$;
	横向变载荷	$[\tau]=\dfrac{\sigma_s}{(3.5-5)}$;$[\sigma_j]$按静载荷的$[\sigma_j]$值降低 20% ~30%

表 22-6　不控制预紧力时螺纹连接的安全系数 S(静载荷)

材料	$M6\sim16$	$M16\sim30$	$M30\sim60$
碳钢	4~3	3~2	2~1.3
合金钢	5~4	4~2.5	2.5

例 4-3　如图 22-18 所示,钢制凸缘联轴器用 8 个普通螺栓连接,螺栓均布在 $D_1=250$ mm 的圆周上,联轴器传递的扭矩 $T=106$ N·mm,接合面间摩擦因数 $f=0.15$,可靠性系数 $C=1.2$。试确定螺栓的直径。

解　(1)计算螺栓受的外载荷 F_s

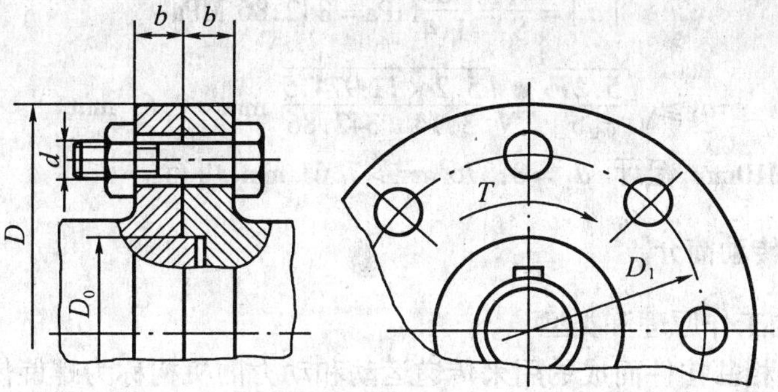

图 22-18　凸缘联轴器

$$F_s=\frac{T}{\frac{D_1}{2}}=\frac{10^6}{\frac{250}{2}}N=8\ 000\ \mathrm{N}$$

(2)计算每个螺栓的预紧力

$$F_0=\frac{CF_s}{mfz}=\frac{1.2\times 8\ 000}{1\times 0.15\times 8}n=8000\ \mathrm{N}$$

(3)选定螺栓材料及性能等级。

由表 22-4,选 Q235,4.8 级,其 $\sigma b_=4\times 100\ \mathrm{MPa}=400\ \mathrm{MPa}$;

(4)计算所需螺栓直径

按控制预紧力,由表 4-8,查得 $S=1.2\sim 1.5$,取 $S=1.4$,其许用应力为

$$[\sigma]=\frac{\sigma_s}{S}=\frac{320}{1.4}\ \mathrm{MPa}=228.6\ \mathrm{MPa}$$

$$\sigma_s=\frac{8\times 400}{10}=\mathrm{MPa}=320\ \mathrm{MPa}d_1\geqslant\sqrt{\frac{5.2F_0}{\pi[\sigma]}}=\sqrt{\frac{5.2\times 8\ 000}{\pi\times 228.6}}\ \mathrm{mm}=7.6\ \mathrm{mm}$$

查设计手册可知,M10mm,粗牙,$d_1=8.376\ \mathrm{mm}>7.6\ \mathrm{mm}$,可行。

例 4-4　如图 22-16 所示,气缸盖与气缸体的凸缘厚度 $b=30$ mm,采用普通螺栓连接。已知气体的压强 $p=1.4$ MPa,气缸内径 $D=220$ mm,缸体与缸盖用 12 个普通螺栓连接,安装时控制预紧力。试确定螺栓的公称直径。

解　(1)选择螺栓材料及性能等级由表 22-4,选 45 钢,6.8 级,其

$$\sigma_b=6\times 100\ \mathrm{MPa}=600\ \mathrm{MPa}$$

$$\sigma_s=\frac{8\times 600}{10}=\mathrm{MPa}=480\ \mathrm{MPa}$$

(2)计算螺栓所受的总拉力　单个螺栓的拉力为

$$F_a=\frac{\pi D^2P}{4z}=\frac{3.14\times 220^2\times 1.4}{4\times 12}\ \mathrm{N}=443\ 5\mathrm{N}$$

由表 4-6 查得 $F'=(1.5-1.8)F$,取 $F'=1.7F$。

由式(4-14),每个螺栓所受的总拉力为

$$F=F_a+F'=F_a+1.7F_a=2.7\times 4\ 435\ \mathrm{N}=11\ 974.5\ \mathrm{N}$$

计算所需螺栓直径 由表 4-8 查得 $S=1.4$,则

$$[\sigma]=\frac{\sigma_s}{S}=\frac{480}{1.4}\text{MPa}=342.86\ \text{MPa}$$

$$d_1\geqslant\sqrt{\frac{5.2F}{\pi[\sigma]}}=\sqrt{\frac{5.2\times 11\,974.5}{3.14\times 342.86}}\ \text{mm}=7.61\ \text{mm}$$

查手册可知,M10mm,粗牙,$d_1=8.376\ \text{mm}>7.61\ \text{mm}$,可行。

22.1.5 螺旋传动简介

1. 螺旋传动的工作原理和类型

由螺旋副连接相邻构件而成的用来传递运动和动力的机构称为螺旋传动机构。常用的螺旋机构除螺旋副外还有转动副和移动副。图 22－19 所示为最简单的三构件螺旋机构。其中构件 1 为螺杆,构件 2 为螺母,构件 3 为机架。在图 22－19(a)中 B 为螺旋副,其导程为 p_B,A 为转动副,C 为移动副。当螺杆 1 转过角 φ 时,螺母 2 的位移 s 为

$$s=p_B\frac{\varphi}{2p}\tag{22-8}$$

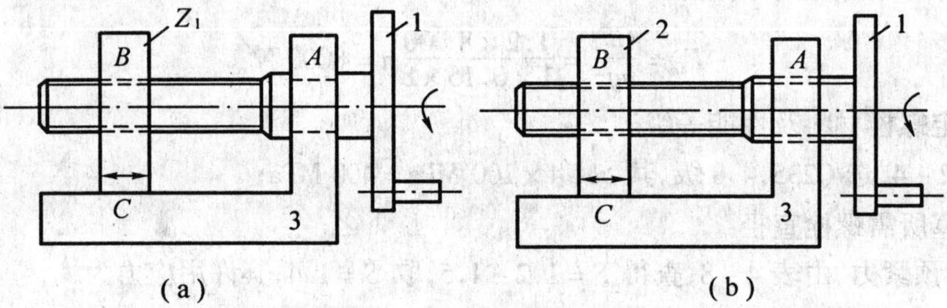

图 22－19

若图 22－19(a)中的 A 也是螺旋副,其导程为 p_A,且螺旋方向与螺旋副 B 相同,则可得图 22－19(b)所示机构。这时,当螺杆 1 回转角 φ 时,螺母 2 的位移 s 为两个螺旋副移动量之差,即

$$s=(p_A-p_B)\frac{\varphi}{2p}\tag{22-9}$$

由上式可知,若 p_A 和 p_B 近于相等时,则位移 s 可以极小。这种螺旋机构通称为差动螺旋。

如果图 22－19(b)所示螺旋机构的两个螺旋方向相反而导程的大小相等,那么,螺母 2 的位移为

$$s=(p_a+p_B)\frac{\varphi}{2p}=2p_A\frac{\varphi}{2p}=2s'\tag{22-10}$$

式中 s' 为螺杆 1 的位移。

由上式可知,螺母 2 的位移是螺杆 1 位移的两倍,也就是说,可以使螺母 2 产生快速移动。这种螺旋机构称为复式螺旋。

螺旋传动按用途分类:1.传力螺旋,2.传导螺旋,3.调整螺旋。

按螺旋副的摩擦性质分类:1.滑动螺旋,2.静压螺旋,3.滚动螺旋(滚珠丝杠)。

2. 螺旋传动的特点和应用

螺旋机构结构简单、制造方便,它能将回转运动变换为直线运动。运动准确性高,降速比大,可传递很大的轴向力,工作平稳、无噪音,有自锁作用,但效率低,需有反向机构才能反向传动。

螺旋机构在机械工业、仪器仪表、工装、测量工具等用得较广泛。如螺旋压力机、千斤顶、车床刀架和工作台的丝杠、台钳、车厢连接器、螺旋测微器等。

22.2 键连接和销连接

常见的轴毂连接有键连接、花连接等。轴毂连接主要是用来实现轴和轴毂(如齿轮、带轮等)之间的周向固定并用传递运动和转矩,有些还可以实现轴上零件的轴向固定或轴向移动(导向)。固定方式的选择主要是根据零件所传递的转矩的大小和性质、轮毂与轴的对中精度要求、加工的难易程度等因素来进行。

22.2.1 键连接

键可分为平键、半圆键、楔键和切向键等类型,其中以平键最为常用。键已标准化。设计时首先根据工作条件和各类键的应用特点选择键的类型,再根据轴径和轮毂的长度确定键的尺寸。必要时还应对键连接进行强度校核。

1. 平键连接

如图 22-20 所示,平键的两侧面为工作面,零件工作时靠键与键槽侧面的挤压传递运动和转矩。键的上表面为非工作面,与轮毂键槽的底面间留有间隙。因此这种连接只能用作轴上零件的周向固定。

平键连接结构简单、装拆方便、对中性好,故应用很广泛。按用途的不同平键可分为普通平键键和滑键等。

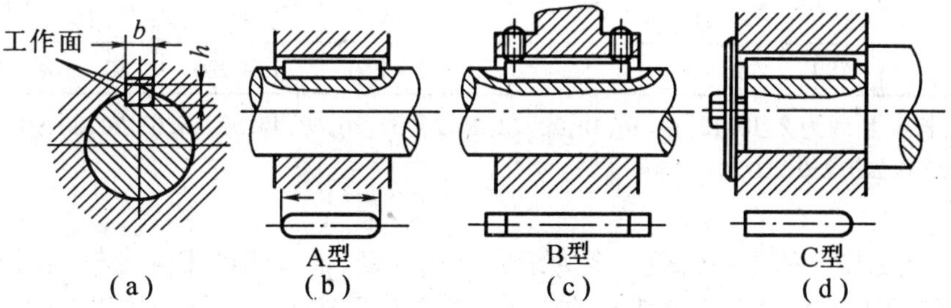

图 22-20 平键连接

(1)普通平键

普通平键用于静连接。按其端面形状的不同可分为圆头(A 型)、方头(B 型)、半圆形(C 型)普通平键(图 22-20)。采用 A 型和 C 型键时,轴上键槽一般用指状铣刀铣出,因此键在槽中的轴向固定较好,但键槽两端会产生较大的应力集中;采用 *B* 型键时,键槽用盘铣刀铣出,因此轴的应力集中较小。A 型键应用最广,C 型键一般用于轴端。

(2)导向平键和滑键

导向平键和滑键用于动连接。当轮毂在轴上沿轴向移动时可采用这种连接。如图 22-21 所示,通常螺钉将导向平键固定在轴上的键槽中,轮毂可沿着键表面作轴向滑动,如变速箱中滑移齿轮与轴的。当被连接零件滑移的距离较大时，易采用滑键(图 22－22)滑键固定在轮毂上，与轮毂同时在轴上的键槽中作轴向滑移。

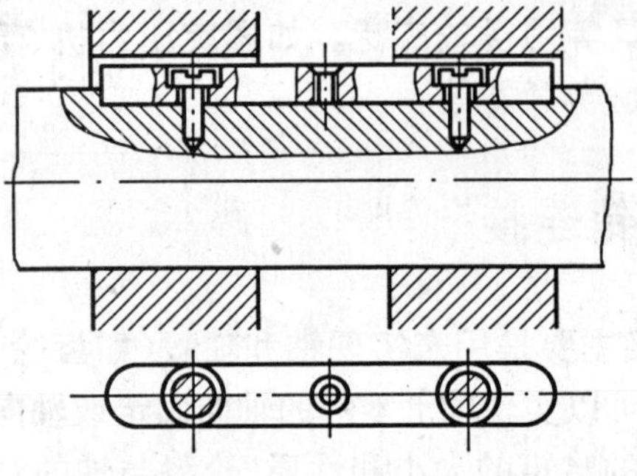

图 22－21　导向平键连接

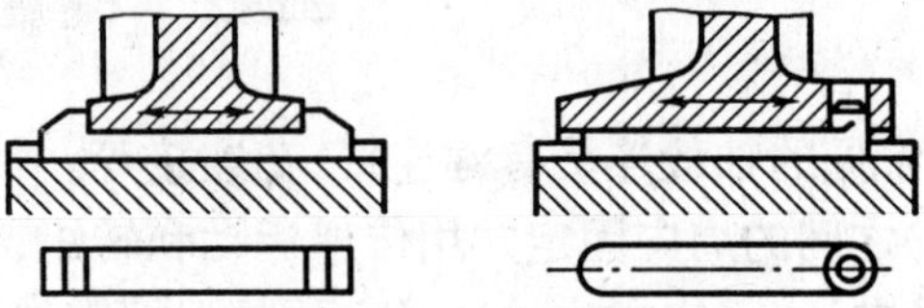

图 22－22　滑 键 连 接

平键是标准件，其剖面尺寸(键宽 $b\times$键高)按轴径 d 从有关标准中选定，键长 L 应略小于轮毂长度并符合标准系列，键的主要尺寸列于表 22－7 中。

表 22－7　键的主要尺寸

轴径 d	＞10～12	＞12～17	＞17～22	＞22～30	＞30～38	＞38～44	＞44～50
键宽 b	4	5	6	8	10	12	14
键高 h	4	5	6	7	8	8	9
键长 L	8～45	10～56	14～70	18～90	22～110	28～140	36～160
轴径 d	＞50～58	＞58～65	＞65～75	＞75～85	＞85～95	＞95～110	＞110～130
键宽 b	16	18	20	22	25	28	32
键高 h	10	11	12	14	14	16	18
键长 L	45～180	50～200	56～220	63～250	70～280	80～320	90～360

注：键的长度系列为 8,10,12,14,16,18,20,22,25,28,32,36,40,45,50,56,63,70,80,90,100,110,125,140,160,180,200,220,250,280,320,360。

平键连接工作时的主要失效形式为组成连接的键、轴和轮毂中强度较弱材料表面的压溃，及个别情况下也会出现键被剪断的现象。通常只需按工作面上的挤压强度进行计算。

平键连接的受力情况如图 22－23 所示。假设载荷沿键的长度方向是均匀的，平键连接的挤压强度条件为

$$\sigma_p=\frac{4T}{dhl}\leqslant[\sigma]_p \tag{22-11}$$

导向平键连接的主要失效形式为组成键连接的轴或轮毂工作面部分的磨损，须按工作面上的压强进行强度计算，强度条件为

$$p=\frac{4T}{dhl}\leqslant[p] \tag{22-12}$$

以上两式中 T 为被固定零件传递的转矩，单位为 N·mm；d 为轴径，单位为 mm；h 为键的高度，单位为 mm；l 为键的工作长度，单位为 mm，A 型键 $l=L-b$，B 型键 $l=L$，C 型键 l

$= L - 0.5 \times b$，并且 $L(1.6 \sim 1.8)d$，以免因键过长而增大压力沿键长分布的不均匀性，而对于导向平键，l 则为键与轮毂的接触长度；$[\sigma]_p$ 和 $[p]$ 分别为键连接中最弱材料的许用挤压应力、许用压强，单位为 MPa，按表 22－8 选取。

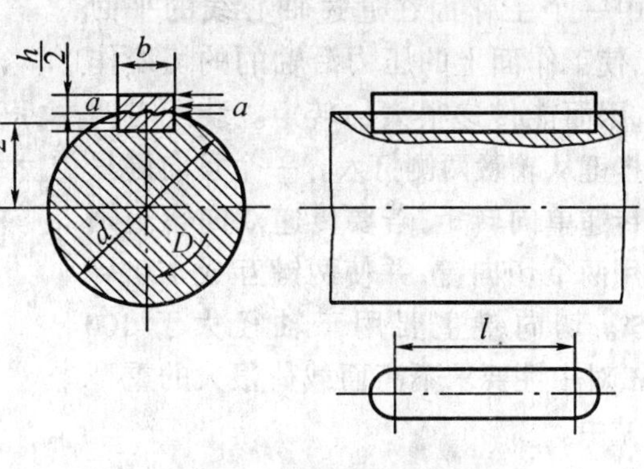

图 22－23　平键连接的受力情况

若设计的键强度不够时可以增加键的长度，但不能使键长超过 $2.5d$。若加大键长后强度仍不够或设计条件不允许加大键长时，可采用双键，并使双键相隔 180°布置。考虑到双键受载荷不均匀，故在强度计算时只能按 1.5 个键计算。

表 22－8　键连接的许用应力

应力种类	连接方式	零件材料	载荷性质		
			静载	轻微冲击	冲击
许用挤压应力	静连接	钢	125~150	100~120	60~90
		铸铁	70~80	50~60	30~45
许用压强	动连接	钢	50	40	30

2. 半圆键连接

如图 22－24 所示，半圆键也是以两侧面作为工作面，因此与平键一样有较好的对中性。由于键在轴上的键槽中能绕槽底圆弧的曲率中心摆动，因而能自动适应轮毂键槽底面的倾斜。半圆键的加工工艺性好，安装方便，尤其适用于锥形轴与轮毂的连接。但键槽较深，对轴的强度削弱较大，一般用于轻载场合的连接。当需装两个半圆键时，两键槽应布置在轴的同一母线上。

3. 楔键连接和切向键连接

如图 22－25 所示，楔键的上、下面是工作面，键的上表面和轮毂键槽的底面均有 1:100 的斜度。装配时需将键打入轴和轮毂的键槽内，工作时依靠键与轴及轮毂的槽底之间、轴与毂孔之间的摩擦力传递扭矩，并能轴向固定零件和传递单向轴向力。缺点是轴与毂孔容易产生偏心和偏斜，又由于是靠摩擦力工作，在冲击、振动或变载荷作用下键易松动，所以楔键连接仅用于对中要求不高、载荷平稳和低速的场合。

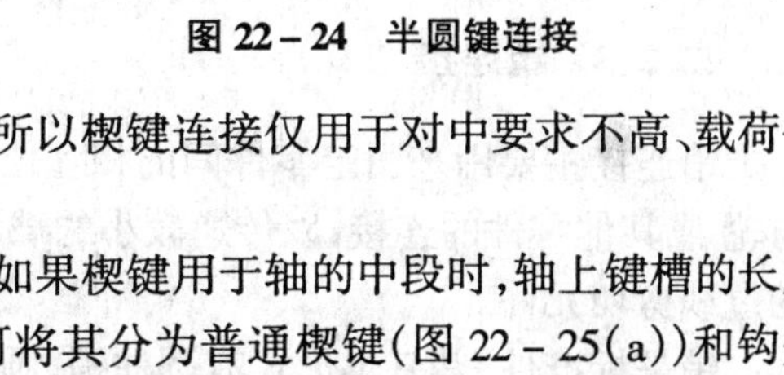

图 22－24　半圆键连接

楔键多用于轴端的连接，以便零件的装拆。如果楔键用于轴的中段时，轴上键槽的长度应为键长的两倍以上。按楔键端部形状的不同可将其分为普通楔键(图 22－25(a))和钩头楔键(图 22－25(b))，后者拆卸较方便。

切向键由两个斜度为 1:100 的普通楔键组成(图 22－26)，其上下两面(窄面(为工作面，其中一个工作面在通过轴心线的平面内,使工作面上的压力沿轴的的切线作用,因而能传递很大的转矩。装配时两个楔键从轮毂两侧打入。一个且向键只能传递单向转矩,若要传递双向转矩则须用两个切向键,并使两键互成120°~135°。切向键主要用于轴径大于100 mm、对中性要求不高而载荷很大的重型机械中。

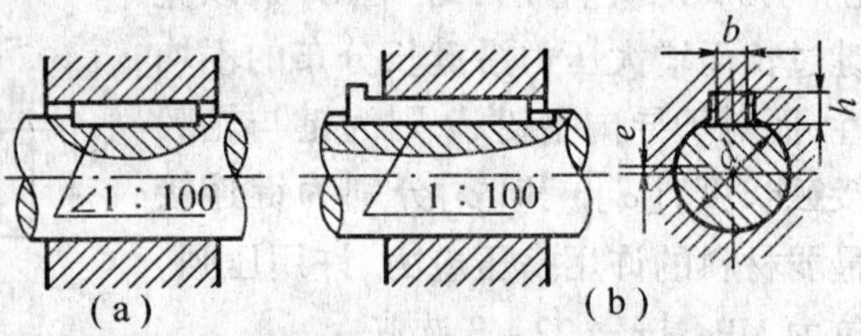

图22-25 楔键联接

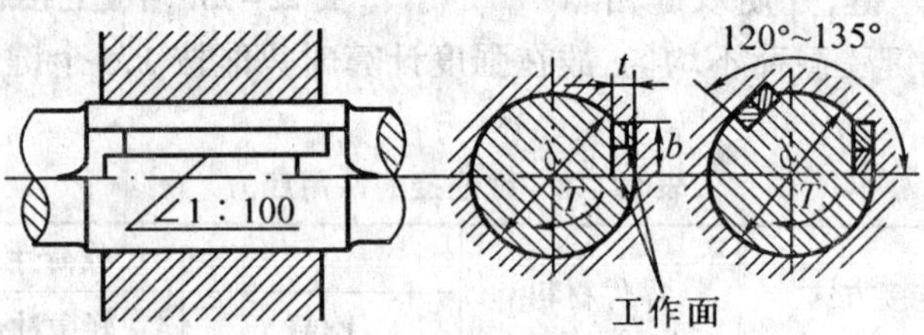

图22-26 切向键连接

22.2.2 花键连接

轴和轮毂孔沿圆周方向均布的多个键齿构成的连接称为花键连接,如图22-27所示。由于是多齿传递载荷,花键连接比平键连接的承载能力大,且定心性导向性较好。又因为键齿浅、应力集中小,所以对轴的削弱少,适用于载荷较大,定心精度要求较高的静连接和动连接中,例如在飞机、汽车、机床中的广泛应用。但花键连接的加工需专用设备,因而成本较高。

花键已标准化。按齿形的不同,花键可分为矩形花键(GB/*T* 1144-2001,图22-27(a)),渐开线花键(GB/*T* 3478.1-1995,图22-27(b))。

花键的标记为:N(键数)×d(小径)×D(大径)×B(键槽宽)。

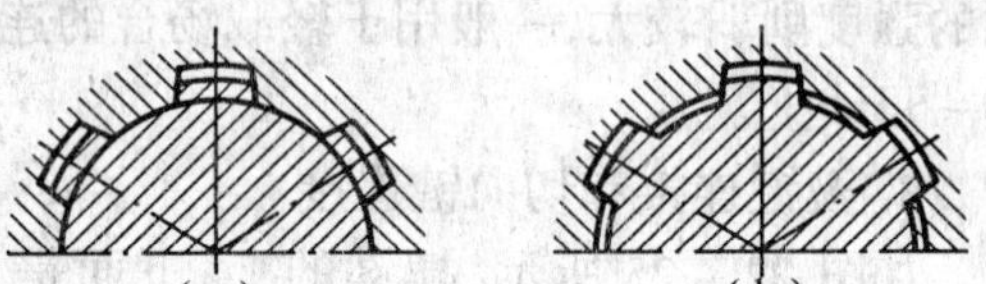

图22-27 花键连接

(a)矩形花键;(b)渐开线花键

矩形花键加工方便,因而应用最为广泛。矩形花键采用小径定心,渐开线花键常用齿侧定心。花键的选用方法和强度验算方法与平键连接相类似,可参见有关的机械设计手册。

22.2.3 销连接

销连接主要用来固定零件间的相互位置,构成可拆连接,如图22-28所示;也可用于轴与轮 或其他零件的连接,以传递较小的载荷,如图22-29(c)所示;有时还用作安全装置中的过载剪切元件。

销是标准件,其基本形式有圆柱销、圆锥销和异形销等。销的材料多为35,45钢。

圆柱销靠微量的过盈固定在孔中,它不宜经常拆装,以免降低定位精度和连接的紧固性。只能传递不大载荷。如图 22－28(a)所示。

圆锥销具有 1:50 的锥度，小头直径为标准值，如图 22－28(b)所示。圆锥销安装方便，定位精度高，可多次装拆而不影响定位精度，应用较广。端部带螺纹的圆锥销可用于盲孔或拆卸困难的场合开尾圆锥销用于有冲击、振动的场合，如图 22－29(c)所示。

异形销种类很多，如图 22－30 所示开口 销就是其中的一种，它常用半圆形低碳钢丝制成，工作可靠，多用于与其他结构一起构成连接，主要起防松作用。

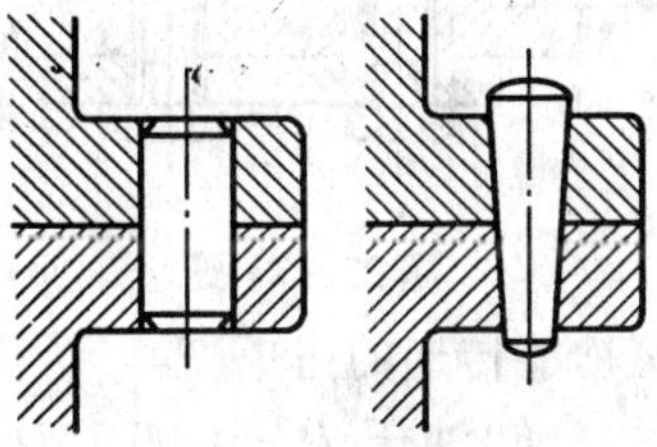

(a)　(b)

图 22－28

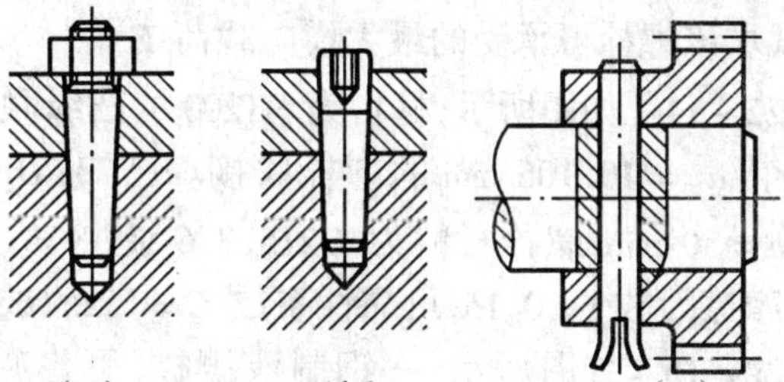

(a)　(b)　(c)

图 22－29

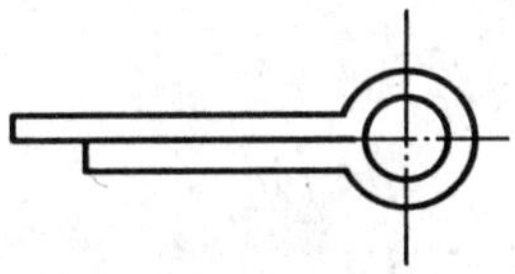

图 22－30

习　题

22－1　如图所示为微调的螺旋机构，构件 1 与机架 3 组成螺旋副 A，其导程为 2.8 mm，右旋。构件 2 与机架 3 组成移动副 C，2 与 1 还组成螺旋副 B。现要求当构件 1 转一圈时，构件 2 向右移动 0.2 mm，问螺旋副 B 的导程为多少，右旋还是左旋？

22－2　螺纹连接有哪几种类型，各应用在什么场合？

22－3　为什么螺纹连接要采用防松措施？常用的防松方法有哪些？

22－4　大多数连接件为什么要预紧，是否拧紧力越大越好？

22－5　在螺纹连接的结构设计时，应注意哪些问题？

22－6　键连接有哪些类型，各有何特点？

22－7　键连接的主要失效形式是什么？若校核时发现强度不够，可采取什么措施加以解决？

22－8　花键连接有何特点，它有哪几种类型？

22－9　矩形花键和渐开线花键都是怎样定心的，各有何特点？

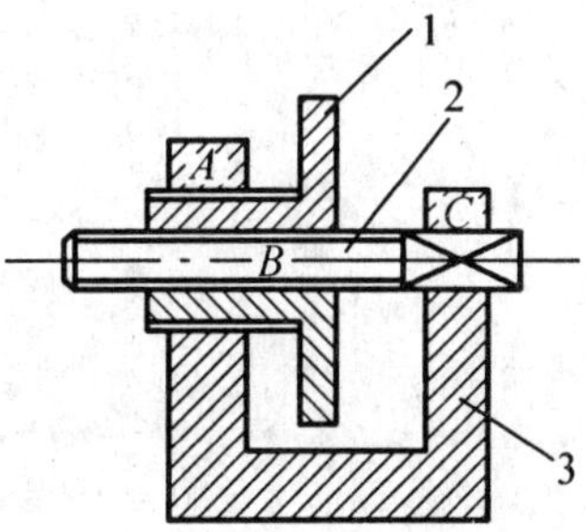

题 22－1 图

22－10 销连接主要有哪些类型，各应用在什么场合？

22－11 试述平键连接和楔键连接的工作特点和应用场合。

22－12 设计一齿轮与轴的键连接。已知轴的直径 $d=90$ mm，轮毂宽 $B=110$ mm，轴传递的扭矩 $T=1\ 800$ N.m，载荷平稳，轴和键的材料均为钢，齿轮材料为锻钢。

22－13 如图所示为一普通螺栓联接，螺栓个数为2，螺纹小径 $d_1=10.106$ mm，材料为Q215，3.6级，被联接件接合面间摩擦因数 $f=0.15$，安全系数 $S=1.2$。试求该螺栓可承受的最大横向载荷 F_s。

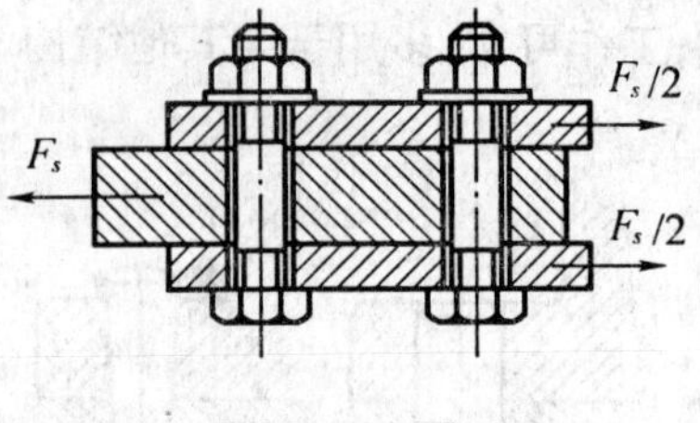

题 22－13 图

22－14 如图所示，材料为HT200的凸缘联轴器，用6个 $d_1=10.106$ mm 的螺栓联接。已知：$D_1=195$ mm，$b=30$ mm，螺栓材料为 $Q215$，3.6级，$S=1.3$，接合面摩擦因数 $f=0.15$，可靠性系数 $C=1.2$。试求用普通螺栓能传递的扭矩 T。

22－15 如图所示，一钢制液压缸，用普通螺栓联接。已知油压 $P=4$ MPa，$D=106$ mm，沿凸缘圆周均布8个螺栓，安装时控制预紧力，试确定螺栓直径。

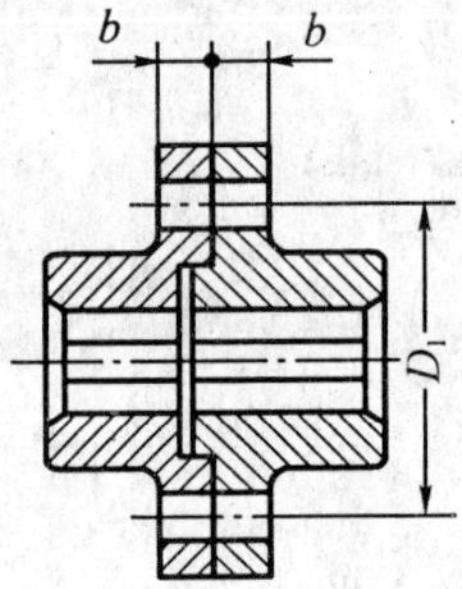

题 22－14 图

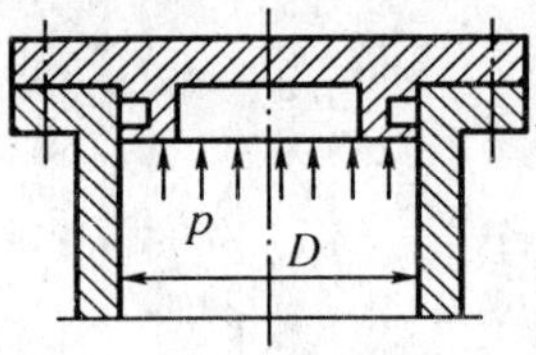

题 22－15 图

第 23 章 联轴器和离合器

本章主要介绍联轴器、离合器。

联轴器和离合器是机械传动中的重要部件。联轴器和离合器可连接主、从动轴，使其一同回转并传递扭矩，有时也可用作安全装置。联轴器连接的分与合只能在停机时进行，而离合器连接的分与合可随时进行。

如图 23－1、图 23－2 所示为联轴器和离合器应用实例。

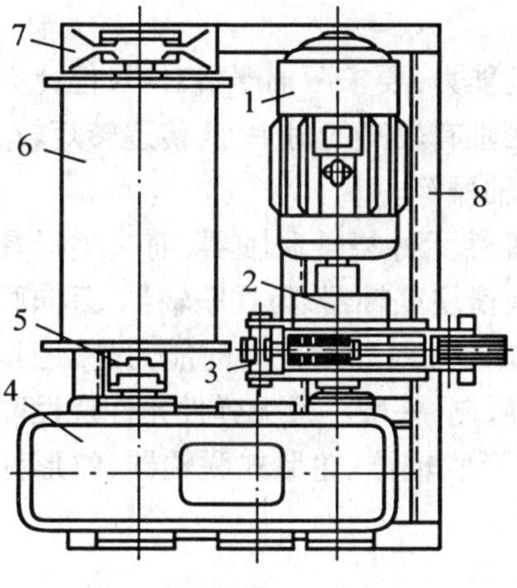

图 23－1

1—电动机；2、5—联轴器；3—制动器；4—减速器；6—卷筒；7—轴承；8—机架

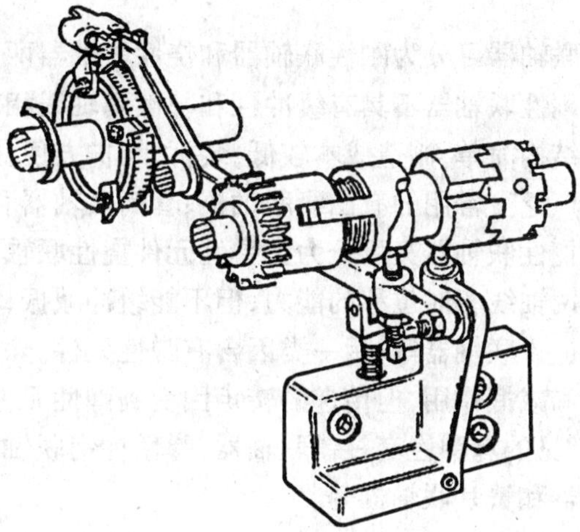

图 23－2

图 23－1 所示为电动绞车，电动机输出轴与减速器输入轴之间用联轴器连接，减速器输出轴与卷筒之间同样用联轴器连接来传递运动和扭矩。图 23－2 所示为自动车床转塔刀架上用于控制转位的离合器。

联轴器和离合器的类型很多，其中多数已标准化，设计选择时可根据工作要求，查阅有关手册、样本，选择合适的类型，必要时对其中主要零件进行强度校核。

23.1 联 轴 器

23.1.1 联轴器的性能要求

联轴器所连接的两轴，由于制造及安装误差、承载后变形、温度变化和轴承磨损等原因，不能保证严格对中，使两轴线之间出现相对位移，如图 23－3 所示，如果联轴器对各种位移没有补偿能力，工作中将会产生附加动载荷，使工作情况恶化。因此，要求联轴器具有补偿一定范围内两轴线相对位移量的能力。对于经常负载启动或工作载荷变化的场合，要求联轴器中具有起缓冲、减振作用的弹性元件,以保护原动机和工作机不受或少受损伤。同时还要求联轴器安全、可靠,有足够的强度和使用寿命。

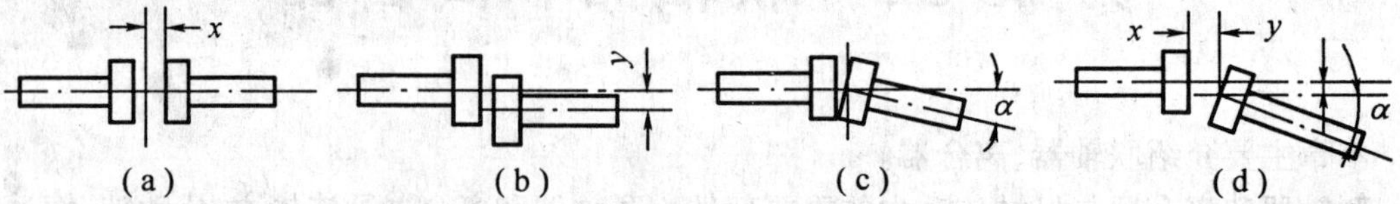

图 23-3
(a)轴向位移;(b)径向位移;(c)角度位移;(d)综合位移

23.1.2 联轴器的分类

联轴器可分为刚性联轴器和挠性联轴器两大类。

刚性联轴器不具有缓冲性和补偿两轴线相对位移的能力,要求两轴严格对中,但此类联轴器结构简单,制造成本较低,装拆、维护方便,能保证两轴有较高的对中性,传递转矩较大,应用广泛。常用的有凸缘联轴器、套筒联轴器和夹壳联轴器等。

挠性联轴器又可分为无弹性元件挠性联轴器和有弹性元件挠性联轴器,前一类只具有补偿两轴线相对位移的能力,但不能缓冲减振,常见的有滑块联轴器、齿式联轴器、万向联轴器和链条联轴器等;后一类因含有弹性元件,除具有补偿两轴线相对位移的能力外,还具有缓冲和减振作用,但传递的转矩因受到弹性元件强度的限制,一般不及无弹性元件挠性联轴器,常见的有弹性套柱销联轴器、弹性柱销联轴器、梅花形联轴器、轮胎式联轴器、蛇形弹簧联轴器和簧片联轴器等。

23.1.3 常用联轴器的结构和特点

各类联轴器的性能、特点可查阅有关设计手册。

(1)凸缘联轴器

凸缘联轴器是刚性联轴器中应用最广泛的一种,结构如图 23-4 所示,是由 2 个带凸缘的半联轴器用螺栓连接而成,与两轴之间用键连接。常用的结构形式有两种,其对中方法不

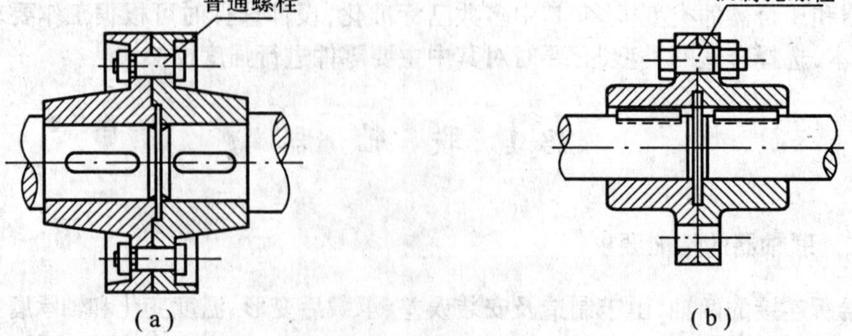

图 23-4

同，图 23-4(a)所示为两半联轴器的凸肩与凹槽相配合而对中，用普通螺栓连接，依靠接合面间的摩擦力传递转矩，对中精度高，装拆时，轴必须作轴向移动。图 23-4(b)所示为两半联轴器用铰制孔螺栓连接，靠螺栓杆与螺栓孔配合对中，依靠螺栓杆的剪切及其与孔的挤压传递转矩，装拆时轴不须作轴向移动。

联轴器的材料一般采用铸铁，重载或圆周速度 $v \geqslant 30$ m/s 时应采用铸钢或锻钢。

凸缘联轴器结构简单，价格低廉，能传递较大的转矩，但不能补偿两轴线的相对位移，也不能缓冲减振，故只适用于连接的两轴能严格对中、载荷平稳的场合。

(2)滑块联轴器

滑块联轴器如图 23-5 所示，由两个端面开有凹槽的半联轴器 1，3，利用两面带有凸块的中间盘 2 连接，半联轴器 1，3 分别与主、从动轴连接成一体，实现两轴的连接。中间盘沿径向滑动补偿径向位移 y，并能补偿角度位移((如图 23-5 所示)。若两轴线不同心或偏斜，则在运转时中间盘上的凸块将在半联轴器的凹槽内滑动；转速较高时，由于中间盘的偏心会产生较大的离心力和磨损，并使轴承承受附加动载荷，故这种联轴器适用于低速。为减少磨损，可由中间盘油孔注入润滑剂。

半联轴器和中间盘的常用材料为 45 钢或铸钢 ZG310-570，工作表面淬火 HRC48~58。

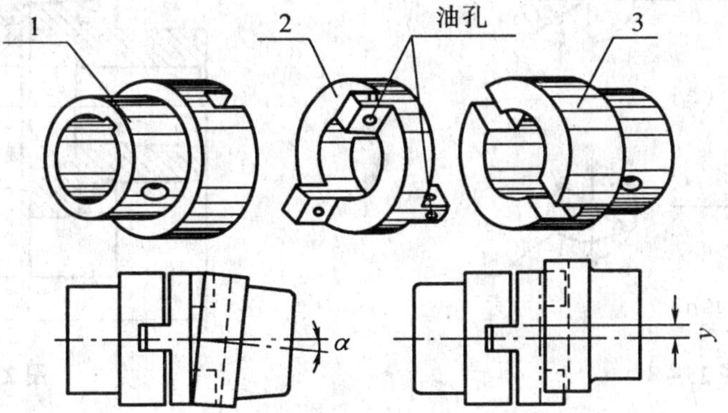

图 23-5

(3)万向联轴器

万向联轴器如图 23-6 所示，由两个叉形接头 1、3 和十字轴 2 组成，利用中间连接件十字轴连接的两叉形半联轴器均能绕十字轴的轴线转动，从而使联轴器的两轴线能成任意角度 α，一般 α 最大可达 35°~45°。但 α 角越大，传动效率越低。万向联轴器单个使用时，当主动轴以等角速度转动时，从动轴作变角速度回转，从而在传动中引起附加动载荷。为避免这种现象，可采用两个万向联轴器成对使用，使两次角速度变化的影响相互抵消，使主动轴和从动轴同步转动，如图 23-7 所示。各轴相互位置在安装时必须满足：(1)主动轴、从动轴与中间轴 C 的夹角必须相等，即 $\alpha_1 = \alpha_2$；(2)中间轴两端的叉形平面必须位于同一平面内。如图 23-8 所示。

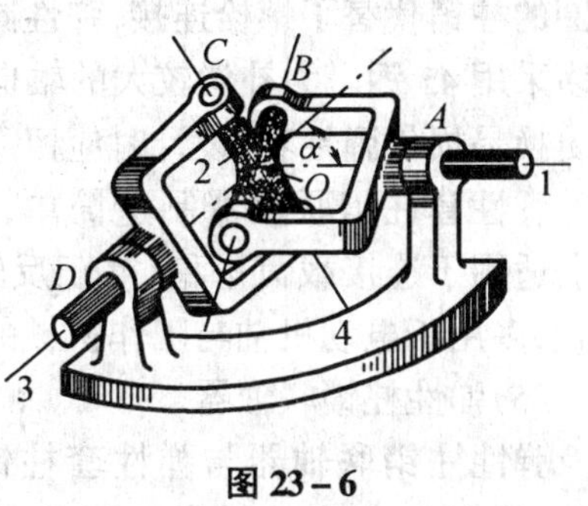

图 23-6

1、3—叉形接头；2—十字轴；4—机架

万向联轴器的材料常用合金钢制造,以获得较高的耐磨性和较小的尺寸。

万向联轴器能补偿较大的角位移,结构紧凑,使用、维护方便,广泛用于汽车、工程机械等的传动系统中。

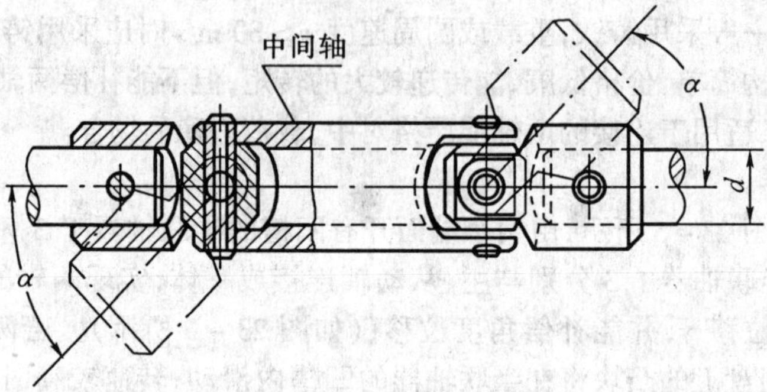

图 23-7

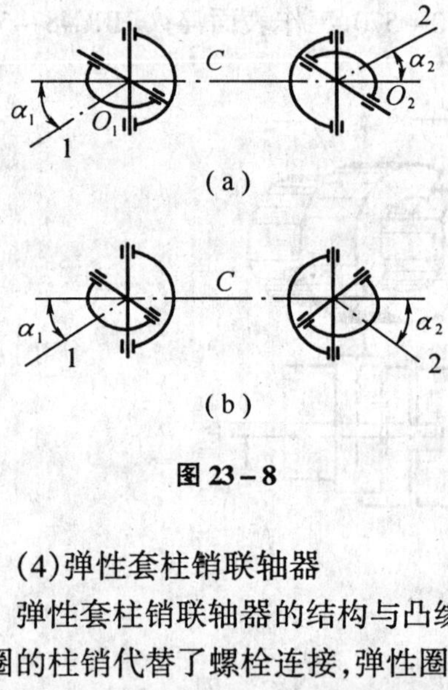

图 23-8

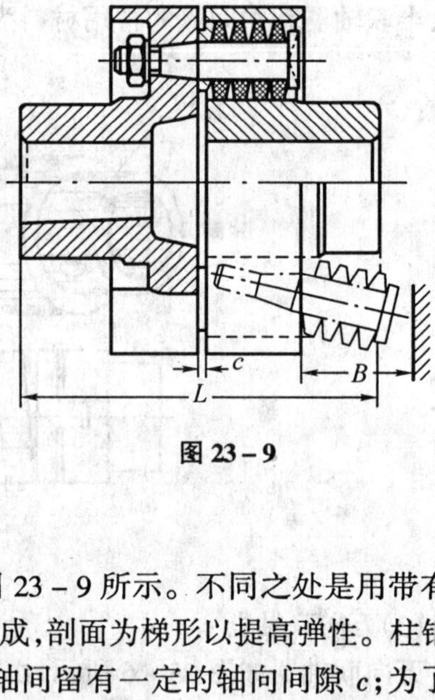

图 23-9

(4)弹性套柱销联轴器

弹性套柱销联轴器的结构与凸缘联轴器相似,如图 23-9 所示。不同之处是用带有弹性圈的柱销代替了螺栓连接,弹性圈一般用耐油橡胶制成,剖面为梯形以提高弹性。柱销材料多采用 45 钢。为补偿较大的轴向位移,安装时在两轴间留有一定的轴向间隙 c;为了便于更换易损件弹性套,设计时应留一定的距离 B。

弹性套柱销联轴器制造简单,装拆方便,但寿命较短。适用于连接载荷平稳,需正反转或起动频繁的小转矩轴,多用于电动机轴与工作机械的连接上。

(5)弹性柱销联轴器

弹性柱销联轴器与弹性套柱销联轴器结构也相似(图 23-10),只是柱销材料为尼龙,柱销形状一端为柱形,另一端制成腰鼓形,以增大角度位移的补偿能力。为防止柱销脱落,柱销两端装有挡板,用螺钉固定。

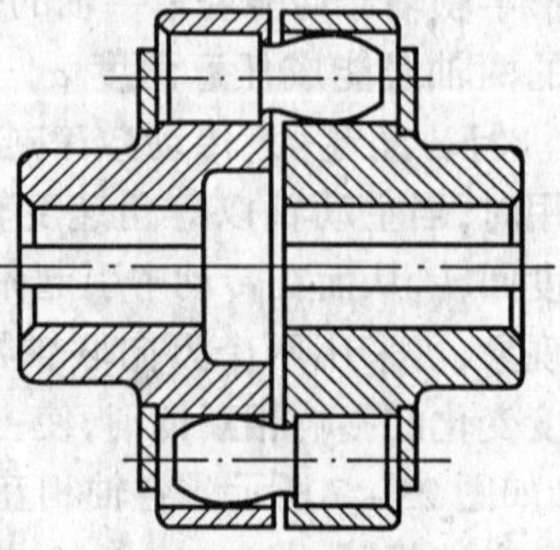

图 23-10

弹性柱销联轴器结构简单,能补偿两轴间的相对位移,并具有一定的缓冲、吸振能力,应用广泛,可代替弹性套柱销联轴器。但因尼龙对温度敏感，使用时受温度限制，一般在 $-20°\sim70°$ 之间使用。

23.1.4 联轴器的选择

联轴器多已标准化，其主要性能参数为：额定转矩 T_n、许用转速 $[n]$、位移补偿量和被连接轴的直径范围等。选用联轴器时，通常先根据使用要求和工作条件确定合适的类型，再按转矩、轴径和转速选择联轴器的型号，必要时应校核其薄弱件的承载能力。

考虑工作机起动、制动、变速时的惯性力和冲击载荷等因素，应按计算转矩 T_c 选择联轴器。计算转矩 T_c 和工作转矩 T 之间的关系为：

$$T_c = KT \tag{23-1}$$

式中 K 为工作情况系数，见表 23-1。一般刚性联轴器选用较大的值，挠性联轴器选用较小的值；被传动的转动惯量小，载荷平稳时取较小值。

所选型号联轴器必须同时满足：

$$T_c \leqslant T_n$$

$$n \leqslant [n]$$

表 23-1 工作情况系数 K

原动机	工作机械	K
电动机	皮带运输机、鼓风机、连续运转的金属切削机床	1.25~1.5
	链式运输机、刮板运输机、螺旋运输机、离心泵、木工机械	1.5~2.0
	往复运动的金属切削机床	1.5~2.0
	往复式泵、往复式压缩机、球磨机、破碎机、冲剪机	2.0~3.0
	起重机、升降机、轧钢机	3.0~4.0
涡轮机	发电机、离心泵、鼓风机	1.2~1.5
往复式发动机	发电机	1.5~2.0
	离心泵	3~4
	往复式工作机	4~5

例 23-1 功率 $P=11$ kW，转速 $n=970$ r/min 的电动起重机中，连接直径 $d=42$ mm 的主、从动轴，试选择联轴器的型号。

解 1.选择联轴器类型

为缓和振动和冲击，选择弹性套柱销联轴器。

2.选择联轴器型号

(1)计算转矩：由表 23-1 查取 $K=3.5$，按式 23-1 计算：

$$T_c = K\cdot T = K\cdot 9\ 550\frac{P}{n} = 3.5\times 9\ 550\times\frac{11}{970} = 379\ \text{N}\cdot\text{m}$$

(2)按计算转矩、转速和轴径，由 GB4323-84 中选用 TL7 型弹性套柱销联轴器，标记为：TL7 联轴器 42×112 GB4323-84。查得有关数据：额定转矩 $T_n=500$ N·m，许用转速 $[n]=2\ 800$ r/min，轴径 40~45 mm。

满足 $T_c\leqslant T_n$、$n\leqslant[n]$，适用。

23.2 离 合 器

一、离合器的性能要求

离合器的在机器传动过程中能方便地接合和分离。对其基本要求是:工作可靠,接合、分离迅速而平稳,操纵灵活、省力,调节和修理方便,外形尺寸小,重量轻,对摩擦式离合器还要求其耐磨性好并具有良好的散热能力。

二、离合器的分类

离合器的类型很多。按实现接合和分离的过程可分为操纵离合器和自动离合器;按离合的工作原理可分为嵌合式离合器和摩擦式离合器。

嵌合式离合器通过主、从动元件上牙齿之间的嵌合力来传递回转运动和动力,工作比较可靠,传递的转矩较大,但接合时有冲击,运转中接合困难。

摩擦式离合器是通过主、从动元件间的摩擦力来传递回转运动和动力,运动中接合方便,有过载保护性能,但传递转矩较小,适用于高速、低转矩的工作场合。

三、常用离合器的结构和特点

(1)牙嵌式离合器

牙嵌式离合器如图 23-11 所示,是由两端面上带牙的半离合器 1、2 组成。半离合器 1 用平键固定在主动轴上,半离合器 2 用导向键 3 或花键与从动轴连接。在半离合器 1 上固定有对中环 5,从动轴可在对中环中自由转动,通过滑环 4 的轴向移动操纵离合器的接合和分离,滑环的移动可用杠杆、液压、气压或电磁吸力等操纵机构控制。

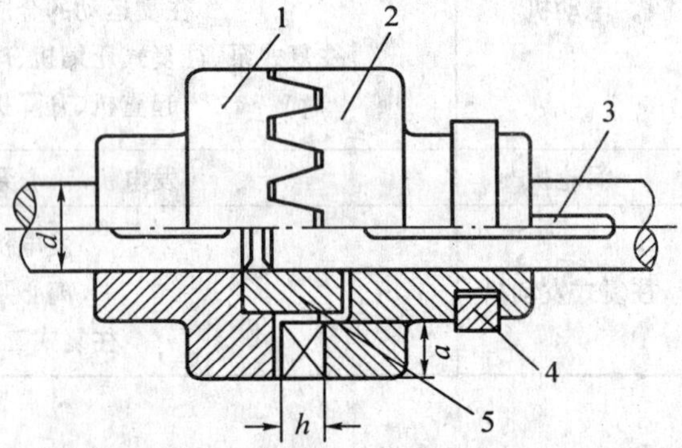

图 23-11

1、2—半离合器;3—导向键;4—滑环;5—对中环

牙嵌离合器常用的牙型有:三角形、矩形、梯形和锯齿形,如图 23-12 所示。

三角形牙用于传递中小转矩的低速离合器,牙数一般为 12~60;矩形牙无轴向分力,接合困难,

磨损后无法补偿,冲击也较大,故使用较少;梯形牙强度高,传递转矩大,能自动补偿牙面磨损后造成的间隙,接合面间有轴向分力,容易分离,因而应用最为广泛;锯齿形牙只能单向工作,反转时由于有较大的轴向分力,会迫使离合器自行分离。

牙嵌离合器主要失效形式是牙面的磨损和牙根折断,因此要求牙面有较高的硬度,牙根有良好的韧性,常用材料为低碳钢渗碳淬火到 HRC54~60,也可用中碳钢表面淬火。

牙嵌离合器结构简单,尺寸小,接合时两半离合器间没有相对滑动,但只能在低速或停车时接合,以避免因冲击折断牙齿。

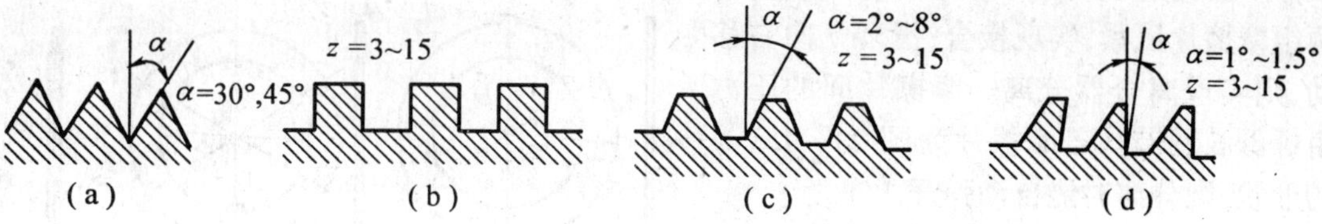

图 23-12

(a)三角形牙;(b)矩形牙;(c)梯形牙;(d)锯齿形牙

(2)圆盘摩擦离合器

摩擦离合器依靠两接触面间的摩擦力来传递运动和动力。按结构形式不同,可分为圆盘式、圆锥式、块式和带式等类型,最常用的是圆盘摩擦离合器。圆盘摩擦离合器分为单片式和多片式两种,如图 23-13,23-14 所示。

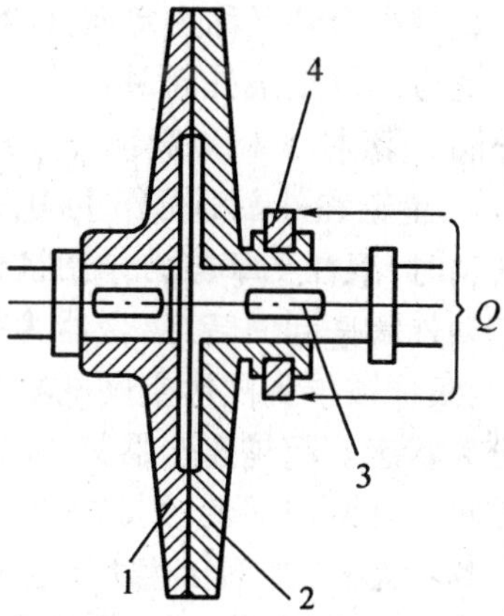

图 23-13

1、2—摩擦圆盘;3—导向键;4—滑环

单片式摩擦离合器由摩擦圆盘 1,2 和滑环 3 组成。圆盘 1 与主动轴连接,圆盘 2 通过导向键 3 与从动轴连接并可在轴上移动。操纵滑环 4 可使两圆盘接合或分离。轴向压力 *FQ* 使两圆盘接合,并在工作表面产生摩擦力,以传递转矩。单片式摩擦离合器结构简单,但径向尺寸较大,只能传递不大的转矩。

多片式摩擦离合器有两组摩擦片,主动轴 1 与外壳 2 相连接,外壳内装有一组外摩擦片 4,形状如图 23-15(a)所示,其外缘有凸齿插入外壳上的内齿槽内,与外壳一起转动,其内孔不与任何零件接触。从动轴 10 与套筒 9 相连接,套筒上装有一组内摩擦片 5,形状如图 23-15(b)所示,其外缘不与任何零件接触,随从动轴一起转动。滑环 7 由操纵机构控制,当滑环向左移动时,使

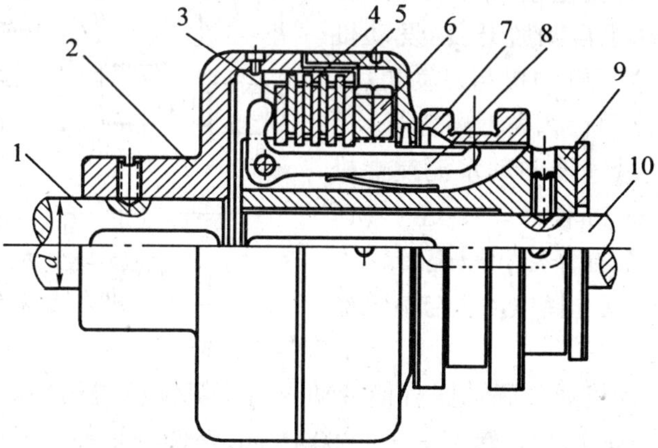

图 23-14

1—主动轴;2—外壳;3—压板;4—外摩擦片;5—内摩擦片;
6—螺母;7—滑环;8—杠杆;9—套筒;10—从动轴

杠杆8绕支点顺时针转动,通过压板3将两组摩擦片压紧,实现接合;滑环7向右移动,则实现离合器分离。摩擦片间的压力由螺母6调节。若摩擦片为图23-15(c)的形状,则分离时能自动弹开。

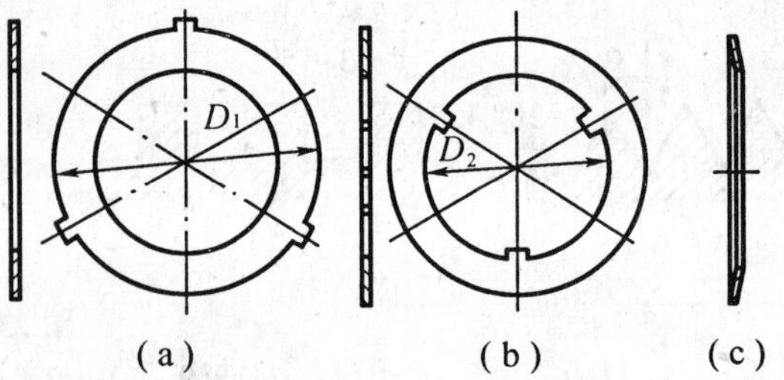

图 23-15

多片式摩擦离合器由于摩擦面增多,传递转矩的能力提高,径向尺寸相对减小,但结构较为复杂。

(3)滚柱超越离合器

超越离合器又称为定向离合器,是一种自动离合器,目前广泛应用的是滚柱超越离合器如图23-16所示,由星轮1、外圈2、滚柱3和弹簧顶杆4组成。滚柱的数目一般为3~8个,星轮和外圈都可作主动件。当星轮为主动并作顺时针转动时,滚柱受摩擦力作用被楔紧在星轮与外圈之间,从而带动外圈一起回转,离合器为接合状态;当星轮逆时针转动时,滚柱被推到楔形空间的宽敞部分而不再楔紧,离合器为分离状态。超越离合器只能传递单向转矩。若外圈和星轮作顺时针同向回转,则当外圈转速大于星轮转速,离合器为分离状态;当外圈转速小于星轮转速,离合器为接合状态。

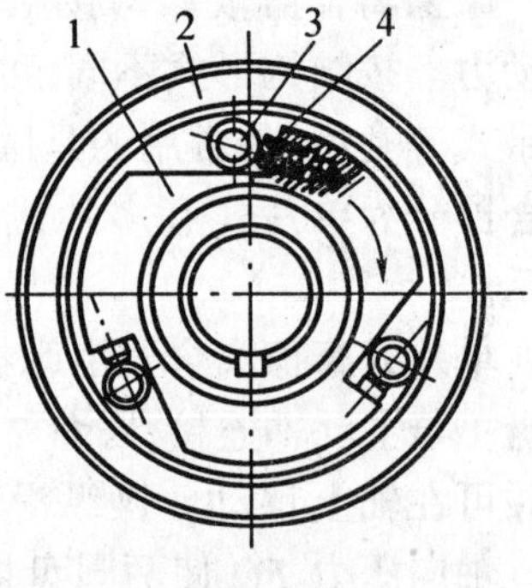

图 23-16

1—星轮;2—外圈;3—滚柱;4—弹簧顶杆

超越离合器尺寸小,接合和分离平稳,可用于高速传动。

习　题

23-1　试选择图示辗轮式混砂机的联轴器 A 和 B 的类型。

23-2　汽油发动机由电动机启动。当发动机正常运转后,电动机自动脱开,由发动机直接带动发电机。请选择电动机与发动机、发动机与发电机之间个采用什么类型离合器。

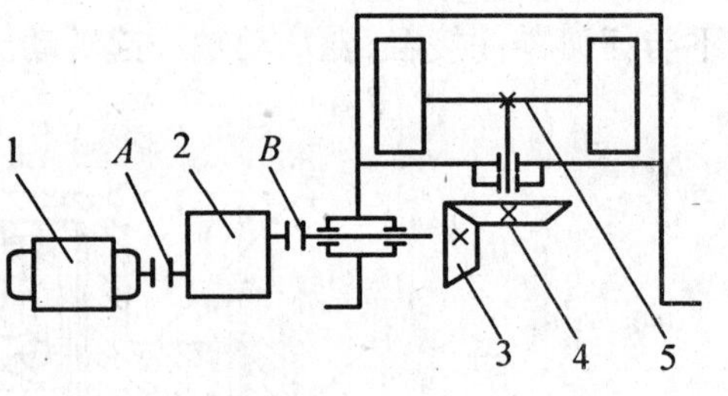

图 23-1

1—电动机;2—减速器;3—小锥齿轮轴;4—大锥齿,轮轴;5—辗轮轴

23-3　电动机经减速器驱动水泥搅拌机工作器。已知电动机的功率 $P=11$ kW,转速 $n=970$ r/min,电动机轴的直径和减速器输入轴的直径均为42 mm。试选择电动机与减速器之间的联轴器。

23-4　由交流电动机通过联轴器直接带动一台直流发电机运转。若已知该直流发电机所需的最大功率为 $P=20$ kW,转速 $n=3\ 000$ r/min,外伸轴轴径为50 mm,交流电动机伸出轴的轴径为48 mm,试选择联轴器的类型和型号。

参考文献

1 工程力学.张秉荣,章剑青.北京:机械工业出版社,1996
2 工程力学.陈位宫.北京:高等教育出版社,2000
3 理论力学.范钦珊.北京:高等教育出版社,2000
4 工程力学.党锡康.南京:东南大学出版社,1994
5 机械设计基础.胡家秀.北京:机械工业出版社,2001
6 机械原理与机械零件.何元庚.北京:机械工业出版社,2001
7 机械原理.程崇恭.北京:高教出版社,1999
8 机械设计基础(第二版).陈立德.北京:高教出版社,2004
9 机械零件.郑志祥,徐锦康,张磊.北京:高等教育出版社,2000
10 机械设计基础.栾学钢.北京:高等教育出版社,2003
11 机械原理.郑文纬,吴克坚.北京:高等教育出版社,1997
12 机械设计手册(第二版).徐灏.北京:机械工业出版社,1999
13 机械设计基础.李海萍.苏州:苏州大学出版社,2004
14 机械设计基础.任成高.北京:机械工业出版社,2006
15 机械技术应用基础.霍振生.北京:机械工业出版社,2003